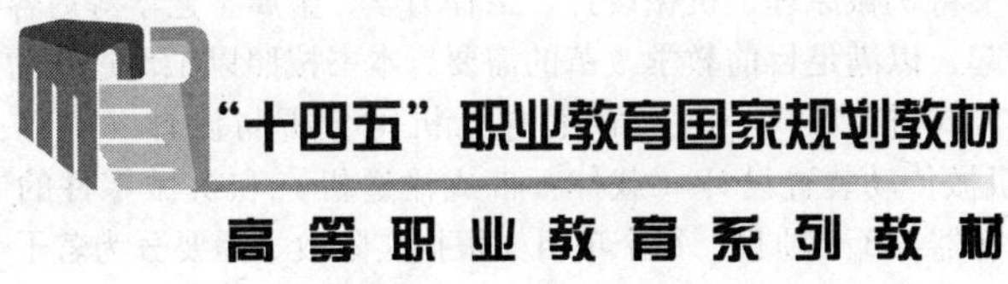

机械基础

主　编　何秋梅

副主编　蒋贤海　何俊明　王

参　编　马文婷　温浩云

机 械 工 业 出 版 社

本书将机械原理、机械设计、工程力学、金属工艺学等内容有机地结合在一起，以满足目前教学改革的需要。本书按照以工作过程为导向的情境教学方式进行编写，主要内容包括机构分析与设计（载体：牛头刨床）、机械传动装置设计（载体：带式输送机）和机械零件的制造（载体：减速器）3 个项目，每个项目又根据实际教学需要分为若干个任务。

本书可作为高等职业院校的机械设计制造类、机电设备类和自动化类等专业的教学用书，也可供从事本专业的工程技术人员学习参考。

本书配有动画、视频等资源，可扫描书中二维码直接观看，还配有授课电子课件、习题答案和思政元素案例等资源，需要的教师可登录机械工业出版社教育服务网 www.cmpedu.com 免费注册后下载，或联系编辑索取（微信：15910938545，电话：010-88379739）。

图书在版编目（CIP）数据

机械基础/何秋梅主编. —北京：机械工业出版社，2019.8（2025.2 重印）
高等职业教育系列教材
ISBN 978-7-111-62927-6

Ⅰ.①机… Ⅱ.①何… Ⅲ.①机械学-高等职业教育-教材
Ⅳ.①TH11

中国版本图书馆 CIP 数据核字（2019）第 125090 号

机械工业出版社（北京市百万庄大街 22 号　邮政编码 100037）
策划编辑：曹帅鹏　责任编辑：曹帅鹏　安桂芳
责任校对：刘志文　责任印制：李　昂
河北宝昌佳彩印刷有限公司印刷
2025 年 2 月第 1 版第 17 次印刷
184mm×260mm · 20.25 印张 · 499 千字
标准书号：ISBN 978-7-111-62927-6
定价：59.00 元

电话服务
客服电话：010-88361066
010-88379833
010-68326294

网络服务
机　工　官　网：www.cmpbook.com
机　工　官　博：weibo.com/cmp1952
金　　书　　网：www.golden-book.com
机工教育服务网：www.cmpedu.com

关于“十四五”职业教育国家规划教材的出版说明

为贯彻落实《中共中央关于认真学习宣传贯彻党的二十大精神的决定》《习近平新时代中国特色社会主义思想进课程教材指南》《职业院校教材管理办法》等文件精神，机械工业出版社与教材编写团队一道，认真执行思政内容进教材、进课堂、进头脑要求，尊重教育规律，遵循学科特点，对教材内容进行了更新，着力落实以下要求：

1. 提升教材铸魂育人功能，培育、践行社会主义核心价值观，教育引导学生树立共产主义远大理想和中国特色社会主义共同理想，坚定“四个自信”，厚植爱国主义情怀，把爱国情、强国志、报国行自觉融入建设社会主义现代化强国、实现中华民族伟大复兴的奋斗之中。同时，弘扬中华优秀传统文化，深入开展宪法法治教育。

2. 注重科学思维方法训练和科学伦理教育，培养学生探索未知、追求真理、勇攀科学高峰的责任感和使命感；强化学生工程伦理教育，培养学生精益求精的大国工匠精神，激发学生科技报国的家国情怀和使命担当。加快构建中国特色哲学社会科学学科体系、学术体系、话语体系。帮助学生了解相关专业和行业领域的国家战略、法律法规和相关政策，引导学生深入社会实践、关注现实问题，培育学生经世济民、诚信服务、德法兼修的职业素养。

3. 教育引导学生深刻理解并自觉实践各行业的职业精神、职业规范，增强职业责任感，培养遵纪守法、爱岗敬业、无私奉献、诚实守信、公道办事、开拓创新的职业品格和行为习惯。

在此基础上，及时更新教材知识内容，体现产业发展的新技术、新工艺、新规范、新标准。加强教材数字化建设，丰富配套资源，形成可听、可视、可练、可互动的融媒体教材。

教材建设需要各方的共同努力，也欢迎相关教材使用院校的师生及时反馈意见和建议，我们将认真组织力量进行研究，在后续重印及再版时吸纳改进，不断推动高质量教材出版。

机械工业出版社

前言

传统的机械基础方面的教材容易存在内容条块分割、与实际工程结合不紧密、理论性太强，以及对学生创新能力培养方法欠佳等问题。这些问题会导致学生在学完机械基础课程后，仍难以建立一个系统的机械设计概念，机械制造的基础知识也难以融入机械设计中。

党的二十大报告指出，培养造就大批德才兼备的高素质人才，是国家和民族长远发展大计。加快建设国家战略人才力量，努力培养造就更多大师、卓越工程师、大国工匠、高技能人才。为充分体现以上精神，本书按照项目式教学要求，在总结长期教学经验、对机械基础课程按情境教学方式进行改革的基础上，并吸收同类教材的优点后编写而成。本书具有以下突出的特点：

1. 教学内容体现“必需、够用”的原则，理实一体、学做合一

本书从学生的学习和认知规律出发，打破传统的教材体系，对机械原理、机械设计、金属工艺学等课程进行有序化、层次化的整合。在保证必要的基本理论的前提下，减少了偏深的理论论证和烦琐的理论推导，并去掉了验证性实验，使基本理论的学习以应用为目的，加强应用技术和工程实践能力的训练，同时新增了现代机械设计与分析所需的计算机辅助技术。内容取舍和组织结构体现了“理实一体、学做合一”的思想，具有鲜明的职业教育特色。

2. 项目引领、任务驱动，体现课程的系统性和连贯性

本书的设计以项目为引领，以工作过程为导向，以具体工作任务为驱动，把教材与教法有机地结合起来，将传统的学科性课程体系转变为基于工作岗位任务的课程体系；通过职业活动和课程整合，形成了理论与实践一体化的内容，并具有一定的可操作性。

全书对应职业岗位核心能力培养设置了3个项目和13个任务，每个项目都突出一种典型机械的设计或制造，以便学生进行系统性的项目学习和训练，树立系统设计的概念，较好地满足了企业对生产一线人员的职业素质需要。

本书以牛头刨床、带式输送机及减速器的设计与制造的一般过程为主线，使学生在学习的过程中逐步了解和掌握机械产品设计与制造的一般过程，体现了机械设计与制造的系统性和关联性。

3. 项目任务的实施可保证教学质量

在形式上，每个项目的任务中都有“任务目标”“工作任务内容”“相关知识链接”等栏目，引导学生明确各情境的学习目标，学习与课程相关的知识和技能，并适当拓展相关知识，强调“做中学”和“学中做”，便于学生在做计划和实施过程中进行自学，符合情境教学的需要。

本书将理论学习、模仿学习、借鉴创新有机地结合起来，每个任务都有相应的实施结果举例，实际上采用了以工程案例教学为主的内容组织方式。其最大的好处在于，可对学生进行因材施教。例如，对于学习基础好、学习能力强的学生，通过案例教学可使学生举一反三，有利于培养学生的自主学习和创新能力；而对于学习基础稍差的学生，通过模仿案例中的设计过程可迅速掌握机械设计与制造的精要，保证每一个学生通过本课程的学习都能有所收获。

4. 注重学生创新能力的培养和可持续发展

在内容选取上，以职业能力培养为主线，以学生能够接受终生学习并促进职业生涯的可持续发展为目标，从满足教学基本要求出发选择教学内容，使学生在掌握必备的机械基础理论知识与基本的设计技能基础上，更加注重创新设计能力和计算机辅助设计能力的培养，以及解决实际问题的能力和沟通能力的培养等。

本书以牛头刨床和带式输送机（含减速器）的设计与制造过程贯穿整个教学过程，教学内容也以此进行组织。为了增强学生在职业生涯过程中的可持续发展的能力，还增加了拓展知识部分。取消了传统的课程设计内容，将学时分配到课程项目教学中。在任务实施中，增加了计算机辅助设计内容，体现了现代三维设计与分析技术的应用。

本书由何秋梅任主编，负责全书的统稿和定稿，由蒋贤海、何俊明、郑福生任副主编，马文婷、温浩云任参编。具体编写分工为：广东水利电力职业技术学院的何秋梅编写了绪论、项目 1、项目 2（任务 2.3~任务 2.7）和项目 3（任务 3.1）；蒋贤海编写了项目 2（任务 2.1、任务 2.2）；何俊明编写了项目 3（任务 3.3）；郑福生编写了项目 3（任务 3.2）。广东机电职业技术学院的马文婷和佛山市南海区友信机床有限公司的温浩云编写了每个任务的自我评估和书后的附录。在本书的编写过程中参考和借鉴了诸多同行的相关资料和文献，在此一并表示诚挚的感谢。

高等职业教育课程改革教学用书的编写是一项全新的工作。由于没有太多成熟经验可供借鉴，虽然我们尽心竭力，但是书中难免会出现疏漏和不妥之处，敬请读者不吝指正。

编　者

目录

绪 论

0.1 机械的概念

人类在长期的生产实践中，为了减轻劳动强度，改善劳动条件，提高劳动生产率，创造和发展了机械，如电动机、内燃机、洗衣机、汽车等。随着科学技术的发展，生产的机械化和自动化已经成为衡量一个国家社会生产力发展水平的重要标志之一。

1. 机械、机器和机构

（1）机械　所谓机械，原始含义是指灵巧的器械。从广义角度来讲，凡是能完成一定机械运动（如转动、往复运动等）的装置都是机械。如螺钉旋具、钳子、剪子等简单工具是机械，汽车、坦克、机床等高级复杂的装备也是机械。但在现代社会中，人们把简单的、没有动力源的机械称为工具或器械，如钳子、剪子、手推车等；而把复杂的、具体的机械称为机器。汽车、飞机、轮船、车床、起重机、织布机、印刷机、包装机等大量具有不同外形、不同用途的设备都是具体的机器，而泛指这些设备时则常常用机械来统称。

（2）机器　在日常生活和工作中，人们会见到或接触许多机器，从家庭用的缝纫机、洗衣机到工业部门使用的各种机床；从汽车、火车、轮船、飞机到宇宙飞船；从推土机、挖掘机、压路机、起重机到机器人等。一部完整的机器就其基本组成来讲，一般都有 4 个主要部分，如图 0-1-1 所示。

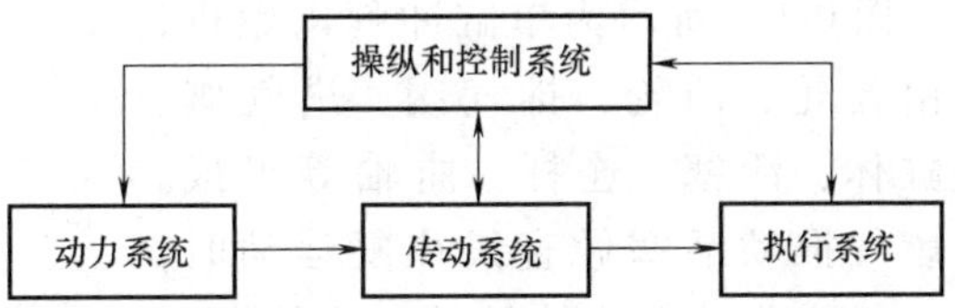

1）原动机（动力系统）是驱动机器完成预定功能的动力来源，其作用是把其他形式的能量转变为机械能以驱动机械运动并做功，如电动机、内燃机等。

操纵和控制系统 → 动力系统、传动系统、执行系统；动力系统 → 传动系统 → 执行系统

图 0-1-1　机器的组成

2）工作机（执行系统）是机器中直接完成工作任务的部分，如机床的主轴和刀架、起重机的吊钩等。执行构件有的做直线运动，有的做回转运动或间歇运动等。

3）传动装置（传动系统）是将动力部分的运动和动力传递给执行部分的中间环节，它可以改变运动速度、转换运动形式，以满足工作部分的各种要求，如减速器将高速转动变为低速转动，螺旋机构将旋转运动转换成直线运动等。

4）控制装置（操纵和控制系统）是用来控制机械的其他部分，使操作者能随时实现或停止各项功能，如机器的开停、运动速度的加减和方向的改变等，这一部分通常包括机械和电子控制系统。

机器的组成不是一成不变的，有些简单机器不一定具有全部上述 4 个部分，有的甚至只有动力系统和执行系统，如水泵、砂轮机等，而对于较复杂的机器，可能还有润滑、照明装置等。

图 0-1-2 所示为牛头刨床结构示意图。电动机的动力通过带传动和一系列齿轮传动传给

大齿轮。大齿轮的转动通过销钉带着滑块在导杆槽中上下滑行，迫使导杆绕摇块摆动，从而推动滑枕前后移动，固装在刀架上的刀具随之做往复直线运动，实现对工件的加工。在这里，整台机器的机械能量由电动机提供，电动机是原动机。刀架带着刨刀对工件进行切削，直接完成生产任务，刀架是执行系统。原动机的动力和运动要经过一系列的中间传动装置（带传动和齿轮传动）才能传到执行系统。

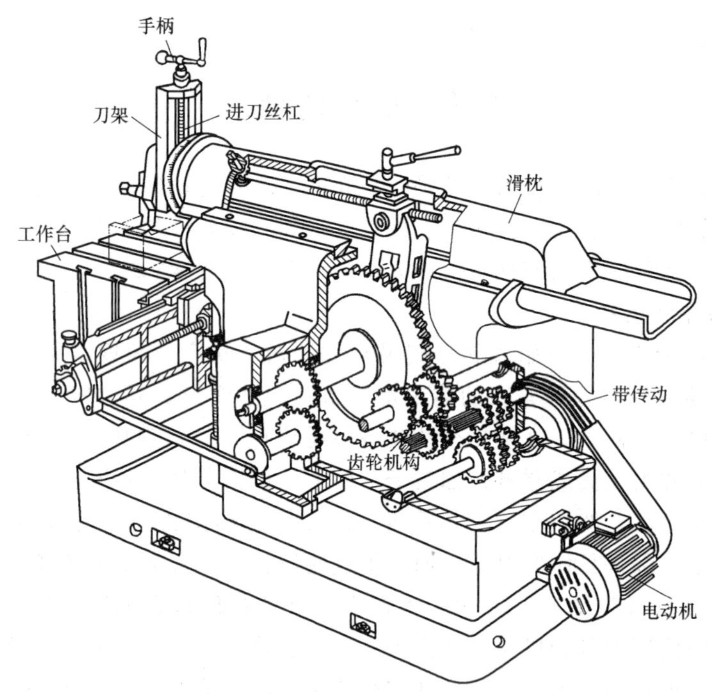

图 0-1-2　牛头刨床结构示意图

图 0-1-3 所示为单缸冲程内燃机，它由齿轮、凸轮、排气阀、进气阀、气缸体、活塞、连杆、曲轴等组成。当燃气推动活塞做直线往复运动时，经连杆使曲轴做连续转动。凸轮和顶杆是用来开启和关闭进气阀和排气阀的。在曲轴和凸轮轴之间两个齿轮的齿数比为 1 ∶ 2，曲轴转两周时，进、排气阀各启、闭一次。这样就把活塞的运动转换为曲轴的转动，将燃气的热能转换为曲轴转动的机械能。

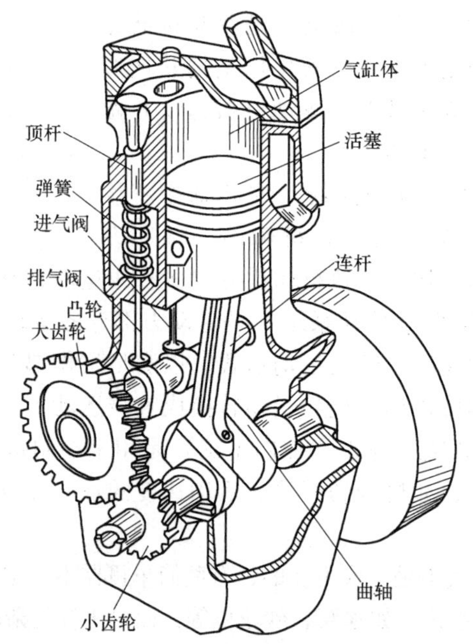

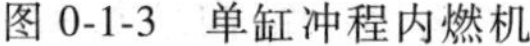
图 0-1-3　单缸冲程内燃机

内燃机

各种机器尽管有着不同的形式、构造和用途，然而都具有下列 3 个共同特征：①机器是人为的多种零件经装配而成的各个实体的组合；②各部分之间具有确定的相对运动；③能完成有效的机械功或变换机械能。

（3）机构　任何机械设备都是由许多机械零部件组成的。在图 0-1-3 所示的单缸冲程内燃机中，存在 3 种运动的组合体：①活塞、连杆、曲轴和气缸体组合起来，可将活塞的往复运动转变为曲轴的连续运动；②凸轮、顶杆和气缸体的另一组合，可将凸轮的连续转动转变为顶杆按某种预期运动规律的往复移动；③两个齿轮与气缸体组合在一起后，可改变转速的大小和方向。这些具有各自运动特点且均含有一个机架（这里是气缸体）的组合体才是最基本的。将能实现预期的机械运动的各构件（包括机架）的基本组合体称为机构。在工程实际中，人们常根据实现各种运动形式的构件及主要零件外形特点定义机构的名称。以上 3 种机构分别为曲柄滑块机构、凸轮机构和齿轮机构。

通过以上分析可知，机构仅具有机器的前两个特征。即机构是人为的实物的组合体，具有确定的机械运动，它可以用来传递运动及动力或变换运动形式。

一部机器是由一个或几个机构组成的。机器的主要功能除传递运动外，还可以转换机械能或完成有用的机械功。而机构的主要功能是用来传递运动或变换运动形式。若单纯从结构和运动的观点看，机器和机构并无区别，因此，通常把机器和机构统称为机械。

2. 构件、零件、部件

（1）构件　组成机构的各个相对运动部分称为构件。构件可以是单一的整体（如活塞），也可以是多个零件组成的刚性结构。

构件在机构中具有独立的运动特性，在机械中形成一个运动整体。如图 0-1-4a 所示的内燃机是由活塞、连杆、曲轴和气缸 4 个构件构成的一个曲柄滑块机构，其中，原动件活塞做直线往复运动，通过连杆带动曲轴做连续转动。

如果只有确定的相对运动，而不能代替人做有用的机械功的构件组合，则称为机构。例如摩托车是机器，而自行车是机构。

（2）零件　机械都是由机械零件组成的。机械零件是指机械中每一个单独加工的单元体，如图 0-1-4a 所示的曲轴。构件可以是单一的机械零件，也可以是若干机械零件的刚性组合。例如，图 0-1-4b 所示的连杆是由连杆体、连杆盖、螺栓和螺母等零件组合而成的，这些零件之间没有相对运动，是一个运动整体，故属于一个构件。由此可知，构件是运动的基本单元，零件是制造的基本单元。

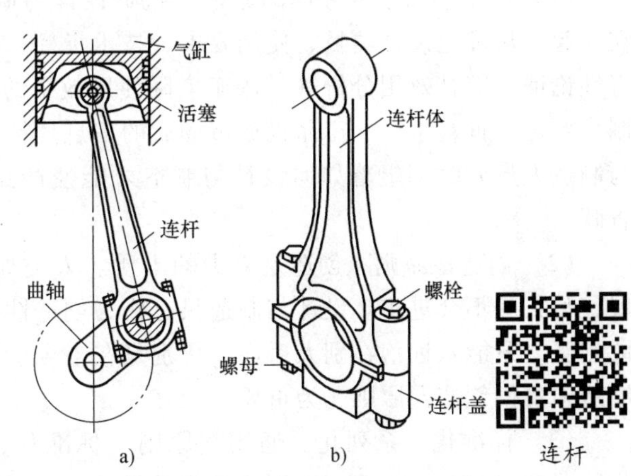

图 0-1-4　内燃机中的曲柄滑块机构和连杆

随着机械的功能和类型的日益增多，作为组成机械的最基本单元的零件更是多种多样。通常将机械零件分为通用机械零件和专用机械零件两大类。

（3）部件　在机械中还把为完成同一使命、彼此协同工作的一系列零件或构件所组成的组合体称为部件，如滚动轴承、联轴器、减速器等。

0.2 机械设计与制造的基本要求、基本原则及一般程序

1. 机械设计与制造的基本要求

机械设计与制造可以是开发新产品，也可以是改造现有的机械；既可以生产出功能不同的机械，又可以生产出结构不同的机械。但应满足的基本要求大致相同。

（1）使用性要求　使用性要求是指使机械在规定的工作期限内能实现预定的功能，并且操作方便，安全可靠，维护简单。

（2）工艺性要求　工艺性要求是指在保证工作性能的前提下，尽量使机械的结构简单，易加工，好装备，维修方便。

（3）经济性要求　经济性要求是指在设计、制造方面周期短、成本低；在使用方面效率高、能耗少、生产效率高、维护与管理的费用少。

（4）其他要求　除了要使机械达到以上要求外，还要考虑：

1）外观造型和色彩符合工业美学原则，具有时代感。

2）产品新颖独特，符合人们求新、求异、求变化的心理特征。

3）尽量减少对环境的污染，特别是降低噪声。

4）某些特殊要求，如食品机械要考虑干净、卫生、易于清洗，设计飞机要考虑重量轻、可靠性高等。

2. 机械设计与制造的基本原则

为了满足上述要求，机械设计与制造应注意遵循以下原则。

（1）以市场需求为导向的原则　机械设计与制造作为一种生产活动，与市场紧密联系在一起。从确定设计项目、使用要求、技术指标、设计与制造工期到拿出总体方案、进行可行性论证、综合效用分析（着眼于实际使用效果的综合分析）、盈亏分析直至具体设计、试制、鉴定、批量生产、产品投放市场后的信息反馈等都是紧紧围绕市场需求来运作的。设计与制造人员要时刻想着如何设计与制造才能使产品具有竞争力，能够占领市场、受到用户青睐。

（2）创造性原则　创造是人类的本质。人类如果不发挥自己的创造性，生产就不能发展，科技就不会进步。设计与制造只有作为创造性活动才具有强大的生命力，因循守旧，不敢创新，只能永远落在别人后面。特别是在当今世界科技飞速发展的情况下，在机械设计与制造中贯彻创造性原则尤为重要。

（3）标准化、系列化、通用化原则　标准化、系列化、通用化简称为“三化”。“三化”是我国现行的一项很重要的技术政策，在机械设计与制造中要认真贯彻执行。

标准化是指将产品（特别是零部件）的质量、规格、性能、结构等方面的技术指标加以统一规定并作为标准来执行。我国的标准已经形成了一个庞大的体系，主要有国家标准、部颁标准、专业标准等。为了与国际接轨，我国的某些标准正在迅速向国际标准靠拢。常见的标准代号有 GB、JB、ISO 等，它们分别代表中华人民共和国国家标准、机械工业标准、国际标准化组织标准。

系列化是指对同一产品、在同一基本结构或基本条件下，规定出若干不同的尺寸系列。

通用化是指在不同种类的产品或不同规格的同类产品中，尽量采用同一结构和尺寸的零

部件。

贯彻“三化”的好处主要是：减轻了设计工作量，有利于提高设计质量并缩短生产周期；减少了刀具和量具的规格，便于设计与制造，从而降低其成本；便于组织标准件的规模化、专门化生产，易于保证产品质量、节约材料、降低成本；提高了互换性，便于维修；便于国家的宏观管理与调控以及内、外贸易；便于评价产品质量，解决经济纠纷。

(4) 整体优化原则　设计与制造要贯彻“系统论”和优化的思想，要明确：性能最好的机器其内部零件不一定是最好的；性能最好的机器也不一定是效益最好的机器；只要是有利于整体优化，机械部件也可以考虑用电子或其他元器件代替。总之，设计与制造人员要将方案放在大系统中去考察，寻求最优，要从经济、技术、社会效益等各个方面去分析、计算，权衡利弊，尽量使设计与制造效果达到最佳。

(5) 联系实际原则　所有的设计与制造都不要脱离实际。设计与制造人员特别要考虑当前的原材料供应情况、企业的生产条件、用户的使用条件等。

(6) 人机工程原则　机器是为人服务的，但也是需要人去操作使用的。如何使机器和操作部件适应操作者的要求，人机合一后，投入产出比最高、整体效果最好，这是摆在设计与制造人员面前的一个问题。好的机器或部件一定要符合人机工程学和美学原理。

3. 机械设计与制造的一般程序

机械的种类繁多，用途各异，但其设计与制造的程序却差不多。机械设计与制造一般可分为 9 个阶段。

(1) 明确任务与设计准备阶段　此阶段应根据市场信息（含预测）或用户要求确定设计任务。要在反复调查研究，分析、收集、整理信息资料的基础上进行论证，明确机械的功能要求、使用条件等，做出决策。此阶段的成果表现为设计任务书。

(2) 方案设计（或称总体方案设计）阶段　明确了设计的任务后，还需要进一步确定机械的具体参数（性能指标、总体尺寸、重量、适用范围等），并进行总体方案设计。此阶段要解决的主要问题有：机械依靠什么原理完成任务，工作装置、动力装置、传动装置各采用什么方案，这三大装置如何连接、怎样布置，操纵控制它们的装置采用什么方案。总体设计方案的优劣对最后的设计结果影响最大，要反复推敲、科学论证、全面评价、寻求最优。如果经过筛选之后还剩下两个方案难分伯仲，条件允许时可以齐头并进。此阶段的主要成果表现在机械示意图、工作原理图、机构运动简图、传动系统图和对它们的说明中。

(3) 技术设计阶段　此阶段就是要将总体方案具体化，主要包括机械的运动设计、动力计算、零部件的材料选择、结构设计和主要零部件的工作能力（主要是强度）计算，绘制各种图样等。此阶段的技术成果有总体设计草图、部件装配草图、零件工作图、部件装配图、总装配图、标准件明细栏和有关的设计计算草稿等。在此阶段，由于影响设计质量的因素太多，它们之间又存在相互联系、互相制约的关系，所以具体设计很难一次成功，常常出现设计工作多次反复、不断修正、绘图与计算交叉进行的现象。

(4) 整理技术文档阶段　此阶段要编写设计计算说明书、使用说明书，还要整理图样，将全部图样装订成册、编写图样目录。必要时可以将全部技术文档存入计算机硬盘、制成光盘或进行微缩处理。

(5) 试制阶段　新产品投入批量生产之前，最好先制造出样机，以便进行性能检验、市场试探、成本核算等。

（6）生产准备阶段　此阶段的工作很多，主要有编制工艺文件、添置生产设备、设计制造工艺装备（工具、量具、夹具等）、采购原材料和外购件（标准件、成品部件、塑料件、电子元器件等）等。

（7）毛坯制造阶段　许多零件需要先制成毛坯再加工成符合图样要求的成品。铸造、锻造、冲压是常用的毛坯制造方法。

（8）零件加工阶段　零件加工阶段是制造的关键阶段。保质保量地将毛坯加工成符合图样要求的零件对整个生产影响很大，对降低成本也是至关重要的。

（9）装配试机阶段　严格按装配工艺将自制件和外购件组装成整机并调试合格是保证产品性能的最后一关。工艺水平的高低和检测手段先进与否将起到决定性作用。

在整个设计与制造的过程中，要注意充分利用计算机的强大功能（如上网查寻、学习与咨询、辅助设计与制造、资料的存储与修改、生产管理、信息传递等），从而提高设计与制造的质量和工作效率，取得最好的效益。

以上程序也不是一成不变的，在工作中，应根据实际情况进行灵活处理。

0.3　课程性质与学习目标

本课程研究机械设计与机械制造中的共性问题，是机械工程的技术基础，应用广泛。

工程上进行机械设计时，首先，将构件按照机械的工作原理要求组成机构；其次，分析各构件的运动情况及构件在外力作用下的平衡问题；再次，分析构件在外力作用下的承载能力问题，合理地选择材料、热处理，确定构件（零件）的形状、具体结构、几何尺寸、制造工艺；最后，绘制零件工作图，待加工。所以，本课程将材料与热处理、毛坯生产的知识跟机械设计的内容整合在一起，突出基于工作过程系统化的课程特点。

1. 本课程的课程定位

高职机械类专业毕业生大多从事机械产品的设计、制造和机械设备的使用、维护等工作。“机械基础”课程对应的主要是常用机构与机械设备及零部件的分析、设计、应用、制造等典型工作任务，课程主要介绍机械零件的材料、热处理方法、毛坯生产方式的选择与应用，介绍机械中的常用机构和通用零部件的工作原理、结构特点、基本的设计理论和计算方法。本课程基础性强，应用面广，它主要培养学生的选材能力、热处理与毛坯制造工艺分析的能力，培养学生设计简单机械系统、零部件的能力，对于机械工程问题建立模型、分析求解和论证的能力，在机械工程实践中初步掌握并使用各种技术、技能和现代化工程工具的能力，同时注重培养学生的社会能力和方法能力。

本课程是机械类和机电类各专业的一门重要的专业基础课程。通过本课程的学习，既可以为后续专业课程的学习打下基础，又可以直接用于工程实际。

2. 本课程的学习目标

本课程教学过程以学生为主体，以能力目标的实现为核心。

学生能够在规定时间内按计划和要求完成牛头刨床的分析与设计，完成带式输送机传动装置的设计（包括总体传动方案设计、传动系统零部件设计、轴系零部件设计），完成减速器上典型零件的制造（包括选材与热处理、毛坯生产方式的选择以及加工工艺过程的分析）等项目。设计时要符合设计标准规范，对已完成的任务进行记录、存档和评价反馈，自觉保持安全和健康的工作环境，自觉遵守劳动法规和环保条例，加强合作意识、责任感以及与人的沟通和交流。

学习完本课程后，应达到以下要求：

1）掌握机械零件材料的性能特点与选用原则以及机械零件的热处理方法，具有初步的选材能力与热处理工序位置安排的能力，以及一般切削加工工艺路线制定与分析的能力。

2）掌握各种机械零件毛坯制造方法，具有对一般毛坯生产方式的分析与选用的能力。

3）掌握通用机械零部件的结构特点、设计原理与设计方法以及机械设计的一般规律，具有初步的创新意识和创新思维，具备基本的机械系统设计能力。

4）掌握常用机构的工作原理、运动特性，具有初步的常用机构的设计能力，了解机器动力学的基本知识及机械运动方案的选择能力。

5）具备运用机械设计标准、规范、手册、图册等技术资料进行工程设计的能力，以及计算机辅助机械设计的能力。

6）掌握典型机械零件的实验方法，进行实验技术的基本训练，并具有正确使用和维护一般机械设备的基本知识。

7）了解当前的有关技术经济政策，树立正确的设计思想；对机械设计的新发展和现代机电产品设计方法也应有所了解。

3. 本课程的学习方法

本课程是一门专业技术基础课，是从理论性、系统性很强的基础课向实践性较强的专业课过渡的一个重要转折点。因此，学习本课程时必须在学习方法上有所转变，具体应注意以下几点：

1）注意理论联系实际，学以致用，把知识学活。本课程的研究对象与生产实际联系紧密，在初学本课程时，可能会感到内容比较抽象。因此，建议在学习本课程理论知识的同时，要有意识地去多看、多接触一些实际的机构和机器，如缝纫机、自行车等，并努力用所学到的原理和方法去分析、思考，这样就可使原本枯燥抽象的理论学习变得生动具体，有利于学好理论知识，也有利于开发智力及培养创造性思维。

2）注意本课程内容的内在联系，抓住基本知识和设计制造两条主线。本课程的教学内容是按照机械设计或制造的一般程序来安排的。项目 2 与项目 3 可以说是一个整体，由共同的载体（带式输送机中的减速器）前后贯穿着。而项目 1 机构分析与设计安排在最前面，一是为了提高学生的学习兴趣，扩展创新性设计与分析的思维，二是作为机械原理性的知识，为后面零部件设计的学习做好铺垫。有了项目 1 的基础，学生对后面的项目载体——带式输送机传动装置这一相对比较复杂的系统能够有比较快的认识，更容易进入角色。其实，也可以在完成项目 2 的学习之后，回过头来对项目 1 的牛头刨床进行传动装置的设计，达到学以致用的目的。总之，在学习本课程时，要注意各章节的共性，互相联系、互相比较，抓住两条主线来学习，才能保证本课程的学习效果。

3）本课程的实践性较强，而实践中的问题往往很复杂，难以用纯理论的方法来分析解决，而常常采用经验参数、经验公式、条件性计算等方法，容易给学生造成“没有系统性”“逻辑性差”甚至“不讲道理”的错觉，这是由于学生习惯了基础课的系统性所造成的。这就是实践性、工程性较强课程的特点，在学习时要了解这一特点并逐步适应。

4）本课程的计算步骤和计算结果不像基础课那样具有唯一性。也就是说，计算结果没有对错之分，只有好坏优良的不同，这也是实践性、工程性较强课程的特点。在学习时也要逐步适应这种特点并树立努力获得最佳结果的思想。

5）注重结构设计。对机械工程问题来说，理论计算固然很重要，但往往并不能解决问题，结构设计有时是决定问题的关键。大量工程实践证明，一个好的设计工程师，首先必须是一个好的结构设计师。初学者往往只注重计算而忽视结构设计，实际上，如果没有正确的结构设计，再好的理论计算也毫无意义。在学习本课程时，应逐步培养将理论计算与结构设计、工艺和工程实际等问题相结合的思维方式。

在本课程的学习过程中，还要综合运用计算机辅助技术、多媒体技术和网络技术，做到传统学习方法和现代教学手段的有机结合，为进行专业产品和设备的设计打下坚实的基础。

0.4 课堂教学中思政元素的融入

当代教师应积极转变观念，积累“课程思政”教学资源，有意识地在机械基础课程的各环节润物无声地融入思政元素，充分体现“课程思政”功能，探索新的教育教学方法，运用新的教育教学手段。例如，在使用原材料和研发设计中，教师要注意密切结合生态保护等大局观；讲到螺栓、螺钉时，积极倡导螺钉精神，强调一颗螺钉对于安全生产的重要性；整个教学过程中，逐步引导学生观看《大国重器》《超级工程》《我爱发明》《厉害了，我的国》等系列节目，使其关心国家的创新与发展、关注机械行业的进步与动态。教师团队还可以整理收集历届学生参加学科竞赛的优秀作品，结合实例培养学生精益求精、追求卓越的精神品质，激发学生为祖国制造业做贡献的热情，并且提倡每次上课留给学生 3~5 分钟，使其针对本课相关思政元素进行总结与反思，从而使得思政元素更好地融入和贯穿课程的始终。具体知识点融入的思政元素案例举例及视频见本书配套资源。

[自我评估]

1. 什么是构件？什么是零件？它们有什么区别和联系？试举实例加以说明。
2. 机器与机构的共同特征有哪些？它们的区别是什么？
3. 缝纫机、洗衣机、学步车、机械式手表是机器还是机构？
4. 以自行车为例，列举两个机构，并说明每个构件上有哪些零件。
5. 机械设计与制造应满足哪些基本要求和基本原则？
6. 机械设计与制造一般有哪几个阶段？试进行简要的说明。
7. 本课程的主要内容和基本任务是什么？你打算如何学好本课程？

项目 1

机构分析与设计(载体:牛头刨床)

[项目任务描述]

完成牛头刨床的结构分析、导杆机构的设计与仿真分析、凸轮机构的设计。

1. 牛头刨床的工作原理

牛头刨床是一种靠刀具的往复直线运动及工作台的间歇运动来完成工件的平面切削加工的机床，图 1-0-1 为其结构示意图。电动机经过减速传动装置（带传动和齿轮传动）带动执行机构（导杆机构和凸轮机构）完成刨刀的往复运动和工作台的间歇移动。

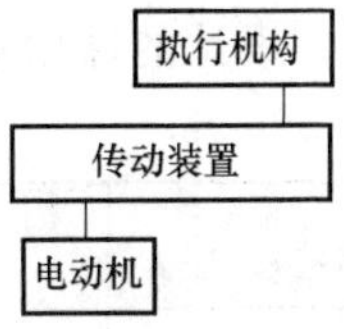

执行机构

传动装置

电动机

图 1-0-1　牛头刨床结构示意图

图 1-0-2 为牛头刨床的主运动机构简图，电动机经 V 带和齿轮传动，带动曲柄 2 和固结在其上的凸轮 2′。刨床工作时，由导杆机构 1-2-3-4-5-6 带动刨头 6 和刨刀 10 做往复运动。当刨头右行时，刨刀进行切削，称为工作行程，此时要求速度较低并且均匀，以减小电动机容量和提高切削质量；当刨头左行时，刨刀不切削，称为空回行程，此时要求速度较高，以提高生产率。为此刨床采用有急回作用的导杆机构。刨刀每切削完一次，利用空回行程的

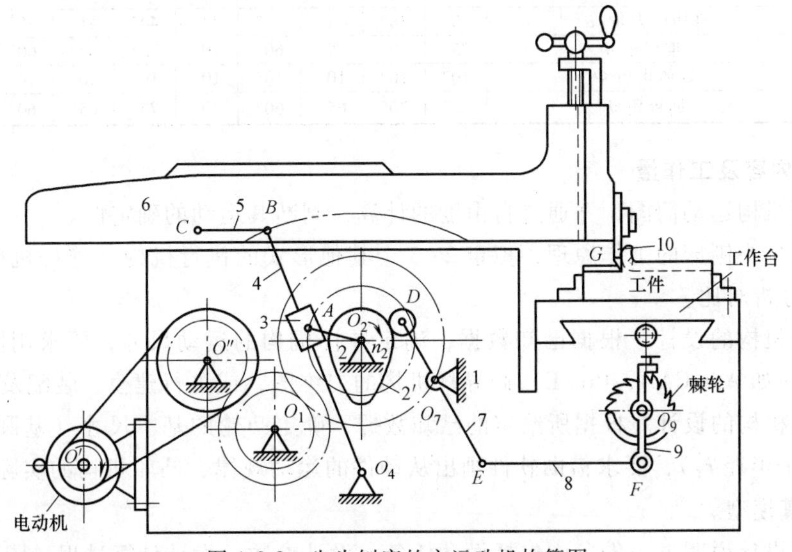

图 1-0-2　牛头刨床的主运动机构简图

时间，凸轮2′通过四杆机构1-7-8-9与棘轮带动螺旋机构（图中未画），使工作台连同工件做一次进给运动，以便刨刀继续切削。刨头在工作行程中，受到很大的切削阻力（在切削的前后各有一段约0.05H的空刀距离，H为刨刀工作行程），而空回行程中则没有切削阻力。因此，刨头在整个运动循环中，受力变化很大，这就影响了主轴的匀速运转，故需安装飞轮来减小主轴的速度波动，以提高切削质量和减小电动机容量。

2. 设计要求与设计数据

1）电动机轴与曲柄轴2平行，刨刀切削刃G点与铰链点C的垂直距离为50mm，水平距离为1.2H。使用寿命为10年，每日一班制工作，载荷有轻微冲击。

2）为了提高工作效率，在空回行程时刨刀快速退回，即要有急回运动，行程速比系数在1.4左右。为了提高刨刀的使用寿命和工件的表面加工质量，在工作行程时，刨刀速度要平稳，切削阶段刨刀应近似匀速运动。允许曲柄2转速偏差为±5%。要求导杆机构的最大压力角应为最小值。

3）凸轮机构的最大压力角应在许用值［α］之内，摆动从动件9的升、回程运动规律均为等加速等减速运动。凸轮中点与推杆支点的距离$l_{O_7O_2}$为150mm，基圆半径为61mm，滚子半径为15mm。

4）执行构件的传动效率按0.95计算，系统有过载保护。按小批量生产规模设计。

5）曲柄转速为60r/min，刨刀的工作行程H在300mm左右为好。

设计的原始数据见表1-0-1。

表1-0-1　设计的原始数据

	题号 已知条件	1	2	3	4	5	6	7	8	9	10
导杆机构设计	机架$l_{O_2O_4}$	380	350	430	360	370	400	390	410	380	370
	工作行程H	310	300	400	330	380	250	390	310	310	320
	行程速比系数K	1.46	1.40	1.40	1.44	1.53	1.34	1.50	1.37	1.46	1.48
	连杆与导杆之比l_{BC}/l_{BO_4}	0.28	0.30	0.36	0.33	0.30	0.32	0.33	0.25	0.25	0.26
凸轮机构设计	从动件最大摆角δ_{max}	15°	15°	15°	15°	15°	15°	15°	15°	15°	15°
	从动件杆长l_{O_7D}	125	135	130	122	123	124	126	128	130	132
	许用压力角[α]	40°	38°	42°	45°	43°	44°	41°	40°	42°	45°
	推程角Φ	75°	70°	65°	60°	70°	75°	65°	60°	72°	74°
	远休止角Φ_s	10°	10°	10°	10°	10°	10°	10°	10°	10°	10°
	回程角Φ'	75°	70°	65°	60°	70°	75°	65°	60°	72°	74°

3. 设计内容及工作量

1）绘制机构运动简图，并通过自由度的计算，判断其运动的确定性。

2）根据牛头刨床的工作原理，拟定2~3个其他形式的执行机构（连杆机构），并对这些机构进行分析对比。

3）导杆机构的设计。根据已知数据，确定导杆机构的运动尺寸，要求用图解法设计。可借助软件（如AutoCAD、Pro/E）画导杆机构的二维图，或进行建模、装配及运动仿真。

4）凸轮机构的设计。根据所给定的已知数据，确定凸轮的基本尺寸（基圆半径r_b、机架$l_{O_2O_7}$和滚子半径r_T），要求借助软件画出从动件的运动规律、凸轮机构的实际廓线和凸轮机构运动仿真模型。

5）编写设计说明书一份。应包括设计任务、设计参数、设计计算过程、图形等。

任务1.1　平面机构的结构分析

任务目标	1. 熟练掌握平面机构运动简图的识读与绘制、机构自由度的计算，判断机构是否具有确定的相对运动。 2. 能独立进行机械运动方案的分析和设计。 3. 培养团队协作能力、人际交往与沟通能力。				
工作任务内容	1. 分析牛头刨床传动系统组成和执行机构组成，以及工艺动作。 2. 分析牛头刨床执行机构类型，绘制机构运动简图。 3. 分析计算执行机构的自由度，并通过自由度的计算，判断其运动的确定性。				
基本工作思路	1. 各小组认真制定工作方案，分工具体、明确，协作完成。 2. 知识储备：通过学生自学和教师辅导，掌握完成本项工作任务所需要的理论知识。 3. 识读机械系统示意图和牛头刨床机构简图，分析机构结构类型及运动原理。 4. 绘制执行机构运动简图。 5. 进行机构自由度的分析计算，确定主动件的数量。 6. 进行机构运动分析，协调机构运动。 7. 提交设计说明书和相关的技术文件。 8. 各小组选派代表展示成果，阐述任务完成情况，师生共同分析、评议各小组的学习成果。				
成果评定（60%）		学习过程评价（30%）		团队合作评价（10%）	

[相关知识链接]

机器是由机构构成的，组成机构的构件必须保证具有确定的相对运动，为了便于分析机构是否具有确定的相对运动，需要绘制机构运动简图，并且计算其自由度，根据自由度数目来判定机构是否具有相对运动。

1.1.1　平面运动副

机构是由许多构件组合而成的，机构的每个构件都以一定的方式与其他构件相互连接，这种连接不是固定连接，而是能产生一定相对运动的连接。这种使两构件直接接触并能产生一定相对运动的连接称为运动副。例如图 0-1-3 内燃机中，活塞与连杆的连接、活塞与气缸体的连接等都构成了运动副。

两构件组成的运动副是通过点、线或面的接触来实现。按照接触的特性，通常把运动副分为低副和高副两类。

1. 低副

（1）转动副　若组成运动副的两个构件只能在一个平面内做相对转动，这种运动副称为转动副或铰链。如图 1-1-1a、b 所示，图中的构件 1 与构件 2 组成了转动副，它的两个构件都未固定，故称为活动铰链。

（2）移动副　若组成运动副的两个构件只能沿某一轴线相对移动，这种运动副称为移动副。如图 1-1-1c、d 所示，图 1-1-1d 中一根四棱柱体 1 穿入另一构件 2 大小合适的方孔内，构件 1 与构件 2 可沿 x 轴方向相对移动而组成移动副；图 1-1-1c 所示为车床刀架与导轨构成的移动副。

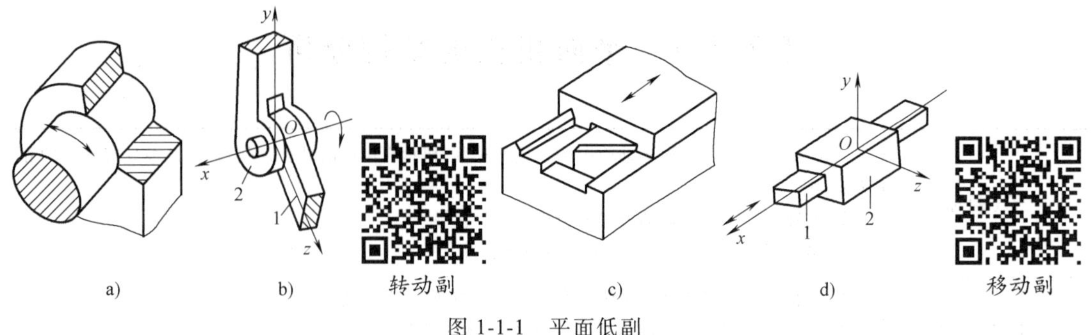

a) b) c) d)

图 1-1-1 平面低副

人们日常所见的门窗合页、折叠椅等均为转动副，推拉门、导轨式抽屉等为移动副。

2. 高副

两构件通过点或线接触组成的运动副称为高副。它们的相对运动是转动和沿切线 *t-t* 方向的移动。图 1-1-2a 中的轮齿 1 与轮齿 2，图 1-1-2b 中的凸轮 1 与从动件 2，图 1-1-2c 中的轮齿 1 与轮齿 2，分别在其接触处 *A* 组成高副。

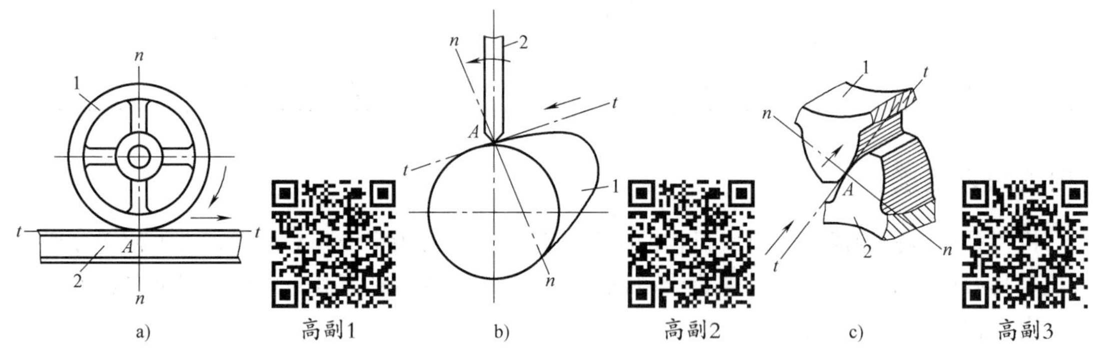

a) b) c)

图 1-1-2 平面高副

低副因其两构件接触处的压强小，故承载能力大、耐磨损、寿命长，且因形状简单，所以易于制造，而高副由于是点或线的接触，承载能力较低，构件接触处易磨损。但低副的两构件之间只能做相对滑动，而高副的两构件之间可做相对滑动或滚动，或两者都有，它能传递较复杂的运动。

除上述平面运动副之外，机械中还经常用到一些空间运动副，即两构件的相对运动为空间运动，如球面副、螺旋副等。

1.1.2 机构运动简图

实际构件的外形和结构往往很复杂，为使问题简化，可以用简单线条和符号来表示构件和运动副，按比例定出各运动副的位置。这种说明机构各构件间相对运动关系的简化图形，称为机构运动简图。机械运动简图与原机构具有完全相同的运动特性。本节主要应解决的问题：如何用简单线条和符号绘制机构运动简图来表示实际机械。

1.1.2.1 构件、运动副的代表符号

构件、运动副的代表符号见表 1-1-1。

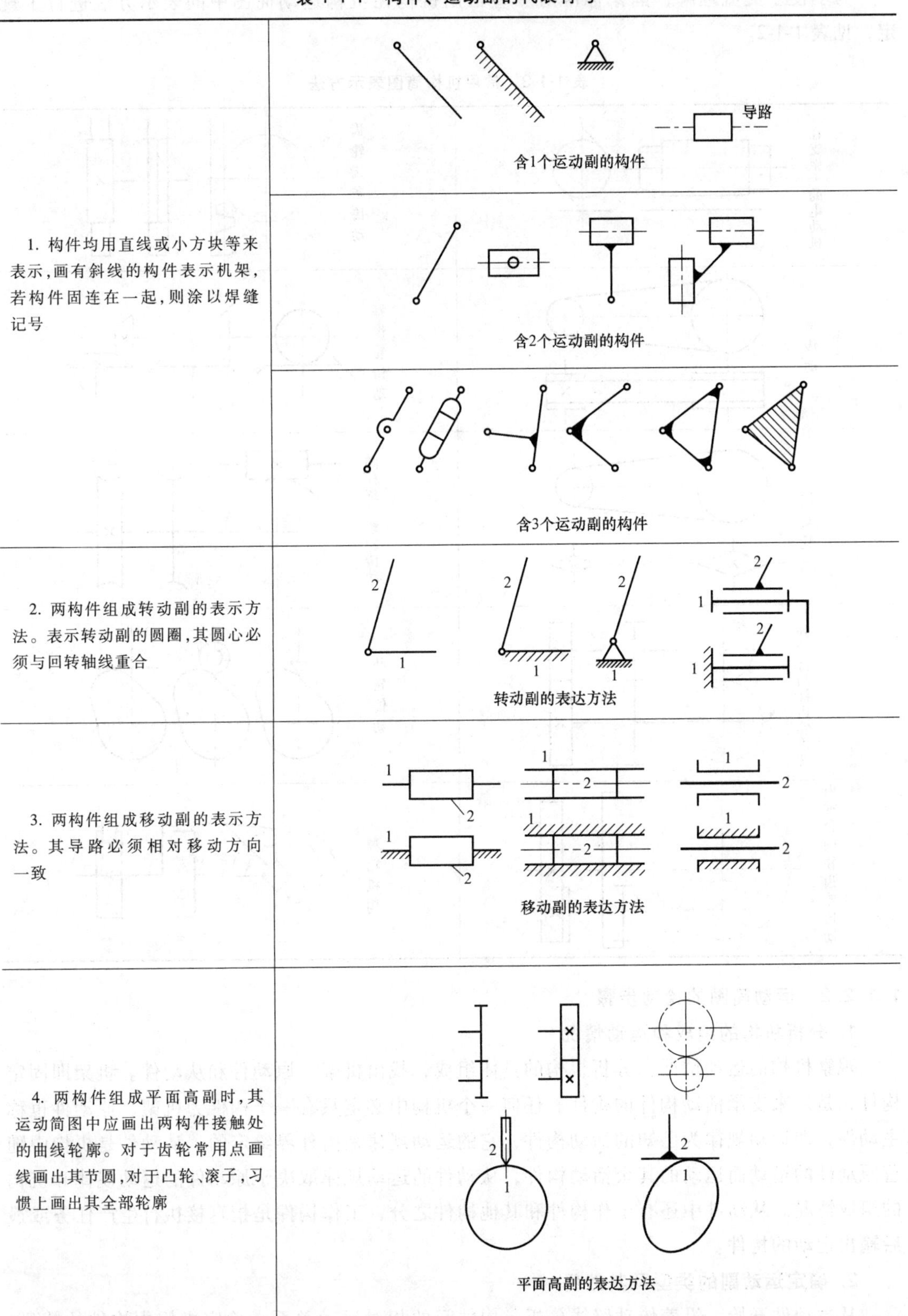

表 1-1-1 构件、运动副的代表符号

1. 构件均用直线或小方块等来表示，画有斜线的构件表示机架，若构件固连在一起，则涂以焊缝记号	导路 含1个运动副的构件 含2个运动副的构件 含3个运动副的构件
2. 两构件组成转动副的表示方法。表示转动副的圆圈，其圆心必须与回转轴线重合	1 2 转动副的表达方法
3. 两构件组成移动副的表示方法。其导路必须相对移动方向一致	1 2 移动副的表达方法
4. 两构件组成平面高副时，其运动简图中应画出两构件接触处的曲线轮廓。对于齿轮常用点画线画出其节圆，对于凸轮、滚子，习惯上画出其全部轮廓	1 2 平面高副的表达方法

为了便于交流理解，国家标准对一些常用机构在机构运动简图中的表示方法进行了规定，见表 1-1-2。

表 1-1-2　常用机构简图表示方法

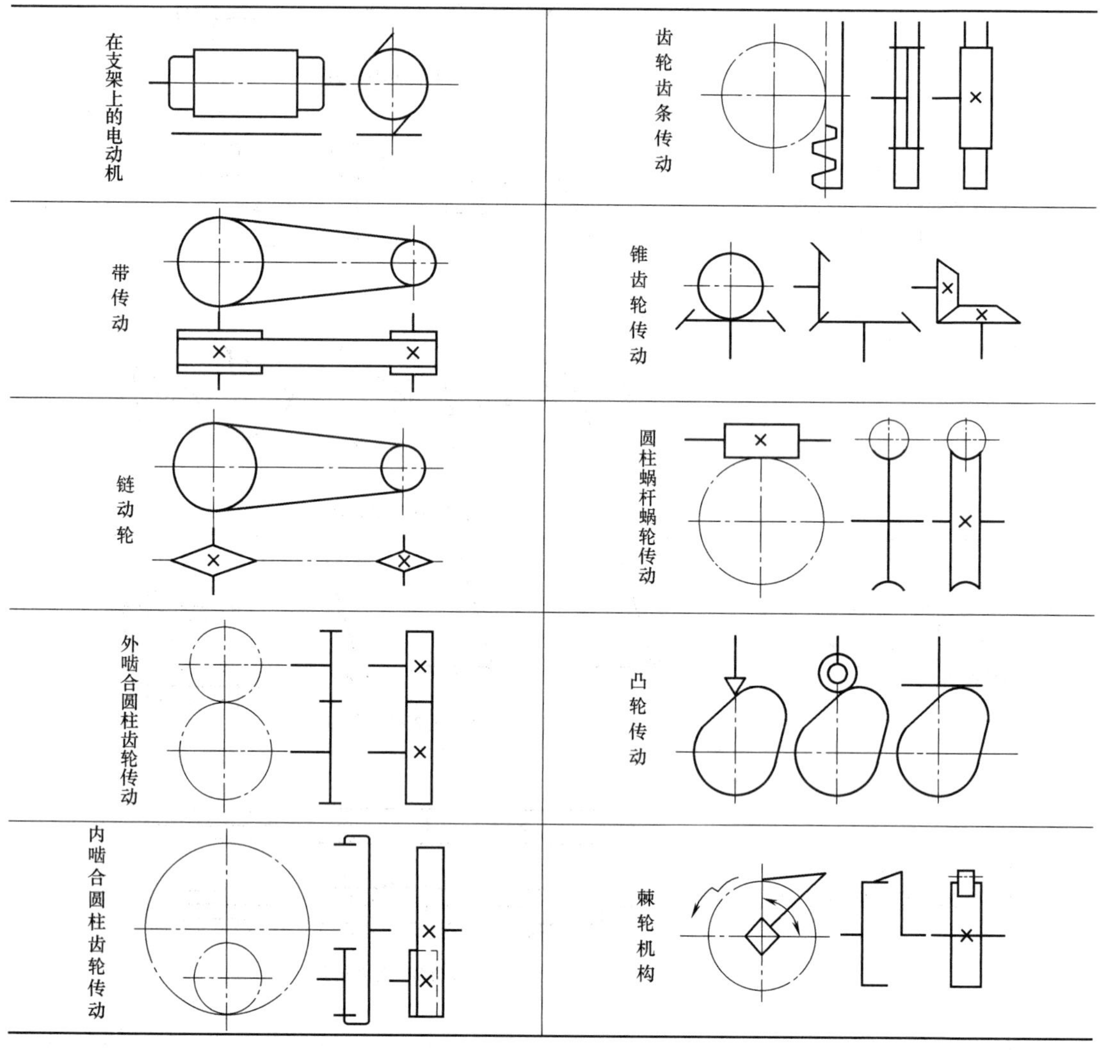

1.1.2.2　运动简图的绘制步骤

1. 分析机构的组成和运动情况

观察机构的运动情况，分析机构的具体组成，找出机架、原动件和从动件。机架即固定构件，是用来支承活动构件的构件。任何一个机构中必定只有一个构件为机架；原动件也称主动件，即运动规律为已知的活动构件，它的运动规律是由外界给定的；从动件是机构中随着原动件的运动而运动的其余活动构件，从动件的运动规律取决于原动件的运动规律和机构的组成情况。从动件中还有工作构件和其他构件之分，工作构件是指直接执行生产任务或最后输出运动的构件。

2. 确定运动副的类型及其数目

从主动件开始，沿着传动路线分析各构件间的相对运动关系，确定机构中构件的数目。

沿着运动传递路线，逐一分析相连两构件间的相对运动性质和接触情况，以确定运动副的类型和数目及各运动副的相对位置。

3. 选择视图平面

为了能够清楚地表明各构件间的运动关系，对于平面机构，通常可选择机械中多数构件的运动平面为视图平面，必要时也可选择多个视图平面，然后将其画到同一图面上。

4. 选取适当的比例尺，绘制机构运动简图

根据机构实际尺寸和图纸大小确定适当的长度比例尺，按照各运动副间的距离和相对位置，用规定的符号和线条将各运动副连起来，即为机构运动简图。图中从原动件开始，按传动顺序标出各构件的编号（用阿拉伯数字）和运动副的代号（用大写英文字母）。在原动件上标出箭头以表示其运动方向。

【例 1-1】 绘制图 1-1-3 所示颚式破碎机主体机构的运动简图。

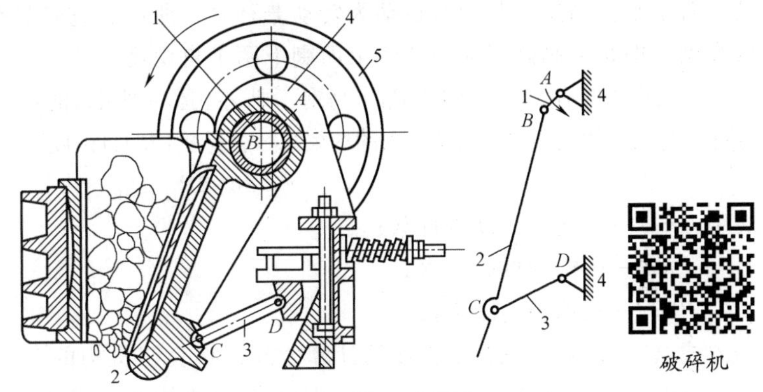

图 1-1-3 颚式破碎机运动简图

解： 1）分析机构的组成及运动情况。机构运动是由电动机将运动传递给带轮 5 输入，而带轮 5 和偏心轴 1 连成一体（属于同一构件），绕转动中心 A 转动；偏心轴 1 带动动颚板 2 运动；肘板 3 的一端与动颚板 2 相连接，另一端与机架 4 在 D 点相连。这样，当偏心轴 1 转动时便带动动颚板 2 做平面运动，定颚板固定不动，从而将矿石轧碎。由此可知，偏心轴 1 为主动件，动颚板 2 和肘板 3 为从动件，定颚板和 D 固定处为机架；该机构由机架和 3 个活动构件组成。

2）确定运动副的类型及其数目。偏心轴 1 与机架组成转动副 A；偏心轴 1 与动颚板 2 组成转动副 B；肘板 3 与动颚板 2 组成转动副 C；肘板 3 与机架组成转动副 D。由此可见，该机构共有 4 个转动副。

3）选择视图平面。由于该机构中各运动副的轴线互相平行，即所有活动构件均在同一平面或相互平行的平面内运动，故选构件的运动平面为绘制简图的平面。

4）选取适当的比例尺，绘制机构运动简图。按选定的比例尺，确定各运动副的相对位置，并按规定的符号绘出运动副，如图 1-1-3 中的 4 个转动副 A、B、C、D。然后用线段将同一构件上的运动副连接起来代表构件。连接 A、B 为偏心轴 1，连接 B、C 为动颚板 2，连接 C、D 为肘板 3，并在图中机架上加画斜线，在偏心轴 1 原动件上标出箭头。这样便绘出了颚式破碎机的机构运动简图。

1.1.3 平面机构的自由度

1.1.3.1 构件的自由度及其约束

一个构件做平面运动时，具有 3 个独立的运动：沿 x 轴和 y 轴的移动以及绕垂直于 xOy 平面的 A 轴的转动，如图 1-1-4 所示。构件的独立运动称为构件的自由度。所以，一个做平面运动的自由构件具有 3 个自由度。

如果一个平面机构有 N 个构件，其中必有一个构件是机架（固定件），该构件受到 3 个约束而自由度自然为零。此时，机构的活动构件数为 $n=N-1$。显然，这些活动构件在未连接组成运动副之前总共应具有 $3n$ 个自由度。而当这些构件用运动副连接起来组成机构之后，它们之间的相对运动就会受到约束，相应的自由度数也随之减少。不同类型的运动副受到的约束数不同，剩下的自由度数也不同。对于每个平面低副（不论是转动副还是移动副），两构件之间的相对运动只能是转动或移动，故它是具有一个自由度和两个约束条件的低副，即引入两个约束而剩下一个自由度；对于平面高副，其相对运动为转动兼移动，所以，它是具有两个自由度和一个约束条件的高副，即每个高副引入一个约束而剩下两个自由度。

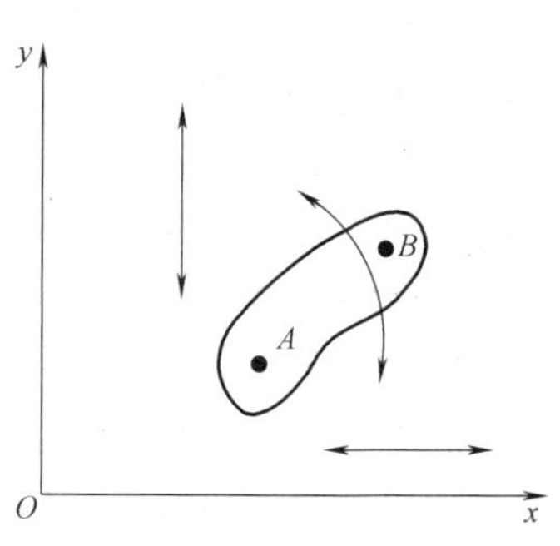

图 1-1-4　平面运动构件的自由度

若机构中共有 P_L 个低副和 P_H 个高副，则这些运动副引入的约束总数为 $2P_L+P_H$。所以，用活动构件总的自由度数减去运动副引入的约束总数就是机构的自由度数。机构的自由度用 F 表示，即

$$F=3n-2P_L-P_H \tag{1-1}$$

式中　n——机构的活动构件数；

P_L——机构中低副个数；

P_H——机构中高副个数。

式（1-1）就是机构自由度的计算公式，它表明机构的自由度数、活动构件数和运动副数之间的关系。显然，只有在自由度大于零时机构才可能动，而自由度等于零时，机构是不可能产生任何相对运动的。因此，机构能具有相对运动的条件是 $F>0$。

应用式（1-1）计算机构自由度时，$F>0$ 的条件只表明机构能够动，并不能说明机构是否有确定运动。因此，尚需进一步讨论在什么条件下机构才有确定运动。

现举例说明：图 1-1-5 所示为一四杆机构，其活动构件数 $n=3$，低副数 $P_L=4$，高副数 $P_H=0$。所以，机构的自由度为

$$F=3n-2P_L-P_H=3\times3-2\times4-0=1$$

图 1-1-6 所示为一五杆机构，其自由度为

$$F=3n-2P_L-P_H=3\times4-2\times5-0=2$$

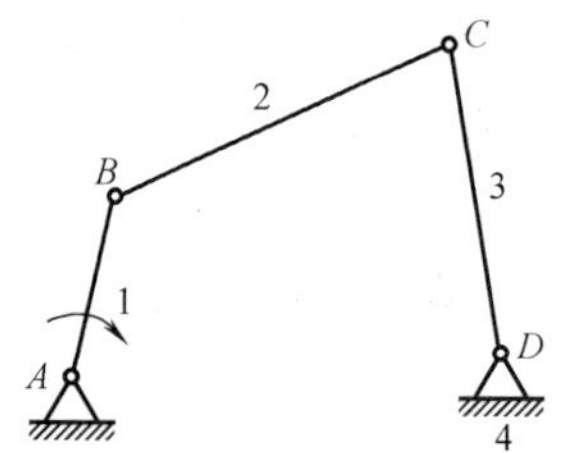

图 1-1-5　铰链四杆机构

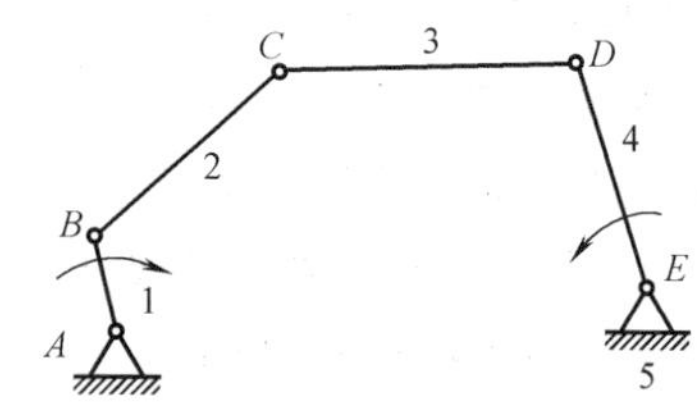

图 1-1-6　铰链五杆机构

1.1.3.2　机构具有确定运动的条件

由以上计算可知，两者自由度皆大于零，说明机构能够运动。但是否有确定运动，还需进一步讨论。对于图 1-1-5 所示的机构来说自由度为 1，所以，如果给定某一构件以已知运动规

律（图中设定为构件 1，通常称为主动件）运动，则其他构件均能做确定的运动，且为已知运动规律的函数。而图 1-1-6 所示机构的自由度为 2，即如果给定两个构件（如构件 1 和 4）以已知运动规律运动，则其他构件才能有确定运动。否则，如果仅给定一个构件以已知运动规律运动，则其他构件将不会有确定运动。

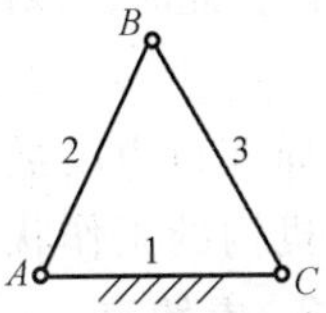

对于图 1-1-7 所示的构件组合，其自由度为

$$F=3n-2P_{\mathrm{L}}-P_{\mathrm{H}}=3\times2-2\times3-0=0$$

图 1-1-7 刚性桁架

计算结果 $F=0$，说明该构件组合中所有活动构件的总自由度数与运动副所引入的约束总数相等，各构件间无任何相对运动的可能，它们与机架（固定件）构成了一个刚性桁架，因而也就不称其为机构。但它在机构中，可作为一个构件处理。

综上所述，机构具有确定运动的条件是：

1）自由度 $F>0$。

2）自由度 F 等于机构主动件的个数。

1.1.3.3 计算自由度时应注意的一些问题

1. 复合铰链

复合铰链是由两个以上的构件通过转动副并联在一起所构成的铰链。图 1-1-8a 为钢板剪切机的机构运动简图，B 处是由 2、3 和 4 三个构件通过两个轴线相重合的转动副并联在一起的复合铰链，其具体结构如图 1-1-8b 所示。因此，在统计转动副数目时应根据运动副的定义按两个转动副计算。同理，当用 K 个构件组成复合铰链时，其转动副数应为（K-1）个。这样，该机构共有活动构件数 $n=5$，低副数 $P_{\mathrm{L}}=7$（其中滑块 5 与机架构成移动副，其余均为转动副），高副数 $P_{\mathrm{H}}=0$。所以，由式（1-1）得该机构自由度为

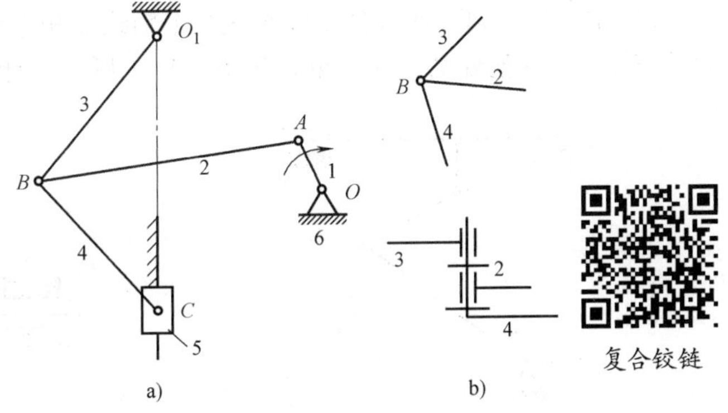

图 1-1-8 钢板剪切机的机构运动简图及其复合铰链

$$F=3n-2P_{\mathrm{L}}-P_{\mathrm{H}}=3\times5-2\times7-0=1$$

2. 局部自由度

机构中某些不影响整个机构运动的自由度，称为局部自由度。在计算机构自由度时应将局部自由度除去不算。

如图 1-1-9a 所示的凸轮机构，为了减小高副接触处的摩擦，变滑动摩擦为滚动摩擦，常在从动件 3 上装一滚子 2。当主动凸轮 1 绕固定轴 A 转动时，从动件 3 在导路中上下往复运动。滚子 2 和从动件 3 组成一个转动副，显然，滚子 2 的转动快慢与否，对整个机构运动无任何影响，即

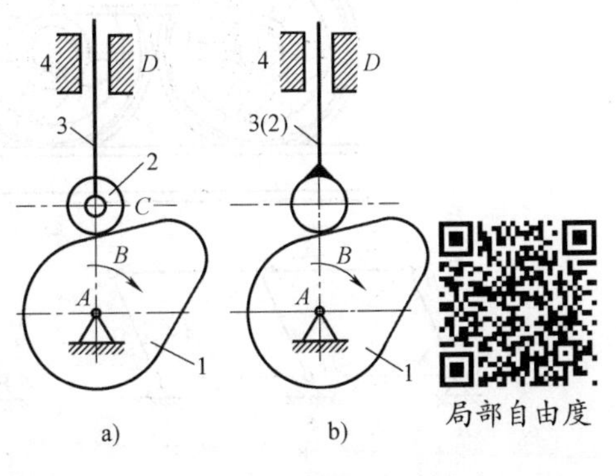

图 1-1-9 凸轮机构引入的局部自由度

可将从动件 3 与滚子 2 看成一体，如图 1-1-9b所示。

由此可见，这种与机构运动无关的构件的自由度称为局部自由度，在计算机构自由度时应除去不计。此时，该机构的活动构件数 $n=2$，低副数 $P_L=2$，高副数 $P_H=1$，则该机构的自由度为

$$F=3n-2P_L-P_H=3\times2-2\times2-1=1$$

局部自由度虽不影响机构的运动规律，但可以将高副接触处的滑动摩擦变为滚动摩擦，改善机构的工作状况，因此在机械中常有局部自由度存在。

3. 虚约束

虚约束是指机构运动分析中不产生约束效果的重复约束，在计算机构的自由度时，应将虚约束去除。图 1-1-10 为一四杆机构，构件 3 与机架在 C 和 D 处组成两个移动副，且构件 3 的运动与两移动副的导路中心线重合。因此，这两个移动副之一实际上并未起到约束作用，即从运动角度来看，去掉一个移动副（C 或 D），并不影响构件 3 做水平方向的移动。因此，在计算机构自由度时，应将其中之一（C 或 D）作为虚约束处理，即除去不计。这样，机构的自由度为

$$F=3n-2P_L-P_H=3\times3-2\times4-0=1$$

此结果与实际情况一致。

虚约束经常出现的场合有：

1）重复移动副。两构件之间组成几个导路互相平行或重合的移动副，只有一个移动副起约束作用，其他处则为虚约束，如图 1-1-10 所示。计算自由度时，只按一个移动副计算。

2）重复转动副。两构件之间组成几个轴线互相平行或重合的转动副，只有一个转动副起约束作用，其他处则为虚约束，如图 1-1-11 所示。计算自由度时，只按一个转动副计算。

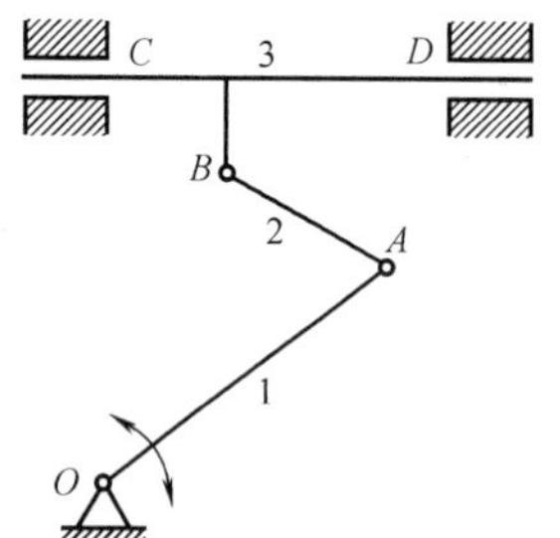

图 1-1-10　移动方向一致引入的虚约束

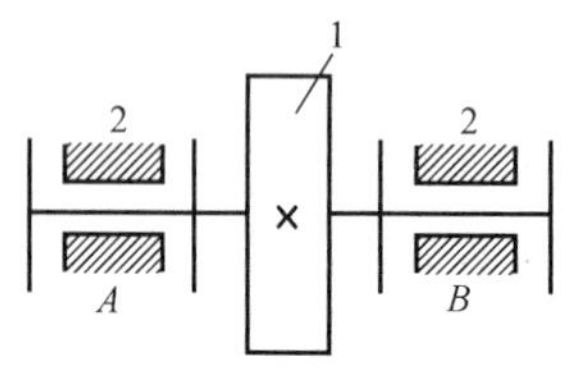

图 1-1-11　轴线重合引入的虚约束

虚约束1

3）重复的运动轨迹。如图 1-1-12a、b 分别为火车头驱动轮联动装置示意图和机构运动

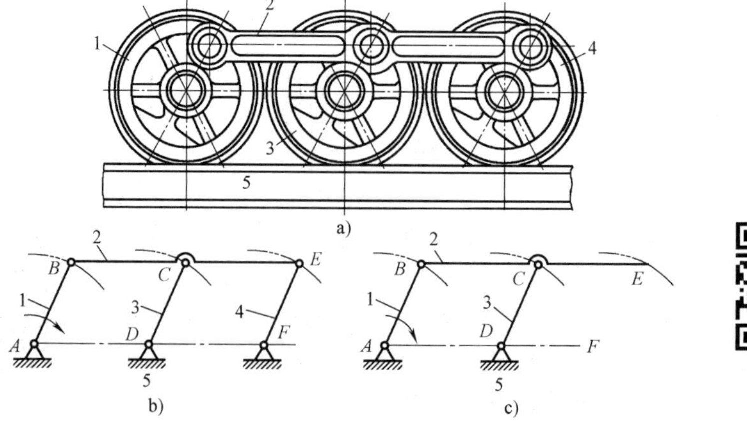

虚约束2

图 1-1-12　机车车轮联动机构中的虚约束

简图，其形成一个平行四边形机构，其中构件4及转动副E、F存在与否并不影响平行四边形$ABCD$的运动，也可以说，构件4和转动副E、F引入的一个约束不起限制作用，是虚约束。进一步可以肯定地说，三构件AB、CD、EF中缺省其中任意一个，均对余下的机构运动不产生影响，实际上是因为此三构件的动端点的运动轨迹均与构件BC上对应点的运动轨迹重合。应该指出，AB、CD、EF三构件是互相平行的，否则就形成不了虚约束，机构就出现过约束而不能运动。

除去虚约束之后，如图1-1-12c所示，求得该机构的自由度

$$F=3n-2P_{L}-P_{H}=3\times3-2\times4-0=1$$

4）重复高副。机构中对传递运动不起独立作用的对称部分（指高副）为虚约束。如图1-1-13所示的行星轮系，为了受力均衡，采用了3个行星轮2、2′、2″对称布置，它们所起的作用完全相同，从运动的角度来看，只需要一个行星轮即可满足要求。因此，其中只有一个行星轮所组成的运动副为有效约束。

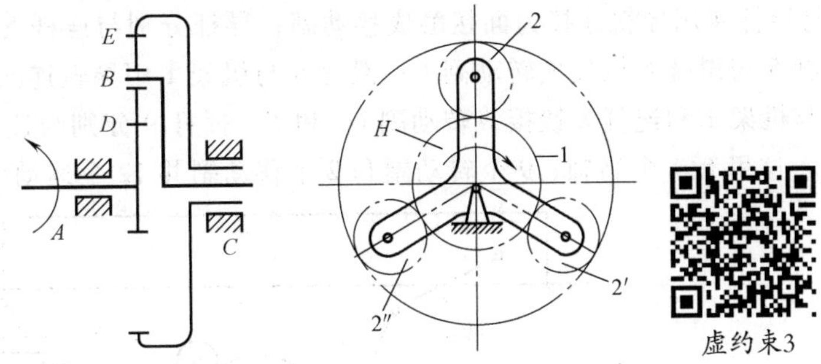

图1-1-13　重复高副引入的虚约束

应当指出，虚约束是在特定的几何条件下形成的，它的存在虽然对机构的运动没有影响，但是它可以改善机构的受力状况，增强机构工作的稳定性。如果这些特定的几何条件不能满足，则虚约束将会变成实际约束，使机构不能运动。因此，在采用虚约束的机构中对它的制造和装配精度都有严格的要求。

【例1-2】 计算图1-1-14a所示大筛机构的自由度，并判断其有无确定的运动。

解： 机构中滚子的自转为一个局部自由度。顶杆7与机架8在E和E'组成两个导路重合的移动副，其中之一为虚约束。C处是复合铰链。现将滚子与顶杆看成一体，除去虚约束E'，如图1-1-14b所示。该机构的活动构件数$n=7$，低副数$P_{L}=9$（7个转动副和2个移动副），高副数$P_{H}=1$，则该大筛机构的自由度为

$$F=3n-2P_{L}-P_{H}=3\times7-2\times9-1=2$$

此大筛机构的自由度等于2，有两个主动件，故该机构具有确定的相对运动；否则，机构的运动不能确定。

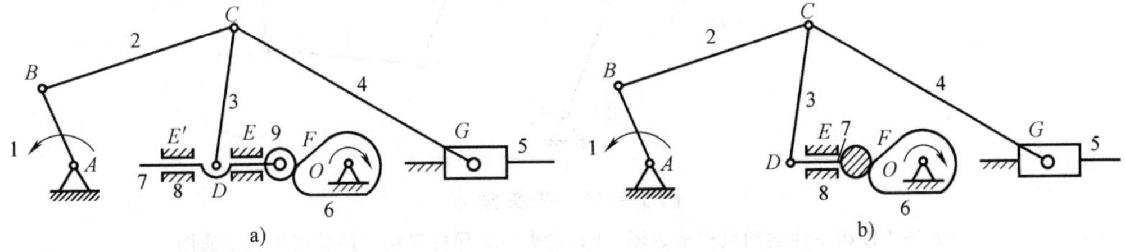

图1-1-14　大筛机构的自由度

[任务实施]

图1-0-2所示为牛头刨床的主运动机构简图，已知滑枕（刨头）6的导轨高$h_{60_4}=$

1000mm，凸轮 2′的中心高 $h_{O_2O_4}=540\text{mm}$，滑块销 3 的回转半径 $r_{3O_2}=240\text{mm}$。试绘制主体运动机构的运动简图，并通过自由度的计算，判断其运动的确定性。

解：1. 机构分析。牛头刨床主体运动机构由齿轮传动机构、导杆机构、凸轮机构和棘轮机构等组成，机构示意图如图 1-1-15a 所示。

2. 为了简单地说明问题，下面仅取导杆机构和凸轮机构这部分进行运动简图的绘制和自由度计算。

1）确定运动副类型。原动件曲柄与凸轮都固结在大齿轮上，用轴通过轴承与机架 1 铰接成转动副 O_2；凸轮与滚子之间形成高副，滑块 3 通过销子与大齿轮铰接成转动副 A；滑块 3 与导杆 4 用导轨连接为面接触成移动副；导杆分别与连杆 5 和机架铰接成转动副 B 和 O_4；连杆 5 与滑枕 6 铰接成转动副 C；滑枕 6 与机架 1 用导轨连接以面接触成移动副。推杆 7 分别与机架 1 和连杆 8 铰接成转动副 O_7 和 E，摇杆 9 分别与连杆 8 和机架铰接成转动副 F 和 O_9。这里有 1 个高副、9 个转动副和 2 个移动副共 12 个运动副。

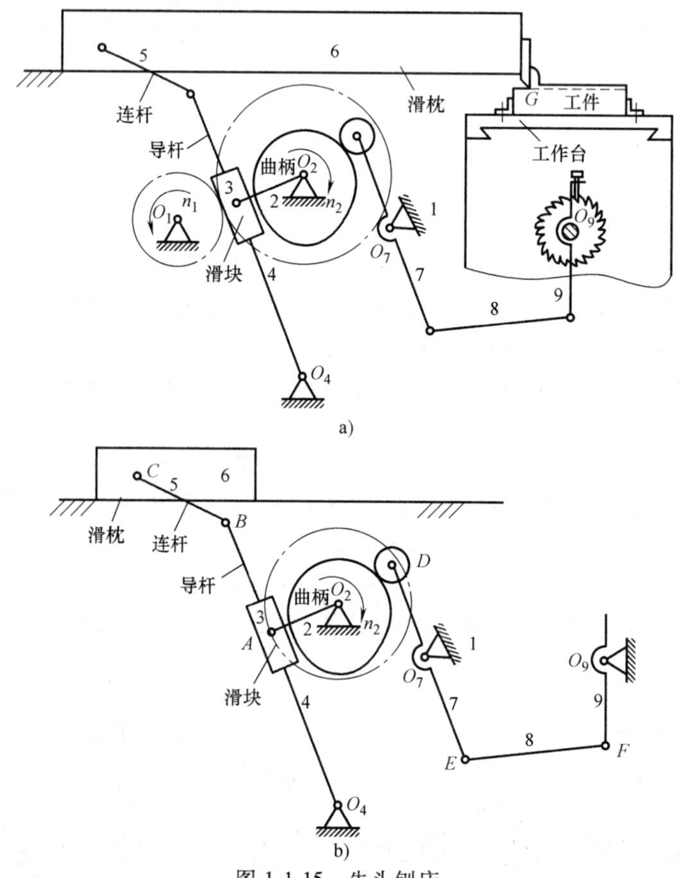

图 1-1-15　牛头刨床

a）牛头刨床主体运动机构示意图　b）牛头刨床导杆机构和凸轮机构运动简图

2）确定视图平面。以平行于凸轮运动平面作为视图平面。

3）计算长度比例和图示长度。设图样最大尺寸为 50mm，则长度比例尺为

$$\mu_1=h_{6O_4}/50=1000\text{mm}/50\text{mm}=20$$

图示长度

$$h'_{6O_4} = h_{6O_4}/\mu_1 = 1000\text{mm}/20 = 50\text{mm}$$
$$h'_{O_2O_4} = h_{O_2O_4}/\mu_1 = 540\text{mm}/20 = 27\text{mm}$$
$$r'_{3O_2} = r_{3O_2}/\mu_1 = 240\text{mm}/20 = 12\text{mm}$$

4）绘制机构运动简图。①先绘制机架上的运动副铰链，根据 h'_{6O_4} 值绘制滑枕（即滑块6）的导路；②选择适当的瞬时位置，按各运动副间的图示距离和相对位置，用规定的符号表示各运动副；③用直线将同一构件上的运动副连接起来，并标上件号、铰点名和原动件的运动方向，表示出机架，即得所求的机构运动简图，如图 1-1-15b 所示。

5）自由度分析计算。该机构有一加装滚子的局部自由度，除去不算，共有 8 个活动构件，9 个转动副，2 个移动副，1 个高副，无复合铰链。故根据机构自由度计算公式可以求得机构的自由度为

$$F = 3n - 2P_L - P_H = 3\times8 - 2\times11 - 1 = 1$$

该机构有一个原动件，原动件的数目等于自由度，故该机构有确定运动。

[自我评估]

1. 平面机构具有确定相对运动的条件是什么？从动件的运动规律取决于哪些因素？
2. 在计算机构的自由度时要注意哪些事项？
3. 试绘制如图 1-1-16 所示 6 种机构的运动简图。

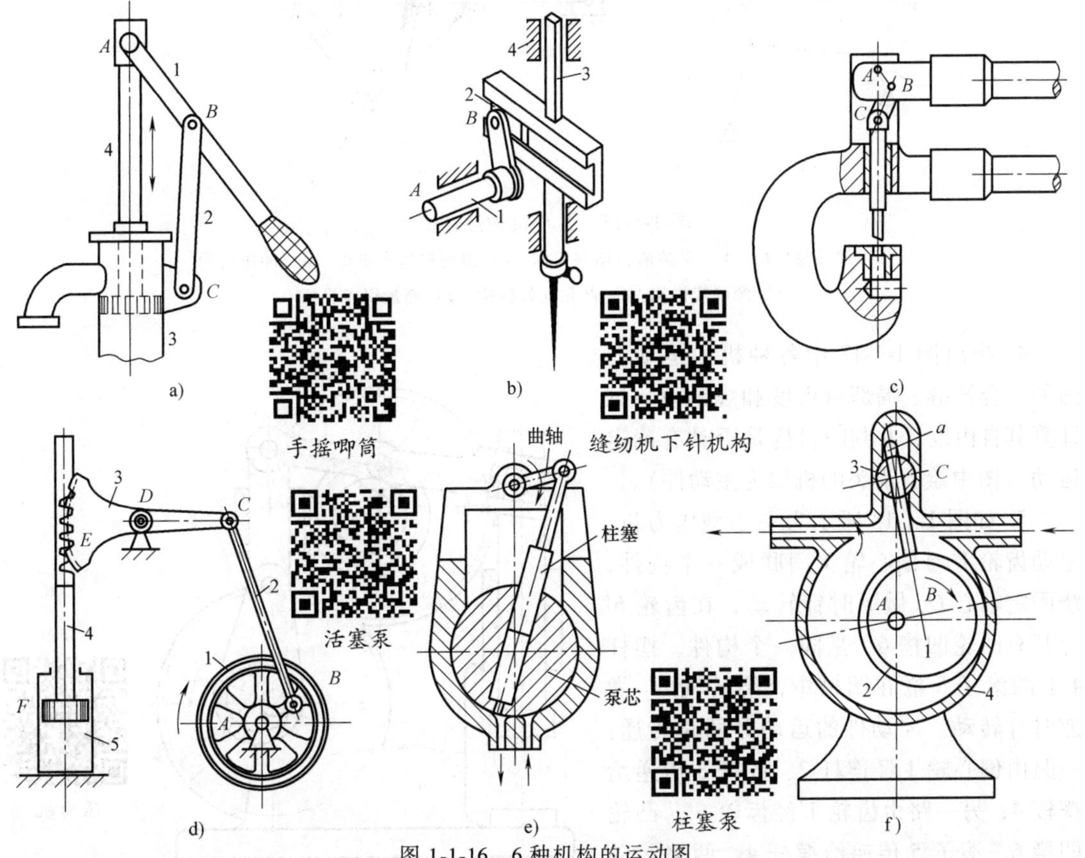

图 1-1-16 6 种机构的运动简图

a）手摇唧筒 b）缝纫机下针机构 c）手动冲孔钳 d）活塞泵 e）柱塞泵 f）偏心轮液压泵

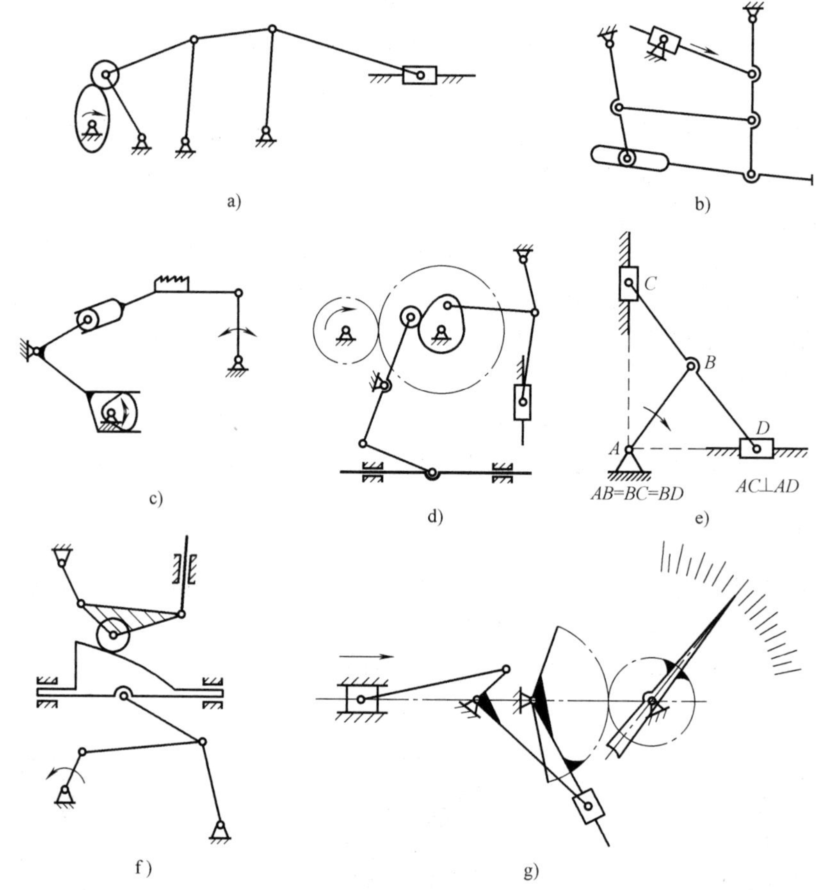

图 1-1-17　各种机构运动简图

a）惯性筛机构　b）平炉渣口堵塞机构　c）缝纫机送布机构　d）冲压机构　e）椭圆规机构　f）凸轮连杆机构　g）测量仪表机构

4. 指出图 1-1-17 中各种机构运动简图的复合铰链、局部自由度和虚约束，试计算其自由度，并判断机构是否具有确定运动（图中绘有箭头的机构为主动件）。

5. 如图 1-1-18 所示为一小型压力机，主动齿轮 1′与偏心轮 1 固联成一个构件，绕固定轴心 O_1 做顺时针转动；在齿轮 6′上开有凸轮凹槽 6，是同一个构件，摆杆 4 上的滚子 5 嵌在凹槽中，绕转轴 O_2 做逆时针转动。原动件的运动分两路传递：一路由偏心轮 1 经连杆 2、推杆 3 传递给摆杆 4；另一路由齿轮 1′经齿轮 6′、凸轮凹槽 6、滚子 5 传递给摆杆 4。两路运动经过摆杆 4 的合成，由滑块 7 传递给压头

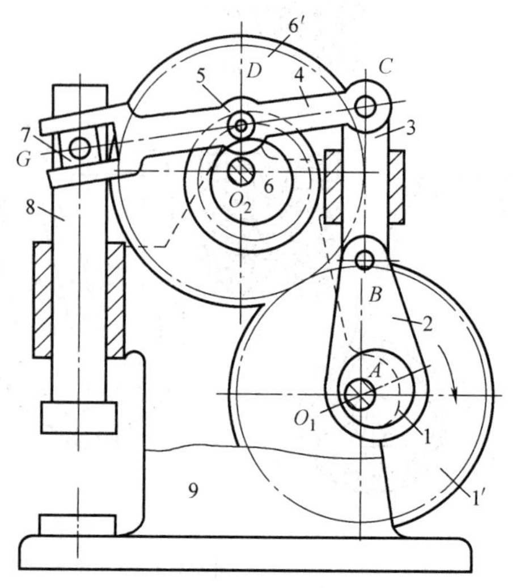

图 1-1-18　小型压力机

压力机

8，实现上下移动的冲压运动。试绘制其机构的运动简图，并计算机构的自由度。

任务 1.2 连杆机构设计

任务目标	1. 掌握平面连杆机构的基本形式及其演化，掌握铰链四杆机构存在曲柄的条件，分析平面连杆机构的运动特性。 2. 熟练使用图解法设计平面连杆机构，能够根据已知条件设计平面四杆机构。 3. 能够分析具体机械设备的构造及工作原理，正确使用工具和量具测量组成机构各构件与运动有关的尺寸。 4. 提高相应的信息收集能力，培养工作结果的评价与反思能力。			
工作任务内容	完成牛头刨床导杆机构的设计。具体要求如下： 1. 根据牛头刨床的工作原理，拟定 2~3 个其他形式的执行机构（连杆机构），并对这些机构进行分析对比。 2. 导杆机构的设计与运动分析。根据所给定的已知数据，确定导杆机构的运动尺寸，要求用图解法设计。并借助软件（如 AutoCAD、Pro/E）画导杆机构的二维图，或进行建模、装配及运动仿真分析。 设计的要求和原始数据参见项目任务描述。			
基本工作思路	1. 明确工作任务，各小组认真制定完成任务的方案，分工具体、明确。 2. 知识储备：通过学生自学和教师辅导，掌握完成本项工作任务所需要的理论知识或搜索相关的资料信息。 3. 根据掌握的理论知识，采用图解法设计该导杆机构（即曲柄滑块机构），确定各构件的尺寸和结构。验算设计的结果是否可用，验算传动角的大小，并进行修正。 当行程速比系数或压力角已确定时，导杆机构尺寸参数确定的依据及过程： 1）由 $K=1.5$ 求得极位夹角 θ。 2）由导杆机构的特性可知，导杆摆角等于极位夹角，即 $\psi_{max}=\theta$。 3）由刨刀的行程 H 和 θ 可求出导杆长 l_{BO_4}。 4）由机架长 $l_{O_2O_4}$ 和 θ 可求出曲柄长 l_{AO_2}。 5）由连杆长与导杆长之比 $l_{BC}/l_{BO_4}=0.2\sim0.3$，可求出连杆长 l_{BC}。 6）为使杆组的压力角较小，滑块 C 的导路 x-x 位于导杆端点 B 所作的圆弧高的平分线上，依此确定导路的高度 y_{CO_4}。 4. 将设计结果和步骤写在设计说明书中，并绘制最终的设计结果图，包括曲柄、连杆、滑块等其他尺寸的结构图。 5. 各小组展示工作成果，阐述任务完成情况，师生共同分析、评价。			
成果评定（60%）		学习过程评价（30%）		团队合作评价（10%）

［相关知识链接］

铰链四杆机构及其演化机构应用较多，能用铰链四杆机构存在曲柄的条件判断铰链四杆机构的基本类型，并能分析铰链四杆机构的运动特性和传力特性。

平面四杆机构设计的基本问题是：根据机构工作要求，结合附加限定条件，确定绘制机构运动简图所必需的参数，包括各构件的长度尺寸及运动副之间的相对位置。

1.2.1 铰链四杆机构

在平面四杆机构中，如果全部运动副都是转动副，则称为铰链四杆机构。如图 1-2-1 所示为铰链四杆机构中的曲柄摇杆机构，图中杆 4 固定不动，称为机架，杆 2 称为连杆。杆 1 和杆 3 分别用转动副与连杆 2 和机架 4 相连接，称为连架杆。连架杆中能做 360°转动的（如杆 1）称为曲柄，对应的转动副 A 称为整转副，在运动简图中用单向圆弧箭头表示；若仅能在小于 360°范围内摆动，则称为摇杆（如杆 3）或摆杆，对应的转动副 D 称为摆动副，在运动简图中用双向圆弧箭头表示。

按连架杆是否为曲柄以及曲柄数目，可将铰链四杆机构分为 3 种基本类型：曲柄摇杆机构、双曲柄机构和双摇杆机构。

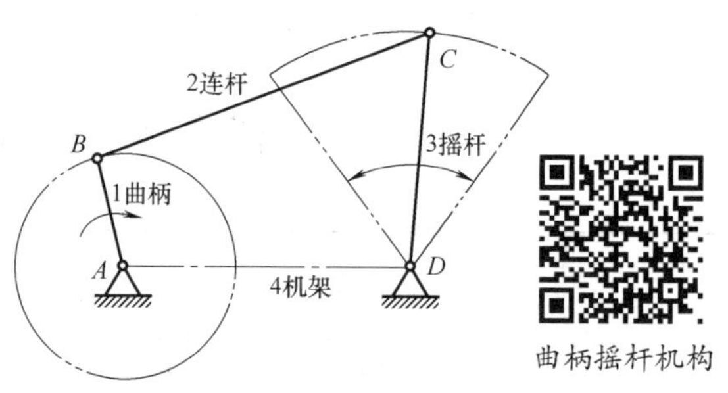

图 1-2-1　曲柄摇杆机构

1.2.1.1　曲柄摇杆机构

铰链四杆机构的两连架杆中一个为曲柄，另一个为摇杆时，称为曲柄摇杆机构。图 1-2-2a 所示的雷达天线调整机构即为曲柄摇杆机构。天线固定在摇杆 3 上，当主动件曲柄 1 回转时，通过连杆 2 使摇杆 3（天线）摆动，并要求摇杆 3 的摆动达到一定的摆角，以保证天线具有指定的摆角。在铰链四杆机构中，摇杆也可以做主动件。图 1-2-2b 所示为缝纫机踏板机构，当踏板（摇杆）*CD* 做往复摆动时，通过连杆 *BC* 带动曲轴（曲柄）*AB* 做连续整周转动，再通过带传动驱动缝纫机头的机构工作。图 1-2-2c 所示为容器搅拌机构，利用连杆 *BC* 延长部分上的 *E* 点的轨迹实现对液体的搅拌。

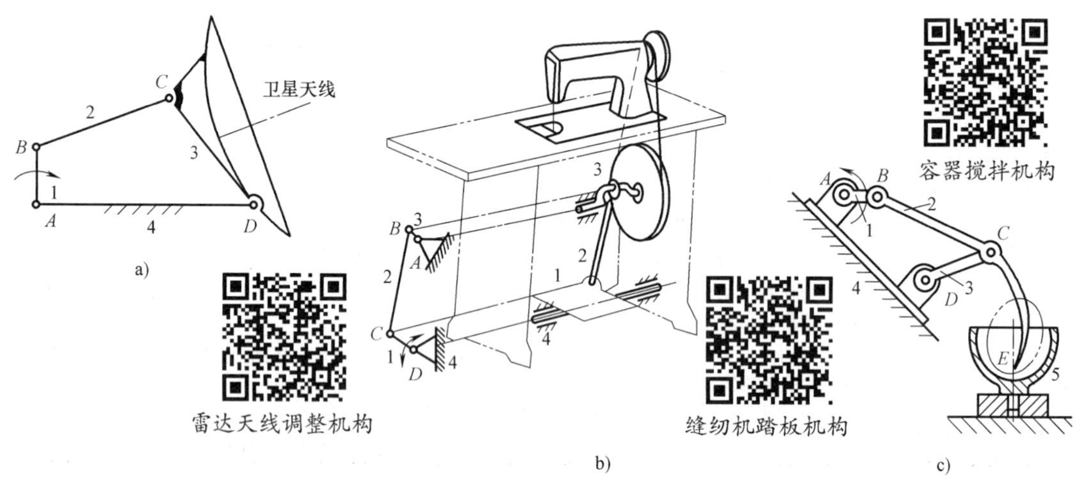

图 1-2-2　曲柄摇杆机构的应用

a）雷达天线调整机构　b）缝纫机踏板机构　c）容器搅拌机构

1.2.1.2　双曲柄机构

铰链四杆机构的两连架杆均为曲柄时，称为双曲柄机构，如图 1-2-3 所示的惯性筛分机中的四杆机构 *ABCD* 即为双曲柄机构。当主动曲柄 *AB* 做等速回转时，从动曲柄 *CD* 做变速回转，这样就可以使筛子在开始向左运动时有较大的加速度，从而可利用被筛分物料的惯性来达到筛分材料的目的。

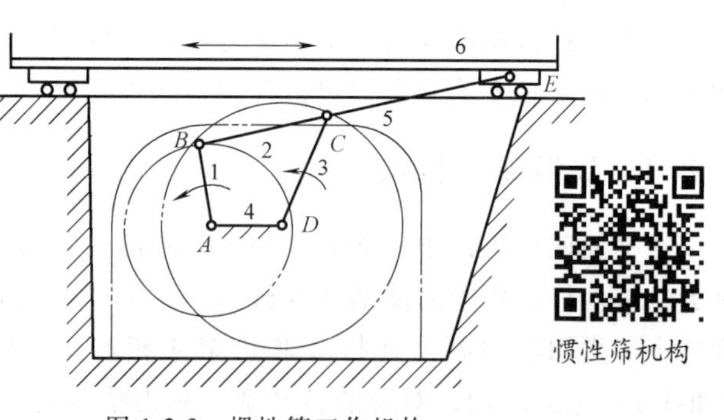

图 1-2-3　惯性筛工作机构

双曲柄机构中的两曲柄可分别做主动件。该机构能实现等速转动和变速转动之间的转换。

在双曲柄机构中，仅当两曲柄等长且连杆与机架等长时，两曲柄的角速度才在任何瞬时都相等。这种双曲柄机构称为平行双曲柄机构。图 1-1-12a 所示的蒸汽机车车轮联动机构，是平行双曲柄机构的应用实例。平行双曲柄机构在两个曲柄与机架共线时，可能会因某些偶然因素的影响而使两个曲柄反向回转，机车车轮联动机构采用 3 个曲柄的目的就是防止其反转（中间的杆 3 为虚约束）。

如图 1-2-4a 所示的双曲柄机构中，机架 *AD* 与连杆 *BC* 不平行，曲柄 *AB* 与 *CD* 做反向转动，这是一个反平行四边形机构。当图 1-2-4b 所示机构应用于车门启闭机构时，可以保证分别与曲柄 *AB* 和 *CD* 固定连接的两扇车门同时开启或关闭。

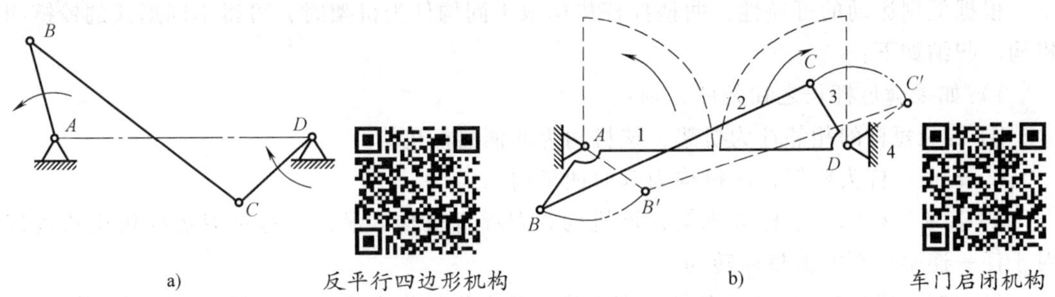

图 1-2-4 反平行四边形机构及其应用

1.2.1.3 双摇杆机构

铰链四杆机构的两连架杆均为摇杆时，称为双摇杆机构。如图 1-2-5a 所示为港口用起重机吊臂结构原理。其中，*ABCD* 构成双摇杆机构，*AD* 为机架，在主动摇杆 *AB* 的驱动下，随着机构的运动连杆 *BC* 的外伸端点 *M* 获得近似直线的水平运动，使吊重 *Q* 能做水平移动而大大节省了移动吊重所需要的功率。图 1-2-5b 所示的汽车偏转车轮转向机构采用了等腰梯形双摇杆机构。该机构的两根摇杆 *AB*、*CD* 是等长的，适当选择两摇杆的长度，可以使汽车在转弯时两转向轮轴线近似相交于其他两轮轴线延长线某点 *P*，汽车整车绕瞬时中心 *P* 点

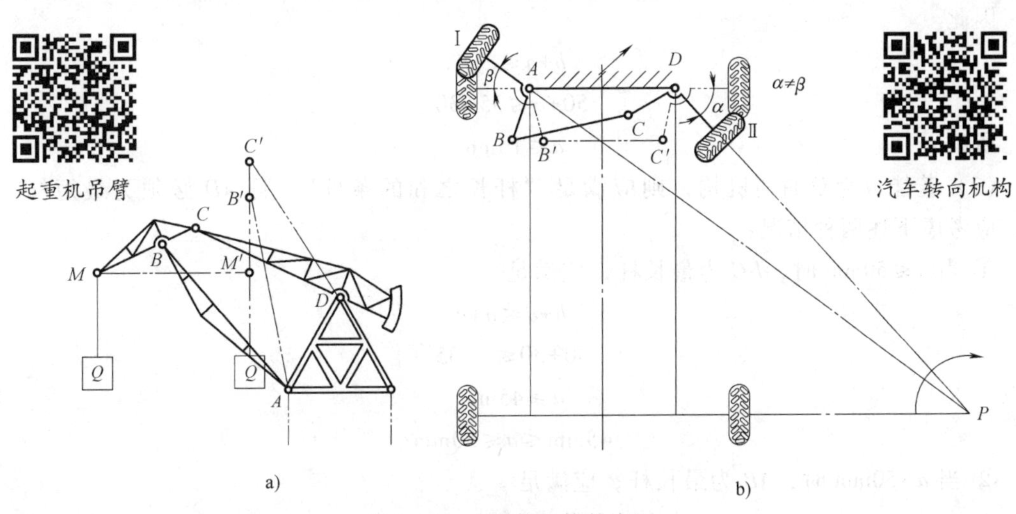

图 1-2-5 双摇杆机构的应用

a）起重机吊臂结构原理 b）汽车转向机构

转动，使得各轮子相对于地面做近似的纯滚动，以减少转弯时轮胎的磨损。

1.2.1.4 铰链四杆机构曲柄存在的条件

在机构中，具有整转副的构件占有重要的地位，因为只有这种构件才能用电动机等连续转动装置来带动。如果这种构件与机架相铰接（也即是连架杆），则该构件就是一般所指的曲柄。机构中具有整转副的构件是关键性的构件。

可以证明，铰链四杆机构中存在曲柄的条件为：

1）曲柄长度在机构的活动构件中最短，即曲柄是机构中的最短杆（除机架外）。

2）最短杆与最长杆的长度之和小于或等于其余两杆长度之和。

我们把这种杆长之和的关系简称为杆长之和的条件。

根据低副运动的可逆性，曲柄摇杆机构取不同构件为机架时，可得不同形式的铰链四杆机构。归纳如下：

1）如果满足杆长之和条件，则：

① 若最短杆的相邻杆为机架，该机构为曲柄摇杆机构。

② 若最短杆为机架，该机构为双曲柄机构。

③ 若最短杆的对边杆为机架，该机构为双摇杆机构。显然，这种双摇杆机构的连杆相对于任一连架杆都能做整周转动。

2）如果不满足杆长之和条件，则无论以哪个构件为机架，机构均为双摇杆机构。

【例 1-3】 在图 1-2-6 所示的四铰链机构中，已知：$b=50\text{mm}$，$c=35\text{mm}$，$d=30\text{mm}$，AD 为固定件。

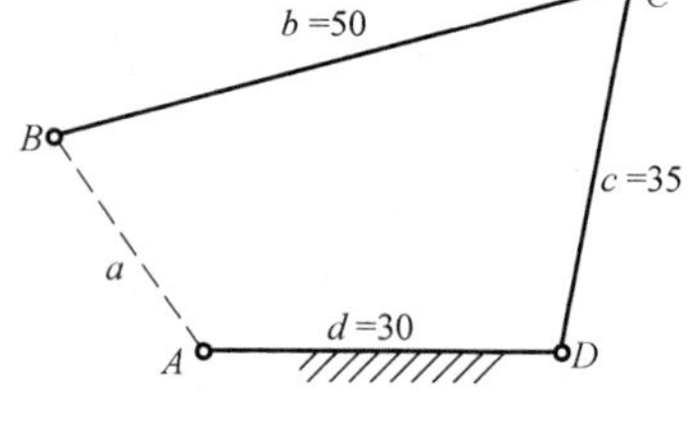

图 1-2-6 四铰链机构

（1）如果能成为曲柄摇杆机构，且 AB 是曲柄，求 a 的极限值。

（2）如果能成为双曲柄机构，求 a 的取值范围。

（3）如果能成为双摇杆机构，求 a 的取值范围。

解：（1）若能成为曲柄摇杆机构，则机构必须满足“杆长之和的条件”，且 AB 应为最短杆。

因此

$$b+a\leqslant c+d$$

$$50+a\leqslant 35+30$$

所以

$$a\leqslant 15\text{mm}$$

（2）若能成为双曲柄机构，则应满足“杆长之和的条件”，且 AD 必须为最短杆。这时，应考虑下述两种情况：

① 当 $a\leqslant 50\text{mm}$ 时，BC 为最长杆，应满足

$$b+d\leqslant a+c$$

$$50+30\leqslant a+35$$

所以

$$a\geqslant 45\text{mm}$$

$$45\text{mm}\leqslant a\leqslant 50\text{mm}$$

② 当 $a>50\text{mm}$ 时，AB 为最长杆，应满足

$$a+d\leqslant b+c$$

$$a+30\leqslant 50+35$$

所以 $a \leqslant 55\text{mm}$

$$50\text{mm} < a \leqslant 55\text{mm}$$

将两种情况下得出的结果综合起来，即得 a 的取值范围为

$$45\text{mm} \leqslant a \leqslant 55\text{mm}$$

（3）若能成为双摇杆机构，则应该不满足“杆长之和的条件”。这时，需按下述 3 种情况加以讨论：

① 当 $a<30\text{mm}$ 时，AB 为最短杆，BC 为最长杆，则应有

$$a+b>c+d$$

$$a+50>35+30$$

所以 $a>15\text{mm}$

$$15\text{mm}<a<30\text{mm} \quad \text{(a)}$$

② 当 $50\text{mm}>a\geqslant 30\text{mm}$ 时，AD 为最短杆，BC 为最长杆，则应有

$$d+b>a+c$$

$$30+50>a+35$$

所以 $a<45\text{mm}$

$$30\text{mm}\leqslant a<45\text{mm} \quad \text{(b)}$$

③ 当 $a>50\text{mm}$ 时，AB 为最长杆，AD 为最短杆，则应有

$$a+d>b+c$$

$$a+30>50+35$$

所以 $a>55\text{mm}$

另外，还应考虑到 BC 与 CD 杆延长成一直线时，需满足三角形的边长关系（一边小于另两边之和），即

$$a<b+c+d=50+35+30$$

所以 $a<115\text{mm}$

即 $55\text{mm}<a<115\text{mm}$ (c)

将不等式（a）和（b）加以综合，并考虑到式（c），得出 a 的取值范围应为

$$15\text{mm}<a<45\text{mm}$$

$$55\text{mm}<a<115\text{mm}$$

1.2.2 滑块四杆机构

1.2.2.1 曲柄滑块机构

在图 1-2-7a 所示的铰链四杆机构 $ABCD$ 中，如果要求 C 点运动轨迹的曲率半径较大甚至是 C 点做直线运动，则摇杆 CD 的长度就特别长，甚至是无穷大，这显然给布置和制造带来困难或不可能。为此，在实际应用中只是根据需要制作一个导路，将 C 点做成一个与连杆铰接的滑块并使之沿导路运动即可，不再专门做出 CD 杆。这种含有移动副的四杆机构称为滑块四杆机构，当滑块运动的轨迹为曲线时称为曲线滑块机构，当滑块运动的轨迹为直线时称为直线滑块机构。直线滑块机构可分为两种情况：如图 1-2-7b 所示为偏置曲柄滑块机构，导路与曲柄转动中心有一个偏距 e；当 $e=0$ 即导路通过曲柄转动中心时，称为对心曲柄滑块机构，如图 1-2-7c 所示。由于对心曲柄滑块机构结构简单，受力情况好，故在实际生产中

得到广泛应用。因此，今后如果没有特别说明，所提的曲柄滑块机构即意指对心曲柄滑块机构。

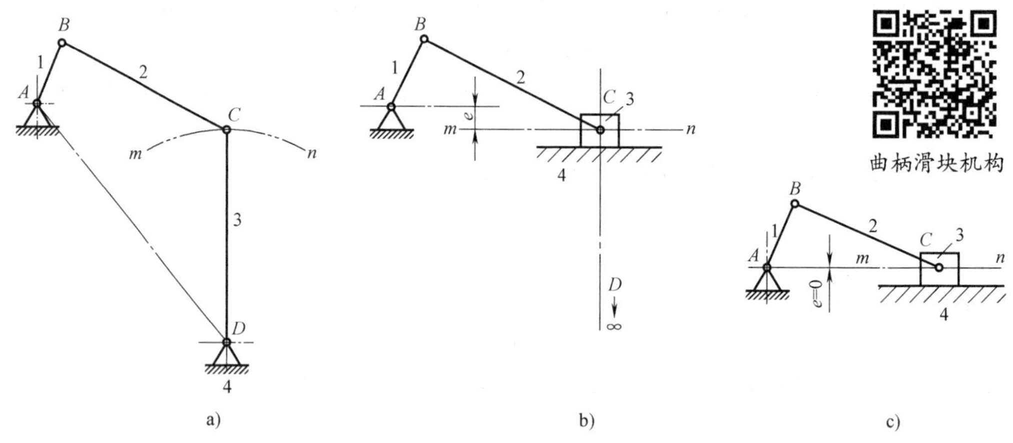

图 1-2-7　曲柄滑块机构

应该指出，滑块的运动轨迹不仅局限于圆弧和直线，还可以是任意曲线，甚至可以是多种曲线的组合，这就远远超出了铰链四杆机构简单演化的范畴，也使曲柄滑块机构的应用更加灵活、广泛。

图 1-2-8 所示为曲柄滑块机构的应用。图 1-2-8a 所示为应用于内燃机、空压机、蒸汽机的活塞-连杆-曲柄机构，其中活塞相当于滑块。图 1-2-8b 所示为用于自动送料装置的曲柄滑块机构，曲柄每转一圈，活塞送出一个工件。

如果曲柄很短，当在曲柄两端各有一个轴承时，则加工和装配工艺困难，同时还影响构件的强度。因此，在这种情况下，往往采用如图 1-2-8c 所示的偏心轮机构。其偏心圆盘的偏心距 e 就是曲柄的长度。显然，偏心轮机构的运动性质与原来的曲柄摇杆机构或曲柄滑块机构一样。这种结构减少了曲柄的驱动力，增大了转动副的尺寸，提高了曲柄的强度和刚度。通常是在曲柄长度很短和需利用偏心轮惯性时，采用此种形式的机构。偏心轮机构广泛应用于剪床、压力机、颚式破碎机、内燃机等承受较大冲击载荷的机械中，以及偏心轮液压泵中。

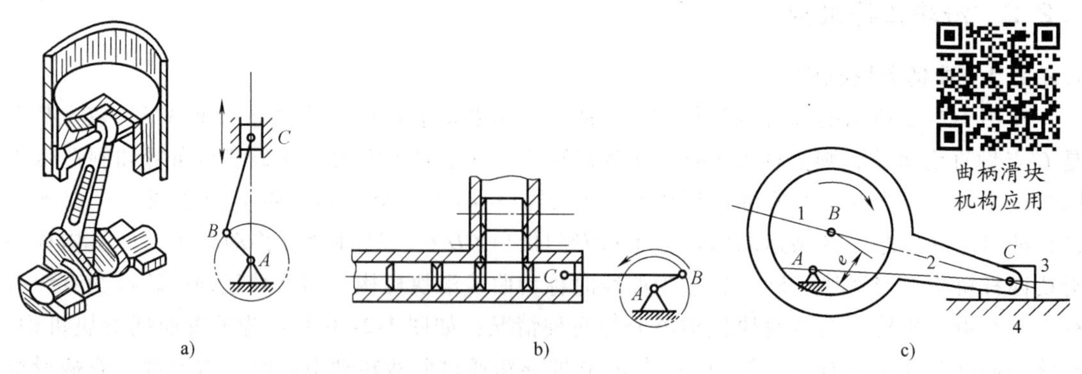

图 1-2-8　曲柄滑块机构应用

1.2.2.2 导杆机构

当改变曲柄滑块机构中的固定构件时，可得到各种形式的导杆机构。导杆为能在滑块中做相对移动的构件。

如图 1-2-7c 所示的曲柄滑块机构，若取杆 1 为机架，滑块 3 在杆 4 上往复移动，杆 4 为导杆，这种机构称为导杆机构。当杆 1（曲柄）的长度大于或等于杆 2（机架）的长度时，杆 2 和导杆 4 均可做整周回转，故称为转动导杆机构（图 1-2-9a）；当杆 1（曲柄）的长度小于杆 2（机架）的长度时，杆 1 可做整周回转，导杆 4 却只能做往复摆动，故称为摆动导杆机构（图 1-2-9b）。

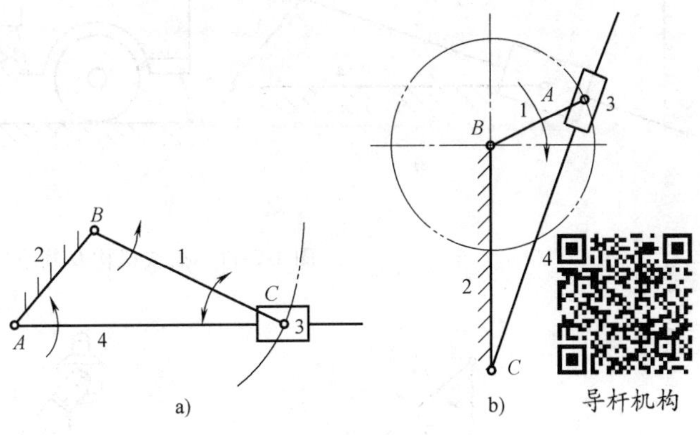

图 1-2-9　导杆机构

a）转动导杆机构　b）摆动导杆机构

导杆机构具有很好的传力性，在插床、刨床等要求传递重载的场合得到广泛应用。图 1-2-10a 所示的是一种小型刨床机构，其中构件 1、2、3 和 4 组成转动导杆机构，可以使滑块 6 上的刨刀具有急回作用，以便使刨刀以较低的速度刨切工件，而以较高的速度返回，这样可以获得好的加工质量，避免动力过载，提高加工效率。

图 1-2-10b 所示的是牛头刨床或送料装置中使用的六杆机构，其中构件 1、2、3 和 4 组成摆动导杆机构，用来把曲柄 2 的连续转动变为导杆 4 的往复摆动，再通过构件 5 使滑块 6 做往复移动，从而带动刨床的刨刀进行刨切，或推动物料达到送进的目的。摆动导杆机构的导杆也具有急回作用。

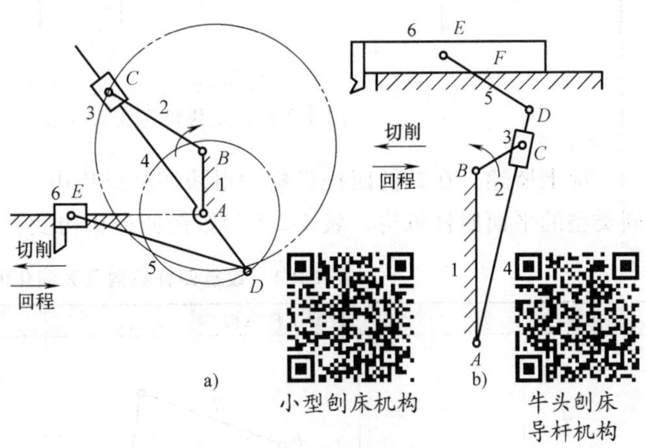

图 1-2-10　导杆机构的应用

1.2.2.3 摇块机构和定块机构

在对心曲柄滑块机构中，将与滑块铰接的构件固定成机架，使滑块只能摇摆不能移动，就成为摇块机构，如图 1-2-11a 所示。摇块机构在液压与气压传动系统中得到广泛应用，如图 1-2-11b 所示为摇块机构在自卸货车上的应用，以车架为机架 AC，液压缸筒 3 与车架铰接于 C 点成摇块，主动件活塞及活塞杆 2 可沿缸筒中心线往复移动成导路，带动车箱 1 绕 A 点摆动，实现卸料或复位。

如果把曲柄滑块机构中的滑块 3 作为机架，如图 1-2-12a 所示，则得到移动导杆 4 在固定滑块 3 中往复移动的定块机构。这种机构常用于老式的手动抽水机和抽油泵中。在图 1-2-12b中，固定滑块 3 成为唧筒外壳，移动导杆 4 的下端固结着汲水活塞，在唧筒 3 的内部上下移动，以达到汲水的目的。

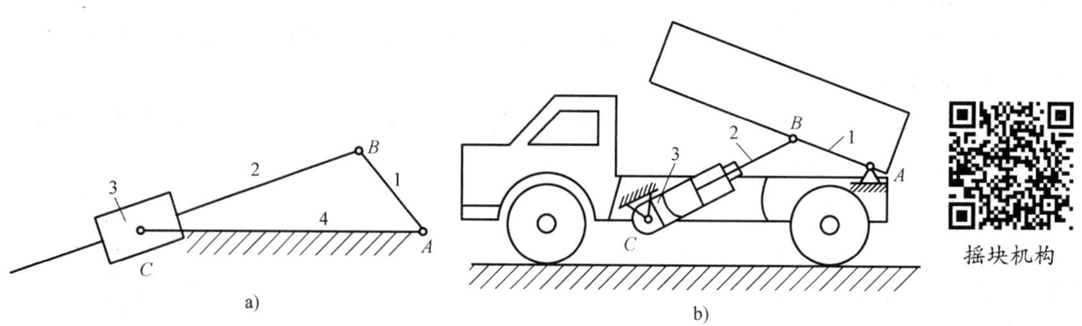

图 1-2-11　摇块机构及其应用

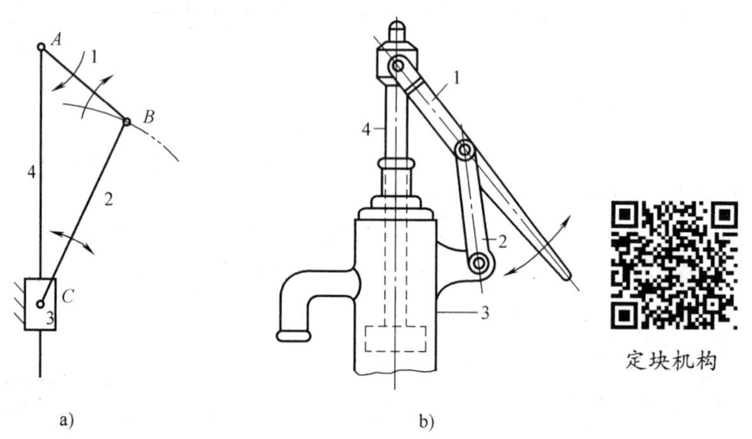

图 1-2-12　定块机构及其应用

综上所述，在铰链四杆机构和滑块四杆机构中，选取不同的构件作为机架，可以得到不同类型的平面四杆机构，表 1-2-1 为铰链四杆机构及其演化的主要形式对比。

表 1-2-1　铰链四杆机构及其演化的主要形式对比

固定构件	铰链四杆机构		含一个移动副的四杆机构($e=0$)	
4	曲柄摇杆机构		曲柄滑块机构	
1	双曲柄机构		转动导杆机构	

（续）

固定构件	铰链四杆机构		含一个移动副的四杆机构($e=0$)	
2	曲柄摇杆机构	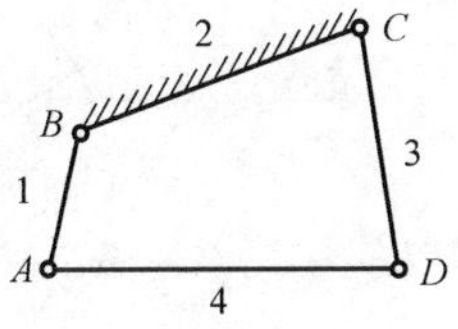	摇块机构	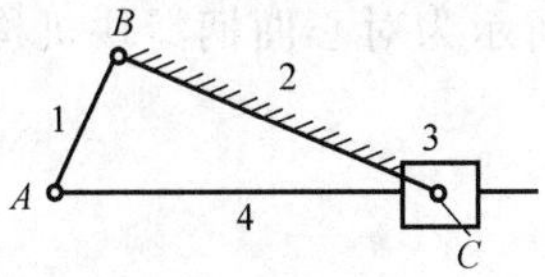
			摆动导杆机构	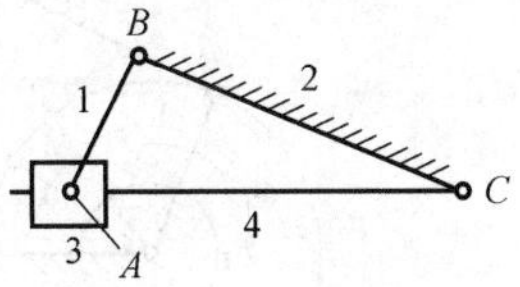
3	双摇杆机构	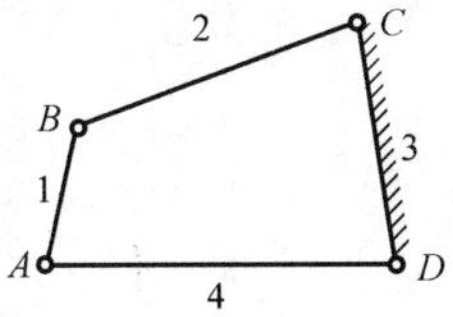	定块机构	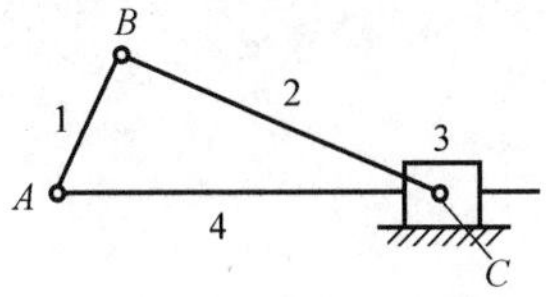

1.2.3 平面四杆机构的基本特性

1.2.3.1 机构运动的急回特性

在图 1-2-13a 所示的曲柄摇杆机构中，设曲柄为原动件，以等角速度沿逆时针方向转动，曲柄转一周，摇杆 CD 往复摆动一次。曲柄 AB 在回转一周的过程中，有两次与连杆 BC 共线，使从动件 CD 相应地处于两个极限位置 C_1D 和 C_2D，从动件摇杆在两个极限位置的夹角称为摆角 ψ（图 1-2-13a、b)，从动件滑块的两个极限位置之间的距离称为行程 H（图 1-2-13c 中的$\overline{C_1C_2}$）。此时原动件曲柄 AB 相应的两个位置之间所夹的锐角 θ 称为极位夹角。

当曲柄 AB 由 AB_1位置转过 φ_1角至 AB_2位置时，摇杆 CD 自 C_1D 摆至 C_2D，设其所需时间为 t_1，则点 C 的平均速度即为 $v_1=\widehat{C_1C_2}/t_1$，当曲柄由 AB_2位置继续转过 φ_2角至 AB_1位置时，摇杆自 C_2D 摆回至 C_1D，设其所需时间为 t_2，则点 C 的平均速度即为 $v_2=\widehat{C_1C_2}/t_2$。由于 $\varphi_1=180°+\theta$，$\varphi_2=180°-\theta$，$\varphi_1>\varphi_2$，可知 $t_1>t_2$，则 $v_1<v_2$。

由此可见，当曲柄等速回转时，摇杆来回摆动的平均速度不同，由 C_1D 摆至 C_2D 时，平均速度 v_1 较小，一般作为工作行程；由 C_2D 摆至 C_1D 时，平均速度 v_2较大，作为空回行程。这种特性称为机构的急回特性，设

$$K=\frac{\text{空回行程平均速度}}{\text{工作行程平均速度}}=\frac{v_2}{v_1}=\frac{\widehat{C_1C_2}/t_2}{\widehat{C_1C_2}/t_1}=\frac{t_1}{t_2}=\frac{\varphi_1}{\varphi_2}=\frac{180°+\theta}{180°-\theta} \tag{1-2}$$

或有

$$\theta=\frac{K-1}{K+1}\times180° \tag{1-3}$$

K 称为行程速比系数，由上式可知，连杆机构有无急回作用取决于极位夹角。极位夹角越大，行程速比系数也越大，机构的急回作用越明显，反之亦然。若极位夹角 $\theta=0°$，则$K=$

1，机构无急回特性。图 1-2-13b、c 中的虚线分别表示摆动导杆机构和偏置曲柄滑块机构中的两个极限位置和极位夹角，$\theta>0°$，故 $K>1$，表明这两个机构也具有急回特性。而图 1-2-7c 所示为对心曲柄滑块机构，其极位夹角 $\theta=0°$，故 $K=1$，机构无急回特性。

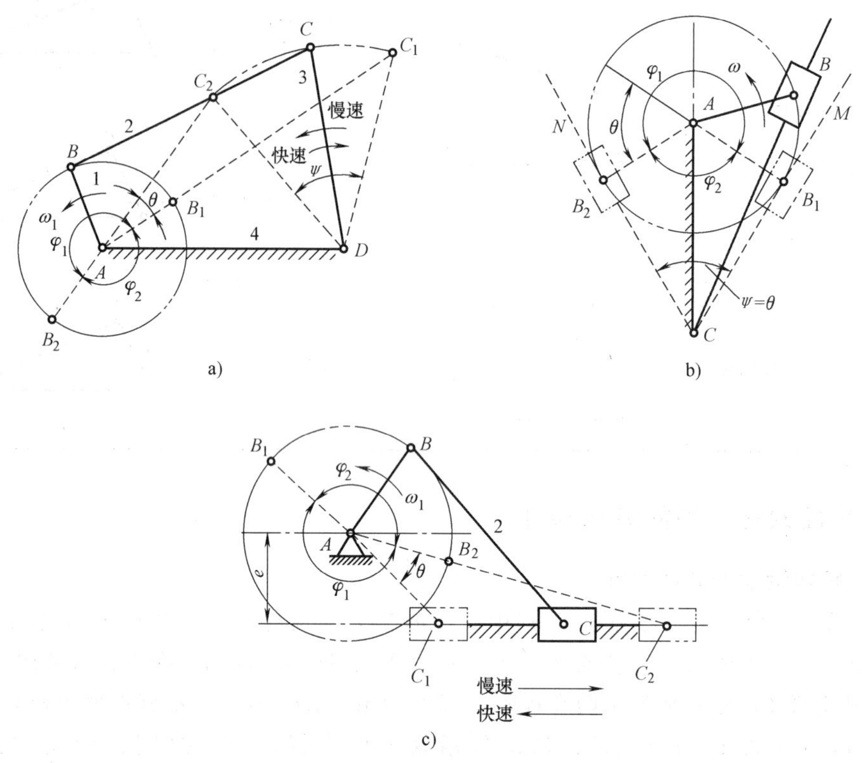

图 1-2-13　机构中的极限位置和极位夹角

在设计机器时，利用这个特性，可以使机器在工作行程时速度小些，以减小功率消耗；而空回行程时速度大些，以缩短工作时间，提高机器的生产率。

在机构设计中，通常根据工作要求预先选定行程速比系数 K，再由式（1-3）确定机构的极位夹角 θ。

1.2.3.2　压力角和传动角

在工程应用中，连杆机构除了要满足运动要求外，还应具有良好的传力性能，以减小结构尺寸和提高机械效率。下面在不计重力、惯性力和摩擦作用的前提下，分析曲柄摇杆机构的传力特性。如图 1-2-14 所示，主动曲柄的动力通过连杆作用于摇杆上的 C 点，驱动力 F 必然沿 BC 方向，将 F 分解为切线方向和径向方向两个分力 F_t 和 F_r，切向分力 F_t 与 C 点的运动方向 v_C 同向。由图可知

$$F_t=F\cos\alpha \text{ 或 } F_t=F\sin\gamma$$

$$F_r=F\sin\alpha \text{ 或 } F_r=F\cos\gamma$$

α 角是 F_t 与 F 的夹角，称为机构的压力角，即驱动力 F 与 C 点的运动方向的夹角。α 随机构的不同位置有不同的值。它表明了在驱动力 F 不变时，推动摇杆摆动的有效分力 F_t 的变化规律，α 越小 F_t 就越大。

压力角 α 的余角 γ 是连杆与摇杆所夹锐角，称为传动角。由于 γ 更便于观察，所以其

通常用来检验机构的传力性能。传动角 γ 随机构的不断运动而相应变化，为保证机构有较好的传力性能，应控制机构的最小传动角 γ_{min}。一般可取 $\gamma_{min} \geqslant 40°$，重载高速场合取 $\gamma_{min} \geqslant 50°$。曲柄摇杆机构的最小传动角出现在曲柄与机架共线的两个位置之一，如图 1-2-14 所示的 B_1点或 B_2点位置。

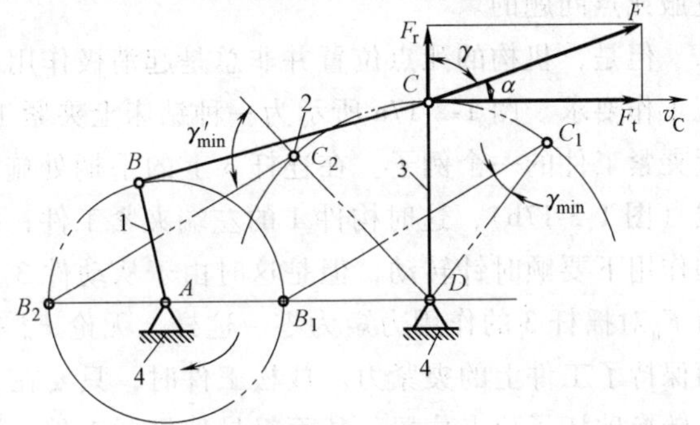

图 1-2-14 曲柄摇杆机构的压力角和传动角

偏置曲柄滑块机构，以曲柄为主动件，滑块为工作件，传动角 γ 为连杆与导路垂线所夹锐角，如图 1-2-15 所示。最小传动角 γ_{min}出现在曲柄垂直于导路时的位置，并且位于与偏距方向相反一侧。对于对心曲柄滑块机构，即偏距 $e=0$ 的情况，显然其最小传动角 γ_{min}出现在曲柄垂直于导路时的位置。

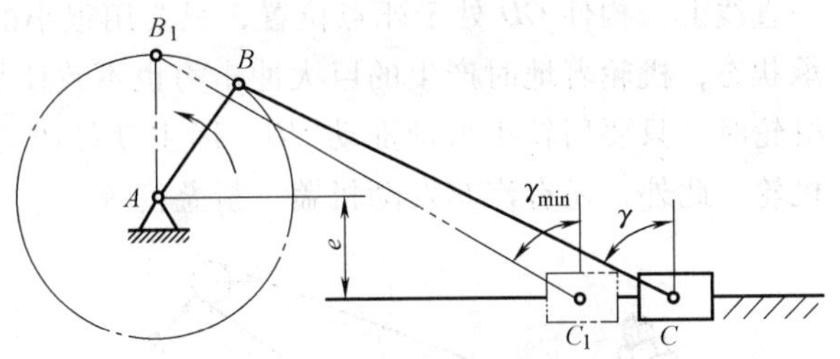

图 1-2-15 曲柄滑块机构的传动角

对于以曲柄为主动件的摆动导杆机构，因为滑块对导杆的作用力始终垂直于导杆，其传动角 γ 恒为 90°，即 $\gamma = \gamma_{min} = \gamma_{max} = 90°$，表明导杆机构具有最好的传力性能。

1.2.3.3 机构的死点

从 $F_t = F\cos\alpha$ 可知，当压力角 $\alpha = 90°$ 时，对从动件的作用力或力矩为零，此时连杆不能驱动从动件工作。机构处在这种位置称为死点。如图 1-2-16a 所示的曲柄摇杆机构，当从动曲柄 AB 与连杆 BC 共线时，出现压力角$\alpha=90°$，传动角 $\gamma=0$。如图 1-2-16b 所示的曲柄滑块机构，如果滑块作为主动件，则当从动曲柄 AB 与连杆 BC 共线时，外力 F 无法推动从动曲柄转动。机构处于死点位置，一方面驱动力作用降为零，从动件要依靠惯性越过死点；另一方面是方向不定，可能因偶然外力的影响造成反转。

四杆机构是否存在死点，取决于从动件是否与连杆共线。例如图 1-2-16a 所示的曲柄摇杆机构，如果改摇杆主动为曲柄主动，则摇杆为从动件，因连杆 BC 与摇杆 CD 不存在共线的位置，故不存在死点。又例如图 1-2-16b 所示的曲柄滑块机构，如果改曲柄为主动，就不存在死点。

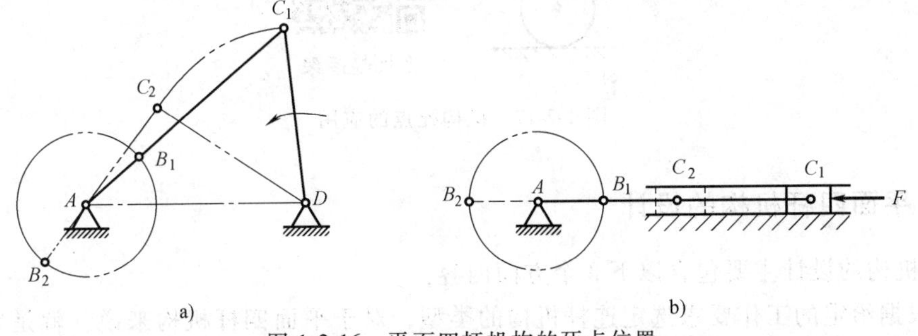

图 1-2-16 平面四杆机构的死点位置

对于传动机构来说，机构有死点是不利的，应尽量避免。对于连续转动的机器，可以利用从动件的惯性来通过死点位置，如缝纫机（图 1-2-2b）中，踏板（摇杆）是主动件，曲柄带轮的曲轴是从动件。当主动踏板位于两个极限位置时，从动曲柄上的传动角 $\gamma=0$，机构处于死点位置。缝纫机就是利用与从动曲柄固结在一起的大带轮的惯性来通过死点位置，克服死点问题的。

但是，机构的死点位置并非总是起消极作用。在工程中，许多场合要利用死点位置来实现工作要求。图 1-2-17a 所示为一种钻床上夹紧工件用的连杆式快速夹具，它是利用死点位置夹紧工件的一个例子。在连杆 3 上的手柄处施以压力 F，使连杆 BC 与连架杆 CD 成一直线（图 1-2-17b），这时构件 1 的左端夹紧工件；撤去外力 F 之后，构件 1 在工件反弹力 F_n 的作用下要顺时针转动，但是这时由于从动件 3 上的传动角 $\gamma=0$ 而处于死点位置，夹紧反力 F_n 对摇杆 3 的作用力矩为零。这样，无论 F_n 有多大，也无法推动摇杆 3 而松开夹具，从而保持了工件上的夹紧力。放松工件时，只要在手柄上加一个外力 F，就可使机构因主动件的转换破坏了死点位置，从而轻易地松开工件。图 1-2-17c 是飞机起落架机构，起落架处于放下机轮的位置，地面反力作用于机轮上使 AB 件为主动件，连杆 BC 和从动构件 CD 位于一直线上，构件 CD 处于死点位置，只要用很小的锁紧力作用于 CD 杆即可有效地保持着支承状态，机轮着地时产生的巨大冲击力也不致使从动构件 CD 转动。当飞机升空离地要收起机轮时，只要用较小力量推动 CD，因主动件改为 CD 破坏了死点位置，就可以轻易地收起机轮。此外，还有汽车发动机盖、折叠椅等。

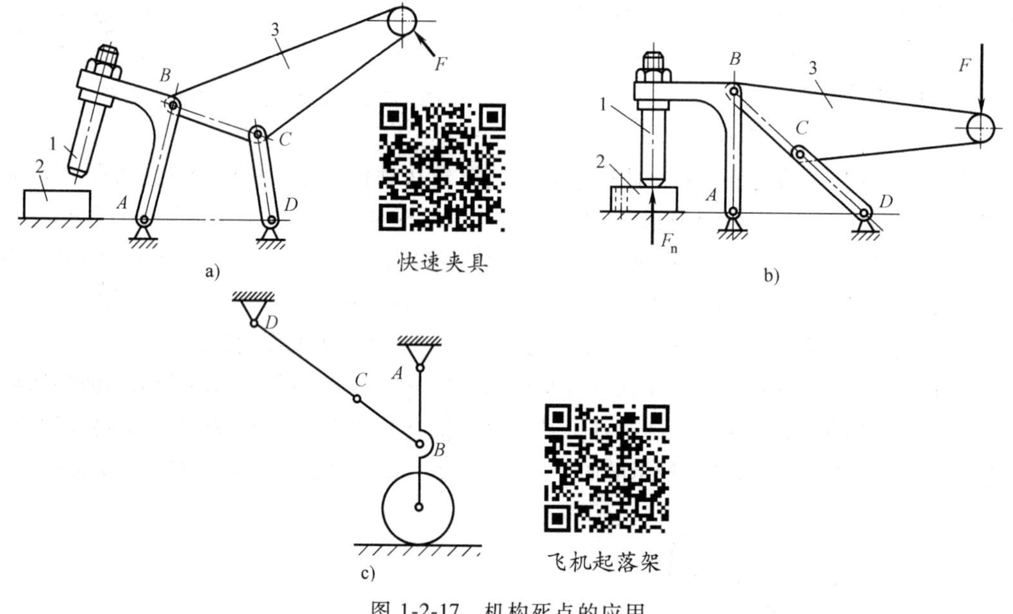

图 1-2-17　机构死点的应用

1.2.4　平面四杆机构的设计

连杆机构的设计主要包含以下 3 个方面内容：

1）根据给定的工作要求选定连杆机构的类型，对于平面四杆机构来说，就是要在曲柄摇杆机构、曲柄滑块机构等各种类型的机构中适当地选定一种类型。

2）根据给定的运动要求以及其他附加的几何条件（如杆长限制）、动力条件（如传动角）等，确定机构的运动尺度（如各杆的长度、偏距等）。

3）根据机构的工作条件及受力状况等，确定构件的结构形式及运动副的结构。

连杆机构的运动设计主要解决两类问题：一类是实现给定的从动件运动规律，即按给定的构件位置或速度（甚至加速度）要求设计连杆机构，实现连杆占有若干指定的位置，或使具有急回作用的从动件实现指定的行程速比系数 K；另一类是按照给定的点的运动轨迹设计连杆机构。

连杆机构的运动设计方法有图解法、实验法和解析法 3 种。图解法几何关系清晰，简明直观，但精确性较差；解析法精确度好，但计算繁杂；实验法形象直观，但过程复杂。以下介绍的是图解法。

1. 按给定连杆占有若干给定的位置设计四杆机构

图 1-2-18 所示为铰链四杆机构 $ABCD$，其连杆 BC 能实现预定的 3 个位置 B_1C_1、B_2C_2、B_3C_3。因为活动铰链 B 是绕 A 做圆周运动的，故 A 在 B_1、B_2、B_3 两两连线中垂线交点处。只要利用这些中垂线求出铰链 A 的位置，则连架杆 AB 就可以确定了。同理可确定铰链 D 及杆 CD 和 AD 的长度。这时有唯一解。

在作图求解的过程中，选一长度比例尺 μ_l 作出连杆已知的三个位置 B_1C_1、B_2C_2 和 B_3C_3。作 B_1B_2 和 B_2B_3 的中垂线 b_{12} 和 b_{23} 交于固定铰链 A，作 C_1C_2 和 C_2C_3 的中垂线 c_{12} 和 c_{23} 交于固定铰链 D，则 AB_1C_1D 就是要求的铰链四杆机构。

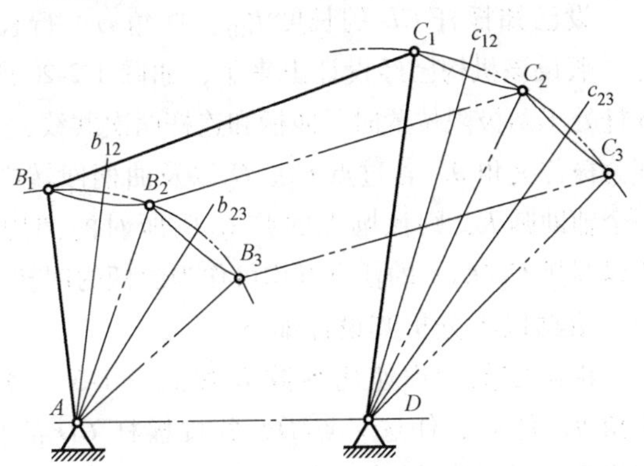

图 1-2-18 给定连杆动铰链 3 个位置的设计

【例 1-4】 加热炉门启闭时的两个位置如图 1-2-19 所示（实线和双点画线两个位置）。设计一铰链四杆机构来控制炉门的启闭动作。已知炉门上两铰链 B、C 的中心距为 200mm，要求炉门打开后呈水平位置，且热面朝下（如双点画线所示）。规定与机架相连接的铰链 A、D 安置在炉体的 yy 竖直线上，其相应位置的尺寸如图 1-2-19 所示。用图解法确定此铰链四杆机构其余三杆的尺寸。

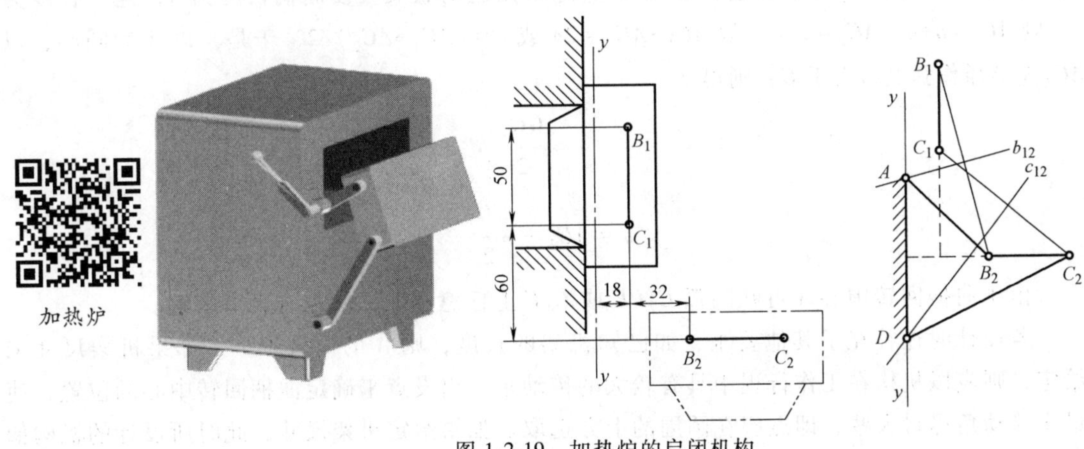

图 1-2-19 加热炉的启闭机构

解： 按上述原理作图的步骤如下：

1）取长度比例尺 μ_l，按给定位置作 B_1C_1 和 B_2C_2。

2）连接 B_1B_2、C_1C_2 并分别作它们的垂直平分线 b_{12}、c_{12}。

3）铰链中心 A 位于 B_1B_2 线段的中垂线 b_{12} 上；铰链中心 D 位于 C_1C_2 线段的中垂线 c_{12}

上，即满足炉门开关要求的铰链四杆机构有无数个。因此，在设计时必须考虑其他附加条件，这里根据安装要求选在直线 yy 上。

4）炉门启闭铰链四杆机构 $ABCD$ 设计完毕。各构件具体尺寸可在图中量取，结果为 $l_{AD}=95.47\text{mm}$，$l_{AB}=67.34\text{mm}$，$l_{CD}=111.97\text{mm}$。

2. 按照给定的行程速比系数设计四杆机构，实现急回特性

（1）曲柄摇杆机构　设计具有急回作用的机构时，常根据机械的工作性质选取适当的行程速比系数 K，计算极位夹角 θ，然后按机构在极限位置的几何关系，再结合其他辅助条件确定各构件的尺寸。

设已知摇杆 CD 的长度 l_{CD}，摆角 ψ，行程速比系数 K。试设计该机构。

假设该机构已经设计出来了，如图 1-2-20 所示。当摇杆处于两极限位置时，曲柄和连杆两次共线，$\angle C_1AC_2$ 即为极位夹角 θ。若过点 C_1、C_2 以及曲柄回转中心 A 作一个辅助圆 K，则该圆上的弦 C_1C_2 所对的圆周角为 θ。所以圆弧 C_1AC_2 上的任意点均可作为曲柄的回转中心。

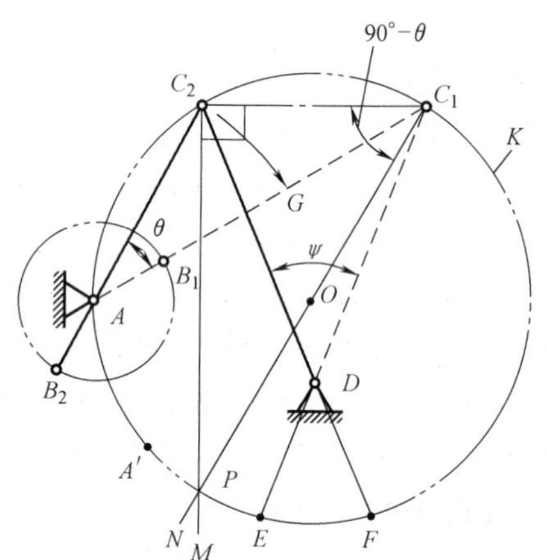

图 1-2-20　给定 K 设计四杆机构

根据以上分析其设计如下：

由给定的行程速比系数 K 按式（1-3）算出极位夹角 θ，然后，任选一点 D，并按摇杆 CD 的长度 l_{CD} 和摆角 ψ 画出摇杆的两个极限位置 DC_1 和 DC_2。连接 C_1、C_2 并作 $\angle C_2C_1N=90°-\theta$；作 $C_2M\perp C_1C_2$，得 C_1N 与 C_2M 之交点 P。作 $\triangle PC_1C_2$ 的外接圆，则圆弧 C_1PC_2 上任一点 A 与 C_1 和 C_2 的连线夹角都等于 θ，把两极限位置摇杆线延长，与圆交于 E 和 F 两点，则曲柄的回转中心 A 可在 $\overparen{C_2PE}$ 上任选，如在 $\overparen{EF}$ 上选取无运动意义。设曲柄长度为 a，连杆长度为 b，则 $AC_1=b+a$，$AC_2=b-a$，故 $AC_1-AC_2=2a$ 或 $a=(AC_1-AC_2)/2$，于是，以 A 为圆心，以 AC_2 为半径作弧交 AC_1 于 G，则得

$$a=\frac{GC_1}{2}$$

$$b=AC_1-\frac{GC_1}{2}$$

由于曲柄回转中心 A 可在圆弧 C_2PE 或 C_1F 上任意选取，所以有无穷多解。

若设计时还补充了其他要求，如已知机架的长度，则 A 的位置唯一。如果机架尺寸未给定，则应以机构在工作行程中具有较大的传动角为出发点来确定曲柄回转中心的位置，使最小传动角尽量大些，即点应在圆周的上方选取。如果给定机架尺寸，此时所设计的机构如不能保证在工作行程中的传动角 $\gamma_{min}\geqslant[\gamma]$，则应改选原始数据，重新设计（如选 A 就比选 A' 更能满足传动角的要求）。

（2）摆动导杆机构　已知机架 AC 的长度及行程速比系数 K，要求设计导杆机构 ABC。

由图 1-2-13b 可知，摆动导杆的摆角与机构的极位夹角相等，即 $\psi=\theta$，故设计导杆机构时，只需确定曲柄的长度。设计步骤如下（参见图 1-2-13b）：

1）按公式 $\theta=180^\circ(K-1)/(K+1)$ 算出极位夹角 θ。

2）任选一点作为固定铰链中心 C 的位置，以 C 为顶点，作 $\angle NCM=\psi=\theta$。

3）作 $\angle NCM$ 的角平分线，并根据给定的机架长度定出固定铰链中心 A 的位置。

4）过 A 点作 CM 的垂线 AB_1，曲柄 AB 的长度为：$l_{AB}=\overline{AB_1}$。

[任务实施]

根据前面项目任务描述中的牛头刨床的工作原理和设计要求，拟定几种执行机构传动方案，并进行导杆机构的设计和运动仿真分析。

第一部分：牛头刨床执行机构传动方案的确定

在图 1-2-21 中，图 1-2-21a 所示方案采用偏置曲柄滑块机构，其结构最为简单，能承受较大载荷，但其存在较大的缺点。一是由于执行件行程较大，则要求有较长的曲柄，从而要求机构所需活动空间较大；二是机构随着行程速比系数 K 的增大，压力角也增大，使传力特性变差。

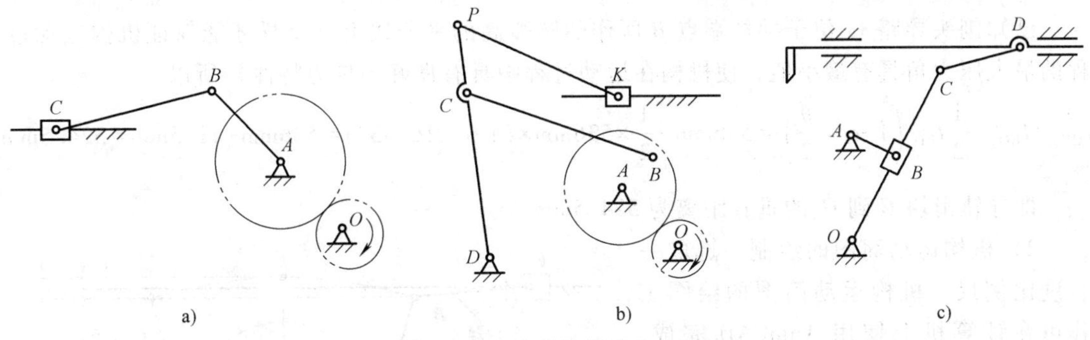

图 1-2-21　执行机构传动方案

图 1-2-21b 所示方案由曲柄摇杆机构与摇杆滑块机构串联而成。该方案在传力特性和执行件的速度变化方面比图 1-2-21a 所示方案有所改进，但在曲柄摇杆机构 $ABCD$ 中，随着行程速比系数 K 的增大，机构的最大压力角仍然较大，而且整个机构系统所占空间比图 1-2-21a所示方案更大。

图 1-2-21c 所示方案由摆动导杆机构和摇杆滑块机构串联而成。该方案克服了图 1-2-21b 所示方案的缺点，传力特性好，机构系统所占空间小，执行件的速度在工作行程中变化也较缓慢。

比较以上 3 种方案，从全面衡量得失来看，图 1-2-21c 所示方案作为刨削主体机构系统较为合理，故以下介绍的是该机构传动方案的设计。

第二部分：导杆机构的设计

牛头刨床的主运动机构简图如图 1-0-2 所示，设计要求见前面的【项目任务描述】，已知条件见表 1-0-1，有 10 组数据可供选用。以题号 1 的数据为例：机架长 $l_{O_2O_4}=380\text{mm}$，刨刀的行程 $H=310\text{mm}$，行程速比系数 $K=1.46$，连杆长与导杆长之比 $l_{BC}/l_{BO_4}=0.28$。

（1）尺寸确定的综合过程

1）由 $K=1.46$ 求得极位夹角 θ。

2）由导杆机构的特性可知，导杆摆角等于极位夹角，即 $\psi_{max}=\theta$。

3）由刨刀的行程 H 和 θ 可求出导杆长 l_{BO_4}。

4）由机架长 $l_{O_2O_4}$ 和 θ 可求出曲柄长 l_{AO_2}。

5）由连杆长与导杆长之比 $l_{BC}/l_{BO_4}=0.28$，可求出连杆长 l_{BC}。

6）为使杆组的压力角较小，滑块 C 的导路 xx 位于导杆端点 B 所作的圆弧高的平分线上，依此确定导路的高度 y_{CO_4}。

（2）确定传动机构的尺寸

1）根据所给数据确定机构尺寸。

极位夹角：$\theta=180°\dfrac{K-1}{K+1}=180°\times\dfrac{1.46-1}{1.46+1}=33.66°$

导杆长度：$l_{BO_4}=\dfrac{H}{2}\dfrac{1}{\sin\dfrac{\theta}{2}}=\dfrac{310\text{mm}}{2}\times\dfrac{1}{\sin16.83°}=536\text{mm}$

连杆长度：$l_{BC}=0.28\times l_{BO_4}=150\text{mm}$

曲柄长度：$l_{AO_2}=l_{O_2O_4}\sin\dfrac{\theta}{2}=380\text{mm}\times\sin16.83°=110\text{mm}$

已知刨头导路 xx 位于导杆端点 B 所作的圆弧高的平分线上（这样才能保证机构运动过程的最大压力角具有最小值，使机构在运动过程中具有良好的传力特性）所以

$$y_{CO_4}=l_{BO_4}-\frac{1}{2}l_{BO_4}\left(1-\cos\frac{\theta}{2}\right)=536\text{mm}-\frac{1}{2}\times536\text{mm}\times(1-\cos16.83°)=536\text{mm}-11.5\text{mm}=524.5\text{mm}$$

即导轨滑块 C 到 O_4 的垂直距离为 524.5mm。

2）机构运动简图的绘制。选取一长度比例尺，机构运动简图的绘图工作可在计算机上使用 AutoCAD 完成，如图 1-2-22 所示。

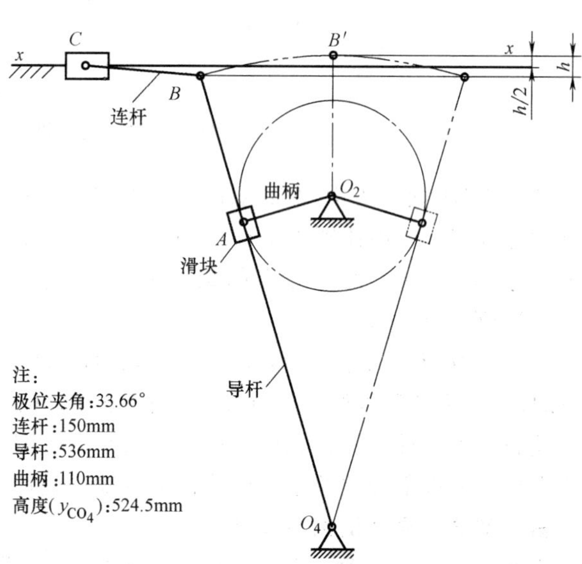

图 1-2-22　牛头刨床结构简图

第三部分：基于三维 CAD 技术的建模与仿真

（1）三维建模与装配　Pro/E 软件是美国参数技术公司（PTC）推出的一整套 CAD/CAM/CAE 的集成解决方案，是目前国际上设计人员使用最为广泛、先进、具有多功能的动态设计仿真软件系统之一。该软件产品以其单一数据库、参数化、基于特征、全相关及工程数据再利用等概念改变了 MDA 的传统观念，从而成为当今世界 MDA 领域的新标准。利用 Pro/E 的基本模块对牛头刨床运动机构进行三维建模。之后，运用 Pro/E 的 Mechanism 模块进行装配，做出牛头刨床传动机构装配模型，如图 1-2-23 所示。

装配模型时应注意：将转动件的连接设置为销钉连接，将移动件的连接设置为滑动杆连接，否则在后续的运动学分析中可能会失败。注意本模型中应该有 5 个销钉连接，2 个滑动杆连接。

（2）机构运动仿真与分析　在Pro/E的Mechanism模块下，机构的运动仿真主要通过以下3个步骤进行：一是对装配好的机构模型建立伺服电动机，使机构产生一定形式的运动；二是运行一个机构运动分析，产生可视化的机构运动过程，保存运动分析结果；三是进行分析测量，得到分析测量图形，同时输出分析结果。在牛头刨床运动机构中，对曲柄建立一个伺服电动机；通过运行机构运动分析，产生了整个机构的一个可视化的运动过程。

1）仿真运动的参数设置。本例中的参数设置较为简单，基本上采用了系统默认设置，具体操作如下：

① 单击“应用程序”→“机构”，系统就会自动切换到机构设计操作界面，如图1-2-23所示。

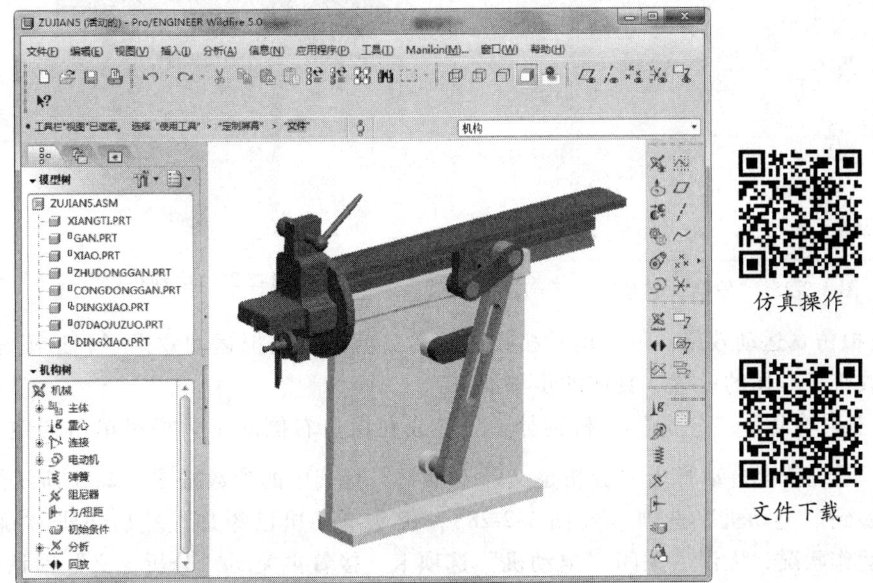

图1-2-23　牛头刨床导杆机构及机构设计操作界面

② 在窗口右侧的工具栏里单击“定义伺服电动机”按钮，系统就会自动弹出“伺服电动机定义”对话框。默认对话框里的名称设置，在绘图区单击图1-2-24中箭头所指的符号，将其作为连接轴。系统会自动在对话框里添加参数设置，同时绘图区会以不同颜色显示

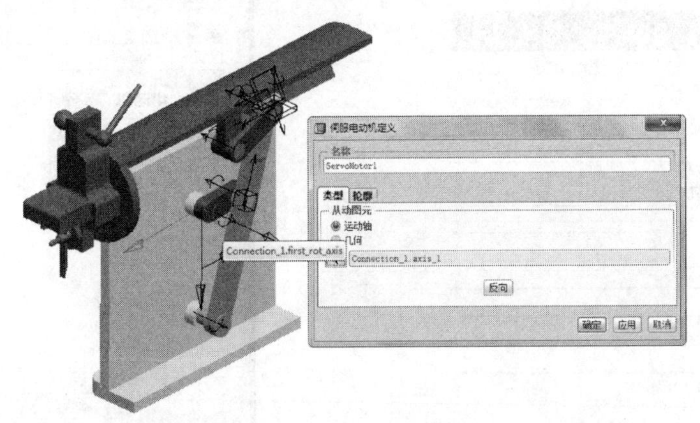

图1-2-24　定义伺服电动机

运动关系。

③ 切换到“轮廓”选项卡，将其中的参数按图 1-2-25 所示设置，然后单击“确定”按钮，关闭“伺服电动机定义”对话框，确定伺服电动机设置（图 1-2-26 中标识所指为系统默认的电动机符号）。

图 1-2-25 “轮廓”选项卡

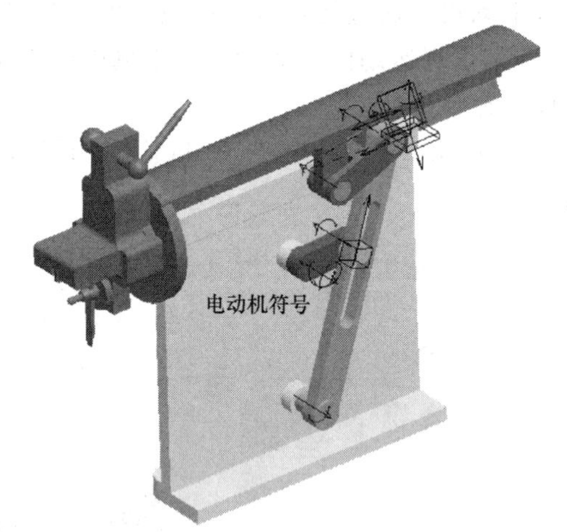

图 1-2-26 电动机符号显示

2）模拟仿真运动效果。伺服电动机设置好后，就可以模拟运动效果了，这里还需要对个别的参数进行具体的设置，具体的步骤如下：

① 单击菜单命令“分析”→“机构分析”（或在窗口右侧的工具栏里单击“定义分析”按钮），系统就会自动弹出“分析定义”对话框，将其中的参数按图 1-2-27 所示修改。

②切换到“电动机”选项卡（图 1-2-28），确认电动机已添加，然后单击“确定”按钮，检测运作状况，无误后关闭“电动机”选项卡，接着再关闭“分析定义”对话框。

③ 单击窗口左侧工具栏里的“回放以前的运动分析”按钮，系统就会自动弹出“回放”对话框，如图 1-2-29 所示。

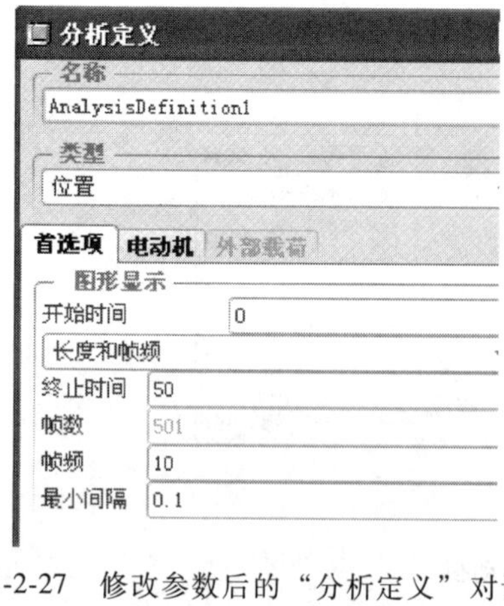

图 1-2-27 修改参数后的“分析定义”对话框

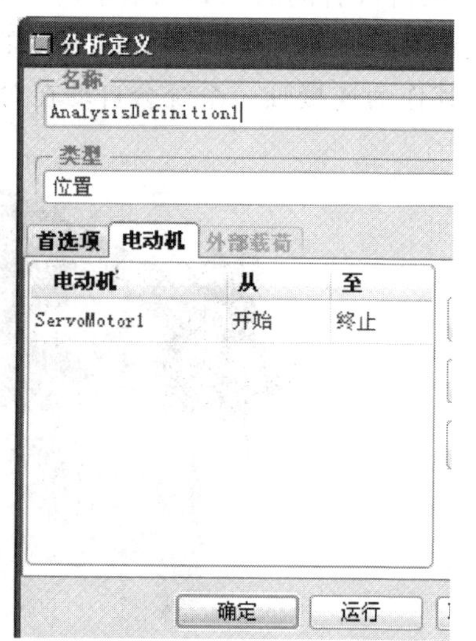

图 1-2-28 “电动机”选项卡

④ 单击对话框中的“播放当前结果集”按钮，打开如图 1-2-30 所示的“动画”对话框。

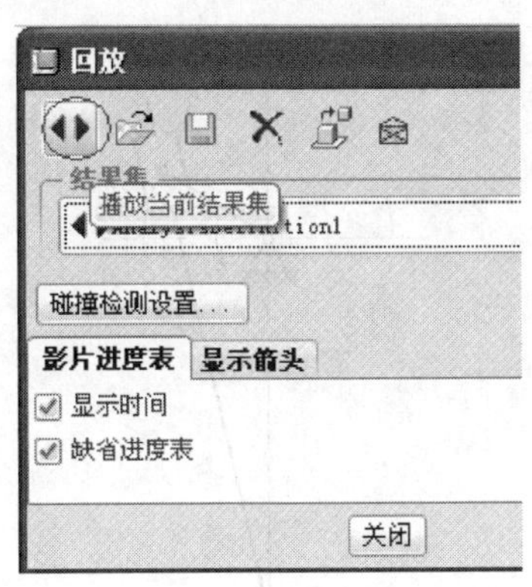

图 1-2-29 “回放”对话框

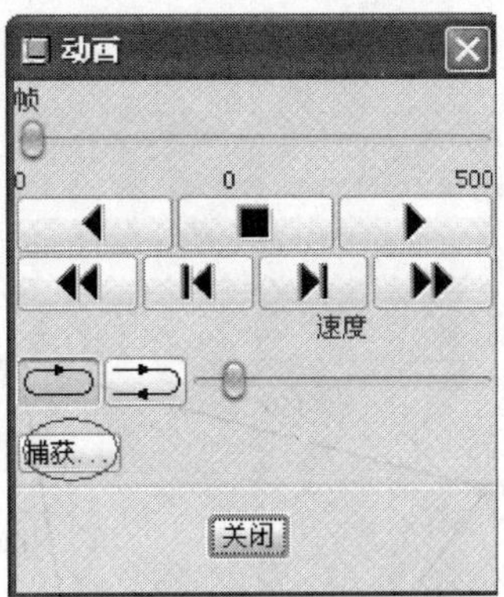

图 1-2-30 “动画”对话框

⑤ 单击“动画”对话框中的“播放”按钮，即可连续观测运动效果。并可通过单击“捕获”按钮输出视频文件，保存分析结果。

此外，还可以在分析测量阶段，分析牛头刨床刨头的位移、速度、加速度随时间变化的过程。

[自我评估]

1. 判断下列概念是否正确？如果不正确，请改正。

（1）极位夹角就是从动件在两个极限位置的夹角。

（2）压力角就是作用在构件上的力与速度的夹角。

（3）传动角就是连杆与从动件的夹角。

2. 压力角（或传动角）的大小对机构的传力性能有什么影响？四杆机构在什么条件下有死点？加大四杆机构原动件的驱动力，能否使该机构越过死点位置？应采用什么方法？

3. 根据图 1-2-31 中注明的尺寸，判别各四杆机构的类型。

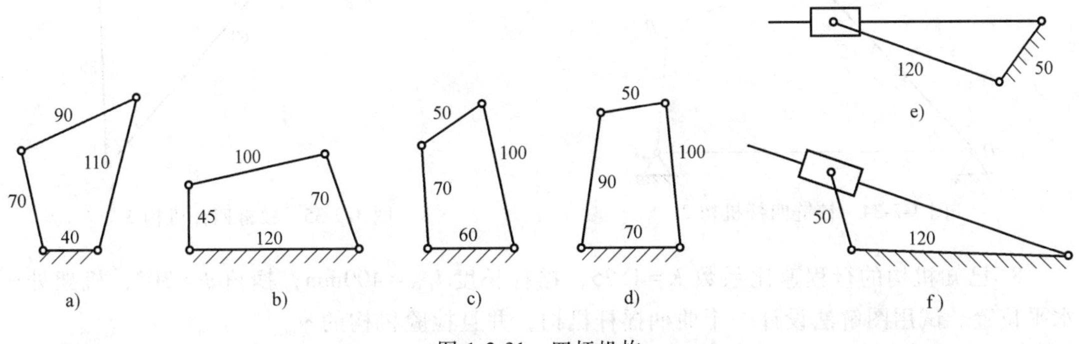

图 1-2-31 四杆机构

4. 在图 1-2-32 所示的铰链四杆机构中，已知两连架杆的长度 $l_{AB}=80\text{mm}$、$l_{CD}=120\text{mm}$ 和连杆长度 $l_{BC}=150\text{mm}$。试讨论：当机架 l_{AD} 的长度在什么范围时，可以获得曲柄摇杆机构、双曲柄机构或双摇杆机构。

5. 在图 1-2-33 所示的某单滑块四杆机构中，已知连架杆长度 $l_{BC}=40mm$。试讨论：当机架的长度 l_{AB}在什么范围时，可以获得摆动导杆机构或转动导杆机构。

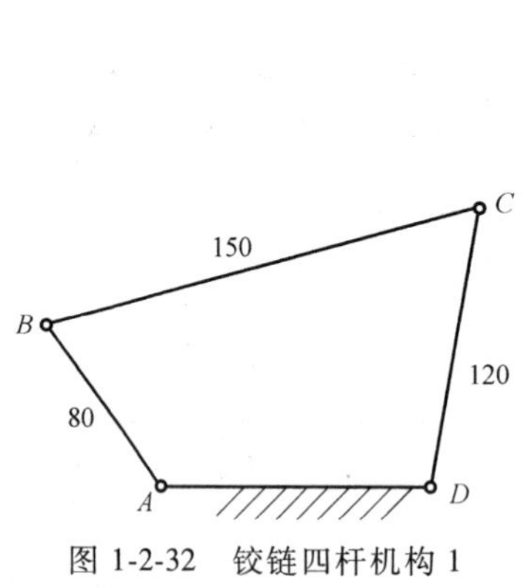

图 1-2-32　铰链四杆机构 1

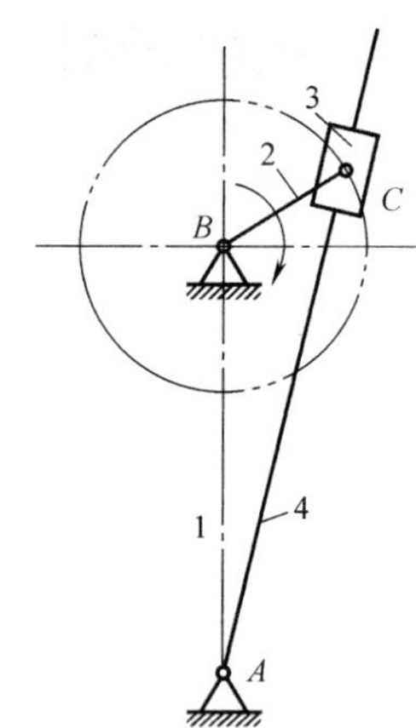

图 1-2-33　某单滑块四杆机构

6. 设计如图 1-2-34 所示的铰链四杆机构，已知其摇杆 CD 的长度 $l_{CD}=75mm$，行程速比系数 $K=1.5$，机架 AD 的长度 $l_{AD}=100mm$，摇杆的一个极限位置与机架的夹角 $\varphi=45°$，求曲柄的长度 l_{AB}和连杆的长度 l_{BC}。（提示：连接 AC，以 A 为顶点作极位夹角；过 D 作 $r=l_{CD}$的圆弧，考察与极位夹角边的交点并分析。）

7. 已知铰链四杆机构（图 1-2-35）各构件的长度，试问：

（1）这是铰链四杆机构基本形式中的何种机构？

（2）若以 AB 为主动件，此机构有无急回特性？为什么？

（3）当以 AB 为主动件时，此机构的最小传动角出现在机构何位置（在图上标出）？

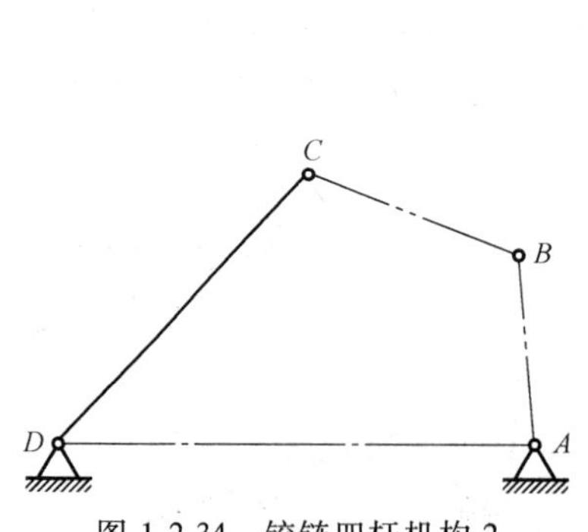

图 1-2-34　铰链四杆机构 2

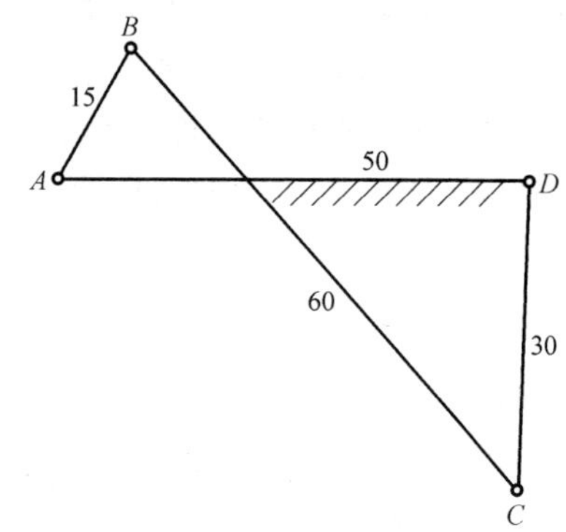

图 1-2-35　铰链四杆机构 3

8. 已知机构的行程速比系数 $K=1.25$，摇杆长度 $l_{CD}=400mm$，摆角 $\psi=30°$，机架处于水平位置。试用图解法设计一个曲柄摇杆机构，并且检验机构的 γ_{min}。

9. 如图 1-2-36 所示的偏置曲柄滑块机构，已知行程速比系数 $K=1.5$，滑块行程 $H=50mm$，偏距 $e=20mm$，试用图解法求：

（1）曲柄长度和连杆长度。

（2）曲柄为主动件时机构的最大压力角和最大传动角。

（3）滑块为主动件时机构的死点位置。

10. 图 1-2-37 所示为牛头刨床摆动导杆机构运动简图，由导杆机构实现刨刀滑枕的切削运动。已知：主动曲柄绕轴心 A 做等速回转，从动件滑枕做往复移动，刨头行程 $H=300\text{mm}$，行程速比系数 $K=2$，$AC=150\text{mm}$，$L=210\text{mm}$。试确定该机构的几何尺寸。

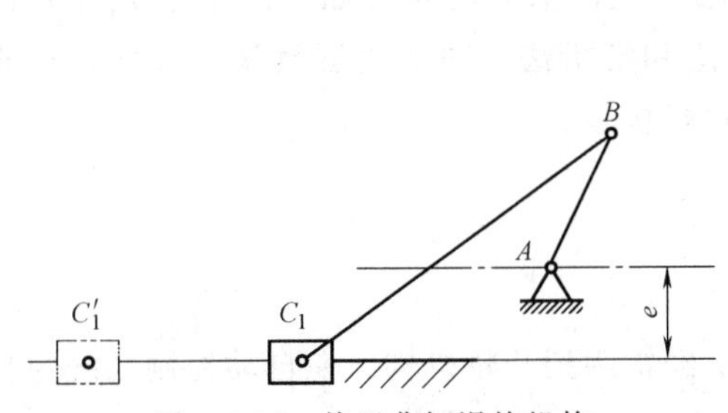

图 1-2-36　偏置曲柄滑块机构

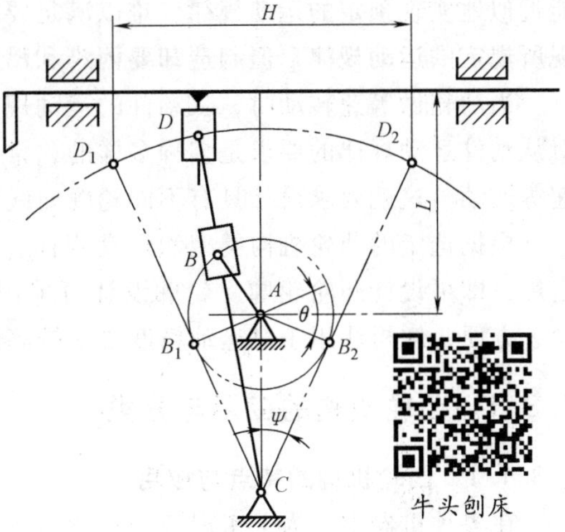

牛头刨床

图 1-2-37　牛头刨床摆动导杆机构运动简图

任务 1.3　凸轮机构设计及其他常用机构

<table>
<tr><td>任务目标</td><td colspan="5">1. 熟悉凸轮机构的结构组成、基本类型与应用特点。
2. 掌握凸轮机构运动和动力学分析方法。
3. 熟练掌握各种凸轮的分析与设计方法。熟练应用反转法与图解法设计盘形凸轮轮廓，理解凸轮机构的压力角对传力性能的影响。
4. 培养创新精神，提高相应的信息收集能力、使用各种媒体完成学习任务的能力。</td></tr>
<tr><td>工作任务内容</td><td colspan="5">完成牛头刨床凸轮机构的设计。具体要求如下：
根据所给定的已知数据，确定凸轮的基本尺寸（基圆半径 r_b、机架长度 $l_{O_2O_7}$ 和滚子半径 r_T），要求借助软件绘制出牛头刨床凸轮机构运动简图、位移曲线图（反映从动件的运动规律）、凸轮机构的实际廓线和凸轮机构运动仿真模型。
设计的要求和原始数据参见［项目任务描述］。</td></tr>
<tr><td>基本工作思路</td><td colspan="5">1. 明确工作任务，各小组认真制定完成任务的方案，分工具体、明确。
2. 知识储备：学习与牛头刨床凸轮机构相关的知识，并通过与小组成员交流、查阅相关技术资料完成有关信息的搜集。
3. 根据任务要求，选择凸轮机构类型。
4. 拟定凸轮机构推杆的运动规律，绘制运动简图、位移曲线图。
5. 确定凸轮机构的基本尺寸（基圆半径）。
6. 用图解法或解析法设计凸轮机构，确定各构件的尺寸和结构。
7. 绘制凸轮机构的轮廓曲线与 3D 结构图。
8. 建立凸轮机构的 3D 模型装配体，并进行仿真分析。
9. 编制设计计算说明书，并附相关图样。
10. 进一步分析内燃机凸轮机构的运动特性。
11. 各小组展示工作成果，阐述任务完成情况，师生共同分析、评价。</td></tr>
<tr><td>成果评定（60%）</td><td></td><td>学习过程评价（30%）</td><td></td><td>团队合作评价（10%）</td><td></td></tr>
</table>

[相关知识链接]

在工程实际中，经常要求某些机械的从动件按照预定的运动规律变化，采用凸轮机构可精确地实现所要求的运动，如照相机光圈调节机构、打印机打印头位置调节机构、内燃机配气机构、自动车床的自动进刀机构等都采用的是凸轮机构。如果采用平面连杆机构，一般只能近似地实现预定的运动规律，难以满足要求，且设计较为困难和复杂，而凸轮机构较易实现所规定的运动规律，但制造却要困难和昂贵一些。

当凸轮做等速转动时，从动件的运动规律取决于凸轮轮廓曲线的形状。在实际生产中，对从动件运动规律的要求是多种多样的，常见的运动规律有等速、等加速、等减速、余弦加速等运动。这就要求设计具有不同轮廓曲线的凸轮，以满足不同的要求。

根据选定的凸轮机构类型和运动规律，并在凸轮机构基本尺寸（如基圆半径 r_b 等）确定后，即可设计凸轮轮廓。轮廓设计可采用图解法和解析法。图解法虽然误差较大，但直观、方便；解析法用于对运动精度要求较高的凸轮机构。

1.3.1 凸轮机构的应用与分类

1.3.1.1 凸轮机构的特点与应用

在各种机器中，为了实现各种复杂的运动要求经常用到凸轮机构，在自动控制系统与自动机械中应用更为广泛。

图 1-3-1 所示为内燃机配气凸轮机构。凸轮 1 以等角速度回转，它的轮廓驱使从动件 2（阀杆）按预期的运动规律启闭阀门。

图 1-3-2 所示为绕线机中用于排线的凸轮机构，当绕线轴 3 快速转动时，经齿轮带动凸轮 1 缓慢地转动，通过凸轮轮廓与尖顶 *A* 之间的作用，驱使从动件 2 往复摆动，因而使线均匀地缠绕在轴上。

图 1-3-3 所示为应用于压力机上的凸轮机构示意图。凸轮 1 固定在冲头上，当冲头上下往复运动时，凸轮驱使从动件 2 以一定的规律水平往复运动，从而带动机械手装卸工件。

图 1-3-4 所示为自动送料机构。当带有凹槽的凸轮 1 转动时，通过槽中的滚子，驱使从动件 2 做往复移动。凸轮每回转一周，从动件即从储料器中推出一个毛坯，送到加工位置。

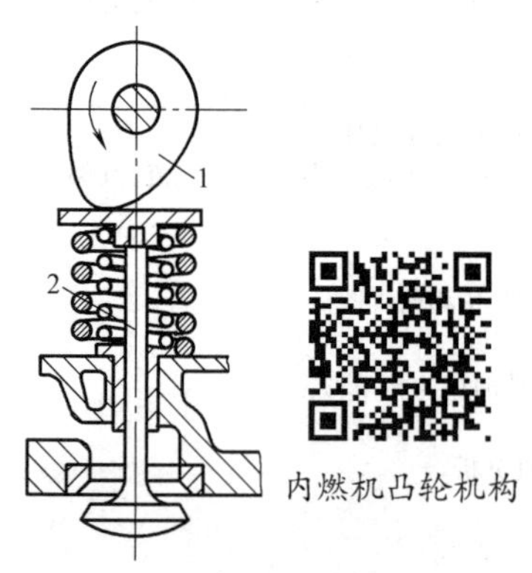

图 1-3-1　内燃机配气凸轮机构

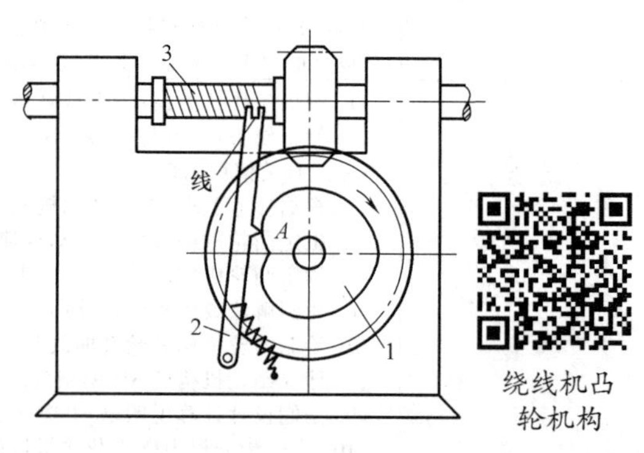

图 1-3-2　绕线机的凸轮机构

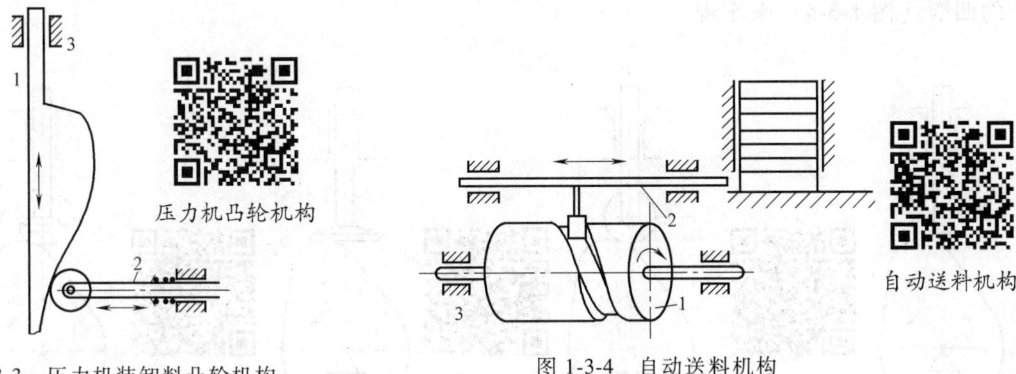

图 1-3-3　压力机装卸料凸轮机构　　　图 1-3-4　自动送料机构

从以上的例子可以看出：凸轮机构主要由凸轮、从动件和机架 3 个基本构件组成。通常凸轮为主动件，从动件可实现较复杂的工作运动。凸轮机构能将凸轮的连续转动或移动转换成从动件的移动或摆动。

凸轮机构从动件的运动规律是由凸轮轮廓曲线决定的，只要凸轮轮廓曲线设计得当，就可以使从动件实现任意预期的运动规律，并且运动准确可靠，结构简单、紧凑，设计方便。因此广泛用于各种自动机械及自动控制中，如自动机床进刀机构、上料机构、内燃机配气机构、制动机构以及印刷机、纺织机、闹钟和各种电气开关。但因凸轮机构是点或线接触的高副机构，从动件与凸轮接触处易磨损，所以承受载荷不能太大，多用于传力不大的控制和调节机构中。另外，凸轮形状复杂、不易加工，这也在一定程度上限制了凸轮机构的应用。

1.3.1.2　凸轮机构的分类

根据凸轮和从动件的不同形状和形式，凸轮机构可按如下方法分类。

1. 按凸轮的形状分类

（1）盘形凸轮　这种凸轮是绕固定轴转动并且具有变化向径的盘形构件，它是凸轮的基本形式，如图 1-3-1、图 1-3-2 所示。

（2）移动凸轮　这种凸轮外形通常呈平板状，可视作回转中心位于无穷远时的盘形凸轮，它相对于机架做直线移动，如图 1-3-3 所示。

（3）圆柱凸轮　这种凸轮是一个具有曲线凹槽的圆柱形构件，它可以看成是将移动凸轮卷成圆柱演化而成的，如图 1-3-4 所示。

2. 按从动件的结构形式分类

从动件仅指与凸轮相接触的从动构件。图 1-3-5 所示为常用的几种形式：图 1-3-5a 为尖顶从动件，图 1-3-5b 为滚子从动件，图 1-3-5c 为平底从动件，图 1-3-5d 为球面底从动件。滚子从动件的优点要比滑动接触的摩擦系数小，但造价要高些。对同样的凸轮设计，采用平底从动件其凸轮的外廓尺寸要比采用滚子从动件小，故在汽车发动机的凸轮轴上通常都采用这种形式。在生产机械上更多的是采用滚子从动件，因为它既易于更换，又具有可从轴承制造商中购买大量备件的优点。沟槽凸轮要求用滚子从动件。滚子从动件基本上都采用特制结构的球轴承或滚子轴承。球面底从动件的端部具有凸出的球形表面，可避免因安装位置偏斜或不对中而造成的表面应力和磨损都增大的缺点，并具有尖顶从动件和平底从动件的优点，因此这种结构形式的从动件在生产中应用也较多。

为了使凸轮与从动件始终保持接触，可利用重力、弹簧力（图 1-3-1、图 1-3-2）或凸轮上的凹槽（图 1-3-4）来实现。

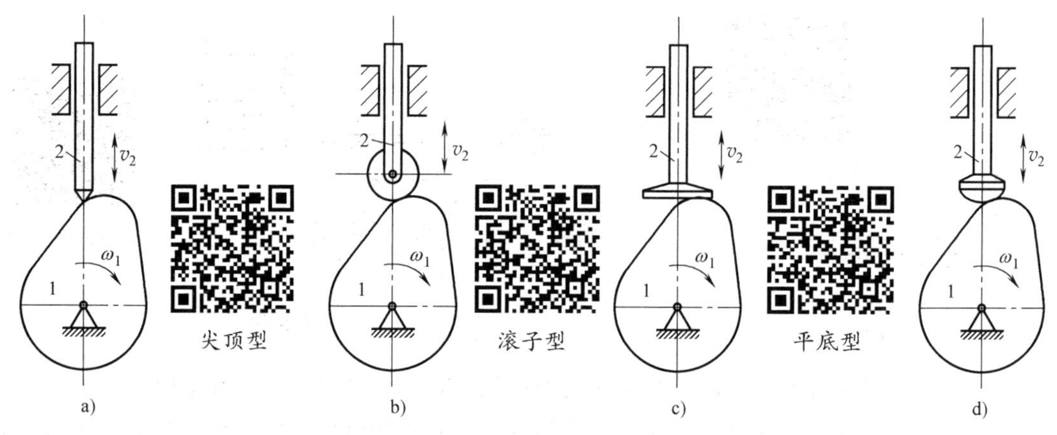

图 1-3-5　凸轮从动件常用形式

a）尖顶从动件　b）滚子从动件　c）平底从动件　d）球面底从动件

1.3.2　凸轮机构的运动规律

1.3.2.1　凸轮机构的运动分析

图 1-3-6b 是对心尖顶移动从动件盘形凸轮机构，其中以凸轮轮廓最小向径 r_b 为半径所作的圆称为基圆，r_b 称为基圆半径。在图示位置时，从动件处于上升的最低位置，也是从动件离凸轮轴心最近的位置，其尖顶与凸轮在 B_0 点接触。当凸轮以等角速度 ω 沿逆时针方向转动时，从动件将依次与凸轮轮廓各点接触，从动件的位移 s 也将按照图 1-3-6a 所示的曲线变化。当凸轮转过一个 Φ_s' 角度时，凸轮轮廓上的基圆弧 B_0B 与从动件依次接触，此时，由于该段基圆弧上各点的向径大小不变，从动件在最低位置不动（从动件的位移没有变化），这一过程称为近停程，对应的转角 Φ_s' 称为近停程角。当凸轮转过一个 Φ 角度时，从动件被凸轮推动，随着凸轮轮廓 BD 段上各点向径的逐渐增大，从动件从最低位置 B 点开始，逐渐

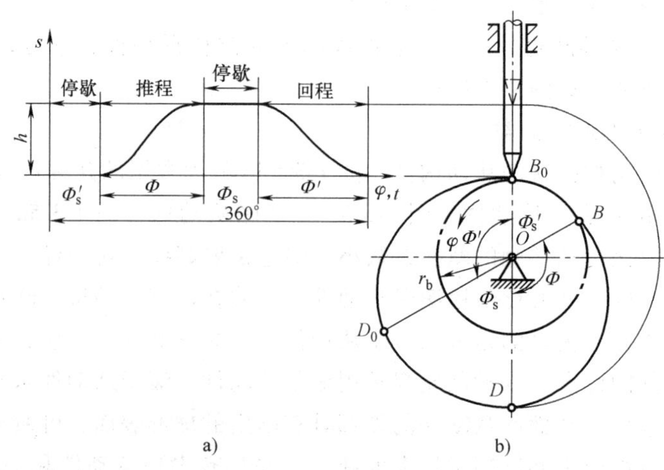

图 1-3-6　尖顶移动从动件凸轮机构

被推到离凸轮轴心最远的位置，即从动件上升到最高位置 D 点，从动件的这一运动过程称为推程。从动件在推程中上升的最大距离 h 称为升程，对应的凸轮转角 Φ 称为推程角。当凸轮继续转过 Φ_s 角度时，以 O 为圆心，OD 为半径的圆弧 D_0D 与从动件尖顶接触，从动件在离凸轮轴心最远位置处静止不动，从动件的这一过程称为远休止，与此对应的凸轮转角 Φ_s 称为远休止角。凸轮再继续转过 Φ' 角度，从动件在封闭力的作用下，沿向径渐减的凸轮轮廓 D_0B_0 段，按给定的运动规律下降到最低位置，这段行程称为回程，对应的凸轮转角 Φ' 称为回程角。当凸轮继续回转时，从动件将重复以上停—升—停—降的运动循环。以凸轮转角 φ 为横坐标、从动件的位移 s 为纵坐标，可用曲线将从动件在一个运动循环中的位移变化规律表示出来，如图 1-3-6a 所示，该曲线称为从动件的位移线图（s-φ 线图）。由于凸轮一般都做等速运动，其转角与时间成正比，因此该线图的横坐标也代表时间 t。根据 s-φ 线图，用图解微分法可以作出从动件的速度线图（v-φ 线图）和从动件的加速度线图（a-φ 线图），它们统称为从动件的运动线图。

1.3.2.2 从动件的基本运动规律

从动件的运动规律有很多种，常用的运动规律有等速运动规律、等加速等减速运动规律、余弦加速度运动（也称简谐运动）规律、正弦加速度运动（也称摆线运动）规律等。它们的运动线图如图 1-3-7 所示。

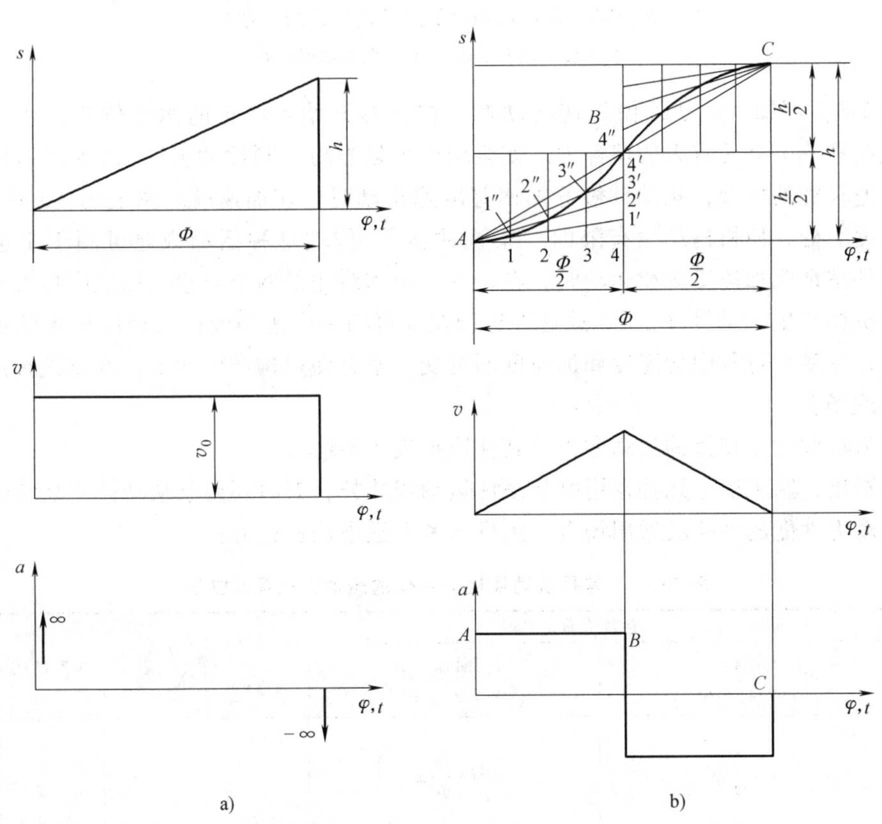

图 1-3-7 常用从动件的运动规律线图

a）等速运动 b）等加速等减速运动

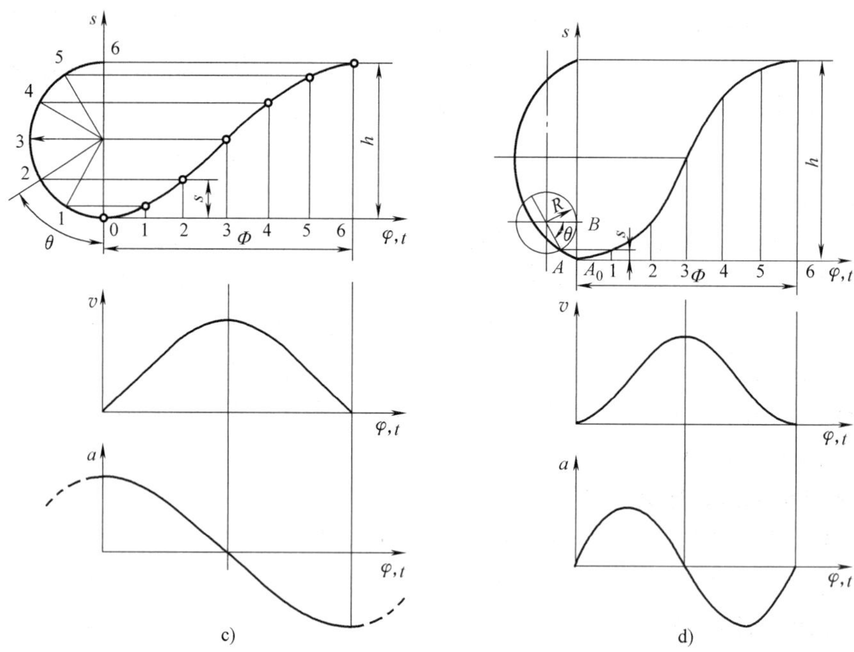

图 1-3-7　常用从动件的运动规律线图（续）

c）余弦加速度运动　d）正弦加速度运动

由图 1-3-7 可知，从动件做等速运动时，在行程开始和终止的两个位置，速度发生突变，因此在理论上有无穷大的惯性力，使机构产生强烈的“刚性冲击”，故等速运动规律只能用于低速轻载的场合；从动件做等加速等减速运动时，在加速度线图上的 A、B、C 三点发生加速度突变，使机构产生有限的“柔性冲击”，因此这种运动规律可用于中速轻载场合；从动件按余弦加速度规律运动时，在行程开始和终止的两个位置，加速度也发生有限突变，导致机构产生“柔性冲击”，故这种运动规律可用于中速场合；从动件按正弦加速度规律运动时，在整个行程中无速度和加速度的突变，不会使机构产生冲击，所以这种运动规律适用于高速场合。

常用从动件运动规律的运动方程及其性质见表 1-3-1。

应该指出，除了以上几种常用的从动件运动规律外，有时还要求从动件实现特定的运动规律，其动力性能的好坏及适用场合，仍可参考上述方法进行分析。

表 1-3-1　常用从动件运动规律的运动方程及其性质

运动规律	运动方程		v_{max}	a_{max}	冲击性质	适用范围
	推程 $0° \leqslant \varphi \leqslant \Phi$	回程 $0° \leqslant \varphi' \leqslant \Phi'$	$(h\omega/\varphi_0)$	$(h\omega^2/\varphi_0^2)$		
等速运动	$s=\frac{h}{\Phi}\varphi$ $v=\frac{h}{\Phi}\omega$ $a=0$	$s=h-\frac{h}{\Phi'}\varphi'$ $v=-\frac{h}{\Phi'}\omega$ $a=0$	1.00	∞	刚性冲击	低速轻载

（续）

运动规律	运动方程		v_{max} $(h\omega/\varphi_0)$	a_{max} $(h\omega^2/\varphi_0^2)$	冲击性质	适用范围
	推程 $0°\leqslant\varphi\leqslant\Phi$	回程 $0°\leqslant\varphi'\leqslant\Phi'$				
等加速等减速运动	$0°\leqslant\varphi\leqslant\frac{\Phi}{2}$ $s=\frac{2h}{\Phi^2}\varphi^2$ $v=\frac{4h\omega}{\Phi^2}\varphi$ $a=\frac{4h\omega^2}{\Phi^2}$ $\frac{\Phi}{2}\leqslant\varphi\leqslant\Phi$ $s=h-\frac{2h}{\Phi^2}(\Phi-\varphi)^2$ $v=\frac{4h\omega}{\Phi^2}(\Phi-\varphi)$ $a=-\frac{4h\omega^2}{\Phi^2}$	$0°\leqslant\varphi'\leqslant\frac{\Phi'}{2}$ $s=h-\frac{2h}{\Phi'^2}\varphi'^2$ $v=-\frac{4h\omega}{\Phi'^2}\varphi'$ $a=-\frac{4h\omega^2}{\Phi'^2}$ $\frac{\Phi'}{2}\leqslant\varphi'\leqslant\Phi'$ $s=\frac{2h}{\Phi'^2}(\Phi'-\varphi')^2$ $v=-\frac{4h\omega}{\Phi'^2}(\Phi'-\varphi')$ $a=\frac{4h\omega^2}{\Phi'^2}$	2.00	4.00	柔性冲击	中速轻载
余弦加速度运动	$s=\frac{h}{2}\left[1-\cos\left(\frac{\pi}{\Phi}\varphi\right)\right]$ $v=\frac{\pi h\omega}{2\Phi}\sin\left(\frac{\pi}{\Phi}\varphi\right)$ $a=\frac{\pi^2 h\omega^2}{2\Phi^2}\cos\left(\frac{\pi}{\Phi}\varphi\right)$	$s=\frac{h}{2}\left[1+\cos\left(\frac{\pi}{\Phi'}\varphi'\right)\right]$ $v=-\frac{\pi h\omega}{2\Phi'}\sin\left(\frac{\pi}{\Phi'}\varphi'\right)$ $a=-\frac{\pi^2 h\omega^2}{2\Phi'^2}\cos\left(\frac{\pi}{\Phi'}\varphi'\right)$	1.57	4.93	柔性冲击	中速中载
正弦加速度运动	$s=h\left[\frac{\varphi}{\Phi}-\frac{1}{2\pi}\sin\left(\frac{2\pi}{\Phi}\varphi\right)\right]$ $v=\frac{h\omega}{\Phi}\left[\pi-\cos\left(\frac{2\pi}{\Phi}\varphi\right)\right]$ $a=\frac{2\pi h\omega^2}{\Phi^2}\sin\left(\frac{2\pi}{\Phi}\varphi\right)$	$s=h\left[1-\frac{\varphi'}{\Phi'}+\frac{1}{2\pi}\sin\left(\frac{2\pi}{\Phi'}\varphi'\right)\right]$ $v=-\frac{h\omega}{\Phi'}\left[\pi-\cos\left(\frac{2\pi}{\Phi'}\varphi'\right)\right]$ $a=-\frac{2\pi h\omega^2}{\Phi'^2}\sin\left(\frac{2\pi}{\Phi'}\varphi'\right)$	2.00	6.28	无冲击	高速重载

1.3.2.3 从动件运动规律的选择

可依下列顺序选择从动件的运动规律：

1）满足机器工作时对凸轮机构从动件运动规律的要求。例如，钻孔时若由从动件带动钻头轴向进给，钻孔工艺要求从动件按等速运动规律运动；再如，机床中控制刀架进刀的凸轮机构，要求刀架进刀时做等速运动，所以应选择从动件做等速运动的运动规律，至于行程始末端，可以通过拼接其他运动规律曲线来消除冲击。

2）保证凸轮机构具有良好的工作性能。对凸轮机构工作性能影响较大的因素，除了有无冲击及冲击性质外，还有最大速度、最大加速度等。选择时可参考表1-3-1。对于高速凸轮机构，应减小惯性力所造成的冲击，多选择从动件做正弦加速度运动规律或其他改进型的运动规律。

3）凸轮轮廓具有良好的工艺性。对于无一定运动要求，只需要从动件有一定位移的凸轮机构，如夹紧、送料等凸轮机构，可只考虑加工方便，采用圆弧、直线等组成的凸轮轮廓。

1.3.3 凸轮轮廓设计

凸轮轮廓曲线的设计是凸轮机构设计的主要内容。如果从动件的运动规律已知，则可作出位移曲线（s-φ 线图），再绘制凸轮轮廓曲线。凸轮轮廓曲线的设计方法有图解法和解析法。解析法精度高，但计算量大，多用于设计要求较高的凸轮机构。而图解法简便易行，可以直观地反映设计思想、原理，但精度较低，可用于设计一般要求的凸轮机构。这里主要介绍图解法。

1.3.3.1 凸轮廓线设计的基本原理

如图 1-3-8 所示为一对心直动尖顶推杆盘形凸轮机构，当凸轮以角速度 ω 绕轴心 O 等速回转时，将推动推杆运动。图 1-3-8b 所示为凸轮回转 φ 角时，推杆上升至位移 s 的瞬时位置。

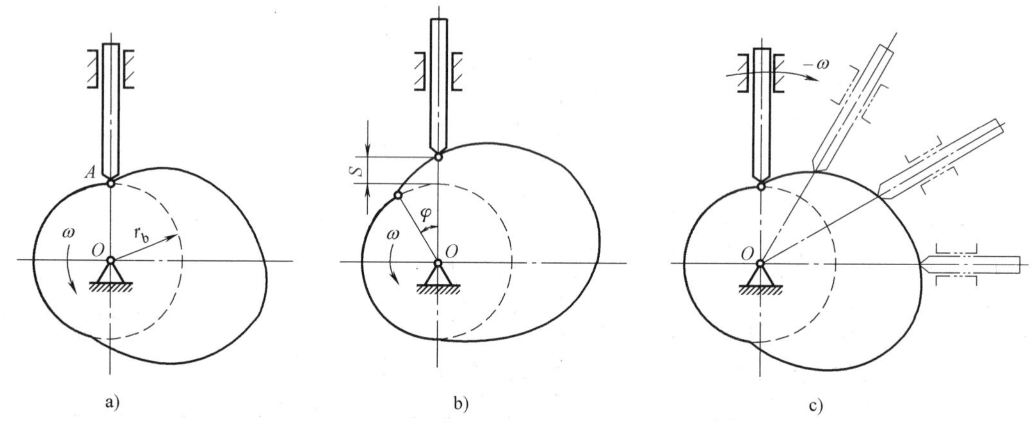

图 1-3-8　反转法原理

现在为了讨论凸轮廓线设计的基本原理，设想给整个凸轮机构加上一个公共角速度$-\omega$，使其绕凸轮轴心 O 转动。根据相对运动原理，我们知道凸轮与推杆间的相对运动关系并不发生改变，但此时凸轮将静止不动，而推杆则一方面和机架一起以$-\omega$ 角速度绕凸轮轴心 O 转动，同时又在其导轨内按预期的运动规律运动。由图 1-3-8c 可见，推杆在复合运动中，其尖顶的轨迹就是凸轮廓线。

利用这种方法进行凸轮设计的称为反转法，其基本原理就是相对运动原理。针对不同形式的凸轮机构，其作图法也有所不同。

1.3.3.2 对心直动尖顶推杆盘形凸轮机构设计

在尖顶从动件盘形凸轮机构中，从动件导路中线通过凸轮回转中心，称为对心直动尖顶从动件盘形凸轮机构；否则称为偏心直动尖顶从动件盘形凸轮机构。

对心直动尖顶盘形凸轮机构中，已知从动件推杆的运动规律和凸轮的基圆半径 r_b，凸轮以等角速 ω 沿逆时针方向转动，其凸轮轮廓设计步骤如图 1-3-9 所示。

1）取适当比例 μ_1，绘制从动件 s-φ 位移线图。

2）以 O 为圆心、r_b为半径，按同一比例画凸轮的基圆，定从动件初始位置为 A（即从动件尖端的最低位置）。

3）等分位移线图的横坐标和基圆。根据反转法原理，按位移线图中横坐标的等分数，从 A 点开始，沿$-\omega$ 方向将基圆圆周分成相应的等分数，以射线代表机构反转时各个相应位

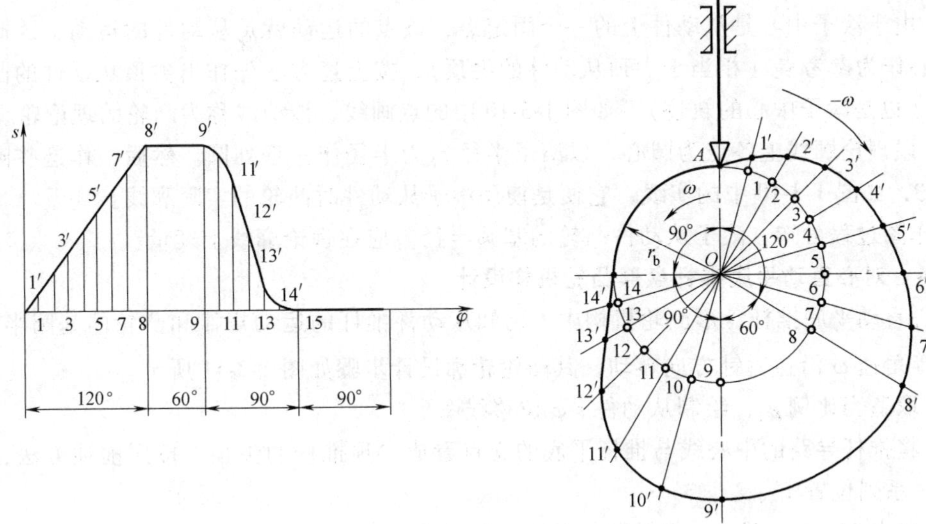

图 1-3-9 对心直动尖顶推杆盘形凸轮机构

置的导路，各射线与基圆的交点为 1、2、3……原则是：陡密缓疏。

4）量取位移线图 11′、22′、33′……等于各射线上的 11′、22′、33′……得到从动件在凸轮反转时的各相应轨迹 1′、2′、3′……

5）连接 1′、2′、3′……成光滑曲线，此曲线即为凸轮轮廓曲线。

1.3.3.3 对心直动滚子推杆盘形凸轮机构设计

对心直动滚子盘形凸轮机构中，已知从动件滚子推杆的运动规律和凸轮的基圆半径 r_b、滚子半径 r_T，凸轮以等角速 ω 沿逆时针方向转动，其凸轮轮廓设计步骤如图 1-3-10 所示。

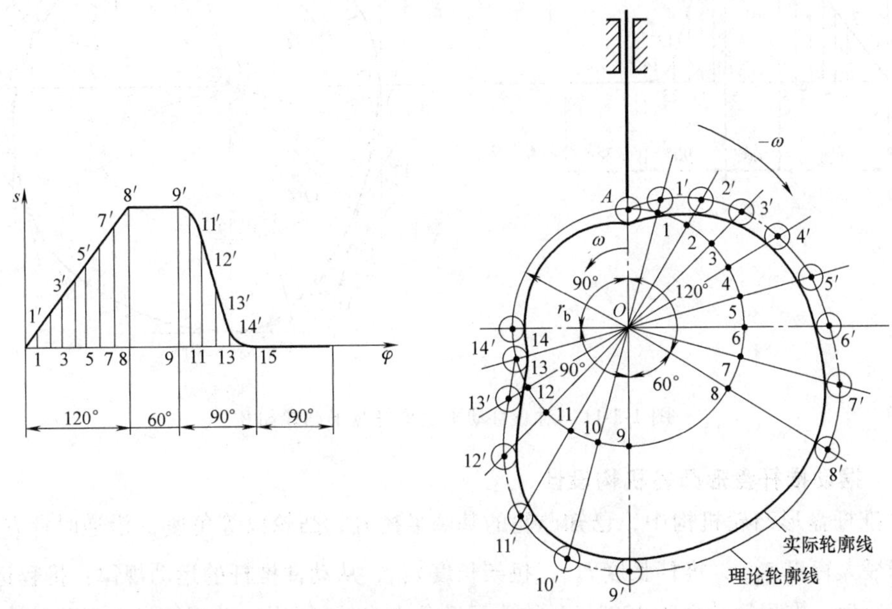

图 1-3-10 对心直动滚子推杆盘形凸轮机构

1）取适当比例 μ_1，绘制从动件 s-φ 位移线图。

2）由于滚子中心是从动件上的一个固定点，该点的运动就是从动件的运动，因此可取滚子中心作为参考点（相当于尖顶从动件的尖顶），按上述方法先作出尖顶从动件的凸轮轮廓曲线（也是滚子中心的轨迹），如图 1-3-10 中的点画线，该曲线称为凸轮的理论轮廓线。

3）以理论廓线上各点为圆心，以滚子半径 r_T 为半径作一系列圆。然后，作这些圆的内包络线 β，如图 1-3-10 中的实线，它便是使用滚子从动件时凸轮的实际廓线。

由作图过程可知，滚子从动件凸轮的基圆半径 r_b 应在理论廓线上度量。

1.3.3.4 对心直动平底推杆盘形凸轮机构设计

对心直动平底推杆盘形凸轮机构中，已知从动件推杆的运动规律和凸轮的基圆半径 r_b，凸轮以等角速 ω 沿逆时针方向转动，其凸轮轮廓设计步骤如图 1-3-11 所示。

1）取适当比例 μ_1，绘制从动件 s-φ 位移线图。

2）将推杆导路的中心线与推杆平底的交点看成尖顶推杆的尖顶，按照前述方法，求出尖顶的一系列位置 1′、2′、3′……

3）过点 1′、2′、3′……作导路的垂线，得到平底的位置。

4）作这些平底位置的内包络线，即为所求凸轮的实际廓线。

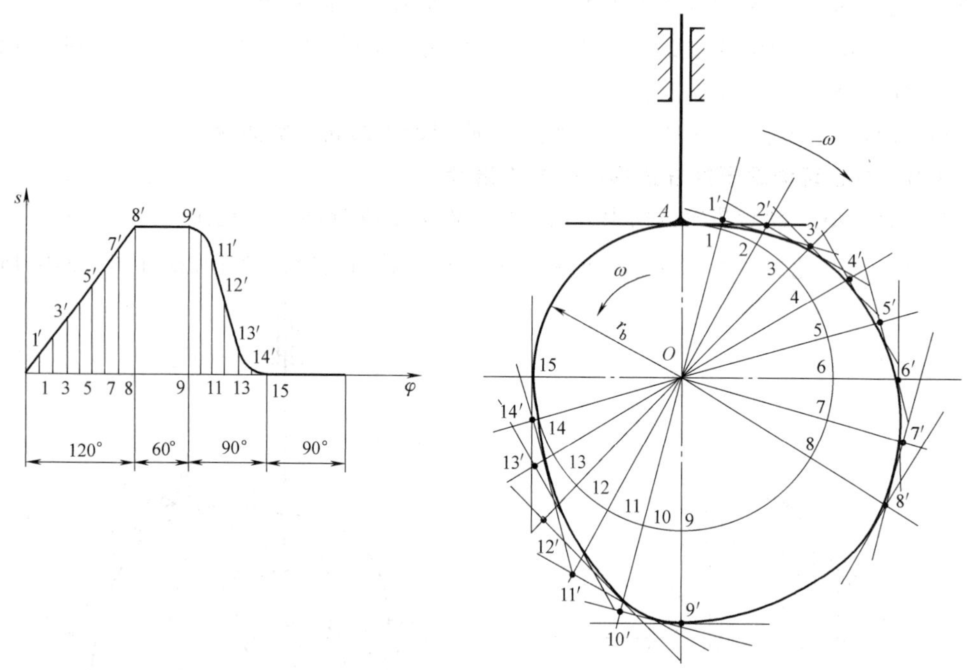

图 1-3-11 对心直动平底推杆盘形凸轮机构

1.3.3.5 摆动推杆盘形凸轮机构设计

摆动推杆盘形凸轮机构中，已知凸轮的基圆半径 r_b，凸轮以等角速 ω 沿逆时针方向转动，摆动推杆最大行程 δ_{max}，推杆长度 l_{AB}，机架长度 l_{AO}，从动件推杆的运动规律：推程运动规律设为等速运动，推程运动角为 120°；远休止运动角为 60°；回程运动规律设为正弦加速度运动，回程运动角为 90°；近休止运动角为 90°。其凸轮轮廓的设计步骤如图 1-3-12 所示。

1）选取适当的角度比例尺 μ_δ 和 μ_φ（°/mm），绘制从动件推杆的 δ-φ 角位移线图，并将其横坐标分成若干等份，例如，将推程分成4等份，回程分成3等份，如图1-3-12a所示。

2）选取适当的长度比例尺 μ_l，画出基圆及推杆 AB，B 为推杆尖顶的初始位置，如图1-3-12b所示。

3）在反转运动中，摆动推杆的回转轴心 A，在以凸轮轴心 O 为圆心，以 l_{AO} 为半径的圆上做圆周运动。故以 O 为圆心，l_{AO} 为半径作圆，自 A 点，沿 $-\omega$ 方向，将该圆分成与 δ-φ 的横坐标相对应的等分点 A_1、A_2、A_3……这些点就是摆动推杆轴心 A 在反转运动中依次占据的位置。

4）以点 A_1、A_2、A_3……为圆心，以摆动推杆的长度 l_{AB} 为半径作圆弧，这些圆弧与基圆交于点 B_1、B_2、B_3……

5）根据运动规律，画出尖顶位置：以 A_1、A_2、A_3……为圆心，l_{AB} 为半径，从基圆起，分别以 A_1B_1、A_2B_2、A_3B_3……为一个边，向外画圆弧，量取 δ-φ 曲线对应的角度值，作 $\angle B_1A_1B_1'$、$\angle B_2A_2B_2'$、$\angle B_3A_3B_3'$……使它们分别等于位移线图中对应的角位移 δ_1、δ_2、δ_3、……得线段 A_1B_1'、A_2B_2'、A_3B_3'……这些线段代表反转过程中从动件摆动推杆依次占据的位置。点 B_1'、B_2'、B_3'……即为摆动推杆的尖顶在复合运动中依次占据的位置。

6）将上述尖顶的起始点 B 及点 B_1'、B_2'、B_3'……连成光滑曲线，即得到所求凸轮轮廓曲线。

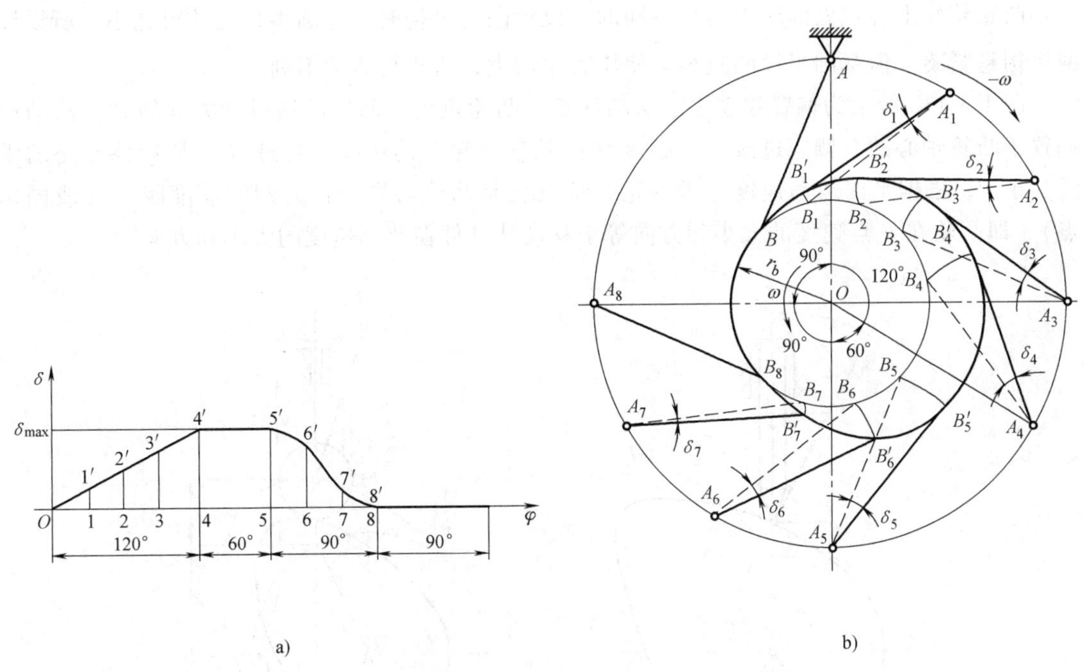

图1-3-12 摆动推杆盘形凸轮机构

a）推杆运动线图 b）摆动推杆盘形凸轮

1.3.4 凸轮机构基本尺寸的确定

凸轮的基圆半径 r_b 直接决定着凸轮机构的尺寸。前面介绍凸轮廓线设计时，都是假定凸轮的基圆半径已经给出。而实际上，凸轮的基圆半径的选择要考虑许多因素。首先要考虑到凸轮机构中的作用力，保证机构有较好的受力情况。为此，需要就凸轮的基圆半径和其他有关尺寸对凸轮机构受力情况的影响加以讨论。

1.3.4.1　凸轮机构的压力角及许用值

由图 1-3-13a 中可知，凸轮对从动件的作用力 F 可以分解成两个分力，即沿着从动件运动方向的分力 F_1和垂直于运动方向的分力 F_2。前者是推动从动件克服载荷的有效分力，而后者将增大从动件与导路间的侧向压力，是一种有害分力。压力角 α 越大，有害分力越大，机构的效率就越低，当 α 增加到一定程度时，有害分力所引起的摩擦阻力将大于有效分力 F_1，这时无论凸轮给从动件的作用力有多大，都不能推动从动件运动，产生自锁。为改善受力、效率和避免自锁，压力角 α 应越小越好。

在设计凸轮机构时，应使最大压力角 α_{max}不超过许用值 $[\alpha]$。根据工程实践的经验，许用压力角 $[\alpha]$ 的数值推荐如下：推程时，对移动从动件，$[\alpha]=30°\sim38°$；对摆动从动件，$[\alpha]=45°\sim50°$。回程时，由于通常受力较小且一般无自锁问题，故许用压力角可取得大一些，通常取 $[\alpha]=70°\sim80°$。

1.3.4.2　凸轮基圆半径与滚子半径的确定

1. 凸轮基圆半径的确定

凸轮轮廓上各点处的压力角是不同的。设计凸轮机构时，基圆半径 r_b选得越小，所设计的机构越紧凑。但基圆半径的减小会使压力角增大，对机构运动不利。

图 1-3-13b 所示为偏置移动滚子从动件盘形凸轮机构，凸轮沿逆时针方向转动，从动件偏置于凸轮轴心的右侧。过滚子中心 B 作凸轮理论轮廓的法线，与过 O 的从动件导路的垂线交于 P，根据平面运动速度分析理论，该点就是凸轮与导杆在此刻的速度瞬心（或同速点），即凸轮在 P 点速度的大小和方向等于移动从动件在此刻速度的大小和方向。

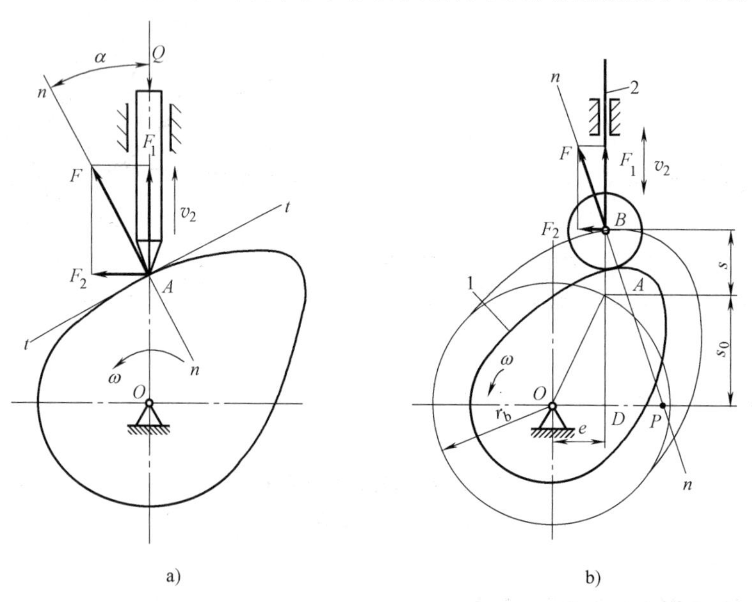

图 1-3-13　凸轮机构的压力角及其几何关系

a）压力角　b）压力角的几何关系

从而推导出凸轮机构的压力角、基圆半径、偏距之间的关系式为

$$\tan\alpha=\frac{|ds/d\varphi-e|}{s+\sqrt{r_b^2-e^2}} \tag{1-4}$$

式中 α ——任意位置时的压力角；

r_b——理论轮廓线的基圆半径；

s——从动件位移；

e——偏距；

$ds/d\varphi$——位移曲线的斜率，推程时为正，回程时为负。

式（1-4）反映了 r_b 及 $ds/d\varphi$ 对机构压力角的影响。由此可知：

1）压力角 α 增大，r_b 减小，结构紧凑，机构传力性能不好。

2）压力角 α 减小，r_b 增大，机构尺寸增大，机构传力性能良好。

在设计凸轮时，应兼顾机构受力情况好及机构紧凑这两个方面。一般可根据设计条件，先确定基圆半径。如果对凸轮机构的结构尺寸没有严格要求，则凸轮基圆半径可取大一些，使机构受力情况好一些；如果对凸轮机构的结构尺寸有严格控制，则在压力角不超过许用压力角的原则下，尽可能采用较小的基圆半径。

工程上已经根据以上规律求出了最大压力角和基圆大小的对应关系，绘制了诺模图。可以根据工作要求的许用压力角确定凸轮的最小基圆半径，也可以根据所选用的基圆半径来校核最大压力角。图 1-3-14 为对心移动滚子从动件盘形凸轮机构的诺模图。

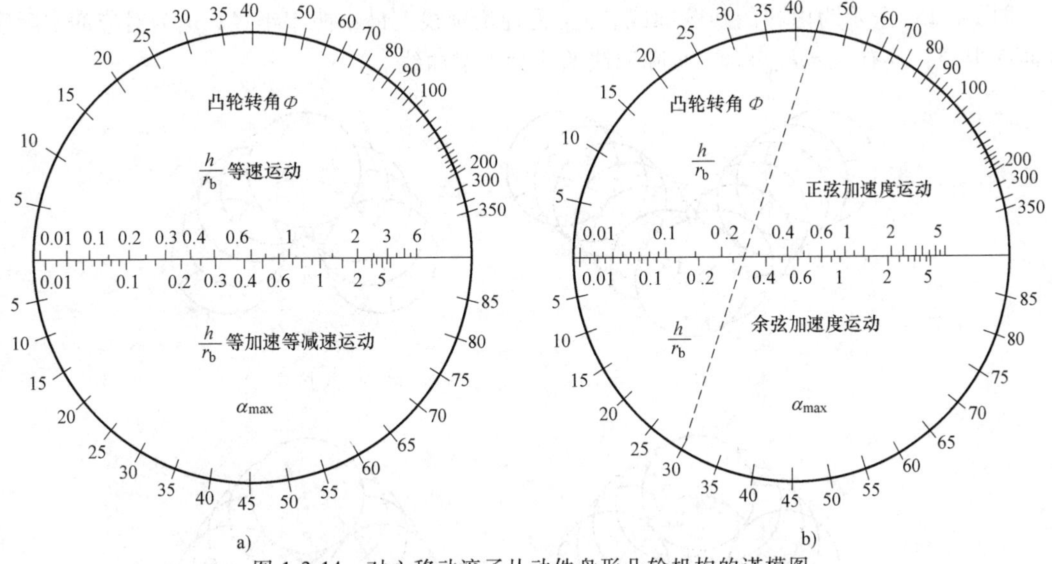

图 1-3-14 对心移动滚子从动件盘形凸轮机构的诺模图

【例 1-5】 设计一对心移动滚子从动件盘形凸轮机构，要求当凸轮转过推程运动角 $\Phi=45°$时，从动件以简谐运动（余弦加速度运动）规律上升 $h=14$mm，并限定凸轮机构的最大压力角 $\alpha_{max}=30°$。试确定凸轮最小基圆半径 r_b。

解： 从图 1-3-14b 所示的诺模图中找出 $\Phi=45°$ 和 $\alpha_{max}=30°$ 的两点，然后用直线将其相连交简谐运动标尺于 0.33 处，即

$$\frac{h}{r_b}=0.33$$

将 $h=14\text{mm}$ 代入上式，可得

$$r_b=\frac{14\text{mm}}{0.33}\approx 42\text{mm}$$

需要指出的是，上述根据许用压力角确定的基圆半径是为了保证机构能顺利工作的凸轮最小基圆半径。一般在工程实际设计中，凸轮基圆半径的确定不仅受到 $\alpha \leqslant [\alpha]$ 的限制，还要考虑到凸轮的结构及强度等方面的限制。工程中，对于受力较大且尺寸又没有严格限制的凸轮机构，通常根据结构和强度条件来确定基圆半径 r_b，必要时才检验压力角条件。这时，可按经验来确定基圆半径 r_b。

1）当凸轮与轴制成一体（凸轮轴）时

$$r_b=r+r_T+(2\sim5)\text{mm}$$

2）当凸轮装在轴上时

$$r_b=(1.5\sim1.7)r+r_T+(2\sim5)\text{mm}$$

式中　r——凸轮轴的半径（mm）；

r_T——从动件滚子的半径（mm）。

若凸轮机构为非滚子从动件，在计算基圆半径时，上式中 r_T 可不计。

2. 滚子半径的确定

对于滚子半径的选择，要考虑其结构、强度及凸轮轮廓的形状等诸多因素。这里主要说明廓线与滚子半径的关系。

图 1-3-15a 所示为内凹的凸轮廓线，ρ_{min} 为理论廓线上最小曲率半径，ρ_a 为对应的实际廓线曲率半径，且有 $\rho_a=\rho_{min}+r_T$，实际廓线始终为平滑曲线。

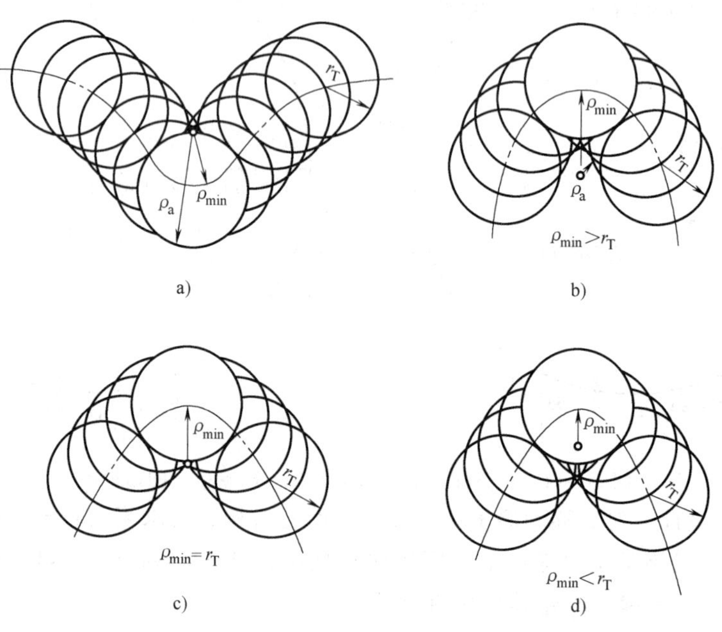

图 1-3-15　滚子半径与凸轮廓线的关系

对于外凸的凸轮廓线，当 $\rho_{min}>r_T$ 时，实际廓线为一条平滑曲线，如图 1-3-15b 所示。

当 $\rho_{min}=r_T$ 时，实际廓线上的曲率半径 $\rho_a=\rho_{min}-r_T=0$（图 1-3-15c），此时，实际廓线上

产生尖点，尖点极易磨损，磨损后会破坏原有的运动规律，这是工程设计中所不允许的。

当$\rho_{min}<r_T$时，$\rho_a=\rho_{min}-r_T<0$，此时凸轮实际廓线已相交（图 1-3-15d），交点以外的廓线在凸轮加工过程中被刀具切除，导致实际廓线变形，从动件不能实现预期的运动规律。这种从动件失掉真实运动规律的现象称为“运动失真”。

滚子半径过大会导致凸轮实际廓线变形，产生“运动失真”现象。设计时，对于外凸的凸轮廓线，应使滚子半径 r_T 小于理论廓线上的最小曲率半径 ρ_{min}，通常可取滚子半径为 $r_T<0.8\rho_{min}$。另一方面，滚子半径又不能取得过小，其大小还受到结构和强度方面的限制。根据经验，可取滚子半径为 $r_T=(0.1\sim0.5)r_b$。

凸轮实际廓线的最小曲率半径 ρ_{amin}一般不应小于 1~5mm，过小会给滚子结构设计带来困难。如果不能满足此要求，则可适当放大凸轮的基圆半径。必要时，还需对从动件的运动规律进行修改。

1.3.5 其他常用机构——拓展知识

在工程实际中，除了应用前述的平面连杆机构和凸轮机构，还会应用棘轮机构、槽轮机构、不完全齿轮机构、螺旋机构和万向联轴器等。在机械的创新设计中占据十分重要的地位。掌握基本机构的特点和机构组合的基本方法，是机械创新设计的前提和基础。

在生产中，当主动件做连续运动时，从动件做周期性的运动和停顿，这类机构称为间歇运动机构，也称为步进机构。它在各种自动化机械中得到了广泛的应用，用来满足送进、制动、转位、分度、超越等工作要求。

1. 棘轮机构

图 1-3-16 所示为一典型的外啮合棘轮机构。该机构由棘轮、棘爪、摇杆、止回棘爪、弹簧及机架等组成。弹簧用来使止回棘爪与棘轮保持接触。棘轮与从动轴固连，摇杆空套在从动轴上。棘爪与摇杆用转动副连接。当摇杆沿逆时针方向摆动时，棘爪便插入棘轮的齿槽，推动棘轮转过某一角度，而此时，止回棘爪在棘轮的齿背上滑过。当摇杆沿顺时针方向摆动时，止回棘爪阻止棘轮沿顺时针方向转动。此时，棘爪在棘轮的齿背上滑过，因此棘轮静止不动。这样，当摇杆做连续往复摆动时，棘轮便做单向间歇转动。摇杆的摆动，可用平面连杆机构、棘轮机构等来实现。图 1-3-17 所示为内啮合棘轮机构。

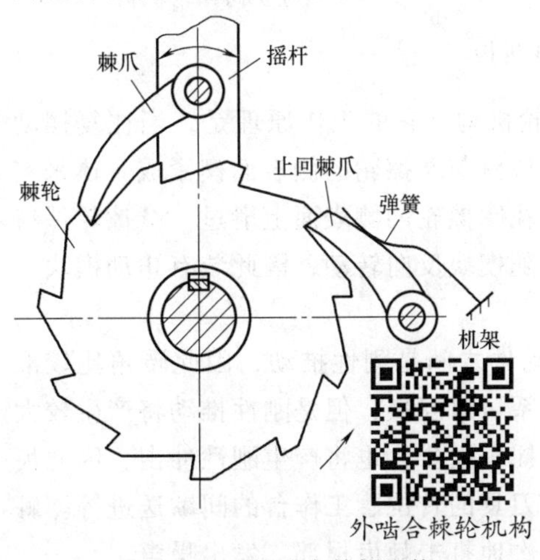

图 1-3-16　外啮合棘轮机构

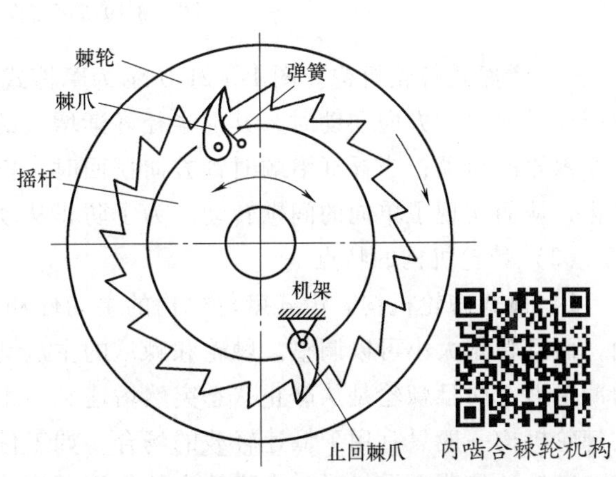

图 1-3-17　内啮合棘轮机构

（1）棘轮机构的分类

1）单向式棘轮机构。图 1-3-16 所示为单向式棘轮机构。该机构的特点是：当摇杆向某一方向摆动时，棘爪推动棘轮转过某一角度；当摇杆反向摆动时，棘轮静止不动。改变摇杆的结构形状，可以得到如图 1-3-18 所示的双动式棘轮机构。当摇杆来回摆动时，都能使棘轮沿单向转动。单向式棘轮机构的轮齿形状为不对称形，常用的是锯齿形（图 1-3-16）、三角形（图 1-3-17）。

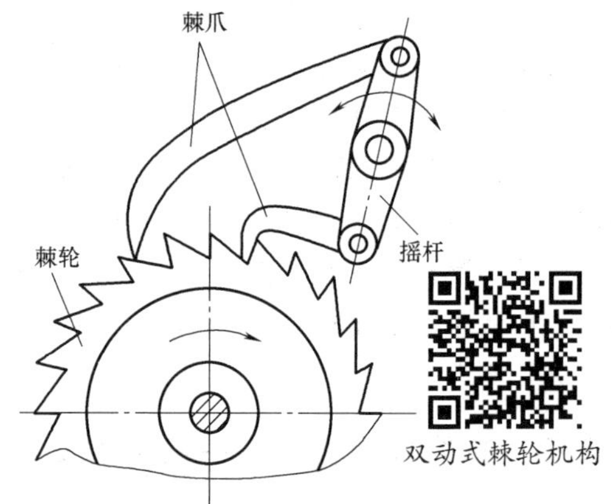

图 1-3-18　双动式棘轮机构

2）双向式棘轮机构。如果将棘轮齿制成方形，则可成为如图 1-3-19a 所示的可变向棘轮机构。图 1-3-19b 为另一种可变向棘轮机构，若棘爪提起并绕自身轴线转 180°后再放下，则可依靠棘爪端部结构两面不同的特点，实现棘轮沿相反方向单向间歇转动。

对以上各机构，可以在棘轮上加一遮板（图 1-3-20），变换遮板的位置可使棘爪行程的一部分在遮板上滑过，而不与棘轮的齿面接触，可以达到改变棘轮转角的目的。

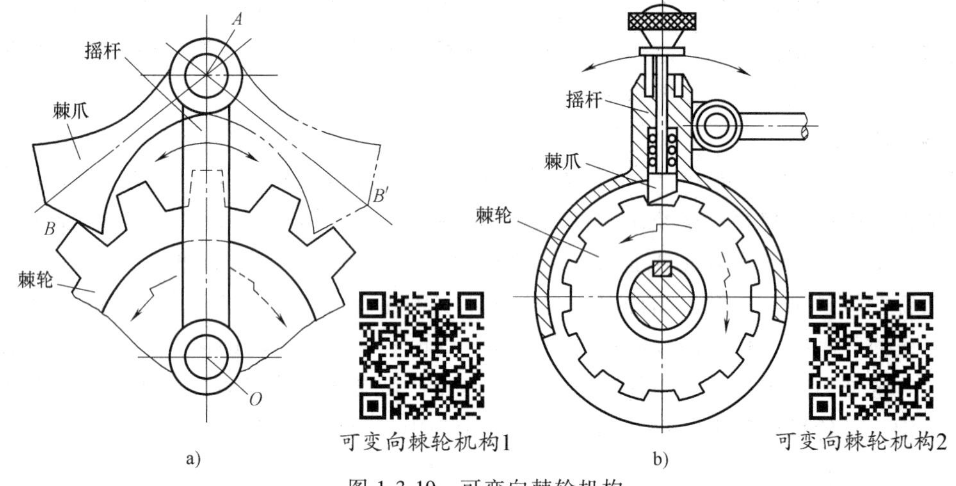

图 1-3-19　可变向棘轮机构

3）摩擦式棘轮机构。图 1-3-21 所示为摩擦式棘轮机构，它的工作原理是，当往复摆动的摇杆沿逆时针方向摆动时，其上半径逐渐增大的楔块就与摩擦轮的侧表面楔紧成一体来实现摩擦轮的运动；当摇杆沿顺时针方向摆回时，楔块在摩擦轮的侧表面上滑过，摩擦轮保持静止，从而实现了单向的间歇转动。为了防止从动轮随楔块反向转动，因此装有止动楔块。

（2）棘轮机构的特点

1）齿式棘轮机构。齿式棘轮机构的主动件和从动件之间是刚性推动，因此转角比较准确，而且转角大小可以调整。棘轮和棘爪的主从动关系可以互换，但是刚性推动将产生较大的冲击力，而且棘轮是从静止状态突然增速到与主动摇杆同步，也将产生刚性冲击，因此齿式棘轮机构一般只宜用于低速轻载的场合，如工件或刀具的转位、工作台的间歇送进等。棘爪在棘轮的齿背上滑过时，在弹簧力的作用下将一次次地打击棘齿根部，发出噪声。

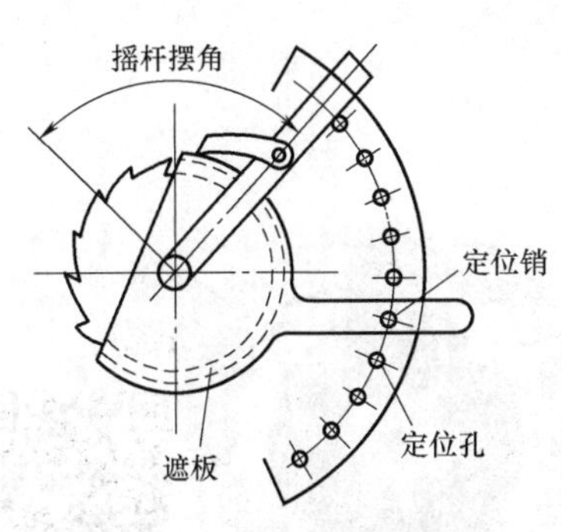

图 1-3-20 加遮板的棘轮机构

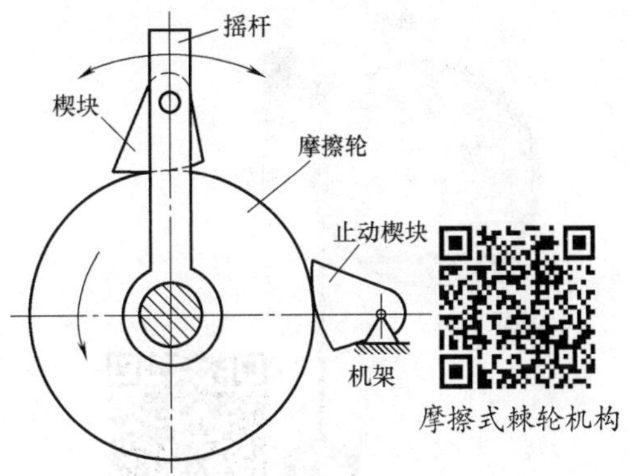

图 1-3-21 摩擦式棘轮机构

2）摩擦式棘轮机构。这种机构的结构十分简单，工作起来没有噪声；棘轮的转角可调，主动与从动的关系也可以互换。但是由于是利用摩擦力楔紧之后传动，因此从动件的转角准确程度较差。通常只适用于低速轻载场合。

（3）棘轮机构的应用 棘轮机构的主要用途有间歇送进、制动和超越等，常用在各种机床、自动机、自行车、螺旋千斤顶等各种机械中。图 1-3-22 所示为牛头刨床的间歇送进机构，为了切削工件，刨刀需做连续往复直线运动，工作台 7 做间歇移动。当曲柄 1 转动时，经连杆 2 带动摇杆 3 做往复摆动；摇杆 3 上装有双向棘轮机构的棘爪 4，棘轮 5 与丝杠 6 固连，棘爪带动棘轮做单方向间歇转动，从而使螺母（即工作台）做间歇进给运动，若改变驱动棘爪的摆角，则可以调节进给量；若改变驱动棘爪的位置（绕自身轴线转过 180°后固定），则可改变进给运动的方向。

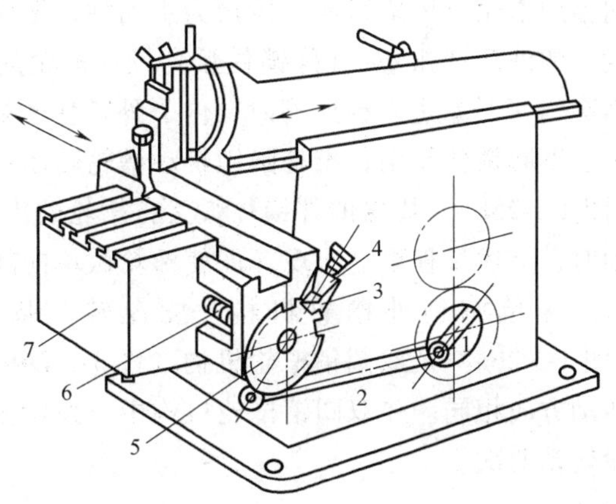

图 1-3-22 牛头刨床的间歇送进机构
1—曲柄 2—连杆 3—摇杆 4—棘爪
5—棘轮 6—丝杠 7—工作台

棘轮机构还被广泛地用于防止机械逆转的制动器中，这类棘轮制动器常用在卷扬机、提升机和牵引设备中。如图 1-3-23 所示卷扬机提升机构中的棘轮制动器，重物被提升后，由于棘轮受到止动的制动作用，卷筒不会在重力作用下反转下降，防止在提升过程中重物 Q 意外地落下造成事故。

棘轮机构也可以完成超越运动，即从动件的速度超过了主动件的速度。如图 1-3-24 所示自行车后轴处的飞轮实际上就是一个内啮合的棘轮机构，当蹬动自行车的踏板时，链条带动内圈具有棘齿的链轮沿顺时针方向转动，通过棘爪使后轴转动，从而驱使自行车前进。当自行车前进时，如果不蹬踏板（即链轮的转速为 0），后轴则借助惯性超越链轮而转动，同时带动棘爪在棘轮齿背上滑过，实现自行车自动滑行。

2. 槽轮机构

（1）槽轮机构的工作原理 如图 1-3-25 所示，槽轮机构由带有圆销 A 的拨盘、具有径

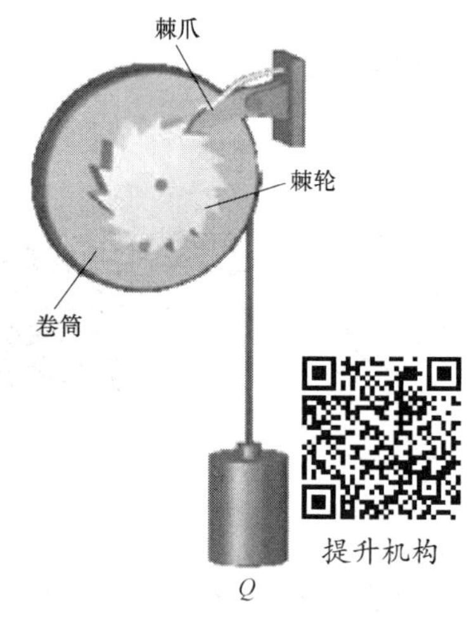

图 1-3-23　提升机构

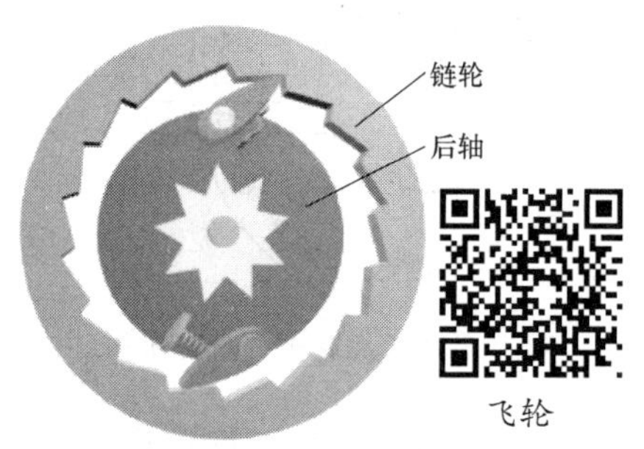

图 1-3-24　自行车后轴处的飞轮

向槽的槽轮及机架组成。拨盘为主动件，槽轮为从动件。当拨盘上的圆销 A 未进入槽轮时，拨盘的外凸圆弧 abc（外锁住弧）锁住槽轮的内凹圆弧 efg（内锁住弧），使槽轮静止不动。当圆销 A 开始进入径向槽时，内、外锁住弧处在图 1-3-25a 所示位置（a 点与 f 点重合），此时已不起锁住作用，于是圆销带动槽轮转动；当槽轮转过角度 $2\varphi_2$，即圆销 A 脱离径向槽时（图 1-3-25b），拨盘的外锁住弧又将槽轮的内锁住弧锁住，使槽轮不能转动。当拨盘连续转动时，上述过程重复出现，即使槽轮做单向间歇转动，其转向与拨盘的转向相反。图 1-3-25 所示为单圆销外槽轮机构，拨盘转一周，槽轮转动一次。另外，还有内槽轮机构（图 1-3-26a）及双圆销槽轮机构（图 1-3-26b）等。内槽轮机构的槽轮的转动方向与拨盘的转动方向相同。在双圆销槽轮机构中，拨盘上装有两个圆销 A、B，当拨盘转过一周时，槽轮转动两次。

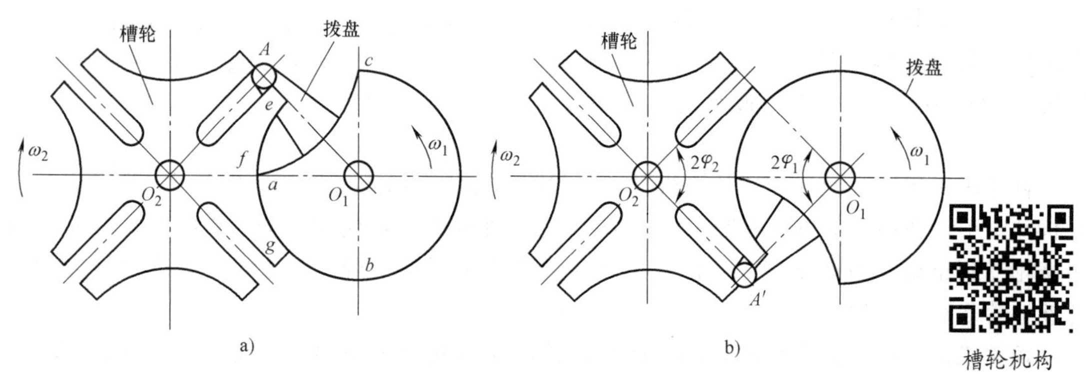

图 1-3-25　槽轮机构

（2）槽轮机构的特点和应用　槽轮机构结构简单、工作可靠，在进入和脱离啮合时运动比较平稳。但在运动过程中的加速度变化较大，冲击较严重，因而不适用于高速。在每一个运动循环中，槽轮转角与其径向槽数和拨盘上的圆销数有关，每次转角大小固定而不能任意调节。所以，槽轮机构一般用于转速不很高、转角不需要调节的自动机械和仪器仪表中。

内槽轮机构　a)　b)　双圆销槽轮机构

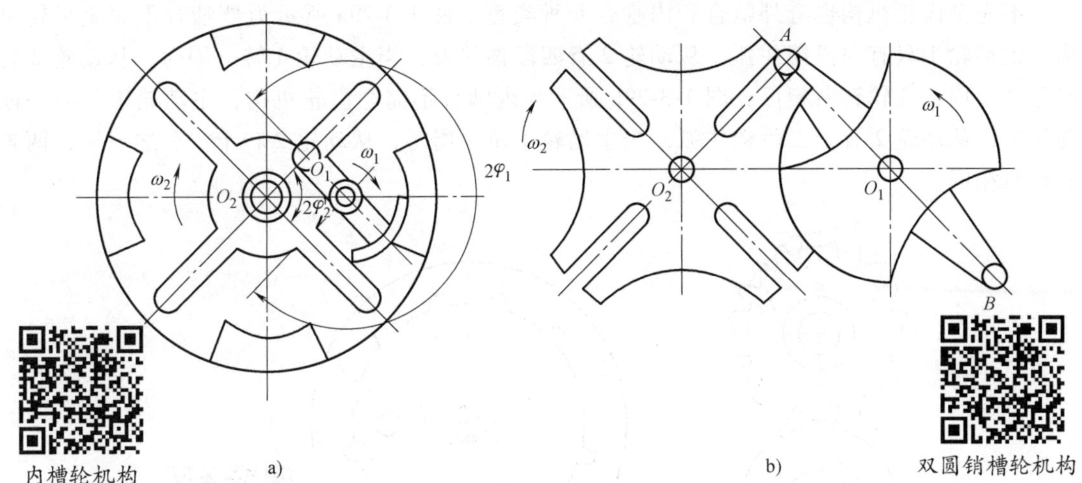

图 1-3-26　内槽轮机构和双圆销槽轮机构

例如，在电影放映机中用作送片机构（图 1-3-27），在槽轮上开有 4 条径向槽，当传动轴每转过一周时，槽轮转过 90°，可以使影片的画面做短暂停留。

图 1-3-28 所示为槽轮机构在自动机床刀架转位装置中的应用。为了按照零件加工工艺的要求自动地改变所需要的刀具，采用了槽轮机构。此槽轮上开有 6 条径向槽，圆销进、出槽轮一次，可推动槽轮转 60°，这样刀架上就可以装 6 种刀具，因而可以间歇地将下一工序需要的刀具，依次转换到工作位置上。

送片机构

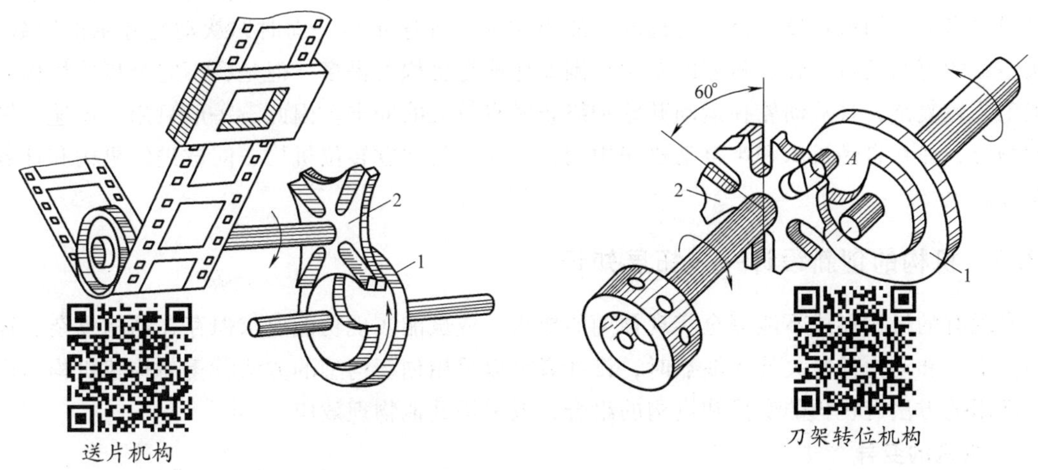

图 1-3-27　电影放映机中的槽轮送片机构

1—圆销拨盘　2—槽轮

刀架转位机构

图 1-3-28　刀架的转位机构

1—圆销拨盘　2—槽轮

3. 不完全齿轮机构

（1）不完全齿轮机构的工作原理和类型　不完全齿轮机构是由普通齿轮机构演变而成的一种间歇运动机构，在图 1-3-29 所示的不完全齿轮机构中，主动轮 1 的轮齿没有布满整个圆周，所以当主动轮 1 做连续转动时，从动轮 2 做间歇转动。当从动轮 2 停歇时，靠主动轮 1 的锁住弧（外凸圆弧 g）与从动轮 2 的锁住弧（内凹圆弧 f）相互配合，将从动轮 2 锁住，使其停歇在预定的位置上，以保证主动轮 1 的首齿 S 下次再与从动轮相应的轮齿啮合传动。

不完全齿轮机构也有外啮合和内啮合两种类型。图 1-3-29a 所示为外啮合不完全齿轮机构，主动轮 1 只有一段锁住弧，从动轮 2 有四段锁住弧，当主动轮 1 转一周时，从动轮 2 转四分之一周，两轮转向相反；图 1-3-29b 所示为内啮合不完全齿轮机构，主动轮 1 只有一段锁住弧，从动轮 2 有十二段锁住弧，当主动轮 1 转一周时，从动轮 2 转十二分之一周，两轮的转向相同。

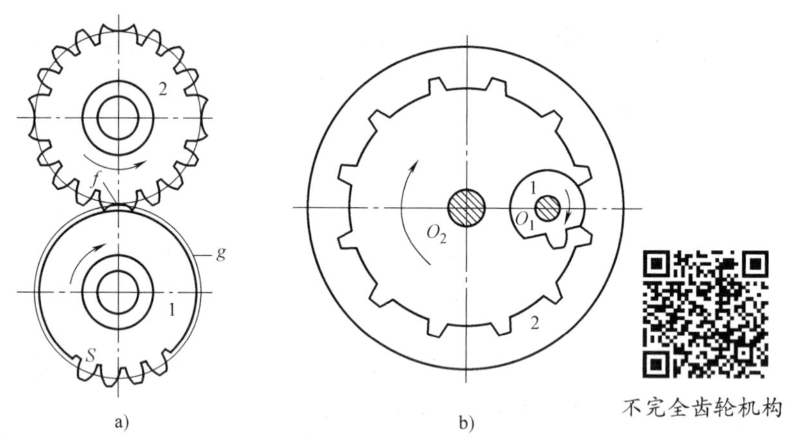

图 1-3-29　不完全齿轮机构

（2）不完全齿轮机构的特点和应用　不完全齿轮机构常用于多工位、多工序的自动机械或生产线上。在不完全齿轮机构中，主动轮和从动轮的分度圆直径、锁住弧的段数、锁住弧之间的齿数，均可在较大范围内选取，故当主动轮等速转动一周时，从动轮停歇的次数、每次停歇的时间及每次转过角度的变化范围要比槽轮机构大得多。但是，不完全齿轮机构的加工工艺较复杂，且从动轮在运动开始和终止时有较大的冲击。因此，一般只用于低速、轻载的场合，如在自动机床和半自动机床中用作工作台的间歇转位机构、间歇进给机构和计数机构等。

1.3.6　机构的创新设计——拓展知识

当现有的机构形式不能完全实现预期的要求，或虽能实现功能要求但存在结构复杂、运动精度不高和动力性能欠佳等缺点时，设计者可以采用创新构型的方法，重新构建机构的形式，常用的方法有机构的变异和机构的组合，或采用其他物理效应。

1. 机构的变异

为了实现某一功能要求，或为了使机构具有某些特殊的性能，而改变现有机构的结构，演变发展出新机构的设计，称为机构变异构型。机构变异构型的方法主要有以下几种：

（1）机构的倒置　将机构的运动构件与机架转换，称为机构的倒置。按照运动相对性原理，机构倒置后各构件间的相对运动关系不变，但可以得到不同特性的机构。

如图 1-3-30a 所示的卡当运动机构，若令杆 OO_1 为机架，则原机构的机架变成如图 1-3-30b所示的转子，曲柄每转一周，转子也同步转动一周，同时两滑块在转子的十字槽内往复运动，将流体从入口送往出口，得到一种泵机构。

（2）机构的扩展　以原有机构作为基础，增加新的构件，构成一个新机构，称为机构

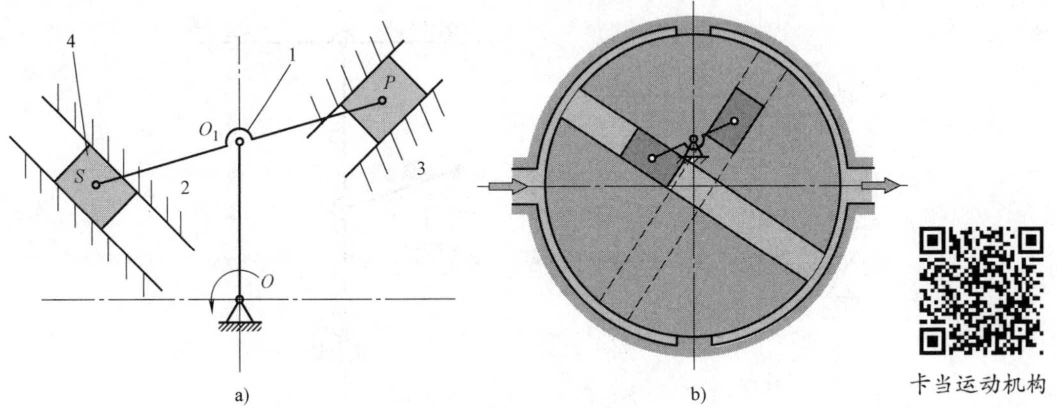

图 1-3-30　卡当运动机构

的扩展。机构扩展后，原有各构件间的相对运动关系不变，但所构成的新机构的某些性能与原机构有很大差别。

在图 1-3-31 所示的手扶插秧机的分秧、插秧机构中，为保证秧爪运行的正反路线不同，在凸轮机构中附加了一个辅助构件——活动舌，可以非常方便地实现预期的运动轨迹。

（3）机构局部结构的改变　改变机构的局部结构，可以获得有特殊运动特性的机构。图 1-3-32 所示为左边极限位置附近有停歇的导杆机构。此机构之所以有停歇的运动性能，是因为将导杆槽的中线的某一部分做成了圆弧形，且圆弧半径等于曲柄的长度。

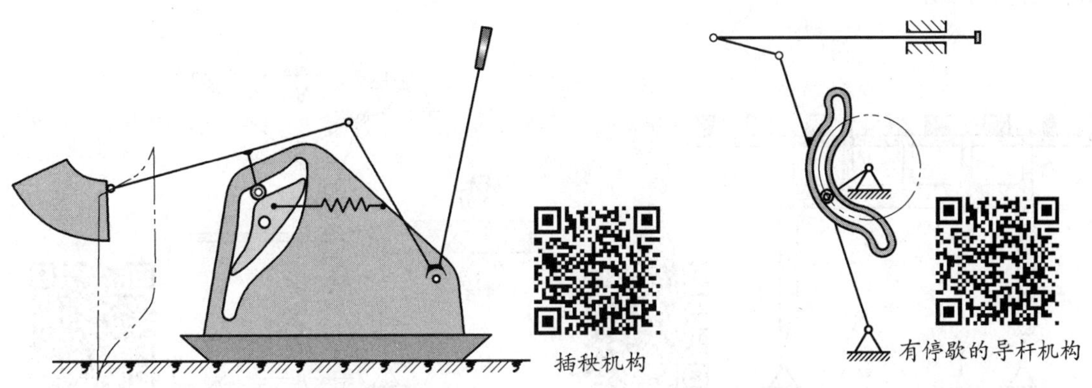

图 1-3-31　手扶插秧机的分秧、插秧机构

图 1-3-32　极限位置附近有停歇的导杆机构

（4）运动副的变换　改变机构中运动副的形式，可构型出不同运动性能的机构。运动副的变换方式有很多种，常用的有高副与低副之间的变换、运动副尺寸的变换和运动副类型的变换。

图 1-3-33 所示为平面六杆机构用于手套自动加工机的传动装置。在图 1-3-33a 中，滑块 4 与导杆 3 组成的移动副位于其上方，不仅润滑困难，而且易污染产品。为了改善这一情况，改变为图 1-3-33b 所示的形式。

2. 机构的组合

机构的组合方式和组合机构的类型有很多，本节按组成机构的名称分类，主要介绍常用组合机构的性能特点和应用实例。

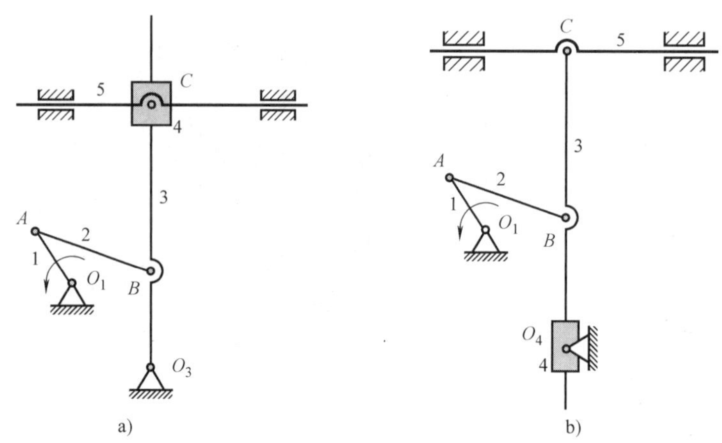

图 1-3-33　手套自动加工机传动机构的变换

（1）齿轮—连杆组合机构　齿轮—连杆机构是应用最广泛的一种组合机构，它能实现较复杂的运动规律和轨迹，且制造方便。图 1-3-34 所示为齿轮—连杆机构实现的间歇传送装置，该机构常用于自动机的物料间歇送进，如压力机的间歇送料机构、轧钢厂成品冷却车间的钢材送进机构、糖果包装机的走纸和送糖条等机构。

图 1-3-35 所示为振摆式轧钢机轧辊驱动装置中的齿轮—连杆机构。通过五杆机构与齿轮机构的组合，使连杆上的轮辊中心实现如图所示的复杂轨迹，从而使轧辊的运动轨迹符合轧制工艺的要求。

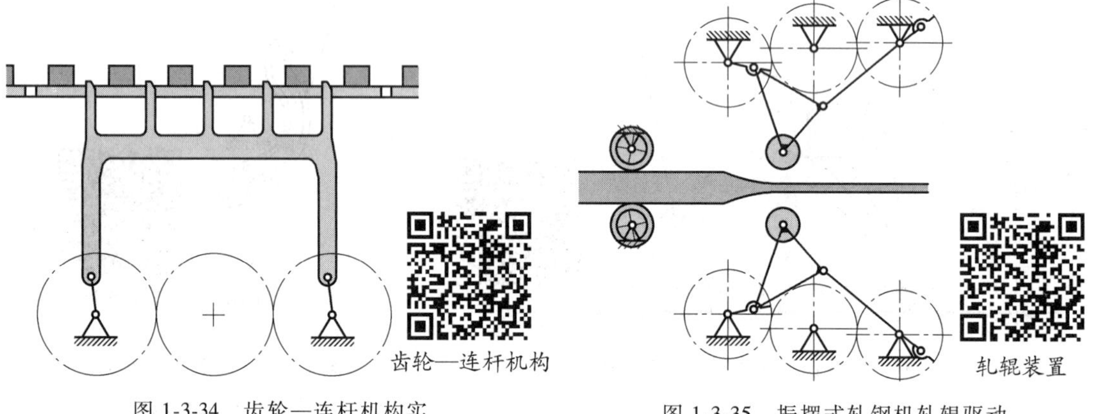

图 1-3-34　齿轮—连杆机构实现的间歇传送装置

图 1-3-35　振摆式轧钢机轧辊驱动装置中的齿轮—连杆机构

（2）凸轮—连杆组合机构　凸轮机构虽可实现任意给定运动规律的往复运动，但在从动件做往复摆动时，受压力角的限制，其摆角不能太大。若采取将基本的连杆机构与凸轮机构组合起来的方法，可以克服上述缺点，精确地实现给定的复杂运动规律和轨迹。

在图 1-3-36 所示的机构中，构件 1、2、5 组成凸轮机构，构件 2、3、4、5 组成曲柄滑块机构，构件 2 是凸轮机构的从动件，同时又是曲柄滑块机构的主动件。凸轮机构作为前置机构，曲柄滑块机构作为后继机构，前置机构的输出运动作为后继机构的输入运动。

图 1-3-37 所示为平板印刷机上的吸纸机构，该机构由自由度为 2 的五杆机构和两个自

由度为 1 的摆动从动件凸轮机构所组成。两个盘形凸轮固接在同一个转轴上，工作要求吸纸盘按图中双点画线所示的轨迹运动，以完成吸纸和送进等动作。

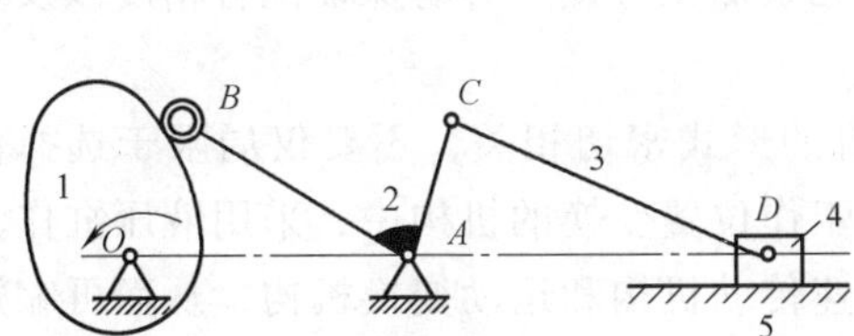

图 1-3-36 凸轮机构和曲柄滑块机构的组合

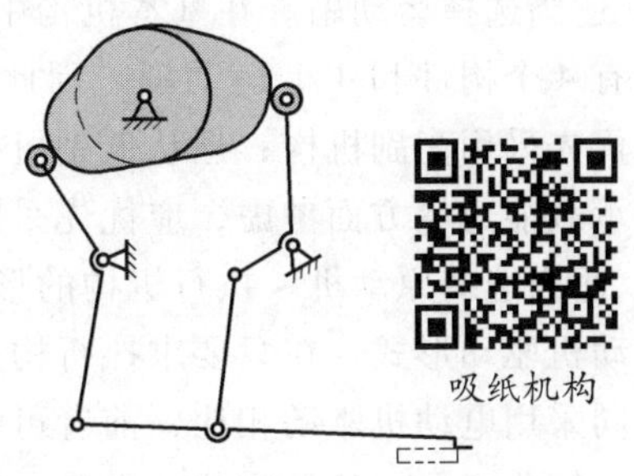

图 1-3-37 平板印刷机上的吸纸机构

图 1-3-38 所示为印刷机械中常用的齐纸机构，通过凸轮机构和连杆机构的组合，实现理齐纸张的功能。

（3）蜗杆—凸轮组合机构 图 1-3-39 所示为一种精密滚齿机中的分度误差补偿机构，它由自由度为 2 的蜗轮蜗杆机构和自由度为 1 的凸轮机构组合而成。其中，蜗轮蜗杆机构为基础机构（蜗杆除了绕自身的轴线转动 φ_1 外，还可以沿轴向移动 s_1），凸轮机构为附加机构，而且附加机构的一个构件又回接到主动构件蜗杆上。机构由蜗杆 1 的输入运动带动蜗轮转动，凸轮 2′和蜗轮 2 为一个构件。通过凸轮机构的从动件推动蜗杆做轴向移动，使蜗轮产生附加转动，从而使误差得到校正。

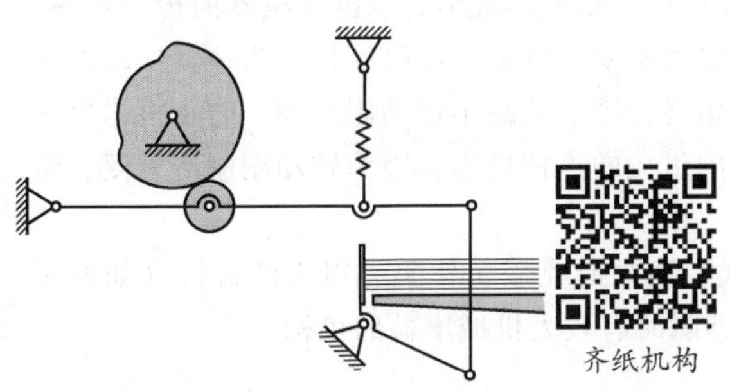

图 1-3-38 印刷机械中常用的齐纸机构

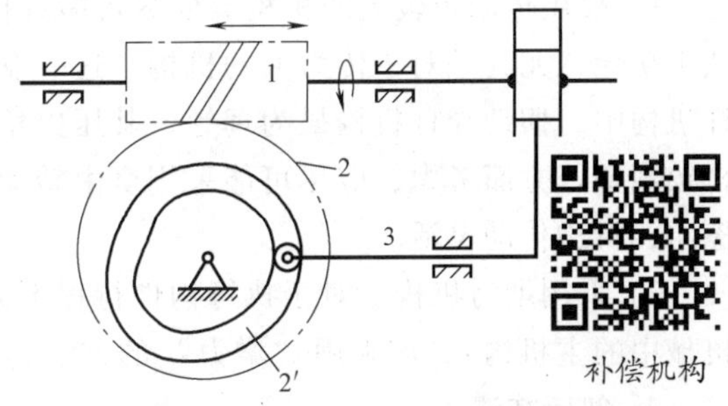

图 1-3-39 精密滚齿机的分度误差补偿机构

组合机构可以是同类型基本机构的组合，也可以是不同类型基本机构的组合。通常，由不同类型的基本机构所组成的组合机构用得较多，因为它更有利于充分发挥各基本机构的特长和克服各基本机构固有的局限性。组合机构多用来实现一些特殊的运动轨迹或获得特殊的运动规律。

3. 机构形式设计的原则

机构形式设计具有多样性和复杂性，满足同一原理方案的要求，也可采用不同的机构类型。在进行机构形式设计时，除满足基本运动形式、运动规律或运动轨迹的要求外，还应遵循以下几项原则。

（1）机构尽可能简单

1）机构运动链尽量简短。完成同样的运动要求，应优先选用构件数和运动副数最少的机构，这样可以简化机器的构造，从而减小质量、降低成本。此外也可减少由于零件的制造误差而形成的运动链的累积误差，从而提高零件的加工工艺性和增强机构的工作可靠性。运动链简短也有利于提高机构的刚度，减少产生振动的环节。

2）适当选择运动副。在基本机构中，高副机构只有 3 个构件和 3 个运动副，低副机构则至少有 4 个构件和 4 个运动副。因此，从减少构件数和运动副数以及设计简便等方面考虑，应优先采用高副机构；但从低副机构的运动副元素加工方便、容易保证配合精度以及有较高的承载能力等方面考虑，应优先采用低副机构。

3）适当选择原动机。执行机构的形式与原动机的形式密切相关，不要仅局限于选择传统的电动机驱动形式。在只要求执行构件实现简单工作位置变换的机构中，采用液压缸作为原动机同采用电动机驱动相比，前者可省去一些减速传动机构和运动变换机构，从而可缩短传动链，简化机构，且具有传动平稳、操作方便、易于调速等优点。

4）适当选择机构。不要仅限于刚性机构，还可选用柔性机构，以及利用光、磁、电和利用摩擦、重力、惯性等原理工作的广义机构，许多场合可使机构更加简单、实用。

（2）尽量缩小机构尺寸　机械的尺寸和质量随所选用的机构类型不同而有很大差别。在相同的传动比且从动件要求做较大行程直线移动的条件下，齿轮齿条机构比凸轮机构更容易实现体积和质量小的目标。但如果要求原动件做匀速转动、从动件做较大行程的往复直线运动，那么齿轮齿条机构需增加换向机构，从而增加了结构的复杂程度，这时采用连杆机构可能更为合适。

（3）应使机构具有较好的动力学特性　机构在机械系统中不仅传递运动，而且要起到传递和承受力（或力矩）的作用，因此要选择有较好动力学特性的机构。

1）采用传动角较大的机构。要尽可能选择传动角较大的机构，以提高机器的传力效率，减少功耗，尤其是对于传力大的机构，这一点更为重要。例如，在执行构件为往复摆动的连杆机构中，摆动导杆机构最为理想，其压力角始终为零。从减小运动副摩擦、防止机构出现自锁现象等方面考虑，应尽可能采用全由转动副组成的连杆机构，因为转动副制造方便、摩擦小，机构传动灵活。

2）采用增力机构。对于执行构件行程不大，而短时克服工作阻力很大的机构（如冲压机械中的主机构），应采用“增力”的方法，即瞬时有较大机械增益的机构。

4. 创新技法

随着现代工业的高速发展，机械创新设计的重要性已日益明显。机械创新设计作为企业确保市场竞争优势、维持企业生存及其成长的重要机能，在企业发展中扮演越来越重要的角色，特别是面对机电产品快速的更新换代，保持不断地推出适销对路的新型机电产品是企业能够在市场竞争中取胜的关键所在。

机械创新设计是指在充分发挥设计者创造力的前提下，利用人类已有的相关科学技术成果进行创新构思，从而设计出具有新颖性、创造性及实用性的机构或机械产品的一种实践活动。

创新技法是人们通过长期研究与总结得出创造发明活动的规律，经过提炼而成的程序化的创新技巧和科学方法。目前全世界已经研究出的创新设计技法有百种以上，成为创造学中不可缺少的重要内容之一。

以下介绍智力激励技法、类比联想技法等创新技法。

（1）智力激励技法　智力激励技法又称集智法和头脑风暴法。智力激励技法就是为产生较多较好的新设想和新方案，通过一定的会议形式，创设能够相互启发、引起联想、发生“共振”的条件和机会，以激励人们智力的一种方法。

如专门清除电线积雪的小型直升机的诞生就是智力激励技法的成功运用。在美国的北部，冬季多雪且严寒，野外输电线上的积雪常常压断电线，造成重大事故，为了解决这个问题，电力公司决定采用智力激励技法。于是他们专门开了一个会议，与会者提出了许多各式各样的提案，其中有一个人提出了近似疯狂的想法——乘坐直升机去扫雪。与会的一个工程师听到后，马上想到了利用直升机螺旋桨产生的高速下降气流扇落积雪的方案，经过进一步的分析和修改，最终选择了用改进直升机扇雪的方案，使问题得到了圆满的解决。

（2）类比与联想技法　类比与联想技法包含了两个方面的内容，即类比技法和联想技法。两者之间相互关联、密不可分，该方法是通过对研究的事务进行比较，借助已有的成熟知识，在异中求同、在同中存异的创新技法。

1）类比技法。类比技法是确定两个以上事物间同异关系的思维过程和方法。首先要选择一定的类比标准，将相联系的几个事物，以不同事物之间的相同或类似点为纽带，充分调动想象、直觉、灵感诸功能，巧妙地借助其他事物找出创意的突破口。著名的瑞士科学家皮卡尔是一位研究大气平流层的专家，他不仅在平流层理论方面很有建树，而且是一位非凡的工程师，他设计的平流层气球可飞到 1.5 万 m 的高空，后来他又进行深潜器的研究。

由于海和空气都是流体，因此皮卡尔在研究深潜器时，首先想到利用平流层气球的原理来改进深潜器。根据这个思路，皮卡尔和他的儿子小皮卡尔设计的深潜器“的里亚斯特”号，创造了潜入海沟 10911m 的纪录。

类比的方法很多，除了有直接类比法、间接类比法、幻想类比法外，还有仿生类比法、拟人类比法、因果类比法等。

2）联想技法。联想就是由一事物想到另一事物的心理现象。联想技法是把一般看来完全不相干的物品或技术联系起来，组合在一起，通过相近、相似和对比等几种联想的交叉使用以及在比较之中异同，从而产生创造性思维和创新方案的一种创新技法。例如：从蜘蛛在树间结网，联想发明出横跨峡谷的吊桥；从蝙蝠在夜间自由飞翔而不撞障碍物，借研究蝙蝠发明了声呐雷达、超声波探测仪，可以用来探测鱼群、测量海洋深度、追踪潜艇、诊断疾病和工业探伤等。

根据联想的特性可将联想技法分为不同的类别，如接近联想、相似联想、对比联想、关系联想等。

5. 机构创新设计实例

下面对新型内燃机开发中的一些创新技法（运用类比、组合、替代等创新技法）进行简单分析。

（1）往复式内燃机的技术缺陷　对于往复式内燃机，目前应用最多的是由气缸、连杆、活塞、曲柄等主要机件和其他辅助设备组成的活塞式发动机。

活塞式发动机的主体是曲柄滑块机构，如图 1-3-40 所示。它利用气体燃爆使活塞 3 在气缸 5 内往复移动，经连杆 4 推动曲柄 6 做旋转运动，从而输出转矩。进气阀 1 和排气阀 2 的开启由专门的凸轮机构控制。

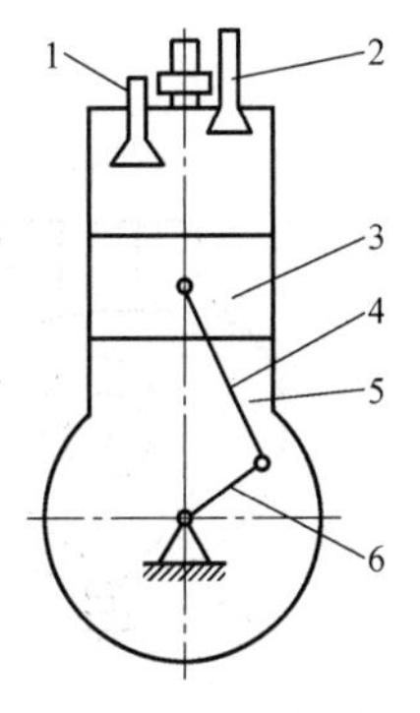

图 1-3-40　活塞式发动机

1—进气阀　2—排气阀　3—活塞
4—连杆　5—气缸　6—曲柄

活塞式发动机工作时具有吸气、压缩、做功（燃爆）和排气 4 个冲程，其中，只有做功冲程输出转矩，对外做功。据此往复式活塞发动机存在明显的不足。

1）活塞往复运动造成曲柄连杆机构有较大的往复惯性力，此惯性力与转速的平方成正比，使轴承上的惯性载荷增大，系统由于惯性力的不平衡而产生强烈振动。往复运动限制了输出轴转速的提高。

2）工作机构及气阀控制机构组成复杂，零件多；曲柄等零件结构复杂，工艺性差。

3）曲柄回转两周才有一次动力输出，效率低。

上述问题引起了人们改变现状的愿望，社会的需求促进产品的改造和创新，多年来，在原有发动机的基础上不断开发了一些新型发动机。

（2）旋转式发动机　在改进往复式内燃机的过程中，人们发现如果能直接将燃烧的动力转化为回转运动必将是更合理的途径，类比往复式蒸汽机到蒸汽轮机的发展，许多人都在探索旋转式发动机的建造。1910 年以前，人们就提出了 2000 多个旋转式发动机的方案，但多数因机构复杂或无法解决气缸密封的问题而不能实现。直到 1945 年，德国工程师汪克尔攻克了气缸密封这一难题，才使旋转式发动机首次运转成功。

1）旋转式发动机的工作原理。汪克尔所设计的旋转式发动机简图如图 1-3-41 所示，它由椭圆形的缸体 5、三角形转子 4（转子的孔上有内齿轮）、外齿轮 3、吸气口 2、排气口 1 和火花塞 6 等组成。

旋转式发动机在运转时同样也有吸气、压缩、燃爆（做功）和排气 4 个冲程，如图 1-3-42所示。当转子转一周，以三角形转子上的弧进行分析。

① 吸气。转子处于图 1-3-42a 所示位置时，弧所对的内腔容积由小变大，产生负压效应，由吸气口将燃料与空气的混合气体吸入腔内。

② 压缩。转子处于图 1-3-42b 所示位置时，内腔容积由大变小，混合气体被压缩。

③ 燃爆。高压状态下，火花塞点火使混合气体燃爆并迅速膨胀，产生强大的压力驱动转子并带动曲轴输出运动，对外做功。

④ 排气。转子由图 1-3-42c 所示位置转至图 1-3-42d 所示位置时，内腔容积由大变小，挤压废气由排气口排出。

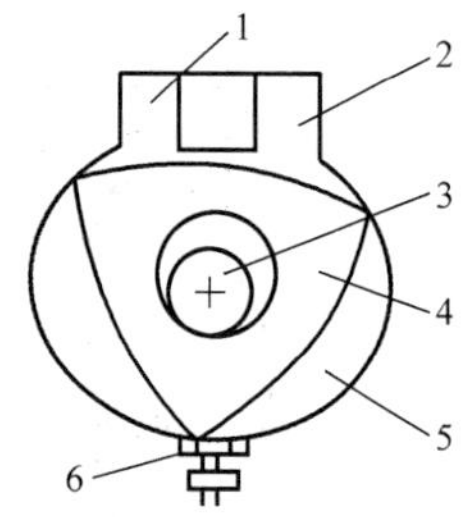

图 1-3-41　旋转式发动机简图

1—排气口　2—吸气口　3—外齿轮

4—三角形转子　5—缸体　6—火花塞

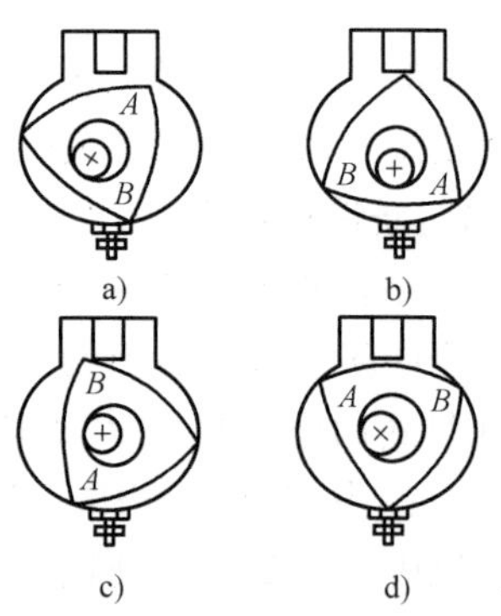

图 1-3-42　旋转式发动机的运行过程

由于三角形转子有 3 个弧面，因此每转一周有 3 个动力冲程。

2）旋转式发动机的设计特点。

① 功能设计。内燃机的功能是将燃气的能量转化为回转的输出动力，通过内部容积的变化，完成燃气的吸气、压缩、燃爆和排气 4 个冲程。旋转式发动机抓住容积变化这个主要特点，以三角形转子在椭圆形气缸中偏心回转的方法达到功能要求，而且三角形转子的每一个表面与缸体的作用相当于往复式发动机的一个活塞和气缸，依次平稳地连续工作。转子各表面还兼有开闭进、排气阀门的功能。

② 运转设计。在旋转式发动机中采用了内啮合齿轮机构，如图 1-3-43 所示，三角形转子相当于内齿轮 2，它一边绕自身轴线自转，一边绕中心外齿轮 1 在缸体 3 内公转，系杆 H 则是发动机的输出曲轴。

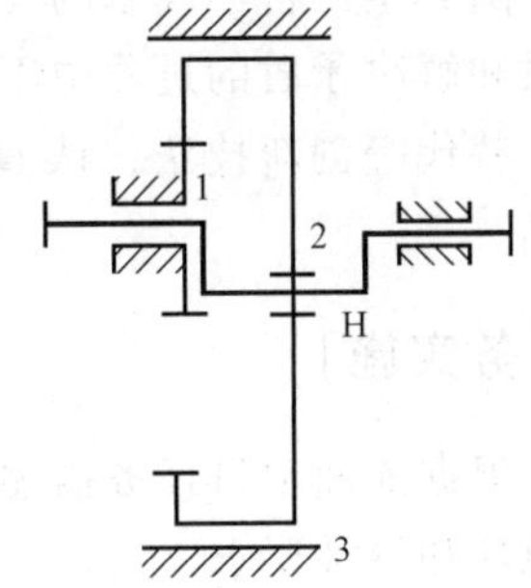

图 1-3-43 内啮合齿轮机构

转子内齿轮与中心外齿轮的齿数比是 1.5∶1，这样转子转一周时曲轴转 3 周，输出的转速较高。

据三角形转子的结构可知，曲轴每转一周即产生一个动力冲程，相对四冲程往复式发动机，旋转式发动机的曲轴每转两周才产生一个动力冲程，可知其功率容量比四冲程往复式发动机少 40%，体积减小 50%，质量下降 1/2～2/3。

3）旋转式发动机的实用化。旋转式发动机与传统的往复式发动机相比，在输出功率相同时，具有体积小、质量小、噪声低、旋转速度范围大以及结构简单等优点，但在实用化生产的过程中还有许多问题需要解决。

日本东泽公司从德国纳苏公司购得汪克尔旋转式发动机的专利后，进行了实用化生产。经过样机运行和大量试验后，该公司发现气缸上会产生振纹，形成振纹的原因不仅在摩擦体本身材料，同时与密封片的形状和材料有关，密封片的振动特性对振纹影响很大。该公司抓住这个主要问题，开发出极坚硬的浸渍炭精材料做密封片，较成功地解决了振纹问题。他们还与多个厂家合作，相继开发出了特殊密封片 310、火花塞、化油器、O 形环、消声器等多种零部件，并采用了高级润滑油，使旋转式发动机在全世界首先达到实用化，市场效益很好。

（3）无曲轴式活塞发动机　无曲轴式活塞发动机采用机构替代的方法，以凸轮机构代替发动机中原有的曲柄滑块机构，取消原有的关键部件曲轴，使零件数量减少，结构简单，成本降低。

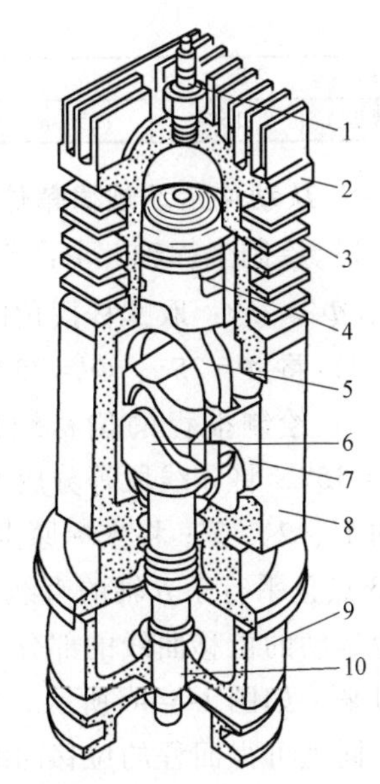

图 1-3-44 无曲轴式活塞发动机
1—点火火花塞 2—气缸头 3—气缸
4—活塞 5—连杆 6—圆柱凸轮
7—滑动导轨 8—发动机主体框架
9—飞轮和点火装置 10—出力轴

日本名古屋机电工程公司生产的二冲程单缸发动机采用无曲轴式活塞发动机（图 1-3-44），其关键部件是圆柱凸轮动力传输装置。

一般圆柱凸轮机构是将凸轮的回转运动变为传动杆的往复运动，而此处却利用反动作，即当活塞往复运动时，通过连杆端部的滑块在凸轮槽中的滑动而推动凸轮转动，经过输出轴输出转矩，使活塞往复运动两次，凸轮旋转 360°，系统中设有飞轮，以控制回转运动平稳。

若将这种无曲轴式活塞发动机的圆柱凸轮安装在发动机的中心部位，可在其周围设置多个气缸，制成多缸发动机。通过改变圆柱凸轮的凸轮轮廓形状可以改变输出轴的转速，从而达到减速增距的目的。这种无曲轴式活塞发动机已经用于重型机械、船舶、建筑机械等行业中。

随着生产科学技术的发展，必然会出现更多新型的内燃机和动力机械。人们总是在发现矛盾和解决矛盾的过程中不断取得进步，而在开发设计过程中敢于突破，善于运用类比、组合、替代等创新技法，认真进行科学分析，人们将会得到更多创新的、进步的、高级的产品。

[任务实施]

根据前面项目任务描述中的牛头刨床的工作原理和设计要求，进行凸轮机构的设计。

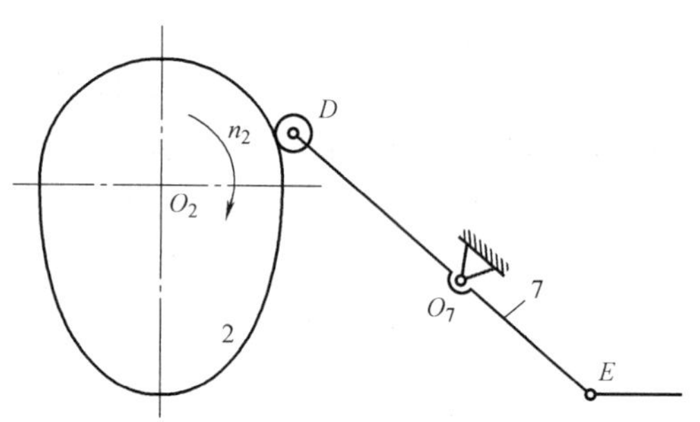

图 1-3-45　凸轮机构简图

牛头刨床的主运动机构简图如图 1-0-2 所示，其凸轮机构简图如图 1-3-45 所示，已知该凸轮机构的从动件摆杆 7 的运动规律为等加速等减速运动，要求确定凸轮机构的基本尺寸，将凸轮实际轮廓和推杆绘制出来。原始数据见表 1-0-1，有 10 组数据可供选用（$l_{O_7O_2}$、r_b和 r_T不变）。以题号 1 的数据（表 1-3-2）为例：

表 1-3-2　设计凸轮机构的原始数据

符号	δ_{max}	l_{O_7D}	Φ	Φ_s	Φ'	$[\alpha]$	$l_{O_7O_2}$	r_b	r_T
数据	15°	125mm	75 °	10°	75°	40°	150mm	61mm	15mm

1. 从动件运动规律角位移线图的画法

1）绘制坐标轴。取凸轮转角的比例尺 $\mu_\varphi=2.5°/\text{mm}$，在 φ 轴上分别量取 $\Phi=75°$、$\Phi_s=10°$、$\Phi'=75°$；取螺杆摆角的比例尺 $\mu_\delta=1°/\text{mm}$，在 δ 轴上量取 $\delta_{max}=15°$。

2）将 $\Phi=75°$、$\Phi'=75°$分别等分成 6 等份，则得各等分点 1、2、…、13。

3）绘制推程的位移线图。过 3 点作 δ 轴的平行线，在该平行线上截取线段高度为 $\delta_{max}=15°$，将该线段等分成 6 等份（注意应与角 Φ 的等分数相同），得各等分点，如前半推程的 1′、2′、3′；将坐标原点分别与点 1′、2′、3′相连，得线段 01′、02′和 03′，分别与过 1、2、3 点且平行于 δ 轴的直线交于 1″、2″和 3″；将点 0、1″、2″、3″连成光滑的曲线，即为等加速运动的位移曲线的部分，后半段等减速运动的位移曲线的画法与之相似，只是弯曲方向反过来，如图 1-3-46 所示。

同理可得回程的位移曲线。

2. 摆动从动件盘形凸轮轮廓设计

（1）设计原理　设计凸轮轮廓依据反转法原理。即在整个机构加上公共角速度 $-\omega$（ω 为原凸轮旋转角速度）后，将凸轮固定不动，而从动件连同机架将以 $-\omega$ 绕凸轮轴心 O_2沿逆时针方向反转，与此同时，从动件将按给定的运动规律绕其轴心 O_7 相对机架摆动，则从动件的尖顶在复合运动中的轨迹就是要设计的凸轮轮廓。

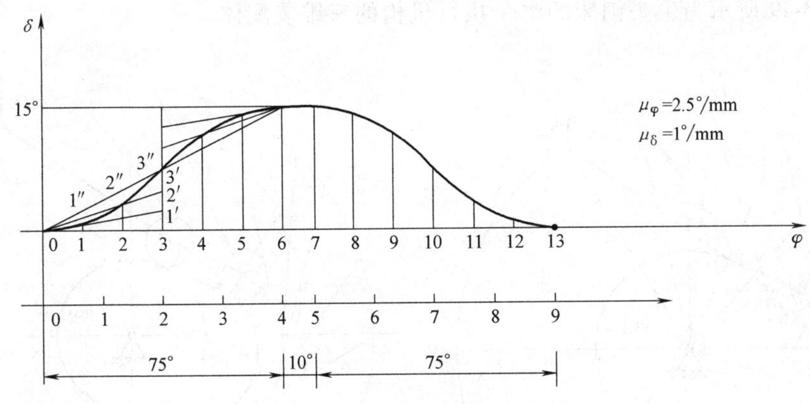

图 1-3-46 摆动推杆角位移线图

(2) 设计凸轮轮廓的步骤 在图 1-3-46 所示的摆动从动件角位移曲线中，其纵坐标表示从动件角位移 δ，它按角度比例尺 μ_δ 画出。μ_δ = 从动件摆角/图上代表该摆角的线段长度 = 1°/mm。

1）将 δ-φ 曲线图（图 1-3-46）的推程运动角和回程运动角各分成 4 等份，按式求出各等分点对应的角位移值：$\delta_1=\mu_\delta\delta_{11'}$，$\delta_2=\mu_\delta\delta_{22'}$，……，其数值见表 1-3-3。

表 1-3-3 各点的角位移数值

序号	0	1	2	3	4	5	6	7	8	9
偏角	0°	1. 875°	7. 5°	13. 125°	15°	15°	13. 125°	7. 5°	1. 875°	0°

2）选取适当的长度比例尺 μ_1，定出 O_2 和 O_7 的位置。以 O_2 为圆心，以 r_b/μ_1 为半径作基圆。以 O_7 为圆心，以 l_{O_7D}/μ_1 为半径，作圆弧交基圆于 D_0（D_0'）点，则 O_7D_0 便是从动件的起始位置，如图 1-3-47 所示。注意，图示位置 D_0 位于中心连线 O_2O_7 的左侧，从动件在推程中将按顺时针方向摆动。

3）以 O_2 为圆心，以 $l_{O_7O_2}/\mu_1$ 为半径作圆，沿 $-\omega$ ［即为逆时针方向］ 自 O_2O_7 开始依次取推程运动角 $\Phi=75°$、远休止角 $\Phi_s=10°$、回程运动角 $\Phi'=75°$ 和远休止角 $\Phi_s'=200°$，并将推程和回程运动角各分成 4 等份（与角位移线图相对应的等份），得 O_{71}、O_{72}、O_{73}、…、O_{79} 各点。它们便是逆时针方向反转时，从动体轴心的各个位置。

4）分别以 O_{71}、O_{72}、O_{73}、…、O_{79} 为圆心，以 l_{O_7D}/μ_1 为半径画圆弧，它们分别与基圆相交于 D_1、D_2、…、D_9，并作 $\angle D_1O_{71}D_1'$、$\angle D_2O_{72}D_2'$ …… 分别等于摆杆角位移 δ_1、δ_2……。并使 $O_{71}D_1'=O_{71}D_1$、$O_{72}D_2'=O_{72}D_2$……，则得 D_1'、D_2'、D_3'、…、D_9'（与 D_9 重合）各点。将这些点连成光滑的曲线，便是凸轮的理论轮廓。

5）在上述求得的理论轮廓线上，分别以该轮廓线上的点为圆心，以滚子半径为半径，作一系列滚子圆。作该系列圆的内包络线，即为凸轮的实际轮廓，如图 1-3-48 所示。

6）校核凸轮机构的压力角，应保证凸轮机构的最大压力角 $\alpha_{max}\leqslant[\alpha]=40°$。

如图 1-3-48 所示，其所求的压力角 $\alpha\leqslant[\alpha]$ 满足要求。

3. 三维 CAD 模型

任务 1.2 已用 Pro/E 软件完成了牛头刨床导杆机构的三维设计与仿真分析，采用同样的方法，可以对牛头刨床的其他部分进行建模与仿真分析，如凸轮机构、棘轮机构，具体过程从略。图 1-3-49 所示为牛头刨床的整个执行机构的三维装配体。

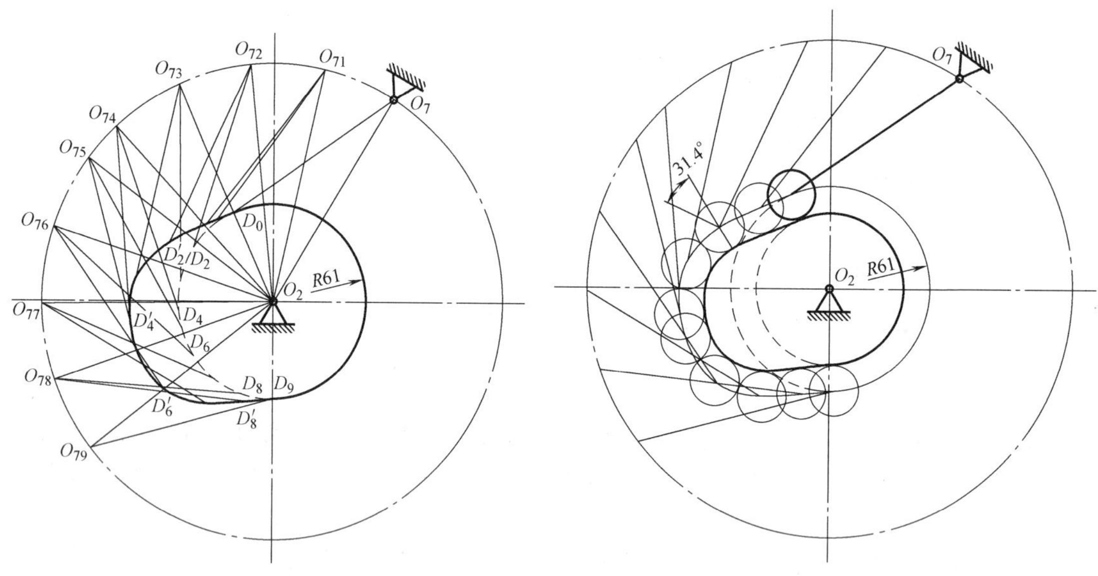

图 1-3-47　摆动推杆盘形凸轮的理论轮廓（$\mu_1=1\text{mm/mm}$）

图 1-3-48　摆动推杆盘形凸轮的实际轮廓（$\mu_1=1\text{mm/mm}$）

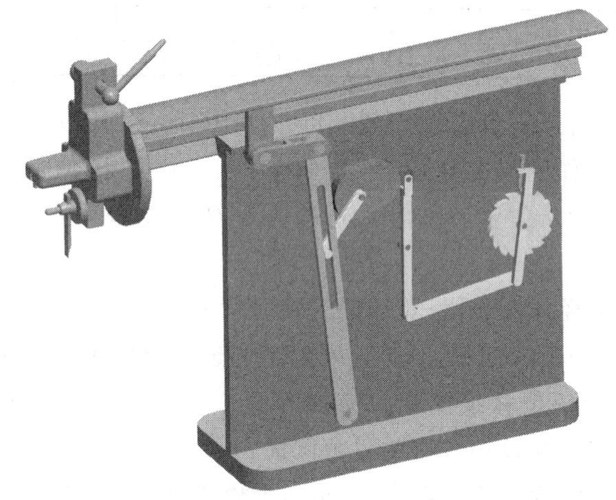

仿真视频

文件下载

图 1-3-49　牛头刨床的整个执行机构的三维装配体

[自我评估]

1. 试比较尖顶、滚子和平底从动件的优缺点，并说明它们的应用场合。

2. 凸轮的基圆指的是哪个圆？滚子从动件盘形凸轮的基圆在何处度量？

3. 当已知凸轮的理论轮廓曲线作实际轮廓曲线时，能否由理论轮廓曲线上各点的向径减去滚子的半径求得？

4. 试比较凸轮机构与平面连杆机构的特点和应用。

5. 什么是凸轮机构的压力角？压力角的大小与凸轮尺寸有何关系？压力角的大小对凸轮机构的作用力和传动有何影响？

6. 设计一尖顶对心直动从动件盘形凸轮机构。凸轮沿顺时针方向匀速转动，已知从动件升程 $h=30\text{mm}$，基圆半径 $r_b=40\text{ mm}$，从动件的运动规律见下表：

φ	0~90°	90°~150°	150°~270°	270°~360°
运动规律	等速上升	停止	等加速等减速下降	停止

7. 若将上题改为滚子从动件，设已知滚子半径 $r_T=5\text{mm}$，试设计其凸轮的实际轮廓曲线。

8. 用作图法求图 1-3-50 中各凸轮从图示位置转过 45°后机构的压力角（在图上直接标注）。

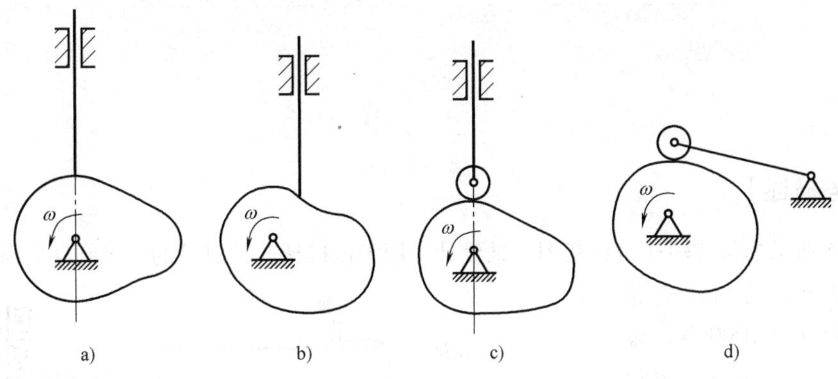

图 1-3-50 题 8 图

9. 在图 1-3-51 所示的自动车床控制刀架移动的滚子摆动从动件凸轮机构中，已知 $l_{OA}=60\text{mm}$，$l_{AB}=36\text{mm}$，$r_b=35\text{mm}$，$r_T=8\text{mm}$，从动件的运动规律如下：当凸轮以等角速度 ω_1 沿逆时针方向回转 90°时，从动件以等加速等减速运动向上摆 15°；当凸轮自 90°转到 180°时，从动件停止不动；当凸轮自 180°转到 270°时，从动件以简谐运动摆回原处；当凸轮自 270°转到 360°时，从动件又停止不动，试绘制凸轮的轮廓。

10. 设计一摆动平底从动件盘形凸轮机构，其机构简图如图 1-3-52 所示。已知 $l_{OA}=80\text{mm}$，$r_b=50\text{mm}$，从动件最大摆角 $\delta_{max}=15°$，从动件的运动规律与题 6 相同，试绘出凸轮的轮廓曲线，并决定从动件最低限度应有的长度。

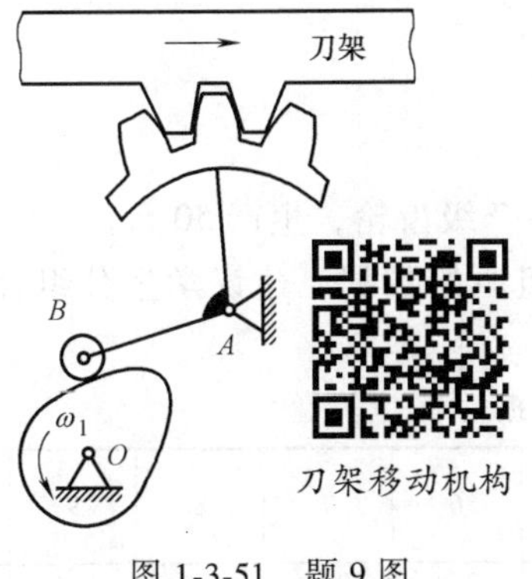

图 1-3-51 题 9 图

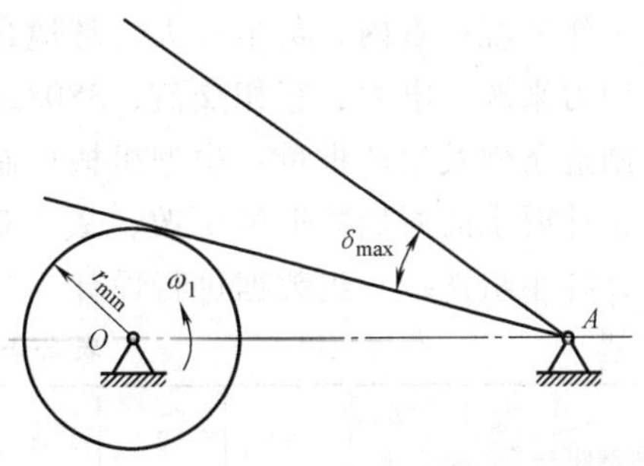

图 1-3-52 题 10 图

项目2 机械传动装置设计(载体:带式输送机)

[项目任务描述]

图 2-0-1 所示为带式输送机示意图，试设计一用于该机械产品成品的二级圆柱斜齿轮减速器。

设计要求：已知输送带的工作拉力 $F=10000\text{N}$，输送带速度 $v=0.78\text{m/s}$，滚筒直径 $D=400\text{mm}$，滚筒效率为 0.97（包括滚筒轴的轴承），用滑动轴承支承。

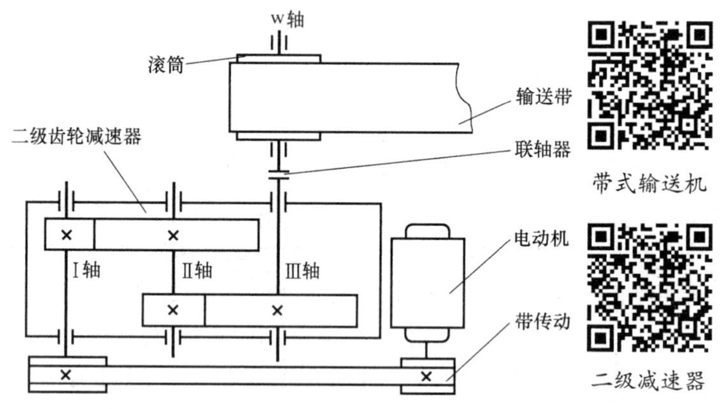

图 2-0-1　带式输送机示意图

工作条件：单向传动，载荷变化不大，每天工作 12h，使用寿命为 15 年。输送带线速度允许误差为±3%。每年 300 个工作日，大修期限为 3 年。起动载荷为公称载荷的 1.4 倍。

工作环境：室内，灰尘较大，环境最高温度为 45℃。

动力来源：电力，三相交流，380/220V。

制造条件及生产批量：中型机械厂制造，可加工 8~7 级齿轮，生产 50 台。

设计要求的原始数据可更改，表 2-0-1 提供了 10 组原始数据，建议学生分组合作完成项目，各小组选择一组数据进行设计。

表 2-0-1　设计的原始数据

已知条件 \ 题号	1	2	3	4	5	6	7	8	9	10
输送带工作拉力 F/kN	12.0	11.5	11.0	10.6	10.0	9.8	9.6	9.5	9.5	9.2
输送带线速度 v/(m/s)	1.3	1.2	1.1	1.0	1.0	0.9	0.8	0.8	0.7	0.7
滚筒直径 D/mm	600	580	560	550	520	500	450	400	380	350
每天工作时数 T/h	8	12	12	12	16	16	16	16	16	24
使用年限（年）	10	15	15	10	10	10	10	10	10	8

任务 2.1　机械动力与传动系统设计

任务目标	1. 理解总体方案设计、机械传动效率等概念;掌握动力参数和运动参数的计算方法;熟悉并掌握总体方案设计的过程,即从总体到局部。 2. 学会借助工具书查到要用的数据。 3. 通过本任务的完成,学生可了解设计具体装置时必须从总体考虑,锻炼全局意识,提高解决问题的能力
工作任务内容	为项目任务描述中的带式输送机选择合理的传动方案,并对其传动装置进行总体设计。 1. 原始数据参见项目任务描述。 2. 分析或确定传动装置的方案。 3. 选择电动机的类型和型号,确定电动机的容量(电动机所需的额定功率)、转速。 4. 确定传动装置的总传动比并分配各级传动比。 5. 计算传动装置的运动和动力参数,计算各轴转速和扭矩
基本工作思路	1. 明确工作任务:带式输送机动力和传动系统设计。分组、分工,认真制定工作计划,协作完成。 2. 知识储备:通过学生自学和教师辅导,掌握完成本项工作任务所需要的理论知识,形成解决问题的思路。 3. 分析工作装置:对所要设计的传动装置的下一级工作装置进行功率、转速等参数分析计算。 4. 选择电动机类型:查工具手册,考虑传动系统类型、轴承、联轴器等效率,计算整个传动系统的总效率;根据总效率和工作装置的功率,计算电机要供给的功率;根据传动装置能力(传动比)和工作装置转速,估算电机转速;根据电机要供给的功率和转速范围查表选择电机型号。(按工作要求和条件,选用Y系列一般用途的全封闭自扇冷式笼型三相异步电动机) 5. 分配传动比:由上一步电机型号确定好后,计算传动系统总传动比;再将总传动比按能力分配给各级传动装置。 6. 计算各轴参数:根据电机供给的功率,考虑各级传动效率,将系统中各轴的运动参数和动力参数计算出来,计算结果以列表方式展示。 7. 编制设计计算说明书。 8. 成果展示与评价。

成果评定(60%)		学习过程评价(30%)		团队合作评价(10%)	

[相关知识链接]

传动装置总体设计的目的是确定传动方案，选择电动机，合理分配传动比，设计传动装置的运动和动力参数，为设计各级传动件及设计绘制装配草图提供依据。

2.1.1　分析与拟定传动方案

传动方案一般用机构运动简图表示，它能简单明了地表示运动和动力的传递方式和路线，以及各部件的组成和相互连接关系。

满足工作机性能要求的传动方案，可以由不同传动机构类型以不同的组合形式和布置顺序构成。合理的方案首先应满足工作机的性能要求，保证工作可靠，并且结构简单、尺寸紧凑、加工方便、成本低廉、传动效率高和使用维护便利。一种方案要同时满足这些要求往往是困难的，因此要通过分析比较多种方案，选择能满足重点要求的较好传动方案。图 2-1-1 所示为带式输送机的 4 种传动方案。

方案 1 采用一级带传动和一级闭式齿轮传动。这种方案外廓尺寸较大，有减振和过载保护作用，但带传动不适合繁重的工作要求和恶劣的工作环境。

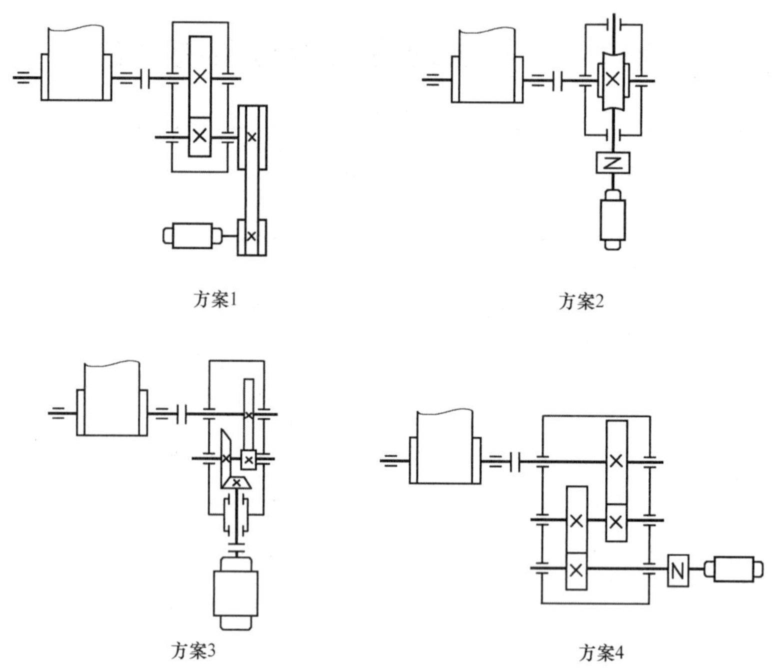

图 2-1-1　带式输送机的 4 种传动方案

方案 2 采用一级蜗杆减速器。此种方案结构紧凑，但传动效率低，长期连续工作不经济。

方案 3 采用一级锥齿轮和一级圆柱齿轮减速器。该方案宽度尺寸较小，适于在恶劣环境下长期连续工作，但锥齿轮加工比圆柱齿轮加工困难。

方案 4 采用二级圆柱齿轮减速器。这种方案结构尺寸小，传动效率高，适合于较差环境下长期工作。

以上 4 种传动方案都可满足带式输送机的功能要求，但其结构性能和经济成本则各不相同，一般应由设计者按具体工作条件，选定较好的方案。

拟定一个合理的传动方案，一定要熟悉各种机械传动的特点，以便合理地布置传动顺序，通常应考虑以下几点：

1）在众多的传动机构当中，圆柱齿轮传动因传动效率高、结构尺寸小，应优先采用。

2）带传动的承载能力较小，传递相同转矩时结构尺寸较其他传动形式大，但传动平稳，能缓冲减振，因此宜布置在高速级（转速较高，传递相同功率时转矩较小）。

3）链传动运转不均匀，有冲击，不适于高速传动，应布置在低速级。

4）蜗杆传动可以实现较大的传动比，尺寸紧凑，传动平稳，但效率较低，适用于中、小功率或间歇运转的场合。当与齿轮传动同时使用时，对采用铝铁青铜或铸铁作为蜗轮材料的蜗杆传动，可布置在低速级，使齿面滑动速度较低，以防产生胶合或严重磨损，并可使减速器结构紧凑；对采用锡青铜为蜗轮材料的蜗杆传动，由于允许齿面有较高的相对滑动速度，故可将蜗杆传动布置在高速级，以利于形成润滑油膜，提高承载能力和传动效率。

5）锥齿轮加工较困难，特别是大直径、大模数的锥齿轮，所以只有在需改变轴的布置方向时采用，如输入轴和输出轴有一定角度要求时，可采用锥齿轮-圆柱齿轮传动。锥齿轮传动尽量放在高速级并限制传动比，以减小锥齿轮的直径和模数。

6）斜齿轮传动的平稳性较直齿轮传动好，常用在高速级或要求传动平稳的场合。

7）开式齿轮传动的工作环境较差，润滑条件不好，磨损较严重，寿命较短，应布置在低速级。

8）一般将改变运动形式的机构（如连杆机构、凸轮机构等）布置在传动系统的末端，且常为工作机的执行机构。

在选择传动方案时，应将结构复杂部分置于高速级，可以减小尺寸并有利于制造。为便于比较和选型，将常用传动机构的主要性能列于表2-1-1。

表2-1-1 常用传动机构的主要性能

传动类型	传递功率/kW	单级传动比		外廓尺寸	传递运动	工作平稳	过载保护	使用寿命	缓冲吸振	精度要求	润滑要求
		推荐	最大								
V带传动	≤100	2~4	7	较大	有滑动	好	有	较短	好	低	无
滚子链传动	≤100	2~4	7	较大	有波动	差	无	中	较差	中	中
圆柱齿轮传动	≤5000	3~6	10	小	准确恒定	一般	无	长	差	高	较高
直齿锥齿轮传动	≤1000	2~4	6	较小							
蜗杆传动	≤50	7~40	80	小	准确恒定	好	无	中	差	高	高

2.1.2 选择电动机

一般机械中多用电动机作为原动机。电动机是标准化、系列化的定型产品，设计者只需根据工作载荷、工作机的特性和工作环境，从产品目录中选择电动机的类型、结构形式和转速，计算电动机的功率，确定电动机的具体型号。常用电动机的型号及技术数据可从有关手册中查取。

1. 选择电动机的类型

电动机分交流电动机和直流电动机，工业上常采用交流电动机。交流电动机有异步电动机和同步电动机两类，异步电动机又分为笼型和绕线型两种，其中以普通笼型异步电动机应用最广泛。

如无特殊要求，一般选择Y系列三相交流异步电动机，它高效、节能、噪声小、振动小，运行安全可靠，安装尺寸和功率等级符合国际标准（IEC），适用于无特殊要求的各种机械设备，设计时应优先选用。对于需频繁起动、制动和换向的机器（如起重机、提升设备），要求电动机具有较小的转动惯量和较大的承载能力，这时应选用起重及冶金用YZ（笼型）或YZR（绕线型）系列三相交流异步电动机。

电动机的结构有防护式、封闭自扇冷式和防爆式等，可根据防护要求选择。同一类型的电动机又具有多种安装形式，可根据不同的安装要求选择。

2. 选择电动机的功率

电动机的功率选择是否合适将直接影响电动机的工作性能和经济性能。如果选用的电动机的额定功率超出输出功率较多时，则电动机长期在低负荷下动转，效率及功率因素低，增加了非生产性的电能消耗；反之，如果所选电动机额定功率小于输出功率，则电动机长期在过载下动转，其寿命就会降低，甚至发生发热烧毁。

（1）所需电动机的输出功率 P_d

$$P_d = \frac{P_{wd}}{\eta_a} \tag{2-1}$$

式中　P_{wd}——工作机所需的工作功率（kW）；

η_a——由电动机到工作机的传动装置的总效率。

1）工作机所需的工作功率 P_{wd}。工作机所需的工作功率应由机器工作阻力和运动参数（线速度或转速、角速度）计算求得，在设计中，可由设计任务书给定的工作机参数，按下式计算

$$P_{wd} = \frac{Fv}{1000} \tag{2-2}$$

或

$$P_{wd} = \frac{Tn_w}{9550} \tag{2-3}$$

或

$$P_{wd} = \frac{T\omega_w}{9550} \tag{2-4}$$

式中　F——工作机的工作阻力（N）；

v——工作机滚筒的线速度（m/s）；

T——工作机的阻力矩（N·m）；

n_w——工作机滚筒的转速（r/min）；

ω_w——工作机滚筒的角速度（rad/s）。

2）传动装置总效率 η_a 的确定。效率是评价机械传动质量的重要指标。效率越高，传动中的能量损耗越少。常用机械传动和轴承的效率见表 2-1-2。

表 2-1-2　常见机械传动和轴承的效率

类型		效率 η	类型		效率 η
齿轮传动	圆柱齿轮	闭式:0.96~0.98(7~9级)	套筒滚子链传动		0.96
		开式:0.94~0.96	V带传动		0.94~0.97
	锥齿轮	闭式:0.94~0.97(7~9级)	轴承（一对）	滑动轴承	润滑不良:0.94
		开式:0.92~0.95			润滑正常:0.97
蜗杆传动	自锁蜗杆	0.40~0.45		滚动轴承	球轴承:0.99
	单头蜗杆	0.70~0.75			滚子轴承:0.98
	双头蜗杆	0.75~0.82	联轴器	齿轮联轴器	0.99
	三、四头蜗杆	0.82~0.92		弹性联轴器	0.99~0.995

机械的效率取决于组成机械的各个机构的效率。传动系统的总效率等于各部分效率的连乘积（包括运动副的效率），即

$$\eta_a = \eta_1 \cdot \eta_2 \cdot \eta_3 \cdot \cdots \cdot \eta_k \tag{2-5}$$

式中，η_1，η_2，η_3，…，η_k 为各级传动（如齿轮传动、蜗杆传动、带传动或链传动等）、每对轴承、每个联轴器及滚筒的效率。传动副的效率可按表 2-1-2 选取。

由式（2-5）可以看出，各机构效率均小于 1。传动系统串接的机构越多，系统总的效率就会越低。在进行效率计算时，还应注意以下几点：

① 轴承的效率指一对而言，如一根轴上有三个轴承时，按两对计算。

② 同类型的多个传动副，要分别计入各自的效率。

③ 动力经过每一个运动副时，都会产生功率损耗，故计算时不要漏掉。

④ 表内所推荐的效率有一个范围，可根据工作条件、精度等选取具体值。例如，工作条件好、精度高、润滑良好的齿轮传动取大值，反之取小值，一般取中间值。

（2）按条件选择电动机的额定功率 P_e 选择电动机型号时，电动机的额定功率 P_e 应该等于或略大于电动机所需的输出功率 P_d，以便电动机工作时不会过热。应满足下列条件

$$P_e \geqslant KP_d \tag{2-6}$$

式中 P_e——电动机的额定功率（kW），指在长期连续运转条件下所能发出的功率，其数值标注在电动机铭牌上；

K——过载系数，视工作机构可能的过载情况而定，一般可取 $K=1.1\sim1.5$，无过载时可取 $K=1$。

P_e 可按式（2-6）并参照表 2-1-3 选取标准值。

表 2-1-3 Y 系列三相异步电动机（IP44）的主要技术数据

同步转速 3000r/min			同步转速 1500r/min			同步转速 1000r/min			同步转速 750r/min		
型号	额定功率/kW	额定转速/(r/min)	型号	额定功率/kW	额定转速/(r/min)	型号	额定功率/kW	额定转速/(r/min)	型号	额定功率/kW	额定转速/(r/min)
Y801-2	0.75	2825	Y802-4	0.75	1390	Y90S-6	0.75	910	Y132S-8	2.2	710
Y802-2	1.1	2825	Y90S-4	1.1	1400	Y90L-6	1.1	910	Y132M-8	3	710
Y90S-2	1.5	2840	Y90L-4	1.5	1400	Y100L-6	1.5	940	Y160M1-8	4	720
Y90L-2	2.2	2840	Y100L-4	2.2	1420	Y112M-6	2.2	940	Y160M2-8	5.5	720
Y100L-2	3	2880	Y112M-4	3	1420	Y132S-6	3	960	Y160L-8	7.5	720
Y112M-2	4	2890	Y132S1-4	4	1440	Y132M1-6	4	960	Y180L-8	11	730
Y132S1-2	5.5	2900	Y132S2-4	5.5	1440	Y132M2-6	5.5	960	Y200L-8	15	730
Y132S2-2	7.5	2900	Y132M1-4	7.5	1440	Y160M-6	7.5	970	Y225S-8	18.5	730
Y160M1-2	11	2930	Y160M2-4	11	1460	Y160L-6	11	970	Y225M-8	22	730
Y160M2-2	15	2930	Y160L-4	15	1460	Y180L-6	15	970	Y250M-8	30	730
Y160L-2	18.5	2930	Y180M-4	18.5	1470	Y200L1-6	18.5	970	Y280S-8	37	740
Y180M-2	22	2940	Y180L-4	22	1470	Y200L2-6	22	970	Y280M-8	45	740
Y200L1-2	30	2950	Y200L-4	30	1470	Y225M-6	30	980	—	—	—
Y200L2-2	37	2950	Y225S-4	37	1480	Y250M-6	37	980	—	—	—
Y225M-2	45	2970	Y225M-4	45	1480	Y280S-6	45	980	—	—	—
Y250M-2	55	2970	Y250M-4	55	1480	Y280M-6	55	980	—	—	—

3. 选择电动机的转速

额定功率相同的同一类电动机有多种转速可供选择。例如三相异步电动机就有四种常用的同步转速，即 3000r/min、1500r/min、1000r/min、750r/min。电动机转速的选择应考虑如下：额定功率相同时，转速越高、极数越少，则电动机的尺寸越小，重量越轻，价格越低廉，效率越高，但这会导致传动装置的总传动比变大，尺寸及重量较大，从而使传动装置成本增加。若选用低转速电动机则相反。因此，确定电动机转速时，应同时考虑到电动机及传动系统的尺寸、重量和价格，使整个设计既合理又经济。一般来说，如无特殊要求，通常多选用同步转速为 1500r/min（4 极）、1000r/min（6 极）的电动机。轴不需要逆转时常用前者，且前者由于市场供应最多，故设计时应优先选用。

对于多级传动，可根据工作机的转速要求和各级传动的合理传动比范围，按下式推算出电动机转速的可选范围，即

$$n_d = i \cdot n = (i_1 \cdot i_2 \cdot i_3 \cdot \cdots \cdot i_n) \cdot n_w \qquad (2\text{-}7)$$

式中 n_d——电动机可选转速范围（r/min）；

n_w——工作机轴的转速（r/min）；

i_1，i_2，i_3，…，i_n——各级传动的合理传动比范围。

根据选定的电动机类型、结构、输出功率和转速，查出电动机型号、额定功率、满载转速、外形尺寸、中心高、轴伸出尺寸、键联接尺寸、地脚螺栓尺寸等参数。

2.1.3 传动装置总传动比及各级传动比的分配

1. 总传动比的计算

电动机选定后，根据电动机的满载转速 n_e 和工作机转速 n_w，可得传动装置的总传动比为

$$i = \frac{n_e}{n_w}$$

对于起重绞车和带式输送机，n_w 为卷筒的转速。由传动方案可知，传动装置的总传动比等于各级传动比的连乘积，即

$$i = i_1 \cdot i_2 \cdot i_3 \cdot \cdots \cdot i_n$$

2. 传动比的分配

合理地分配各级传动比，在传动装置总体设计中是很重要的。如果分配给各级传动的传动比值太小，则传动级数增多，使传动装置总体尺寸和总重量增大，材料消耗及加工费用增多；如果分配给各级传动的传动比值太大，将会给传动装置的工作性能及润滑等方面带来一系列的问题。因此，分配传动比时，应根据具体设计要求，进行分析比较，首先满足主要要求，同时兼顾其他要求，力求使传动级数最少。

合理分配传动比时，一般应遵循如下规则：

1）各级传动的传动比应在合理的范围之内（表 2-1-1），不应超出其传动比允许的最大值，以符合各种传动形式的工作特点，并使结构紧凑。

2）使各传动件尺寸协调，结构均匀合理。例如，电动机至减速器间有带传动，一般应使带传动的传动比小于齿轮传动的传动比，以免大带轮半径大于减速器中心高，使带轮与底架相碰，如图 2-1-2 所示。

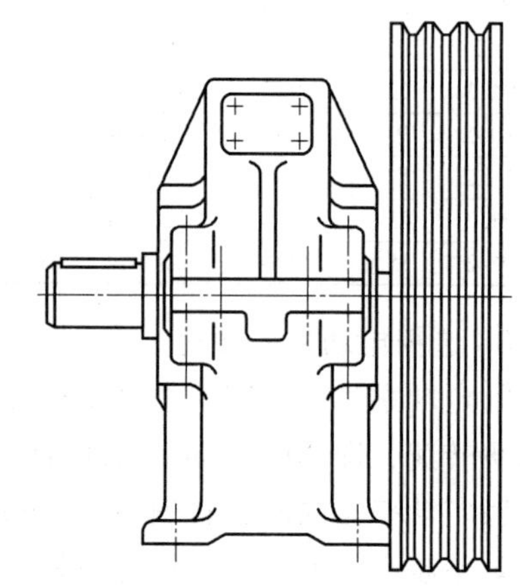

图 2-1-2 大带轮与减速器尺寸不协调

3）尽量使各级传动装置获得较小的外廓尺寸和较小的质量。如图 2-1-3 所示，在中心距和总传动比相同时，粗实线所示方案较细实线所示方案具有较小的外廓尺寸。

4）在二级或多级齿轮减速器中，应使各级传动的大齿轮浸油深度大致相等，以便实现统一的浸油润滑，如图 2-1-4 所示。

2.1.4 传动装置的运动和动力参数的计算

机械传动的运动和动力参数主要指传动系统中各轴的功率、转速和转矩，它们是设计计

算传动件和轴的重要参数。现以如图 2-1-5 所示的带式输送机传动装置为例，说明机械传动装置中各轴的功率、转速及转矩的计算方法。

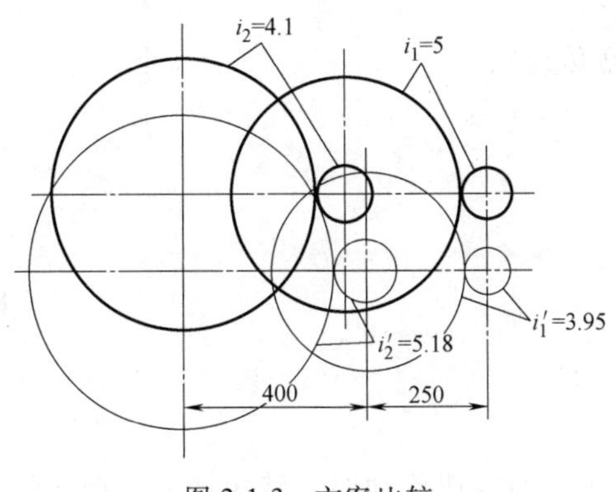

图 2-1-3　方案比较

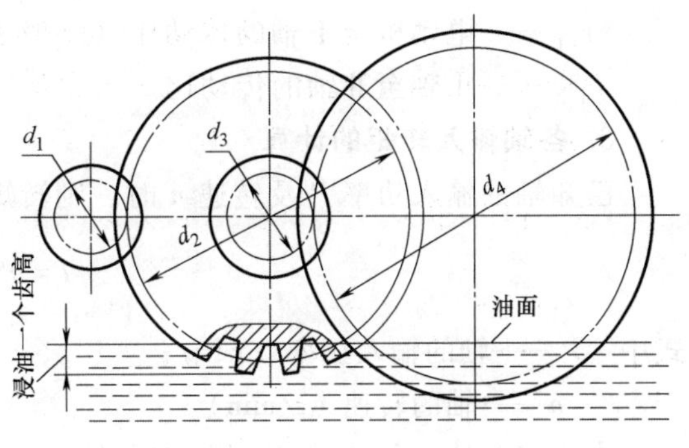

图 2-1-4　浸油润滑

1. 各轴输入功率的计算

设计传动系统所依据的功率，有两种方法：

1）取所选原动机额定功率作为设计功率。轴的功率计算顺序是从输入到输出，根据传动效率依次计算，直到工作轴为止。

2）按工作机所需功率作为工作轴的功率，再根据传动系统各级效率逆推算至原动机，此时所获得的设计功率为原动机所需输出的功率（小于原动机的额定功率）。

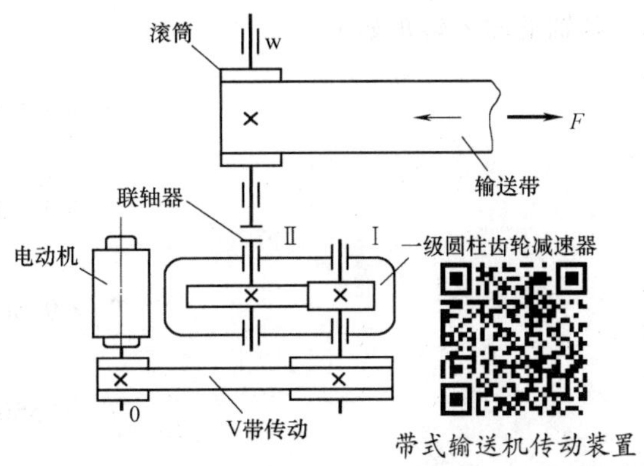

图 2-1-5　带式输送机传动装置

按第一种方法计算出的各轴功率一般较实际传递的功率要大一些，因而结构不够紧凑，但承受过载的能力要强一些，一般用于通用机器传动装置的设计。按第二种方法所计算出来的各轴功率是实际传递的功率，因而设计出的各零件结构较紧凑，一般用于专用机器传动装置的设计。

各轴的输入功率如下：

Ⅰ轴的输入功率　　$P_{\text{Ⅰ}}=P_e\eta_{0\text{Ⅰ}}$

Ⅱ轴的输入功率　　$P_{\text{Ⅱ}}=P_{\text{Ⅰ}}\eta_{\text{ⅠⅡ}}$

滚筒轴的输入功率　　$P_w=P_{\text{Ⅱ}}\eta_{\text{Ⅱ}w}$

式中　　P_e——电动机的功率（kW）；

$\eta_{0\text{Ⅰ}}$、$\eta_{\text{ⅠⅡ}}$、$\eta_{\text{Ⅱ}w}$——依次为电动机轴与Ⅰ轴、Ⅰ轴与Ⅱ轴、Ⅱ轴与滚筒轴间的传动效率。

在图 2-1-5 所示的输送机中，$\eta_{0\text{Ⅰ}}=\eta_{带}$，$\eta_{\text{ⅠⅡ}}=\eta_{承}\eta_{齿}$，$\eta_{\text{Ⅱ}w}=\eta_{承}\eta_{联}$。

另外：工作功率 $P_{wd}=P_w\eta_w$，η_w 为工作机滚筒和滚筒轴中轴承的效率。

2. 各轴转速的计算

$$n_0=n_m\qquad n_{\text{Ⅰ}}=\frac{n_m}{i_{0\text{Ⅰ}}}$$

$$n_{\mathrm{II}}=\frac{n_{\mathrm{I}}}{i_{\mathrm{I\,II}}} \qquad n_{w}=n_{\mathrm{II}}$$

式中 n_m——电动机满载转速（r/min）；

$i_{0\mathrm{I}}$——电动机至Ⅰ轴的传动比（一般多为带传动）；

$i_{\mathrm{I\,II}}$——Ⅰ轴至Ⅱ轴的传动比。

3. 各轴输入转矩的计算

已知轴的输入功率 P 及转速 n 时，则转矩为

$$T=9550\times\frac{P}{n} \tag{2-8}$$

式中 P——轴的输入功率（kW）；

n——轴的转速（r/min）。

由式（2-8）可知：轴的转矩 T 与转速 n 成反比，即减速传动时，转矩增大，增速传动时，转矩减小。因此，传动系统常采用减速传动以获得较大的转矩。

各轴的输入转矩如下

$$T_0=9550\times\frac{P_e}{n_e}$$

$$T_{\mathrm{I}}=9550\times\frac{P_{\mathrm{I}}}{n_{\mathrm{I}}}$$

$$T_{\mathrm{II}}=9550\times\frac{P_{\mathrm{II}}}{n_{\mathrm{II}}}$$

$$T_w=9550\times\frac{P_w}{n_w}$$

应该注意：同一轴的输出功率（或转矩）与输入功率（或转矩）的数值不同，因为有滚动轴承的功率损耗。因此，需要精确计算时应该取不同的数值。

同样，一根轴的输出功率（或转矩）与下一根轴的输入功率（或转矩）的数值不同，因为有传动件的功率损耗。

例如，Ⅰ轴的输出功率为 $P_{\mathrm{I}d}=P_{\mathrm{I}}\eta_{承}$，而Ⅱ轴的输入功率 $P_{\mathrm{II}}=P_{\mathrm{I}}\eta_{承}\eta_{齿}$。所以，在计算时也必须区分。

[任务实施]

根据前面项目任务描述中的带式输送机传动装置（图 2-0-1）的设计要求，对其进行机械动力与传动系统设计。设计内容包括：选择电动机的类型、功率、转速，计算传动装置的运动参数和动力参数等。

1. 电动机的选择

（1）选择电动机类型　按工作要求和条件，选用 Y 系列一般用途的全封闭自扇冷式笼型三相异步电动机。

（2）确定工作机所需的工作功率

$$P_{wd}=\frac{Fv}{1000}=\frac{10000\times0.78}{1000}\mathrm{kW}=7.8\mathrm{kW}$$

（3）确定传动装置的总效率 η_a　由表 2-1-2 查得：普通 V 带传动的效率 $\eta_{带}=0.96$；闭式圆柱齿轮传动的效率 $\eta_{齿}=0.97$（8 级）；一对滚动轴承的效率 $\eta_{承}=0.99$（球轴承，稀油润滑）；弹性联轴器的效率 $\eta_{联}=0.99$；滚筒和滚筒轴轴承的效率 $\eta_w=0.97$。

故传动装置的总效率为

$$\eta_a=\eta_{带}\eta_{齿}^2\eta_{承}^3\eta_{联}\eta_w=0.96\times0.97^2\times0.99^3\times0.99\times0.97=0.842$$

（4）确定电动机所需的额定功率 P_{ed}　电动机所需最小名义功率为

$$P_d=\frac{P_w}{\eta_a}=\frac{7.8\text{kW}}{0.842}=9.264\text{kW}$$

根据 P_d 选取电动机的额定功率 P_e，一般电动机额定功率

$$P_e\geqslant KP_d$$

式中 K 取 1.25，则有

$$P_e\geqslant1.25P_d=1.25\times9.264\text{kW}=11.58\text{kW}$$

由表 2-1-3 查得电动机的额定功率 $P_e=15\text{kW}$。

（5）选择电动机　带式输送机的工作转速一般，且轴不需要逆转，故优先考虑同步转速为 1500 r/min 的电动机。查表 2-1-3：同步转速为 1500r/min、额定功率为 15kW 时，电动机型号为 Y160L-4。所选电动机额定满载转速为 1460r/min。

查电动机手册，可知该电动机的其他参数分别为：$\dfrac{堵转转矩}{额定转矩}=2.2$，$\dfrac{最大转矩}{额定转矩}=2.3$，伸出端直径 $D=42^{+0.018}_{-0.002}\text{mm}$，伸出端安装长度 $E=110\text{mm}$。

2. 传动装置总传动比计算及传动比初步分配

（1）总传动比的计算

滚筒的转速　$$n_w=\frac{60\times1000v}{\pi D}=\frac{60\times1000\times0.78}{\pi\times400}\text{r/min}=37.242\text{r/min}$$

总传动比　$$i_{总}=\frac{n_e}{n_w}=\frac{1460}{37.242}=39.2031$$

（2）传动比的初步分配　因总传动比较大，拟采用三级传动，即普通 V 带传动和减速器内二级斜齿圆柱齿轮传动。减速器的传动比分配主要考虑减速器齿轮采用浸油润滑，两大齿轮直径相接近，即按 $i_2\approx(1.2\sim1.4)i_3$ 分配。初步分配各级传动的传动比如下：

普通 V 带传动的传动比　$i_{带}=1.8$

高速级齿轮传动的传动比　$i_{高速齿}=5.4$

低速级齿轮传动的传动比　$i_{低速齿}=4.0$

工作机的实际转速　$$n_w=\frac{n_e}{i_{带}i_{高速齿}i_{低速齿}}=\frac{1460\text{r/min}}{1.8\times5.4\times4.0}=37.551\text{r/min}$$

输送带线速度　$$v=\frac{\pi Dn_w}{60\times1000}=\frac{\pi\times400\times37.551}{60\times1000}\text{m/s}=0.787\text{m/s}$$

线速度误差　$$\Delta v=\left|\frac{v_0-v}{v_0}\right|\times100\%=\left|\frac{0.78\text{m/s}-0.787\text{m/s}}{0.78\text{m/s}}\right|\times100\%=0.897\%<3\%$$

误差在允许范围内，合格。

3. 初步计算传动装置运动参数和动力参数

（1）电动机轴输出参数

$$P_e = 15\text{kW}$$

$$n_e = 1460\text{r/min}$$

$$T_e = 9550\frac{P_e}{n_e} = 9550\times\frac{15}{1460}\text{N}\cdot\text{m} = 98.116\text{N}\cdot\text{m}$$

（2）高速轴Ⅰ输入参数

$$P_{\text{I}} = P_e\eta_{带} = 15\text{kW}\times0.96 = 14.4\text{kW}$$

$$n_{\text{I}} = \frac{n_e}{i_{带}} = \frac{1460\text{r/min}}{1.8} = 811.111\text{r/min}$$

$$T_{\text{I}} = 9550\frac{P_{\text{I}}}{n_{\text{I}}} = 9550\times\frac{14.4}{811.11}\text{N}\cdot\text{m} = 169.545\text{N}\cdot\text{m}$$

（3）中间轴Ⅱ输入参数

$$P_{\text{II}} = P_{\text{I}}\eta_{齿}\ \eta_{承} = 14.4\text{kW}\times0.97\times0.99 = 13.828\text{kW}$$

$$n_{\text{II}} = \frac{n_{\text{I}}}{i_{高速齿}} = \frac{811.111\text{r/min}}{5.4} = 150.206\text{r/min}$$

$$T_{\text{II}} = 9550\frac{P_{\text{II}}}{n_{\text{II}}} = 9550\times\frac{13.828}{150.206}\text{N}\cdot\text{m} = 879.175\text{N}\cdot\text{m}$$

（4）低速轴Ⅲ输入参数

$$P_{\text{III}} = P_{\text{II}}\eta_{齿}\ \eta_{承} = 13.828\text{kW}\times0.97\times0.99 = 13.279\text{kW}$$

$$n_{\text{III}} = \frac{n_{\text{II}}}{i_{低速齿}} = \frac{150.206\text{r/min}}{4.0} = 37.552\text{r/min}$$

$$T_{\text{III}} = 9550\frac{P_{\text{III}}}{n_{\text{III}}} = 9550\times\frac{13.279}{37.552}\text{N}\cdot\text{m} = 3377.036\text{N}\cdot\text{m}$$

（5）滚筒轴 w 输入参数

$$P_w = P_{\text{III}}\eta_{承}\ \eta_{联} = 13.279\text{kW}\times0.99\times0.99 = 13.015\text{kW}$$

$$n_w = n_{\text{III}} = 37.552\text{r/min}$$

$$T_w = 9550\frac{P_w}{n_w} = 9550\times\frac{13.015}{37.552}\text{N}\cdot\text{m} = 3309.897\text{N}\cdot\text{m}$$

注：工作机的工作功率 $P_{wd} = P_w\eta_w = 13.015\text{kW}\times0.97 = 12.624\text{kW}$。

初算各轴的运动参数和动力参数，列于表 2-1-4。

表 2-1-4　各轴的运动参数和动力参数

轴名称	功率 P/kW	转速 n/(r/min)	转矩 T/(N·m)
电动机轴	15	1460	98.116
高速轴Ⅰ	14.4	811.111	169.545
中间轴Ⅱ	13.828	150.206	879.175
低速轴Ⅲ	13.279	37.552	3377.036
滚筒轴 w	13.015	37.552	3309.897

[自我评估]

1. 原动机的选择主要有哪几个方面的内容?

2. 在选择电动机的额定转速时主要考虑哪些因素?

3. 机械传动的特性参数主要有哪些?

4. 机械传动系统的作用是什么？选择传动类型的基本原则有哪些?

5. 将传动系统的总传动比合理分配至各级传动机构时，需要考虑哪些问题?

6. 如图 2-1-5 所示带式输送机传动装置，已知滚筒直径 $D=400\text{mm}$，输送带速度 $v=1.4\text{m/s}$，带的有效拉力 $F=3000\text{N}$，滚筒效率 $\eta_{卷}=0.97$（包括轴承），长期连续工作，单向转动。试：选择合适的电动机；计算传动装置的总传动比，并分配各级传动比；计算传动装置中各轴的运动和动力参数。

任务 2.2 带传动设计和链传动

<table>
<tr><td>任务目标</td><td>1. 了解带传动的类型、工作原理、特点及应用。
2. 熟悉 V 带与 V 带轮的结构、规格与基本尺寸。
3. 掌握带传动的工作情况分析——受力分析、应力分析、弹性滑动和打滑。
4. 掌握带传动的失效形式、设计准则和设计方法，能够完成一般 V 带传动的设计计算。
5. 了解链传动的特点与应用。
6. 激发学生的好奇心和学习兴趣，挖掘学生的求知欲和创造欲，树立其自信心。</td></tr>
<tr><td>工作任务内容</td><td>对项目任务描述中的带式输送机进行 V 带传动的结构设计。
1. 根据项目任务描述可知，带传动直接联接电动机，根据任务 2.1 确定的电动机型号和带传动运动参数与传动比数据进行带传动设计。
2. 工作条件见项目任务描述
3. 设计 V 带传动时，原始数据和已知条件有：原动机种类、带传动的用途和工况条件、所需传递的功率 P_1，小带轮转速 n_1、大带轮转速 n_2或传动比 i、带传动外廓尺寸要求等。
4. 设计需确定的主要内容是：V 带型号、长度和根数，V 带传动的中心距，V 带作用于轴上的压力，V 带轮材料、结构尺寸、工作图等。</td></tr>
<tr><td>基本工作思路</td><td>1. 制定工作方案：完成任务的方法、进度、具体分工情况等。
2. 获取相关知识：掌握完成本项工作任务所需要的理论知识，比如，带传动的工作情况分析、V 带传动选用计算、V 带轮材料和结构、带传动的使用和维护。学会相关标准中图表的应用。
3. 拆装分析：拆装输送机的结构，观察带传动的工作过程。
4. 运动分析：使机构运动，分析传动力及受力特点，分析失效形式。
5. 带传动设计：确定计算功率、选择 V 带型号、确定带轮基准直径、验算 V 带速度、初定中心距、确定带的基准长度、计算实际中心距、验算小带轮包角、确定 V 带的根数、计算初拉力、计算带作用在轴上的力。以表格的形式整理出设计结果，如下所示：
<table><tr><td>带型号</td><td>带长</td><td>带根数</td><td>中心距</td><td>带轮基准直径</td><td>压轴力</td></tr><tr><td></td><td></td><td></td><td></td><td></td><td></td></tr></table>6. 带轮的结构设计：带轮结构图和尺寸的确定，画出大、小带轮的工作图和零件图，并给出技术要求。
7. 编制设计说明书，并将自己的总结与现有的经验知识进行对比。
8. 成果展示与检查评估。</td></tr>
</table>

成果评定(60%)		学习过程评价(30%)		团队合作评价(10%)	

[相关知识链接]

带传动和链传动是一种较为常用的、低成本的动力传动装置。它们都是通过挠性传动件，在两个或多个传动轮之间传递运动和动力。

它们具有许多优点，如可在具有较大中心距的两轴间传递运动和动力而不必担心机构过于笨重；设计人员在布置电动机时，无须精确固定电动机的空间位置便可以非常自由地选择合适的安装位置。

2.2.1 带传动设计

2.2.1.1 带传动概述

1. 带传动的工作原理和类型

带传动是一种常用的机械传动装置。按传动原理不同，带传动分为摩擦型带传动和啮合型带传动两大类，其中最常见的是摩擦型带传动。摩擦型带传动是靠带与带轮间的摩擦力传递运动和动力的，如图 2-2-1 所示；啮合型带传动是靠带齿与轮齿的啮合传递运动和动力的，如图 2-2-2 所示。

摩擦型带传动通常由主动轮、从动轮和传动带组成。传动带以一定的初拉力 F_0 紧套在带轮上，在 F_0 的作用下，带与带轮的接触面间产生正压力，当主动轮回转时，接触面间产生摩擦力，主动轮靠摩擦力使传动带与其一起运动。同时，传动带靠摩擦力驱使从动轮与其一起转动，从而主动轴上的运动和动力通过传动带传递给了从动轴。

摩擦型带传动中，传动带按截面形状，又可分为平带、V 带、多楔带和圆带等，如图 2-2-3所示。

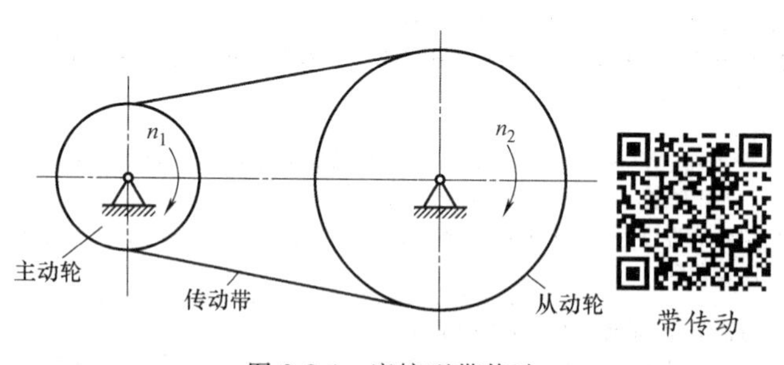

图 2-2-1 摩擦型带传动

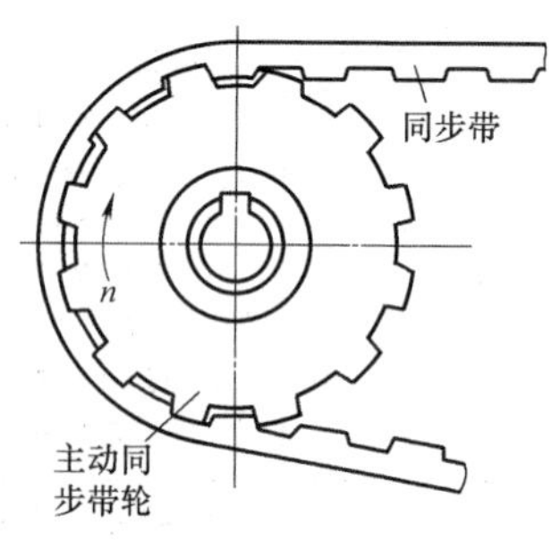

图 2-2-2 啮合型带传动

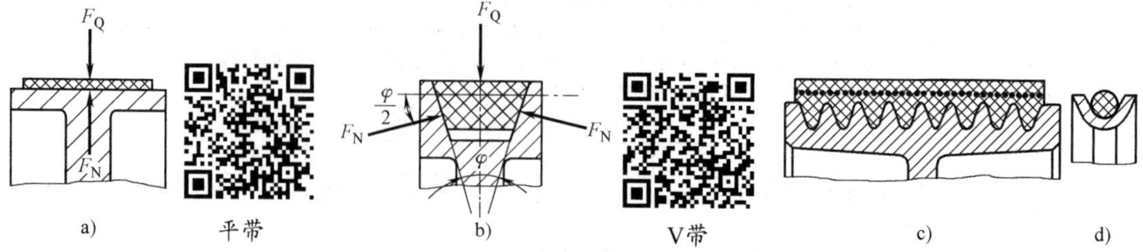

图 2-2-3 按传动带的横截面形状分类

a）平带 b）V 带 c）多楔带 d）圆带

在相同张紧力和相同摩擦系数的条件下，V 带产生的摩擦力要比平带的摩擦力要大，所以 V 带传动能力强，结构更紧凑，在机械传动中应用最广泛。V 带按其宽度和高度相对尺寸的不同，又分为普通 V 带、窄 V 带、宽 V 带、汽车 V 带、齿形 V 带、大楔角 V 带等多种类型。目前，普通 V 带应用最广。多楔带相当于平带与多根 V 带的组合，兼有两者的优点，多用于结构要求紧凑的大功率传动中。

2. 带传动的特点和应用

摩擦型带传动的主要特点如下：

1）结构简单，制造和安装的精度要求低，使用维护方便，成本低。

2）适合于主、从动轴间中心距较大的传动。

3）传动带具有弹性和挠性，可吸收振动并缓和冲击，从而使传动平稳、噪声小。

4）过载时，传动带与带轮间可发生相对打滑，能防止薄弱零件的损坏，起安全保护作用。

5）传动带需张紧在带轮上，张紧力会产生较大的压轴力，使轴和轴承承受的压力较大，传动带寿命降低。

6）由于有弹性滑动存在，故不能保证准确的传动比，

7）外廓尺寸大，传动效率较低，一般为 0.94~0.97。

根据上述特点，摩擦型带传动多用于：①中、小功率传动（通常不大于 100kW）；②原动机输出轴的第一级传动（工作速度一般为 5~25m/s）；③传动比要求不十分准确、中心距较大、要求平稳的场合。

啮合型带传动的主要特点是：无滑动，能保证准确传动比；过载时带会出现打滑，具有过载保护作用；需要的初拉力小，轴上受力也小；效率高达 0.98，适宜的速度高，传递的功率较大；安装时对中心距要求严格，价格较高。在数控机床、纺织机械、印刷机械及计算机中应用较多。

3. V 带结构

普通 V 带的截面结构包括顶胶（拉伸层）、抗拉体（强力层）、底胶（压缩层）和包布层，如图 2-2-4 所示。当带绕过带轮时，顶胶受拉而伸长，故称拉伸层；底胶受压缩短，故称压缩层。包布层用橡胶帆布制成，用于保护 V 带；拉伸层和压缩层均由橡胶制成。强力层又分为帘布芯结构（图 2-2-4a）和绳芯结构（图 2-2-4b）两种。其中，帘布芯结构的 V 带制造方便，抗拉强度好；而绳芯结构的 V 带柔韧性好，抗弯强度高，适用于带轮直径小、转速较高的场合。窄 V 带（图 2-2-4c）是采用涤纶等合成纤维做强力层的新型 V 带。与普通 V 带相比，当高度 h 相同时，窄 V 带的顶宽 b 约可缩小 1/3，它的顶部呈弓形，侧面（工作面）呈内凹曲线形，承载能力显著地高于普通 V 带，适用于传递大功率且要求结构紧凑的场合。

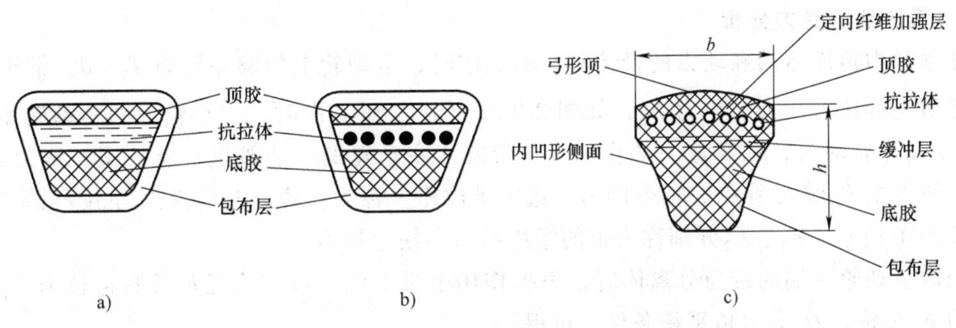

图 2-2-4 V 带的结构

4. 普通V带的型号和基本尺寸

按截面尺寸的不同，我国的普通V带分为Y、Z、A、B、C、D、E七种型号，其截面基本尺寸见表2-2-1。

表2-2-1 普通V带截面基本尺寸

带型	Y	Z	A	B	C	D	E
b/mm	6	10	13	17	22	32	38
b_p/mm	5.3	8.5	11	14	19	27	32
h/mm	4	6	8	11	14	19	23
q/(kg/m)	0.023	0.060	0.105	0.170	0.300	0.630	0.970
$\varphi=40°$							

国家标准规定，普通V带的长度用基准长度L_d表示。普通V带的基准长度系列及其带长修正系数见表2-2-2。

表2-2-2 普通V带的基准长度系列及其带长修正系数

Y L_d	K_L	Z L_d	K_L	A L_d	K_L	B L_d	K_L	C L_d	K_L	D L_d	K_L	E L_d	K_L
200	0.81	405	0.87	630	0.81	930	0.83	1565	0.82	2740	0.82	4660	0.91
224	0.82	475	0.90	700	0.83	1000	0.84	1760	0.85	3100	0.86	5040	0.92
250	0.84	530	0.93	790	0.85	1100	0.86	1950	0.87	3330	0.87	5420	0.94
280	0.87	625	0.96	890	0.87	1210	0.87	2195	0.90	3730	0.90	6100	0.96
315	0.89	700	0.99	990	0.89	1370	0.90	2420	0.92	4080	0.91	6850	0.99
355	0.92	780	1.00	1100	0.91	1560	0.92	2715	0.94	4620	0.94	7650	1.01
400	0.96	920	1.04	1250	0.93	1760	0.94	2880	0.95	5400	0.97	9150	1.05
450	1.00	1080	1.07	1430	0.96	1950	0.97	3080	0.97	6100	0.99	12230	1.11
500	1.02	1330	1.13	1550	0.98	2180	0.99	3520	0.99	6840	1.02	13750	1.15
		1420	1.14	1640	0.99	2300	1.01	4060	1.02	7620	1.05	15280	1.17
		1540	1.54	1750	1.00	2500	1.03	4600	1.05	9140	1.08	16800	1.19
				1940	1.02	2700	1.04	5380	1.08	10700	1.13		
				2050	1.04	2870	1.05	6100	1.11	12200	1.16		
				2200	1.06	3200	1.07	6815	1.14	13700	1.19		
				2300	1.07	3600	1.09	7600	1.17	15200	1.21		
				2480	1.09	4060	1.13	9100	1.21				
				2700	1.10	4430	1.15	10700	1.24				
						4820	1.17						
						5370	1.20						
						6070	1.24						

2.2.1.2 带传动的工作情况分析

1. 带传动的受力分析

靠摩擦力传递运动和动力的带传动，不工作时，主动轮上的驱动转矩$T_1=0$，带轮两边传动带所受的拉力均为初拉力F_0，如图2-2-5a所示。而工作时，主动轮上的驱动转矩$T_1>0$，当主动轮转动时，在摩擦力的作用下，带绕入主动轮的一边被进一步拉紧，称为紧边，其所受拉力由F_0增大到F_1，而带的另一边则被放松，称为松边，其所受拉力由F_0降到F_2，如图2-2-5b所示。F_1、F_2分别称为带的紧边拉力和松边拉力。

当取主动轮一端的带为分离体时，根据作用于带上的总摩擦力$\sum F_f$及紧边拉力F_1与松边拉力F_2对轮心O_1的力矩平衡条件，可得

$$\sum F_f=F_1-F_2 \tag{2-9}$$

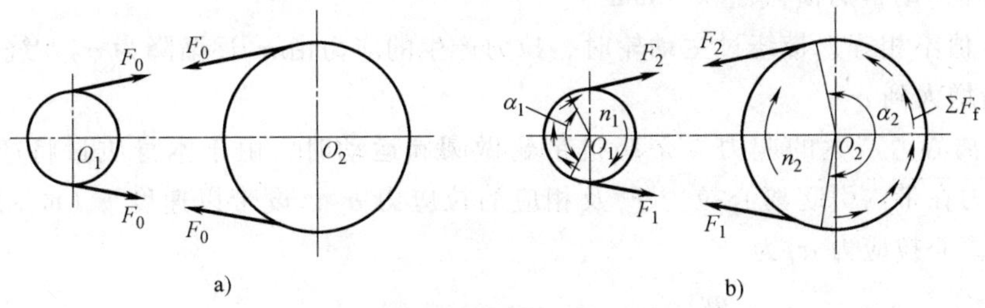

图 2-2-5 传动的受力分析

而带的紧边、松边的拉力之差就是带传递的有效圆周力 F，即

$$F=F_1-F_2 \tag{2-10}$$

显然 $F=\sum F_f$，由图 2-2-5b 可以看出有效圆周力不是作用在某一固定点的集中力，而是带与带轮接触弧上各点摩擦力的总和。

有效圆周力 F（N）、带速 v（m/s）和带传递功率 P（kW）之间的关系为

$$P=\frac{Fv}{1000} \tag{2-11}$$

由式（2-11）可知，当带速一定时，传递的功率越大，所需要的摩擦力也越大。

若假设带在工作前后总长度不变，则带工作时，其紧边的伸长增量等于松边的缩短量。由于带工作在弹性变形范围，且忽略离心力的影响，则可近似认为紧边拉力的增量等于松边拉力的减量，即

$$\left.\begin{aligned}F_1-F_0&=F_0-F_2\\F_1+F_2&=2F_0\end{aligned}\right\} \tag{2-12}$$

当带与带轮的摩擦处于即将打滑而尚未打滑的临界状态时，F_1 与 F_2 的关系可用著名的欧拉公式表示，即

$$F_1=F_2e^{f\alpha} \tag{2-13}$$

式中 α——带轮上的包角（rad），如图 2-2-5b 所示；

f——带与带轮之间的摩擦系数（对 V 带传动用当量摩擦系数 f_v）。

将式（2-12）和式（2-13）联立求解，可得传动带所能传递的最大有效圆周力 F_{max}，即

$$F_{max}=2F_0\frac{e^{f\alpha}-1}{e^{f\alpha}+1} \tag{2-14}$$

2. 传动带的应力分析

（1）由紧边和松边拉力产生的应力

$$\left.\begin{aligned}\sigma_1&=\frac{F_1}{A}\\\sigma_2&=\frac{F_2}{A}\end{aligned}\right\} \tag{2-15}$$

式中 σ_1——紧边拉应力（MPa）；

σ_2——松边拉应力（MPa）；

A——传动带的横截面积（mm^2）。

σ_1和σ_2值不相等，带绕过主动轮时，拉力产生的应力由σ_1逐渐降为σ_2，绕过从动轮时又由σ_2逐渐增大到σ_1。

（2）由离心力产生的应力　带绕过带轮做圆周运动时，由于本身质量将产生离心力，为平衡离心力在带内引起离心拉力F_c及相应的拉应力σ_c，设带以速度v（m/s）绕带轮运动，带中的离心拉应力σ_c为

$$\sigma_c=\frac{qv^2}{A} \tag{2-16}$$

式中　q——带每米长度的质量（kg/m），其值见表2-2-1。

离心力引起的拉应力作用在带的全长上，且各处大小相等。

（3）由带弯曲产生的应力　带绕过带轮时发生弯曲（图2-2-6），产生弯曲应力σ_b（只发生在绕在带轮的部分上），由材料力学公式可得

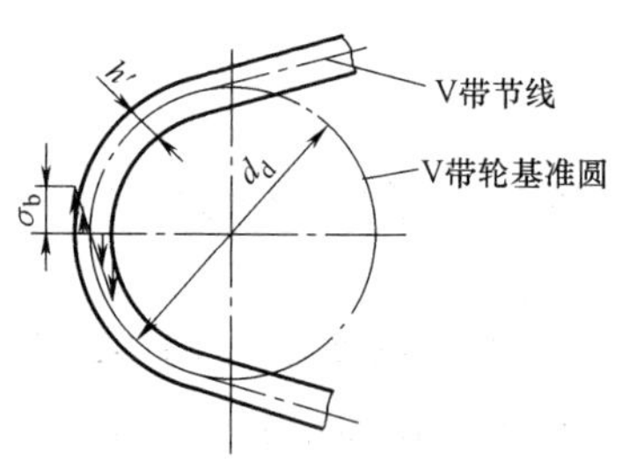

图2-2-6　带的弯曲应力

$$\sigma_b=E\frac{h'}{\rho} \tag{2-17}$$

式中　E——带材料的弹性模量（MPa）；

ρ——曲率半径（mm），对V带有$\rho=\frac{d_d}{2}$，d_d为带轮基准直径；

h'——其值等于h_a，可查GB/T 10412—2012选取。

由式（2-17）可见，带轮直径越小，带越厚，弯曲应力越大。

带中各截面上的应力大小，如用自该处所作的径向线（即把应力相位旋转90°）长短可画成如图2-2-7所示的应力分布图。可见，带在工作中所受的应力是变化的，最大应力由紧边进入小带轮处，其值为

$$\sigma_{max}=\sigma_1+\sigma_c+\sigma_{b1} \tag{2-18}$$

在一般情况下，弯曲应力最大，离心应力较小。离心应力随带速的增加而增加。

显然，处于变应力状态下工作的传动带，当应力循环次数达到某一值后，带将发生疲劳破坏。

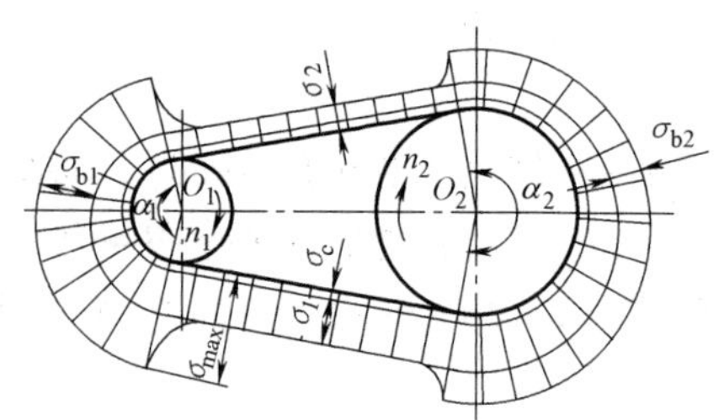

图2-2-7　带工作时应力变化

3. 带传动的弹性滑动

带工作时，如带不伸长，主动轮和从动轮的圆周速度v_1和v_2将与带的线速度相等，即

$$\begin{cases}v_1=v_2=v_0\\ v_1=\dfrac{\pi d_{d1}n_1}{60\times1000}\\ v_2=\dfrac{\pi d_{d2}n_2}{60\times1000}\end{cases} \tag{2-19}$$

则理论传动比 i 为

$$i=\frac{n_1}{n_2}=\frac{d_{d2}}{d_{d1}} \tag{2-20}$$

式中　d_{d1}、d_{d2}——带轮的基准直径（mm）；

n_1、n_2——主、从动轮的转速（r/min）。

实际上带是有弹性的，受拉力后将产生弹性伸长，拉力越大，伸长量越大；反之越小。带工作时，由于紧边拉力 F_1 大于松边拉力 F_2，因此紧边的伸长量将大于松边的伸长量。在图 2-2-8 中，当带的紧边在 a 点进入主动轮时，带速与带轮圆周速度相等，皆为 v_1。带随带轮由 a 点转到 b 点离开带轮时，其拉力逐渐由 F_1 减小到 F_2，从而使带的弹性伸长量也相应地减小，也即带相对带轮向后缩小一点，这就使带速逐渐落后于带轮圆周速度 v_1，到 b 点后带速降到 v_2，同理，当带绕过从动轮时（由 c 点到 d 点），带所受的拉力由 F_2 逐渐增大到 F_1，其弹性伸长量逐渐增加，致使带相对带轮向前移动一点，带速逐渐大于从动轮圆周速度，即 $v_2<v<v_1$。这种由于带的弹性变形而引起带与带轮之间的相对滑动现象称为弹性滑动。弹性滑动是带传动中不可避免的现象，是正常工作时固有的特性。

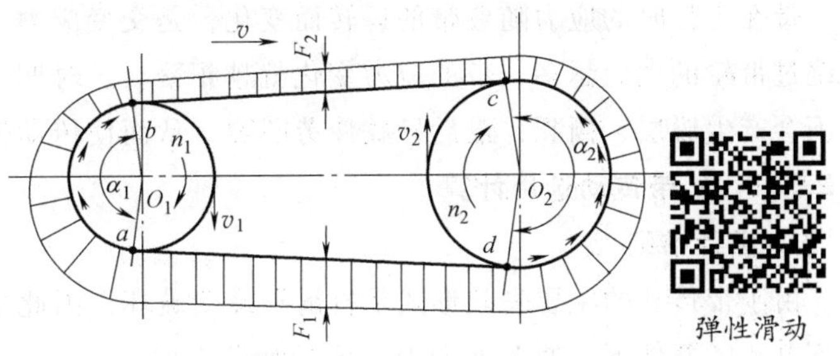

图 2-2-8　带传动中的弹性滑动

弹性滑动会引起下列后果：

1）从动轮的圆周速度总是落后于主动轮的圆周速度，并随载荷变化而变化，导致此传动的传动比不准确。

2）损失一部分能量，降低了传动效率，会使带的温度升高，并引起传动带磨损。由于弹性滑动引起从动轮圆周速度低于主动轮圆周速度，其相对降低率通常称为带传动滑动系数或滑动率，用 ε 表示，即

$$\begin{aligned}\varepsilon &=\frac{v_1-v_2}{v_1}\times 100\% \\ &=\frac{\pi d_{d1}n_1-\pi d_{d2}n_2}{\pi d_{d1}n_1}=\frac{d_{d1}n_1-d_{d2}n_2}{d_{d1}n_1}\end{aligned} \tag{2-21}$$

这样，计入弹性滑动时的从动轮转速 n_2 与主动轮转速 n_1 的关系应为

$$\left.\begin{aligned} i&=\frac{n_1}{n_2}=\frac{d_{d2}}{d_{d1}(1-\varepsilon)} \\ n_2&=\frac{d_{d1}}{d_{d2}}(1-\varepsilon)n_1\end{aligned}\right\} \tag{2-22}$$

由于滑动率随所传递载荷的大小而变化，不是一个定值，故带传动的传动比亦不能保持准确值。带传动正常工作时，其滑动率 $\varepsilon\approx 1\%\sim 2\%$，在一般情况下可以不予考虑。

4. 打滑现象

带传动是靠摩擦工作的，在初拉力 F_0 一定时，当传递的有效圆周力 F 超过带与带轮间

的极限摩擦力时，带就会在带轮轮面上发生明显的全面滑动，这种现象称为打滑。当传动出现打滑现象时，虽然主动轮仍在继续转动，但从动轮及传动带有较大的速度损失，使带传动处于不稳定状态，甚至完全不动。由于大带轮上的包角大于小带轮的包角，由式（2-14）可知，打滑总是在小带轮上首先开始的。打滑是一种有害现象，它将使传动失效并加剧带的磨损。因此，在正常工作时，应避免打滑现象。

5. 带的疲劳破坏

带在工作时的应力随着带的运转而变化，是交变应力。转速越高、带越短，单位时间内带绕过带轮的次数越多，带的应力变化就越频繁。长时期工作，传动带在交变应力的反复作用下会产生脱层、撕裂，最后导致疲劳断裂，从而使传动失效。

2.2.1.3 V 带传动选用计算

1. 设计准则

由于带传动的主要失效形式是打滑和疲劳破坏，因此带传动的设计准则是：在保证带传动不打滑的条件下，使 V 带具有一定的疲劳强度。

2. 单根 V 带额定功率

单根 V 带所能传递的功率与带的型号、长度、带速、带轮直径、包角大小以及载荷性质等有关。为了便于设计，测得在载荷平稳、包角为 180°及特定长度的实验条件下，单根 V 带在保证不打滑并具有一定寿命时所能传递的功率 P_1（kW），称为额定功率。表 2-2-3 和表 2-2-4 列出了 B 型 V 带和 C 型 V 带的单根基准额定功率。

表 2-2-3　B 型 V 带单根基准额定功率 P_1 和功率增量 ΔP_1

n_1/(r/min)	d_{d1}/mm								i 或 $1/i$										v/(m/s) ≈
	125	140	160	180	200	224	250	280	1~1.01	1.02~1.04	1.05~1.08	1.09~1.12	1.13~1.18	1.19~1.24	1.25~1.34	1.35~1.51	1.52~1.99	≥2.00	
	P_1/kW								ΔP_1/kW										
200	0.48	0.59	0.74	0.88	1.02	1.19	1.37	1.58	0.00	0.01	0.01	0.02	0.03	0.04	0.04	0.05	0.06	0.06	5
400	0.84	1.05	1.32	1.59	1.85	2.17	2.50	2.89	0.00	0.01	0.03	0.04	0.06	0.07	0.08	0.10	0.11	0.13	
700	1.30	1.64	2.09	2.53	2.96	3.47	4.00	4.61	0.00	0.02	0.05	0.07	0.10	0.12	0.15	0.17	0.20	0.22	10
800	1.44	1.82	2.32	2.81	3.30	3.86	4.46	5.13	0.00	0.03	0.06	0.08	0.11	0.14	0.17	0.20	0.23	0.25	
950	1.64	2.08	2.66	3.22	3.77	4.42	5.10	5.85	0.00	0.03	0.07	0.10	0.13	0.17	0.20	0.23	0.26	0.30	15
1200	1.93	2.47	3.17	3.85	4.50	5.26	6.04	6.90	0.00	0.04	0.08	0.13	0.17	0.21	0.25	0.30	0.34	0.38	
1450	2.19	2.82	3.62	4.39	5.13	5.97	6.82	7.76	0.00	0.05	0.10	0.15	0.20	0.25	0.31	0.36	0.40	0.46	20
1600	2.33	3.00	3.86	4.68	5.46	6.33	7.20	8.13	0.00	0.06	0.11	0.17	0.23	0.28	0.34	0.39	0.45	0.51	
1800	2.50	3.23	4.15	5.02	5.83	6.73	7.63	8.46	0.00	0.06	0.13	0.19	0.25	0.32	0.38	0.44	0.51	0.57	25
2000	2.64	3.42	4.40	5.30	6.13	7.02	7.87	8.60	0.00	0.07	0.14	0.21	0.28	0.35	0.42	0.49	0.56	0.63	
2200	2.76	3.58	4.60	5.52	6.35	7.19	7.97	8.53	0.00	0.08	0.16	0.23	0.31	0.39	0.46	0.54	0.62	0.70	30
2400	2.85	3.70	4.75	5.67	6.47	7.25	7.89	8.22	0.00	0.08	0.17	0.25	0.24	0.42	0.51	0.59	0.68	0.76	35
2800	2.96	3.85	4.89	5.76	6.43	6.95	7.14	6.80	0.00	0.10	0.20	0.29	0.39	0.49	0.59	0.69	0.79	0.89	40
3200	2.94	3.83	4.8	5.52	5.95	6.05	5.60	4.26	0.00	0.11	0.23	0.34	0.45	0.56	0.68	0.79	0.90	1.01	
3600	2.80	3.63	4.46	4.92	4.98	4.47	3.12	—	0.00	0.13	0.25	0.38	0.51	0.63	0.76	0.89	1.01	1.14	
4000	2.51	3.24	3.82	3.92	3.47	2.14	—	—	0.00	0.14	0.28	0.42	0.56	0.70	0.84	0.99	1.13	1.27	
4500	1.93	2.45	2.59	2.04	0.73	—	—	—	0.00	0.16	0.32	0.48	0.63	0.79	0.95	1.11	1.27	1.43	
5000	1.09	1.29	0.81	—	—	—	—	—	0.00	0.18	0.36	0.53	0.71	0.89	1.07	1.24	1.42	1.60	

表 2-2-4　C 型 V 带单根基准额定功率 P_1 和功率增量 ΔP_1

n_1/(r/min)	d_{d1}/mm								i 或 $1/i$										v/(m/s) ≈
	200	224	250	280	315	355	400	450	1~1.01	1.02~1.04	1.05~1.08	1.09~1.12	1.13~1.18	1.19~1.24	1.25~1.34	1.35~1.51	1.52~1.99	≥2.00	
	P_1/kW								ΔP_1/kW										
200	1.39	1.70	2.03	2.42	2.84	3.36	3.91	4.51	0.00	0.02	0.04	0.06	0.08	0.10	0.12	0.14	0.16	0.18	5
300	1.92	2.37	2.85	3.40	4.04	4.75	5.54	6.40	0.00	0.03	0.06	0.09	0.12	0.15	0.18	0.21	0.24	0.26	
400	2.41	2.99	3.62	4.32	5.14	6.05	7.06	8.20	0.00	0.04	0.08	0.12	0.16	0.20	0.23	0.27	0.31	0.35	10
500	2.87	3.58	4.33	5.19	6.17	7.27	8.52	9.80	0.00	0.05	0.10	0.15	0.20	0.24	0.29	0.34	0.39	0.44	
600	3.30	4.12	5.00	6.00	7.14	8.45	9.82	11.29	0.00	0.06	0.12	0.18	0.24	0.29	0.35	0.41	0.47	0.53	15
700	3.69	4.64	5.64	6.76	8.09	9.50	11.02	12.63	0.00	0.07	0.14	0.21	0.27	0.34	0.41	0.48	0.55	0.62	
800	4.07	5.12	6.23	7.52	8.92	10.46	12.10	13.80	0.00	0.08	0.16	0.23	0.31	0.39	0.47	0.55	0.63	0.71	20
950	4.58	5.78	7.04	8.49	10.05	11.73	13.48	15.23	0.00	0.09	0.19	0.27	0.37	0.47	0.56	0.65	0.74	0.83	
1200	5.29	6.71	8.21	9.81	11.53	13.31	15.04	16.59	0.00	0.12	0.24	0.35	0.47	0.59	0.70	0.82	0.94	1.06	25
1450	5.84	7.45	9.04	10.72	12.46	14.12	15.53	16.47	0.00	0.14	0.28	0.42	0.58	0.71	0.85	0.99	1.14	1.27	30
1600	6.07	7.75	9.38	11.06	12.72	14.19	15.24	15.57	0.00	0.16	0.31	0.47	0.63	0.78	0.94	1.10	1.25	1.41	35
1800	6.28	8.00	9.63	11.22	12.67	13.73	14.08	13.29	0.00	0.18	0.35	0.53	0.71	0.88	1.06	1.23	1.41	1.59	40
2000	6.34	8.06	9.62	11.04	12.14	12.59	11.95	9.64	0.00	0.20	0.39	0.59	0.78	0.98	1.17	1.37	1.57	1.76	
2200	6.26	7.92	9.34	10.48	11.08	10.70	8.75	4.44	0.00	0.22	0.43	0.65	0.86	1.08	1.29	1.51	1.72	1.94	
2400	6.02	7.57	8.75	9.50	9.43	7.98	4.34	—	0.00	0.23	0.47	0.70	0.94	1.18	1.41	1.65	1.88	2.12	
2600	5.61	6.93	7.85	8.08	7.11	4.32	—	—	0.00	0.25	0.51	0.76	1.02	1.27	1.53	1.78	2.04	2.29	
2800	5.01	6.08	6.56	6.13	4.16	—	—	—	0.00	0.27	0.55	0.82	1.10	1.37	1.64	1.92	2.19	2.47	
3200	3.23	3.57	2.93	—	—	—	—	—	0.00	0.31	0.61	0.91	1.22	1.53	1.63	2.14	2.44	2.75	

当实际使用条件与实验条件不符合时，此值应当加以修正，修正后即得实际工作条件下单根 V 带所能传递的功率 $[P]$ 为

$$[P]=(P_1+\Delta P_1)K_\alpha K_L \tag{2-23}$$

式中　K_α——包角修正系数，考虑不同包角对传动能力的影响，其值见表 2-2-5；

K_L——带长修正系数，考虑不同带长对传动能力的影响，其值见表 2-2-2；

ΔP_1——功率增量（kW），考虑传动比 $i\neq1$ 时带在大带轮上的弯曲应力较小，从而使 P_1 值有所提高，ΔP_1 值见表 2-2-3 和表 2-2-4。

表 2-2-5　小带轮的包角修正系数 K_α

包角 α/(°)	90	100	110	120	125	130	135	140	145	150	155	160	165	170	175	180
K_α	0.69	0.74	0.78	0.82	0.84	0.86	0.88	0.89	0.91	0.92	0.93	0.95	0.96	0.98	0.99	1.00

3. 设计计算的一般步骤和方法

（1）确定设计功率 P_d　设计功率是根据需要传递的名义功率，并考虑载荷性质、原动机类型和每天连续工作的时间长短等因素而确定的，表达式如下

$$P_d=K_A P \tag{2-24}$$

式中　P——所需传递的名义功率（kW）；

K_A——工况系数，按表 2-2-6 选取。

（2）选择带型　V 带的带型可根据设计功率 P_d 和小带轮转速 n_1 由图 2-2-9 选取。当 P_d 和 n_1 值坐标交点位于或接近两种型号区域边界处时，可取相邻两种型号同时计算，比较结果，最后选定一种。

表 2-2-6 工况系数 K_A

工况		K_A					
		空、轻载起动			重载起动		
		每天工作小时数/h					
		<10	10~16	>16	<10	10~16	>16
载荷变动最小	液体搅拌机、通风机和鼓风机（≤7.5kW）、离心式水泵和压缩机、轻负荷输送机	1.0	1.1	1.2	1.1	1.2	1.3
载荷变动小	带式输送机（不均匀负荷）、通风机（>7.5kW）、旋转式水泵和压缩机（非离心式）、发电机、金属切削机床、印刷机、旋转筛、锯木机和木工机械	1.1	1.2	1.3	1.2	1.3	1.4
载荷变动较大	制砖机、斗式提升机、往复式水泵和压缩机、起重机、磨粉机、冲剪机床、橡胶机械、振动筛、纺织机械、重载输送机	1.2	1.3	1.4	1.4	1.5	1.6
载荷变动很大	破碎机（旋转式、颚式等）、磨碎机（球磨、棒磨、管磨）	1.3	1.4	1.5	1.5	1.6	1.8

注：1. 空、轻载起动——电动机（交流起动、三角起动、直流并励）、四缸以上的内燃机、装有离心式离合器、液力联轴器的动力机。

2. 重载起动——电动机（联机交流起动、直流复励或串励）、四缸以下的内燃机。

3. 在反复起动、正反转频繁、工作条件恶劣等场合，表中 K_A 值均应乘以 1.1。

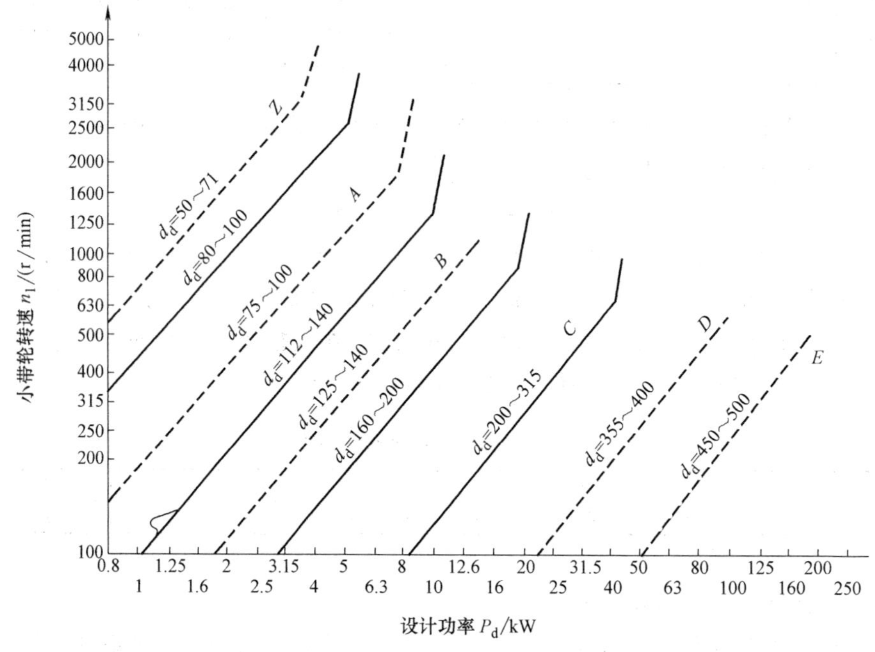

图 2-2-9 普通 V 带选型图

（3）确定带轮的基准直径 d_{d1}、d_{d2}

1）选取小带轮基准直径 d_{d1}。如前所述，带轮直径越小，则带的弯曲应力越大，带越容易发生疲劳破坏。V 带轮的最小直径 d_{dmin} 见表 2-2-7。选择较小直径的带轮，传动装置外廓尺寸小、重量轻；而带轮直径增大，则可提高带速、减小带的拉力，从而可能减少 V 带的根数，但这样将增大传动尺寸。设计时可参考图 2-2-9 中给出的带轮直径范围按标准取值。

表 2-2-7 带轮的最小基准直径 （单位：mm）

V 带型号	Y	Z	A	B	C	D	E
d_{dmin}	20	50	75	125	200	355	500

注：带轮的基准直径系列（单位为 mm）：20、22.4、25、28、31.5、35.5、40、45、50、53、56、60、63、71、75、80、85、90、95、100、106、112、118、125、132、140、150、160、170、180、190、200、212、224、236、250、265、280、300、315、335、355、375、400、425、450、475、500、530、560、600、630、670、710、750、800、850、900、1000、1060、1120、1250、1350、1400、1500、1600、1700、1800、1900、2000、2120、2240、2360、2500。

2）验算带的速度。由式（2-11）可知，传递一定功率时，带速越高，圆周力越小，所需带的根数越少，但带速过大，带在单位时间内绕过带轮的次数增加，使疲劳寿命降低。同时，增加带速会显著地增大带的离心力，减小带与带轮间接触压力。当带速达到某一数值后，不利因素将超过有利因素，致使 P_1 降低，设计时应使 $v \leqslant v_{max}$。一般在 $v=5\sim25\text{m/s}$ 内选取，以 $v=20\sim25\text{m/s}$ 最有利。对 Y、Z、A、B、C 型普通 V 带 $v_{max}=25\text{m/s}$，对 D、E 型普通 V 带，$v_{max}=30\text{m/s}$。如 $v>v_{max}$，应减小 d_d。

3）确定大带轮的基准直径 d_{d2}。大带轮基准直径 $d_{d2}=\frac{n_1}{n_2}d_{d1}$ 计算后也应按表 2-2-7 直径系列值圆整。

当要求传动比精确时，应将滑动系数 ε 考虑在内来计算带轮直径，此时 d_{d2} 可不圆整。计算公式为

$$d_{d2}=\frac{n_1}{n_2}d_{d1}(1-\varepsilon) \tag{2-25}$$

通常取 $\varepsilon=0.02$，其他符号含义同前。

（4）确定中心距和带长。当中心距较小时，传动较为紧凑，但带长也减小，在单位时间内带绕过带轮的次数增多，即带内应力循环次数增加，会降低带的寿命。而中心距过大时则传动的外廓尺寸大，且高速时容易引起带的颤动，影响正常工作。

一般推荐按下式初步确定中心距 a_0，即

$$a_0=(0.7\sim2)(d_{d1}+d_{d2}) \tag{2-26}$$

初选 a_0后，可根据公式计算 V 带的初选长度 L_0

$$L_0 \approx 2a_0+\frac{\pi}{2}(d_{d1}+d_{d2})+\frac{(d_{d2}-d_{d1})^2}{4a_0} \tag{2-27}$$

根据初选长度 L_0，由表 2-2-2 选取与 L_0 相近的基准长度 L_d，作为所选带的长度，然后就可以计算出实际中心距 a，即

$$a=a_0+\frac{L_d-L_0}{2} \tag{2-28}$$

考虑到安装调整和带松弛后张紧的需要，应给中心距留出一定的调整余量。中心距变动范围为

$$\left.\begin{aligned} a_{min}&=a-0.015L_d \\ a_{max}&=a+0.03L_d \end{aligned}\right\} \tag{2-29}$$

（5）验算小带轮包角 α_1 小带轮包角的计算公式为

$$\alpha_1=180°-\frac{(d_{d2}-d_{d1})}{a}\times57.3° \tag{2-30}$$

一般要求 $\alpha_1 \geqslant 120°$，否则应适当增大中心距或减小传动比，也可以加张紧轮。

（6）确定 V 带根数 z

$$z=\frac{P_d}{[P]}=\frac{P_d}{(P_1+\Delta P_1)K_\alpha K_L} \tag{2-31}$$

式中各符号意义同前。

带的根数 z 应圆整，为使各根带受力均匀，其根数不宜过多，一般取 $z=2\sim5$ 根为宜，最多不能超过 8~10 根，否则应改选型号或加大带轮直径后重新设计。

（7）计算初拉力 F_0　初拉力 F_0 过小，则产生的摩擦力小，传动易打滑。初拉力越大，带对轮面的正压力和摩擦力也越大；不易打滑，即传递载荷的能力越大；但初拉力过大会增大带的拉应力，从而降低带的疲劳强度，同时作用在轴上的载荷也大，故初拉力的大小应适当。

考虑离心力的影响时，单根 V 带的初拉力计算公式为

$$F_0=500\frac{P_d}{vz}\left(\frac{2.5}{K_\alpha}-1\right)+qv^2 \tag{2-32}$$

式中各符号意义同前。

（8）计算轴上压力 F_Q　带的张紧对安装带轮的轴和轴承来说，会影响其强度和寿命，因此必须确定作用在轴上的径向压力 F_Q。为了简化计算，通常不考虑松边、紧边的拉力差，近似按带两边的初拉力的合力来计算 F_Q。由图 2-2-10 可知

$$F_Q=2zF_0\sin\frac{\alpha_1}{2}$$

式中各符号的意义同前。

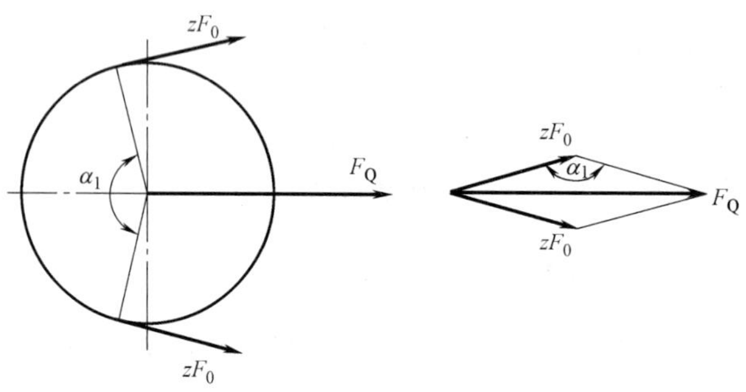

图 2-2-10　作用在带轮轴上的载荷

2.2.1.4　V 带轮材料和结构

带轮通常由 3 部分组成：轮缘（用以安装传动带）、轮毂（与轴联接）、轮辐或腹板（联接轮缘和轮毂）。对带轮的主要要求是：质量小且分布均匀；工艺性好；与带接触的工作表面要仔细加工，以减少带的磨损；转速高时要进行动平衡；铸造和焊接带轮的内应力要小。

带轮材料常采用灰铸铁、钢、铝合金或工程塑料，以灰铸铁应用最为广泛，如 HT150、HT200、HT250。当带速 $v\leqslant25$m/s 时，采用 HT150；$v>25\sim30$m/s 时，采用 HT200；转速较高时可用球墨铸铁或铸钢，也可用钢板冲压后焊接而成；小功率传动可采用铸铝或工程塑

料；批量大时，可用压铸铝合金或其他合金。

带轮的典型结构有 4 种，如图 2-2-11 所示。

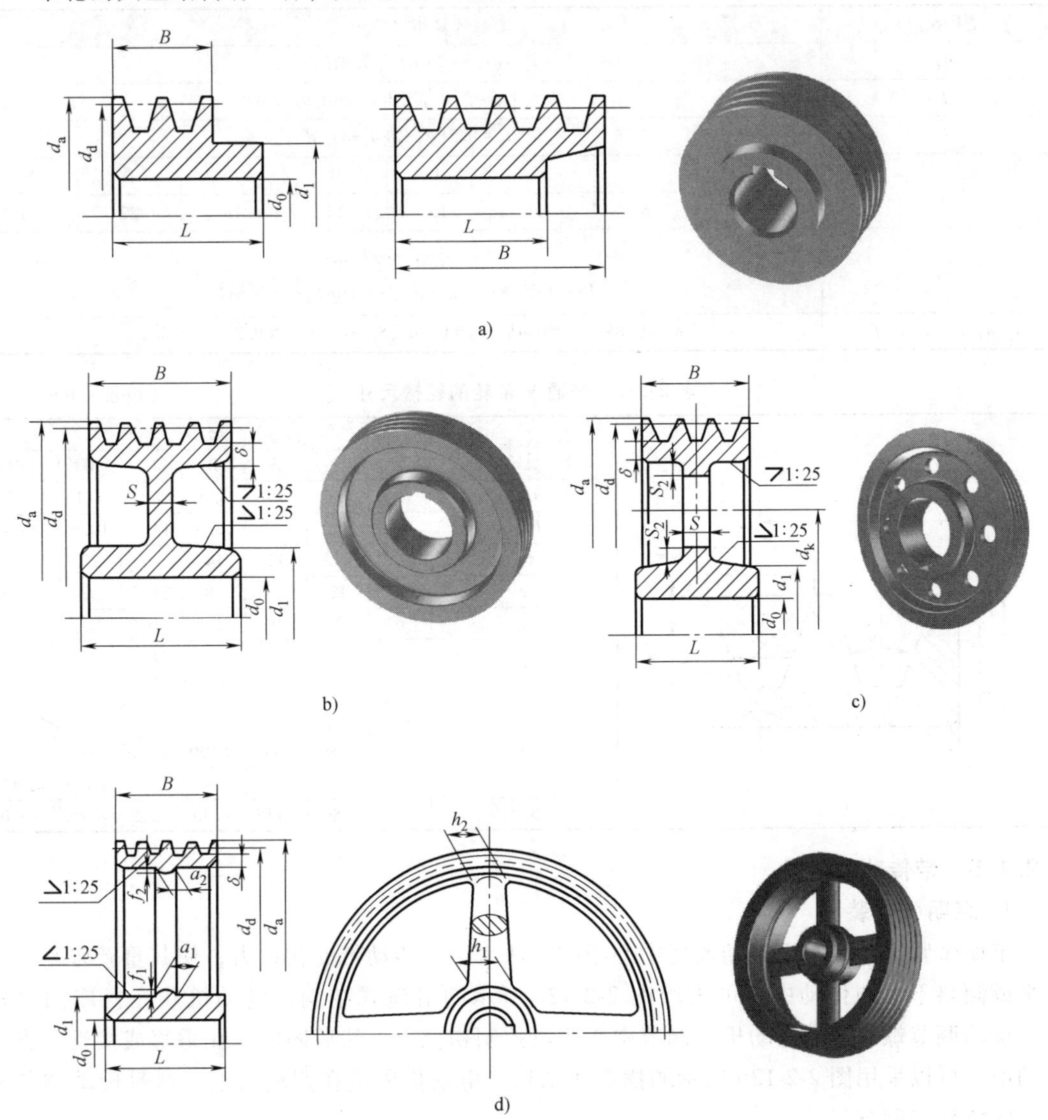

图 2-2-11 带轮的结构

a）实心轮 b）腹板轮 c）孔板轮 d）椭圆轮辐轮

1）实心轮用于尺寸较小的带轮：$d_d \leqslant (2.5\sim3)d_0$ 时（d_0 为带轮轴孔的直径）。

2）腹板轮用于中小尺寸的带轮：$d_d \leqslant 300$mm，且（$d_d - d_1$）$\leqslant 100$mm 时（d_1 为带轮轮毂的直径）。

3）孔板轮用于尺寸较大的带轮：$d_d \leqslant 300$mm，且（$d_d - d_1$）>100mm 时。

4）椭圆轮辐轮用于尺寸大的带轮：$d_d > 300$mm 时。

V 带轮的结构设计主要是根据直径大小选择结构形式，根据带型确定轮槽尺寸（表 2-2-9），其他结构尺寸可参考表 2-2-8 中经验公式或根据有关资料确定。

普通 V 带轮两侧面间的夹角是 40°，带在带轮上弯曲时，由于截面形状的变化使带的楔角变小。为使带轮槽角适应这种变化，国标规定普通 V 带轮槽角为 32°、34°、36°、38°。

表 2-2-8　V 带轮结构

结构尺寸	计算用经验公式							
d_1	$d_1=(1.8\sim2)d_0$（d_0为轴的直径）							
L	$L=(1.5\sim2)d_0$，当 $B<1.5\ d_0$时，$L=B$							
d_k	$d_k=0.5[d_d-2(h_f+\delta)+d_1]$							
S	带轮型号	Y	Z	A	B	C	D	E
	S_{min}	6	8	10	14	18	22	28
h_1	$h_1=290\sqrt[3]{P/(nm)}$ P—功率（kW）；n—转速（r/min）；m—轮辐数							
h_2、a_1、a_2、S_2、f_1、f_2	$h_2=0.8h_1$，$a_1=0.4h_1$，$a_2=0.8a_1$，$S_2\geqslant0.5S$，$f_1=0.2h_1$，$f_2=0.2h_2$							

表 2-2-9　普通 V 带轮的轮槽尺寸　（单位：mm）

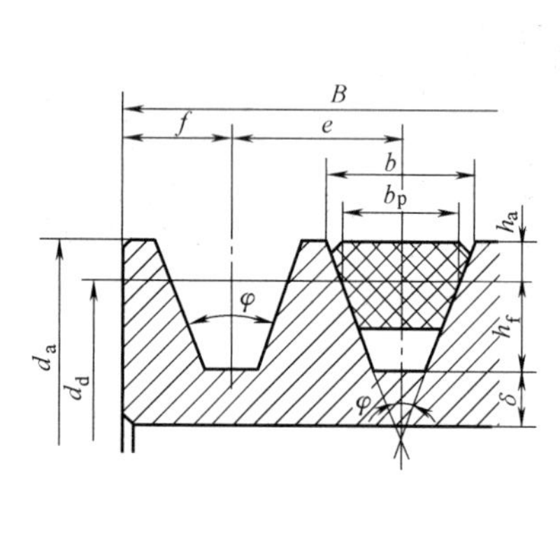

尺寸			槽型 Y	Z	A	B	C	D	E
h_{amin}			1.6	2.0	2.75	3.5	4.8	8.1	9.6
h_{fmin}			4.7	7.0	8.7	10.8	14.3	19.9	23.4
b_d			5.3	8.5	11	14	19	27	32
e			8	12	15	19	25.5	37	44.5
f_{min}			6	7	9	11.5	16	23	28
B			$B=(z-1)e+2f$ z 为带根数						
φ	32°	d_d	≤60	—	—	—	—	—	—
	34°		—	≤80	≤118	≤190	≤315	—	—
	36°		>60	—	—	—	—	≤475	≤600
	38°		—	>80	>118	>190	>315	>475	>600

2.2.1.5　带传动的张紧

1. 定期张紧装置

定期张紧装置是利用定期改变中心距的方法来调节传动带的初拉力，使其重新张紧。在水平或倾斜不大的传动中，可采用图 2-2-12a 所示的滑轨式结构。电动机装在机座的滑轨上，旋动调节螺钉推动电动机，调节中心距以控制初拉力，然后固定。在垂直或接近垂直的传动中，可以采用图 2-2-12b 所示的摆架式结构，电动机固定在摆动架上，通过旋动调节螺钉上的螺母来调节。

2. 自动张紧装置

图 2-2-12c 所示是一种能随外载荷变化而自动调节张紧力大小的装置。它将装有带轮的电动机放在摆动架上，当带轮传递转矩 T_1时，在机座上产生反力矩 T_R，使电动机轴 O 绕摆动架轴 O_1向外摆动。工作中传递的圆周力越大，反力矩 T_R越大；电动机轴向外摆动的角度越大，张紧力越大。

3. 张紧轮张紧装置

采用张紧轮进行张紧，一般用于中心距不可调的情况。因紧边需要的张紧力大，且张紧轮也容易跳动，通常张紧轮置于带的松边。图 2-2-12d 所示为用张紧轮进行张紧的机构，张紧轮压在松边的内侧，张紧轮应尽量靠近大带轮，以免小带轮上包角减小过多。图 2-2-12e 所示是张紧轮压在松边的外侧，它使带承受反向弯曲，会使寿命降低，这种装置常用于需要增大包角或空间受限制的传动中。

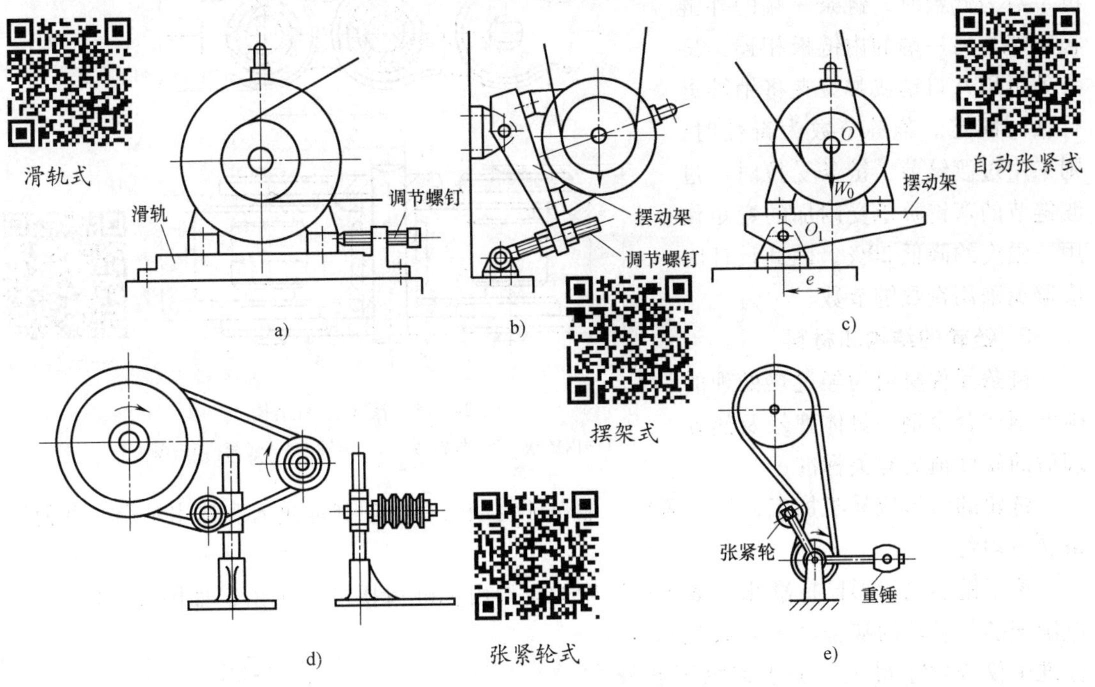

图 2-2-12 张紧装置

2.2.2 链传动——拓展知识

1. 链传动的工作原理

链传动是由装在平行轴上的主动链轮 1、从动链轮 2 和绕在链轮上的环形链条 3 组成，以链条作为中间挠性件，靠链条与链轮轮齿的啮合来传递运动和动力的传动方式。

按用途不同，链条可分为传动链、起重链和输送链。机械中传递运动和动力的传动链主要有滚子链（图 2-2-13）和齿形链（图 2-2-14）。其中，应用最广泛的是滚子链传动。齿形链运转较平稳，噪声小，但重量大，成本较高，一般用于高速传动，链速可达 40m/s。

图 2-2-13 滚子链传动

图 2-2-14 齿形链传动

2. 滚子链的结构

滚子链的结构如图 2-2-15 所示，它由内链板 1、外链板 2、销轴 3、套筒 4 和滚子 5 组成。工作时，套筒上的滚子沿链轮齿廓滚动，可以减轻链和链轮轮齿的磨损。链条相邻两滚子轴线的距离称为链节距，用 p 表示，它是链传动的主要参数。

滚子链使用时为封闭环形，当链节数为偶数时，链条一端的外链板正好与另一端的内链板相连，接头处可用开口销或弹簧夹将销轴进行轴向固定。若链节数为奇数时，则采用过渡链节，链条受拉时，过渡链节的弯链板承受附加的弯矩作用，强度约降低20%，因此设计时应避免采用奇数链节数。

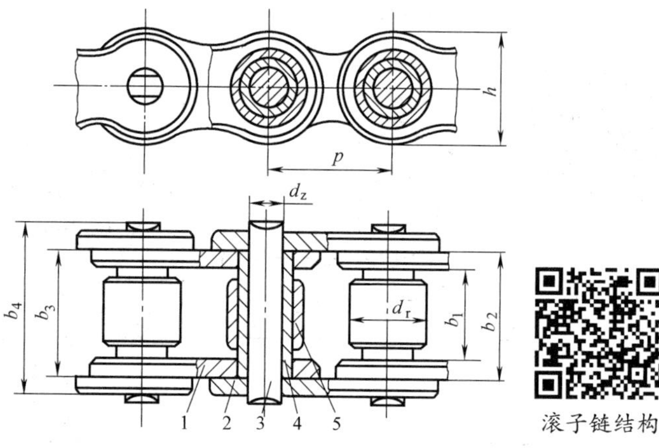

图 2-2-15　滚子链的结构

1—内链板　2—外链板　3—销轴　4—套筒　5—滚子

滚子链结构

3. 链轮的结构和材料

链条元件材料为经过热处理的碳素钢或合金钢，具体牌号及热处理后的硬度值见有关标准。

链轮的齿形应易于加工，不易脱链，能保证链条平稳、顺利地进入和退出啮合，并使链条受力均匀。

滚子链链轮齿形已标准化，滚子链链轮的齿形由标准齿槽形状定出，如图 2-2-16 所示。但滚子链与链轮的啮合属于非共轭啮合，标准中仅规定了最大、最小齿槽形状及其极限参数，凡在两个极限齿槽形状之间的标准齿形均可采用。齿槽各部分尺寸计算公式见表 2-2-10。这种齿形的链轮在工作时的啮合接触应力较小，具有较高的承载能力。链轮齿廓可用标准刀具加工。因此，按标准齿形设计链轮时，设计工作图上无须标出其端面齿形，只需注明链轮的基本参数、主要尺寸和齿形按 GB/T 1243—2006 中的规定即可。

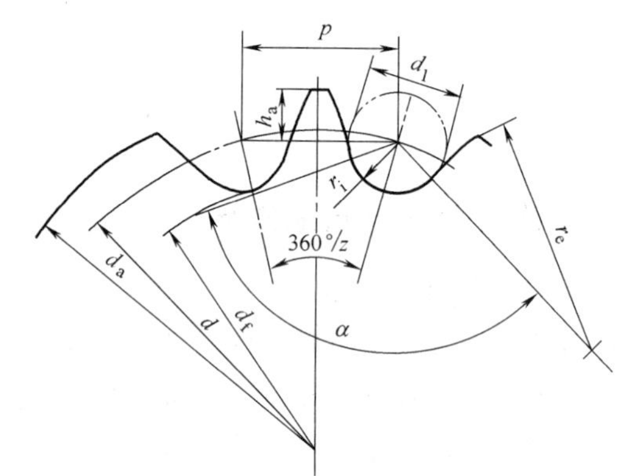

图 2-2-16　滚子链链轮端面标准齿形

表 2-2-10　滚子链链轮的齿槽尺寸计算公式

名　称	代号	计算公式	
		最大齿槽形状	最小齿槽形状
齿侧圆弧半径	r_e	$r_{emin}=0.008d_1(z^2+180)$	$r_{emax}=0.12d_1(z+2)$
齿沟圆弧半径（或滚子定位圆弧半径）	r_i	$r_{imin}=0.505d_1+0.069\sqrt[3]{d_1}$	$r_{imin}=0.505d_1$
齿沟角（或滚子定位角）	α/(°)	$\alpha_{min}=120°-90°/z$	$\alpha_{min}=140°-90°/z$

链轮材料应能保证轮齿具有足够的强度和耐磨性，故齿面多经热处理。由于小链轮的啮合次数较大链轮的多，磨损和冲击也较严重，因此小链轮的材料应较好，齿面硬度应较高。

链轮常用的材料有碳素钢（20、35、45），灰铸铁（HT200）和铸钢（ZG310-570），重要场合可采用合金钢（20Cr、40Cr、35SiMn 等）。

4. 链传动的运动特性

滚子链的结构特点是刚性链节通过销轴铰接而成，因此链传动相当于两多边形轮子间的带传动。链条节距 p 和链节数 z 分别为多边形的边长和边数。设 n_1、n_2 和 z_1、z_2 分别为主、从动链轮转速（r/min）和链轮齿数，则链的平均速度（m/s）为

$$v=\frac{z_1pn_1}{60\times1000}=\frac{z_2pn_2}{60\times1000} \tag{2-33}$$

故平均传动比为

$$i=\frac{n_1}{n_2}=\frac{z_2}{z_1} \tag{2-34}$$

虽然链传动的平均速度和平均传动比不变，但由于多边形效应，它们的瞬时速度和瞬时传动比都是周期性变化的。

瞬时链速和瞬时传动比的变化使链传动中产生附加动载荷，引起冲击振动，故链传动不适合高速传动。为减小动载荷和运动的不均匀性，链传动设计时应尽量选取较多的齿数 z_1 和较小的节距 p，并使链速在允许的范围内变化。

5. 链传动的特点和应用

链传动为具有中间挠性件的啮合传动，与带传动相比较，其主要特点是：

1）能获得准确的平均传动比，但瞬时传动比不恒定。在工况相同时，链传动结构更为紧凑，传动效率较高。

2）链传动所需张紧力小，故链条对轴的压力较小。

3）可在高温、油污、潮湿等恶劣环境情况下工作。

4）中心距较大（最大可达 8m）而结构简单，对制造与安装精度要求较低。

5）传动平稳性差，有噪声，磨损后易发生跳齿和脱链，急速反向转动的性能差。

链传动主要用于平均传动比要求准确，且两轴相距较远，工作条件恶劣，不宜采用带传动和齿轮传动的场合，如农业机械、建筑机械、石油机械、采矿、起重、运输、摩托车、自行车等。

[任务实施]

根据前面项目任务描述中的带式输送机传动装置（图 2-0-1）的设计要求，对其进行 V 带传动设计。

该传动设计的主要参数在任务 2.1（机械动力与传动系统设计）结束之后给出。（注：学生各小组的设计参数要用各自按表 2-0-1 给出的原始数据设计时的数据。）

带传动设计的原始数据包括：需要传递的名义功率 $P_e=15\text{kW}$，小带轮的转速 $n_1=1460\text{r/min}$，传动比 $i_{带}=1.8$，以及工作条件（见前面的项目任务描述）。

设计内容包括：选择带的型号，确定长度 L、根数 z、传动中心距 a、带轮基准直径及结构尺寸、材料等。

1. 普通 V 带的型号

查表 2-2-6 得 $K_A=1.2$

设计功率 $P_d=K_A P_e=1.2\times15\text{kW}=18\text{kW}$

由 $n_1=1460\text{r/min}$ 和 $P_d=18\text{kW}$，查图 2-2-9 选用 B 型普通 V 带。

2. 确定带轮基准直径 d_{d1}、d_{d2}

查表 2-2-7，普通 B 型 V 带带轮最小基准直径 $d_{dmin}=125\text{mm}$

取小带轮直径 $d_{d1}=140\text{mm}$

取带的滑动率 $\varepsilon=0.02$

则大带轮直径 $d_{d2}=i_1 d_{d1}(1-\varepsilon)=1.8\times140\text{mm}\times(1-0.02)=246.96\text{mm}$

由表 2-2-7 选取大带轮基准直径标准值 $d_{d2}=250\text{mm}$

普通 V 带传动的实际传动比 $i_1=\dfrac{d_{d2}}{d_{d1}}=\dfrac{250}{140}=1.786$

3. 验算带速 v

$$v=\frac{\pi d_{d1}n_1}{60\times1000}=\frac{\pi\times140\times1460}{60\times1000}\text{m/s}=10.69\text{m/s}$$

v 在 5~25m/s 范围内，合格。

4. 确定带的长度 L_d 和中心距 a

（1）初定中心距 a_0　按照式（2-26）有

即

$$0.7\times(140+250)\text{mm}<a_0<2\times(140+250)\text{mm}$$

$$273\text{mm}<a_0<780\text{mm}$$

初取 $a_0=500\text{mm}$

（2）计算所需带长 L_0　根据式（2-27）计算有

$$L_0\approx2a_0+\frac{\pi}{2}(d_{d1}+d_{d2})+\frac{(d_{d2}-d_{d1})^2}{4a_0}$$

$$=2\times500\text{mm}+\frac{\pi}{2}\times(140+250)\text{mm}+\frac{(250-140)^2}{4\times500}\text{mm}=1618.35\text{mm}$$

查表 2-2-2，选取普通 B 型 V 带的标准基准长度 $L_d=1560\text{mm}$。

（3）确定中心距

$$a=a_0+\frac{L_d-L_0}{2}=500\text{mm}+\frac{1560\text{mm}-1618.35\text{mm}}{2}=471\text{mm}$$

安装中心距

$$a_{min}=a-0.015L_d=471\text{mm}-0.015\times1560\text{mm}=447.6\text{mm}$$

$$a_{max}=a+0.03L_d=471\text{mm}+0.03\times1560\text{mm}=517.8\text{mm}$$

5. 验算小带轮的包角 α_1

$$\alpha_1\approx180°-\frac{d_{d2}-d_{d1}}{a}\times57.3°=180°-\frac{250-140}{471}\times57.3°=166.6°>120°$$

6. 确定普通 B 型带的根数 z

查表 2-2-3，用插入法算得　$P_1=2.83\text{kW}$；　$\Delta P_1=0.4\text{kW}$

查表 2-2-2　$K_L=0.92$

查表 2-2-5，用插入法算得　$K_\alpha=0.963$

计算单根 V 带所能传递的功率为

$$[P]=(P_1+\Delta P_1)K_\alpha K_L=(2.83+0.4)\text{kW}\times0.963\times0.92=2.862\text{kW}$$

计算带的根数为

$$z=\frac{P_d}{[P]}=\frac{18}{2.862}=6.29$$

故需V带根数为$z=6$。

7. 计算带传动作用在轴上的力 F_Q

（1）计算单根普通型带的初拉力 F_0　查表2-2-1得，$q=0.17\text{kg/m}$，则

$$F_0=500\frac{P_d}{vz}\left(\frac{2.5}{K_\alpha}-1\right)+qv^2$$

$$=500\times\frac{18}{10.69\times6}\times\left(\frac{2.5}{0.963}-1\right)\text{N}+0.17\times10.69^2\text{N}=243.38\text{N}$$

（2）计算带传动作用在轴上的力 F_Q

$$F_Q=2zF_0\sin\frac{a}{2}=2\times6\times243.38\text{N}\times\sin\frac{166.6°}{2}=2900.4\text{N}$$

8. 带轮结构设计

小带轮 $d_{d1}=140\text{mm}$，孔径为 $d_0=42\text{mm}$（与电动机伸出端配合），则有（2.5～3）$d_0<d_{d1}<300\text{mm}$，故采用腹板式结构；键槽为A型，查表2-5-1得，$b\times h\times t_2=12\text{mm}\times8\text{mm}\times3.3\text{mm}$；查表2-2-9，根据B型V带 $d_{d1}\leqslant190\text{mm}$，得轮槽角 $\varphi=34°$。

大带轮 $d_{d2}=250\text{mm}$，孔径由高速轴设计时确定（$d_0=35\text{mm}$）；因 $d_{d2}\leqslant300\text{mm}$，且 $d_{d2}-d_1>100\text{mm}$，故采用四孔板式带轮，辐板厚度 $S=14\text{mm}$，键槽为A型，查表2-5-1得，$b\times h\times t_2=10\text{mm}\times8\text{mm}\times3.3\text{mm}$；查表2-2-9，根据B型V带 $d_{d2}>190$，得轮槽角 $\varphi=38°$。

查表2-2-9，两带轮轮槽的基准宽度 $b_d=14\text{mm}$；基准线上槽深 $h_{amin}=3.5\text{mm}$；基准线下槽深 $h_{fmin}=10.8\text{mm}$；槽间距 $e=19\text{mm}$；槽边距 $f_{min}=11.5\text{mm}$；轮缘厚 $\delta_{min}=7.5\text{mm}$。

带轮宽度为 $B=(z-1)e+2f=(6-1)\times19\text{mm}+2\times11.5\text{mm}=118\text{mm}$。

带轮材料选用HT150。

其余尺寸及两带轮结构草图略。

［自我评估］

1. 已知单根普通V带能传递的最大功率 $P=6\text{kW}$，主动带轮基准直径 $d_{d1}=100\text{mm}$，转速为 $n_1=1460\text{r/min}$，主动带轮上的包角 $\alpha_1=150°$，带与带轮之间的当量摩擦系数 $f_v=0.51$。试求带的紧边拉力 F_1、松边拉力 F_2、预紧力 F_0 及最大有效圆周力 F_{max}（不考虑离心力）。

2. 设计一减速机用普通V带传动。动力机为Y系列三相异步电动机，功率 $P=7\text{kW}$，转速 $n_1=1420\text{r/min}$，减速机工作平稳，转速 $n_2=700\text{r/min}$，每天工作8h，中心距大约为600mm。已知工况系数 $K_A=1.0$，选用A型V带，取主动轮基准直径 $d_1=100\text{mm}$，单根A型V带的基本额定功率 $P_1=1.30\text{kW}$，功率增量 $\Delta P_1=0.17\text{kW}$，包角修正系数 $K_\alpha=0.98$，带长修正系数 $K_L=1.01$，带的单位长度质量 $q=0.1\text{kg/m}$。

3. 已知V带传递的实际功率 $P=7\text{kW}$，带速 $v=10\text{m/s}$，紧边拉力是松边拉力的2倍。试求圆周力 F 和紧边拉力 F_1 的值。

4. V带传动所传递的功率 $P=7.5\text{kW}$，带速 $v=10\text{m/s}$，现测得初拉力 $F_0=1125\text{N}$。试求紧边拉力 F_1 和松边拉力 F_2。

5. 单根带传递最大功率 $P=4.7\text{kW}$，小带轮 $d_1=200\text{mm}$，$n_1=180\text{r/min}$，$\alpha_1=135°$，$f_v=0.25$。试求紧边拉力 F_1 和有效拉力 F_e。（带与轮间的摩擦力已达到最大摩擦力。）

6. 由双速电动机与 V 带传动组成传动装置。靠改变电动机转速输出轴可以得到两种转速 300r/min 和 600r/min。若输出轴功率不变，带传动应按哪种转速设计，为什么？

7. 链传动的主要特点是什么？链传动适用于什么场合？

任务 2.3　齿轮传动系统设计

任务目标	1. 掌握齿轮传动的主要参数和基本尺寸计算，熟悉齿轮的国家标准。 2. 能够根据齿轮传动的特点、类型选用齿轮，正确进行齿轮传动的受力分析，在实际中做到综合应用。 3. 理解齿轮传动常见的失效形式及其对应的设计准则，掌握齿轮传动的设计计算方法和齿轮参数的选取；能够按齿面接触疲劳强度、齿根弯曲疲劳强度对齿轮进行设计计算。 4. 了解蜗杆传动与轮系的特点及应用。 5. 培养学生认真学习、严谨工作的态度，提高沟通能力与团队协作精神。
工作任务内容	对项目任务描述中的带式输送机所用的减速器进行齿轮传动设计。 1. 由于斜齿圆柱齿轮的传动平稳性和承载能力都优于直齿圆柱齿轮传动，一般选择斜齿圆柱齿轮减速器传动，无特殊要求，选择软齿面。 2. 由任务 2.1 确定传递功率和齿轮传动比，但由于任务 2.2 带传动传动比的变动，所以需要根据任务 2.1 和任务 2.2 的分析和计算结果，重新修正齿轮的传动比和转速，由任务 2.1 确定传递的功率。 3. 工作条件见项目任务描述。 4. 设计齿轮传动的主要内容包括：选择各齿轮材料和热处理方法、精度等级；确定其主要参数及几何尺寸计算；受力分析；确定齿轮的结构及尺寸。
任务要求与基本工作思路	1. 明确工作任务：带式输送机减速器用的齿轮传动设计。各小组认真制定完成任务的方案，包括完成任务的方法、进度，以及学生的具体分工情况等。 2. 获取相关知识：掌握完成本项工作任务所需要的理论知识，如齿轮传动的特点和传动零件的结构、齿轮传动的受力分析、齿轮传动的设计准则、齿轮传动的设计计算、齿轮的结构及尺寸的确定。 3. 确定设计准则：根据给出的齿轮实际工作情况，分析齿轮失效形式，确定齿轮传动的设计准则。 4. 设计计算：按照确定的设计准则进行齿轮的设计与强度校核计算。 5. 确定齿轮的圆周速度、传动精度及润滑方式。 6. 确定齿轮的结构及尺寸，并绘制齿轮工作图。 7. 检查校核：检查校核设计计算与齿轮工作图是否正确。 8. 编制设计说明书，并以表格的形式展示设计结果（低速级和高速级齿轮参数及几何尺寸）。 9. 各小组展示工作成果，阐述任务完成情况，师生共同分析、评价。

成果评定(60%)		学习过程评价(30%)		团队合作评价(10%)	

[相关知识链接]

齿轮传动是用来传递空间两轴之间运动和动力的，它是机械传动中最主要的一种传动形式，应用非常广泛。迄今，在齿轮的设计、制造、检测手段等方面均有了系统的理论和实践经验。齿轮传动正趋于高速、低噪声、高强度和小型化方向发展。

2.3.1　齿轮传动设计

2.3.1.1　齿轮传动与渐开线

1. 齿轮传动的特点、类型及基本要求

与其他传动相比，齿轮传动能实现任意位置的两轴传动，具有工作可靠、使用寿命长、传动比恒定、效率高（98%~99%）、结构紧凑、速度和功率的适用范围广（最大功率可达数万千瓦，圆周速度可达 200～300m/s，转速可达 20000r/min）等优点。其主要缺点是制造和安装精度要求较高，加工齿轮需要用专用机床和设备，成本较高。

根据所传递运动两轴线的相对位置、运动形式及齿轮的几何形状，齿轮机构可分为若干种基本类型，如图 2-3-1 所示。

- 齿轮传动
  - 回转运动→回转运动
    - 平行轴
      - 外啮合圆柱齿轮传动：直齿（图 2-3-1a）、斜齿（图 2-3-1b）、人字齿（图 2-3-1c）
      - 内啮合圆柱齿轮传动（图 2-3-1d）
    - 相交轴——锥齿轮传动：直齿（图 2-3-1e）、斜齿（图 2-3-1f）
    - 空间交错轴：螺旋齿轮传动（图 2-3-1g）、蜗杆传动（图 2-3-1h）
  - 回转运动→直线运动——齿轮齿条传动（图 2-3-1i）

其中最基本的形式是传递平行轴间运动的圆柱直齿齿轮机构和圆柱斜齿齿轮机构。

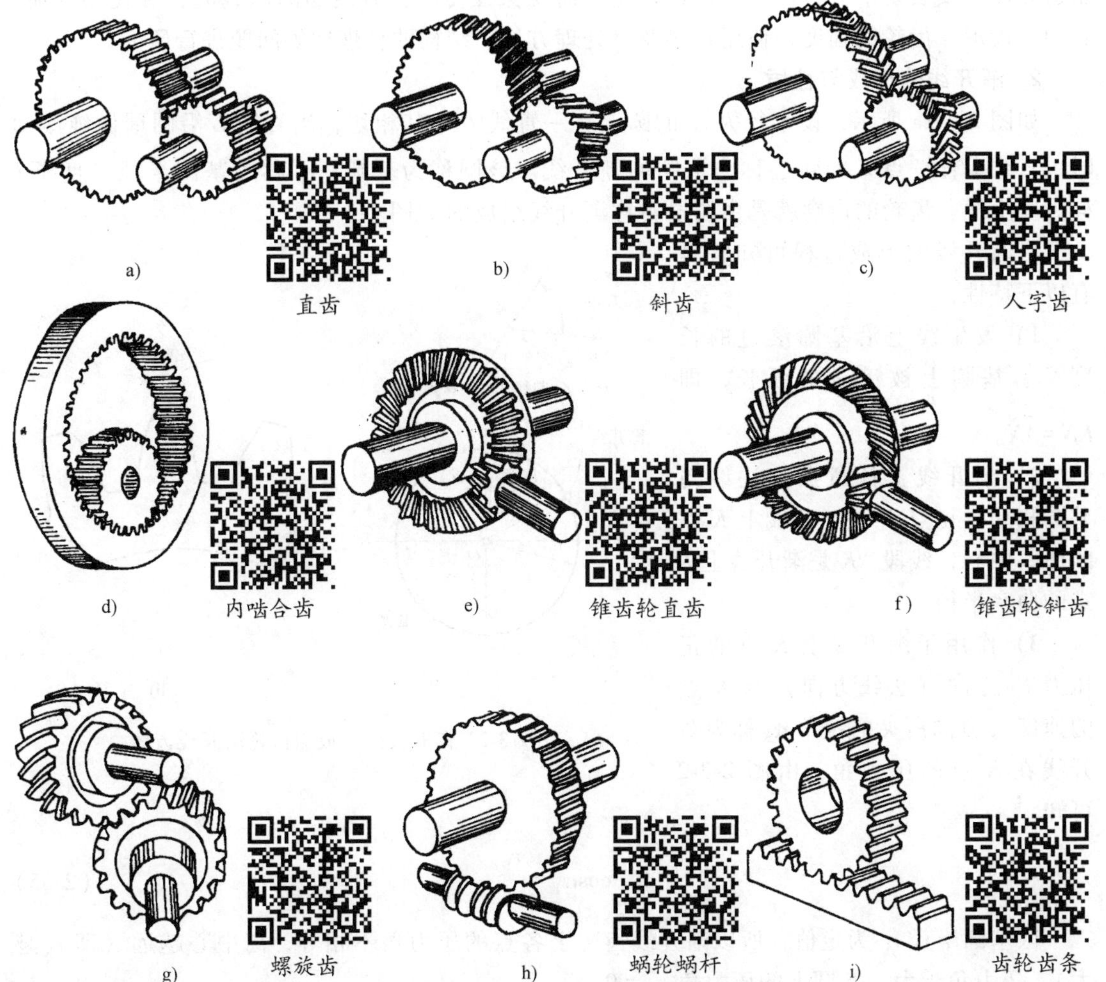

图 2-3-1 齿轮机构的基本类型

按照齿轮传动的工作条件，齿轮传动可分为闭式齿轮传动和开式齿轮传动。闭式齿轮传动中的齿轮封闭在具有足够刚度和良好润滑条件的箱体内，一般用于速度较高或重要的齿轮传动中；开式齿轮传动中的齿轮暴露在外面，不能保持良好的润滑，齿面容易磨损，因此，一般用于低速或不重要的齿轮传动中。

按照齿轮圆周速度，齿轮传动可分为：极低速齿轮传动，圆周速度 $v<0.5\text{m/s}$；低速齿轮传动，圆周速度 $v=0.5\sim3\text{m/s}$；中速齿轮传动，圆周速度 $v=3\sim15\text{m/s}$；高速齿轮传动，圆周速度 $v>15\text{m/s}$。

齿轮传动的基本要求是：

1）传动正确、平稳。齿轮在传动过程中，要求瞬时传动比（即两轮角速度之比）恒定，以减小惯性力造成的冲击、振动和噪声，得到平稳传动。

2）承载能力强，要求齿轮尺寸小，重量轻，能传递较大的动力，有较长的使用寿命。研究表明，传动能否正确、平稳，主要与齿轮的齿廓形状有关。能作为齿轮齿廓的曲线很多，有渐开线齿廓、摆线齿廓和圆弧齿廓等。其中，渐开线齿廓能满足瞬时传动比恒定，且制造方便，安装要求低，所以应用最普遍；而要保证传动具有足够的承载能力和使用寿命，必须对齿形、齿轮的强度、使用材料及热处理方法、结构的合理性等问题进行研究。

2. 渐开线的形成与性质

如图 2-3-2a 所示，设半径为 r_b 的圆上有一直线 L 与其相切，当直线 L 沿圆周做纯滚动时，直线上任一点 K 的轨迹称为该圆的渐开线。该圆称为基圆，r_b 称为基圆半径，直线 L 称为发生线。齿轮的齿廓就是由两段对称渐开线组成的（图 2-3-2b）。

由渐开线的形成过程可知它具有以下特性：

1）发生线上沿基圆滚过的长度等于基圆上被滚过的弧长，即 $KN=\widehat{AN}$。

2）渐开线上任意点的法线与基圆相切。切点 N 是渐开线上 K 点的曲率中心，线段 NK 是渐开线上 K 点的曲率半径。

3）作用于渐开线上 K 点的正压力 F_N 方向（法线方向）与 K 点的速度 v_K 方向所夹的锐角 α_K 称为渐开线在 K 点的压力角，由图 2-3-2 可知

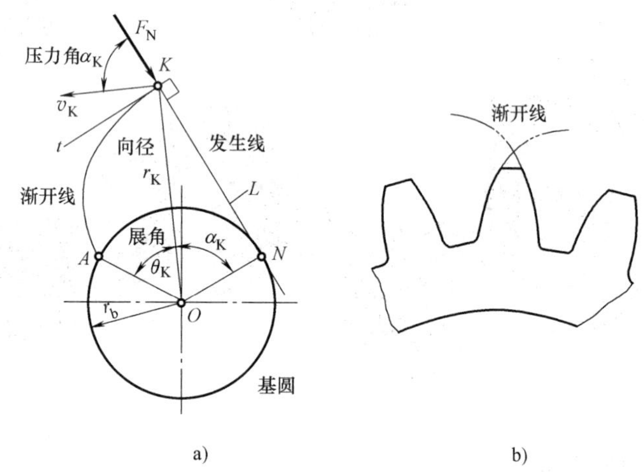

图 2-3-2　渐开线的形成与齿轮渐开线齿廓

$$\cos\alpha_K=\frac{r_b}{r_K} \tag{2-35}$$

因基圆半径 r_b 为定值，所以渐开线齿廓上各点的压力角不相等，离中心越远（即 r_K 越大），压力角越大，基圆上的压力角 $\alpha_b=0$。

4）渐开线的弯曲程度取决于基圆的大小（图 2-3-3）。基圆越大，渐开线越平直，当基

圆半径趋于无穷大时，渐开线变成直线。齿条的齿廓就是这种直线齿廓。

5）基圆内无渐开线。

3. 渐开线齿廓的啮合特性

（1）定传动比传动　如图 2-3-4 所示，设两渐开线齿廓某一瞬时在 K 点接触，主动轮 1 以角速度 ω_1 沿顺时针方向转动并推动从动轮 2 以角速度 ω_2 沿逆时针方向转动，两轮齿廓上 K 点的速度分别为：$v_{K1}=\omega_1 O_1K$ 和 $v_{K2}=\omega_2 O_2K$。过 K 点作两齿廓的公法线 nn，与两基圆分别切于 N_1、N_2。由图 2-3-4 可知，两基圆半径分别为 $r_{b1}=O_1N_1=O_1K\cos\alpha_{K1}$，$r_{b2}=O_2N_2=O_2K\cos\alpha_{K2}$。为使两轮连续且平稳地工作，$v_{K1}$ 和 v_{K2} 在公法线 nn 上的速度分量应相等，否则两齿廓将互相压入或分离，因而

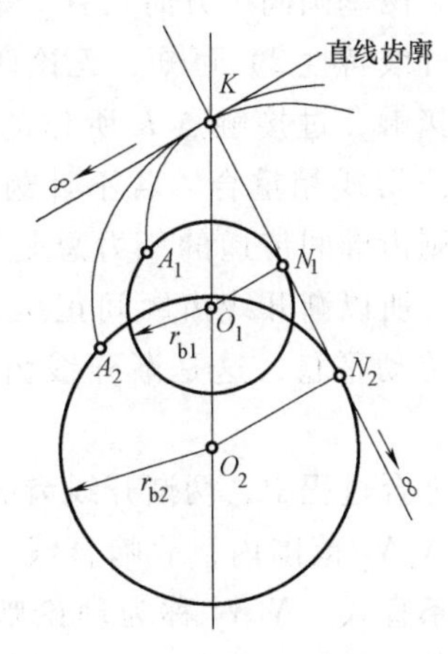

图 2-3-3　不同基圆所得到的渐开线

$$v_{K1}\cos\alpha_{K1}=v_{K2}\cos\alpha_{K2}$$

即
$$\omega_1 O_1K\cos\alpha_{K1}=\omega_2 O_2K\cos\alpha_{K2}$$

故齿轮传动的瞬时转动比为

$$i=\frac{\omega_1}{\omega_2}=\frac{O_2K\cos\alpha_{K2}}{O_1K\cos\alpha_{K1}}=\frac{r_{b2}}{r_{b1}} \tag{2-36}$$

由于渐开线齿轮的两基圆半径 r_{b1}、r_{b2} 不变，所以渐开线齿廓在任意点接触（如图 2-3-4 中的 K_1 位置），两齿轮的瞬时传动比恒定，且与基圆半径成反比，因此满足齿轮传动的第一个基本要求。

在图 2-3-4 中，公法线 nn 与两齿轮的连心线 O_1O_2 的交点 P 称为节点，分别以 O_1、O_2 为圆心，O_1P、O_2P 为半径所作的两个相切的圆称为节圆。节圆半径分别用 r'_1、r'_2 表示。因为 $\triangle O_1N_1P\sim\triangle O_2N_2P$，所以有

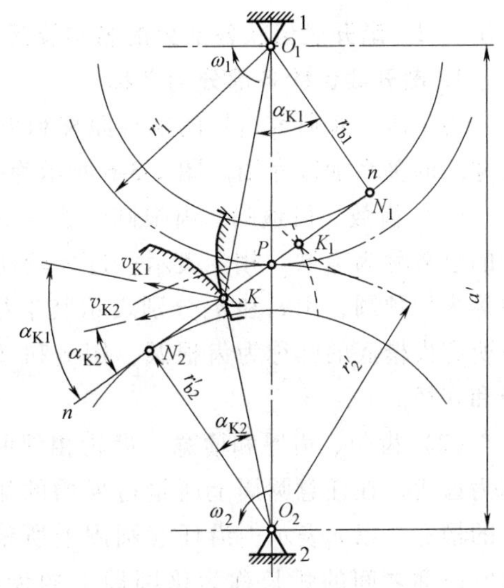

图 2-3-4　渐开线齿廓的瞬时传动比恒定

$$i=\frac{\omega_1}{\omega_2}=\frac{r_{b2}}{r_{b1}}=\frac{O_2N_2}{O_1N_1}=\frac{r'_2}{r'_1} \tag{2-37}$$

即瞬时传动比与节圆半径也成反比。显然，两节圆的圆周速度相等，因此在齿轮传动中，两个节圆做纯滚动。

（2）中心距可分性　两轮中心 O_1、O_2 的距离称为中心距，用 a' 表示，由图 2-3-4 有

$$a'=r'_2+r'_1 \tag{2-38}$$

由于制造、安装和轴承磨损等原因会造成齿轮中心距的微小变化，节圆半径也随之改变。但由式（2-37）可知，因两轮基圆半径不变，所以传动比仍保持不变。这种中心距稍有变化并不改变传动比的性质，称为中心距可分性。这一性质为齿轮的制造和安装等带来方便。中心距可分性是渐开线齿轮传动的一个重要优点。

（3）渐开线齿廓间正压力方向恒定不变　如图 2-3-5 所示，一对渐开线齿轮制造、安装

完毕，两基圆同一方向只有一条内公切线 N_1N_2，由渐开线特性2）可知，无论两渐开线齿廓在何位置接触，过接触点 K 所作的公法线均与两基圆内公切线相重合。若不计齿廓间摩擦力的影响，则齿廓间传递的压力总是沿着公法线 N_1N_2 方向。所以渐开线齿廓间正压力方向恒定不变，它使传动平稳，这是渐开线齿轮传动的又一个优点。

啮合过程中，两渐开线齿廓的接触点都在公法线 N_1N_2 范围内，故啮合线（啮合点的轨迹）为一条直线，N_1N_2 称为理论啮合线。过节点 P 作两节圆的公切线 tt，它与啮合线 N_1N_2 所夹的锐角 α' 称为啮合角，在数值上等于渐开线在节圆上的压力角。

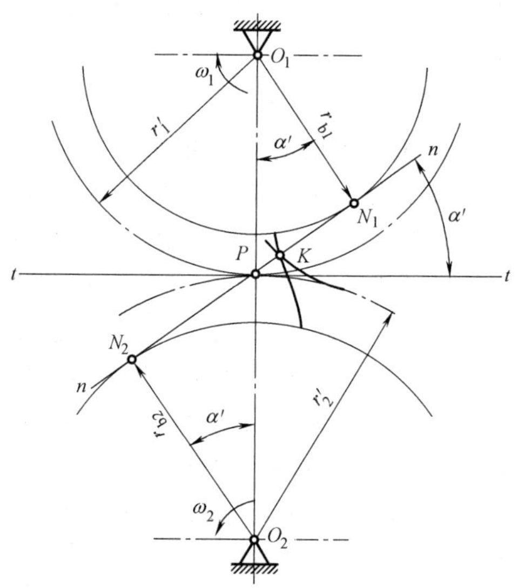

图 2-3-5　渐开线齿廓传力方向不变

2.3.1.2　渐开线齿轮各部分的名称及尺寸

1. 渐开线齿轮各部分的名称

为了进一步研究齿轮的啮合原理和齿轮设计问题，必须将齿轮各部分的名称、符号及其尺寸间的关系加以介绍。图 2-3-6 所示为一标准直齿圆柱齿轮的一部分。

（1）齿数、齿顶圆、齿根圆　在齿轮整个圆周上轮齿的总数称为齿数，用 z 表示；过齿轮所有轮齿顶端的圆称为齿顶圆，用 r_a 和 d_a 分别表示其半径和直径；过齿轮所有齿槽底的圆称为齿根圆，用 r_f 和 d_f 分别表示其半径和直径。

（2）齿距、齿厚和槽宽　齿轮相邻两齿之间的空间称为齿槽，在任意圆周上所量得齿槽的弧长称为该圆周上的槽宽，以 e_i 表示；沿任意圆周上所量得的同一轮齿两侧齿廓之间的弧长称为该圆周上的齿厚，以 s_i 表示；沿任意圆周上所量得相邻两齿同侧齿廓之间的弧长称为该圆周上的齿距，以 p_i 表示。由图 2-3-6 可知，在同一圆周上的齿距等于齿厚与槽宽之和，即

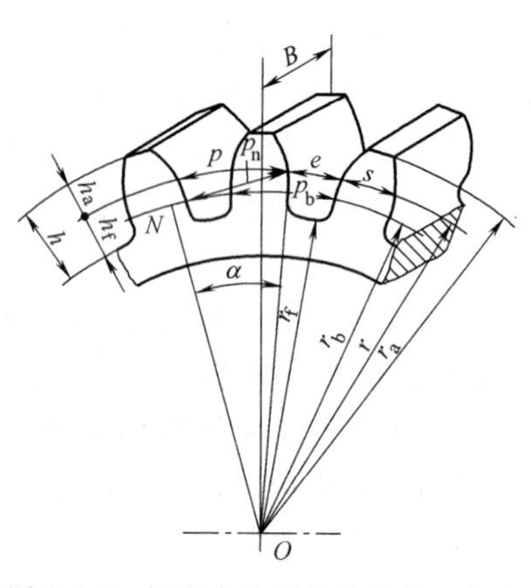

图 2-3-6　标准直齿圆柱齿轮的一部分

$$p_i = s_i + e_i$$

（3）分度圆、模数和压力角　为了设计制造方便，人为地取定一个圆，使该圆上的模数为标准值（一般是一些简单的有理数），且使该圆上的压力角也为标准值，这个圆称为分度圆。分度圆上的所有参数均不带下标。分度圆在齿顶圆和齿根圆之间，作为计算齿轮各部分尺寸的基准。在分度圆上的齿厚、槽宽和齿距即为通常所称的齿厚、槽宽和齿距，并分别用 s、e 和 p 表示。而且 $p=s+e$，对于标准齿轮有 $s=e$。

分度圆的大小是由齿距和齿数所决定的，因分度圆的周长 $=\pi d=zp$，于是得

$$d=\frac{p}{\pi}z$$

式中的 π 是无理数，给齿轮的计量和制造带来麻烦，为了便于确定齿轮的几何尺寸，人们有意识地把 p 与 π 的比值制定为一个简单的有理数列，并把这个比值称为模数，以 m 表示。即

$$m=\frac{p}{\pi} \tag{2-39}$$

于是得

$$d=mz \tag{2-40}$$

即

$$m=\frac{d}{z} \tag{2-41}$$

模数 m 是齿轮尺寸计算中重要的基本参数，可理解为每一个齿轮在分度圆直径上占有的长度，其单位为mm。显然，模数越大，则齿轮的尺寸和轮齿承受载荷的能力也越大。齿轮的模数在我国已经标准化，表 2-3-1 为我国国家标准中的标准模数系列。

表 2-3-1　标准模数系列

第一系列	1　1.25　1.5　2　2.5　3　4　5　6　8　10　12　16　20　25　32　40　50
第二系列	1.125　1.375　1.75　2.25　2.75　3.5　4.5　5.5　(6.5)　7　9　11　14　18　22　28　36　45

注：1. 本表适用于渐开线圆柱齿轮，对斜齿轮是指法向模数。
　　2. 选用模数时，应优先采用第一系列，其次是第二系列，括号内的模数尽可能不用。

同一渐开线齿廓上各点的压力角是不同的，向径 r_K 越大，即离轮心越远处，其压力角越大，反之越小，基圆上渐开线齿廓点的压力角等于零。通常所说的齿轮压力角是指分度圆上的压力角，以 α 表示，并规定为标准值，我国取 $\alpha=20°$（此外，在某些场合也采用 14.5°、15°、22.5°及 25°）。

至此，可以给分度圆一个完整的定义：分度圆是设计齿轮时给定的一个圆，该圆上的模数 m 和压力角 α 均为标准值。

（4）齿顶高、齿根高和全齿高　如图 2-3-6 所示，轮齿被分度圆分为两部分，轮齿在分度圆和齿顶圆之间的部分称为齿顶，其径向高度称为齿顶高，以 h_a 表示。介于分度圆和齿根圆之间的部分称为齿根，其径向高度称为齿根高，以 h_f 表示，轮齿在齿顶圆和齿根圆之间的径向高度称为全齿高，以 h 表示。标准齿轮的尺寸与模数 m 成正比。

齿顶高　$h_a=h_a^* m$

齿根高　$h_f=(h_a^*+c^*)m$

全齿高　$h=(2h_a^*+c^*)m$

由以上各式还可以得到

齿顶圆直径　$d_a=d+2h_a=(z+2h_a^*)m$

齿根圆直径　$d_f=d-2h_f=(z-2h_a^*-2c^*)m$

h_a^* 称为齿顶高系数，c^* 称为顶隙系数。这两个系数我国已规定了标准值。对于正常齿：$h_a^*=1$，$c^*=0.25$；对于短齿：$h_a^*=0.8$，$c^*=0.3$。

顶隙 $c=c^* m$，它是指一对齿轮啮合时，一个齿轮的齿顶圆到另一个齿轮的齿根圆之间的径向距离。在齿轮传动中，为避免齿轮的齿顶端与另一齿轮的齿槽底相接触，留有顶隙以利于贮存润滑油，便于润滑，并补偿在制造和安装中造成的齿轮中心距的误差以及齿轮变形等。

2. 标准渐开线直齿圆柱齿轮基本参数和几何尺寸计算

（1）基本参数　标准齿轮是指模数 m、压力角 α、齿顶高系数 h_a^* 和顶隙系数 c^* 均为标准值，且其齿厚等于槽宽的齿轮。因此，对于标准齿轮，有

$$s=e=\frac{p}{2}=\frac{\pi m}{2} \tag{2-42}$$

标准渐开线直齿圆柱齿轮有五个基本参数：齿数 z（为正整数），模数 m（为标准值），压力角 α，齿顶高系数 h_a^* 和顶隙系数 c^*。

（2）基圆半径与基圆齿距　当标准齿轮的基本参数（模数、齿数和压力角）确定以后（图 2-3-7），在△OPN 中确定基圆半径 r_b 为

$$r_b=r\cos\alpha=\frac{1}{2}mz\cos\alpha$$

故基圆齿距为
$$p_b=\frac{2\pi r_b}{z}=\pi m\cos\alpha=p\cos\alpha$$

根据齿距定义，该数值对应图中$\overset{\frown}{A_1A_2}$弧长。同侧相邻渐开线齿廓 G_1、G_2 与公法线的交点分别为 K_1、K_2，由渐开线性质（$NK=\overset{\frown}{NA}$）可知

$$NK_1=\overset{\frown}{NA_1},\quad NK_2=\overset{\frown}{NA_2}$$

故
$$K_1K_2=\overset{\frown}{A_1A_2}=p_b$$

K_1K_2 称为同侧相邻齿廓的法向齿距（用 p_n 表示），显然，渐开线齿轮的法向齿距等于其基圆齿距。

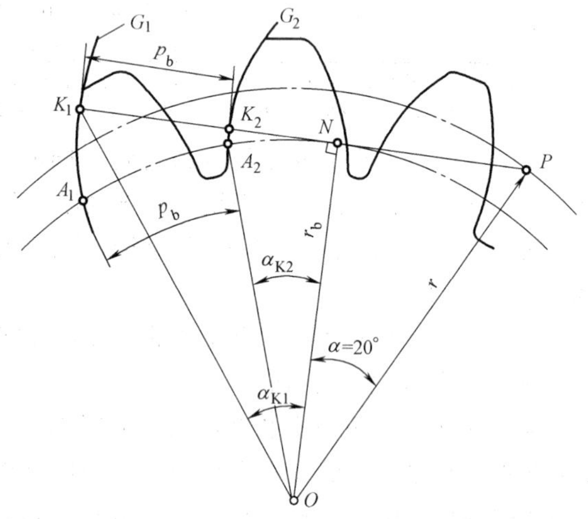

图 2-3-7　基圆齿距

（3）几何尺寸计算　现将外啮合标准渐开线直齿圆柱齿轮几何尺寸的计算公式列于表 2-3-2。

表 2-3-2　外啮合标准渐开线直齿圆柱齿轮几何尺寸的计算公式

序号	名　称	符号	计 算 公 式
1	模数	m	强度计算后获得，用标准值
2	压力角	α	选用标准值
3	齿顶高	h_a	$h_a=h_a^*m$
4	齿根高	h_f	$h_f=h_a+c=(h_a^*+c^*)m$
5	全齿高	h	$h=h_a+h_f=(2h_a^*+c^*)m$
6	顶隙	c	$c=c^*m$
7	分度圆直径	d	$d=mz$
8	齿顶圆直径	d_a	$d_a=d+2h_a=m(z+2h_a^*)$
9	齿根圆直径	d_f	$d_f=d-2h_f=m(z-2h_a^*-2c^*)$
10	基圆直径	d_b	$d_b=d\cos\alpha=mz\cos\alpha$
11	齿距	p	$p=m\pi$
12	基圆齿距	p_b	$p_b=p\cos\alpha$

（续）

序号	名　称	符号	计算公式
13	齿厚	s	$s=\frac{1}{2}\pi m$
14	槽宽	e	$e=\frac{1}{2}\pi m$
15	标准中心距	a	$a=\frac{1}{2}(d_1+d_2)=\frac{1}{2}m(z_1+z_2)$

3. 内齿轮

图 2-3-8 所示为直齿内齿轮的部分轮齿，与外齿轮相比，它有如下特点：

1）内齿轮的直径大小关系为：$d_f>d>d_a>d_b$。

2）内齿轮的齿廓是内凹的，它的齿厚和槽宽分别等于与其啮合的外齿轮的槽宽和齿厚。

3）内齿轮的几何尺寸计算公式为

$$d_a=(z-2h_a^*)m$$

$$d_f=(z+2h_a^*+2c^*)m$$

$$a=\frac{d_2-d_1}{2}=\frac{m(z_2-z_1)}{2}$$

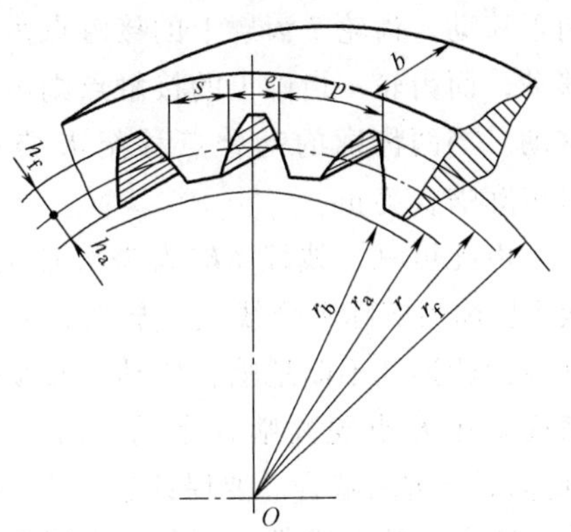

图 2-3-8　直齿内齿轮的部分轮齿

2.3.1.3　渐开线直齿圆柱齿轮的啮合

1. 正确啮合条件

一对渐开线齿轮正确啮合时，齿廓的啮合点必定在啮合线上，并且各对轮齿都可能同时啮合，其相邻两齿同向齿廓在啮合线上的长度（法向齿距 p_n）必须相等，否则，就会出现两轮齿廓分离或重叠的情况。

如前所述，齿轮的法向齿距 p_n 等于其基圆齿距 p_b，即

$$p_{b1}=\pi m_1\cos\alpha_1$$

$$p_{b2}=\pi m_2\cos\alpha_2$$

为使两轮基圆齿距相等，联立上面两式有

$$\pi m_1\cos\alpha_1=\pi m_2\cos\alpha_2$$

由于齿轮副的模数 m 和压力角 α 都是标准值，故有

$$m_1=m_2$$

$$\alpha_1=\alpha_2=\alpha$$

所以，齿轮副的正确啮合条件是：两轮的模数 m 和压力角 α 应该分别相等。

2. 标准中心距

一对外啮合渐开线标准齿轮，如果正确安装，在理论上是没有齿侧间隙（简称侧隙）的。否则，两轮在啮合过程中就会发生冲击和噪声，正反转转换时还会出现空程。而标准齿轮正确安装，实现无侧隙啮合的条件是

$$s_1=e_2=\frac{\pi m}{2}=s_2=e_1$$

所以，正确安装的两标准齿轮，两分度圆正好相切，节圆和分度圆重合，这时的中心距称为标准中心距，即

$$a=r_1'+r_2'=r_1+r_2=\frac{m}{2}(z_1+z_2) \tag{2-43}$$

3. 连续传动条件

若要一对渐开线齿轮连续不断地传动，就必须使前一对轮齿终止啮合之前后续的一对轮齿及时进入啮合。如图 2-3-9 所示，一对互相啮合的齿轮开始啮合时，主动齿轮 1 的齿根部分与从动齿轮 2 的齿顶部分在 K'点开始接触。随着两齿轮继续啮合转动，啮合点的位置沿啮合线 N_1N_2 向下移动，齿轮 2 齿廓上的接触点由齿顶向齿根移动，而齿轮 1 齿廓上的接触点则由齿根向齿顶移动。当两齿廓的啮合点移至 K 点时，则两轮齿齿廓啮合终止。

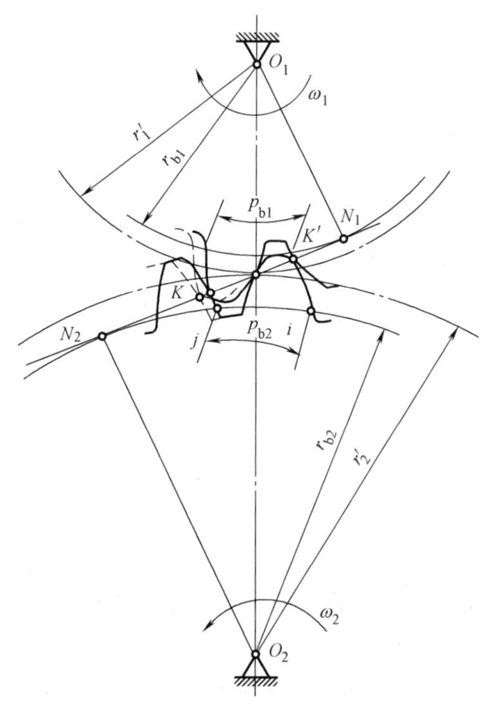

图 2-3-9 渐开线齿轮啮合的重合度

由此可见，线段 KK'为啮合点的实际轨迹，故 KK'称为实际啮合线段。显然，要保证一对渐开线齿轮连续不断地啮合传动，必须使前一对轮齿尚未在 K 点脱离啮合之前，后一对轮齿及时到达 K'点进入啮合。要保证这一点必须使 $KK' \geqslant p_b$，即实际啮合线段必须大于或等于齿轮的基圆齿距。这就是连续传动的条件，通常我们把这个条件用 KK'与 p_b的比值表示，称为重合度，用 ε 表示。即

$$\varepsilon=\frac{KK'}{p_b} \geqslant 1 \tag{2-44}$$

重合度越大，表明同时参与啮合的轮齿对数越多，每对轮齿分担的载荷就越小，运动越平稳。由于制造齿轮时齿廓必然有少量的误差，故设计齿轮时必须使实际啮合线段比基圆齿距大，即重合度大于 1。当取 $h_a^*=1$，$\alpha=20°$，$z=12\sim\infty$ 时，重合度 $\varepsilon=1.699\sim1.982$。

2.3.1.4 渐开线齿轮齿廓的切削加工

1. 渐开线齿形加工原理

齿轮的齿廓加工方法有铸造、热轧、冲压、粉末冶金和切削加工等。最常用的是切削加工法，根据切齿原理的不同，可分为成形法和展成法两种。

（1）成形法　用渐开线齿槽形状的成形刀具直接切出齿形的方法称为成形法。单件小批量生产中，加工精度要求不高的齿轮，常在万能铣床上用成形铣刀加工。成形铣刀分为盘形铣刀和指形齿轮铣刀两种，如图 2-3-10 所示。这两种刀具的轴向剖面均做成渐开线齿轮齿槽的形状。加工时齿轮毛坯固定在铣床上，每切完一个齿槽，工件退出，分度头使齿坯转过 360°/z（z 为齿数）再进刀，依次切出各齿槽。

渐开线轮齿的形状是由模数、齿数、压力角三个参数决定的。为减少标准刀具种类，相对每一种模数、压力角，设计 8 把或 15 把成形铣刀，在允许的齿形误差范围内，用同一把铣刀铣某个齿数相近的齿轮。成形法铣齿不需要专用机床，但齿形误差及分齿误差都较大，

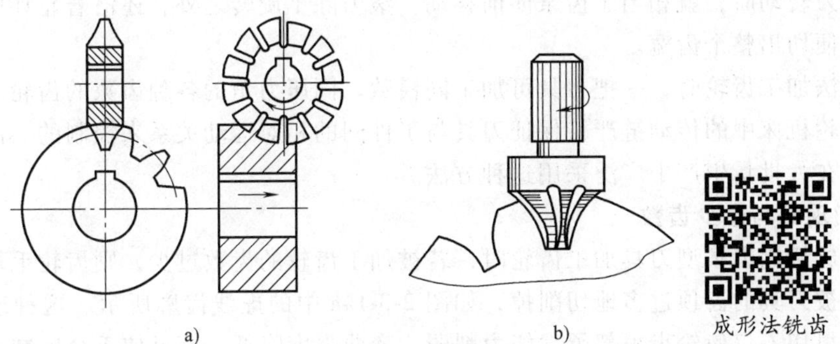

图 2-3-10 成形法铣齿

a）盘形铣刀 b）指形齿轮铣刀

一般只能加工 9 级以下精度的齿轮。

（2）展成法 利用一对齿轮（或齿轮齿条）啮合时其共轭齿廓互为包络线原理切齿的方法称为展成法。目前生产中大量应用的插齿、滚齿、剃齿、磨齿等都是采用展成法原理。

1）插齿。图 2-3-11a 所示为用插齿刀加工齿轮的情况。插齿刀的外形像一个具有切削刃的渐开线外齿轮（图 2-3-11b）。插齿时，插齿刀与轮坯以恒定传动比做展成运动，如图 2-3-11a 所示，同时插齿刀沿轮坯轴线方向做上下往复的切削运动。为了防止插齿刀退刀时擦伤已加工好的齿廓表面，在插齿刀退刀时，轮坯还需让开一小段距离（在插齿刀向下切削时，轮坯又恢复到原来位置）的让刀运动。另外，为了切出轮齿的高度，插齿刀还需要向轮坯中心移动，即进给运动。

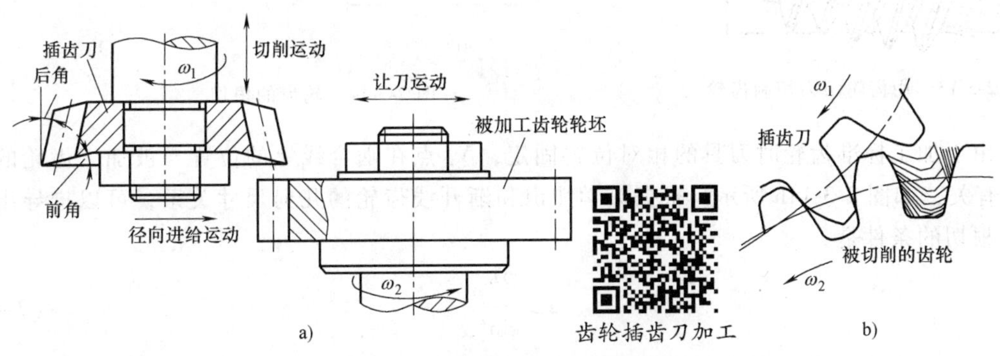

图 2-3-11 用齿轮插齿刀加工齿轮

图 2-3-12 所示为用齿条插齿刀加工齿轮的情况。切制齿廓时，刀具与轮坯的展成运动相当于齿条与齿轮的啮合传动。

2）滚齿。采用以上两种刀具加工齿轮，其切削都不是连续的，因而影响生产率的提高。因此，在生产中更广泛地采用齿轮滚刀来切制齿轮。图 2-3-13 为用齿轮滚刀切制齿轮。滚刀形状像一个螺旋，它的轴向剖面为一齿条，所以它属于齿条型

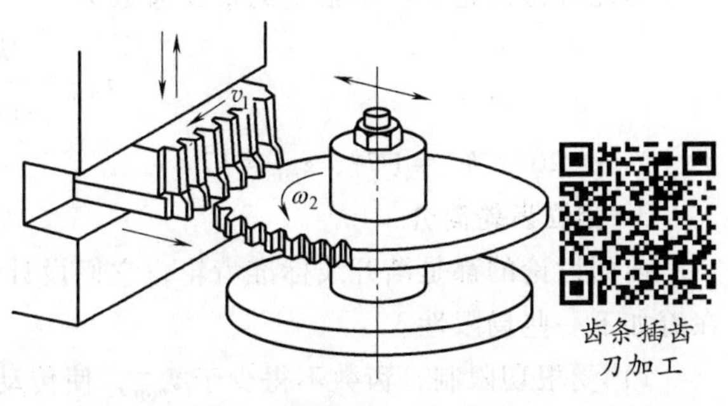

图 2-3-12 用齿条插齿刀加工齿轮

刀具。当滚刀转动时，就相当于齿条向前移动。滚刀除了旋转之外，还沿着轮坯的轴线缓慢地移动，以便切出整个齿宽。

用展成法加工齿轮时，一把刀具可加工同模数、同压力角的各种齿数的齿轮，而齿轮的齿数是靠齿轮机床中的传动链严格保证刀具与工件间的相对运动关系来控制的。滚齿加工效率高，所以在大批量生产中广泛采用这种方法。

2. 根切现象与最少齿数

当以展成法用齿条型刀具加工齿轮时，若被加工齿轮的齿数过少，则齿轮毛坯的渐开线齿廓根部会被刀具的齿顶过多地切削掉，如图 2-3-14a 中的虚线齿廓所示。这种现象称为齿轮的根切。根切不仅使轮齿根部承载能力削弱，弯曲强度降低，而且使重合度减小，因此应尽量避免根切现象。

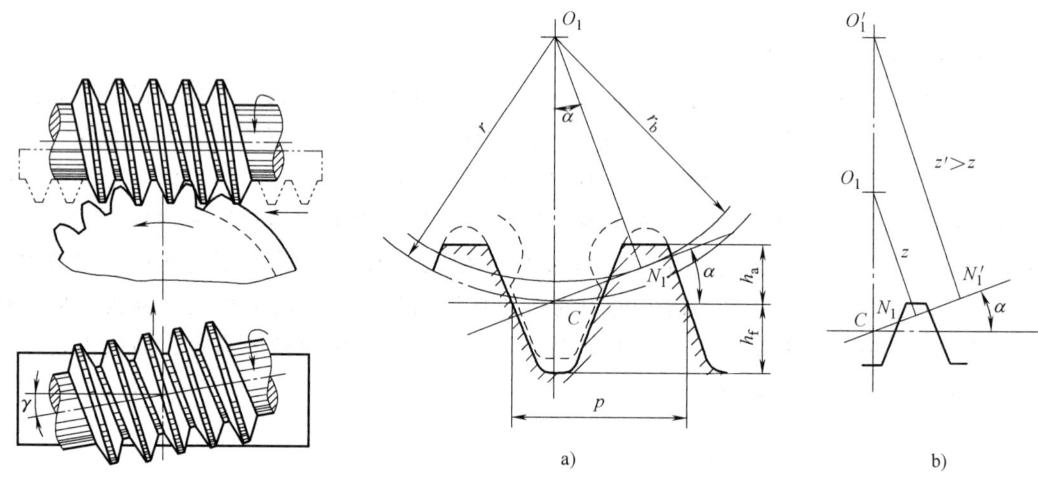

图 2-3-13 用齿轮滚刀切制齿轮

图 2-3-14 轮齿的根切

由于加工标准齿轮时刀具的相对位置固定，N_1 点在啮合线上的位置与被加工齿轮的齿数 z 有关，如图 2-3-14b 所示。根据数学知识和渐开线齿轮的几何尺寸关系，可以推导出不产生根切的条件是

$$z \geqslant \frac{2h_a^*}{\sin^2\alpha} \tag{2-45}$$

式中 z——被加工齿轮的齿数。

由此可得齿轮不产生根切的最少齿数为

$$z_{\min} = \frac{2h_a^*}{\sin^2\alpha} \tag{2-46}$$

当 $\alpha=20°$、$h_a^*=1$ 时，$z_{\min}=17$。

3. 变位齿轮简介

前面讨论的都是渐开线标准齿轮，它们设计计算简单，互换性好，但标准齿轮传动仍存在着如下一些局限性。

1）受根切限制，齿数不得少于 $z_{\min}$，使传动结构不够紧凑。

2）不适用于安装中心距 a'不等于标准中心距 a 的场合。当 $a'<a$ 时无法安装，当 $a'>a$

时，虽然可以安装，但会产生过大的侧隙而引起冲击振动，影响传动的平稳性。

3）一对标准齿轮传动时，小齿轮的齿根厚度小而且啮合次数又较多，故小齿轮的强度较低，齿根部分磨损也较严重，容易损坏，也限制了大齿轮的承载能力。

为了改善齿轮传动的性能，出现了变位齿轮。如图 2-3-15 所示，当齿条插齿刀按点画线位置安装时，齿顶线超过极限点 N_1，切出来的齿轮产生根切。若将齿条插齿刀远离轮心 O_1 一段距离（xm）至实线位置，齿顶线不再超过极限点 N_1，切出来的齿轮不会发生根切，但此时齿条的分度线与齿轮的分度圆不再相切。这种改变刀具与齿坯相对位置后切制出来的齿轮称为变位齿轮，刀具移动的距离 xm 称为变位量，x 称为变位系数。刀具远离轮心的变位称为正变位，此时 $x>0$；刀具移近轮心的变位称为负变位，此时 $x<0$。标准齿轮就是变位系数 $x=0$ 齿轮。由图 2-3-15 可知，加工变位齿轮时，齿轮的模数、压力角、齿数、分度圆以及基圆均与标准齿轮相同，所以两者的齿廓曲线是相同的渐开线，只是截取了不同的部位，如图 2-3-16 所示。由图可知，正变位齿轮齿根部分的齿厚增大，提高了齿轮的抗弯强度，且齿顶高变大；负变位齿轮则与其相反。

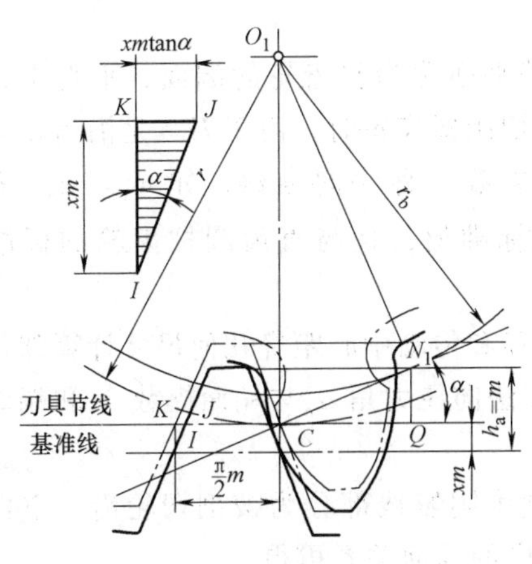

图 2-3-15 切削变位齿轮

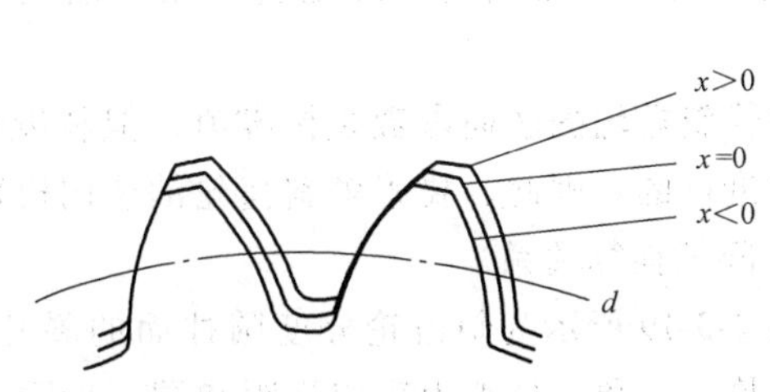

图 2-3-16 变位齿轮的齿廓

2.3.1.5 斜齿圆柱齿轮传动

1. 斜齿圆柱齿轮齿面的形成

如图 2-3-17a 所示，直齿圆柱齿轮（也称“直齿轮”）的齿面实际上是由与基圆柱相切做纯滚动的发生面 S 上一条与基圆柱轴线平行的任意直线 KK 展成的渐开线曲面。

当一对直齿圆柱齿轮啮合时，轮齿的接触线是与轴线平行的直线，如图 2-3-17b 所示，轮齿沿整个齿宽突然同时进入啮合和退出啮合，所以易引起冲击、振动和噪声，传动平稳性差。

斜齿圆柱齿轮（也称“斜齿轮”）形成渐开线齿面的直线 KK 与基圆轴线偏斜了一角度 β_b（图 2-3-18a），KK 线展成斜齿轮的齿廓曲面，称为渐开线螺旋面。该曲面与任意一个以轮轴为轴线的圆柱面的交线都是螺旋线。由斜齿轮齿面的形成原理可知，在端平面上，斜齿轮与直齿轮一样具有准确的渐开线齿形。

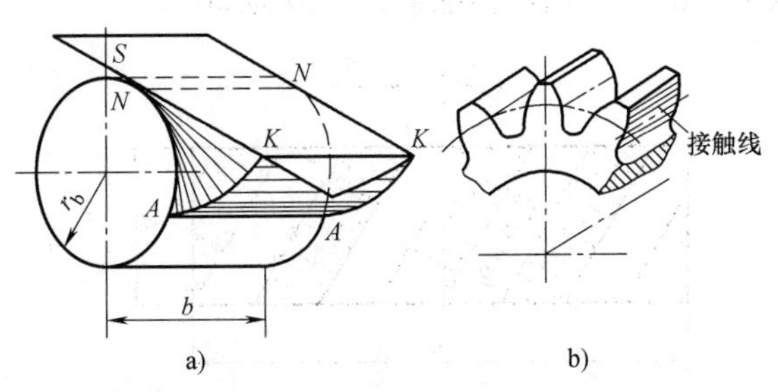

图 2-3-17 直齿轮的齿面形成及接触线

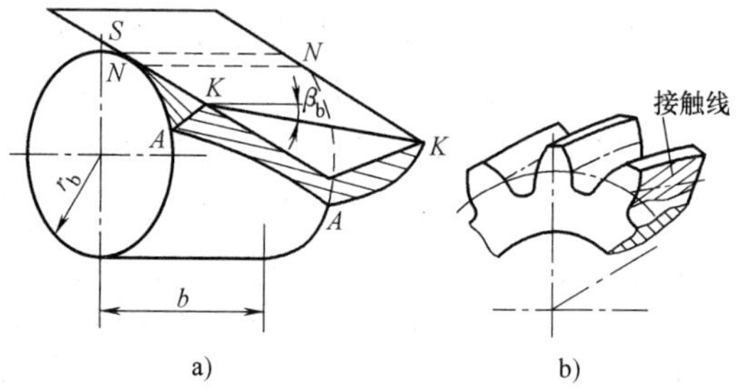

图 2-3-18　斜齿轮的齿面形成及接触线

如图 2-3-18b 所示，斜齿轮啮合传动时，齿面接触线的长度随啮合位置而变化，开始时由点到线逐渐增长，到某一位置后又逐渐缩短，直至退出啮合。因此，斜齿轮啮合是逐渐进入和逐渐退出的，且斜齿轮啮合的时间比直齿轮长，故斜齿轮传动平稳、噪声小、重合度大、承载能力强，适用于高速和大功率场合。但斜齿圆柱齿轮承受载荷时会产生附加的轴向分力，而且螺旋角越大，轴向分力也越大，这是不利的方面。改用人字齿轮可以消除附加轴向力，但人字齿轮加工难度大。

2. 斜齿圆柱齿轮的基本参数和尺寸

（1）螺旋角 β　斜齿轮的齿廓曲面与分度圆柱面相交为一螺旋线，该螺旋线上的切线与齿轮轴线的夹角 β 称为斜齿轮的螺旋角，一般 $\beta=8°\sim20°$，人字齿轮的螺旋角可达 $25°\sim40°$。根据螺旋线的方向，斜齿轮有左旋和右旋之分。

（2）端面参数和法向参数　垂直于斜齿轮轴线的平面称为斜齿轮的端面，垂直于分度圆柱上螺旋线切线方向的平面称为斜齿轮的法面。在切制斜齿轮时，由于刀具是沿齿轮分度圆柱上螺旋线方向进刀的，因此斜齿轮在法面内的参数（称法向参数，如 m_n、α_n、h_{an}^*、c_n^*）与刀具的参数相同。规定斜齿轮的法向参数为标准值，且与直齿圆柱齿轮的标准值相同。

尽管斜齿轮的法向参数是标准值，但斜齿轮的直径和传动中心距等几何尺寸计算却是在端面内进行的。因此，要了解斜齿轮的法向模数 m_n 和法向压力角 α_n 与端面模数 m_t 和端面压力角 α_t 间的换算关系。

图 2-3-19 所示为斜齿轮分度圆柱面的展开图，图中阴影线部分为被剖切轮齿，空白部分为齿槽，p_n 和 p_t 分别为法向齿距和端面齿距，由图中的几何关系可得

$$p_n=p_t\cos\beta \tag{2-47}$$

因 $p=\pi m$，故法向模数 m_n 和端面模数 m_t 间的关系为

$$m_n=m_t\cos\beta \tag{2-48}$$

图 2-3-20 所示为斜齿条的一个齿，由图中的几何关系经推导可得 α_n 和 α_t 的关系为

$$\tan\alpha_t=\frac{\tan\alpha_n}{\cos\beta} \tag{2-49}$$

式中　α_n——选用标准值，一般为 20°。

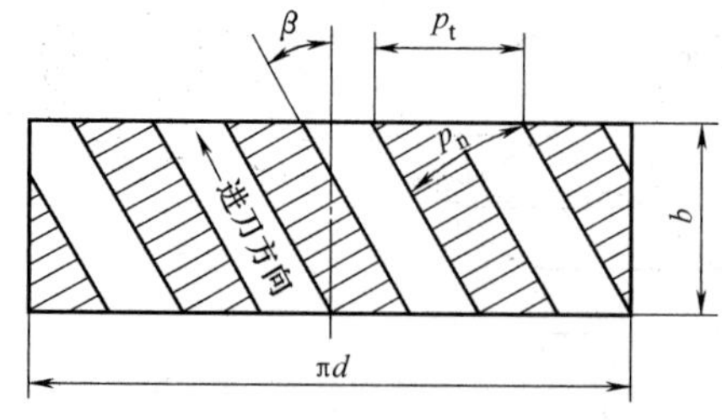

图 2-3-19　分度圆柱面展开图

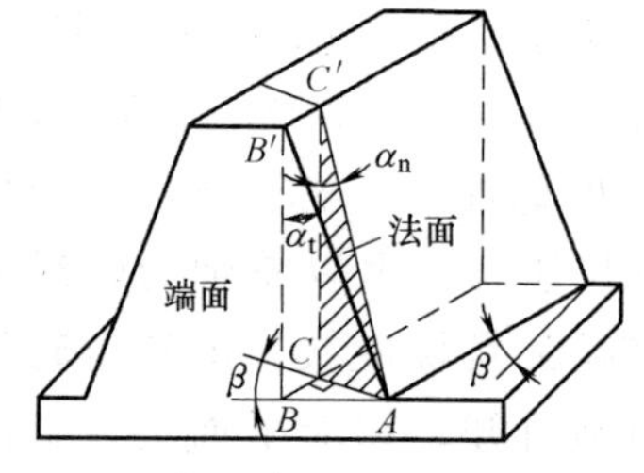

图 2-3-20　斜齿条中的螺旋角和压力角

斜齿轮的法向齿顶高系数、法向顶隙系数与端面齿顶高系数和顶隙系数的换算公式为

$$\left.\begin{aligned} h_{at}^* &= h_{an}^* \cos\beta \\ c_t^* &= c_n^* \cos\beta \end{aligned}\right\} \tag{2-50}$$

式中 h_{an}^*、c_n^*——斜齿轮法向齿顶高系数和顶隙系数（标准值）；

h_{at}^*、c_t^*——斜齿轮端面齿顶高系数和顶隙系数（非标准值）。

标准斜齿圆柱齿轮的基本参数包括：法向模数 m_n、齿数 z、法向压力角 α_n、法向齿顶高系数 h_{an}^*、法向顶隙系数 c_n^* 和螺旋角 β。

（3）几何尺寸计算　由于斜齿圆柱齿轮的端面齿形也是渐开线，所以将斜齿轮的端面参数代入直齿圆柱齿轮的几何尺寸计算公式，就可以得到斜齿圆柱齿轮相应的几何尺寸计算公式，见表 2-3-3。

表 2-3-3　标准斜齿轮的尺寸计算公式

序号	名　称	符号	计算公式
1	端面模数	m_t	$m_t=\dfrac{m_n}{\cos\beta}$
2	端面压力角	α_t	$\alpha_t=\arctan\left(\dfrac{\tan\alpha_n}{\cos\beta}\right)$
3	分度圆直径	d	$d=m_t z=\dfrac{m_n z}{\cos\beta}$
4	基圆直径	d_b	$d_b=m_t z\cos\alpha_t=\dfrac{m_n z\cos\alpha_t}{\cos\beta}$
5	齿顶圆直径	d_a	$d_a=m_t(z+2h_{at}^*)=m_n\left(\dfrac{z}{\cos\beta}+2h_{an}^*\right)$
6	齿根圆直径	d_f	$d_f=m_t(z-2h_{at}^*-2c_t^*)=m_n\left(\dfrac{z}{\cos\beta}-2h_{an}^*-2c_n^*\right)$
7	齿顶高	h_a	$h_a=h_{at}^* m_t=h_{an}^* m_n$
8	齿根高	h_f	$h_f=(h_{at}^*+c_t^*)m_t=(h_{an}^*+c_n^*)m_n$
9	全齿高	h	$h=(2h_{at}^*+c_t^*)m_t=(2h_{an}^*+c_n^*)m_n$
10	端面齿厚	s_t	$s_t=\dfrac{\pi m_t}{2}=\dfrac{\pi m_n}{2\cos\beta}$
11	端面齿距	p_t	$p_t=\pi m_t=\dfrac{\pi m_n}{\cos\beta}$
12	端面基圆齿距	p_{tb}	$p_{tb}=\pi m_t\cos\alpha_t=\dfrac{\pi m_n\cos\alpha_t}{\cos\beta}$
13	标准中心距	a	$a=\dfrac{m_t(z_1+z_2)}{2}=\dfrac{m_n(z_1+z_2)}{2\cos\beta}$

注：斜齿轮的法向参数（用下角标 n 标识），为标准值。

从表 2-3-3 中可知，斜齿轮传动的中心距与螺旋角 β 有关，当一对齿轮的模数、齿数一定时，可以通过改变螺旋角 β 的方法来配凑中心距。

对标准斜齿轮，不发生根切的最少齿数为

$$z_{min}=\frac{2h_{at}^*}{\sin^2\alpha_t} \tag{2-51}$$

若 $\beta=20°$，$h_{an}^*=1$，$\alpha_n=20°$，则斜齿轮不发生根切的最少齿数 $z_{min}=11$，比直齿轮少。因此斜齿轮传动尺寸小，结构比直齿轮更加紧凑。

（4）正确啮合条件　在端面内，斜齿圆柱齿轮和直齿圆柱齿轮一样，都是渐开线齿廓。因此，一对斜齿圆柱齿轮传动时必须满足：$m_{t1}=m_{t2}$，$\alpha_{t1}=\alpha_{t2}$。另外，斜齿轮要正确啮合，还必须要求两齿轮的螺旋角相等。故斜齿圆柱齿轮的正确啮合条件为

$$\left.\begin{array}{l}m_{n1}=m_{n2}=m_n\\ \alpha_{n1}=\alpha_{n2}=\alpha_n\\ \beta_1=\pm\beta_2\end{array}\right\} \tag{2-52}$$

式中　“-”号用于外啮合，表示两齿轮旋向相反；“+”号用于内啮合，表示两齿轮旋向相同。

（5）斜齿轮的当量齿数　由于加工斜齿轮的刀具参数与斜齿轮法向参数相同，另外在计算斜齿轮的强度时，斜齿轮副的作用力是作用在轮齿的法面上的，因而，斜齿轮的设计和制造都是以轮齿的法面齿形为依据的。所以，需要用一个与斜齿轮法面齿形相当的虚拟直齿轮的齿形来近似，该虚拟直齿轮称为斜齿轮的当量齿轮，它的齿数就是当量齿数，用 z_v 表示。

设斜齿轮的实际齿数为 z，过分度圆柱轮齿螺旋线上的一点 P 作轮齿螺旋线的法面，它与分度圆柱的剖面为一个椭圆，将该剖面上 P 点附近的齿形近似视为斜齿轮的法面齿形，如图 2-3-21 所示。椭圆剖面上 P 点的曲率半径为

$$\rho=\frac{a^2}{b}=\left(\frac{r}{\cos\beta}\right)^2\frac{1}{r}=\frac{r}{\cos^2\beta_t} \tag{2-53}$$

式中　a、b——椭圆的长半轴和短半轴。

将 ρ 作为虚拟直齿轮的分度圆半径，设虚拟直齿轮的模数和压力角分别等于斜齿轮的法向模数和法向压力角，则当量齿轮的分度圆半径可以表示为 $\rho=m_n z_v/2$。再将该式和斜齿轮的分度圆半径 $r=m_n z/(2\cos\beta)$ 代入式（2-53），经整理后得到斜齿轮的当量齿数为

$$z_v=\frac{z}{\cos^3\beta} \tag{2-54}$$

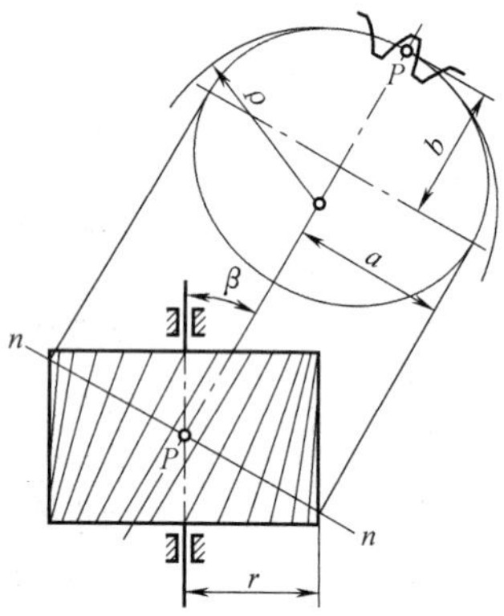

图 2-3-21　斜齿轮的当量齿轮

在成形法加工时选择铣刀的刀号，或是计算斜齿轮的强度以及测量齿厚的时候，都要用到当量齿数的概念。

2.3.1.6　锥齿轮传动

锥齿轮传动用于传递两相交轴之间的运动和动力，两轴的交角可以是任意的，通常是 90°。锥齿轮有直齿、斜齿和曲齿三种形状，直齿锥齿轮由于其设计、制造和安装均较为方便，因此应用最为广泛。

圆柱齿轮的轮齿是均匀分布在圆柱体上的，而锥齿轮的轮齿是均匀分布在圆锥体上的，且轮齿沿锥顶方向逐渐缩小，如图 2-3-22 所示。

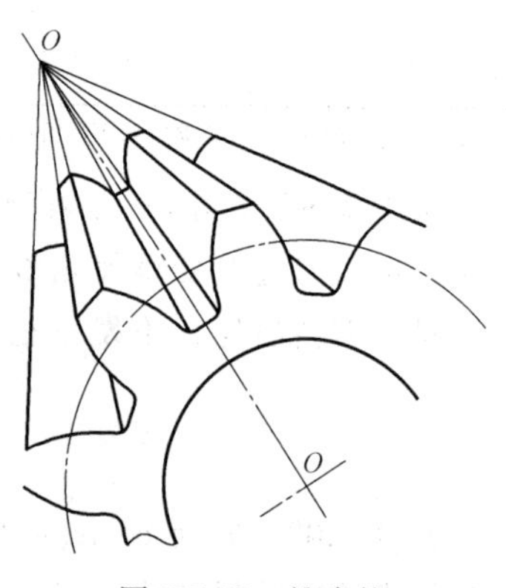

图 2-3-22　锥齿轮

与圆柱齿轮相比，锥齿轮的加工和安装比较困难，而且锥齿轮传动中有一个齿轮只能悬臂安装，这不仅使支承结构复杂化，而且会降低齿轮啮合传动精度和承载能力。因此，

锥齿轮传动一般用于轻载、低速的场合。

2.3.1.7 齿轮传动设计

1. 齿轮传动的主要失效形式

齿轮传动的失效主要发生在轮齿部分，其主要失效形式有：轮齿的折断、齿面点蚀、齿面磨损、齿面胶合和塑性变形五种。

（1）轮齿的折断　齿轮在工作时，轮齿像悬臂梁一样承受弯曲，在其齿根部分的弯曲应力最大，而且在齿根的过渡圆角处有应力集中，当交变的齿根弯曲应力超过材料的弯曲疲劳极限应力时，在齿根处受拉一侧就会产生疲劳裂纹，随着裂纹的逐渐扩展，致使轮齿发生疲劳折断。

而用脆性材料（如铸铁、整体淬火钢等）制成的齿轮，当严重过载或受到很大冲击时，轮齿容易发生突然折断。

直齿轮轮齿的折断一般是全齿折断，如图 2-3-23a 所示；斜齿轮和人字齿齿轮，由于接触线倾斜，一般是局部齿折断，如图 2-3-23b 所示。

轮齿折断是齿轮传动最严重的失效形式，必须避免。为提高轮齿的抗折断能力，可适当增大齿根圆角半径以减小应力集中，合理提高齿轮的制造精度和安装精度，正确选择材料和热处理方式以及对齿根部位进行喷丸、辗压等强化处理。

（2）齿面疲劳点蚀　齿轮传动工作时，齿面间的接触相当于轴线平行的两圆柱滚子间的接触，在接触处将产生变化的接触应力，在接触应力的反复作用下，轮齿表面出现疲劳裂纹，疲劳裂纹扩展的结果就是齿面金属脱落而形成麻点状凹坑，这种现象称为齿面疲劳点蚀。实践表明，疲劳点蚀首先出现在齿面节线附近的齿根部分，如图 2-3-23c 所示。发生点蚀后，齿廓形状遭到破坏，齿轮在啮合过程中会产生剧烈的振动，噪声增大，以至于齿轮不能正常工作而使传动失效。

提高齿面硬度、降低轮齿表面粗糙度值、合理选用润滑油黏度等，都能提高齿面的抗点蚀能力。

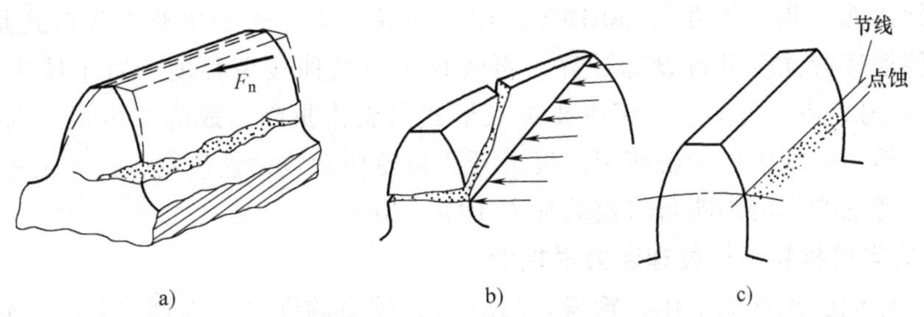

图 2-3-23　轮齿折断和齿面疲劳点蚀

（3）齿面磨损。在齿轮传动中，当齿面间落入砂粒、铁屑等磨料性物质时，齿面即被逐渐磨损，如图 2-3-24 所示。在齿面磨损后，齿廓形状被破坏，从而引起冲击、振动和噪声，甚至因轮齿减薄而发生轮齿折断。齿面磨损是开式齿轮传动的主要失效形式。

改善密封和润滑条件，提高齿面硬度，均能提高抗磨损能力。改用闭式齿轮传动则是避免齿面磨损最有效的办法。

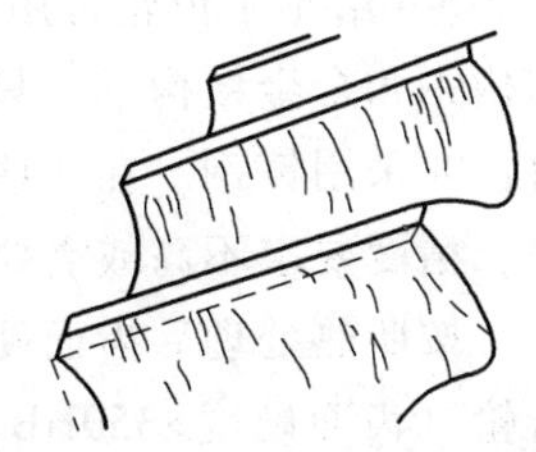

图 2-3-24　齿面磨损

（4）齿面胶合　在高速重载齿轮传动中（如航空齿轮传动），

由于齿面间压力大、相对滑动速度大，摩擦发热多，使啮合点处瞬时温度过高，润滑失效，致使相啮合两齿面金属尖峰直接接触并相互粘连在一起，当两齿面相对运动时，粘连的地方即被撕开，在齿面上沿相对滑动方向形成条状伤痕，这种现象称为齿面胶合，如图 2-3-25 所示。在低速重载齿轮传动中，由于齿面间润滑油膜难以形成，或由于局部偏载使油膜破坏，也可能发生胶合。胶合发生在齿面相对滑动速度大的齿顶或齿根部位。齿面一旦出现胶合，不但齿面温度升高，而且齿轮传动的振动和噪声也增大，导致失效。提高齿面抗胶合能力的方法有：减小模数，降低齿高，降低滑动系数；提高齿面硬度和降低轮齿表面粗糙度值；采用齿廓修形，提高传动平稳性；采用抗胶合能力强的齿轮材料和加入极压添加剂的润滑油等。

图 2-3-25　齿面胶合

（5）齿面塑性变形。齿面塑性变形常发生在齿面材料较软、低速重载的传动中。这是因为过载使齿面油膜破坏，摩擦力剧增，齿面表层的材料沿摩擦力方向流动，在从动轮的齿面节线处产生凸起，而在主动轮的齿面节线处产生凹沟，即齿面塑性变形，如图 2-3-26 所示。齿面塑性变形破坏了齿廓形状，影响了齿轮的正确啮合。适当提高齿面硬度和润滑油黏度可以防止或减轻齿面的塑性变形。

齿轮的工作条件分为闭式齿轮传动和开式齿轮传动。在闭式齿轮传动中，齿轮封闭在箱体内，保持良好的润滑，是传动系统精度和刚度都比较好的场合。在开式齿轮传动中，齿轮暴露在外界，杂物容易侵入齿轮啮合区域，不能保证良好的润滑，且传动系统精度和刚度都较低，只适用于低速传动。

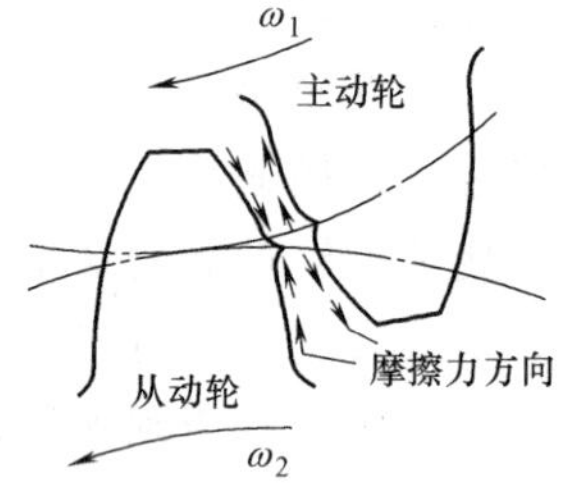

图 2-3-26　齿面塑性变形

2. 计算准则

齿轮失效形式的分析，为齿轮的设计和制造、使用与维护提供了科学的依据。目前对于齿面磨损和齿面塑性变形，还没有较成熟的计算方法。对于一般齿轮传动，通常只按齿根弯曲疲劳强度或齿面接触疲劳强度进行计算。对于软齿面（齿面硬度≤350HBW）闭式齿轮传动，由于主要失效形式是齿面点蚀，故应按齿面接触疲劳强度进行设计计算，再校核齿根弯曲疲劳强度。对于硬齿面（齿面硬度>350HBW）闭式齿轮传动，由于主要失效形式是轮齿折断，故应按齿根弯曲疲劳强度进行设计计算，然后校核齿面接触疲劳强度。开式齿轮传动或铸铁齿轮，仅按齿根弯曲疲劳强度设计计算，考虑磨损的影响可将模数加大 10%～20%。

3. 齿轮的常用材料、热处理和力学性能

为了使齿轮能够正常地工作，轮齿表面应该有较高的硬度，以增强其抗点蚀、抗磨损、抗胶合和抗塑性变形的能力；轮齿芯部应该有较好的韧性，以增强其承受冲击载荷的能力。表 2-3-4 给出了齿轮常用材料的力学性能及应用范围。齿轮的常用材料是锻钢，如各种碳素结构钢和合金结构钢。只有当齿轮的尺寸较大（d_a>400～600mm）或结构复杂不容易锻造时，才采用铸钢。在一些低速轻载的开式齿轮传动中，也常采用铸铁齿轮。在高速、小功率、精度要求不高或需要低噪声的特殊齿轮传动中，可以采用非金属材料齿轮。

按照热处理后齿面硬度的高低，齿轮分为软齿面齿轮（齿面硬度≤350HBW）和硬齿面齿轮（齿面硬度>350HBW）两类。

（1）软齿面齿轮　采用的热处理方法是调质与正火。

调质处理通常用于中碳钢和中碳合金钢齿轮。调质后材料的综合性能良好，容易切削和磨合。

正火处理通常用于中碳钢齿轮。正火处理可以消除内应力，细化晶粒，改善材料的力学性能和切削性能。

软齿面齿轮容易加工制造，成本较低，常用于一般用途的中、小功率的齿轮传动。

（2）硬齿面齿轮　采用的热处理方法是表面淬火、表面渗碳淬火与渗氮等。

表面淬火处理常用于中碳钢和中碳合金钢齿轮。经过表面淬火后齿面硬度一般为40～55HRC，轮齿齿面抗点蚀和抗磨损的能力增强，由于齿心仍然保持良好的韧性，故可以承受一定的冲击载荷。

与大齿轮相比，小齿轮的承载次数较多，而且齿根较薄。因此，一般使小齿轮的齿面硬度比大齿轮高出25～50HBW，以使一对软齿面传动的大小齿轮的寿命接近相等，而且有利于通过磨合来改善轮齿的接触状况，有利于提高轮齿的抗胶合能力。采用何种材料及热处理方法应视具体需要及可能性而定。齿轮齿面硬度配对举例见表2-3-5。

表2-3-4　齿轮常用材料的力学性能及应用范围

材料牌号	热处理	力学性能			应用范围
		抗拉强度 R_m/MPa	屈服强度 R_{eL}/MPa	硬度	
45	正火	588	294	169～217HBW	低中速、中载的非重要齿轮
	调质	647	373	217～265HBW	低中速、中载的重要齿轮
	调质—表面淬火			40～50HRC（齿面）	高速、中载而冲击载小的齿轮
40Cr	调质	700	500	241～286HBW	低中速、中载的重要齿轮
	调质—表面淬火			48～55HRC（齿面）	高速、中载、无剧烈冲击的齿轮
38SiMnMo	调质	700	550	217～269HBW	低中速、中载的重要齿轮
	调质—表面淬火			45～55HRC（齿面）	高速、中载、无剧烈冲击的齿轮
20Cr	渗碳—淬火	637	392	56～62HRC（齿面）	高速、中载并承受冲击的重要齿轮
20CrMnTi	渗碳—淬火	1079	834	56～62HRC（齿面）	
16MnCr5	渗碳—淬火	780～1080	590	54～62HRC（齿面）	
17CrNiMo6	渗碳—淬火	1080～1320	785	54～62HRC（齿面）	
38CrMoAlA	调质—渗氮	980	834	>850HV	耐磨性强、载荷平稳、润滑良好的传动
ZG310-570	正火	570	310	163～197HBW	低中速、中载的大直径齿轮
ZG340-640		640	340	179～207HBW	
HT250	人工时效	250		170～240HBW	低中速、轻载、冲击较小的齿轮
HT300		300		187～255HBW	
HT350		350		179～269HBW	
QT500-5	正火	500	320	170～230HBW	低中速、轻载、有冲击的齿轮
QT600-2		600	370	190～270HBW	
QT700-2		700	420	225～305HBW	
布基酚醛层压板		100		30～50HBW	高速、轻载、要求声响小的齿轮
MC尼龙		90		21HBW	

注：1. 表中的速度界限是：当齿轮的圆周速度 $v<3$m/s 时称为低速；$v=3\sim6$m/s 时称为低中速；$v=6\sim15$m/s 时称为中速；$v>15$m/s 时称为高速。

2. 功率 $P<20$kW 的传动为轻载；$20\text{kW}\leq P\leq50$kW 的传动为中载；$P>50$kW 的传动为重载。

表 2-3-5　齿轮齿面硬度配对举例

齿轮硬度	齿轮种类	热处理		小齿轮齿面硬度减去大齿轮齿面硬度	齿面硬度配对举例	
		小齿轮	大齿轮		小齿轮	大齿轮
软齿面（≤350HBW）	直齿	调质	正火	大于 0 但小于或等于 30HBW	240~270HBW	180~210HBW
			调质		260~290HBW	220~250HBW
	斜齿及人字齿	调质	正火	≥40~50HBW	240~270HBW	160~190HBW
			正火		260~290HBW	180~210HBW
			调质		270~300HBW	200~230HBW
硬、软齿面配对（分别>350HBW 和≤350HBW）	斜齿及人字齿	表面淬火	调质	硬度差很大	45~50HRC	270~300HBW
						200~230HBW
		渗碳淬火氮化	调质		56~62HRC	200~230HBW
硬齿面（>350HBW）	直齿、斜齿及人字齿	表面淬火	表面淬火	硬度接近	45~50HRC	
		渗碳淬火氮化	渗碳淬火		56~62HRC	

4. 渐开线圆柱齿轮传动的设计

（1）圆柱齿轮传动的受力分析　在计算齿轮强度时必须首先分析作用在齿轮上的力，如果忽略齿轮齿面之间的摩擦力，在理想情况下，作用在齿面上的力沿接触线均匀分布且垂直于齿面，常用集中力 F_n 表示，F_n 称为法向力。由渐开线齿廓啮合特点可知，在传动过程中 F_n 沿啮合线作用于齿面且保持方向不变。

图 2-3-27 所示为斜齿圆柱齿轮传动的受力分析，取主动小齿轮作为研究对象，设法向力 F_n 集中作用在分度圆柱上的齿宽中点 P 处。在法向平面内的 F_n 可分解为径向力 F_r、切向力 F_t 和轴向力 F_a，F' 是 F_t 和 F_a 的合力，是 F_n 在 P 点分度圆柱切平面上的分力。

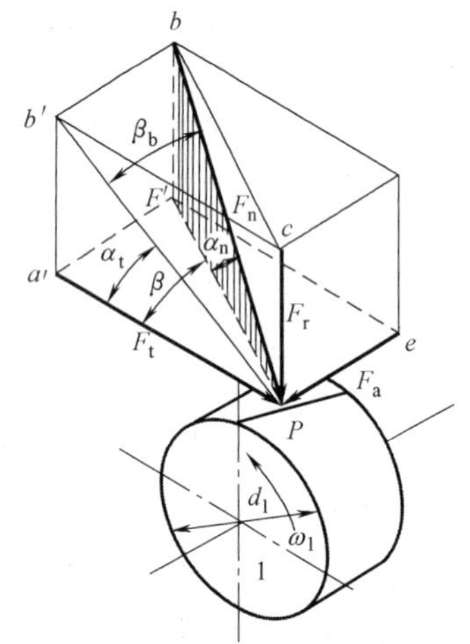

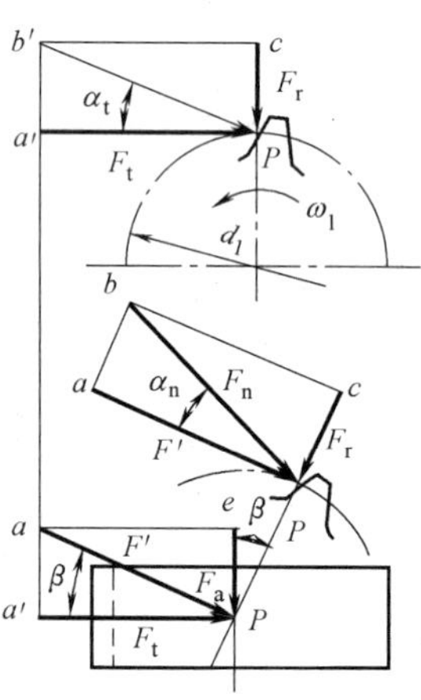

图 2-3-27　斜齿圆柱齿轮传动的受力分析

各力大小的计算公式为

切向力
$$F_t=\frac{2T_1}{d_1} \tag{2-55}$$

径向力
$$F_r=F'\tan\alpha_n=F_t\frac{\tan\alpha_n}{\cos\beta} \tag{2-56}$$

轴向力
$$F_a=F_t\tan\beta \tag{2-57}$$

法向力
$$F_n=\frac{F'}{\cos\alpha_n}=\frac{F_t}{\cos\alpha_n\cos\beta} \tag{2-58}$$

式中 d_1——主动轮分度圆直径（mm）；

α_n——法向压力角；

T_1——小齿轮传递的转矩（N·mm）。

如果小齿轮传递的功率为 P_1（kW），转速为 n_1（r/min），则

$$T_1=9.55\times10^6\frac{P_1}{n_1} \tag{2-59}$$

根据作用力与反作用力的关系，作用在主动轮和从动轮上各对力的大小相等、方向相反。主动轮上切向力是工作阻力，其方向与主动轮转向相反；从动轮上切向力是驱动力，其方向与从动轮转向相同；两轮的径向力分别指向各自的轮心；轴向力的方向可以用“主动轮左右手定则”来判断：主动轮右旋用右手，左旋用左手，四指弯曲方向表示主动轮的转向，拇指方向为主动轮所受轴向力方向，如图 2-3-28 所示。

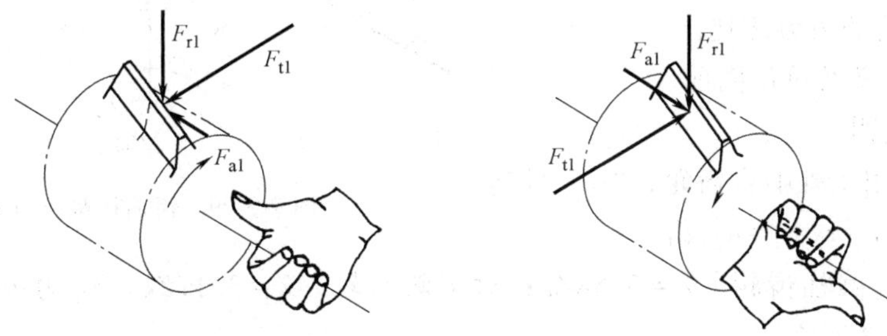

图 2-3-28 确定斜齿轮轴向力的“主动轮左右手定则”

（2）计算载荷 上述受力分析是在理想的平稳工作条件下进行的，其载荷称为名义载荷。实际上，齿轮在工作时要受到多种因素的影响，所受载荷要比名义载荷大，为了使计算的齿轮受载情况尽量符合实际，引入载荷系数 K，得到计算载荷

$$F_{nc}=KF_n$$

式中 K——载荷系数，其值查表 2-3-6。

表 2-3-6 载荷系数 K

原动机	工作机械的载荷特性		
	平稳、轻微冲击	中等冲击	大的冲击
电动机	1~1.2	1.2~1.6	1.6~1.8
多缸内燃机	1.2~1.6	1.6~1.8	1.9~2.1
单缸内燃机	1.6~1.8	1.8~2.0	2.2~2.4

注：1. 斜齿、圆周速度低、精度高、齿宽系数小时取小值，反之取大值。
2. 齿轮在两轴承之间对称布置时取小值，非对称布置及悬臂布置时取大值。

（3）齿轮传动的强度计算

1）齿面接触疲劳强度的计算。为了防止齿面出现疲劳点蚀，齿面接触疲劳强度设计准则为

$$\sigma_H\leqslant[\sigma_H]$$

式中 σ_H——齿面接触应力（MPa）；

$[\sigma_H]$——许用齿面接触应力（MPa）。

进行齿面接触强度计算的力学模型，是将相啮合的两个齿廓表面用两个相接触的平行圆柱体来代替（考虑到齿面疲劳点蚀多发生在节点附近，因此取该圆柱体的半径等于轮齿在节点处的曲率半径，其宽度等于齿宽），它们之间的作用力为法向力 F_n，并运用弹性力学的赫兹公式进行分析计算，如图 2-3-29 所示。

根据齿面接触强度估算齿轮传动尺寸（中心距 a 或分度圆直径 d_1）的计算公式为

$$\sigma_H = Z\sqrt{\frac{KT_1(u\pm1)}{bd_1^2u}} \leqslant [\sigma_H] \quad (2\text{-}60)$$

式中 σ_H——齿面接触应力（MPa）；

Z——常数系数（$\sqrt{\text{MPa}}$）；

b——齿宽（mm）；

u——齿数比，等于大齿轮与小齿轮的齿数之比。

其他变量含义及单位同前。

公式应用说明：

① “+” 号用于外啮合齿轮，“-” 号用于内啮合齿轮；$u=z_2/z_1=d_2/d_1$。

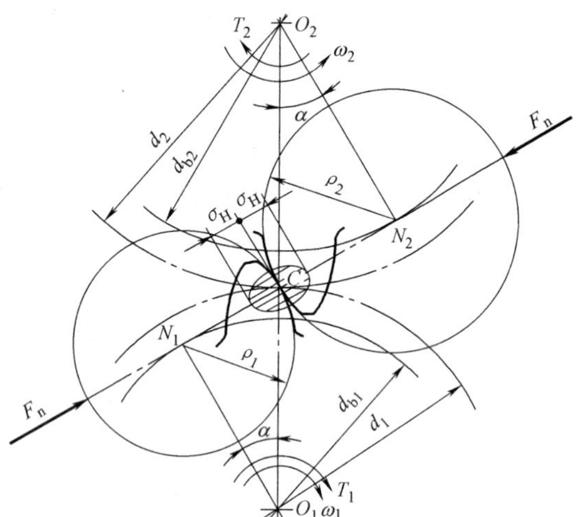

图 2-3-29 齿面接触应力分析

② 对于直齿圆柱齿轮，$Z=3.54Z_E$；对于斜齿轮，$Z=3.11Z_E$。Z_E 为齿轮材料弹性系数，其值查表 2-3-7。

表 2-3-7 材料弹性系数 Z_E （单位：$\sqrt{\text{MPa}}$）

小齿轮材料	大齿轮材料			
	锻钢	铸钢	球墨铸铁	灰铸铁
锻钢	189.8	188.9	186.4	162.0
铸钢	—	188.0	180.5	161.4
球墨铸铁	—	—	173.9	156.6
灰铸铁	—	—	—	143.7

③ 将齿宽 $b=\phi_d d_1$ 代入式（2-60），得齿面接触疲劳强度设计公式为

$$d_1 \geqslant \sqrt[3]{\left(\frac{Z}{[\sigma_H]}\right)^2 \frac{KT_1(u\pm1)}{\phi_d u}} \quad (2\text{-}61)$$

式中 ϕ_d——为齿宽系数，其值查表 2-3-8。

在计算中，由于大小齿轮齿面的接触应力相同，而 $[\sigma_H]_1 \neq [\sigma_H]_2$，故设计时代入较小的值。

表 2-3-8 齿宽系数 ϕ_d

轮相对于轴承的位置	软齿面	硬齿面
对称布置	0.8~1.4	0.4~0.9
非对称布置	0.6~1.2	0.3~0.6
悬臂布置	0.3~0.4	0.2~0.25

注：直齿圆柱齿轮取小值，斜齿轮取大值；载荷平稳、刚度大宜取大值，反之取小值。

2）齿轮的弯曲疲劳强度计算。为了防止轮齿折断，齿轮的弯曲疲劳强度计算准则为

$$\sigma_F \leqslant [\sigma_F]$$

式中 σ_F、$[\sigma_F]$——齿根弯曲应力（MPa）和许用弯曲应力（MPa）。

进行轮齿弯曲强度计算时，是将轮齿看作一个悬臂梁，全部载荷 F_n 沿轮齿法线方向作用于齿顶，轮齿的危险截面位于和齿宽对称中心线成30°角的直线与齿根圆角相切处（图2-3-30）。运用相关力学计算和分析，最后得到一对钢制标准其齿轮传动时齿根疲劳强度校核公式为

$$\sigma_F = \frac{KT_1\cos\beta}{d_1 b m_n} Y Y_{FS} \leqslant [\sigma_F] \tag{2-62}$$

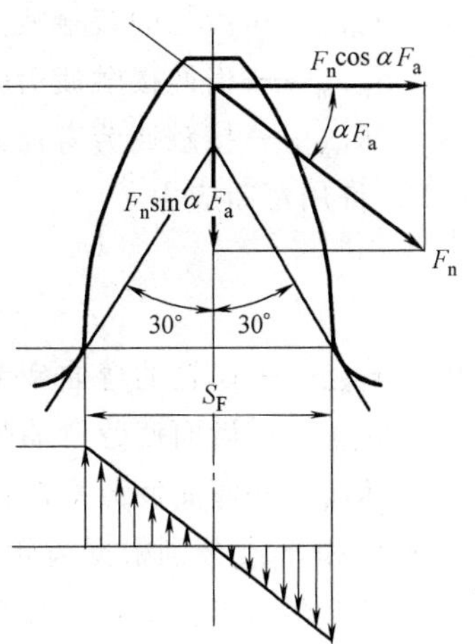

图2-3-30 齿根弯曲应力

公式应用说明：

① Y 为常系数，对于直齿圆柱齿轮，有 $Y=2$；对于斜齿轮，有 $Y=1.6$。

② Y_{FS} 为复合齿形系数，$Y_{FS}=Y_F Y_S$，由表2-3-9查得，对于斜齿轮用当量齿数 z_v。

表2-3-9 复合齿形系数

z（斜齿应为 z_v）	12	14	16	17	18	19	20	22	25	28
Y_F	3.47	3.22	3.03	2.97	2.91	2.85	2.81	2.75	2.65	2.58
Y_S	1.44	1.47	1.51	1.53	1.54	1.55	1.56	1.58	1.59	1.61
z（斜齿应为 z_v）	30	35	40	45	50	60	80	100	≥200	
Y_F	2.54	2.47	2.41	2.37	2.35	2.3	2.25	2.18	2.14	
Y_S	1.63	1.65	1.67	1.69	1.71	1.73	1.77	1.80	1.88	

将 $b=\phi_d d_1$ 代入式（2-62），得

$$m_n \geqslant \sqrt[3]{\frac{KT_1\cos^2\beta}{\phi_d z_1^2} Y \frac{Y_{FS}}{[\sigma_F]}} \tag{2-63}$$

3）公式应用中的参数选择和注意事项。

① 软齿面闭式齿轮传动在满足弯曲强度的条件下，为提高传动的平稳性，小齿轮齿数一般取 $z_1=20\sim40$，速度较高时取较大值；硬齿面的弯曲强度是薄弱环节，宜取较少的齿数，以便增大模数，通常取 $z_1=17\sim20$。

② 为减小加工量，也为了装配和调整方便，大齿轮齿宽应小于小齿轮齿宽。取 $b_2=\phi_d d_1$，则 $b_1=b_2+(5\sim10)\text{mm}$。

③ 大小两齿轮的齿根弯曲应力 $\sigma_{F1}\neq\sigma_{F2}$，两轮的许用弯曲应力也不同，所以，校核时应分别验算大小齿轮的弯曲强度，即使 $\sigma_{F1}\leqslant[\sigma_F]_1$，$\sigma_{F2}\leqslant[\sigma_F]_2$。

④ 在计算式（2-63）过程中，$Y_{FS}/[\sigma]_F$ 的值应代入 $Y_{FS1}/[\sigma]_{F1}$ 与 $Y_{FS2}/[\sigma]_{F2}$ 中较大的值，该值越大，对应齿轮的弯曲强度越弱。

（4）齿轮传动的许用应力 齿轮的许用应力是根据试验齿轮的疲劳极限确定的，与齿轮材料、齿面硬度及应力循环次数等都有关系。

1）许用接触应力

$$[\sigma_H]=\frac{K_{HN}\sigma_{Hlim}}{S_{Hmin}} \tag{2-64}$$

式中 σ_{Hlim}——齿轮的接触疲劳强度极限（MPa）；

S_{Hmin}——齿面接触疲劳强度的最小安全系数；

K_{HN}——接触疲劳寿命系数。

2）许用弯曲应力

$$[\sigma_F]=\frac{K_{FN}\sigma_{Flim}}{S_{Fmin}} \tag{2-65}$$

式中 σ_{Flim}——齿轮的弯曲疲劳强度极限（MPa）；

S_{Fmin}——齿面疲劳弯曲强度的最小安全系数；

K_{FN}——弯曲疲劳寿命系数。

σ_{Hlim}和σ_{Flim}分别根据齿轮材料和热处理方法从表 2-3-10 所列的公式中计算得到。如果齿轮双向长期工作（经常正反转动的齿轮），σ_{Flim}应取正常值的 70%。

表 2-3-10 齿轮材料的强度极限

材料	热处理	齿面硬度 HBW	σ_{Hlim}/MPa	σ_{Flim}/MPa
碳素钢	正火	150~215	203.2+0.985HBW	184+0.74HBW
	调质	170~270	348.3+HBW	320+0.45HBW
合金钢	调质	200~350	366.7+1.33HBW	380+0.83HBW
合金钢	渗碳淬火	58~63 HRC(表面)	1500	1000(心部≥36HRC) 920(心部≥32HRC) 850(心部≥28HRC)
碳素铸钢	正火	150~200	140.5+0.974HBW	173+0.51HBW
	调质	170~230	300+0.834HBW	230+0.42HBW
合金铸钢	调质	200~350	290+1.3HBW	350+0.63HBW
碳素钢、合金钢	表面淬火	50~56HRC(表面)	550+12HRC	720

S_{Hmin}、S_{Fmin}的值查表 2-3-11。

表 2-3-11 最小安全系数 S_{Hmin}、S_{Fmin}值

齿轮传动的重要性	S_{Hmin}	S_{Fmin}
一般	1.0~1.10	1.0~1.25
重要齿轮	1.25~1.30	1.5~2.0

K_{HN}和K_{FN}为考虑应力循环次数影响的寿命系数，分别根据应力循环次数 N 从图 2-3-31 和图 2-3-32 查到。应力循环次数 N 的计算方法是

$$N=60njL_h$$

式中 n——齿轮转速（r/min）；

j——齿轮每转一圈，同一齿面的啮合次数；

L_h——齿轮的工作寿命（h）。

（5）齿轮精度的选择 齿轮精度等级的选择，应当根据齿轮的用途、使用条件、圆周速度和功率的大小，合理地确定齿轮的经济技术指标，见表 2-3-12。

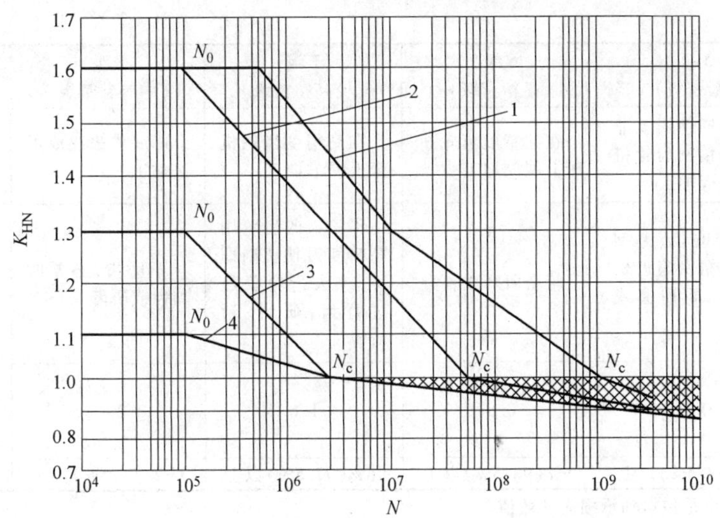

图 2-3-31 接触疲劳寿命系数 K_{HN}（当 $N>N_c$ 时，可根据经验在网纹区内取）

1—允许一定点蚀时的结构钢，调质钢，球墨铸铁（珠光体、贝氏体），珠光体可锻铸铁，渗碳淬火的渗碳钢
2—结构钢，调质钢，渗碳淬火钢，火焰或感应淬火的钢、球墨铸铁（珠光体、贝氏体），珠光体可锻铸铁
3—灰铸铁，球墨铸铁（铁素体），渗氮钢，调质钢渗碳钢 4—氮碳共渗的调质钢，渗碳钢

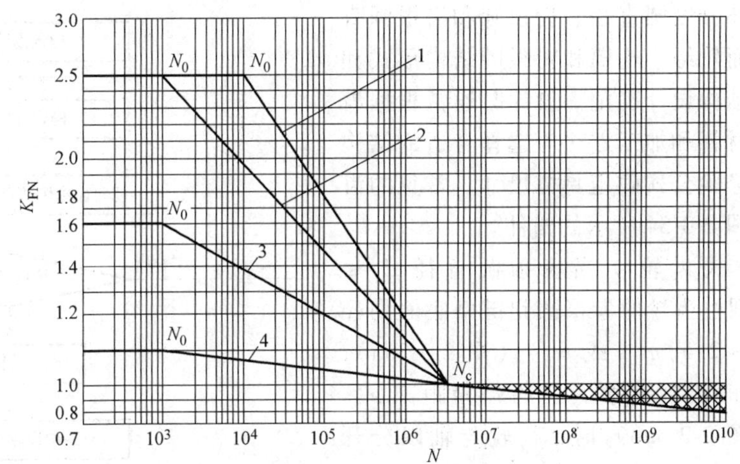

图 2-3-32 弯曲疲劳寿命系数 K_{FN}（当 $N>N_c$ 时，可根据经验在网纹区内取）

1—调质钢，球墨铸铁（珠光体、贝氏体），珠光体可锻铸铁 2—渗碳淬火的渗碳钢，全齿廓火焰或感应淬火的钢、球墨铸铁 3—渗氮钢，球墨铸铁（铁素体），灰铸铁，结构钢 4—氮碳共渗的调质钢，渗碳钢

表 2-3-12 常用精度等级圆柱齿轮的应用范围和加工方法

精度等级	5 级（精密级）	6 级（高精密级）	7 级（较高精密级）	8 级（中等精密级）	9 级	10 级
					（低精密级）	
应用范围	用于高速并对运载平稳性和噪声有较高要求的齿轮；高速汽轮机用齿轮；精密分度机构齿轮	飞机、汽车、机床中的重要齿轮；高速及中速减速器的齿轮；分度机构用齿轮	飞机、汽车制造中的齿轮；中速减速器的齿轮；机床的进给齿轮；高速轻载齿轮；反转的齿轮	对精度没有特别要求的一般机械用齿轮；十分重要的飞机、汽车、拖拉机齿轮；起重机、农业机械、普通减速器用齿轮	用于要求精度不高并且在低速下工作的齿轮	

（续）

精度等级	5级 （精密级）	6级 （高精密级）	7级 （较高精密级）	8级 （中等精密级）	9级	10级
					（低精密级）	
加工方法	在周期性误差非常小的精密齿轮机床上展成加工	在共精度齿轮机床上展成加工	在高精度齿轮机床上展成加工	用展成法或成形法加工	用任意方法切齿	
齿面最终精加工	精密磨齿、大型齿轮用精密滚齿机滚切后，再研磨或剃齿	精密研磨或剃齿	不淬火的齿轮用高精度刀具切制即可，淬火齿轮要经过磨齿、研齿、珩齿等	不磨齿，必要时剃齿或研齿	不需要精加工	
轮齿表面粗糙度值 $Ra/\mu m$	0.8	0.8	1.6	3.2~6.3	6.3	12.5
效率	99%(98.5%)以上	99%(98.5%)以上	98%(97.5%)以上	97%(96.5%)以上	96%(95%)以上	

注：括号内的效率是包括轴承损失的数值。

（6）齿轮传动设计计算的程序框图　图2-3-33所示为渐开线圆柱齿轮传动设计计算程序框图。

已知条件及设计要求 → 选择材料及热处理方式 → 确定设计公式 → 确定计算参数 → 初定齿轮传动及齿轮主要尺寸 → 校核计算（不合格 → 返回确定计算参数；合格 →）齿轮结构设计 → 绘制齿轮零件图

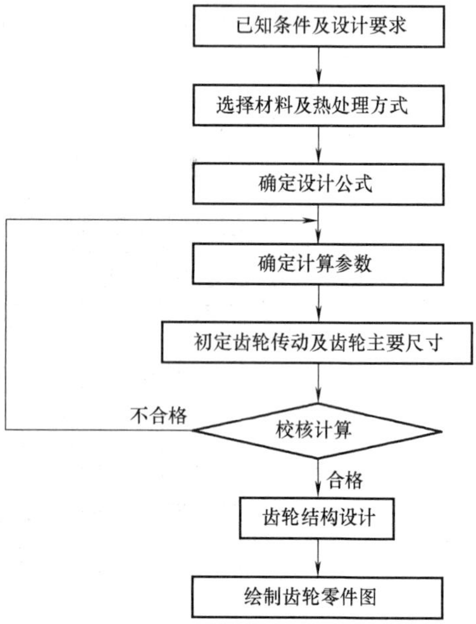

图2-3-33　渐开线圆柱齿轮传动设计计算程序框图

5. 齿轮的结构设计

齿轮传动的强度和几何计算只能确定出齿轮的主要尺寸，如分度圆直径、齿顶圆和齿根圆直径、齿宽等。而轮缘、轮辐和轮毂的结构形式和尺寸，则需由结构设计确定。设计时通常根据齿轮尺寸大小、材料和加工方法等选择合适的结构形式，再根据经验公式确定具体尺寸。常见的齿轮结构形式有图2-3-34所示的四种。

（1）实心式齿轮　当齿顶圆直径 $d_a \leqslant$ 200mm，并且圆柱齿轮的齿根圆到键槽底面的径向距离 $e \geqslant (2\sim2.5)m$（或 m_n）（图2-3-35a），锥齿轮小端齿根圆到键槽底面的径向距离 $e \geqslant (1.6\sim2)m$（图2-3-35b）时，齿轮与轴以分开制造为合理，可做成实心式结构，如图2-3-35所示。此种齿轮常用锻钢制造。

（2）齿轮轴　如果齿轮的 e 小于上述尺寸界限时，则可将齿轮与轴做成一体，称为齿轮轴，如图2-3-36所示。齿轮轴常用锻造毛坯。

（3）腹板式齿轮　当齿顶圆直径 $d_a=200\sim500$mm时，为了减少质量和节约材料，通常要用腹板式结构，如图2-3-37所示。应用最广泛的是锻造腹板式齿轮，对采用铸铁或铸钢材料的不重要齿轮，则采用铸造腹板式齿轮。腹板上开孔的数目按结构尺寸的大小及需要而定。

（4）轮辐式齿轮　当齿轮的齿顶圆直径 $d_a>500$mm，多采用轮辐式的铸造结构（图2-3-38），轮辐数常为6。轮辐剖面形状可以是椭圆形（轻载）、T字形（中载）及工字形（重载）等，锥齿轮的轮辐剖面形状只用T字形。

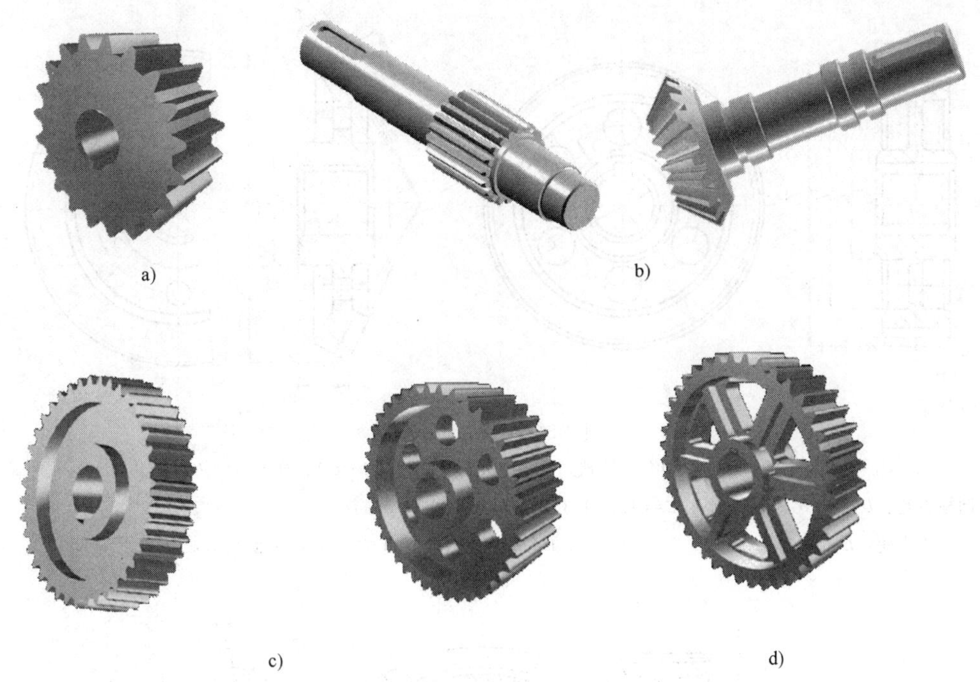

图 2-3-34 齿轮的结构

a）实心式齿轮 b）齿轮轴 c）腹板式齿轮 d）轮辐式齿轮

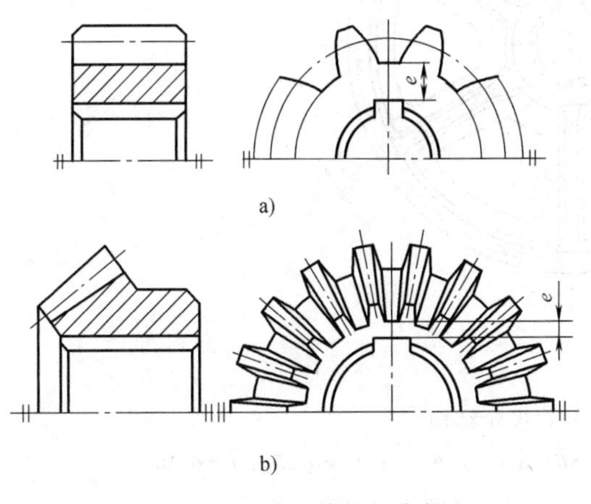

图 2-3-35 实心结构的齿轮

a）圆柱齿轮 $e \geqslant (2 \sim 2.5) m_n$

b）锥齿轮 $e \geqslant (1.6 \sim 2) m$

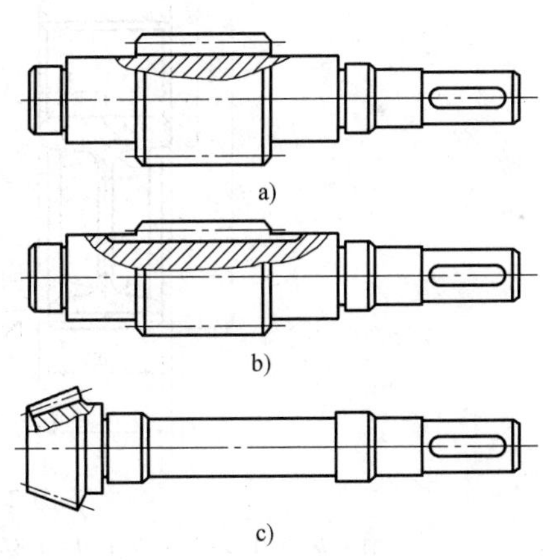

图 2-3-36 齿轮轴

a）圆柱齿轮轴（齿根圆直径大于轴径）

b）圆柱齿轮轴（齿根圆直径小于轴径）

c）锥齿轮轴

6. 齿轮传动的润滑

闭式齿轮传动的润滑方式取决于齿轮的圆周速度。如图 2-3-39a、b 所示，齿轮圆周速度 v<12m/s 时，采用油浴润滑（将齿轮浸入油池中，浸入深度约一个齿高，但不应小于10mm）。当 v>12m/s 时，为了避免搅油损失过大，常采用喷油润滑，如图 2-3-39c 所示。对于速度较低的齿轮传动或开式齿轮传动，可定期人工加润滑油或润滑脂润滑。

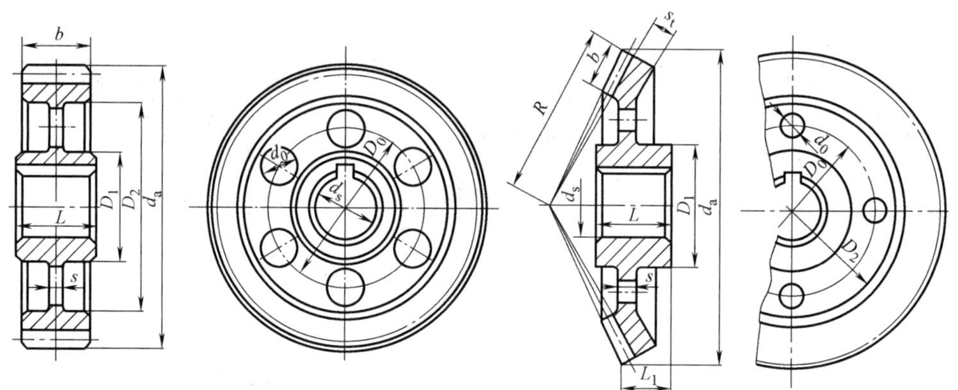

图 2-3-37　腹板式齿轮

注：$D_1=1.6d_S$（钢）；$D_1=1.8d_S$（铸铁）；$d_0=(0.2\sim0.35)(D_2-D_1)$；$D_0=(D_2+D_1)/2$

圆柱齿轮：$D_2=d_a-(10\sim14)m_n$；$L=(1.2\sim1.3)d_S\geqslant b$；$S=(0.2\sim0.3)b$

锥齿轮：$L=(1.1\sim1.2)d_S$；$S\approx(3\sim4)m\geqslant10\text{mm}$；$S_1=(0.1\sim0.17)R$；$L_1$根据结构确定

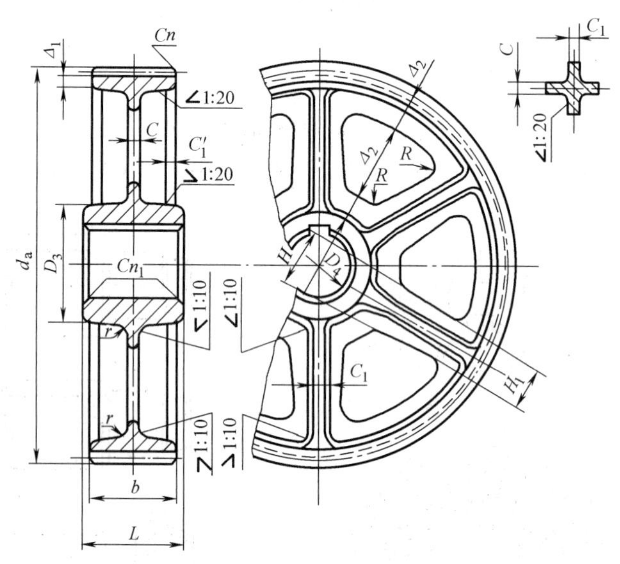

图 2-3-38　轮辐式齿轮结构

注：$D_3=(1.6\sim1.8)D_4$；$H=0.8D_4$；$H_1=0.8H$；$\Delta_1=(5\sim6)m_n$；$\Delta_2=0.2D_4$；$C=0.2H$；$C_1=H/6\geqslant10\text{mm}$；$L=(1.2\sim1.5)D_4$。

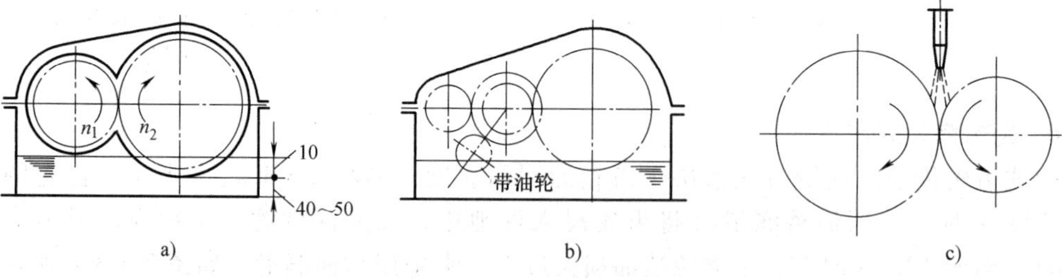

图 2-3-39　齿轮传动的润滑方式

齿轮传动润滑多采用润滑油，润滑油的黏度通常根据齿轮的承受情况和圆周速度来选取。闭式齿轮传动常用的润滑油可参考表 2-3-13 选用。

表 2-3-13 闭式齿轮传动常用的润滑油运动黏度

齿轮材料	抗拉强度 R_m/MPa	圆周速度 v/(m/s)						
		<0.5	0.5~1	1~2.5	2.5~5	5~12.5	12.5~25	>25
		运动黏度 ν(40℃)/cSt						
塑料、铸铁、青铜	—	350	220	150	100	80	55	—
钢	450~1000	500	350	220	150	100	80	55
	1000~1250	500	500	350	220	150	100	80
渗碳或表面淬火的钢	1250~1580	900	500	500	350	220	150	100

2.3.2 蜗杆传动——拓展知识

蜗杆传动用于传递交错轴之间的回转运动。在绝大多数情况下，两轴在空间是互相垂直的，轴交角为 90°，主要由蜗杆和蜗轮组成，如图 2-3-40 所示。它广泛应用在机床、汽车、仪器、起重运输机械、冶金机械以及其他机械制造领域。

1. 蜗杆传动原理及其速比的计算

普通蜗杆是一个具有梯形螺纹的螺杆。与螺杆相同，其螺纹有左旋、右旋和单头、多头之分。常用蜗轮是在一个沿齿宽方向具有弧形轮缘的斜齿轮。一对相啮合的蜗杆传动，其蜗杆、蜗轮轮齿的旋向相同，且螺旋角之和为 90°，即 $\beta_1+\beta_2=90°$（β_1 为蜗杆螺旋角，β_2 为蜗轮螺旋角）。

图 2-3-40 蜗杆传动

蜗杆传动以蜗杆为主动件，蜗轮为从动件。设蜗杆头数为 z_1，通常取 $z_1=1$、2、4，蜗杆头数过多时不易加工，蜗轮齿数为 z_2，通常取 $z_2=27\sim80$。

当蜗杆转动一周时，蜗轮转过 z_1 个齿，即转过 z_1/z_2 圈。当蜗杆转速为 n_1 时，蜗轮的转速为 $n_2=n_1z_1/z_2$。所以蜗杆传动的速比应为

$$i=\frac{n_1}{n_2}=\frac{z_2}{z_1} \tag{2-66}$$

蜗杆传动中，蜗轮的转向可用左右手螺旋定则判断：首先根据蜗杆的旋向，确定判别法则，左旋用左手法则，右旋用右手法则，四指沿蜗杆运动方向，拇指的反向就是蜗轮圆周速度方向（转向）。

2. 蜗杆传动的主要特点

蜗杆传动的主要优点如下：

1）传动比大，机构紧凑。蜗杆头数较少，由式（2-66）可知，蜗杆传动能获得较大的传动比，因此，单级蜗杆传动所得到的速比要比齿轮传动大得多。一般为 $i=10\sim80$，在分度机构中，i 可达 1000 以上，而且结构很紧凑。

2）传动平稳，噪声低。由于蜗杆传动属于啮合传动，蜗杆齿是连续的螺旋齿，与蜗轮逐渐进入和退出啮合，且同时啮合的齿数对较多，故传动平稳、噪声低。

3）有自锁作用。如果蜗杆的导程角较小，只能蜗杆驱动蜗轮，蜗轮却不能驱动蜗杆，这种现象称为自锁。在图 2-3-41 所示的简易起重设备中，应用了蜗杆传动的自锁性能，当

加力于蜗杆使之转动时，重物就被提升，当蜗杆停止加力时，重物也不因自重而下落。

蜗杆传动的主要缺点如下：

1）轮齿间相对滑动速度较大，易发生齿面磨损和胶合，效率低。蜗杆传动工作时，因蜗杆与蜗轮的齿面之间存在着剧烈的滑动摩擦，所以易发生齿面磨损和发热，传动效率较低（一般 $\eta=0.7\sim0.8$，对具有自锁性的传动，$\eta=0.4\sim0.5$）。由于蜗杆传动存在这一缺点，故其用于传递功率在 50kW 以下，滑动速度在 15m/s 以下的机械设备中。

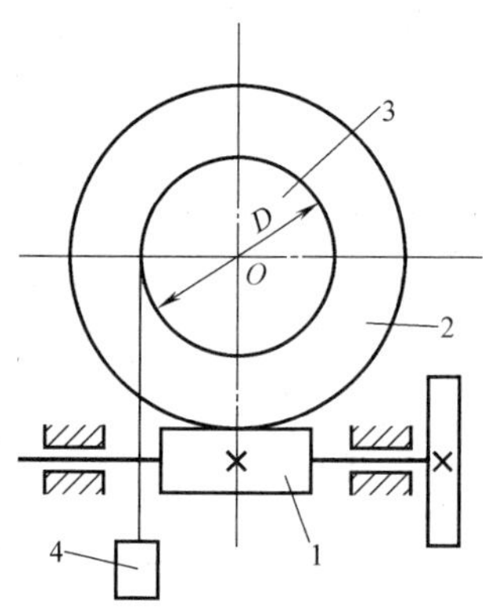

图 2-3-41 蜗杆的自锁作用
1—蜗杆 2—蜗轮
3—卷筒 4—重物

2）成本较高。为了减小磨损，蜗轮齿圈常用减磨材料（铜合金、铝合金）制造，故其成本较高。

3）蜗杆传动对制造安装误差比较敏感，对中心距尺寸精度要求较高。

随着加工工艺技术的发展和新型蜗杆传动技术的不断出现，蜗杆传动的优点得到进一步的发扬，而其缺点得到较好的克服。因此，蜗杆传动已普遍应用于各类运动与动力传动装置中。

2.3.3 轮系——拓展知识

在现代机械中，为了满足不同的工作要求，仅用一对齿轮传动或蜗杆传动往往是不够的，通常需要采用一系列相互啮合的齿轮（包括蜗杆传动）组成的传动系统将主动轴的运动传给从动轴。这种由一系列齿轮组成的传动系统成为轮系。

轮系在各种机械设备中获得广泛应用，它的功用可以概括为以下几个方面：①可以一根轴带动几根轴，以实现分路传动或获得多种转速；②可以实现较远轴之间的运动和动力的传递；③可以获得较大的传动比；④可实现运动的合成与分解；⑤可以实现变速或换向传动等。

轮系类型很多，通常按轮系在传动时各齿轮的轴线相对机架的位置是否固定，分为定轴轮系和周转轮系两大类。若轮系中同时包含定轴轮系和周转轮系或多个周转轮系串联在一起，则称为复合轮系。

1. 定轴轮系

在运转过程中，每个齿轮轴线的位置都是固定不变的，这种所有齿轮的轴线位置在运转过程中均固定不动的轮系，称为普通轮系或定轴轮系。图 2-3-42a 所示为全部由圆柱齿轮组成的平面轴轮系，图 2-3-42b 包含有锥齿轮和蜗杆传动的空间定轴轮系。

（1）定轴轮系的传动比　在图 2-3-42a 所示的平面定轴轮系中，由于各个齿轮的轴线相互平行，根据一对外啮合齿轮副的相对转向相反、一对内啮合齿轮副的相对转向相同的关系，如果已知各轮的齿数和转速，则各对齿轮副的传动比为

$$i_{12}=\frac{n_1}{n_2}=-\frac{z_2}{z_1} \qquad i_{2'3}=\frac{n_{2'}}{n_3}=\frac{z_3}{z_{2'}}$$

$$i_{3'4}=\frac{n_{3'}}{n_4}=-\frac{z_4}{z_{3'}} \qquad i_{45}=\frac{n_4}{n_5}=-\frac{z_5}{z_4}$$

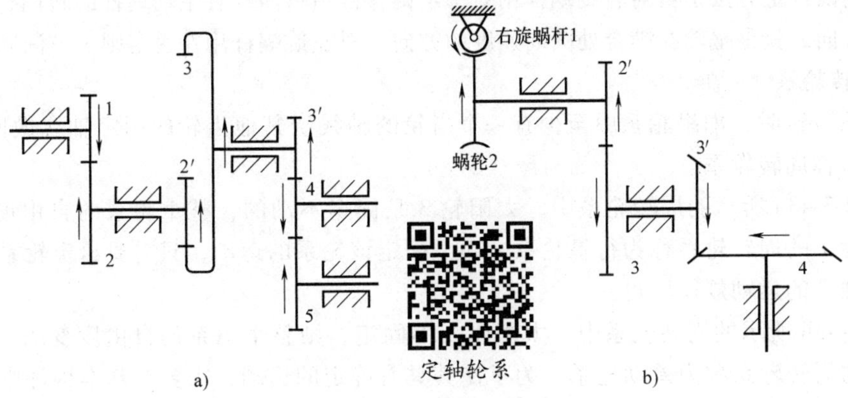

图 2-3-42　定轴轮系

将以上各式等号两边连乘后得

$$i_{12}i_{2'3}i_{3'4}i_{45}=\frac{n_1n_{2'}n_3n_4}{n_2n_3n_4n_5}=(-1)^3\frac{z_2z_3z_4z_5}{z_1z_{2'}z_{3'}z_4}$$

因此

$$i_{15}=\frac{n_1}{n_5}=-\frac{z_2z_3z_5}{z_1z_{2'}z_{3'}}$$

由上可知，定轴轮系首、末两轮的传动比等于组成轮系的各对齿轮传动比的连乘积，其大小等于所有从动轮齿数的连乘积与所有主动轮齿数的连乘积之比，其正负号则取决于外啮合的次数。传动比为正号时表示首、末两轮的转向相同，为负号时表示首、末两轮的转向相反。

假设定轴轮系首末两轮的转速分别为 n_F 和 n_L，则传动比的一般表达式是

$$i_{FL}=\frac{n_F}{n_L}=(-1)^m\frac{\text{从 F 到 L 之间所有从动轮齿数连乘积}}{\text{从 F 到 L 之间所有主动轮齿数连乘积}} \tag{2-67}$$

式中　m——轮系从齿轮 F 到齿轮 L 的外啮合次数；

n_F、n_L——首、末齿轮转速（r/min），都是代数量（既有大小，又有方向）。

在图 2-3-42a 所示的定轴轮系中，齿轮 4 与齿轮 3′和齿轮 5 同时啮合。齿轮 4 和齿轮 3′啮合时，它为从动轮，和齿轮 5 啮合时，它为主动轮，因此在计算公式的分子和分母中都出现齿数 z_4，而互相抵消，说明齿轮 4 的齿数不影响传动比的大小。但是由于它的存在而增加了一次外啮合，改变了轮系末轮的转向。这种齿轮称为惰轮。

（2）定轴轮系传动比符号的确定方法

1）对于图 2-3-42a 所示的平面定轴轮系，可以根据轮系中从齿轮 F 到齿轮 L 的外啮合次数 m，采用 $(-1)^m$ 来确定；也可以采用画箭头的方法，从轮系的首轮开始，根据齿轮内外啮转向的关系，依次对各个齿轮标出转向。最后，根据轮系首、末齿轮的转向，判定传动比的符号。

2）对于图 2-3-42b 所示的空间定轴轮系，由于是包含有锥齿轮或蜗杆传动的定轴轮系，各轮的轴线不平行，则只能采用画箭头的方法确定传动比的符号。

对于锥齿轮传动，表示齿轮副转向的箭头同时指向或同时背离啮合处。对于蜗杆传动，从

动蜗轮转向的判定方法是：对右旋蜗杆用右手定则，四指弯曲顺着主动蜗杆的转向，与拇指指向相反的方向，就是蜗轮在啮合处圆周速度的方向。对左旋蜗杆用左手定则，方法同上。

2. 周转轮系

当轮系运转时，如果轮系中至少有一个齿轮的轴线绕其他齿轮的固定轴线做回转运动，则这种轮系称周转轮系。

在图 2-3-43a 所示的周转轮系中，太阳轮 3 是固定不动的，整个轮系的自由度为 1。这种自由度为 1 的周转轮系称为行星轮系。为了确定该轮系的运动，只需要给定轮系中一个基本构件以独立的运动规律即可。

图 2-3-43b 所示的周转轮系中，太阳轮 3 不固定，则整个轮系的自由度变为 2。这种自由度为 2 的周转轮系称为差动轮系。为了使其具有确定的运动，需要在基本构件中给定两个原动件。

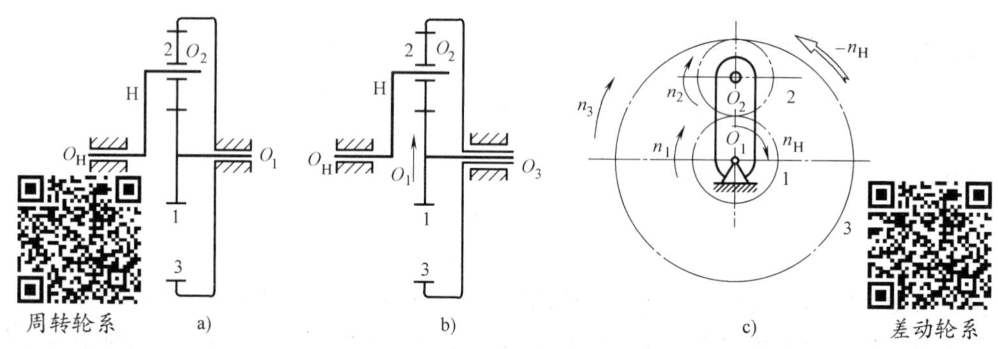

图 2-3-43　周转轮系

a）行星轮系　b）差动轮系

（1）周转轮系的传动比　由于周转轮系中包含几何轴线可以运动的行星轮，因此它的传动比不能直接使用定轴轮系传动比的计算公式（2-67）来进行计算。因为行星轮相对系杆旋转，并且系杆本身也在运动，这里有一个相对运动的问题，可用反转法，将坐标原点固定在系杆 H 的旋转中心上，这样在新坐标系下周转轮系中的系杆相对固定，但是系杆与各个构件之间的相对运动保持不变，则可将周转轮系转化为假想的定轴轮系（称为转化机构），这样就可以按照式（2-67）建立转化机构的相对传动比方程，求解未知量。这种计算方法称为转化机构法。

图 2-3-43b 所示的 2K-H 型单排内外啮合周转轮系，假设已知各轮和系杆的绝对转速分别为 n_1、n_2、n_3 和 n_H，都是顺时针方向。根据反转法，整个周转轮系相对于系杆有一个公共转速 $-n_H$（图 2-3-43c），各个构件的相对转速就要发生变化，结果为

$$n_1^H = n_1 - n_H; \quad n_2^H = n_2 - n_H; \quad n_3^H = n_3 - n_H; \quad n_H^H = n_H - n_H = 0$$

转化机构中各个构件之间的相对运动关系保持不变。但是，系杆的相对转速变成 $n_H^H = 0$，转化机构变成一个假想的定轴轮系。

因此，可以按照式（2-67）建立该转化机构的相对传动比方程，即

$$i_{13}^H = \frac{n_1^H}{n_3^H} = \frac{n_1 - n_H}{n_3 - n_H} = (-1)^1 \frac{z_2 z_3}{z_1 z_2} = -\frac{z_3}{z_1}$$

注意，上式右边的负号只能表示齿轮 1 与齿轮 3 在转化机构中转向相反，并不能说明它们在周转轮系中的绝对转速 n_1 与 n_3 的方向就一定相反，它还取决于周转轮系中 z_1、z_3，以及 n_1、n_3 和 n_H的值。

一般而言，假设周转轮系首轮 F、末轮 L 和系杆 H 的绝对转速分别为 n_F，n_L和 n_H，其转化机构传动比的一般表达式是

$$i_{FL}^{H}=\frac{n_F-n_H}{n_L-n_H}=(-1)^m\frac{\text{从 F 到 L 之间所有从动轮齿数连乘积}}{\text{从 F 到 L 之间所有主动轮齿数连乘积}} \tag{2-68}$$

如果已知周转轮系中各轮齿数以及 n_F、n_L和 n_H三个运动参数中的任意两个，就可以按照式（2-68）计算出另外一个运动参数，从而计算出周转轮系任意两个构件的传动比。应用式（2-68）计算转化机构传动比时，应当注意：

1）构件 F、L 和 H 的绝对转速 n_F、n_L和 n_H都是代数量（既有大小，又有方向）。在其轴线互相平行的条件下，各构件的绝对转速关系，在与轴线平行的平面上，将表现为代数量的关系。所以，在应用该计算公式时，n_F、n_L和 n_H都必须带有表示本身转速方向的正号或负号。一般可假定某绝对转速的方向为正，与之相反的则为负。

2）转化机构中构件的相对转速 n_F^H和 n_L^H并不等于实际周转轮系中构件的绝对转速 n_F和 n_L，故周转轮系的绝对传动比 i_{FL}不等于其转化机构的相对传动比 i_{FL}^H。

3）对于混合轮系（轮系既包含周转轮系又有定轴轮系），式（2-68）仅适用于其中的周转轮系部分，因而不能将整个轮系纳入式（2-68）计算。

（2）周转轮系传动比符号的确定方法　在周转轮系计算公式（2-68）等号右边的正负号 $(-1)^m$，仍然按照齿轮副外啮合次数确定，它不仅表明轮系首、末齿轮 F、L 在转化机构中的相对转速 n_F^H和 n_L^H方向的相互关系，而且影响周转轮系绝对传动比的大小和正负号。

为了能够正确判定转化机构中各构件的相对转向，也可以假定某相对转速的方向为正，然后根据各构件的啮合与运动关系，采用标注虚箭头的方法确定其余构件的相对转速方向，以便与通常在实际周转轮系中用来表示构件绝对转速方向的实箭头区别开来。

3. 混合轮系

混合轮系是由定轴轮系和周转轮系，或是由几个基本周转轮系组成的复杂轮系。计算混合轮系的传动比，必须分析轮系类型及其组成。主要有两个方面的任务：一是将混合轮系中的几个基本周转轮系区别开来，或是将混合轮系中的基本周转轮系部分与定轴轮系部分区别开来；二是找出各部分的内在联系。

分析混合轮系中是否包含周转轮系，可以根据周转轮系的特点进行判断。轴线可动的行星轮、支持行星轮转动的系杆（它的外形不一定像杆件，可以是滚筒、转动壳体或齿轮本身，系杆的符号也不一定是 H）以及与行星轮啮合且轴线与周转轮系主轴线重合的太阳轮，组成一个基本周转轮系。没有行星轮，所有齿轮轴均固定的部分就是定轴轮系。将混合轮系分解成若干个基本轮系后，就可以分别对定轴轮系应用式（2-67）和对周转轮系转化机构应用式（2-68）列出多个传动比方程式，再根据它们的内在联系（如相关构件之间是刚性联接，它们的绝对转速相同）进行联立求解。

【例 5-1】 图 2-3-44 所示的电动卷扬机减速器中，齿轮 1 为主动轮，动力由卷筒 H 输出。各轮齿数为 $z_1=24$，$z_2=33$，$z_2'=21$，$z_3=78$，$z_3'=18$，$z_4=30$，$z_5=78$。求 i_{1H}。

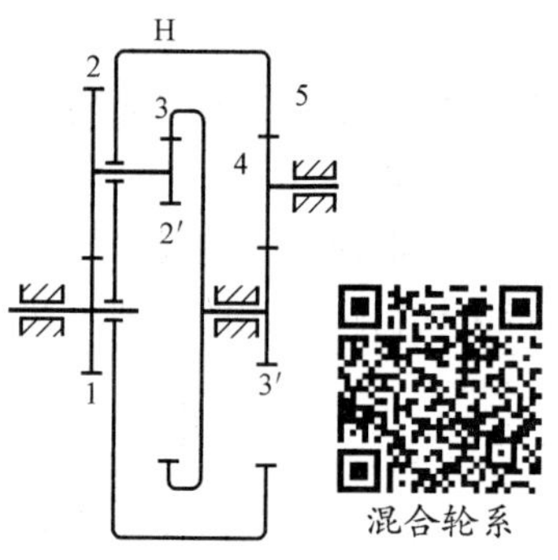

图 2-3-44 电动卷扬机减速器

解：(1) 分解轮系　在该轮系中，双联齿轮 2-2′的几何轴线是绕着齿轮 1 和齿轮 3 的轴线转动的，所以是行星轮；支持它运动的构件（卷筒 H）就是系杆；和行星轮相啮合且绕固定轴线转动的齿轮 1 和齿轮 3 是两个太阳轮。这两个太阳轮都能转动，所以齿轮 1、2-2′、3 和系杆 H 组成一个 2K-H 型双排内外啮合的差动轮系。剩下的齿轮 3′、4、5 是一个定轴轮系。两者合在一起构成混合轮系。

(2) 分析混合轮系的内部联系　定轴轮系中内齿轮 5 与差动轮系中系杆 H 是同一构件，因而 $n_5=n_H$；定轴轮系中齿轮 3′与差动轮系太阳轮 3 是同一构件，因而 $n_{3'}=n_3$。

(3) 求传动比　对定轴轮系，齿轮 4 是惰轮，根据式 (2-67) 得

$$i_{3'5}=\frac{n_{3'}}{n_5}=-\frac{z_5}{z_{3'}}=-\frac{78}{18}=-\frac{13}{3} \tag{a}$$

对差动轮系的转化机构，根据式 (2-68) 得

$$i_{13}^{H}=i_{13}^{5}=\frac{n_1-n_H}{n_3-n_H}=-\frac{z_2z_3}{z_1z_{2'}}=-\frac{33\times78}{24\times21}=-\frac{143}{28} \tag{b}$$

由式 (a) 得

$$n_{3'}=n_3=-\frac{13}{3}n_5=-\frac{13}{3}n_H$$

代入式 (b)

$$\frac{n_1-n_H}{-\frac{13}{3}n_H-n_H}=-\frac{143}{28}$$

得

$$i_{1H}=28.24$$

[任务实施]

根据前面项目任务描述中的带式输送机（图 2-0-1）的设计要求，对其进行减速器上的齿轮传动设计。

1. 高速级齿轮的设计

(1) 重新计算减速器高速轴的运动参数和动力参数　用于带传动的实际传动比与事先所分配的传动比有变化，故减速器各轴的转速和所受到的扭矩也随之发生变化。为使设计更为精确，必须重新计算这些参数。结果如下：

$$n_{\text{I}}=\frac{n_e}{i_{带}}=\frac{n_e}{d_{d2}/d_{d1}}=\frac{1460\text{r/min}}{250/140}=817.600\text{r/min}$$

$$P_{\text{I}}=14.4\text{kW}$$

$$T_{\text{I}}=9550\frac{P_{\text{I}}}{n_{\text{I}}}=9550\times\frac{14.4}{817.600}\text{N}\cdot\text{m}=168.200\text{N}\cdot\text{m}$$

(2) 选择齿轮材料及热处理　查表 2-3-4，小齿轮选用 45 钢，调质，硬度为 217～265HBW，取 260HBW；大齿轮选用 45 钢，调质，硬度为 217～265HBW，取 220HBW。由

表 2-3-5得，两齿轮的硬度差为 260HBW−220HBW = 40HBW，合适。

（3）选择精度等级及齿数　查表 2-3-12，初步选 8 级精度。

初选小齿轮齿数 $z_1 = 31$，大齿轮齿数 $z_2 = i_{高速齿} z_1 = 5.4 \times 31 = 167.4$，圆整取 $z_2 = 167$。

实际传动比

$$i_{高速齿} = \frac{z_2}{z_1} = \frac{167}{31} = 5.387$$

（4）按齿面接触疲劳强度设计

1）设计公式

$$d_1 \geqslant \sqrt[3]{\left(\frac{Z}{[\sigma_H]}\right)^2 \frac{KT_1(u \pm 1)}{\phi_d u}}$$

2）确定各参数值。因载荷变化不大，齿轮相对轴承对称布置，查表 2-3-6 取载荷系数 $K = 1.1$。

查表 2-3-8 取齿宽系数 $\phi_d = 1.2$。

查表 2-3-7 取弹性系数 $Z_E = 189.8\sqrt{\text{MPa}}$。

对于斜齿轮，$Z = 3.11 Z_E = 3.11 \times 189.8\sqrt{\text{MPa}} = 590.278\sqrt{\text{MPa}}$。

许用接触应力 $[\sigma_H] = \dfrac{K_{HN}\sigma_{Hlim}}{S_{Hmin}}$

由表 2-3-10 得　$\sigma_{Hlim1} = 348.3 + \text{HBW}_1 = (348.3 + 260)\text{MPa} = 608.3\text{MPa}$

$\sigma_{Hlim2} = 348.3 + \text{HBW}_2 = (348.3 + 220)\text{MPa} = 568.3\text{MPa}$

由表 2-3-11 得　$S_{Hmin} = 1.1$

应力循环次数　$N_1 = 60 n_1 j L_h = 60 \times 817.600 \times 1 \times (12 \times 300 \times 15) = 2.65 \times 10^9$

$N_2 = N_1 / i_2 = 2.65 \times 10^9 / 5.387 = 4.92 \times 10^8$

由图 2-3-31，得 $K_{HN1} = 1$；$K_{HN2} = 1$

$$[\sigma_H]_1 = \frac{K_{HN1}\sigma_{Hlim1}}{S_{Hmin}} = \frac{1 \times 608.3}{1.1}\text{MPa} = 553\text{MPa}$$

$$[\sigma_H]_2 = \frac{K_{HN2}\sigma_{Hlim2}}{S_{Hmin}} = \frac{1 \times 568.3}{1.1}\text{MPa} = 516.636\text{MPa}$$

由于 $[\sigma_H]_2 < [\sigma_H]_1$，因此应取小值 $[\sigma_H]_2$ 代入。

3）计算。将以上各参数值代入设计公式计算小齿轮分度圆直径 d_1 得

$$d_1 \geqslant \sqrt[3]{\left(\frac{Z}{[\sigma_H]}\right)^2 \frac{KT_1(u \pm 1)}{\phi_d u}} = \sqrt[3]{\left(\frac{590.278}{516.636}\right)^2 \times \frac{1.1 \times 168200 \times (5.387 + 1)}{1.2 \times 5.387}}\text{mm} = 62.026\text{mm}$$

（5）确定齿轮传动的主要参数数值

1）初选螺旋角 $\beta = 9°$。

2）法向模数 $m_n = \dfrac{d_1 \cos\beta}{z_1} \geqslant \dfrac{62.026\text{mm} \times \cos 9°}{31} = 1.976\text{mm}$

根据表 2-3-1，模数取标准值 $m_n = 2\text{mm}$。

3）中心距　$a = \dfrac{m_n(z_1 + z_2)}{2\cos\beta} = \dfrac{2\text{mm} \times (31 + 167)}{2 \times \cos 9°} = 200.468\text{mm}$

对中心距圆整，取 $a=200\text{mm}$。

4）修正螺旋角

$$\cos\beta=\frac{m_n(z_1+z_2)}{2a}=\frac{2\times(31+167)}{2\times200}=0.99$$

$$\beta=\arccos0.99=8.10961°=8°6'34''$$

5）其他主要尺寸

$$d_1=\frac{m_nz_1}{\cos\beta}=\frac{2\times31}{0.99}\text{mm}=62.626\text{mm}\text{（大于不发生齿面疲劳点蚀的最小值，安全）}$$

$$d_2=\frac{m_nz_2}{\cos\beta}=\frac{2\times167}{0.99}\text{mm}=337.374\text{mm}$$

$$b=\phi_d\times d_1=1.2\times62.626\text{mm}=75.151\text{mm}$$

取 $b=80\text{mm}$，$b_2=b=80\text{mm}$，$b_1=b_2+(5\sim10)\text{mm}$，取 $b_1=86\text{mm}$。

（6）校核轮齿齿根弯曲疲劳强度

1）用公式 $\sigma_F=\frac{KT_1\cos\beta}{d_1bm_n}YY_{FS}\leqslant[\sigma_F]$ 校核，如果满足条件，则说明校核合格。

2）许用弯曲应力 $[\sigma_F]$。

由表 2-3-10 得　$\sigma_{Flim1}=320+0.45\text{HBW}_1=(320+0.45\times260)\text{MPa}=437\text{MPa}$

$\sigma_{Flim2}=320+0.45\text{HBW}_2=(320+0.45\times220)\text{MPa}=419\text{MPa}$

由表 2-3-11 得　$S_{Fmin}=1.2$

应力循环次数（前面已计算）$N_1=2.65\times10^9$；$N_2=4.92\times10^8$

由图 2-3-32，得到 $K_{FN1}=1$；$K_{FN2}=1$

$$[\sigma_F]_1=\frac{K_{FN1}\sigma_{Flim1}}{S_{Fmin}}=\frac{1\times437}{1.2}\text{MPa}=364.167\text{MPa}$$

$$[\sigma_F]_2=\frac{K_{FN2}\sigma_{Flim2}}{S_{Fmin}}=\frac{1\times419}{1.2}\text{MPa}=349.167\text{MPa}$$

3）当量齿数 z_v。由 $z_1=31$，$z_2=167$，$\beta=8.10961°$，确定斜齿轮的当量齿数，即

$$z_{v1}=\frac{z_1}{\cos^3\beta}=\frac{31}{0.99^3}=31.95$$

$$z_{v2}=\frac{z_2}{\cos^3\beta}=\frac{167}{0.99^3}=172.11$$

4）复合齿形系数 Y_{FS}。查表 2-3-9（用插入法）得

$Y_{FS1}=Y_{F1}\times Y_{S1}=2.5141\times1.6374=4.117$，　$Y_{FS2}=Y_{F2}\times Y_{S2}=2.1512\times1.8577=3.996$

5）常数系数 Y。对斜齿轮 $Y=1.6$。

6）将以上各参数值代入校核公式得

$$\sigma_{F1}=\frac{KT_1\cos\beta}{d_1bm_n}YY_{FS1}=\frac{1.1\times168200\times0.99}{62.626\times80\times2}\times1.6\times4.117\text{MPa}=120.415\text{MPa}<[\sigma_F]_1$$

$$\sigma_{F2}=\sigma_{F1}\frac{Y_{FS2}}{Y_{FS1}}=120.415\times\frac{3.996}{4.117}\text{MPa}=116.876\text{MPa}<[\sigma_F]_2$$

结论：齿根弯曲疲劳强度校核合格。

（7）齿轮参数和几何尺寸计算结果（表 2-3-14）

（8）验算齿轮的圆周速度，确定齿轮的传动精度

齿轮的圆周速度 $$v=\frac{\pi d_1 n_1}{60\times1000}=\frac{\pi\times62.626\times817.6}{60\times1000}\text{m/s}=2.681\text{m/s}$$

查表 2-3-12，应选 9 级精度，但考虑中小制造厂一般为滚齿制造，故选 8 级精度。

（9）齿轮结构设计　小齿轮 $d_{f1}=57.626$mm，若与轴分开制造，则中心开孔，孔径由高速轴设计时确定（约为 62mm），那么小齿轮的齿根圆直径将会小于轴孔直径，故小齿采用齿轮轴；大齿轮齿顶圆直径 $d_{a2}=341.374$mm，采用锻造的腹板式结构，具体尺寸计算略。

（10）齿轮传动的润滑　由于齿轮圆周速度 $v=2.681\text{m/s}<12\text{m/s}$，因此齿轮传动采用油浴润滑。齿轮浸油深度以高速级齿轮 2 大约浸油一个齿高。

2. 低速级齿轮的设计

（1）重新计算减速器中间轴的运动参数和动力参数

$$n_{\text{II}}=\frac{n_{\text{I}}}{i_{\text{高速齿}}}=\frac{n_{\text{I}}}{z_2/z_1}=\frac{817.600}{167/31}\text{r/min}=151.770\text{r/min}$$

$$P_{\text{II}}=13.828\text{kW}$$

$$T_{\text{II}}=9550\frac{P_{\text{II}}}{n_{\text{II}}}=9550\times\frac{13.828}{151.770}\text{N}\cdot\text{m}=870.115\text{N}\cdot\text{m}$$

（2）重新计算低速级齿轮传动的传动比　用于带传动和高速级齿轮传动的实际传动比都与事先分配的传动比有变化，为使设计更为精确，必须重新计算低速级齿轮传动的传动比。

$$i_{\text{总}}=39.2031,\quad i_{\text{带}}=1.786,\quad i_{\text{高速齿}}=5.387,\quad i_{\text{低速齿}}=\frac{i_{\text{总}}}{i_{\text{带}}i_{\text{高速齿}}}=\frac{39.2031}{1.786\times5.387}=4.075$$

（3）选择齿轮材料及热处理、精度等级及齿数　小齿轮选用 40Cr 钢调质处理，取硬度为 285HBW；大齿轮选用 40Cr 钢调质处理，取硬度为 245HBW。

初选 8 级精度，初选小齿轮齿数 $z_3=39$，大齿轮齿数 $z_4=i_{\text{低速齿}}\cdot z_3=4.075\times39=158.925$，圆整取 $z_4=159$。

实际传动比为 $$i_{\text{低速齿}}=\frac{z_4}{z_3}=\frac{159}{39}=4.077$$

（4）按齿面接触疲劳强度进行设计计算，再校核齿根弯曲疲劳强度，具体设计及校核过程从略，齿轮参数及几何尺寸计算结果列于表 2-3-14。

表 2-3-14　高速级与低速级齿轮参数及几何尺寸

参数或几何尺寸	符号	高速级齿轮		低速级齿轮	
		小齿轮	大齿轮	小齿轮	大齿轮
法向模数	m_n/mm	2		2.5	
法向压力角	α_n	20°		20°	
法面齿顶高系数	h_{an}^*	1		1	
法面顶隙系数	c_n^*	0.25		0.25	

（续）

参数或几何尺寸	符号	高速级齿轮		低速级齿轮	
		小齿轮	大齿轮	小齿轮	大齿轮
分度圆柱螺旋角	β	左旋 8°06′34″	右旋 8°06′34″	右旋 8°06′34″	左旋 8°06′34″
齿数	z	31	167	39	159
齿顶高	h_a/mm	2	2	2.5	2.5
齿根高	h_f/mm	2.5	2.5	3.125	3.125
分度圆直径	d/mm	62.626	337.374	98.485	401.515
齿顶圆直径	d_a/mm	66.626	341.374	103.485	406.515
齿根圆直径	d_f/mm	57.626	332.374	92.235	395.265
齿宽	b/mm	86	80	106	100
传动中心距	a/mm	200		250	

（5）齿轮的圆周速度、传动精度及润滑方式　齿轮的圆周速度 $v=0.783\text{m/s}$，滚齿制造，选为 8 级精度，采用油浴润滑，齿轮浸油深度以低速级齿轮 4 的 1/6 半径为宜。

（6）齿轮的结构　小齿轮采用锻造的实心式齿轮（与轴分离），大齿轮采用锻造的孔板式齿轮。

（7）精确计算输送带线速度

$$n_w=\frac{n_e}{i_{带}i_{高速齿}i_{低速齿}}=\frac{1460\text{r/min}}{1.786\times5.387\times4.077}=37.221\text{r/min}$$

$$v=\frac{\pi Dn_w}{60\times1000}=\frac{\pi\times400\times37.221}{60\times1000}\text{m/s}=0.7795\text{m/s}$$

$$\Delta v=\frac{|v-v_0|}{v_0}\times100\%=\frac{|0.7795-0.78|}{0.78}\times100\%=0.064\%<3\%$$

符合工作要求。

[自我评估]

1. 一对齿轮传动，如何判断大、小齿轮中哪个齿面不易产生疲劳点蚀？哪个齿轮不易产生弯曲疲劳折断？并简述其理由。

2. 在闭式软齿面圆柱齿轮设计中，为什么在满足弯曲强度条件下，z_1 尽可能选多一些有利？试简述其理由。

3. 有一闭式齿轮传动，满载工作几个月后，发现硬度为 200~240HBW 的齿轮工作表面上出现小的凹坑。试问：（1）这是什么现象？（2）如何判断该齿轮是否可以继续使用？（3）应采取什么措施？

4. 有两对斜齿圆柱齿轮传动，主动轴传递的功率 $P_1=13\text{kW}$，$n_1=200\text{r/min}$，齿轮的法向模数 $m_n=4\text{mm}$，齿数 $z_1=60$ 均相同，仅螺旋角分别为 9°与 18°。试求各对齿轮传动轴向力的大小？

5. 两级圆柱齿轮传动中，若一级为斜齿，另一级为直齿，试问斜齿圆柱齿轮应置于高速级还是低速级？为什么？若为直齿锥齿轮和圆柱齿轮所组成的两级传动，锥齿轮应置于高速级还是低速级？为什么？

6. 某传动装置采用一对闭式软齿面标准直齿圆柱齿轮，齿轮参数 $z_1=20$，$z_2=54$，$m=$

4mm。加工时误将箱体孔距镗大为 $a'=150$mm。齿轮尚未加工，应采取何种方法进行补救？新方案的齿轮强度能满足要求吗？

7. 在技术改造中拟使用两个现成的标准直齿圆柱齿轮。已测得齿数 $z_1=22$，$z_2=98$，小齿轮齿顶圆直径 $d_{a1}=240$mm，大齿轮的齿全高 $h=22.5$mm，试判断这两个齿轮能否正确啮合？传动比为多少？中心距呢？

8. 有一对标准斜齿圆柱齿轮传动，已知 $z_1=24$，$z_2=38$，中心距 $a=185$mm，小齿轮齿顶圆直径 $d_{a1}=147.674$mm，正常齿制。试求该对齿轮的法向模数、端面模数、端面压力角和螺旋角。

9. 有一单级闭式直齿圆柱齿轮传动。已知小齿轮材料为 45 钢，调质处理，齿面硬度为 250HBW，大齿轮材料为 ZG45，正火处理，硬度为 190HBW，$m=4$mm，齿数 $z_1=25$，$z_2=73$，齿宽 $b_1=84$mm，$b_2=78$mm，8 级精度，齿轮在轴上对称布置，齿轮传递功率 $P_1=4$kW，转速 $n_1=720$r/min，单向转动，载荷有中等冲击，用电动机驱动。试校核齿轮传动的强度。

10. 设计一由电动机驱动的闭式斜齿圆柱齿轮传动。已知：$P_1=22$kW，$n_1=730$r/min，传动比 $i=4.5$，齿轮精度等级为 8 级，齿轮在轴上对轴承作不对称布置，单轴的刚性较大，载荷平稳，单向转动，两班制工作，工作寿命为 20 年。

11. 如何计算蜗杆传动的速度比？蜗杆传动的主要优缺点是什么？一般适用于什么场合？

12. 在图 2-3-45 所示的钟表机构中，s、m 及 h 分别表示秒针、分针和时针，已知各轮齿数为：$z_1=72$，$z_2=12$，$z_{2'}=64$，$z_{2''}=z_3=z_4=8$，$z_{3'}=60$，$z_5=z_6=24$，$z_{5'}=6$。试求分针与秒针之间的传动比 i_{ms}，以及分针与时针之间的传动比 i_{mh}。

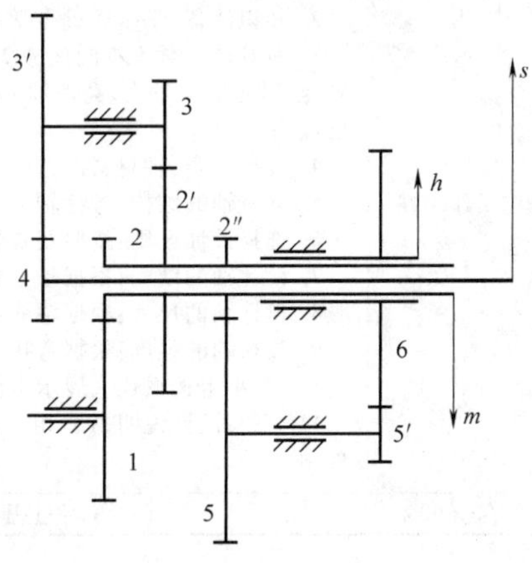

图 2-3-45 钟表机构

13. 在图 2-3-46 所示自行车里程表机构中，C 为车轮轴，已知各轮齿数：$z_1=17$，$z_3=23$，$z_4=19$，$z_4'=15$，$z_5=24$。假设车轮行驶时的有效直径为 0.7m，当车行 1km 时，表上指针刚好回转一周。试求齿轮 2 的齿数 z_2，并且说明该轮系的类型和功能。

14. 在图 2-3-47 所示手动葫芦中，S 为手动链轮，H 为起重链轮。已知各轮齿数 $z_1=12$，$z_2=28$，$z_2'=14$，$z_3=64$，试求传动比 i_{SH}。

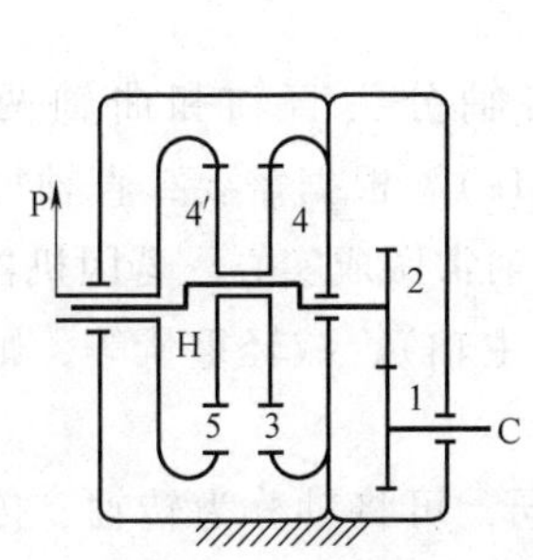

图 2-3-46 自行车里程表机构

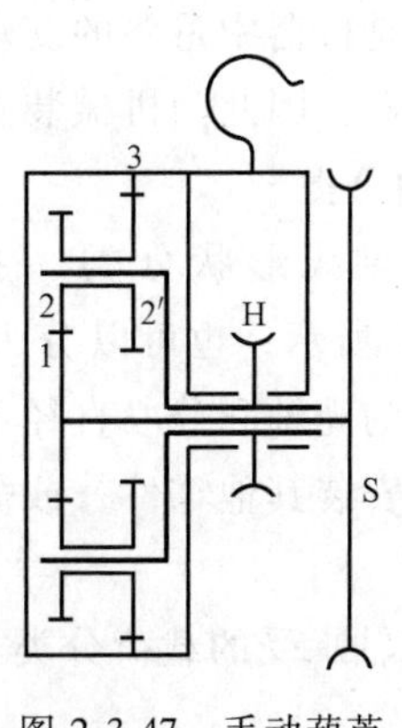

图 2-3-47 手动葫芦

任务 2.4　轴的结构设计

任务目标	1. 轴是比较重要的零件,通过理论与实际的结合,学生的专业能力和职业能力有一定的提高。 2. 通过进行轴的结构设计,学生应掌握轴的工作原理、轴的装拆顺序,理解轴的功用和类型,掌握轴的常用材料,学会轴的强度计算方法、轴上零件的定位方法,绘制出轴的零件图。 3. 拓展学生的思路,对轴的轴向和周向固定可采用的多种方法进行比较,开发学生的创新思维能力,并让学生明白设计上出问题时,会有哪些失效形式。
工作任务内容	对项目任务描述中的带式输送机所用的减速器进行高速轴、中间轴和低速轴的结构设计(若为一级齿轮传动,则无中间轴)。 1. 所有计算数据查阅任务 2.1~任务 2.3。 2. 设计包含:轴的材料选择、轴的结构设计和工作能力计算、轴上零部件的安装和定位以及零部件的初步选择等。
基本工作思路	1. 明确工作任务:根据工作任务内容要求分析与设计带式输送机所用的减速器轴的结构和轴系零部件。各小组认真制定完成任务的方案,包括完成任务的方法、进度、具体分工情况等。 2. 知识储备:学生通过自学和教师辅导,掌握完成本项工作任务所需要的理论知识。 3. 所有计算数据查阅任务 2.1~任务 2.3:由前三个任务可知,减速器的高速轴所传递的功率、转矩、转速、带轮的压轴力、高速轴上的齿轮分度圆直径以及圆周力、径向力、轴向力、电动机轴径等数据都已经确定。 4. 设计内容:轴材料的选择、轴结构设计和工作能力计算、轴上零部件的定位及初步选择等。 5. 分析轴的结构:考虑轴上零件、定位、工艺性及拆装,分析一般机器中轴结构的合理性。 6. 选择设计原则:按照扭转强度设计轴的最小直径。 7. 设计轴的结构:根据轴上的零件,考虑零件定位等各方面因素,设计合理的结构。 8. 设计轴的尺寸:根据轴的结构和轴最小直径,推算各段轴的直径和长度。 9. 校核轴的强度:根据弯扭组合强度校核轴的安全性。 10. 各小组选派代表展示工作成果,阐述任务完成情况,师生共同分析、评价。 11. 书写设计说明书和相关的技术文件,应包括其他定位件名称、尺寸和必要的零件图、轴的零件图。

成果评定(60%)		学习过程评价(30%)		团队合作评价(10%)	

[相关知识链接]

2.4.1　轴的概述

轴是机器中重要的支承零件，熟悉轴的类型、特点及应用，掌握轴的设计和计算是机械类各专业学生必备的专业能力。

轴承也是机器中重要的支承零件，用于支承轴和轴上零件，轴承必须具有一定的承载能力和使用寿命，因此为机械装置选择合适的轴承型号非常重要。

1. 轴的分类

（1）按轴线形状分类　按轴线的形状不同，可将轴分为直轴和曲轴两大类，如图 2-4-1a、b 所示；也可以分为刚性轴和挠性轴（图 2-4-1c）。根据需要，直轴可设计成各处直径相同的光轴和分段直径不同的阶梯轴两种类型。直轴常做成实心。若因机器结构的要求需在轴中安装其他零件，或需要安放毛坯棒料（如车床主轴）、减轻重量等，则可设计成空心轴。

（2）按轴承受的载荷分类　按轴承受载荷性质的不同，可将轴分为转轴、传动轴和心轴三类。

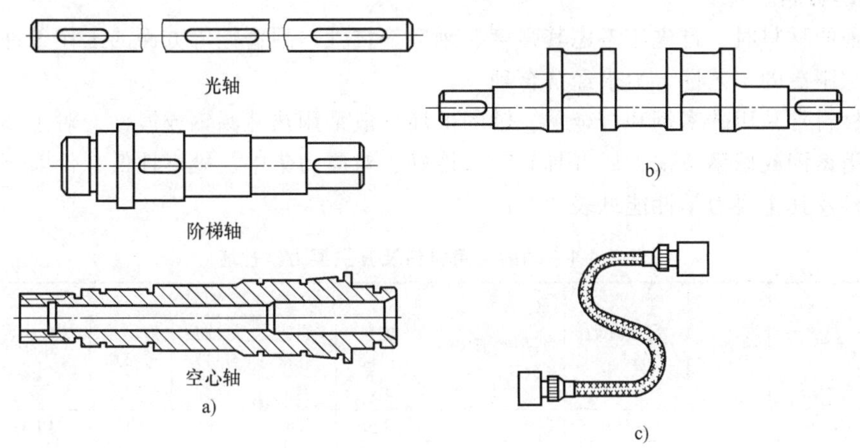

图 2-4-1 直轴、曲轴和挠性轴

a）直轴 b）曲轴 c）挠性轴

1）转轴。在工作过程中既受弯矩，又受转矩作用的轴称为转轴，如图 2-4-2 所示。为便于加工和装配，并使轴具有等强度的特点，常将转轴设计成阶梯轴。

2）传动轴。在工作过程中仅传递转矩，或主要传递转矩并承受很小弯矩的轴称为传动轴，如图 2-4-3 所示。

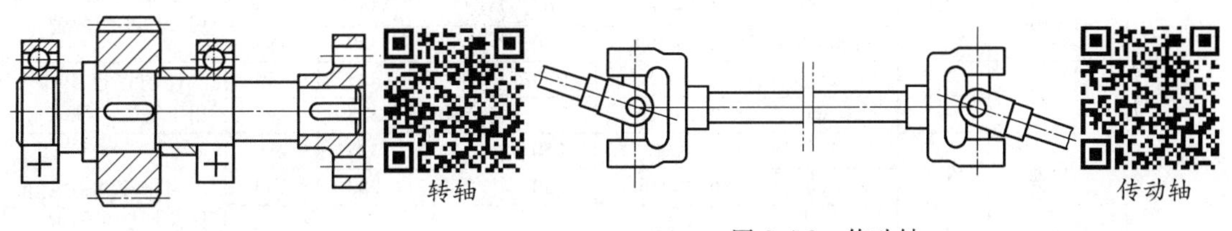

图 2-4-2 转轴

图 2-4-3 传动轴

3）心轴。只受弯矩作用而不受转矩作用的轴称为心轴，如图 2-4-4 所示。在工作过程中若心轴不转动，则称为固定心轴；若心轴转动，则称为转动心轴。

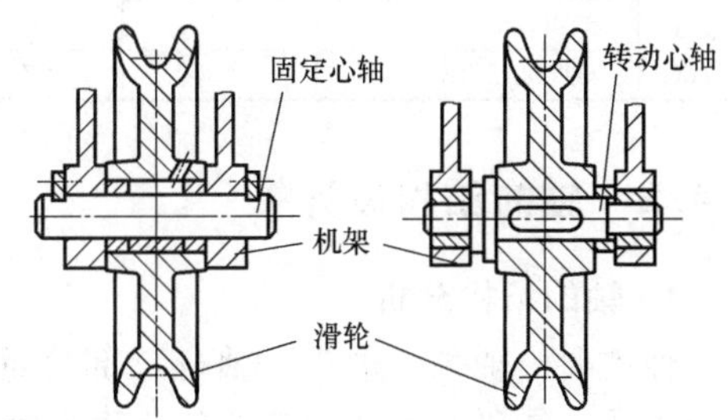

图 2-4-4 固定心轴和转动心轴

2. 轴的设计要求和步骤

为了保证轴能正常工作，要求轴必须具有足够的强度和刚度。为了保证轴上零件（如齿轮、轴承等）能可靠地固定，装拆方便，且便于轴的加工制造，必须对轴进行合理的结构设计。轴的结构设计是轴设计的一个很重要的内容，必须仔细地予以考虑。

在一般情况下设计轴时，只需考虑强度和结构两个方面。但对某些旋转精度要求较高的轴，还需保证有足够的刚度。另外，对高速旋转的轴，还需进行振动稳定性方面的计算。

轴的设计一般按照以下步骤进行：①合理地选择轴的材料；②初估轴的直径，进行轴的结构设计；③对轴进行强度、刚度及振动方面的校核计算；④绘制轴的零件图。

3. 轴的材料

选择轴的材料时，首先应考虑其强度、刚度、韧性、耐磨性等方面的工作条件要求，同时还应考虑制造的工艺性，力求经济合理。

轴的材料常采用碳素钢和合金钢。轴的毛坯一般采用热轧圆钢或锻件，对于形状复杂的轴也可采用铸钢或球墨铸铁，后者具有吸振性好、对应力集中、敏感性低、价廉等优点。轴的常用材料及其主要力学性能见表 2-4-1。

表 2-4-1　轴的常用材料及其主要力学性能

材料	牌号	热处理	毛坯直径/mm	硬度/HBW	力学性能/MPa				应用说明
					抗拉强度 R_m	屈服强度 R_{eL}	弯曲疲劳极限 σ_{-1}	剪切疲劳极限 τ_{-1}	
碳素结构钢	Q235		≤100		440	240	180	105	用于不重要或承受载荷不大的轴
	Q275			190	520	280	230	135	
优质碳素钢	45	正火	25	≤241	610	360	260	150	用于较重要的轴，应用最广泛
		正火	≤100	170～217	600	300	240	140	
		回火	>100～300	162～217	580	290	235	135	
		调质	≤200	217～255	650	360	270	155	
合金钢	40Cr	调质	25		1000	800	485	280	用于承受载荷较大而无很大冲击的重要轴
			≤100	241～286	750	550	350	200	
			>100～300	241～266	700	550	320	185	
	35SiMn 42SiMn	调质	25		900	750	445	255	性能接近 40Cr，用于中小型的轴
			≤100	229～286	800	520	355	205	
			>100～300	217～269	750	450	320	185	
	40MnB	调质	25		1000	800	485	280	性能接近 40Cr，用于重要的轴
			≤200	241～286	750	500	335	195	
	20Cr	渗碳淬火回火	15	表面 56～62HRC	850	550	375	215	用于要求强度和韧性均较高的轴
			≤60		650	400	280	160	
	20CrMnTi		15	表面 56～62HRC	1100	850	525	300	
球墨铸铁	QT400-18			156～197	400	250	145	125	用于发动机的曲轴和凸轮等
	QT600-3			197～269	600	370	215	185	

2.4.2　轴的结构设计

1. 轴的结构分析

轴主要由轴颈、轴头、轴身三部分组成，如图 2-4-5 所示。轴上被支承的部分为轴颈，如图中③、⑦段；安装轮毂的部分称为轴头，如图中①、④段；联接轴颈和轴头的部分称为轴身，如图中②、⑤、⑥段。

（1）轴径向尺寸的确定　为了便于轴上零件的装拆，常将轴做成阶梯形，它的直径从轴端逐渐向中间增大。如图 2-4-5 所示，齿轮、套筒、左端滚动轴承、轴承盖和联轴器可按顺序从左端装拆，右端轴承从右端装拆。因而，为了便于装拆齿轮，轴段④的直径应比轴段③略大一些；为了便于左端滚动轴承的装拆，轴段③的直径应比轴段②略大一些。其中轴段①、②、③、⑦的径向尺寸必须符合轴承、联轴器和密封圈内径的标准系列和技术要求（相应标准查《机械设计手册》）。

（2）轴的轴向尺寸的确定　齿轮用轴段⑤和套筒轴向固定，用平键圆周方向固定。为使套筒能顶住齿轮，应使轴段④的长度 l_4 小于齿轮轮毂宽度 b。装在轴段③上的滚动轴承，用套筒和轴承盖固定其轴向位置。装在轴段⑦上的滚动轴承用轴肩和轴承盖固定其轴向位置。轴承内圈在圆周方向上的固定是靠内圈与轴之间的配合实现的。

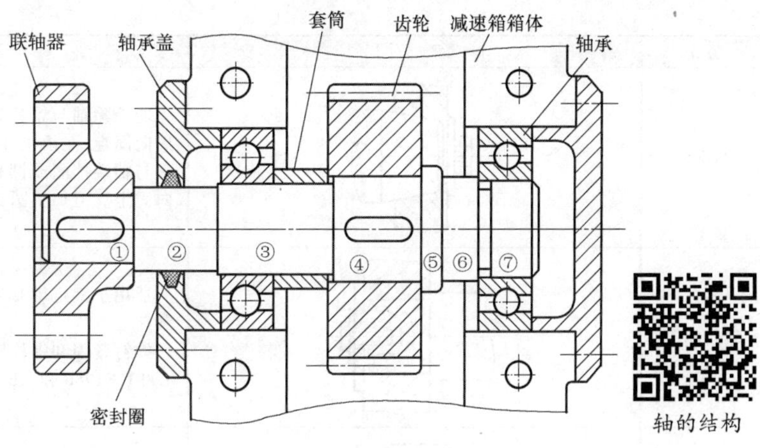

图 2-4-5 轴的结构

轴的结构

（3）结构设计的基本要求 轴的结构设计主要是使轴的各部分具有合理的外形尺寸。轴的结构应满足以下几个方面的要求：

1）对装配在轴上的零件，应进行可靠的轴向固定和周向固定。

2）便于轴的加工和轴上零件的装拆。

3）有利于提高轴的强度和刚度，以及节省材料，减轻重量。

2. 零件在轴上的固定

（1）零件的轴向固定 零件的轴向固定方法有很多种，其特点各异，如用轴肩、轴环、套筒、圆螺母、弹性挡圈、圆锥面、轴端挡圈和紧定螺钉等固定，详见表 2-4-2。

表 2-4-2 轴上零件常用的固定方法

方法	简 图	特点与应用
轴肩		结构简单、定位可靠，可承受较大轴向力。常用于齿轮、带轮、链轮、联轴器、轴承等的轴向定位 为保证零件紧靠定位面，应使 $r<C$ 或 $r<R$ 轴肩高度 h 应大于 R 或 C，通常可取 $h=(0.07\sim0.1)d$ 轴环宽度 $b\approx1.4h$ 滚动轴承相配合处的 h 与 r 值应根据滚动轴承的类型与尺寸确定
轴环		
套筒		结构简单、定位可靠，轴上不需开槽、钻孔和切制螺纹，因而轴的疲劳强度不受影响。一般用于零件间距较小的场合，以免增加结构重量。轴的转速很高时不宜采用
圆螺母		固定可靠，装拆方便，可承受较大的轴向力。由于轴上切制螺纹，使轴的疲劳强度有所降低。常用双圆螺母或圆螺母与止动垫圈固定轴端零件 当零件间距离较大时，亦可用圆螺母代替套筒，以减轻结构重量
弹性挡圈		结构简单紧凑，只能承受很小的轴向力，常用于固定滚动轴承 轴用弹性挡圈的具体尺寸参见 GB/T 894—2017

（续）

方法	简　图	特点与应用
圆锥面		能消除轴与轮毂间的径向间隙，装拆较方便，可兼做周向固定，能承受冲击载荷。大多用于轴端零件固定，常与轴端挡圈或圆螺母联合使用，使零件获得双向轴向固定。但加工圆锥表面较困难
轴端挡圈		适用于固定轴端零件，可以承受剧烈的振动和冲击载荷 螺钉紧固和螺栓紧固轴端挡圈的具体尺寸参看 GB/T 891—1986 和 GB/T 892—1986
紧定螺钉		适用于轴向力很小、转速很低或仅为防止零件偶然沿轴向滑动的场合 紧定螺钉同时也可起轴向固定作用 开槽锥端紧定螺钉的尺寸见 GB/T 71—1985

（2）周向固定　为了传递运动和转矩，轴上零件还需有周向固定。常用的周向固定方法详见 2. 5. 1 轴毂联接的内容。

（3）轴的结构工艺性　轴的结构形状和尺寸应尽量满足加工、装配和维修的要求。为此，常采用以下措施：

1）当某一轴段需磨削加工或车制螺纹时，应留有砂轮越程槽或退刀槽，如图 2-4-6 所示。

2）轴上所有键槽应沿轴的同一母线布置，如图 2-4-7 所示。

3）为了便于轴上零件的装配和去除毛刺，轴及轴肩端部一般均应制出 45°的倒角。过盈配合轴段的装入端常加工出半锥角为 30°的导向锥面，如图 2-4-7 所示。

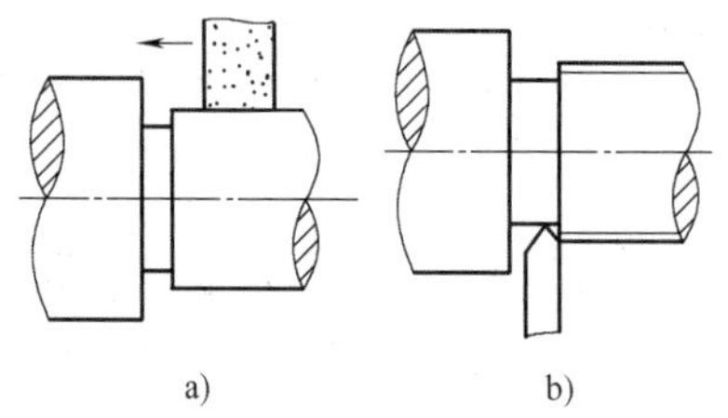

图 2-4-6　砂轮越程槽和退刀槽

a）砂轮越程槽　b）退刀槽

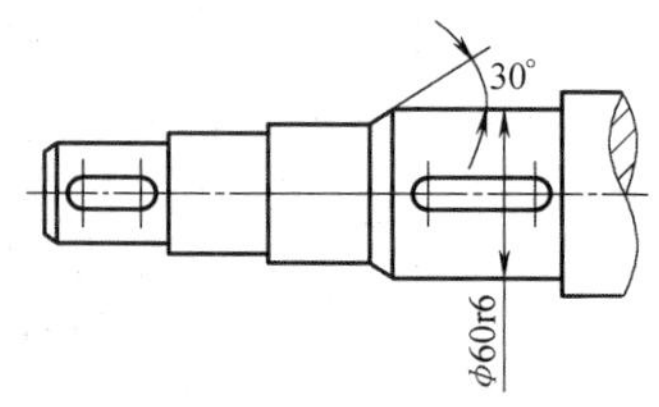

图 2-4-7　键槽的布置

4）为便于加工，应使轴上直径相近处的圆角、倒角、键槽、退刀槽和砂轮越程槽等尺寸一致。

3. 提高轴的疲劳强度

（1）结构设计方面　改进零件的结构以消除或减小应力集中。零件的疲劳破坏通常从最大应力处开始，而应力集中往往是疲劳裂纹的根源。因此，在轴的结构设计中应考虑以下几点：

1）轴肩过渡处尽量避免直径尺寸变化过大，并采用较大的过渡圆角。若过渡圆角受到轴尺寸的限制，可采用凹切圆角或卸荷槽等减少应力集中的结构，如图 2-4-8 所示。

2）过盈联接的轴，可在轮毂上开卸荷槽。

3）尽量避免在轴上打横孔。

4）轴上加工的键槽根部要有足够大的圆角。

(2) 改善轴的表面质量　主要措施有：①降低轴的表面粗糙度值；②采用表面强化处理，如高频感应淬火，渗碳、氮化，以及辗压、喷丸等方法。

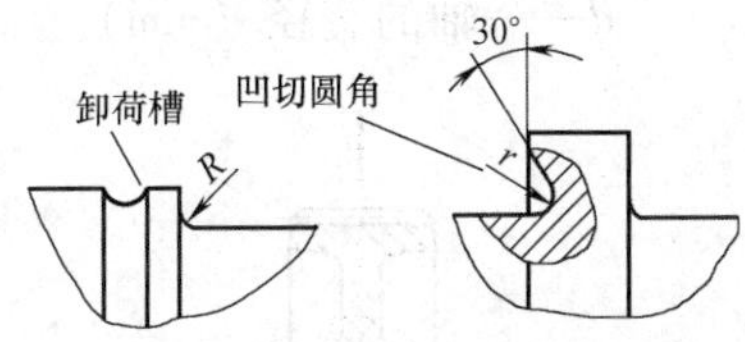

图 2-4-8　减少圆角应力集中的结构

(3) 合理布置轴上传动零件的位置　如图 2-4-9 所示，动力由一轮输入，经两轮输出。按图 2-4-9a 所示布置，轴所受的最大扭矩为 T_1；若按图 2-4-9b 所示布置，则轴所受的最大扭矩为 T_1+T_2。

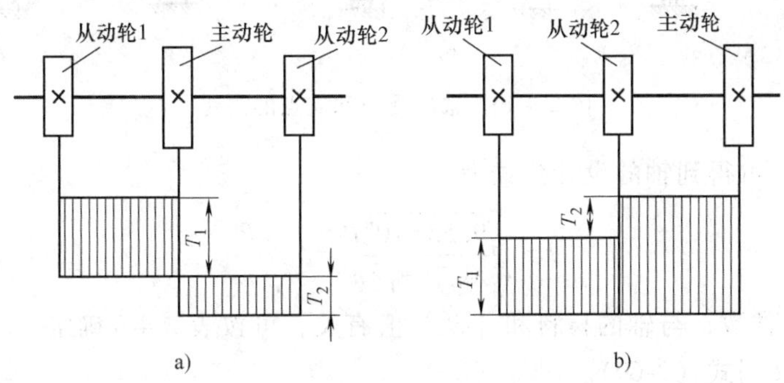

图 2-4-9　轴上零件的合理布置

2.4.3　轴的强度计算

1. 轴的计算简图

轴的结构设计确定了轴的结构形状和尺寸，为了进行轴的强度计算，需将轴的实际受力情况简化成计算简图，即建立力学模型。

齿轮、带轮等传动轴的分散力，在一般计算中，简化为集中力，并认为其作用在轮毂宽度的中点（图 2-4-10a、b）。作用在轴上的扭矩，在一般计算中，简化为从传动件轮毂宽度的中点算起的转矩。轴的支承反力的作用点随轴承类型和布置方式而异，通常可按图 2-4-10c、d 所示确定，其中 a 值参见滚动轴承样本。简化后，将双支点轴当作受集中载荷的简支梁进行计算。

2. 轴的强度计算

(1) 按扭转强度计算　对于传动轴可只按扭矩计算轴的直径；对于转轴，常用此法估算最小直径，然后进行轴的结构设计，并用弯扭合成强度校核。圆轴扭转强度条件为

$$\tau_T=\frac{T}{W_T}=\frac{9.55\times10^6P/n}{0.2d}\leqslant[\tau_T] \tag{2-69}$$

式中　τ_T——轴的扭转切应力（MPa）；

T——轴承受的扭矩（N · mm）；

W_T——轴的抗扭截面系数（mm^3）；

P——轴传递的功率（kW）；

n——轴的转速（r/min）；

d——轴的直径（mm）。

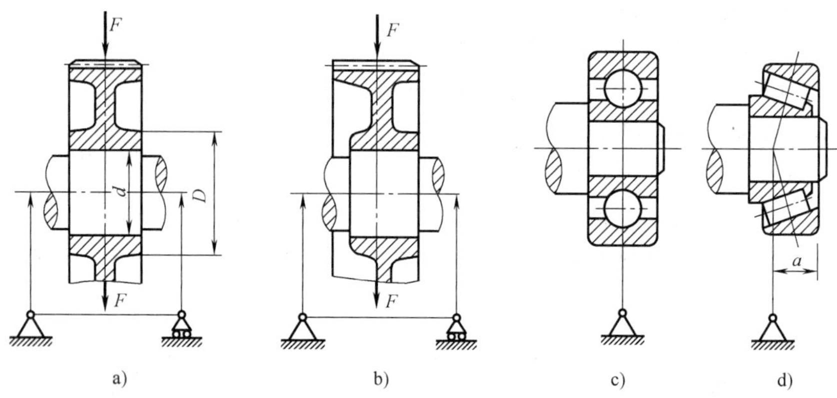

图 2-4-10 轴的受力和支点的简化

由式（2-69）可得到轴的设计公式为

$$d \geqslant \sqrt[3]{\frac{9.55 \times 10^6 P}{0.2[\tau_T] n}} = A\sqrt[3]{\frac{P}{n}} \tag{2-70}$$

式中 A——计算常数，与轴的材料和 $[\tau_T]$ 值有关，可按表 2-4-3 确定。

其他参数含义同式（2-69）。

表 2-4-3 轴常用材料的 $[\tau_T]$ 和 A 值

轴的材料	Q235,20	35	45	40Cr,35SiMn,38SiMnMo,20CrMnTi
$[\tau_T]$/MPa	12~20	20~30	30~40	40~52
A	135~160	118~135	107~118	98~107

注：1. 当弯矩相对扭矩很小或只受扭矩时，$[\tau_T]$ 取较大值，A 取较小值。

2. 当用 Q235 及 35SiMn 时，$[\tau_T]$ 取较小值，A 取较大值。

当轴上开有一个键槽时，考虑到其对轴的不利影响，轴径通常应增大 3%~5%；当开有两个键槽时，轴径应增大 7%左右，以补偿其对轴的削弱。

（2）按弯扭合成强度计算 轴的结构设计初步完成后，通常要对转轴进行弯扭合成强度校核。

对于钢制轴可按第三强度理论计算，强度条件为

$$\sigma_e = \frac{M_e}{W} = \frac{\sqrt{M^2 + (\alpha T)^2}}{0.1d^3} \leqslant [\sigma_{-1}]_b \tag{2-71}$$

式中 σ_e——当量应力（MPa）；

M_e——当量弯矩（N·mm），$M_e = \sqrt{M^2 + (\alpha T)^2}$；

M——危险截面上的合成弯矩（N·mm），$M = \sqrt{M_H^2 + M_V^2}$，M_H、M_V 分别为水平面上、垂直面上的弯矩；

W——轴的抗弯截面系数（mm^3），对圆截面轴 $W \approx 0.1d^3$，d 为危险截面直径（mm）；

α——折合系数。对于不变的扭矩，$\alpha \approx 0.3$；对于脉动循环扭矩，$\alpha \approx 0.6$；对于对

称循环扭矩，$\alpha=1$；对于频繁正反转的轴，可视为对称循环交变应力；若扭矩变化规律不清，一般也按脉动循环处理。

表 2-4-4 中的 $[\sigma_{-1}]_b$，$[\sigma_0]_b$，$[\sigma_{+1}]_b$ 分别为对称循环、脉动循环及静应力状态下材料的许用弯曲应力，供设计时选用。当危险截面有键槽时，应将轴径的计算值增大 4%～7%。当计算只承受弯矩的心轴时，可利用式（2-71），此时 $T=0$。

表 2-4-4　轴的许用弯曲应力　（单位：MPa）

材料	σ_b	$[\sigma_{+1}]_b$	$[\sigma_0]_b$	$[\sigma_{-1}]_b$
碳素钢	400	130	70	40
	500	170	75	45
	600	200	95	55
	700	230	110	65
合金钢	800	270	130	75
	900	300	140	80
	1000	330	150	90
	1200	400	180	110
铸钢	400	100	50	30
	500	120	70	40

弯扭合成强度的计算按下列步骤进行：

1）绘出轴的计算简图，标出作用力的方向及作用点的位置。

2）取定坐标系，将作用在轴上的力分解为水平分力和垂直分力，并求其支反力。

3）分别绘制出水平面和垂直面内的弯矩图。

4）计算合成弯矩，并绘制出合成弯矩图。

5）绘制扭矩图。

6）确定危险截面，校核危险截面的弯扭合成强度。

（3）轴的强度计算步骤　进行轴的强度计算的一般步骤是：

1）选定轴的材料及其热处理手段，并按照扭转强度对轴径进行估算。

2）进行轴的结构设计（包括轴上零件的联接、定位、装拆、调整、密封及轴的工艺性问题）。

3）进行轴的强度校核。

[任务实施]

根据前面项目任务描述中的带式输送机（图 2-0-1）的设计要求，为其齿轮减速器进行高速轴、中间轴及低速轴的设计。

1. 高速轴设计

（1）已经确定的运动参数和动力参数

$$n_1=817.600\text{r/min}\qquad P_1=14.4\text{kW}\qquad T_1=168.200\text{N}\cdot\text{m}$$

（2）选择轴的材料并确定许用弯曲应力　由表 2-4-1 选用 45 钢调质处理，硬度为 217～255HBW，由表 2-4-4 知，许用弯曲应力为 $[\sigma_{-1}]_b=60\text{MPa}$。

（3）按扭矩初步估算轴的最小直径　由表 2-4-3 查得 $A=107\sim118$。

由于高速轴受到的弯矩较大而扭矩较小，故取 $A=116$，根据式（2-70）有

$$d \geqslant A\sqrt[3]{\frac{P}{n}}$$

$$=116\times\sqrt[3]{\frac{14.4}{817.600}}\text{mm}=30.18\text{mm}$$

该轴段开有一个键槽，故将轴径增大 3%~5%，即

$$d\geqslant 30.18\text{mm}+30.18\text{mm}\times(3\%\sim5\%)=31.085\sim31.689\text{mm}$$

由机械手册取 B 型普通 V 带带轮标准轴孔直径 35mm，故取 $d_{min}=35\text{mm}$。

（4）设计轴的结构并绘制结构草图（图 2-4-11）

1）轴的结构分析。由于齿轮 1 的尺寸较小（键槽到齿根圆距离 $e<2.5\text{mm}$），故高速轴设计成齿轮轴。显然，轴承只能从轴的两端分别装入和拆卸，轴伸出端安装大带轮，选用普通平键，A 型，查表 2-5-1，$b\times h\times L=10\text{mm}\times8\text{mm}\times90\text{mm}$（GB/T 1096—2003），槽深 $t_1=5\text{mm}$（符合表 2-5-1 中的长度系列）；定位轴肩 $\phi44\text{mm}$；轴颈需磨削，故应设计砂轮越程槽 $\phi44\text{mm}\times1\text{mm}$。

2）预选滚动轴承并确定各轴段的直径。根据轴的受力情况，主要是承受径向载荷，所受轴向力较小，拟选用深沟球轴承 6309，查附录，得尺寸 $d\times D\times B=45\text{mm}\times100\text{mm}\times25\text{mm}$，与滚动轴承配合的轴径为 $\phi45\text{mm}$，公差带代号 k6，定位轴肩 d_{amin} 为 $\phi54\text{mm}$。

3）与左轴承端盖相关的轴段尺寸。轴承盖厚度为 40mm，带轮端面与轴承盖螺钉头顶距离 $l_4=30\text{mm}$，该轴段直径为 $\phi44\text{mm}$。

4）确定各轴段的长度并绘制高速轴结构草图，如图 2-4-11 所示。

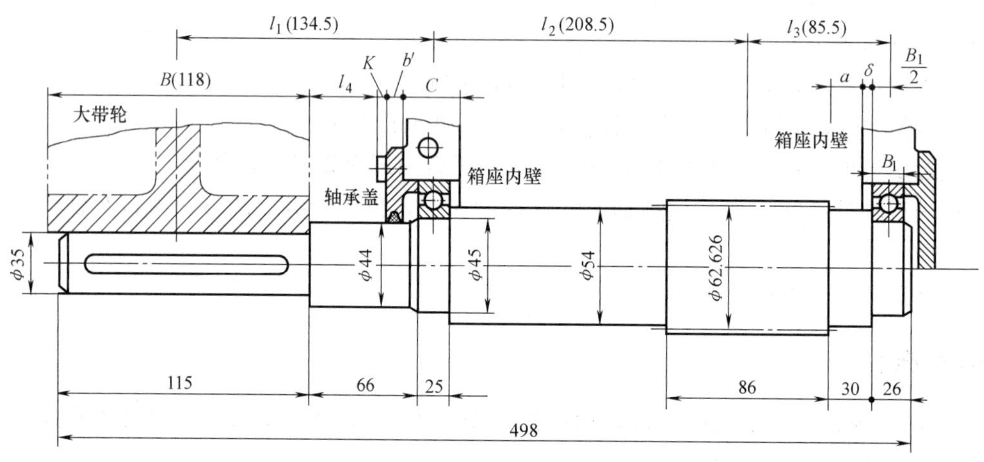

图 2-4-11　高速轴结构草图

图中尺寸如下：

$\delta=10\text{mm}$，$a=20\text{mm}$，$C=40\text{mm}$，$b'=10\text{mm}$，$l_4=30\text{mm}$，$B_1=25\text{mm}$，$K=6\text{mm}$（按 M8）。

（5）按弯扭组合强度校核

1）画高速轴的受力图。图 2-4-12a 所示为高速轴受力图；图 2-4-12b、c 所示分别为水平（H）面和垂直平（V）面受力图。

2）计算作用在轴上的力。

齿轮 1 圆周力 $F_{t1}=\dfrac{2T_1}{d_1}=\dfrac{2\times168200}{62.626}\text{N}=5372\text{N}$

齿轮 1 径向力 $F_{r1}=F_{t1}\dfrac{\tan\alpha_n}{\cos\beta}=5372\text{N}\times\dfrac{\tan20°}{\cos8°06'34''}$

$=1975\text{N}$

齿轮 1 轴向力 $F_{a1}=F_{t1}\tan\beta=5372\text{N}\times\tan8°06'34''$

$=765\text{N}$

带传动压轴力（属于径向力） $F_Q=2900\text{N}$

3）计算作用于轴上的支反力。

水平面内

$$\sum M_B=0 \quad F_Ql_1-F_{r1}l_2+R_{AH}(l_2+l_3)=0$$

$$R_{AH}=\frac{F_{r1}l_2-F_Ql_1}{l_2+l_3}=\frac{1975\text{N}\times208.5-2900\text{N}\times134.5}{208.5+85.5}=74\text{N}$$

$$\sum M_A=0 \quad F_Q(l_1+l_2+l_3)+F_{r1}l_3-R_{BH}(l_2+l_3)=0$$

$$R_{BH}=\frac{F_Q(l_1+l_2+l_3)+F_{r1}l_3}{l_2+l_3}$$

$$=\frac{2900\text{N}\times(134.5+208.5+85.5)+1975\text{N}\times85.5}{208.5+85.5}=4801\text{N}$$

校核 $\sum F_H=0 \quad R_{BH}-F_Q-F_{r1}+R_{AH}=0$

$4801\text{N}-2900\text{N}-1975\text{N}+74\text{N}=0$

校核无误。

垂直平面内

$$\sum M_B=0 \quad R_{AV}(l_2+l_3)-F_{t1}l_2=0$$

$$R_{AV}=\frac{F_{t1}l_2}{l_2+l_3}=\frac{5372\text{N}\times208.5}{208.5+85.5}=3810\text{N}$$

$$\sum M_A=0 \quad F_{t1}l_3-R_{BV}(l_2+l_3)=0$$

$$R_{BV}=\frac{F_{t1}l_3}{l_2+l_3}=\frac{5372\text{N}\times85.5}{208.5+85.5}=1562\text{N}$$

校核 $\sum F_V=0 \quad R_{AV}+R_{BV}-F_t=0$

$3810\text{N}+1562\text{N}-5372\text{N}=0$

校核无误。

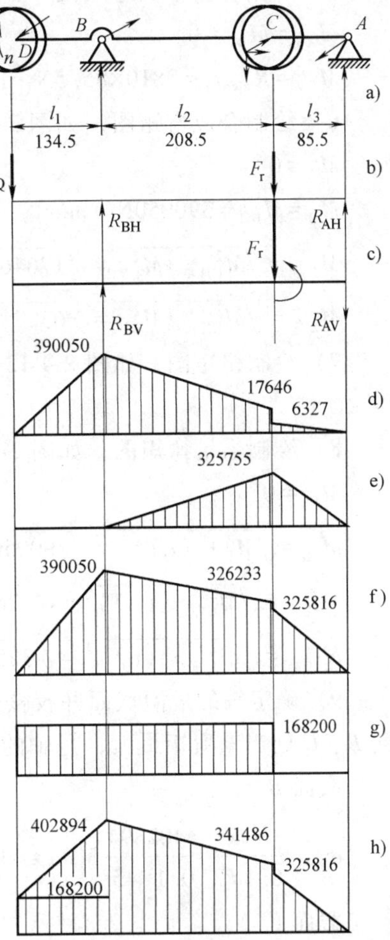

图 2-4-12 高速轴的受力分析

a）高速轴受力图 b）H 面受力图
c）V 面受力图 d）H 面弯矩图
e）V 面弯矩图 f）合成弯矩图
g）扭矩图 h）当量弯矩图
注：本图为示意图，按比例绘制；弯矩单位为 N·mm。

4）绘制水平平面弯矩图，如图 2-4-12d 所示。

$M_{AH}=0$

$M_{BH}=F_Ql_1=2900\times134.5\text{N}\cdot\text{m}=390050\text{N}\cdot\text{mm}$

$M_{CH左}=F_Q(l_1+l_2)-R_{BH}l_2+F_{a1}\dfrac{d_1}{2}$

$=2900\times(134.5+208.5)\text{N}\cdot\text{mm}-4801\times208.5\text{N}\cdot\text{mm}+765\times\dfrac{62.626}{2}\text{N}\cdot\text{mm}$

$=17646\text{N}\cdot\text{mm}$

$M_{CH右}=R_{AH}l_3=74\times85.5\text{N}\cdot\text{mm}=6327\text{N}\cdot\text{mm}$

5）绘制垂直平面弯矩图，如图 2-4-12e 所示。

$M_{AV}=M_{BV}=0$

$M_{CV}=R_{AV}l_1=3810\times85.5\text{N}\cdot\text{mm}=325755\text{N}\cdot\text{mm}$

6）绘制合成弯矩图，如图 2-4-12f 所示。

$M_A=0$

$M_B=M_{BH}=390050\text{N}\cdot\text{mm}$

$M_{C左}=\sqrt{M_{CH左}^2+M_{CV}^2}=\sqrt{17646^2+325755^2}\text{N}\cdot\text{mm}=326233\text{N}\cdot\text{mm}$

$M_{C右}=\sqrt{M_{CH右}^2+M_{CV}^2}=\sqrt{6327^2+325755^2}\text{N}\cdot\text{mm}=325816\text{N}\cdot\text{mm}$

7）绘制扭矩图，如图 2-4-12g 所示。

$$T=168200\text{N}\cdot\text{mm}$$

8）绘制当量弯矩图，如图 2-4-12h 所示。

$M_{eA}=0$

$M_{eB}=\sqrt{M_B^2+(\alpha T)^2}=\sqrt{390050^2+(0.6\times168200)^2}\text{N}\cdot\text{mm}=402894\text{N}\cdot\text{mm}$

$M_{eC左}=\sqrt{M_{C左}^2+(\alpha T)^2}=\sqrt{326233^2+(0.6\times168200)^2}\text{N}\cdot\text{mm}=341486\text{N}\cdot\text{mm}$

$M_{eC右}=\sqrt{M_{C右}^2+(\alpha T)^2}=\sqrt{325816^2+(0.6\times168200)^2}\text{N}\cdot\text{mm}=325816\text{N}\cdot\text{mm}$

9）确定轴的危险截面并校核轴的强度。由轴的结构图和当量弯矩图可以判断，轴的截面 B、C 处当量弯矩最大，是轴的危险截面。

截面 B

$$\sigma_{eB}=\frac{M_{eB}}{0.1d_B^3}=\frac{402894}{0.1\times45^3}\text{MPa}=44\text{MPa}<[\sigma_{-1}]_b=60\text{MPa}$$

截面 C

$$\sigma_{eC}=\frac{M_{eC左}}{0.1d_C^3}=\frac{341486}{0.1\times62.626^3}\text{MPa}=13.903\text{MPa}<[\sigma_{-1}]_b=60\text{MPa}$$

因此，高速轴的弯曲强度足够。其实，截面 B 是安装轴承的，有箱体的支承，轴不容易在此弯曲。

2. 中间轴设计

设计方法与步骤跟高速轴相似，具体过程略。设计结果要点如下：

1）已经确定的运动参数和动力参数。

$$n_2=151.770\text{r/min}\qquad P_2=13.828\text{kW}\qquad T_2=870115\text{N}\cdot\text{mm}$$

2）轴段选用 45 钢调质处理，硬度为 217~255HBW，许用弯曲为 $[\sigma_{-1}]_b=60\text{MPa}$。

3）估算出轴的最小直径 $d_{min}=55\text{mm}$。

4）设计轴段结构并绘制结构草图。齿轮 3 键槽底到齿根圆距离 e 远大于 $2.5m_n$，因此设计成分离体。与轴承相配合的轴颈需磨削，砂轮越程槽为 ϕ54mm×1mm，两齿轮之间以轴环定位，两齿轮的另一端各采用套筒定位；齿轮与轴的联接选用普通平建，A 型，$b\times h\times L=$ 20mm×12mm×80mm、$b\times h\times L=$ 20mm×12mm×70mm（GB/T 1096—2003），槽深 $t_1=7.5$mm，安装齿轮 3 的键槽长 $L=80$mm，安装齿轮 2 的键槽长 $L=70$mm；轴上两处键槽布置在同一素线方向上。

轴段主要承受径向载荷，所受轴向力较小，拟选用深沟球轴承 6311，尺寸 $d \times D \times B=$ 55mm×120mm×29mm，左轴承的右端和右轴承的左端均采用套筒定位，d_{amin}为 ϕ65mm。

各轴段的长度和直径如图 2-4-13 所示。

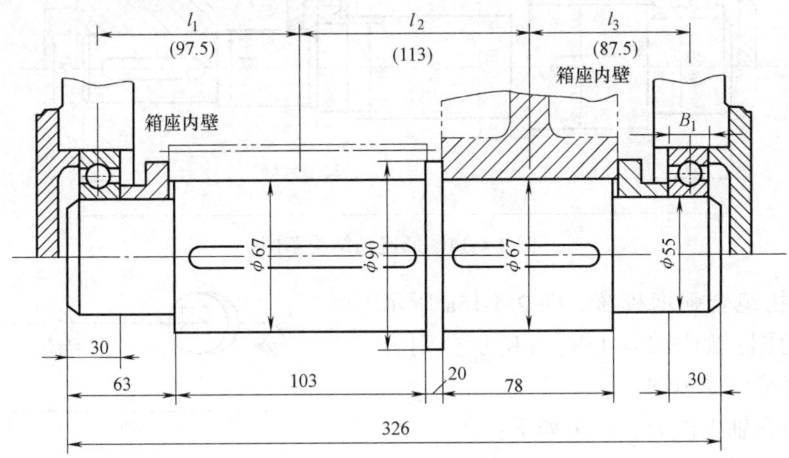

图 2-4-13 中间轴结构草图

5）按弯扭组合强度校核过程略，结果表明，中间轴的弯曲强度足够。

3. 低速轴设计

1）重新计算低速轴的运动参数和动力参数。

$$n_3=\frac{n_2}{u}=\frac{151.770}{159/39}\text{r/min}=37.227\text{r/min}$$

$$P_3=13.279\text{kW}$$

$$T_3=9550\frac{P_3}{n_3}=9550\times\frac{13.279}{37.227}\text{N}\cdot\text{m}=3406.518\text{N}\cdot\text{m}=3406518\text{N}\cdot\text{mm}$$

2）轴选用 45 钢调质处理，硬度为 217~255HBW，许用弯曲应力 $[\sigma_{-1}]_b=60\text{MPa}$。

3）估算出轴段最小直径 $d_{min}=80$mm。

4）设计轴的结构并绘制结构草图。

联轴器初选 LX6~LX8 型弹性柱销联轴器，J 型轴孔（圆柱形），孔直径 $d=80$mm，轴孔长度 $L=132$mm，总长度 $L_1=172$mm；联轴器与轴的联接选用普通平建，A 型，$b\times h\times L=$22mm×14mm×125mm，槽深 $t_1=9$mm；轴段直径为 ϕ80mm，长为 130mm，与轴承相配合的轴段需磨削，设计砂轮越程槽 ϕ84mm×1mm。齿轮与轴配合的轴头直径为 ϕ95mm，配合为 k6，定位轴肩直径为 ϕ120mm，宽度 $b=15$mm，齿轮与轴之间用普通平键联接，A 型，$b\times h\times L=$28mm×16mm×90mm，槽深 $t_1=10$mm。轴上两个键槽布置在同一素线方向上。

轴段主要是承受径向载荷，所受轴向力较小，拟选用角接触球轴承 7017C，尺寸 $d\times D\times B=$85mm×130mm×22mm，与滚动轴承相配合的轴颈为 ϕ85mm，配合为 k6，定位轴肩 d_{min}为 ϕ90mm。

轴承盖厚度为 40mm，联轴器端面与轴承盖螺钉头的距离 $l_4=30$mm，该轴段直径为 ϕ84mm。

确定各轴段的长度并绘制低速轴结构草图，如图 2-4-14 所示。

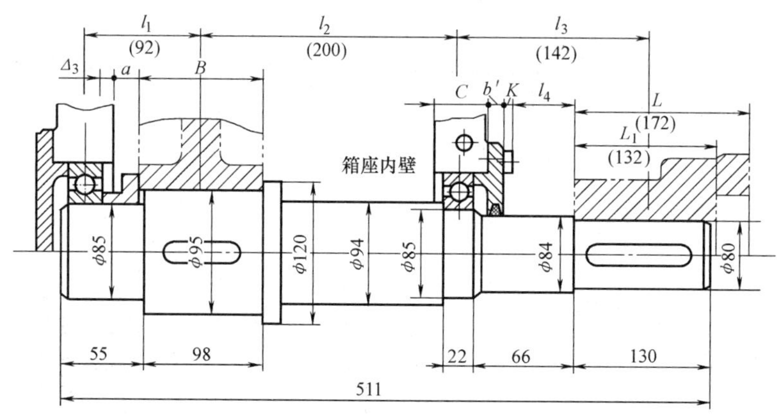

图 2-4-14　低速轴结构草图

5）按弯扭组合强度校核。图 2-4-15a 所示为低速轴受力图；如图 2-4-15b、c 所示分别为水平面和垂直平面受力图。

计算作用在轴上的力，结果如下：

齿轮 4 圆周力 $F_{t4}=16968\text{N}$；径向力 $F_{r4}=6238\text{N}$；轴向力 $F_{a4}=2418\text{N}$

计算作用于轴上的支反力，结果如下：

$R_{AH}=1965\text{N}$；$R_{BH}=4273\text{N}$；$R_{AV}=5346\text{N}$；$R_{BV}=11622\text{N}$

计算弯矩和扭矩，并绘制弯矩图和扭矩图，如图 2-4-15d～h 所示，校核弯扭合成强度，结果表明，低速轴段强度足够。

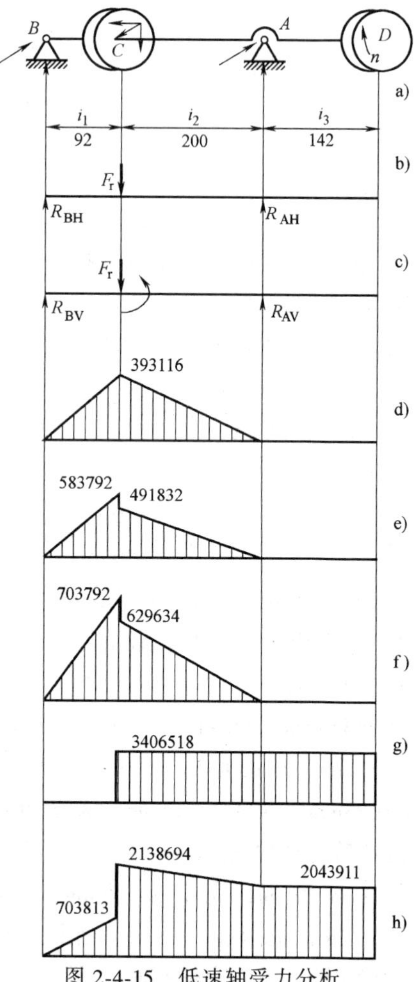

图 2-4-15　低速轴受力分析

a）低速轴受力图；b）H 面受力图　c）V 面受力图
d）H 面弯矩图　e）V 面弯矩图　f）合成弯矩图
g）扭矩图　h）当量弯矩图
注：本图为示意图，按比例绘制；
弯矩单位为 N · mm。

[自我评估]

1. 自行车的中轴和后轮轴是什么类型的轴，为什么？

2. 多级齿轮减速器高速轴的直径总比低速轴的直径小，为什么？

3. 轴上最常用的轴向定位结构是什么？轴肩与轴环有何异同？

4. 轴的结构设计应从哪几个方面考虑？

5. 制造轴的常用材料有几种？为什么要对轴进行热处理？

6. 轴上零件的轴向固定有哪些方法？各有何特点？

7. 图 2-4-16 所示为二级直齿圆柱齿轮减速器。已知：$z_1=z_3=20$，$z_2=z_4=40$，$m=4\text{mm}$，高速级齿轮齿宽 $b_{12}=45\text{mm}$，低速级齿轮齿宽

$b_{34}=60$mm，轴Ⅰ传递的功率 $P=4$kW，转速 $n_1=960$r/min，不计摩擦损失，图中 a、c 取为5~20mm，轴承端面到箱体内壁的距离为5~10mm。试设计轴Ⅱ，初步估算轴的直径，画出轴的结构图、弯矩图及扭矩图，并按弯扭合成强度较核此轴。

8. 对于图2-4-17所示斜齿圆柱齿轮减速器的从动轴，若从动齿轮传递的功率 $P_2=12$kW，转速 $n_2=200$r/min，齿轮模数 $m_n=5$mm，螺旋角 $\beta=12°15'20''$，齿轮宽度 $b=70$mm，从动轴端安装联轴器（宽度82mm）。试设计该轴。（建议轴选用45钢正火，采用圆锥滚子轴承303××支承。）

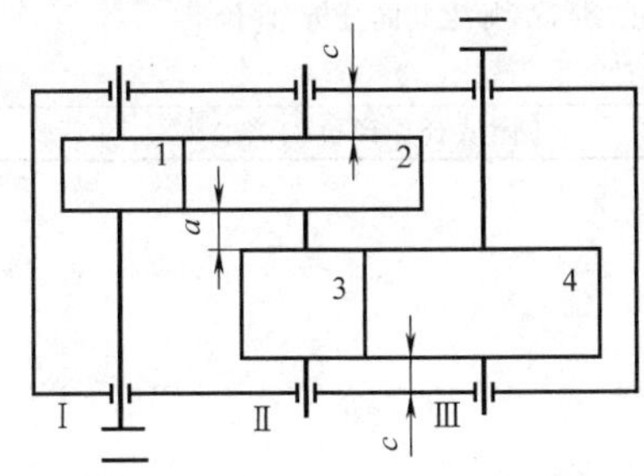

图2-4-16 二级直齿圆柱齿轮减速器

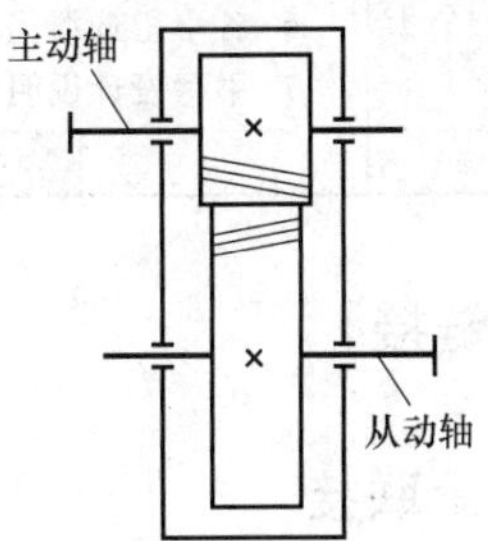

图2-4-17 斜齿圆柱齿轮减速器

9. 如图2-4-18所示，已知滑轮直径 $D=300$mm，起吊重量 $Q=12$kN，轴的支点跨距 $l=150$mm，轴的材料为45钢，正火处理。试求滑轮轴的直径并画出轴的结构图。

10. 图2-4-19所示为直齿轮、轴和轴承等组合的结构图。试改正该图中的错误，并画出正确的结构图。

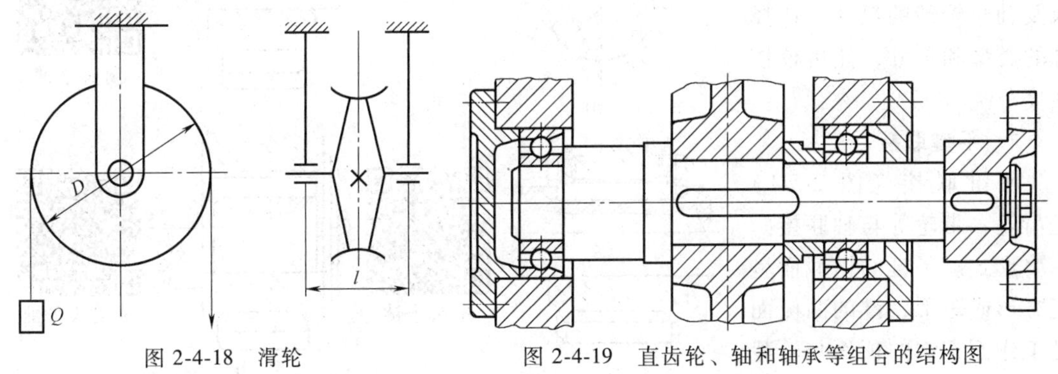

图2-4-18 滑轮

图2-4-19 直齿轮、轴和轴承等组合的结构图

任务2.5 轴毂联接与联轴器

任务目标	1. 掌握键联接的类型、结构、特点和应用。 2. 掌握键联接的选择方法和计算方法，知道为什么要用普通平键联接，自己独立选出键的类型和键的尺寸；要校核键的强度，如果强度不够，应如何解决。 3. 掌握联轴器的类型和功用，了解联轴器的标记，能够正确选择联轴器的类型。 4. 培养团队精神和协作精神。
工作任务内容	对项目任务描述中的带式输送机所用的减速器进行轴毂联接与联轴器的设计。 1. 所有计算数据查阅任务2.2~任务2.4。 2. 确定减速器的传动轴上多处键联接的类型和尺寸大小。 3. 合理选择减速器与工作机之间的联轴器的类型。

基本工作思路	1. 明确工作任务:根据工作任务内容分析与设计减速器的轴毂联接件和联轴器。各小组认真制定完成任务的方案,包括完成任务的方法、进度、学生的具体分工情况等。 2. 知识储备:学生通过自学和教师辅导,掌握完成本项工作任务所需要的理论知识。 3. 所有计算数据查阅任务 2.2~任务 2.4。 4. 分析轴毂联接常见类型,比较各种类型的特点和适用场合。根据轴毂联接的特点,选用合适的键联接类型,并通过查表得出键的具体尺寸。然后按键联接工作面的平均挤压应力进行强度校核,如强度不够应考虑增加键长或双键布置。 5. 分析轴间联接部分——联轴器的功用、类型和选型方法。根据需安装联轴器的轴伸出端的孔径,选择联轴器的类型;计算联轴器的计算转矩,确定联轴器的具体型号;校核最大工作转速。 6. 各小组选派代表展示工作成果,阐述任务完成情况,师生共同分析、评价。 7. 书写设计说明书和相关的技术文件。

成果评定(60%)		学习过程评价(30%)		团队合作评价(10%)	

[相关知识链接]

2.5.1 轴毂联接

轴毂联接主要是实现轴与轴上零件的周向固定，有些还可同时实现轴向固定。轴毂主要的联接方式有键联接、花键联接，此外还有成形联接、弹性环联接、过盈配合联接。

2.5.1.1 键联接

键有多种类型，都已标准化，设计时可根据使用要求及轴与轮毂的尺寸，选择键的类型和尺寸，然后校核强度。

1. 平键联接

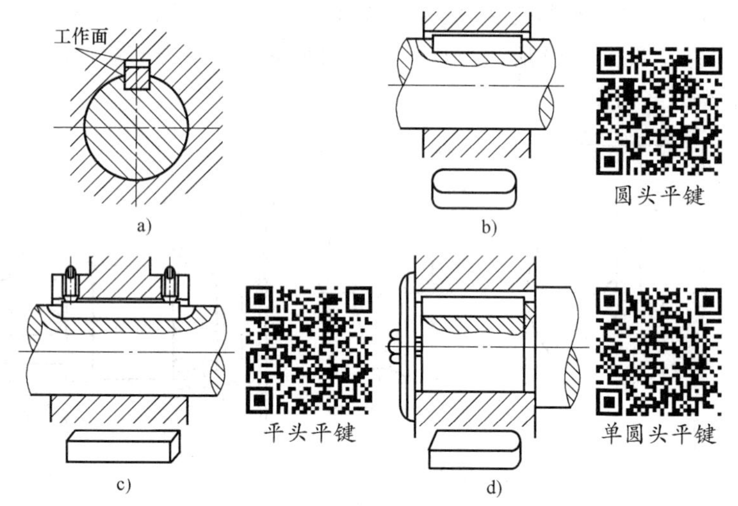

图 2-5-1 平键联接

平键联接（图 2-5-1）是齿轮、带轮等与轴联接的主要形式。平键的横截面呈正方形或矩形，键的两侧面是工作面，键的顶面与轮毂上键槽的底面间留有间隙，工作时靠键与键槽侧面的挤压传递转矩，如图 2-5-1a 所示。平键联接结构简单、拆装方便、对中性好，故得到广泛应用。

常用的平键有普通平键、导向平键和滑键。

（1）普通平键　普通平键用于静联接，按端部形状可分为圆头（A 型）、平头（B 型）和单圆头三种（图 2-5-1b、c、d）。A 型和 C 型键的轴槽用面铣刀加工，键在槽中固定良好，但轴槽端部的应力集中较大。B 型键的轴槽用盘铣刀加工，轴槽端部的应力集中小，但要用螺钉把键固定在键槽中。

设计时，普通平键的宽度 b 及高度 h 按轴径 d 从标准中查得，结合轴径大小和键的强度计算进行确定；长度 L 按轮毂长度，但应比轮毂长略短 5~10mm，并符合表 2-5-1 中规定的长度系列。

键的材料一般用抗拉强度 $R_m \geqslant 600\text{MPa}$ 的碳素钢，常用 45 钢。当轮毂材料为非铁金属或非金属时，键的材料可用 20 钢或 Q235 钢。

表 2-5-1 普通平键和键槽的尺寸 （单位：mm）

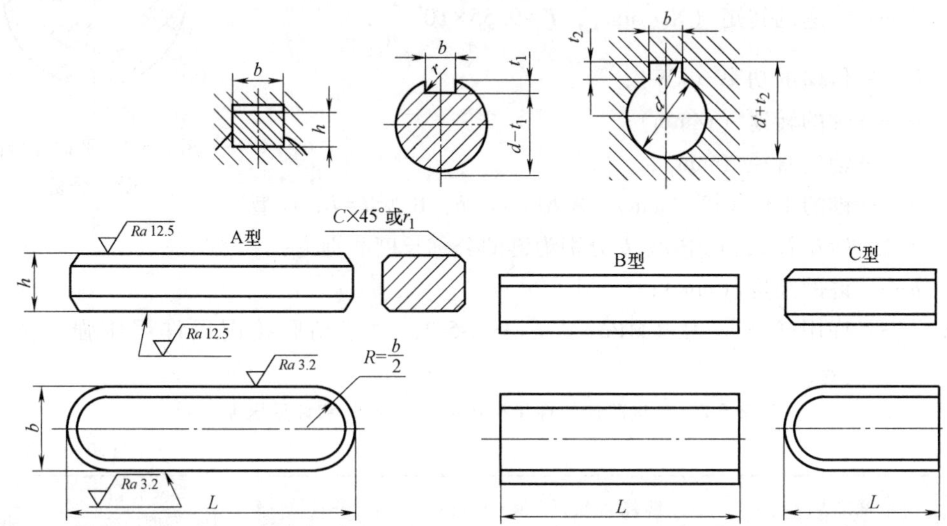

<table>
<tr><th>轴径</th><th colspan="2">键</th><th colspan="11">键槽</th></tr>
<tr><th rowspan="3">d</th><th rowspan="3">b×h</th><th rowspan="3">L</th><th colspan="5">宽度 b 极限偏差</th><th colspan="4">深度</th><th colspan="2" rowspan="2">半径 r</th></tr>
<tr><th colspan="2">松联接</th><th colspan="2">正常联接</th><th>紧密联接</th><th colspan="2">轴 t_1</th><th colspan="2">毂 t_2</th></tr>
<tr><th>轴 H9</th><th>毂 D10</th><th>轴 N9</th><th>毂 JS9</th><th>轴和毂 P9</th><th>公差尺寸</th><th>极限偏差</th><th>公差尺寸</th><th>极限偏差</th><th>最小</th><th>最大</th></tr>
<tr><td>6~8</td><td>2×2</td><td>6~20</td><td rowspan="2">+0.025
0</td><td rowspan="2">+0.060
+0.020</td><td rowspan="2">-0.001
-0.029</td><td rowspan="2">±0.0125</td><td rowspan="2">-0.006
-0.031</td><td>1.2</td><td rowspan="7">+0.1
0</td><td>1</td><td rowspan="7">+0.1
0</td><td rowspan="3">0.08</td><td rowspan="3">0.16</td></tr>
<tr><td>>8~10</td><td>3×3</td><td>6~36</td><td>1.8</td><td>1.4</td></tr>
<tr><td>>10~12</td><td>4×4</td><td>8~45</td><td rowspan="3">+0.030
0</td><td rowspan="3">+0.078
+0.030</td><td rowspan="3">0
-0.030</td><td rowspan="3">±0.015</td><td rowspan="3">-0.012
-0.042</td><td>2.5</td><td>1.8</td></tr>
<tr><td>>12~17</td><td>5×5</td><td>10~56</td><td>3.0</td><td>2.3</td><td rowspan="3">0.16</td><td rowspan="3">0.25</td></tr>
<tr><td>>17~22</td><td>6×6</td><td>14~70</td><td>3.5</td><td>2.8</td></tr>
<tr><td>>22~30</td><td>8×7</td><td>18~90</td><td rowspan="2">+0.036
0</td><td rowspan="2">+0.098
+0.040</td><td rowspan="2">0
-0.036</td><td rowspan="2">±0.018</td><td rowspan="2">-0.015
-0.051</td><td>4.0</td><td>3.3</td></tr>
<tr><td>>30~38</td><td>10×8</td><td>22~110</td><td>5.0</td><td>3.3</td><td rowspan="5">0.25</td><td rowspan="5">0.40</td></tr>
<tr><td>>38~44</td><td>12×8</td><td>28~140</td><td rowspan="4">+0.043
0</td><td rowspan="4">+0.120
+0.050</td><td rowspan="4">0
-0.043</td><td rowspan="4">±0.0215</td><td rowspan="4">-0.018
-0.061</td><td>5.0</td><td rowspan="8">+0.2
0</td><td>3.3</td><td rowspan="8">+0.2
0</td></tr>
<tr><td>>44~50</td><td>14×9</td><td>36~160</td><td>5.5</td><td>3.8</td></tr>
<tr><td>>50~58</td><td>16×10</td><td>45~180</td><td>6.0</td><td>4.3</td></tr>
<tr><td>>58~65</td><td>18×11</td><td>50~200</td><td>7.0</td><td>4.4</td></tr>
<tr><td>>65~75</td><td>20×12</td><td>56~220</td><td rowspan="4">+0.052
0</td><td rowspan="4">+0.149
+0.065</td><td rowspan="4">0
-0.052</td><td rowspan="4">±0.026</td><td rowspan="4">-0.022
-0.074</td><td>7.5</td><td>4.9</td><td rowspan="4">0.40</td><td rowspan="4">0.60</td></tr>
<tr><td>>75~85</td><td>22×14</td><td>63~250</td><td>9.0</td><td>5.4</td></tr>
<tr><td>>85~95</td><td>25×14</td><td>70~280</td><td>9.0</td><td>5.4</td></tr>
<tr><td>>95~110</td><td>28×16</td><td>80~320</td><td>10.0</td><td>6.4</td></tr>
<tr><td>L 系列</td><td colspan="13">6,8,10,12,14,16,18,20,22,25,28,32,36,40,45,50,56,63,70,80,90,100,110,125,140,160,180,200,220,250,280,320</td></tr>
</table>

注：1. 在工作图中，轴槽深用 t_1 或（$d-t_1$）标注，但（$d-t_1$）的公差应取负号；轮毂槽深用 t_2 或（$d+t_2$）标注。

2. 松联接用于导向平键，一般用于载荷不大的场合；紧密联接用于载荷较大、有冲击和双向转矩的场合。

3. 在 GB/T 1095—2003 和 GB/T 1096—2003 的基础上，加上轴径尺寸，方便机械设计人员参考。

平键的两侧面是工作面，工作时两侧面受到挤压（图 2-5-2），其主要失效形式是键、轴槽和毂槽三者中强度最弱的工作面被压溃。设计时，按工作面的平均挤压应力 σ_p 进行强

度校核，其强度条件为

$$\sigma_p = \frac{4T}{hld} \leqslant [\sigma_p] \tag{2-72}$$

式中　σ_p——工作面的挤压应力（MPa）；

T——传递的转矩（N · mm），$T = 9.55 \times 10^6 \dfrac{P}{n}$；

P——传递的功率（kW）；

n——轴的转速（r/min）；

d——轴的直径（mm）；

l——键的工作长度（mm），A 型 $l = L - b$，B 型 $l = L$，C 型 $l = L - b/2$，其中 L、b 分别为键的公称长度和键宽；

h——键的高度（mm）；

$[\sigma_p]$——许用挤压应力（MPa），见表 2-5-2，对于动联接则以许用压强 $[p]$ 代替 $[\sigma_p]$。

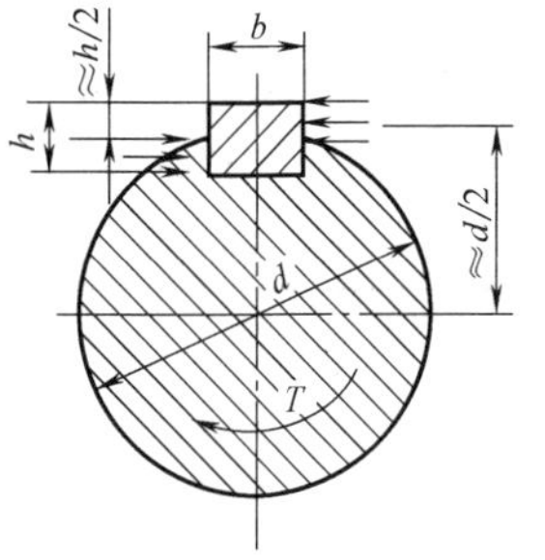

图 2-5-2　平键联接的受力分析

表 2-5-2　平键联接的许用挤压应力 $[\sigma_p]$ 和许用压强 $[p]$

（单位：MPa）

	联接方式	键、轴和轮毂中最弱的材料	载荷性质		
			静载荷	轻度冲击	冲击
$[\sigma_p]$	静联接（普通平键、半圆键）	钢	120～150	100～120	60～90
		铸铁	70～80	50～60	30～45
$[p]$	动联接（导向平键）	钢	50	40	30

注：当被联接表面经过淬火时，$[p]$ 可提高 2～3 倍。

计算后如强度不够，可适当增加键长。如强度仍不够，可用双键，按 180°布置。计算时，为考虑双键载荷分布的不均匀性，可按 1.5 个键计算。

（2）导向平键联接　导向平键用于动联接。导向平键（图 2-5-3）较长，需用螺钉固定在轴槽中，而与毂槽配合较松，轴上传动零件沿键可做轴向移动。为了便于拆键，在键上加工有起键螺纹孔。

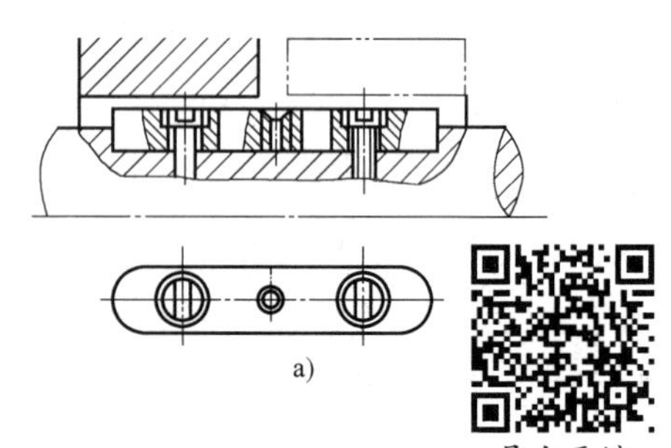

导向平键联接的主要失效形式是工作面的磨损。因此，要做耐磨性计算，限制其压强 p，强度条件为

$$p = \frac{2T}{kld} \leqslant [p] \tag{2-73}$$

式中　$[p]$——许用压强（MPa），见表 2-5-2；

其他参数同式（2-72）。

（3）滑键联接　滑键（图 2-5-3b）固定在轮毂上，与轮毂一起可沿轴上键槽滑移，适用于

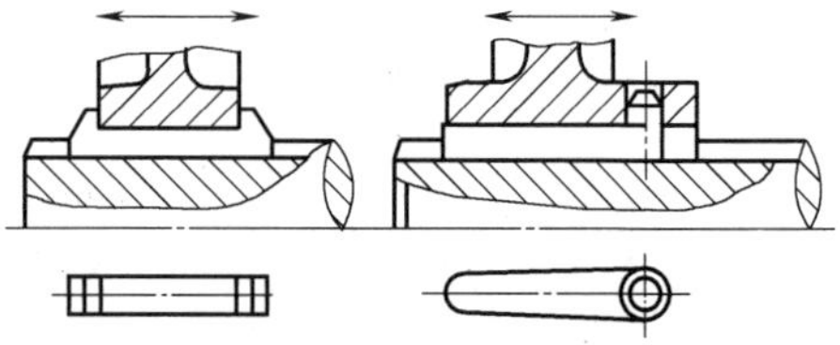

滑键联接1　滑键联接2

b)

图 2-5-3　导向平键和滑键联接

轴上零件轴向移动量较大的联接。

2. 半圆键联接

半圆键联接（图 2-5-4）的工作原理与平键联接一样，键的两侧面为工作面，键的上表面与毂槽底面间有间隙。轴上键槽用半径和宽度与键相同的盘形铣刀铣出，因而，键在轴槽中能绕其几何中心摆动，以适应毂上键槽的斜度。半圆键联接的优点是对中性好、工工艺性好，缺点是轴槽较深，对轴的强度削弱较大。它主要用于轻载或位于轴端的联接，尤其适用于锥形轴端，如图 2-5-4b 所示。

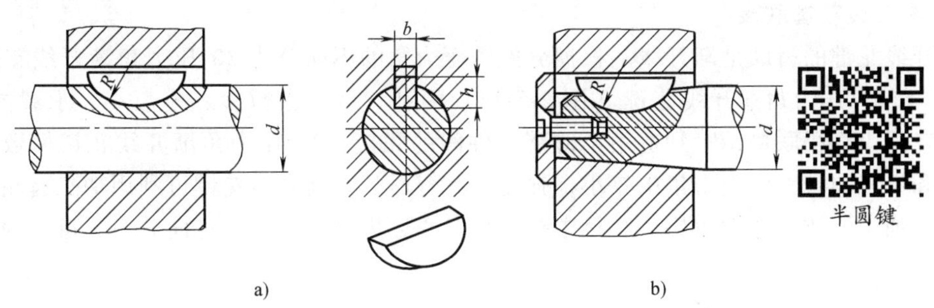

图 2-5-4 半圆键联接

a）一般结构 b）用于锥形轴端联接

3. 楔键联接

楔键的上下面分别与毂和轴上键槽的底面贴合，为工作面。常见的有普通楔键联接和钩头楔键联接（图 2-5-5a、b）。键的上表面及相配的轮毂键槽底面各有 1∶100 的斜度。装配时把楔键打入键槽内，其上下面产生很大的压力，工作时即靠此压力产生的摩擦力传递转矩，还可传递单向轴向力。由于楔键联接在楔紧时破坏了轴与轮毂的对中性，因此仅用于对中要求不高、载荷平稳和低速的联接。

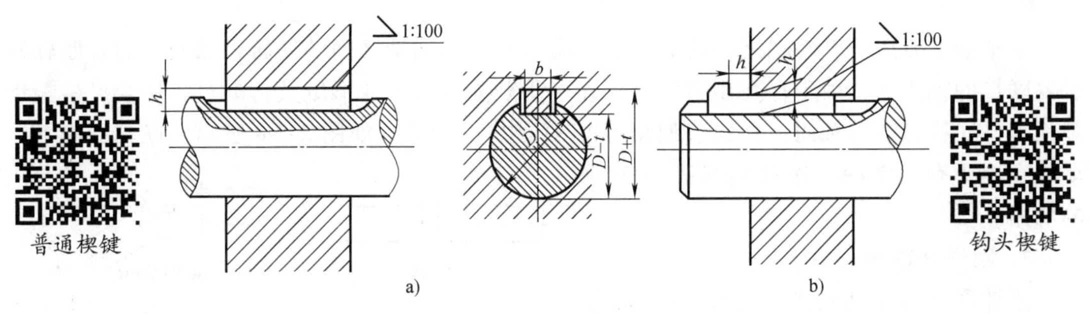

图 2-5-5 楔键联接

a）普通楔键联接 b）钩头楔键联接

2.5.1.2 花键联接

花键联接由具有多个沿周向均布的凸起的外花键和有对应凹槽的内花键组成。齿的侧面是工作面。花键已标准化，按其齿形分为矩形花键和渐开线花键两种。

花键联接的主要优点是：齿数较多而且受力均匀，承载能力高；齿槽较浅，应力集中较小，对轴和轮毂的强度削弱小；轴上零件与轴的对中性、导向性好。其缺点是加工时需使用专用设备，成本较高。

1. 矩形花键联接

矩形花键联接（图 2-5-6）应用很广。矩形花键联接中以小径（d）定心，对轴和孔的小径都进行磨削加工，定心精度高，特别是有利于保证带花键孔的齿轮加工时定位定心。

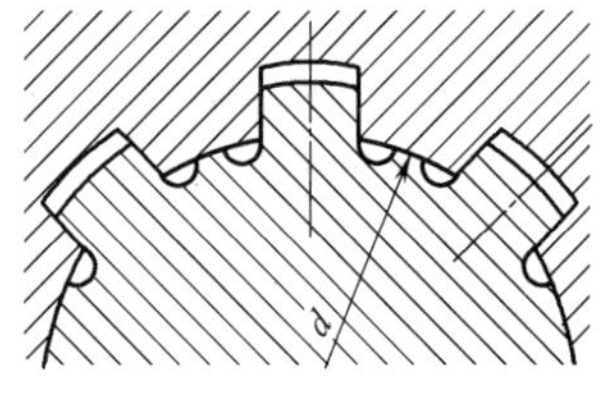

图 2-5-6　矩形花键联接

矩形花键在标准中规定了两种尺寸系列，即轻系列和中系列。轻系列承载能力较小，用于轻载荷的静联接；中系列多用于较重载荷的静联接或在空载下移动的动联接。

2. 渐开线花键联接

渐开线花键的齿廓是渐开线。根据分度圆压力角的不同分为 30°压力角渐开线花键（图 2-5-7a）和 45°压力角渐开线花键（图 2-5-7b）两种。后者齿数多、模数小，承载能力低，常用于轻载小直径联接，特别适用于薄壁零件间的联接。30°压力角渐开线花键模数大，齿根较厚和齿根圆较大，应力集中较小，强度大，寿命长。渐开线花键可利用加工齿轮的各种方法进行加工，故工艺性较好。联接中按齿形定心，齿侧受力时有径向分力，可自动定心。

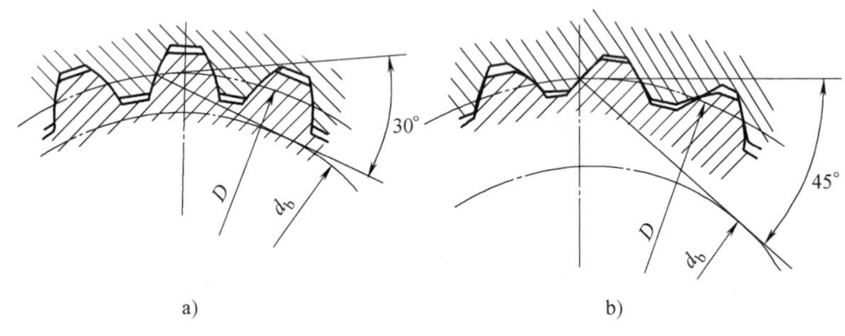

图 2-5-7　渐开线花键联接

2.5.2　联轴器

联轴器主要用于轴与轴之间的联接，以实现传递不同轴之间的回转运动与动力。联轴器所要联接的轴之间，由于存在制造安装误差、受载受热后的变形以及传动过程中会产生振动等因素，往往存在着轴向、径向或偏角等相对位置的偏移，如图 2-5-8 所示。联轴器除了传动外，还要有一定的位置补偿和吸振缓冲的功用。

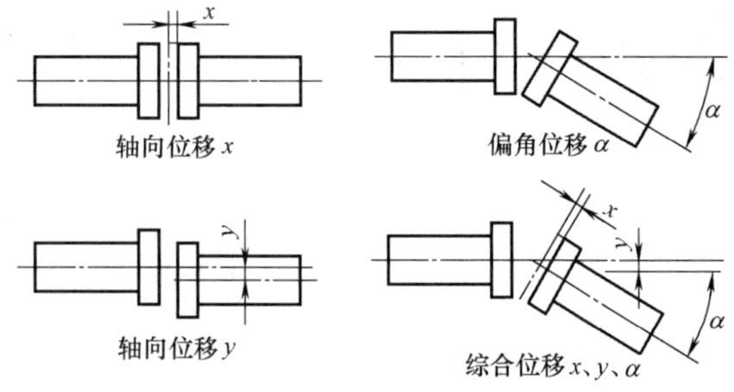

图 2-5-8　两轴之间的相对位移

1. 刚性联轴器

刚性联轴器是通过若干刚性零件将两轴联接在一起的，被联接两轴间的各种相对位移无补偿能力，故对两轴的对准性要求高。当两轴有相对位移时，会在结构内引起附加载荷。这类联轴器的结构比较简单，有多种多样的结构形式。

图 2-5-9 所示的联轴器是一种最常用的刚性联轴器，称为凸缘联轴器。凸缘联轴器主要由两个分别装在两轴端部的凸缘盘和联接它们的螺栓所组成。为使被联接两轴的中心线对准，可在联轴器的一个凸缘盘上车出凸肩，在另一个凸缘盘上制出相配合的凹槽。图 2-5-10

所示的套筒联轴器也是一种常用的刚性联轴器。

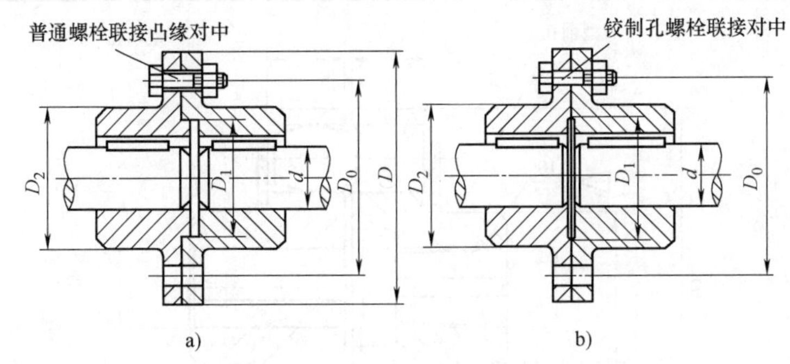

图 2-5-9 凸缘联轴器

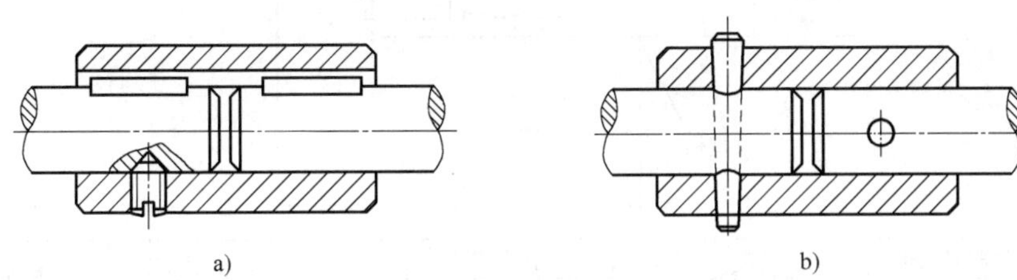

图 2-5-10 套筒联轴器

a）紧定螺钉定位 b）销定位

2. 弹性联轴器

弹性联轴器包含弹性零件，因而在工作中具有较好的缓冲与吸振能力。

弹性套柱销联轴器是一种常用的弹性联轴器，如图 2-5-11 所示。弹性套柱销联轴器适用于正反转变化多、起动频繁的高速轴的联接，如电动机、水泵等轴的联接，可获得较好的缓冲和吸振效果。

尼龙柱销联轴器（弹性柱销联轴器）和上述弹性套柱销联轴器相似，如图 2-5-12 所示，只是用具有一定弹性的尼龙柱销代替了橡胶圈和钢制柱销，其性能及用途与弹性套柱销联轴器相同。由于结构简单，制作容易，维护方便，所以常用它来代替弹性套柱销联轴器。

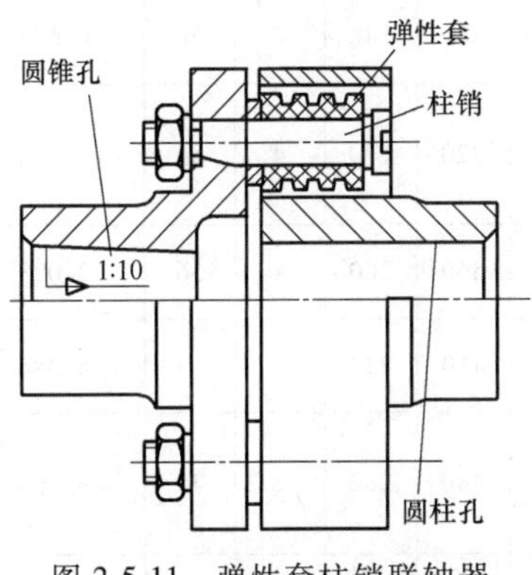

图 2-5-11 弹性套柱销联轴器

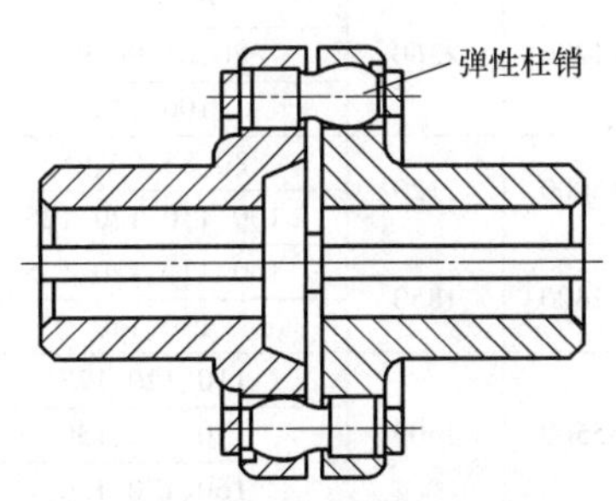

图 2-5-12 弹性柱销联轴器

表 2-5-3 所示是 LX 型弹性柱销联轴器的基本参数和主要尺寸。其余型号的联轴器的参数与尺寸请查阅《机械设计手册》。

表 2-5-3 LX 型弹性柱销联轴器的基本参数和主要尺寸（摘自 GB/T 5014—2017）

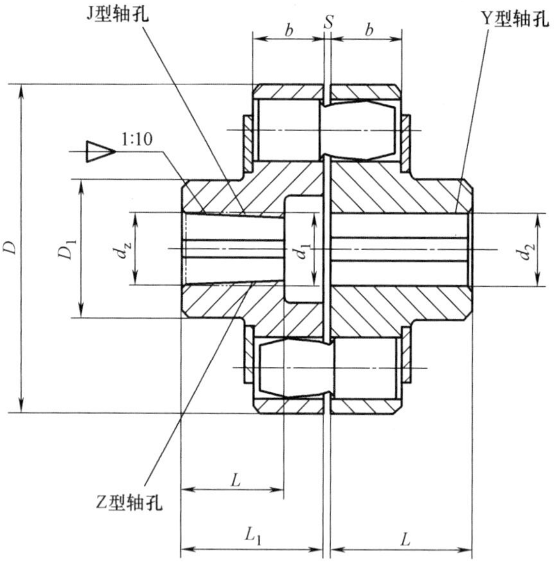

型号	公称转矩 T_n/(N·m)	许用转速 [n]/(r/min)	轴孔直径 d_1、d_2、d_z/mm	轴孔长度 Y型	轴孔长度 J型、Z型		D	D_1	S	b	转动惯量/(kg·m²)	质量/kg
				L	L	L_1						
LX1	250	8500	12、14	32	27	—	90	40	2.5	20	0.002	2
			16、18、19	42	30	42						
			20、22、24	52	38	52						
LX2	560	6300	20、22、24	52	38	52	120	55	2.5	28	0.009	5
			25、28	62	44	62						
			30、32、35	82	60	82						
LX3	1250	4700	30、32、35、38	82	60	82	160	75	2.5	36	0.026	8
			40、42、45、48	112	84	112						
LX4	2500	3800	40、42、45、48、50、55、56	112	84	112	195	100	3	45	0.109	22
			60、63	142	107	142						
LX5	3150	3450	50、55、56	112	84	112	220	120	3	45	0.191	30
			60、63、65、70、71、75	142	107	142						
LX6	6300	2720	60、63、65、70、71、75	142	107	142	280	140	4	56	0.543	53
			80、85	172	132	172						
LX7	11200	2360	70、71、75	142	107	142	320	170	4	56	1.314	98
			80、85、90、95	172	132	172						
			100、110	212	167	212						
LX8	16000	2120	80、85、90、95	172	132	172	360	200	5	56	2.023	119
			100、110、120、125	212	167	212						
LX9	22400	1850	100、110、120、125	212	167	212	410	230	5	63	4.386	197
			130、140	252	202	252						
LX10	35500	1600	110、120、125	212	167	212	480	280	6	75	9.760	322
			130、140、150	252	202	252						
			160、170、180	302	242	302						
LX11	50000	1400	130、140、150	252	202	252	540	340	6	75	20.05	520
			160、170、180	302	242	302						
			190、200、220	352	282	352						

注：质量、转动惯量是按 J/Y 轴孔组合形式和最小轴孔直径计算的。

3. 万向联轴器

万向联轴器如图 2-5-13 所示，由两个叉形接头和一个十字销组成。万向联轴器两轴间的夹角可达 35°~45°。万向联轴器在传动中允许两轴线有较大的偏斜，在运输机械中应用广泛。

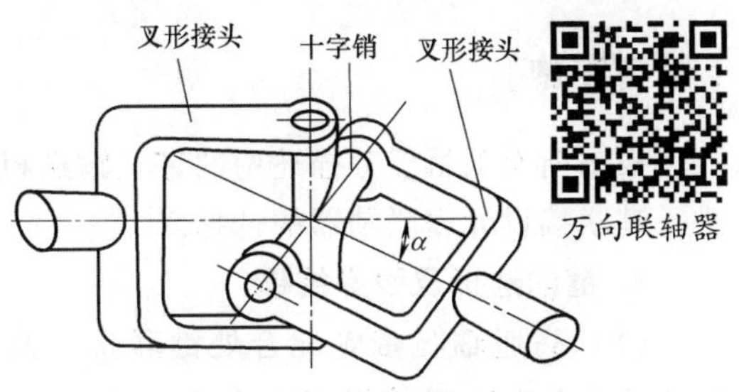

图 2-5-13　万向联轴器示意图

4. 联轴器的选择

绝大多数联轴器均已标准化，可根据实际情况合理选用。

根据传递载荷的大小、轴转速的高低、被联接两部件的安装精度等，参考各类联轴器特性，选择一种合适的联轴器类型。具体选择时可考虑以下几点：

1）所需传递的转矩大小和性质以及对缓冲减振功能的要求。例如，对大功率的重载传动，可选用齿式联轴器；对严重冲击载荷或要求消除轴系扭转振动的传动，可选用轮胎式联轴器等具有高弹性的联轴器。

2）两轴相对位移的大小和方向。当安装调整后，难以保持两轴严格精确对中，或工作过程中两轴将产生较大的附加相对位移时，应选用挠性联轴器。例如当径向位移较大时，可选滑块联轴器，角位移较大或相交两轴的联接可选用万向联轴器等。

3）联轴器的可靠性和工作环境。通常由金属元件制成的不需润滑的联轴器比较可靠；需要润滑的联轴器，其性能易受润滑完善程度的影响，且可能污染环境。含有橡胶等非金属元件的联轴器对温度、腐蚀性介质及强光等比较敏感，而且容易老化。

4）联轴器的制造、安装、维护和成本。在满足便用性能的前提下，应选用装拆方便、维护简单、成本低的联轴器。例如刚性联轴器不但结构简单，而且装拆方便，可用于低速、刚性大的传动轴。一般的非金属弹性元件联轴器，由于具有良好的综合能力，广泛适用于一般的中、小功率传动。

由于机器起动时的动载荷和运转中可能出现过载，所以应当按轴可能传递的最大转矩作为计算转矩 T_C。计算转矩按下式计算

$$T_C = K_A T$$

式中　T——公称转矩（N·m）；

K_A——工作情况系数，见表 2-5-4。

根据计算转矩 T_C 及所选的联轴器类型，按照计算转矩 T_C 不超过联轴器的许用公称转矩［T］，即 $T_C \leqslant [T]$ 的条件，由联轴器标准中选定该联轴器型号。

被联接轴的转速 n 不应超过所选联轴器允许的最高转速 n_{max}，即 $n \leqslant n_{max}$。

表 2-5-4　工作情况系数 K_A

工作机情况及举例	原动机			
	电动机、汽轮机	四缸和四缸以上内燃机	双缸内燃机	单缸内燃机
转矩变化很小，如发电机、小型通风机、小型离心泵	1.3	1.5	1.8	2.2
转矩变化小，如透平压缩机、木工机床、运输机	1.5	1.7	2.0	2.4
转矩变化中等，如搅拌机、增压泵、有飞轮的压缩机、压力机	1.7	1.9	2.2	2.6
转矩变化和冲击载荷中等，如织布机、水泥搅拌机、拖拉机	1.9	2.1	2.4	2.8
转矩变化和冲击载荷大，如造纸机、挖掘机、起重机、碎石机	2.3	2.5	2.8	3.2
转矩变化大并有极强烈冲击载荷，如压延机、无飞轮的活塞泵、重型初轧机	3.1	3.3	3.6	4.0

[任务实施]

根据前面项目任务描述中的带式输送机（图 2-0-1）的设计要求，为其上的减速器各轴进行键联接设计和联轴器的选择。

1. 键的选择及强度校核

（1）高速轴与带轮配合处键联接　高速轴与带轮配合处，选用 A 型普通平键 1 个，由表 2-5-1 查得键的规格为 $b \times h \times L = 10\text{mm} \times 8\text{mm} \times 90\text{mm}$，键的工作长度 $l = L - b = 90\text{mm} - 10\text{mm} = 80\text{mm}$。

带轮材料为铸铁，由表 2-5-2 查得键联接的许用挤压应力 $[\sigma_p] = 50 \sim 60\text{MPa}$，则键联接工作面的挤压应力为

$$\sigma_p = \frac{4T}{hld} = \frac{4 \times 168200}{8 \times 80 \times 35}\text{MPa} = 30\text{MPa}$$

因 $\sigma_p < [\sigma_p]$，故强度够。

（2）中间轴与齿轮 2 配合处键联接　中间轴与齿轮 2 配合处，选用 A 型普通平键 1 个，由表 2-5-1 查得键的规格为 $b \times h \times L = 20\text{mm} \times 12\text{mm} \times 70\text{mm}$，键的工作长度 $l = L - b = 70\text{mm} - 20\text{mm} = 50\text{mm}$。

齿轮材料为钢，由表 2-5-2 查得键联接的许用挤压应力 $[\sigma_p] = 100 \sim 120\text{MPa}$，则键联接工作面的挤压应力为

$$\sigma_p = \frac{4T}{hld} = \frac{4 \times 870115}{12 \times 50 \times 67}\text{MPa} = 87\text{MPa}$$

因 $\sigma_p < [\sigma_p]$，故强度够。

（3）中间轴与齿轮 3 配合处键联接　中间轴与齿轮 3 配合处，选用 A 型普通平键 1 个，由表 2-5-1 查得键的规格为 $b \times h \times L = 20\text{mm} \times 12\text{mm} \times 80\text{mm}$，键的工作长度 $l = L - b = 80\text{mm} - 20\text{mm} = 60\text{mm}$。

齿轮材料为钢，由表 2-5-2 查得键联接的许用挤压应力 $[\sigma_p] = 100 \sim 120\text{MPa}$，则键联接工作面的挤压应力为

$$\sigma_p = \frac{4T}{hld} = \frac{4 \times 870115}{12 \times 60 \times 67}\text{MPa} = 72\text{MPa}$$

因 $\sigma_p < [\sigma_p]$，故强度够。

（4）低速轴与齿轮 4 配合处键联接　低速轴与齿轮 4 配合处，选用 A 型普通平键 2 个，由表 2-5-1 查得键的规格为 $b \times h \times L = 25\text{mm} \times 14\text{mm} \times 90\text{mm}$，键的工作长度 $l = L - b = 80\text{mm} - 25\text{mm} = 55\text{mm}$。

齿轮材料为钢，由表 2-5-2 查得键联接的许用挤压应力 $[\sigma_p] = 100 \sim 120\text{MPa}$，则键联接工作面的挤压应力为

$$\sigma_p = \frac{4T}{2hld} = \frac{4 \times 3406518}{2 \times 14 \times 55 \times 95}\text{MPa} = 93\text{MPa}$$

因 $\sigma_p < [\sigma_p]$，故强度够。

（5）低速轴与联轴器配合处键联接　低速轴与联轴器配合处，选用 A 型普通平键 2 个，由表 2-5-1 查得键的规格为 $b \times h \times L = 22\text{mm} \times 14\text{mm} \times 125\text{mm}$，键的工作长度 $l = L - b = 125\text{mm} -$

22mm=103mm。

联轴器材料为35钢，由表2-5-2查得键联接的许用挤压应力 $[\sigma_p]=100\sim120\text{MPa}$，则键联接工作面的挤压应力为

$$\sigma_p=\frac{4T}{2hld}=\frac{4\times3406518}{2\times14\times103\times80}\text{MPa}=59\text{MPa}$$

因 $\sigma_p<[\sigma_p]$，故强度够。

2. 联轴器的选择

（1）选择联轴器的类型　轴伸出端安装的联轴器，孔直径为80mm，查表2-5-3，初选为LX6~LX8型弹性柱销联轴器（GB/T 5014—2017）。

（2）计算联轴器的计算转矩　根据表2-5-4查得 $K_A=1.3$，则计算转矩为

$$T_C=K_AT=1.3\times3406518\text{N}\cdot\text{mm}=4428473\text{N}\cdot\text{mm}$$

（3）确定联轴器的具体型号　根据 $T_C\leqslant[T]$，由表2-5-3选定LX6型联轴器，公称转矩 $[T]=6300\text{N}\cdot\text{m}=6300000\text{N}\cdot\text{mm}$，许用转速 $[n]=2720\text{r/min}$，J型轴孔（圆柱形），轴孔长度 $L=132\text{mm}$，总长度 $L_1=172\text{mm}$。

（4）校核最大转速　工作转速 $n=n_3=37.227\text{r/min}<[n]=2720\text{r/min}$，合格。

[自我评估]

1. 键联接有哪些基本形式？各有何特点？

2. 当单个键联接强度不足而采用两个平键联接时，两个平键一般设在相隔180°的位置，采用两个楔键时则相隔90°~120°，采用两个半圆键时则设在同一素线上，试分析这样设置的合理性。

3. 某齿轮与轴之间采用平键联接。已知：传递转矩 $T=5000\text{N}\cdot\text{m}$，轴径 $d=100\text{mm}$，轮毂宽150mm，轴的材料为45钢，轮毂材料为铸铁，载荷有轻微冲击。试通过计算选择平键尺寸。如强度不足，应采取何种措施？

4. 与平键联接相比花键联接有何特点？常用的花键联接有哪些形式？

5. 试说明联轴器中可移性的意义。选用联轴器时，应考虑哪些主要因素？选用的原则是什么？

6. 电动机经减速器驱动水泥搅拌机工作。已知：电动机的功率 $P=11\text{kW}$，转速 $n=970\text{r/min}$，电动机轴的直径和减速器输入轴的直径均为42mm。试选择电动机与减速器之间的联轴器。

7. 试校核带式输送机中蜗杆蜗轮减速器的输入联轴器与输出联轴器。如图2-5-14所示，已知电动机功率 $P_1=7.5\text{kW}$，转速 $n_1=720\text{r/min}$，电动机轴直径 $d_1=42\text{mm}$，减速器传动比 $i=25$，传动效率 $\eta=0.8$，输出轴直径 $d_2=60\text{mm}$。减速器输入轴选用LX2弹性柱销联轴器（额定转矩 $T_n=560\text{N}\cdot\text{m}$，许用最高转速 $[n]=6300\text{r/min}$），输出轴选用LX4弹性柱销联轴器（额定转矩 $T_n=2500\text{N}\cdot\text{m}$，许用最高转速 $[n]=3800\text{r/min}$）。减速器的工作扭矩变化较小。

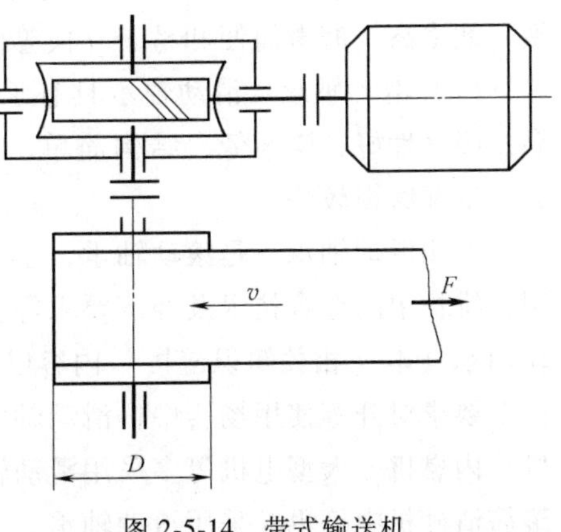

图2-5-14　带式输送机

任务 2.6　轴承的选用与校核

任务目标	1. 理解轴承的功用,掌握滚动轴承的结构、类型及应用场合。 2. 熟悉滚动轴承的轴承代号,掌握滚动轴承类型的选择、滚动轴承的失效形式及寿命计算,掌握滚动轴承的组合设计。 3. 能够分析常见滚动轴承的特性,根据工作需求和寿命进行计算,为轴选择合适的轴承类型和轴承代号。
工作任务内容	对项目任务描述中的带式输送机所用的减速器各轴上要安装的轴承进行选择与校核。 1. 计算数据查阅任务 2.2~任务 2.4。 2. 确定滚动轴承的型号,并进行工作能力计算。
基本工作思路	1. 选择轴承类型:根据轴上受力情况,分析轴承上相应的轴向力和径向力,由此计算当量载荷,并选择轴承类型。 2. 选择轴承代号:根据当量动载荷,利用寿命计算公式计算轴承所需的基本额定动载荷,据此查轴承型号表,选择轴承的型号。 3. 校核滚动轴承的工作寿命,确保符合要求。 4. 整理出设计结果。各小组选派代表展示工作成果,阐述任务完成情况,师生共同分析、评价。 5. 书写设计计算说明书。包括:轴承类型的选择依据、选择结果、主动轴轴承型号、从动轴轴承型号、寿命校核结果。

成果评定(60%)		学习过程评价(30%)		团队合作评价(10%)	

[相关知识链接]

轴承是支承轴或轴上回转零件的部件，用来减少轴与轴上零件间的摩擦和磨损，保持轴线正确位置及回转零件的旋转精度。

按照轴承工作表面的摩擦性质，轴承可分为滑动轴承和滚动轴承两大类。每一类轴承，根据其承受载荷的方向，又可分为承受径向载荷的向心轴承、承受轴向载荷的推力轴承以及可以同时承受径向载荷和轴向载荷的向心推力轴承。

(1) 滚动轴承　滚动轴承是由专门工厂制造的标准组件。它具有摩擦阻力小、起动灵敏、效率高、润滑简便和易于互换等优点。

(2) 滑动轴承　滑动轴承具有承载能力大，抗冲击，工作平稳，回转精度高，运行可靠，吸振性好，噪声低，结构简单，制造、拆装方便等优点；其主要缺点是起动摩擦阻力大，轴瓦磨损较快。

选用滑动轴承还是滚动轴承，主要取决于对轴承的工作性能要求和机器设计、制造、使用、维护中的综合技术及经济要求等。在一般机器中，如无特殊使用要求，优先推荐使用滚动轴承（本［相关知识链接］内容以介绍滚动轴承为主)。但是在高速、高精度、重载、结构上要求对开等使用场合中，滑动轴承就显示出它的优良性能。因此，汽轮机、离心式压缩机、内燃机、大型电机等多采用滑动轴承。此外，低速而带有冲击的机器，如水泥搅拌机、滚筒清砂机中等也常采用滑动轴承。

2.6.1 滚动轴承

2.6.1.1 滚动轴承的结构、类型和代号

1. 滚动轴承的结构

滚动轴承是现代机器中广泛应用的部件之一，由外圈、内圈、滚动体和保持架等组成，如图 2-6-1 所示。内、外圈分别与轴颈、轴承座孔装配在一起。当内、外圈相对转动时滚动体即在内外圈的滚道间滚动。保持架使滚动体分布均匀，减少滚动体的摩擦和磨损。滚动体的形状如图 2-6-2 所示。

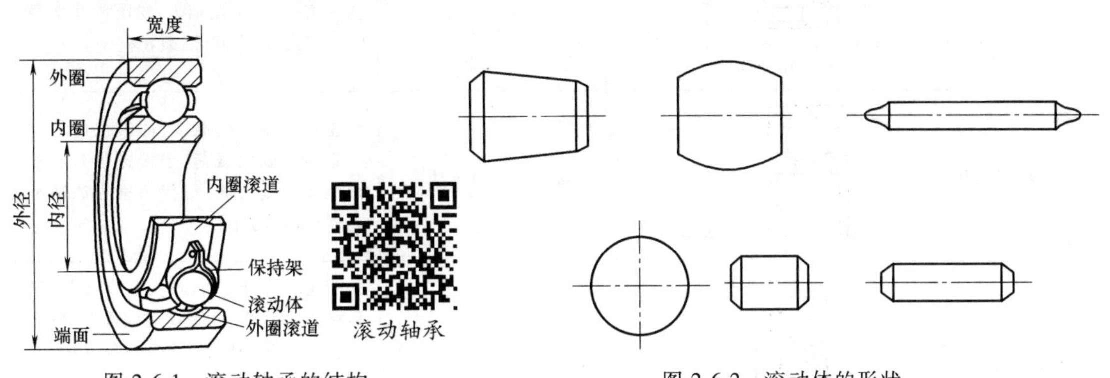

图 2-6-1 滚动轴承的结构

图 2-6-2 滚动体的形状

滚动轴承的内、外圈和滚动体，常用 GCr15、GCr15SiMn 等轴承钢，热处理后硬度一般不低于 60~65HRC，工作面经磨削抛光。冲压保持架材料常用低碳钢，实体保持架材料常用铜合金或塑料等。

2. 滚动轴承的类型、特性及应用

常用滚动轴承的类型、特点及应用见表 2-6-1。

表 2-6-1 常用滚动轴承的类型、特点及应用

轴承名称 类型代号	结构简图及承载方向	极限 转速	内外圈轴线间 允许的角偏斜	主要特性和应用
调心球轴承 1		中	2°~3°	主要承受径向载荷，同时也能承受少量的轴向载荷。因为外圈滚道表面是以轴承中点为中心的球面，故能调心，允许角偏斜为在保证轴承正常工作条件下、外圈轴线间的最大夹角
调心滚子轴承 2		低	0.5°~2°	能承受很大的径向载荷和少量轴向载荷，承载能力较强。滚动体为鼓形，外圆滚道为球面，因而具有调心性能
圆锥滚子轴承 3		中	2°	能同时承受较大的径向、轴向联合载荷，因为是线接触，承载能力大于代号 7 类轴承。内、外圈可分离，装拆方便，成对使用

（续）

轴承名称 类型代号	结构简图及承载方向	极限 转速	内外圈轴线间 允许的角偏斜	主要特性和应用
推力球轴承 5	a) 单列 b) 双列	低	不允许	只能承受轴向载荷，而且载荷作用线必须与轴线相重合，不允许有角偏差。具体有两种类型：单列承受单向推力，双列承受双向推力。球与保持架摩擦发热严重，寿命降低，故仅适用于轴向载荷大、转速不高之处。紧圈内孔直径小，装在轴上；松圈内孔直径大，与轴之间有间隙，装在机座上
深沟球轴承 6		高	8′~16′	主要承受径向载荷，同时也可承受一定量的轴向载荷，当转速很高而轴向载荷不太大时，可代替推力球轴承承受纯轴向载荷
角接触球轴承 7	α	较高	2′~10′	能同时承受径向、轴向联合载荷，公称接触越大，轴向承载能力越强，公称接触角 α 有 15°、25°、40°三种，内部代号分别为 C、AC 和 B，通常成对使用，可以分装于两个支点或同装于一下支点上
圆柱滚子轴承 N		较高	2′~4′	能承受较大的径向载荷，不能承受轴向载荷，因是线接触，内外圈只允许有极小的相对偏转，轴承、外圈可分离
滚针轴承 NA		低	不允许	只能承受径向载荷，承载能力强，径向尺寸很小，一般无保持架，因而滚针有摩擦，轴承极限转速低。这类轴承不允许有角偏差，轴承内、外圈可分离，可以不带内圈

3. 滚动轴承类型的选择

滚动轴承是标准件，由轴承厂大批量生产，选用时一般主要考虑以下几个方面：

1）轴承所承受载荷的大小、方向和性质。

载荷方向：向心轴承用于主要受径向力；推力轴承用于受轴向力；而当转速很高时，可用角接触球轴承或深沟球轴承；当径向和轴向载荷都较大时，应采用角接触球轴承。

载荷大小：滚子轴承或尺寸系列较大的轴承能承受较大的载荷或冲击载荷；球轴承或尺寸系列较小的轴承则反之。

2）轴承的转速。球轴承和轻系列的轴承能适应较高的转速，滚子轴承和重系列的轴承则反之；推力轴承的极限转速很低。

3）调心性能的要求。如果轴有较大的弯曲变形，或轴承座孔的同轴度较低，则要求轴承的内、外圈在运转中能有一定的相对偏角，此时应采用调心球轴承。

4）当要求支承具有较大刚度时，应用滚子轴承。

5）当轴的挠曲变形大或两轴承座孔直径不同、跨度大且对支承有调心要求时，应选用调心轴承。

6）为便于轴承的装拆，选用内、外圈可分离的轴承。

7）从经济角度看，球轴承比滚子轴承便宜，精度低的轴承比精度高的轴承便宜，普通结构轴承比特殊结构轴承便宜。

4. 滚动轴承代号

滚动轴承的种类很多，而各类轴承又有不同结构、尺寸和公差等级等，以便满足不同的使用场合。为了统一表征各类轴承的不同特点，便于组织生产、管理、选择和使用，国家标准规定了滚动轴承代号的表示方法。

滚动轴承代号由基本代号、前置代号和后置代号组成，用数字和字母表示，轴承代号的构成见表 2-6-2。

表 2-6-2 滚动轴承代号的构成

<table>
<tr><th>前置代号</th><th colspan="5">基本代号</th><th colspan="9">后置代号</th></tr>
<tr><td rowspan="4">轴承部件代号</td><td>五</td><td>四</td><td>三</td><td>二</td><td>一</td><td rowspan="4">内部结构</td><td rowspan="4">密封与防尘、外部形状</td><td rowspan="4">保持架及其材料</td><td rowspan="4">轴承零件材料</td><td rowspan="4">公差等级</td><td rowspan="4">游隙</td><td rowspan="4">配置</td><td rowspan="4">振动与噪声</td><td rowspan="4">其他</td></tr>
<tr><td rowspan="3">类型代号</td><td colspan="2">尺寸系列代号</td><td colspan="2" rowspan="3">内径代号</td></tr>
<tr><td rowspan="2">宽度（高度）系列代号</td><td rowspan="2">直径系列代号</td></tr>
<tr></tr>
</table>

（1）基本代号 基本代号表示轴承的基本类型、结构和尺寸，是轴承代号的基础。由以下三部分内容构成。

1）内径代号。基本代号最右边两位数字表示轴承的公称内径尺寸。具体规定见表2-6-3。

表 2-6-3 轴承内径表示方法

<table>
<tr><th colspan="2">轴承公称内径/mm</th><th>内径代号</th><th>示例</th></tr>
<tr><td colspan="2">0.6~10(非整数)</td><td>用公称内径毫米数直接表示，在其与尺寸系列代号之间用“/”分开</td><td>深沟球轴承 617/0.6 d=0.6mm
深沟球轴承 618/2.5 d=2.5mm</td></tr>
<tr><td colspan="2">1~9(整数)</td><td>用公称内径毫米数直接表示，对深沟及角接触球轴承直径系列 7、8、9，内径与尺寸系列代号之间用“/”分开</td><td>深沟球轴承 625 d=5mm
深沟球轴承 618/5 d=5mm
角接触球轴承 707 d=7mm
角接触球轴承 719/7 d=7mm</td></tr>
<tr><td rowspan="4">10~17</td><td>10</td><td>00</td><td>深沟球轴承 6200 d=10mm</td></tr>
<tr><td>12</td><td>01</td><td>调心球轴承 1201 d=12mm</td></tr>
<tr><td>15</td><td>02</td><td>圆柱滚子轴承 NU 202 d=15mm</td></tr>
<tr><td>17</td><td>03</td><td>推力球轴承 51103 d=17mm</td></tr>
<tr><td colspan="2">20~480(22,28,32 除外)</td><td>公称内径除以 5 的商数，商数为个位数，需在商数左边加“0”，如 08</td><td>调心滚子轴承 22308 d=40mm
圆柱滚子轴承 NU 1096 d=480mm</td></tr>
<tr><td colspan="2">≥500 以及 22,28,32</td><td>用公称内径毫米数直接表示，但在与尺寸系列之间用“/”分开</td><td>调心滚子轴承 230/500 d=50mm
深沟球轴承 62/22 d=22mm</td></tr>
</table>

2）直径系列代号。基本代号右起第三位数字是直径系列代号。直径系列指同一内径、结构相同的轴承有几种不同的外径（图 2-6-3）。国标规定，直径系列代号有 7、8、9、0、

1、2、3、4、5 等外径尺寸依次递增的系列。

3）宽度系列代号。基本代号右起第四位数字是宽度系列代号，代号用 8、0、1、2、3、4、5、6 表示，其宽度尺寸递增，如图 2-6-4 所示。相同内径的同类型轴承，外廓尺寸大（外径、宽度），则承载能力强。

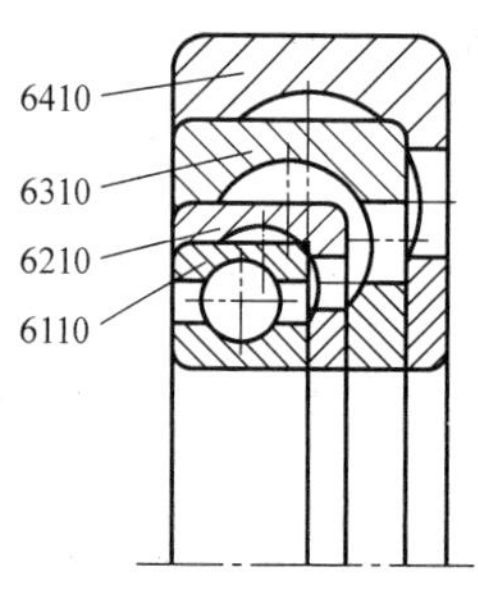

图 2-6-3　不同直径系列的对比

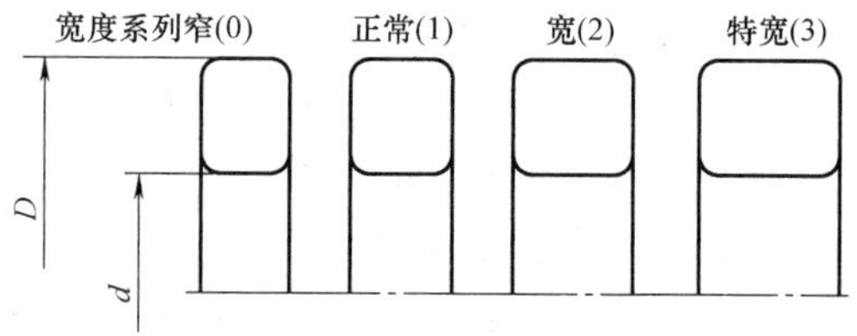

图 2-6-4　不同宽度系列的对比

4）轴承类型代号。用基本代号右起第五位数字或字母表示，其表示方法见表 2-6-1。

（2）后置代号　后置代号用字母和数字等表示轴承的结构、公差及材料的特殊要求等。其中，内部结构代号表示轴承在内部结构形状上的变化，如接触角为 15°、25°和 40°的角接触球轴承分别用 C、AC 和 B 表示，对于加强型轴承用 E 表示。

轴承的公差等级共分 8 个级别，其代号分别为/PN、/P6、/P6x、/P5、/P4、/P2、/SP 和/UP，前 6 个代号分别表示公差等级符合标准规定的普通级（代号中省略不表示）、6 级、6X 级、5 级、4 级、2 级；/SP 表示尺寸精度相当于 5 级，旋转精度相当于 4 级；/UP 表示尺寸精度相当于 4 级，旋转精度相当于 4 级。

（3）前置代号　前置代号用于表示轴承的分部件，用字母表示，如用 L 表示可分离轴承的可分离套圈等。

（4）代号举例

7208AC——轴承类型代号为 7，表示角接触球轴承；宽度系列代号为 0（不标出），直径系列代号为 2，属于轻型；内径为 40mm，接触角 $\alpha=25°$，公差等级为普通级。

N2312/P6——内径为 60 mm，23（中宽）系列的圆柱滚子轴承，公差等级 6 级。

2.6.1.2　滚动轴承的设计计算

1. 滚动轴承的工作情况分析

滚动轴承内、外套圈间有相对运动，滚动体既有自转又围绕轴承中心公转。以径向接触轴承为例，轴承承受中心轴向力 F_a 与径向力 F_r。在理想状态下，轴向力由各滚动体均匀分担，而径向力只由半圈滚动体承受（图 2-6-5），最下面的滚动体所受载荷最大。轴承在工作状态下，滚动体与旋转套圈承受变化的脉动接触应力，固定套圈上最下端一点承受最大脉动接触应力。

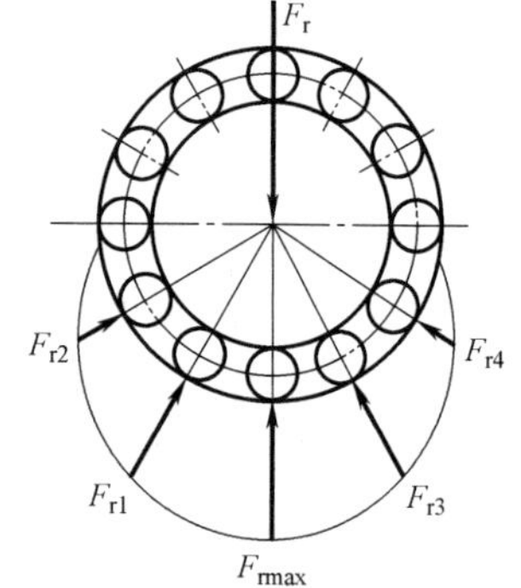

图 2-6-5　滚动轴承的受力

2. 滚动轴承失效形式和计算准则

滚动轴承的主要失效形式有以下几种：

（1）疲劳点蚀　轴承工作时，滚动体和内、外套圈的接触处产生循环变化的接触应力，轴承长期工作时就会产生疲劳点蚀，使轴承运转时产生振动、噪声，运转精度降低。

（2）塑性变形　对转速较低和间歇摆动的轴承，在承受较大的冲击或静载荷下，滚道和滚动体出现永久的塑性变形，当变形量超过一定界限便不能正常工作。

（3）磨损　轴承在多粉尘或润滑不良条件下工作时，滚动体和套圈工作表面容易产生磨损。速度过高时还会出现胶合、表面发热甚至滚动体回火。

在选择轴承时，应针对这几种失效形式进行适当计算。对一般回转速度的滚动轴承，其主要失效形式是疲劳点蚀破坏，应进行轴承寿命计算。对于低速和摆动轴承，主要失效形式是塑性变形，应按额定静载荷进行强度计算；对于载荷较大或有冲击载荷的回转轴承，也应进行静强度计算。对于高速轴承，其主要失效形式是磨损、烧伤，除了需要进行寿命计算外，还应验算极限转速。

3. 基本额定寿命和基本额定动载荷

（1）寿命　滚动轴承任一元件的材料首次出现疲劳点蚀前的总转数或在某一给定的恒定转速下运转的小时数称为轴承寿命。

（2）基本额定寿命　一批相同型号的轴承，在同样的工作条件下，其寿命一般并不相同，最低与最高寿命相差可达数十倍。基本额定寿命是指一批相同的轴承，在相同运转条件下，其中90%的轴承在疲劳点蚀前能运转的总转数或给定转速下能运转的总工作时数，其可靠度为90%。即当一批轴承工作运转达到额定寿命时，有10%的轴承已先后出现疲劳点蚀。寿命单位若为转数，用 L_{10} 表示；若为工作小时数，用 L_{h10} 表示。

（3）基本额定动载荷　轴承的基本额定寿命为一百万转（10^6r）时所能承受的最大载荷为轴承的基本额定动载荷，以 C 表示。在基本额定动载荷 C 作用下，这些轴承中的90%可以工作 10^6r，而不发生点蚀失效。显然，轴承基本额定动载荷数值高，则抗点蚀破坏的能力相应要强。

这里的基本额定动载荷，对向心轴承指纯径向载荷，对角接触轴承指载荷的径向分量，两者均称为径向基本额定动载荷，用 C_r 表示；对于推力轴承指的是纯轴向载荷，称为轴向基本额定动载荷，用 C_a 表示。轴承基本额定动载荷的数值与轴承的结构、尺寸、材料及制造精度有关，需要时可查阅有关设计手册或轴承生产厂家的产品样本。

4. 当量动载荷

在实际使用中，轴承往往既承受轴向载荷又承受径向载荷，为了便于研究，将实际的轴向、径向载荷等效为一假想的当量动载荷 P 来处理，在此载荷作用下，轴承的工作寿命与在实际工作载荷下的寿命相等。其计算公式为

$$P=XF_r+YF_a \tag{2-74}$$

式中　P——当量动载荷（N）；

F_r——轴承所承受的实际径向载荷（N）；

F_a——轴承所承受的实际轴向载荷（N）；

X、Y——径向载荷系数和轴向载荷系数，见表2-6-4。对于圆柱滚子轴承和滚针轴承 $Y=0$；对于推力轴承 $X=0$。

在实际计算中首先计算轴承的相对轴向载荷 F_a/C_{0r}，从表2-6-4中查出载荷转换判断系数 e，然后查出对应的系数 X、Y。

表 2-6-4　单列轴承的径向动载荷系数 X 和轴向动载荷系数 Y

轴承类型(类型代号)		F_a/C_{0r}	e	$F_a/F_r>e$		$F_a/F_r\leqslant e$	
				X	Y	X	Y
深沟球轴承(60000)		0.014	0.19	0.56	2.3	1	0
		0.025	0.22		2.0		
		0.040	0.24		1.8		
		0.070	0.27		1.6		
		0.130	0.31		1.4		
		0.250	0.37		1.2		
		0.500	0.44		1.0		
角接触球轴承	70000C($\alpha=15°$)	0.0150	0.38	0.44	1.47	1	0
		0.0290	0.40		1.40		
		0.0580	0.43		1.30		
		0.0870	0.46		1.23		
		0.120	0.47		1.19		
		0.170	0.50		1.12		
		0.290	0.55		1.02		
		0.440	0.56		1.00		
		0.580	0.56		1.00		
	70000AC($\alpha=25°$)	—	0.68	0.41	0.87	1	0
	70000B($\alpha=40°$)	—	1.14	0.35	0.57	1	0
圆锥滚子轴承(30000)		—	1.5tanα	0.4	0.4cotα	1	0

注：C_{0r} 为基本额定静载荷，由轴承手册查得；α 是公称接触角，其值可查阅轴承手册或机械设计手册。

5. 滚动轴承寿命计算

轴承的载荷 P 与寿命 L_{10} 的关系可以用疲劳曲线（P-L 曲线）表示（图 2-6-6），其表达式为

$$L_{10}=\left(\frac{C}{P}\right)^{\varepsilon}\times10^{6}$$

即

$$P^{\varepsilon}L_{10}=C^{\varepsilon}\times10^{6}$$

式中　P——当量动载荷（N）；

L_{10}——滚动轴承的基本额定寿命（10^6r）；

ε——轴寿命系数：对于球轴承，$\varepsilon=3$；对于滚子轴承，$\varepsilon=10/3$。

在实际应用中，习惯用表示小时数的 L_{h10} 来描述轴承的寿命，若轴承的转速为 n，$L_{10}=60nL_{h10}$，则有

$$L_{h10}=\frac{10^{6}}{60n}\left(\frac{f_t C}{f_P P}\right)^{\varepsilon} \tag{2-75}$$

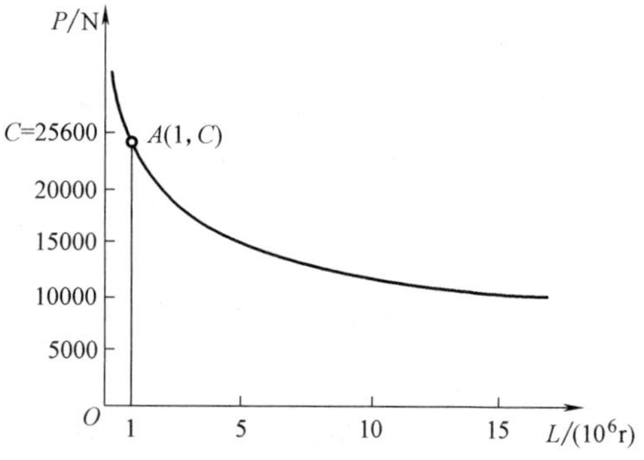

式中　f_t——温度系数，考虑到在工作温度高于 120℃时，轴承材料的硬度下降，导致轴承的基本额定动载荷 C 下降，其值查表 2-6-5；

f_P——载荷系数，考虑冲击和振动载荷对轴承当量动载荷的影响，其值查表 2-6-6。

图 2-6-6　滚动轴承的 P-L 曲线

如果已知轴承的当量动载荷 P、转速 n，设计机器时所要求的轴承预期寿命 L'_h 也已确

定，则可计算出轴承应具有的基本额定动载荷 C' 值，从而可根据 C' 值选用所需要的轴承，即

$$C'=\frac{f_{P}P}{f_{t}}\sqrt[\varepsilon]{\frac{60nL_h'}{10^6}} \tag{2-76}$$

表 2-6-5 温度系数 f_t

轴承工作温度/℃	≤120	125	150	175	200	225	250	300	350
f_t	1.00	0.95	0.90	0.85	0.80	0.75	0.70	0.60	0.50

在选择轴承型号时，应满足 $C'\geqslant C$。

表 2-6-6 载荷系数 f_P

载荷性质	f_P	举例
无冲击或轻微冲击	1.0~1.2	电动机、汽轮机、通风机、水泵等
中等冲击	1.2~1.8	车辆、机床、起重机、冶金机械、选矿机等
剧烈冲击	1.8~3.0	破碎机、轧钢机、振动筛、石油钻机等

通常取机器的中修或大修期作为轴承的预期寿命 L_h'。表 2-6-7 给出了各种设备中轴承预期寿命 L_h' 的推荐值。

表 2-6-7 轴承预期寿命 L_h' 的推荐值

机器种类		预期寿命 L_h'/h
不常使用的仪器和设备		500
航空发动机		1000~2000
间断使用的机器	中断使用不引起严重后果，如手动机械、农业机械等	4000~8000
	中断使用会引起严重后果，如升降机、运输机等	8000~12000
每天工作 8h 的机器	利用率不高的齿轮传动、电机等	12000~20000
	利用率较高的通信设备、机床等	20000~30000
连续工作 24h 的机器	一般可靠性的空气压缩机、电机、水泵等	50000~60000
	高可靠性的电站设备、给排水装置等	>100000

6. 角接触轴承和圆锥滚子轴承的内部轴向力

角接触轴承和圆锥滚子轴承的结构特点是在滚动体与外圈滚道接触处存在着接触角 α。当它承受径向载荷时，要产生派生的内部轴向力，为了保证这类轴承正常工作，防止轴窜动，通常是成对使用的，如图 2-6-7 所示，图中表示了两种不同的安装方式。

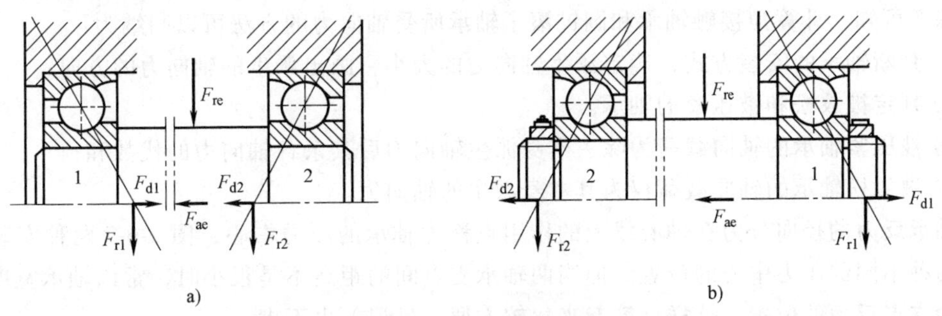

图 2-6-7 角接触球轴承轴向载荷的分析

在计算各轴承的当量动载荷 P 时，其中的 F_r 为由外界作用到轴上的径向力 F_{re} 在各轴承上产生的径向载荷；但轴向载荷 F_a 并不完全由外界的轴向作用力 F_{ae} 产生，而应该根

据整个轴上的轴向载荷（包括因径向载荷 F_r 产生的派生轴向力 F_d）之间的平衡条件进行计算。

根据力的径向平衡条件，很容易由径向力 F_{re} 计算出两个轴承上的径向载荷 F_{r1} 和 F_{r2}，当 F_{re} 的大小及作用位置固定时，F_{r1} 和 F_{r2} 也就固定。由 F_{r1} 和 F_{r2} 派生的轴向力 F_{d1} 和 F_{d2} 的大小可按照表 2-6-8 中的公式计算，派生的轴向力 F_{d1} 和 F_{d2} 的方向由安装方式确定，如图 2-6-7 所示，正装轴承派生轴向力的方向相对，反装轴承的派生轴向力方向相背。

表 2-6-8　派生轴向力 F_d 的计算公式

角接触球轴承			圆锥滚子轴承
70000C（$\alpha=25°$）	70000AC（$\alpha=25°$）	70000B（$\alpha=25°$）	
$F_d=eF_r$	$F_d=0.68F_r$	$F_d=1.14F_r$	$F_d=0.68F_r/(2Y)$

注：e 值由表 2-6-4 查取；Y 是表 2-6-4 中 $F_a/F_r>e$ 时对应的 Y 值。

如图 2-6-7 所示，把派生轴向的方向与外加轴向载荷 F_{ae} 的方向一致的轴承标记为 2，另一端标记为轴承 1，取轴和与其相配合的轴承内圈为分离体，如达到轴向平衡时，应满足

$$F_{ae}+F_{d2}=F_{d1}$$

如果按表 2-6-8 中的公式求得的 F_{d1} 和 F_{d2} 不满足上面的关系式时，会出现下面两种情况：

1）若 $F_{ae}+F_{d2}>F_{d1}$，则轴有向左移动的趋势，由于轴承 1 的左端已固定，轴不能向左移动，即轴承 1 被压紧，而轴承 2 被放松，此时轴处在平衡位置，由力的平衡条件可知，被压紧的轴承 1 所受的实际轴向载荷 F_{a1} 必须与 $F_{ae}+F_{d2}$ 相平衡，即

$$F_{a1}=F_{ae}+F_{d2}$$

而被放松的轴承 2 承受的实际轴向载荷 F_{a2} 仅仅是其派生轴向力 F_{d2}，即

$$F_{a2}=F_{d2}$$

2）若 $F_{ae}+F_{d2}<F_{d1}$，同理，被压紧的轴承 2 所受的实际轴向载荷 F_{a2} 为

$$F_{a2}=F_{d1}-F_{ae}$$

而被放松的轴承 1 承受的实际轴向载荷 F_{a1} 仅仅是其派生轴向力 F_{d1}，即

$$F_{a1}=F_{d1}$$

综上可知，计算角接触轴承和圆锥滚子轴承所受轴向力的方法可以归纳为：

① 判断轴承的安装方式，确定派生轴向力的大小，画出派生的轴向力的方向；

② 判定被放松和被压紧的轴承。

③ 被压紧轴承的轴向载荷为除去本身派生轴向力后其余各轴向力的代数和；

④ 被放松轴承的轴向载荷仅为其本身派生的轴向力。

轴承反力的径向分力在轴心线上的作用点称为轴承的压力中心，图 2-6-7 两种安装方式对应两种不同的压力中心的位置。但当两轴承支点间的距离不是很小时，常以轴承宽度的中点作为支点反力的位置，这样计算起来比较方便，且误差也不大。

2.6.1.3　滚动轴承部件结构设计

在机器中，传动件、轴、滚动轴承、机体、润滑及密封等组成一个相互联系的有机整体，通常称为轴承部件。在进行轴承部件结构设计时，轴承部件的轴向固定和调整应是主要

考虑的问题。

1. **轴承部件的轴向固定**

为保证传动件在工作中处于正确位置，轴承部件应准确定位并可靠地固定在机体上。设计合理的轴承部件应保证把作用于传动件上的轴向力传递到机体上，不允许轴及轴上零件产生轴向移动。轴承部件的轴向固定方式主要有以下三种。

（1）两端固定支承　如图 2-6-8 所示，利用轴上两端轴承各限制一个方向的轴向移动，合在一起就可以限制轴的双向移动。这种结构一般用于工作温度变化不大和支承跨距较小的场合，轴的热伸长量可由轴承自身的游隙进行补偿（如图 2-6-8a 下半部所示），或者在轴承外圈与轴承盖之间留有 $c=0.2\sim0.4$mm 的间隙，用调整垫片（如图 2-6-8a 上半部所示）调节。对于角接触球轴承和圆锥滚子轴承，不仅可以用垫片调节，也可用调整螺钉调整轴承外圈的方法来调节，如图 2-6-8b 所示。

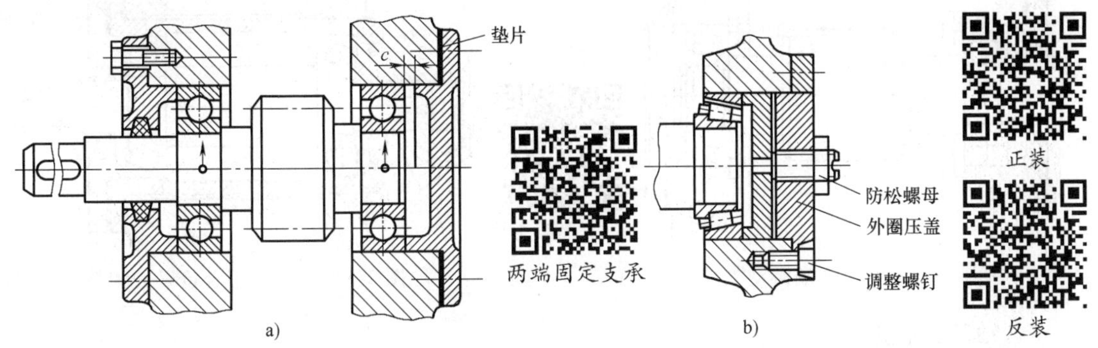

图 2-6-8　两端固定支承

（2）一端固定、一端游动支承　这种支承形式如图 2-6-9 所示，一个支承的轴承内、外圈双向固定，另一个支承的轴承可以轴向游动。该形式适用于温度变化大和跨距大的轴。图 2-6-9a 中的左端安装了一对双向固定的角接触球轴承，可以承受双向轴向载荷；右游动端采用圆柱滚子轴承，虽然它的内圈和外圈两边都固定，但是滚子与内圈一起可以与外圈内表面之间做双向轴向相对移动。图 2-6-9b 中的游动端轴承外圈两端面均无约束，其外圈与孔座是间隙配合。

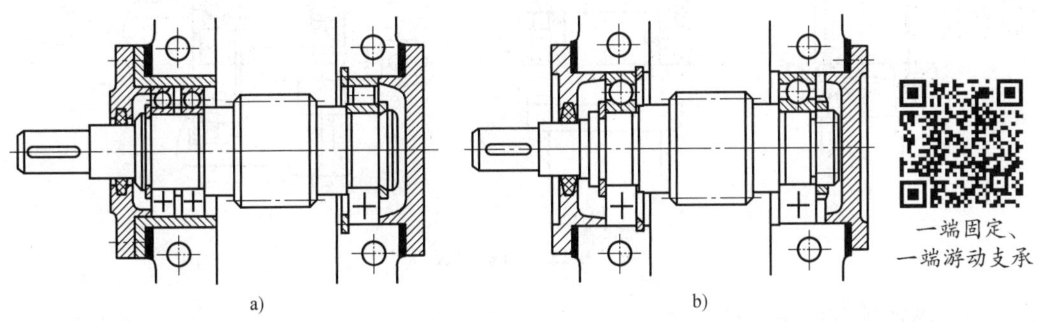

图 2-6-9　一端固定、一端游动支承

（3）两端游动支承　对于人字齿轮传动，通常大齿轮轴承部件采用两端固定支承，小齿轮轴承部件采用两端游动支承，允许小齿轮轴承部件沿轴向游动，以补偿因人字齿轮两侧轮齿受力不均匀所造成的影响，如图 2-6-10 所示。

2. 轴承部件的调整

(1) 轴承间隙的调整　采用两端固定支承的轴承部件，为补偿轴在工作时的热伸长，在装配时应留有相应的轴向间隙。轴承间隙的调整方法有：①通过加减轴承盖与轴承座端面间的垫片厚度来实现，如图 2-6-8a 所示；②通过调整螺钉，经过轴承外圈压盖，移动外圈来实现，在调整后，应拧紧防松螺母，如图 2-6-8b 所示。

(2) 轴承组合位置的调整　在某些机器部件中，轴上传动件需要准确的轴向位置，这可以通过调整移动轴承的轴向位置来达到。图 2-6-11 所示为一小锥齿轮轴承的组合结构，套杯与机座之间的垫片 1 用来调整轴系的轴向位置，垫片 2 则用来调整轴承的轴向游隙。

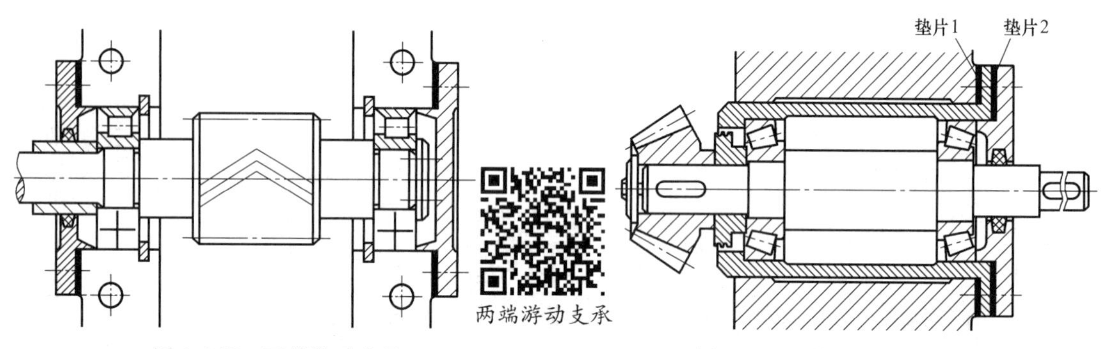

图 2-6-10　两端游动支承　　图 2-6-11　轴承组合位置的调整

3. 轴承的装拆

滚动轴承是一种比较精密的组件，在轴系的结构设计中应考虑便于装拆。轴承的装配可以采用锤打或压力机压入法，如图 2-6-12a、b 所示，也可采用温差法。不管采用什么方法，都应使压力均匀地作用在套圈的端面上，不允许使滚动体受力。

轴承的拆卸可用压力机或拆卸器拆卸，拆卸器如图 2-6-12c 所示。考虑到用拆卸器时，其钩头应钩住轴承端面，故不应使轴肩高度过大，合理的轴肩高度可查设计手册。

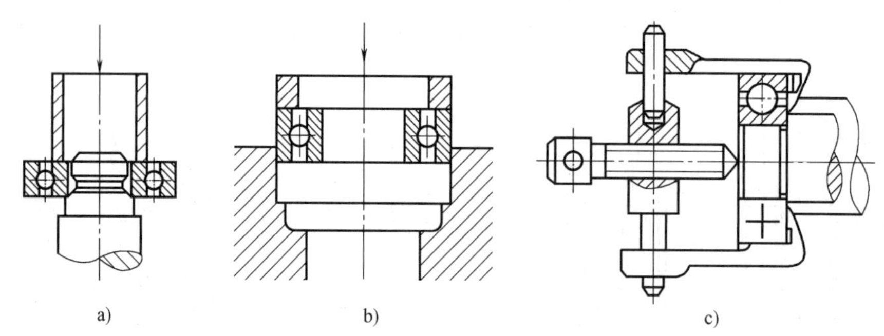

图 2-6-12　轴承的装拆

2.6.1.4　滚动轴承的润滑和密封

1. 轴承润滑

轴承润滑的主要目的是减少摩擦和磨损，还有吸收振动、降低温度等作用。滚动轴承的润滑方式可根据速度因数 dn 值来选择。d 为轴承内径（mm），n 为轴承转速（r/min）。dn 值间接反映了轴颈的线速度。当 $dn<(1.5\sim2)\times10^5$ mm · r/min 时，可选用脂润滑。反之，宜

选用油润滑。

脂润滑可承受较大载荷，且便于密封及维护，充填一次润滑脂可工作较长时间。

油润滑时，油的黏度可根据轴承的速度因数 dn 值和工作温度 t 来选择（图 2-6-13）。在浸油润滑时，油面高度不超过最低滚动体的中心，以免因过大的搅油损失而使温度升高。

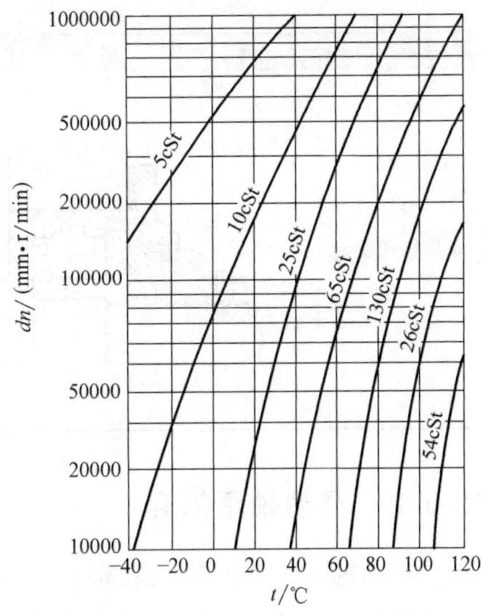

图 2-6-13 润滑油黏度的选择

2. 滚动轴承的密封

密封的目的是阻止润滑剂的流失和防止灰尘、水分的进入。

密封按其原理的不同可分为接触式密封和非接触式密封两大类。常用的滚动轴承密封类型和适用场合见表 2-6-9。选择密封类型时应考虑密封的目的、润滑剂的种类、工作环境、温度、密封表面的线速度等。接触式密封适用于线速度较低的场合，为了减少密封件的磨损，轴表面粗糙度值 Ra 宜小于 1.60~1.8μm，轴表面硬度应在 40HRC 以上。非接触式密封不受速度限制。

表 2-6-9 常用的滚动轴承密封类型和适用场合

密封类型	图 例	适用场合	说 明
接触式密封		脂润滑。要求环境清洁，轴颈圆周速度 v 不大于 4~5m/s，工作温度不超过 90℃	矩形断面的毛毡圈被安装在梯形槽内，它对轴产生一定的压力而起到密封作用
		脂润滑或油润滑。轴颈圆周速度 v<7m/s，工作温度范围为 40~100℃	唇形密封圈用皮革、塑料或耐油橡胶制成，有的具有金属骨架，有的没有骨架，是标准件单向密封
非接触式密封		脂润滑。干燥清洁环境	靠轴与盖间的细小环形间隙密封，间隙越小越长，效果越好，间隙取 0.1~0.3mm

（续）

密封类型	图　例	适用场合	说　明
非接触式密封		脂润滑或油润滑。工作温度不高于密封用脂的滴点。密封效果可靠	将旋转件与静止件之间的间隙做成迷宫（曲路）形式，在间隙中充填润滑油或润滑脂以加强密封效果。迷宫式密封分径向、轴向两种：左图为径向曲路，径向间隙不大于 0.1～0.2mm

2.6.2　滑动轴承简介

滑动轴承工作时轴承和轴颈的支承面间形成直接或间接的滑动摩擦。润滑良好的滑动轴承在高速、重载、高精度以及结构要求对开的场合表现出来的优点更加突出。按受载方向，滑动轴承可分为受径向载荷的径向轴承和受轴向载荷的推力轴承。

1. 径向滑动轴承

常用的径向滑动轴承的结构形式可分为整体式（图 2-6-14a）和剖分式（图 2-6-14b）。轴承座的材料常用铸铁制造，受力很大时可用铸钢件，用螺栓固定在机架上。整体式滑动轴承构造简单，常用于低速、载荷较小的间歇工作机器上，而且轴只能从轴的端部装入。剖分式滑动轴承的轴瓦一般是对开式，当它的轴瓦磨损后可以通过适当地调整垫片或对其剖分面进行刮削、研磨来调整轴与孔的间隙，应用较广。

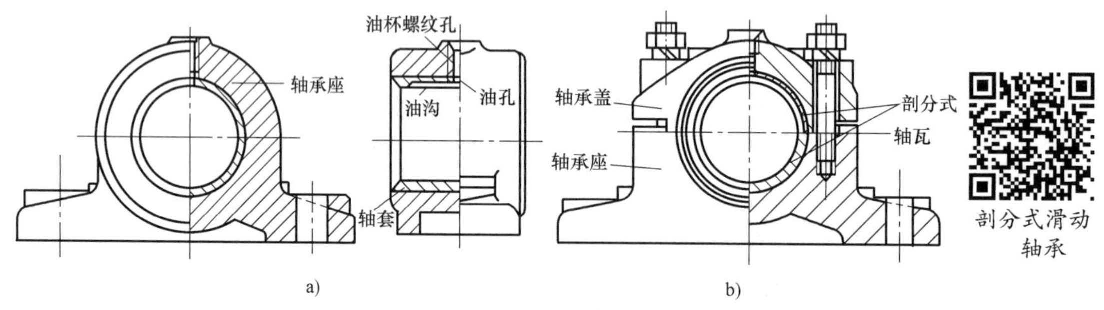

图 2-6-14　径向滑动轴承

2. 推力滑动轴承

推力滑动轴承由轴承座和推力轴颈组成。常用的轴颈结构形式有实心式（图 2-6-15a）、空心式（图 2-6-15b）、单环式（图 2-6-15c）、多环式（图 2-6-15d）。

由于空心式轴颈接触面上压力分布较均匀，润滑条件较实心式有所改善。单环式推力滑动轴承利用轴颈的环形端面止推，结构简单，润滑方便，广泛用于低速、轻载的场合。多环式推力滑动轴承不仅能承受较大的轴向载荷，有时还可承受双向轴向载荷，但由于各环间载荷分布不均，其单位面积的承载能力比单环式推力滑动轴承低 50%。因此，一般机器中通常采用空心式及单环式结构。

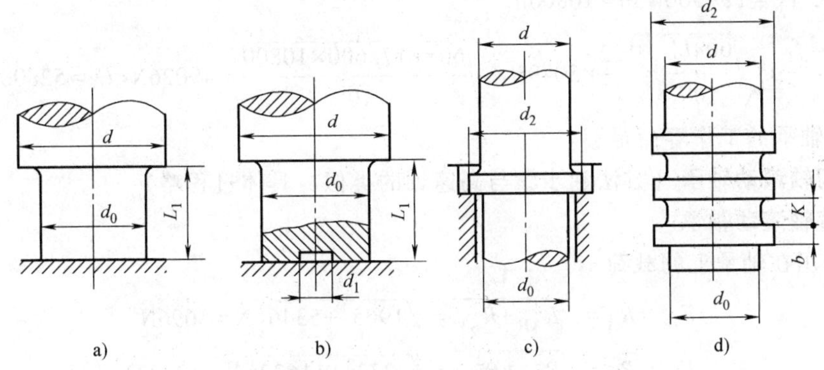

图 2-6-15 推力滑动轴承

[任务实施]

根据前面项目任务描述中的带式输送机（图 2-0-1）的设计要求，为其上的减速器各轴进行滚动轴承的选择及校核。

1. 高速轴滚动轴承

（1）作用在轴承上的载荷

径向载荷 $F_{rA}=R_A=\sqrt{R_{AH}^2+R_{AV}^2}=\sqrt{74^2+3810^2}\text{N}=3811\text{N}$

$$F_{rB}=R_B=\sqrt{R_{BH}^2+R_{BV}^2}=\sqrt{4801^2+1562^2}\text{N}=5049\text{N}$$

轴向载荷 $F_a=F_{a1}=765\text{N}$

（2）选择滚动轴承型号　前面已经选择滚动轴承 6309（GB/T 276—2013），主要承受径向载荷，同时也能承受一定的轴向载荷。由于工作温度不太高，支点跨距较短，轴拟采用两端单向固定式支承结构。

查手册，得 $C_r=52800\text{N}$ ； $C_{0r}=31800\text{N}$

（3）计算轴承的当量动载荷

1）轴承 A。

因为$\dfrac{F_a}{F_{rA}}=0<e$，则

$$P_A=XF_{rA}=1\times3811\text{N}=3811\text{N}$$

2）轴承 B。

因为 $\dfrac{F_a}{C_{0r}}=\dfrac{765}{31800}=0.024$，用插入法算得 $e=0.208$。

因为 $\dfrac{F_a}{F_{rB}}=\dfrac{765}{5049}=0.1515<e$，查表 2-6-4 得 $X=1$，$Y=0$。

于是有 $P_B=XF_{rB}=1\times5049\text{N}=5049\text{N}$

（4）校核滚动轴承的寿命　由于轴承 B 受的当量动载荷较大，故只需对轴承 B 进行校核。

由表 2-6-6 和表 2-6-5 可分别查得 $f_P=1.2$，$f_t=1$（工作温度低于 100℃），轴承工作寿命

按 3 年更换，$L_h=12\times300\times3h=10800h$。

$$C'=\frac{f_P}{f_t}P\sqrt[3]{\frac{60nL'_h}{10^6}}=\frac{1.2}{1}\times5049N\times\sqrt[3]{\frac{60\times817.600\times10800}{10^6}}=49026N<C_r=52800N$$

高速轴轴承的工作寿命足够。

2. 中间轴滚动轴承（方法和步骤与高速轴的类似，具体过程略）

3. 低速轴滚动轴承

（1）作用在轴承上的载荷

$$F_{rA}=R_A=\sqrt{R_{AH}^2+R_{AV}^2}=\sqrt{1965^2+5346^2}\,N=5696N$$

$$F_{rB}=R_B=\sqrt{R_{BH}^2+R_{BV}^2}=\sqrt{4273^2+11622^2}\,N=12383N$$

$$F_a=F_{a4}=2418N$$

（2）选择滚动轴承型号　前面已经选择滚动轴承 7017C（GB/T 292—2007），主要承受径向载荷，同时也能承受一定的轴向载荷。由于工作温度不太高，支点跨距较短，轴拟采用双支点单向固定式支承结构。

查手册，得　　$C_r=62500N$；　　$C_{0r}=60200N$

（3）计算轴承的当量动载荷

1）计算轴承内部附加轴向力。由表 2-6-4 知 70000C 型轴承内部附加轴向力 $F_d=eF_r$；由表 2-6-4 查得，7017C 轴承的 e 值由 F_a/C_{0r} 值确定，而 F_a 值除了齿轮 4 施加的轴向力外，还应考虑轴承承受径向载荷时所产生的派生轴向力，而内部轴向力还未知，故需要试算。

初选　$e_1=e_2=0.4$

$F_{dA}=e_1F_{rA}=0.4\times5696N=2278.4N$

$F_{dB}=e_2F_{rB}=0.4\times12383N=4953N$

因为　$F_{dA}+F_a=2278.4N+2418N=4696.4N<F_{dB}=4953N$

该对轴承面对面安装，合力指向轴承 A，轴承 A 被压紧，轴承 B 被放松。所以

压紧端　$F_{aA}=F_{dB}-F_a=4953N-2418N=2535N$

放松端　$F_{aB}=F_{dB}=4953N$

再试算

$\frac{F_{aA}}{C_{0r}}=\frac{2535}{60200}=0.042$，查表 2-6-4，并用插入法算得 $e_A=0.414$。

$\frac{F_{aB}}{C_{0r}}=\frac{4953}{60200}=0.082$，查表 2-6-4，得 $e_B=0.455$。

2）计算当量动载荷。

因为　$\frac{F_{aA}}{F_{rA}}=\frac{2535}{5696}=0.445>e_A=0.414$，用插入法算得 $Y=1.353$

所以　$P_A=0.44F_{rA}+YF_{aA}=0.44\times5696N+1.353\times2535N=5936.1N$

因为　$\frac{F_{aB}}{F_{rB}}=\frac{4953}{12383}=0.400<e=0.455$，查表 2-6-4，得 $X=1$，$Y=0$。

所以　$P_B=XF_{rB}+YF_{aB}=12383N$

（4）校核滚动轴承的寿命　由于轴承 B 受的当量动载荷较大，故对轴承 B 进行校核。

由表 2-6-6 和表 2-6-5 可分别查得 $f_P=1.2$，$f_t=1$（工作温度低于 100℃），轴承工作寿命按 3 年更换，$L'_h=12\times300\times3\text{h}=10800\text{h}$。

$$C'=\frac{f_P}{f_t}P\sqrt[3]{\frac{60nL'_h}{10^6}}=\frac{1.2}{1}\times12383\text{N}\times\sqrt[3]{\frac{60\times37.226\times10800}{10^6}}=42936\text{N}<C_r=62500\text{N}$$

低速轴轴承的工作寿命足够。实际上，若选用深沟球轴承 6017（$C_r=50800\text{N}$），其寿命也足够 3 年，而且三根轴的轴承类型也相同，价格也便宜很多。这里选用角接触球轴承 7017C，主要是示范角接触球轴承和圆锥滚子轴承的计算方法。

4. 滚动轴承的润滑

高速轴：$dn=45\text{mm}\times817.600\text{r/min}=3.679\times10^4\text{mm}\cdot\text{r/min}$

中间轴：$dn=55\text{mm}\times151.770\text{r/min}=0.835\times10^4\text{mm}\cdot\text{r/min}$

低速轴：$dn=85\text{mm}\times37.227\text{r/min}=0.316\times10^4\text{mm}\cdot\text{r/min}$

可见，高速轴、中间轴及低速轴的轴承的 $dn<(1.5\sim2)\times10^5\text{mm}\cdot\text{r/min}$，所以均采用脂润滑。

[自我评估]

1. 滚动轴承有哪些基本类型？各有何特点？选择滚动轴承应考虑哪些因素？

2. 指出下列滚动轴承代号的含义：N210E，C36207，60210/P6，8414，70216AC，30316，7305B/P4。

3. 哪些类型的滚动轴承在承载时将产生内部轴向力？是什么原因造成的？哪些类型的滚动轴承在使用中应成对使用？

4. 滚动轴承间隙常用的调整方法有哪些？轴承的密封和润滑方式有哪些？各适用于什么场合？

5. 其他条件不变的情况下，载荷增加一倍或转速提高一倍对轴承寿命有何影响？

6. 在载荷平稳的条件下，一个 7210B 轴承在转速为 $n=350\text{r/min}$ 时要求的预期寿命为 15000h。该轴承所能承受的轴向载荷是多少？

7. 30208 轴承的基本额定动载荷 $C_r=34000\text{N}$。

（1）当量动载荷 $P=6200\text{N}$，工作转速 $n=730\text{r/min}$ 时，试计算轴承寿命。

（2）$P=6200\text{N}$，若要求 $L'_h\geqslant10000\text{h}$，允许最高转速 n 是多少？

（3）工作转速 $n=730\text{r/min}$，要求 $L_h\geqslant10000\text{h}$，允许的当量动载荷 P 是多少？

8. 某减速器的高速轴，已知其转速 $n=960\text{r/min}$，两轴承处所受的径向载荷分别为 $F_{r1}=1500\text{N}$，$F_{r2}=1200\text{N}$，轴向工作载荷 $F_a=520\text{N}$，轴颈直径 $d=40\text{mm}$，要求轴承使用寿命不低于 25000h。传动有轻微冲击，工作温度不高于 100℃，试确定轴承型号。

9. 图 2-6-16 所示斜齿圆柱齿轮减速器低速轴转速 $n=196\text{r/min}$，齿轮圆周力 $F_t=1890\text{N}$，径向载荷 $F_r=700\text{N}$，轴向载荷 $F_a=360\text{N}$，轴承预期寿命 $L'_h=20000\text{h}$，$f_P=1.2$。试选择轴承型号。

（1）选用深沟球轴承；

（2）选用圆锥滚子轴承。

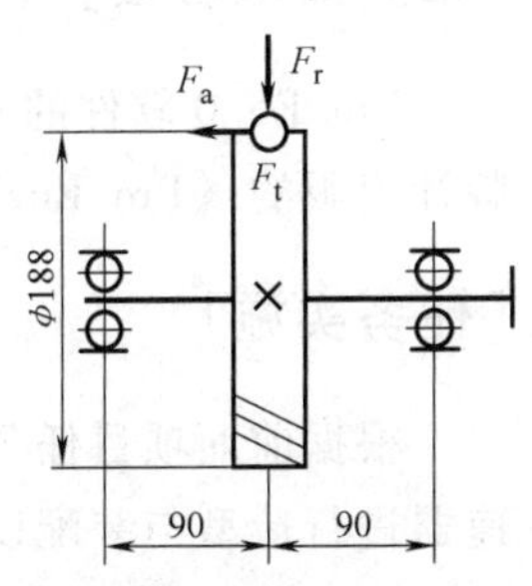

图 2-6-16 斜齿圆柱齿轮减速器

10. 如图 2-6-7a 所示，轴上两端“面对面”安装一对 7309AC 轴承，轴的转速 $n=300\text{r/min}$，两轴承所受径向载荷分别为 $F_{r1}=2500\text{N}$，$F_{r2}=1000\text{N}$，轴上的轴向载荷 $F_A=1200\text{N}$，方向指向轴承 1。工作时有较大冲击，环境温度 125℃。试计算轴承的寿命。

11. 滑动轴承适用于哪些场合？滑动轴承的常用材料有哪些？

12. 按受载方向，滑动轴承可分为哪两种，结构如何？

任务 2.7　带式输送机的三维 CAD 总装设计与仿真

任务目标	1. 具备进行机械系统总装设计的能力。 2. 掌握使用 Pro/E 软件进行 CAD 造型、装配设计的方法及步骤，掌握用 Pro/E 软件进行二维工程图的制作。 3. 运用 Pro/E 进行装配干涉检查，检查装配体的各个零件之间是否存在干涉，学会解决干涉问题。 4. 具备综合运用所学知识进行总装设计和模拟仿真的能力。 5. 培养团队精神和协作精神。				
工作任务内容	对项目任务描述中的带式输送机减速器进行总装 CAD 设计并进行模拟。 1. 完成带式输送机减速器各零件建模、装配设计、模拟仿真及装配干涉检查。 2. 制作二维 CAD 总装配图和零件图。 3. 书写设计说明书和相关的技术文件。				
基本工作思路	1. 明确工作任务：对带式输送机减速器进行总装 CAD 设计并进行模拟。 2. 知识储备：学生通过自学和教师辅导，掌握完成本项工作任务所需要的理论知识。 3. 随着计算机技术的发展，CAD 辅助设计已经成为现代主要的设计手段，所以带式输送机总装设计要求采用 CAD 软件进行设计，建议采用 Pro/E 或 Solidworks 进行设计。 4. 根据任务要求，采用 Pro/E 完成减速器各个零部件的造型设计，然后进行装配设计，以检验各个零部件之间的干涉情况和安装调试情况。 5. 分解视图，进一步确定各个零件的位置关系。 6. 完成各个零部件的三维和二维设计图。 7. 以图样和文字的形式整理出设计结果，书写设计计算说明书，并进行打印。 8. 各小组展示工作成果，阐述任务完成情况，师生共同分析、评价。				
成果评定(60%)		学习过程评价(30%)		团队合作评价(10%)	

Pro/E 软件功能强大，可应用于机械设计的机构综合、机械零件及整机的分析计算（如结构分析中的应力/应变计算、动态特性分析等）、计算机辅助绘图、设计审查与评价（如公差分配审查、干涉检查、运动仿真、动力学仿真等）、设计信息的处理、检索和交换等。

[相关知识链接]

Pro/E5.0 软件的实体造型、装配设计与仿真的相关知识参考相关教材，如机械工业出版社出版的《Pro/Engineer Wildfire 5.0 实例教程（课证赛融合）》。

[任务实施]

根据前面项目任务描述中的带式输送机（图 2-0-1）的结构设计结果，对带式输送机减速器进行造型与装配设计及运动仿真。

1. 减速器的零件造型（此过程参见相关参考文献）

2. 带式输送机的虚拟装配（以减速器为例）

由于带式输送机零件数目比较多，传动系统比较复杂，在此以里面的减速器为例，说明如何进行 Pro/E 虚拟装配，并进行干涉检查和运动仿真分析。

（1）主动轴的装配

1）创建新装配文件，进入装配体设计环境。文件名为“driveshaft”，设定文件模板为“mmns_asm_design”。添加第一个装配零件：齿轮轴，以“缺省”方式建立约束关系。

2）添加第二个装配零件：挡油环。添加的约束关系及参照如图 2-7-1 所示。

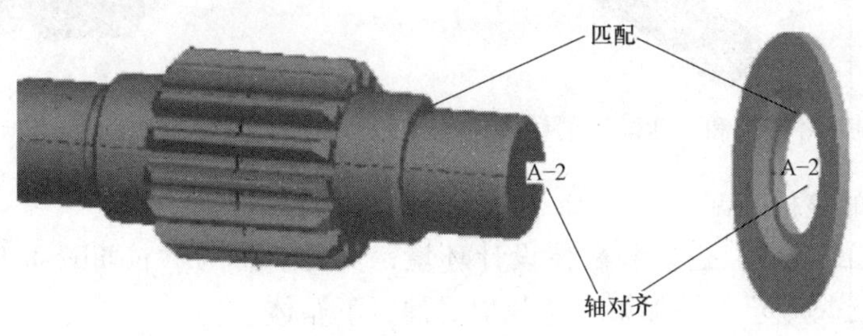

图 2-7-1 “匹配”和“对齐”参照

3）重复放置第二个装配零件：挡油环。选择菜单“编辑”→“重复”命令，打开“元件”对话框；单击选中“可变组件参照”列表中的“匹配”，然后单击“添加”按钮；按住鼠标中键旋转零部件，转至适当位置松开中键，然后在图形区选择图 2-7-2 所示鼠标所指表面，系统根据选择的新组件参照自动添加新元件，参照出现在“放置元件”列表中，结果如图 2-7-3 所示，单击“确认”按钮。依次完成多个零部件的重复放置。

图 2-7-2 选取新组件参照

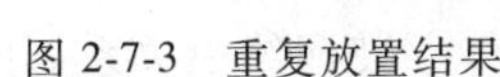

图 2-7-3 重复放置结果

4）装配滚动轴承子装配体，并利用“重复”命令，重复放置滚动轴承子装配体至轴另外一侧挡油环外侧面，放置结果如图 2-7-4 所示。

图 2-7-4 重复放置滚动轴承 204 子装配体结果

5）采用相同的方法，装配端盖，添加约束关系，装配过程如图 2-7-5 所示。

至此，完成主动轴装配，装配结果如图 2-7-6 所示。保存并关闭文件。

从动轴的装配过程与主动轴基本类似，在此不做过多说明。完成后的从动轴装配结果如图 2-7-7 所示。

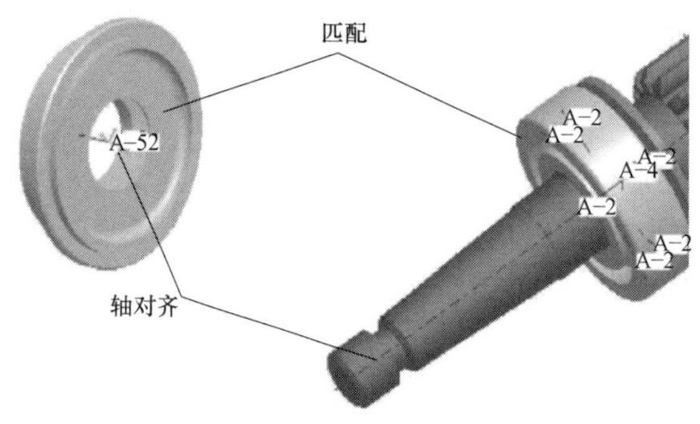

图 2-7-5　添加“对齐”和“匹配”的约束关系

图 2-7-6　主动轴装配结果

（2）减速器的整机装配

1）创建新装配文件，进入装配体设计环境，文件名称为“positiveshaft”。设定文件模板为“mmns_asm_design”。添加第一个装配零件：下箱体。

2）添加装配第二个装配零件：主动轴子装配体。添加“轴对齐”的约束关系，参照选择箱体孔中心线和轴中心线，添加“匹配”约束关系。

3）装配齿轮端部调整环，添加约束“轴对齐”和“匹配”，装配轴承盖。装配结果如图 2-7-8 所示。

4）重复步骤，装配从动轴子装配体、调整环和轴承盖，装配结果如图 2-7-9 所示。

图 2-7-7　从动轴装配结果

图 2-7-8　轴承盖装配结果

图 2-7-9　从动轴子装配体、调整环、轴承盖装配结果图

5）装配上箱体，装配约束关系如图 2-7-10 所示。

6）装配 M8 螺栓零件。装配约束关系为“插入”和“匹配”，“插入”参照为 M8 螺栓和对应的孔表面，“匹配”参照为螺栓和沉头底面。采用相同的方法装配与 M8 螺栓配对的垫圈和螺母零件，并利用“组”命令，将 M8 螺栓、垫圈和螺母创建成局部组。

7）利用“阵列”命令，复制刚创建的局部组，结果如图 2-7-11 所示。

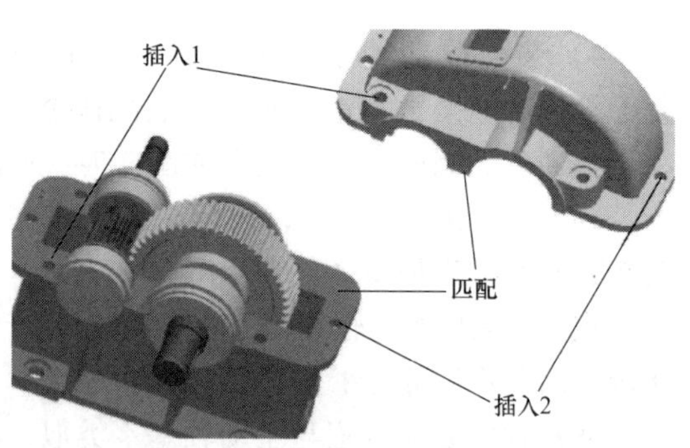

图 2-7-10　上箱体与下箱体之间的装配约束关系

至此，完成减速器主要零部件的装配。零部件装配完毕，可使用“视图”“颜色”和

“外观”命令为零部件设定不同颜色和透明度，使零件易于区分。

最后对装配体进行分解，如图 2-7-12 所示。

图 2-7-11 装配 M8 螺栓零件并阵列

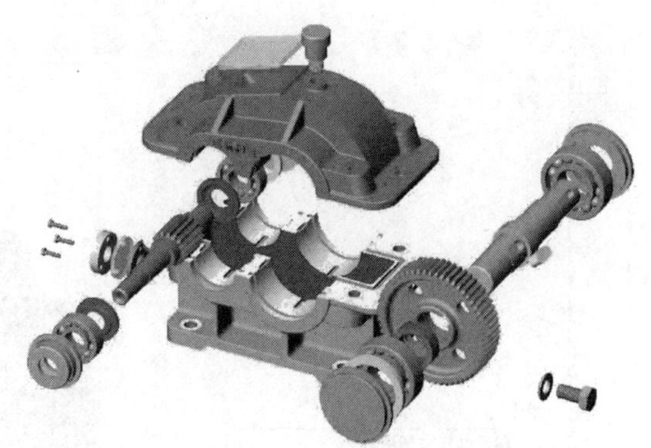
图 2-7-12 装配体的分解

其他零部件的装配与干涉检查过程与减速器的步骤基本类似，在此就不做过多说明。最后完成的装配体如图 2-7-13 所示。

图 2-7-13 带式输送机的装配体

3. 干涉检查

对装配好的带式输送机中的各个部分（如减速器）运行干涉检查，如图 2-7-14 所示。

4. 运动仿真

1）进入机构模块。

2）定义带传动，选取带轮的两个外圆曲面定义带传动，如图 2-7-15 所示。

3）定义齿轮副，填写两齿轮的节圆直径，如图 2-7-16 所示。

4）定义电动机，如图 2-7-17 所示。

5）运动分析定义，如图 2-7-18 所示。

6）结果分析回放；播放结果集，

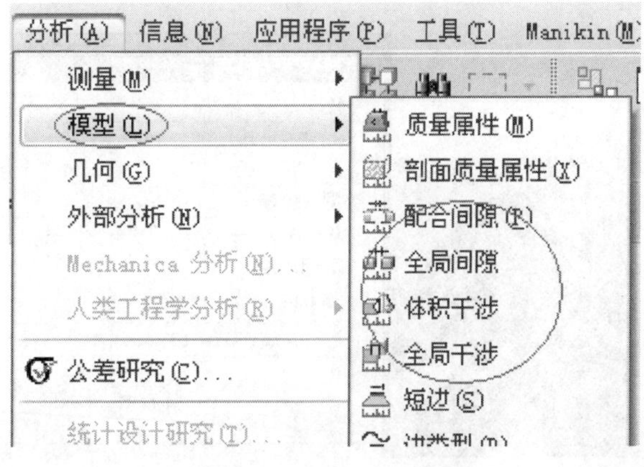

图 2-7-14 运行干涉检查

并通过“捕获”按钮输出文件格式，也可通过单击“确定”按钮，创建视频文件，保存分析结果。（操作方法与项目1牛头刨床导杆机构设计的相同，在此略。）

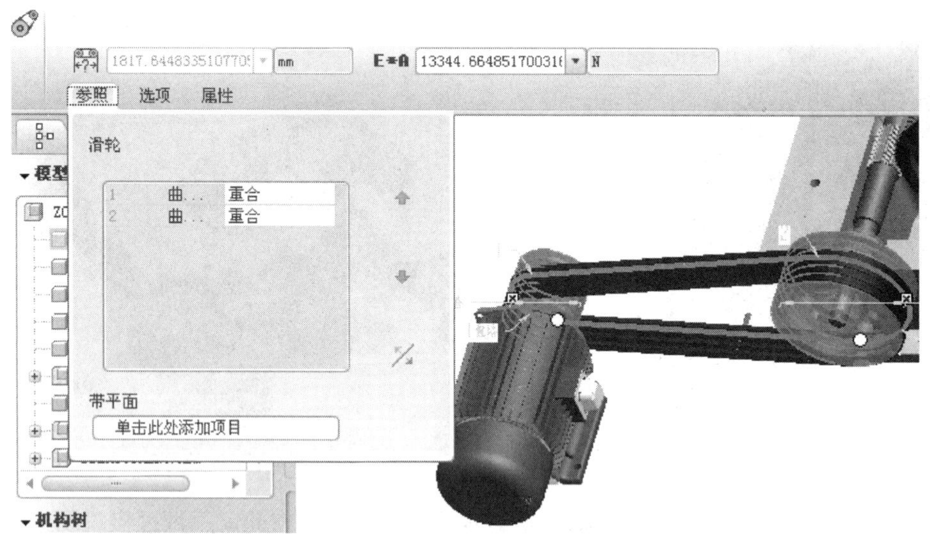

仿真视频

图 2-7-15　定义带传动

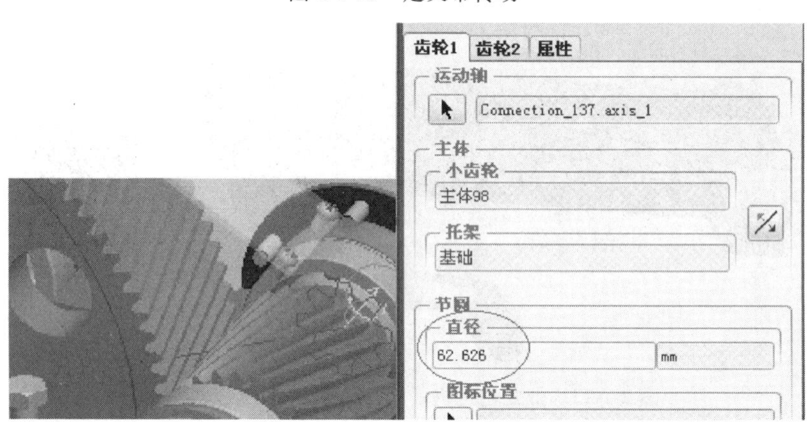

图 2-7-16　定义齿轮副

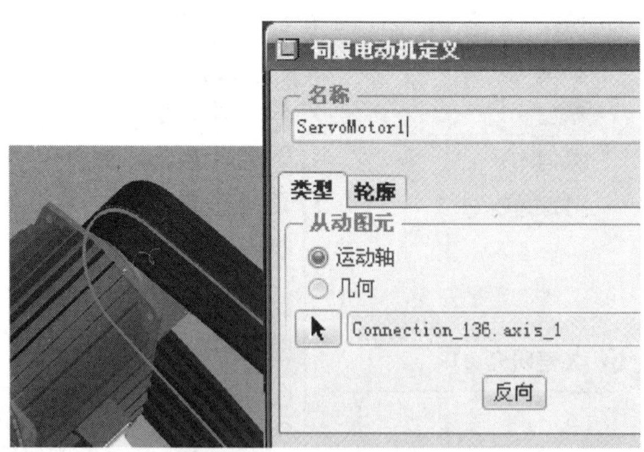

图 2-7-17　定义电动机

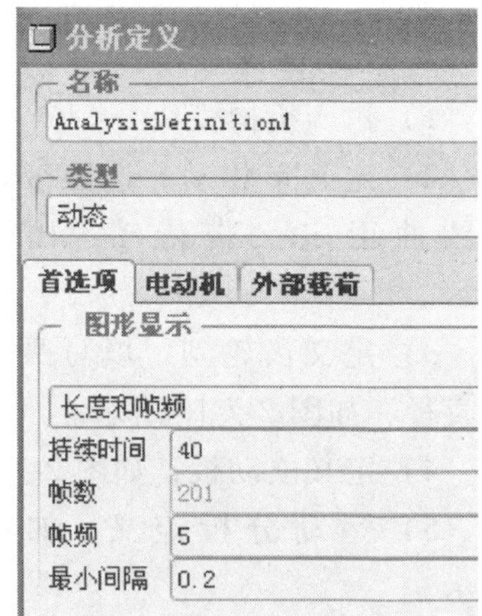

图 2-7-18　运动分析定义

[自我评估]

1. 根据项目 1 的设计结果，完成项目 1 教学载体——牛头刨床（执行机构、传动装置）的三维 CAD 总装设计与仿真。

2. 完成蜗杆蜗轮减速器的三维 CAD 总装设计与仿真，具体要求和图形见机械工业出版社出版的教材《Pro/Engineer Wildfire 5.0 实例教程（课证赛融合）》（ISBN：978-7-111-58492-6）的第 270~277 页。

项目3

机械零件的制造（载体：减速器）

［项目任务描述］

1. 选择适合的材料、毛坯类别和制造方法以及热处理方式

根据用于带式输送机的减速器（图3-0-1）上各零件的工作条件、主要失效形式和使用性能要求，选择适合的材料、毛坯类别和制造方法以及热处理方式。

1）对减速器箱盖、箱体、端盖等零件，选用合适的铸铁材料、铸造方法及热处理方式，或焊接材料。

2）对重要零件如齿轮、轴、齿轮轴等，选用合适的中碳钢、中碳合金钢材料，并选用合适的锻造方法及热处理方式。

3）对螺栓、螺母等结构件，选用合适的材料与热处理方法，分析其镦粗、挤压的生产过程。

4）对薄板状零件如窥视孔盖、弹簧垫圈、调整环、挡油盘等冲压件，选用合适的优质结

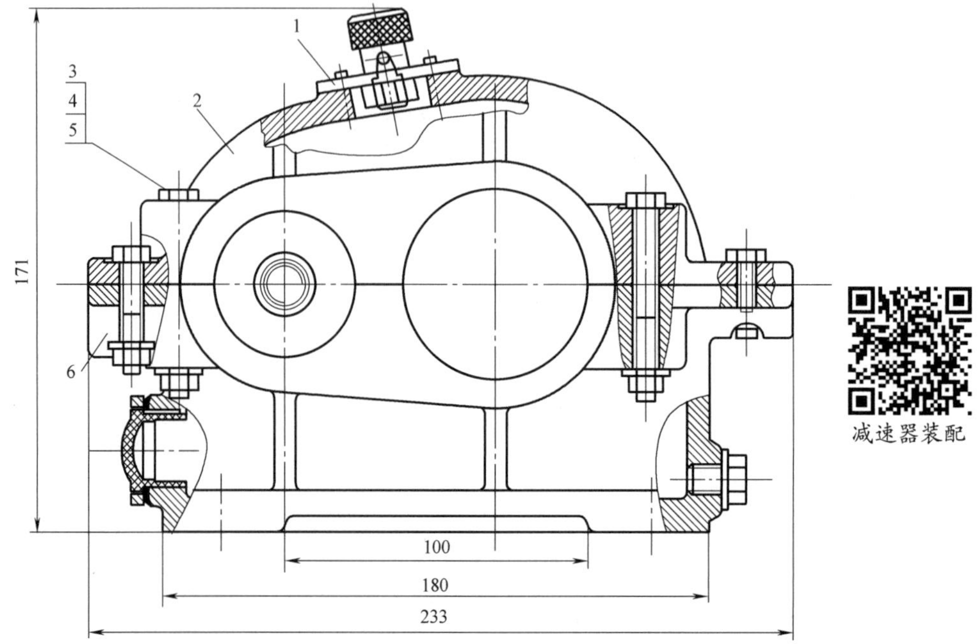

图3-0-1　减速器

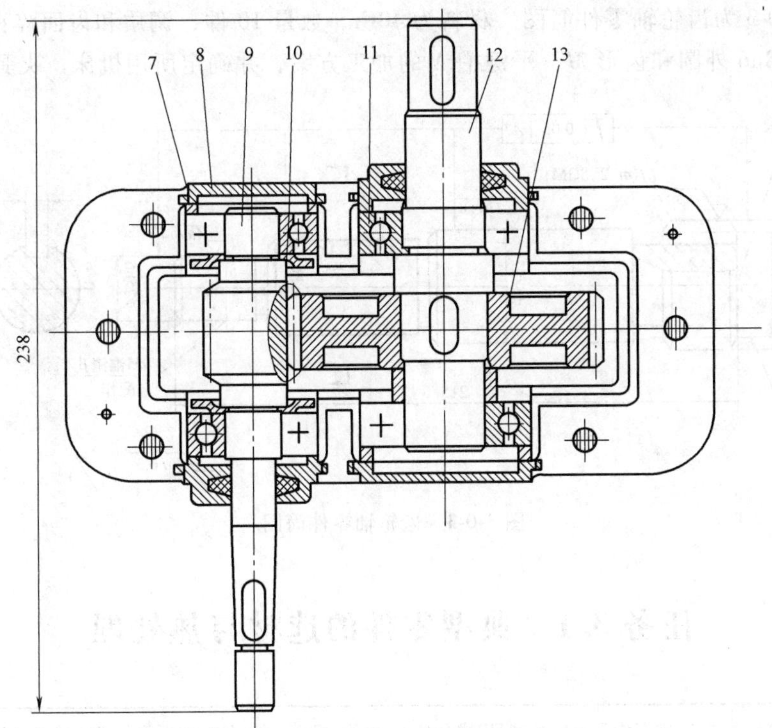

图 3-0-1 减速器（续）

1—窥视孔盖 2—箱盖 3—螺栓 4—螺母 5—弹簧垫圈 6—箱体 7—调整环 8—端盖 9—齿轮轴 10—挡油盘 11—滚动轴承 12—轴 13—齿轮

构钢和合适的板料冲压方法。

5）对滚动轴承，对其内外环及滚珠选用合适的滚动轴承钢、合适的锻压方法及热处理方式；对其保持架选用合适的优质结构钢。

2. 典型零件切削加工工艺过程的分析

1）编制如图 3-0-2 所示端盖的机械加工工艺过程。

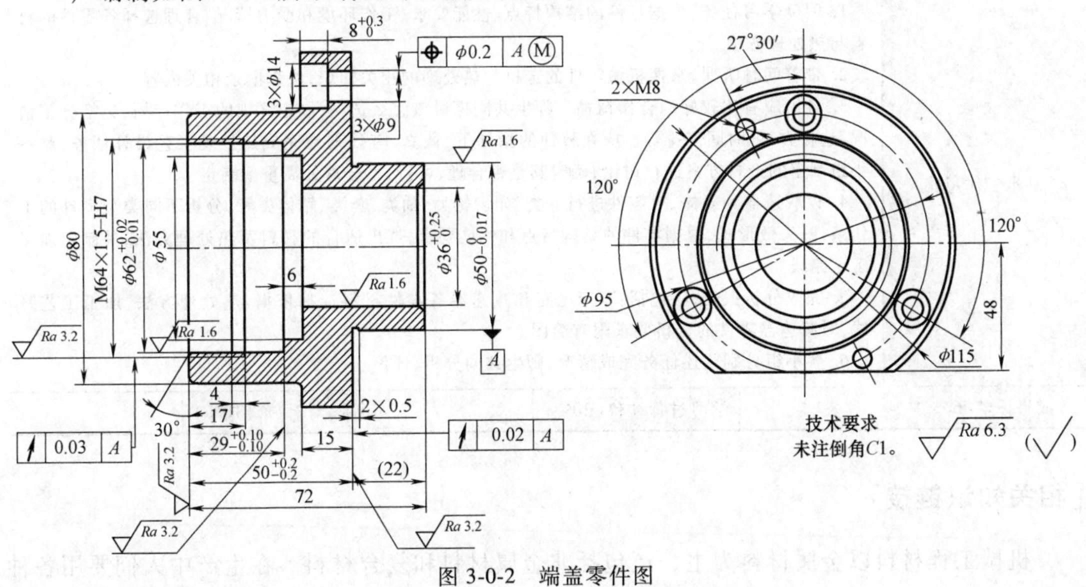

图 3-0-2 端盖零件图

2）图 3-0-3 为齿轮轴零件简图。材料为 40Cr，数量 10 件，调质和齿面淬火处理。试选择 $\phi32f7$、$\phi28h6$ 外圆和齿形 M、平键槽 N 的加工方案，并确定所用机床、夹具和刀具。

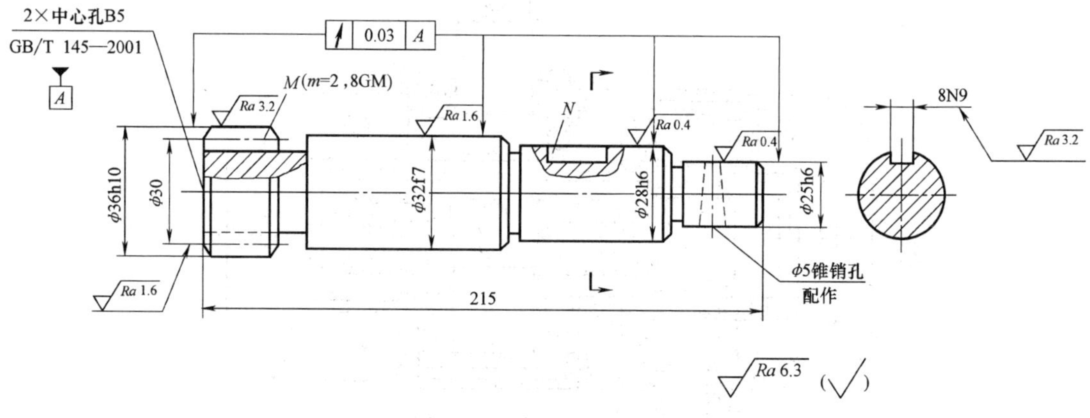

图 3-0-3　齿轮轴零件简图

任务 3.1　典型零件的选材与热处理

任务目标	1. 掌握常用材料的牌号、成分特点、性能、用途，熟悉材料的性能与成分特点之间的关系。掌握选材的一般原则。 2. 掌握常用的普通热处理和表面热处理方法的特点与应用，掌握热处理方法的工序位置安排。 3. 能根据零件的工作条件和受力情况选择合适的材料，根据零件的材质、结构、使用性能要求选择合适的热处理方法，并制定加工工艺路线。 4. 培养学生的职业兴趣、吃苦耐劳的精神，提高学生的沟通能力与团队协作精神。
工作任务内容	根据带式输送机的齿轮减速器中各零件的结构特点、性能要求和工作环境等条件，完成各个零件（箱盖、箱体、轴、齿轮、齿轮轴、键、螺栓、螺母、窥视孔盖、弹簧垫圈、调整环、挡油盘、滚动轴承）的材料选用，并对各零件进行预备热处理和最终热处理的分析以及热处理工序位置的安排。
基本工作思路	1. 明确学习任务：根据零件的结构特点、性能要求、工作环境和受力情况，合理选择各零件的材料与热处理方法。 2. 带着问题听课，掌握机械零件的选材与热处理的相关知识，认真记录相关内容。 3. 各组应有比较好的合作精神。师生共同探讨该怎么选材，制定详细的工作计划，包括分工情况、选材方案、时间安排等。应在教师的指导下，认真、有计划地完成热处理工艺设计任务，对各小组制定的选材方案进行讨论，确定其是否合理、可行，不合理处需重新制定。 4. 以减速器为载体，对零件进行分类，如齿轮类、轴类、套类、箱体类等，分析不同类型零件的工作条件、失效形式，根据零件的结构特点和性能要求，选出适合的材料及热处理方法，并制定加工工艺路线。 5. 完成分析报告，应包括：车床尾座和减速器各零件材料选择依据、热处理方法、加工工艺路线，对减速器零件的分析要求附有简图。 6. 各小组分别阐述任务完成情况，师生共同分析、评价。

成果评定（60%）		学习过程评价（30%）		团队合作评价（10%）	

[相关知识链接]

机械工程材料以金属材料为主，还包括非金属材料和复合材料。在生产中人们要用各种工具来加工零件，这些工具和零件是用什么材料制造的，它们的性能如何，用什么热处理方法可以改变材料的性能，使其便于加工和满足使用的技术要求，这些都是必须掌握的基本知识。本节将介绍常用金属材料和热处理的一些基本知识，为材料选用与零件加工奠定基础。

3.1.1 金属材料的力学性能

金属材料的性能对零件的使用和加工有十分重要的作用，金属材料性能包括：物理性能（密度、熔点、导热性、热膨胀性等）、化学性能（耐腐蚀性、抗氧化性、化学稳定性等）、工艺性能（铸造性能、锻造性能、焊接性能、切削加工性能和热处理工艺性能等）、力学性能（强度、塑性、硬度、冲击韧性、疲劳强度等）。在机械制造领域选用材料时，大多以力学性能为主要依据。力学性能是指金属材料在各种载荷作用下所表现出来的抵抗力，是机械设计、材料选择、工艺评定及材料检验的主要依据。

3.1.1.1 强度与塑性

金属材料的强度、塑性一般可以通过拉伸试验来测定。

1. 拉伸试样

拉伸试样的形状通常有圆柱形和板状两类。图 3-1-1a 所示为圆柱形拉伸试样。在圆柱形拉伸试样中，d_0为试样直径，l_0为试样的标距长度，根据标距长度和直径之间的关系，试样可分为长试样（$l_0=10d_0$）和短试样（$l_0=5d_0$）。

2. 拉伸曲线

试验时，将试样两端夹装在试验机的上下夹头上，随后缓慢地增加载荷，随着载荷的增加，试样逐步变形而伸长，直到被拉断为止。在试验过程中，试验机自动记录了每一瞬间载荷 F 和伸长量 Δl，并给出了它们之间的关系曲线，故称为拉伸曲线（或拉伸图）。拉伸曲线反映了材料在拉伸过程中的弹性变形、塑性变形和直到拉断时的力学特性。

图 3-1-1b 所示为低碳钢的拉伸曲线。由图可见，低碳钢试样在拉伸过程中，可分为弹性变形、塑性变形、屈服和缩颈四个阶段。

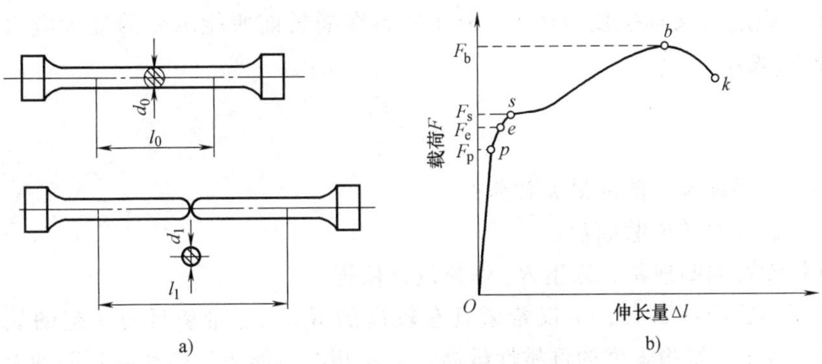

图 3-1-1 拉伸试样与拉伸曲线
a）拉伸试样 b）拉伸曲线

当载荷不超过 F_p 时，拉伸曲线 Op 为一直线，即试样的伸长量与载荷成正比地增加，如果卸除载荷，试样立即恢复到原来的尺寸，即试样处于弹性变形阶段。当载荷在 $F_p \sim F_e$ 之间时，试样的伸长量与载荷已不再成正比关系，但若卸除载荷，试样仍然恢复到原来的尺寸，故仍处于弹性变形阶段。

当载荷超过 F_e 后，试样将进一步伸长，但此时若卸除载荷，弹性变形消失，而有一部分变形却不能消失，即试样不能恢复到原来的长度，称为塑性变形或永久变形。

当载荷增加到 F_s 时，试样开始出现明显的塑性变形，在拉伸曲线上出现了水平的或锯齿形的线段，这种现象称为屈服。

当载荷继续增加到某一最大值 F_b 时，试样的局部截面缩小，产生了缩颈现象。由于试样局部截面的逐渐减小，故载荷也逐渐降低，当达到拉伸曲线上的 k 点时，试样就被拉断。

3. 强度指标

金属材料的强度是用应力来度量的，常用的强度指标有弹性极限、屈服强度和抗拉强度。

（1）弹性极限　金属材料在载荷作用下产生弹性变形时所能承受的最大应力称为弹性极限，用符号 σ_e 表示

$$\sigma_e = \frac{F_e}{S_0}$$

式中　F_e——试样产生弹性变形时所承受的最大载荷；

S_0——试样原始横截面积。

（2）屈服强度　金属材料开始明显塑性变形时的最低应力称为屈服强度，用符号 R_{eL} 表示

$$R_{eL} = \frac{F_s}{S_0}$$

式中　F_s——试样屈服时的载荷；

S_0——试样原始横截面积。

对于低塑性材料或脆性材料，由于屈服现象不明显，因此这类材料的屈服强度常以产生一定的微量塑性变形（一般用变形量为试样长度的0.2%表示）的应力为屈服强度，并以符号 $R_{p0.2}$ 表示。

（3）抗拉强度（又称强度极限）　金属材料在断裂前所能承受的最大应力称为抗拉强度，用符号 R_m 表示

$$R_m = \frac{F_b}{S_0}$$

式中　F_b——试样在断裂前的最大载荷；

S_0——试样原始横截面积。

脆性材料没有屈服现象，则用 R_m 作为设计依据。

工程上所用的金属材料，不仅希望具有较高的 R_{eL}，还希望具有一定的屈强比（R_{eL}/R_m）。屈强比越小，结构零件的可靠性越高，万一超载也能由于塑性变形而使金属的强度提高，不致立即断裂。但如果屈强比太小，则材料强度的有效利用率就太低。

4. 塑性指标

金属材料在载荷作用下，产生塑性变形而不被破坏的能力称为塑性。塑性表征的是材料在静载荷作用下，断裂前发生永久变形的能力。常用的塑性指标有断后伸长率（A）和断面收缩率（Z）。

（1）断后伸长率　试样拉断后，标距长度的增加量与原标距长度的百分比称为断后伸

长率，用 A 表示

$$A=\frac{l_1-l_0}{l_0}\times100\%$$

式中 l_0——试样原标距长度（mm）；

l_1——试样拉断后标距长度（mm）。

材料的断后伸长率随标距长度的增加而减小。所以，同一材料短试样的断后伸长率 A_5 大于长试样的断后伸长率 A_{10}。

（2）断面收缩率　试样拉断后，横截面积的缩减量与原横截面积的百分比称为断面收缩率，用 Z 表示

$$Z=\frac{S_0-S_1}{S_0}\times100\%$$

式中 S_0——试样原横截面积（mm）；

S_1——试样拉断后最小横截面积（mm）。

A、Z 是衡量材料塑性变形能力大小的指标，A、Z 大，表示材料塑性好，既能保证压力加工的顺利进行，又能保证机件工作时的安全可靠。

金属材料的塑性好坏，对零件的加工和使用都具有重要的实际意义。塑性好的材料不仅能顺利地进行锻压、轧制等成形工艺，而且在使用时万一超载，由于塑性变形，能避免突然断裂。

3.1.1.2 硬度

硬度是指金属材料抵抗外物压入其表面的能力，即金属材料抵抗局部塑性变形或破坏的能力。硬度是衡量金属材料软硬程度的指标，是检验毛坯或成品件、热处理件的重要性能指标。常用的硬度指标有布氏硬度、洛氏硬度和维氏硬度等。

1. 布氏硬度

布氏硬度试验原理如图 3-1-2 所示。它是用一定直径的硬质合金球，以相应的试验力压入试样表面，经规定的保持时间后，卸除试验力，用读数显微镜测量试样表面的压痕直径。布氏硬度值 HBW 是试验力 F 除以压痕球形表面积所得的商，即

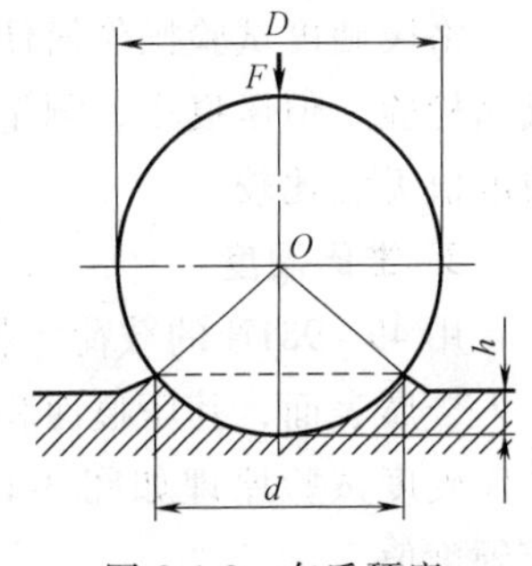

图 3-1-2　布氏硬度试验原理图

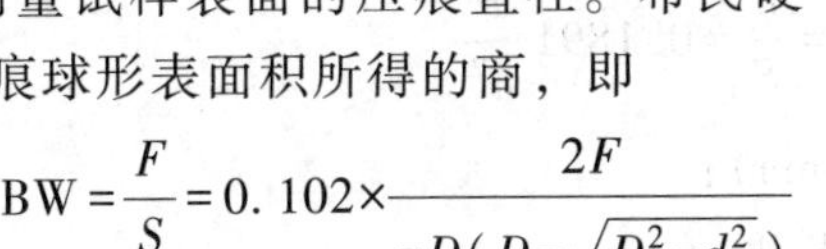

$$\mathrm{HBW}=\frac{F}{S}=0.102\times\frac{2F}{\pi D(D-\sqrt{D^2-d^2})}$$

式中 F——压入载荷（N）；

S——压痕表面积（mm^2）；

d——压痕直径（mm）；

D——淬火钢球（或硬质合金球）直径（mm）。

布氏硬度值的单位为 MPa，一般情况下可不标出；符号 HBW 之前为硬度值，如 125HBW。

布氏硬度试验法因压痕面积较大，能反映出较大范围内被测金属的平均硬度，故试验结果较精确，但因压痕较大，所以不宜用于测试成品或薄片金属的硬度。

2. 洛氏硬度

用规定的载荷，将顶角为 120°的圆锥形金刚石压头或直径为 1.588mm 的淬火钢球压入

金属表面，取其压痕深度计算硬度的大小，这种硬度称为洛氏硬度 HR。

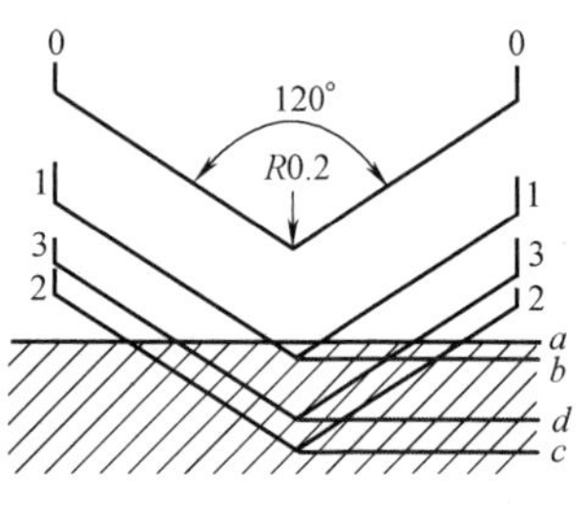

图 3-1-3　洛氏硬度试验原理图

图 3-1-3 为洛氏硬度试验原理图，图中 0-0 为金刚石圆锥压头没有和试样表面接触时的位置，1-1 为加初载后压头压入深度 ab；2-2 为压头加主载后的位置，此时压头压入深度 ac；卸除主载后，由于恢复弹性变形，压头位置提高到 3-3 位置。最后，压头受主载后实际压入表面的深度为 $\overline{bd}$，洛氏硬度用 $\overline{bd}$ 大小来衡量。

$$\mathrm{HR}=K-\frac{\overline{bd}}{0.002}$$

其中，K 为常数（金刚石作为压头，$K=100$；淬火钢球作为压头，$K=130$）。

淬火钢球压头适用于退火件、非铁金属等较软材料的硬度测定；金刚石压头适用于淬火钢等较硬材料的硬度测定。

洛氏硬度计采用 A、B、C 三种标尺对不同硬度材料进行试验，硬度分别用 HRA、HRB、HRC 表示。HRA 主要用于测量硬质合金、表面淬火钢等；HRB 主要用于测量低碳钢、退火钢、铜合金等；HRC 主要用于测量一般淬火钢件。洛氏硬度符号前面的数值表示硬度值，如 60HRC 表示 C 标尺测定的洛氏硬度值为 60。

洛氏硬度试验操作简便、迅速，效率高，可以测定软、硬金属的硬度；压痕小，可用于成品检验。但压痕小，测量组织不均匀的金属硬度时，重复性差，而且不同的硬度级别测得硬度值无法比较。

3. 维氏硬度

用 49~981N 的载荷，将顶角为 136°的金刚石四方角锥体压头压入金属表面，其压痕面积除以载荷所得的商称为维氏硬度 HV。维氏硬度试验原理如图 3-1-4 所示，通过查表或根据下式计算维氏硬度值

$$\mathrm{HV}=\frac{F}{S}=0.1891\frac{F}{d^2}$$

式中　S——压痕的面积（mm）；

d——压痕对角线的长度（mm）；

F——试验载荷（N）。

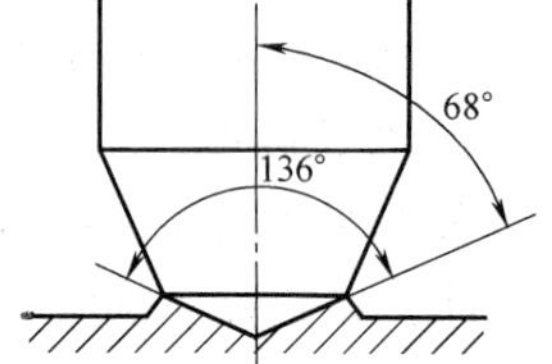

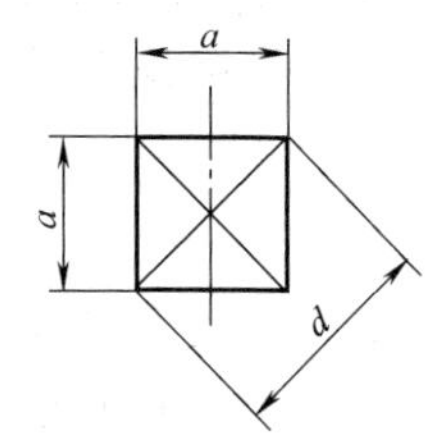

图 3-1-4　维氏硬度试验原理图

维氏硬度可测软、硬金属，尤其是极薄零件和渗碳层、渗氮层的硬度，它测得的压痕轮廓清晰，数值较准确。但是其硬度值需要测量压痕对角线，经计算或查表才能获得，效率不如洛氏硬度试验高，所以不宜用于成批零件的常规检验。

由于各种硬度试验的条件不同，因此相互间没有理论的换算关系。但根据试验结果，可获得粗略换算公式如下：

当硬度为 200~600HBW 时　　　　HRC≈1/10HBW

当硬度小于 450HBW 时　　　　HBW≈HV

硬度试验所用设备简单，操作方便快捷，一般仅在材料表面局部区域内造成很小的压

痕，可视为无损检测，故可对大多数机件成品直接进行检验，无须专门加工试样，是进行工件质量检验和材料研究最常用的试验方法。

硬度与某些力学性能指标间存在对应关系，如布氏硬度值与抗拉强度之间有近似的正比关系：$R_m = K \cdot \mathrm{HBW}$（低碳钢 $K=0.36$，合金调质钢 $K=0.325$，灰铸铁 $K=0.1$）。

3.1.1.3 冲击韧性

冲击载荷是以很大的速度作用于工件上的载荷，工程上有很多机件和工具、模具受冲击载荷的作用，如火箭的发射、飞机的起飞和降落、行驶的汽车通过道路上的凹坑以及材料的压力加工等。评定材料承受冲击载荷的能力，需要用材料的韧性指标。材料的韧性是指材料在塑性变形和断裂的全过程中吸收能量的能力，它是材料强度和塑性的综合表现，评定材料韧性的指标主要是冲击韧度。

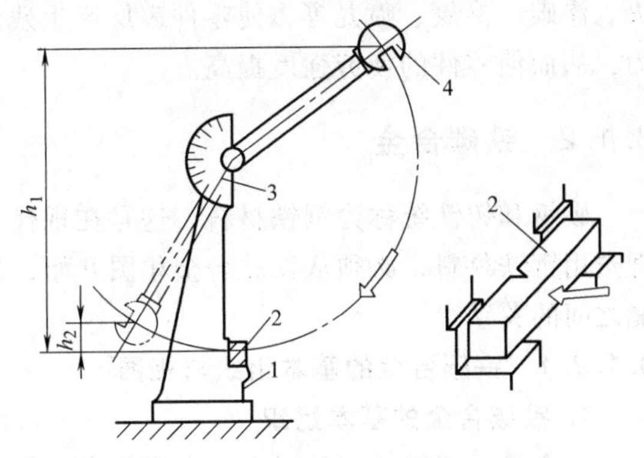

图 3-1-5 摆锤弯曲冲击试验原理

1—支座 2—试样 3—指针 4—摆锤

摆锤弯曲冲击试验原理如图 3-1-5 所示，将标准试样放在冲击试验机的两支座上，使试样缺口背向摆锤冲击方向，然后把质量为 m 的摆锤提升到 h_1 高度，摆锤由此高度下落时将试样冲断，并升到 h_2 高度，因此冲断试样所消耗的功为 $A_K = mg(h_1 - h_2)$。金属的冲击韧度 a_K 就是冲断试样时在缺口处单位面积所消耗的功，即

$$a_K = \frac{A_K}{S} = \frac{mg(h_1 - h_2)}{S}$$

式中 a_K——冲击韧度（$\mathrm{J/cm^2}$）；

S——试样缺口处原始横截面积（$\mathrm{cm^2}$）；

A_K——冲断试样所消耗的功（J）。

使用不同类型的标准试样（U 型缺口或 V 型缺口）进行试验时，冲击韧度分别以 a_{KU} 或 a_{KV} 表示。冲击韧度 a_K 值越大，表明材料的韧性越好，受到冲击时不易断裂。

需要指出的是：材料抵抗大能量一次冲击的能力主要取决于其塑性，而抵抗小能量多次冲击的能力主要取决于其强度。

3.1.1.4 疲劳强度

许多机械零件是在交变应力作用下工作的，如轴类、弹簧、齿轮、滚动轴承等。虽然零件所承受的交变应力数值小于材料的屈服强度，但在长时间运转后也会发生断裂，这种现象称为疲劳断裂。它与静载荷下的断裂不同，断裂前无明显塑性变形，因此具有更大的危险性。

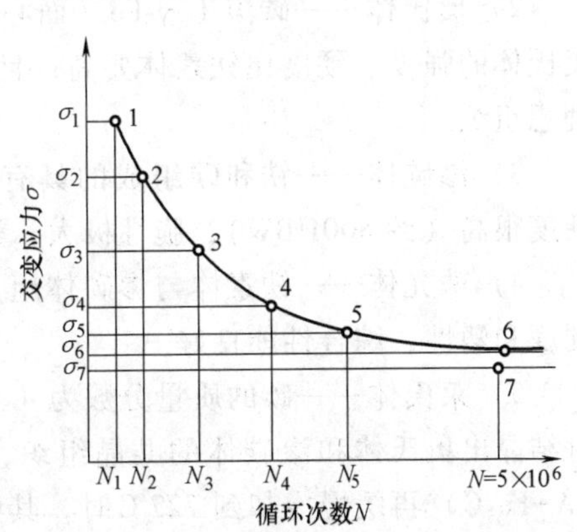

图 3-1-6 钢的疲劳曲线

工程上规定，材料经无数次重复交变应力作用而不发生断裂的最大应力称为疲劳强度。图 3-1-6 是交变应力大小和断裂循环周次之间的关系疲劳曲

线。该曲线表明，当应力低于某一值时，即使循环次数无穷多也不发生断裂，此应力值称为疲劳强度或疲劳极限。光滑试样的对称弯曲疲劳极限用 σ_{-1} 表示。在疲劳强度的测定中，不可能把循环次数做到无穷大，而是规定一定的循环次数作为基数，超过这个基数就认为不再发生疲劳破坏。常用钢材的循环基数为 10^7，非铁金属和某些超高强度钢的循环基数为 10^8。

设计零件时，为了提高零件的疲劳强度，应改善结构设计避免应力集中；提高加工工艺减少内部组织缺陷；加工时还要降低零件的表面粗糙度值和进行表面强化处理，如表面淬火、渗碳、渗氮、喷丸等，使零件表层产生残余的压应力，以抵消零件工作时的一部分拉应力，从而使零件的疲劳强度提高。

3.1.2　铁碳合金

碳钢和铸铁统称为钢铁材料，这是在现代工业中应用最广泛的金属材料。为了熟悉和合理选用钢铁材料，必须从铁碳合金相图开始，研究在各种温度下铁碳合金的成分、组织与性能之间的关系。

3.1.2.1　铁碳合金的基本组织与相图

1. 铁碳合金的基本组织

合金是由两种或两种以上的金属元素，或金属元素与非金属元素熔合在一起，形成具有金属特性的物质。合金除具有金属的基本特性外，还有优良的力学性能及某些特殊的物理化学性能，如高强度、强磁性、耐热性及耐蚀性等。

铁和碳组成的合金，称为铁碳合金。铁碳合金是现代工业生产中应用最广泛的金属材料。因此，研究铁碳合金的成分、组织和性能之间的关系非常重要，而铁碳相图正是研究这一问题的重要工具。

碳的质量分数小于 0.0218%的铁碳合金称为工业纯铁，其含碳量很低，虽然塑性、导磁性能良好，但强度不高，不适宜制作结构零件。为了提高纯铁的强度、硬度，常在纯铁中加入少量的碳元素，由于铁和碳元素的相互作用，形成铁素体、奥氏体、渗碳体、珠光体和莱氏体五种基本组织。

1）铁素体——碳溶于 α-Fe（体心立方晶格）中所形成的间隙固溶体，用符号 F 表示。铁素体的性能与纯铁近似，强度、硬度较低，而塑性、韧性较好，易于塑性成形加工。

2）奥氏体——碳溶于 γ-Fe（面心立方晶格）中所形成的间隙固溶体，用符号 A 表示。奥氏体的强度、硬度比铁素体要高，且具有良好的塑性，是绝大多数钢高温进行压力加工的理想组织。

3）渗碳体——铁和碳组成的具有复杂晶格结构的间隙化合物，用化学式 Fe_3C 表示，硬度很高（约 800HBW），脆性极大，塑性和韧性几乎为零，主要作为强化相使用。

4）珠光体——铁素体与渗碳体组成的机械混合物，用符号 P 表示，具有足够的强度、硬度和塑性，综合性能良好。

5）莱氏体——碳的质量分数为 4.3%的液态合金，缓慢冷却到 1148℃时，从液相中同时结晶出奥氏体和渗碳体的共晶组织，称为高温莱氏体，用符号 Ld 表示。从高温莱氏体（$A+Fe_3C$）再缓慢冷却到 727℃时，其中的奥氏体将转变为珠光体，所以室温下莱氏体是由珠光体和渗碳体组成的机械混合物，称为变态莱氏体或低温莱氏体，用符号 Ld′ 表示。

莱氏体中由于存在大量渗碳体（质量分数在 64%以上），因此硬度高（约 700HBW），塑性、韧性极差，脆性大。

2. 铁碳合金相图

铁碳合金相图是表示在极缓慢冷却（或加热）的情况下，不同成分的铁碳合金在不同温度下所具有的组织状态的图形。目前应用的铁碳合金相图是碳的质量分数为 0~6.69%的合金部分，因为大于 6.69%的铁碳合金脆性极大，没有使用价值。另外，Fe_3C 中的碳的质量分数为 6.69%，是稳定的金属化合物，可以作为一个组元。因此，研究的铁碳合金相图实际上是 $Fe\text{-}Fe_3C$ 相图，图 3-1-7 为简化后的 $Fe\text{-}Fe_3C$ 相图。

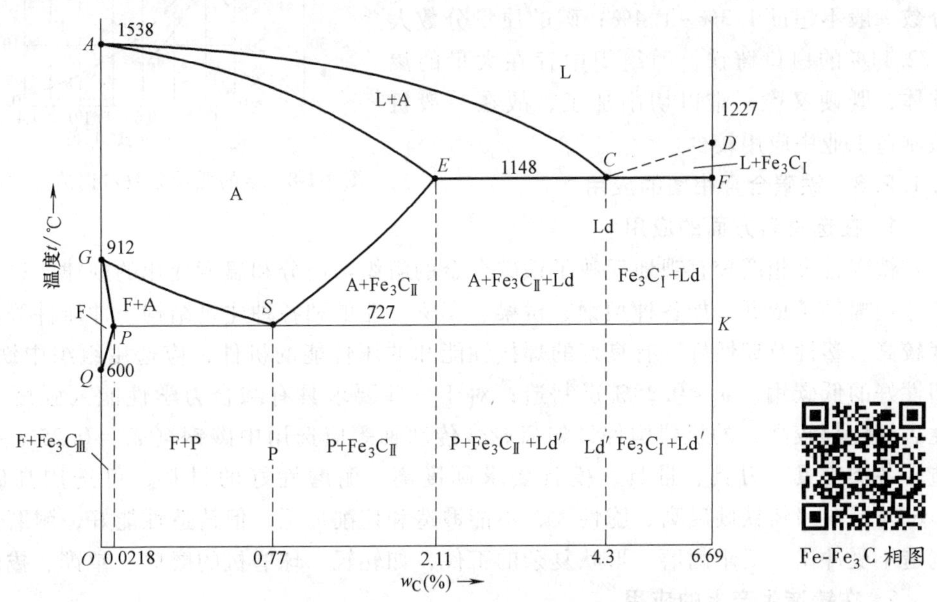

图 3-1-7 简化后的 $Fe\text{-}Fe_3C$ 相图

相图中的 *AC* 和 *CD* 线为液相线，*AE* 和 *ECF* 线为固相线。相图中有四个单相区：液相区（L）、奥氏体区（A）、铁素体区（F）、渗碳体区（Fe_3C）。

按其碳的质量分数和显微组织的不同，铁碳合金可分成工业纯铁、钢和白口铸铁三大类，见表 3-1-1。

表 3-1-1 铁碳合金种类

合金种类	工业纯铁	钢			白口铸铁		
		亚共析钢	共析钢	过共析钢	亚共晶白口铸铁	共晶白口铸铁	过共晶白口铸铁
w_C(%)	<0.0218	0.0218~2.11			2.11~6.69		
		<0.77	0.77	>0.77	<4.30	4.30	>4.30
室温平衡组织	$F+Fe_3C_{Ⅲ}$	F+P	P	$P+Fe_3C_{Ⅱ}$	$P+Fe_3C_{Ⅱ}+Ld'$	Ld′	$Fe_3C_{Ⅰ}+Ld'$

3.1.2.2 铁碳合金成分、组织与性能的关系

从 $Fe\text{-}Fe_3C$ 相图可以看出，在一定的温度下，合金的成分决定了合金组织，而合金的组织又决定了合金的性能，因而不同成分的铁碳合金具有不同的组织和性能。

碳的质量分数对钢的力学性能的影响如图 3-1-8 所示。当钢中 $\omega_C<0.9\%$时，随着含碳量的增加，钢的强度、硬度上升，而塑性、韧性不断降低。这是因为随着钢中含碳量的增加，

组织中作为强化相的渗碳体数量增多的缘故。钢中渗碳体的数量越多，分布越均匀，钢的强度越高。当钢中 ω_C>0.9%以后，由于渗碳体呈明显的网状分布于晶界处或以粗大片状存在于基体中，不仅钢的塑性、韧性进一步降低，而且强度也明显下降。

为了保证工业上使用的钢有足够的强度，同时又具有一定的塑性和韧性，钢中碳的质量分数一般不超过1.3%~1.4%；碳的质量分数大于2.11%的白口铸铁，因组织中存在大量的渗碳体，既硬又脆，难以切削加工，故在一般机械制造工业中应用较少。

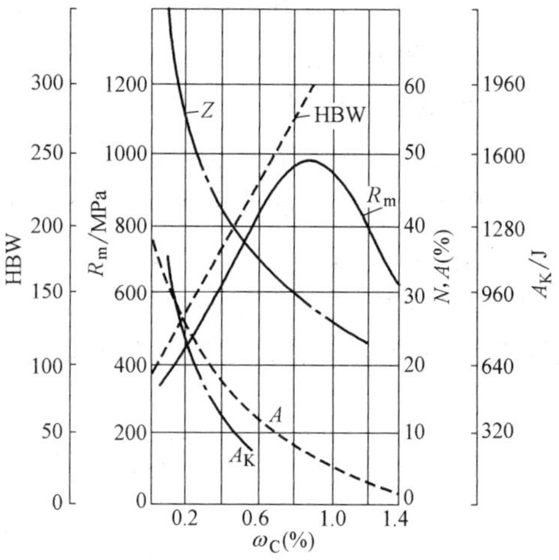

图 3-1-8 碳的质量分数对钢的力学性能的影响

3.1.2.3 铁碳合金相图的应用

1. 在选材料方面的应用

铁碳合金相图较直观地反映了铁碳合金的组织随成分和温度变化的规律，这为钢铁材料的选用提供了依据。如各种型钢、桥梁、车辆、船舶和各种建筑结构、冲压件等，都需要强度较高、塑性及韧性好、有良好的焊接性能和冲压性能的机件，应选用组织中铁素体较多、塑性好的低碳钢（ω_C<0.25%）制造；对于一些要求具有综合力学性能（强度、硬度和塑性、韧性都较高）的机器构件，如齿轮、传动轴等应选用中碳钢（ω_C=0.25%~0.6%）制造；各类工具、刃具、量具、模具要求硬度高、耐磨性好的材料，可选用高碳钢（ω_C>0.6%）；白口铸铁硬度高、脆性大，不能锻造和切削加工，但铸造性能好，耐磨性高，适于制造不受冲击、要求耐磨、形状复杂的工件，如轧辊、球磨机的磨球、犁铧、拔丝模等。

2. 在铸造生产上的应用

根据 $Fe\text{-}Fe_3C$ 相图的液相线，可以找出不同成分的铁碳合金的熔点，从而确定合金的熔化浇注温度（温度一般在液相线以上50~100℃）。靠近共晶成分的铁碳合金熔点低，结晶温度范围也较小，因此它们的流动性好，分散缩孔少，可得到组织致密的铸件，即铸造性能好。因此，生产上经常选用共晶成分附近的铸铁，而偏离共晶成分较远的铸铁，其铸造性能则较差。与铸铁相比，钢的熔化温度较高，流动性也较差，又易产生缩孔，因而钢的铸造性能比较差。

3. 在锻压工艺方面的应用

金属的可锻性是指金属在压力加工时，能改变形状而不产生裂纹的性能。由 $Fe\text{-}Fe_3C$ 相图可知，钢在高温时可获得单相奥氏体组织，它的强度较低，塑性较好，变形抗力小，便于锻造成形。因此，钢材轧制或锻造的温度范围，多选择在奥氏体单相区中的适当温度范围内进行。低碳钢中铁素体多、可锻性好，随着碳的质量分数的增加，金属的可锻性下降。白口铸铁在低温和高温下，其组织均以硬而脆的渗碳体为基体，所以不能锻造。

4. 在焊接方面的应用

金属的焊接性是以焊接接头的可靠性和出现焊缝裂纹的倾向为其判定标志。在铁碳合金中，钢一般都可以焊接，但随着碳的质量分数的增加，钢的塑性下降，焊接性下降。所以钢中主要是低碳钢和低碳合金钢才施以焊接工艺，对于含碳量较高，包括铸铁在内的合金，如果必须施以焊接工艺，则需采取特殊工艺措施才能保证焊缝质量。所以，为了保证获得优质焊接接头，应优先选用低碳钢（碳的质量分数<0.25%的钢）。

5. 在切削加工方面的应用

金属的切削加工性能是指其经切削加工成工件的难易程度。低碳钢中 F 较多，使之硬度低、塑性好，切削加工时产生切削热大，易粘刀，不易断屑和排屑，表面粗糙度差，故切削加工性差；高碳钢中 Fe_3C 多，特别是渗碳体呈网状分布时，材料的硬度和脆性都较高，使刀具磨损严重，故切削加工性也差。当高碳钢中的 Fe_3C 呈球状时，可改善切削加工性；中碳钢中 F 和 Fe_3C 的比例适当，硬度和塑性比较适中，切削加工性较好。

6. 在热处理方面的应用

F_e-Fe_3C 相图对于制定热处理工艺有着特别重要的意义。根据对工件材料性能要求的不同，各种不同热处理工艺的加热温度，都要依据 Fe-Fe_3C 相图进行确定，具体应用将在“钢的热处理”后续内容中详细讨论。

必须指出，铁碳合金相图不能说明快速加热和冷却时铁碳合金组织的变化规律。相图中的相变温度都是在所谓的平衡（即非常缓慢地加热和冷却）条件下得到的。另外，通常使用的铁碳合金中，除含铁、碳两元素外，尚有其他多种杂质或合金元素，这些元素对相图将有影响，应予以考虑。

3.1.3 钢的热处理

钢的热处理是指将钢在固态下进行加热、保温和冷却，以改变其内部组织，从而获得所需要性能的一种工艺方法。热处理的目的是显著提高钢的力学性能，发挥钢材的潜力，提高工件的使用性能和寿命。还可以消除毛坯（如铸件、锻件等）中缺陷，改善其工艺性能，为后续工序做组织准备。

热处理工艺有多种类型，其过程都由加热、保温和冷却三个阶段所组成。一般可用热处理工艺曲线来表示，如图 3-1-9 所示。

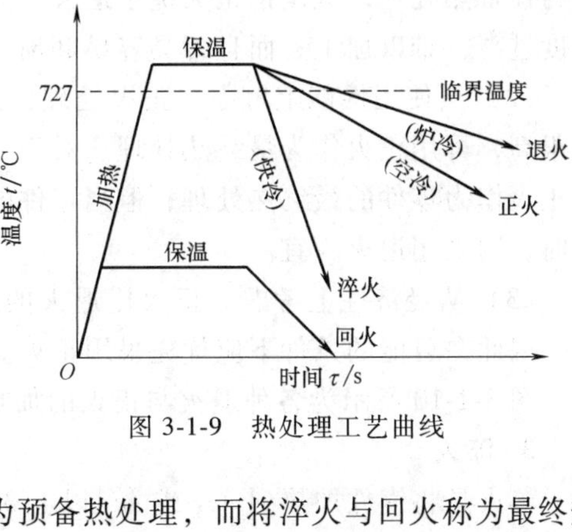

根据热处理工艺类型和名称的不同，将热处理分为三大类：普通热处理（包括退火、正火、淬火和回火）、表面热处理（包括表面淬火、表面物理或化学气相沉积等）和化学热处理（渗碳、渗氮等）。

图 3-1-9 热处理工艺曲线

3.1.3.1 普通热处理

在钢的整体热处理中，一般将退火与正火称为预备热处理，而将淬火与回火称为最终热处理。预备热处理的目的是消除坯料或半成品在前一工序中带来的某些缺陷，为后续的冷加工和最终热处理做好组织准备；最终热处理的目的是使零件获得最终所要求的使用性能。

1. 退火

将金属材料加热到一定温度，保温后缓慢冷却（在炉中或埋入导热性较差的介质中）的热处理工艺称为退火。退火的主要目的是降低钢的硬度，提高塑性，改善切削加工和压力加工性能，消除或降低残余应力，以防变形和开裂，细化晶粒，改善组织和提高力学性能，并为最终热处理做好组织准备。

常用退火方法有完全退火、球化退火、去应力退火等，见表 3-1-2。

表 3-1-2 常用退火方法的特点及应用

种类	完全退火	球化退火	去应力退火
含义	将工件完全奥氏体化后缓慢冷却，获得接近平衡组织的退火	为使工件中的碳化物球状化而进行的退火	为去除工件变形加工、切削、铸造或焊接造成的内应力而进行的退火
目的	降低硬度，细化晶粒，消除应力，改善切削加工性能，为最终热处理做组织准备	使网状渗碳体及片状渗碳体球状化，降低硬度，利于切削，为以后的淬火做组织准备	消除内应力，稳定尺寸，减少变形
热处理工艺	加热到 Ac_3 以上 30~50℃，保温一段时间，随炉缓慢冷却	加热到 Ac_1 以上 10~20℃，保温一定时间后缓慢冷却到 600℃ 以下，再出炉空冷	加热到 Ac_1 以下 100~200℃，保温一定时间后随炉慢冷至 200℃，再出炉冷却
应用范围	亚共析碳钢和合金钢的铸件、锻件、热轧型材、焊件等	过共析碳钢和合金工具钢、轴承钢等	铸件、锻件、焊件、切削加工件等
说明	不能用于过共析钢	对网状渗碳体严重的钢，球化退火前应先进行正火	加热温度低于 Ac_1，钢不发生相变

2. 正火

正火是将钢件加热到 Ac_1 或 Ac_{cm} 以上，保温适当时间后静置在空气中冷却的热处理工艺。正火的目的是细化晶粒、调整硬度、消除网状组织，并为后续工序做好组织准备。与退火相比，正火的冷却速度稍快，冷却速度越快，硬度越高。故同一钢件，正火后组织比较细，强度和硬度比退火高。

正火与退火的选用原则如下。

（1）从切削加工性上考虑　一般认为，硬度为 170~230HBW 的钢材，其切削加工性最好。硬度过低，切削时容易粘刀，使刀具发热和磨损，而且也会降低工件的加工质量。因此作为预备热处理，低碳钢正火优于退火，以提高硬度，改善其切削加工性；而高碳钢正火后硬度过高，难以加工，而且刀具容易磨损，必须采用退火。

（2）从使用性能上考虑　正火处理比退火具有更好的力学性能，如果零件的性能要求不很高，可用正火作为最终热处理。对于一些大型、重型零件，当淬火有开裂危险时，则采用正火作为零件的最终热处理；但当零件的形状复杂，正火冷却速度较快也有引起开裂的危险时，则采用退火为宜。

（3）从经济性上考虑　正火比退火的生产周期短，耗能少，成本低，效率高，操作简便，因此在可能的条件下应优先采用正火。

图 3-1-10 所示为各种退火与正火的加热温度范围和工艺曲线。

3. 淬火

淬火是将钢件加热到 Ac_3 或 Ac_1 以上 30~50℃，保温一定时间，然后以大于淬火临界冷却速度冷却获得马氏体或贝氏体组织的热处理工艺，其加热温度范围如图 3-1-11 所示。淬火的目的是提高钢的硬度、强度和耐磨性，再经回火后，使工件获得良好的使用性能，以充分发挥材料的潜力。

（1）淬火冷却介质　冷却是淬火的关键，它关系到淬火质量的好坏，在实际生产中，可以通过调整淬火冷却介质、淬火方法来控制淬火的冷却速度。

常用的淬火冷却介质是水、盐水或碱水、矿物油以及盐浴或碱浴等。

水是最便宜而且在 550~650℃范围内具有很大的冷却能力；在 200~300℃时也能很快冷

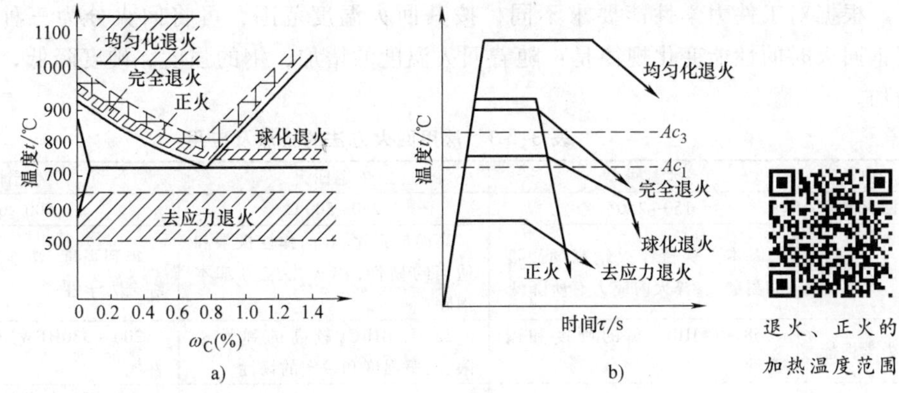

图 3-1-10 各种退火与正火的加热温度范围和工艺曲线

a）加热温度范围 b）工艺曲线

却，所以容易引起工件的变形与开裂，这是水的最大缺点，但目前仍是碳钢的最常用淬火冷却介质。

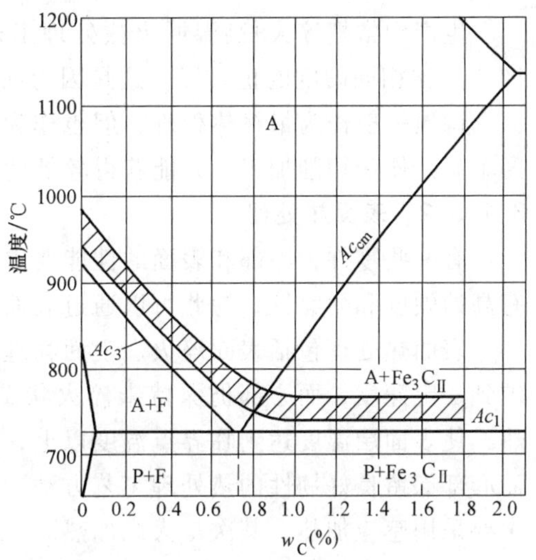

图 3-1-11 碳钢的淬火加热温度范围

油也是最常用的淬火冷却介质，生产上多用各种矿物油。油的优点是在 200～300℃ 范围内冷却能力低，这有利于减少工件的变形。其缺点是在 550～650℃ 范围内冷却能力也低，不适用于碳钢，所以油一般只用作合金钢的淬火冷却介质。

为了减少工件淬火时变形，可采用盐浴作为淬火冷却介质，如熔化的 $NaNO_3$、KNO_3 等。其特点是沸点高，冷却能力介于水与油之间，常用于处理形状复杂、尺寸较小和变形要求严格的工件。

（2）淬火操作 淬火时，除了正确选择加热温度及时间、淬火冷却介质以外，还需注意工件浸入淬火冷却介质的方式。如果浸入方式不正确，则可能使工件各部分冷却速度不均而引起较大的内应力，导致工件产生变形和开裂，或产生局部未淬硬等缺陷。对于厚薄不均匀的工件，厚的部分应先浸入淬火冷却介质中；对于细长工件（如钻头、轴等），应垂直浸入淬火冷却介质中；对于薄而平的工件（如圆盘铣刀），必须竖直浸入淬火冷却介质中；而对于薄壁环状工件，浸入淬火冷却介质中时，它的轴线必须垂直于液面；对于截面不均匀的工件，应斜着放下去，使工件各部分的冷却速度尽可能趋于一致。

4. 回火

将淬火钢重新加热到 Ac_1 点以下的某一温度，保温一定时间后冷却到室温（一般为空冷）的热处理工艺称为回火。一般淬火件必须经过回火才能使用。

回火的目的是：①消除工件淬火时产生的内应力，降低脆性，防止变形与开裂；②稳定工件组织，防止形状与尺寸的改变，保证精度；③调整工件的硬度、强度、塑性和韧性，达到使用性能要求。因此，回火是工件获得所需性能的最后一道重要工序。

根据对工件力学性能要求不同，按其回火温度范围，可将回火分为三种，见表 3-1-3。碳钢回火时的性能变化规律是：随着回火温度的增加，钢的强度、硬度降低，而塑性、韧性增加。

表 3-1-3　常用回火方法的特点及应用

种类	低温回火	中温回火	高温回火
回火温度	150~250℃	250~500℃	500~650℃
回火目的	基本上保持淬火钢高的硬度和耐磨性，淬火内应力有所降低	高的屈强比，高的弹性极限和适当的韧性，淬火内应力基本消除	得到强度、塑性和韧性都较好的综合力学性能
力学性能	58~64HRC，高的硬度和耐磨性	35~50HRC，较高的弹性极限、屈服强度和一定的韧性	200~330HBW，较好的综合力学性能
应用范围	刃具、量具、模具、滚动轴承、渗碳及表面淬火的零件等	各种弹簧、锻模、冲击工具等	广泛用于各种较重要的受力结构件，如连杆、螺栓、齿轮及轴类零件等

生产中常把淬火+高温回火热处理工艺称为调质处理。调质处理后的力学性能（强度、韧性）比相同硬度的正火好，这是因为前者的渗碳体呈粒状，后者为片状。

调质一般作为最终热处理，但也作为表面淬火和化学热处理的预备热处理。调质后的硬度不高，便于切削加工，并能获得较低的表面粗糙度值。

3.1.3.2　表面热处理

有一些零件，心部和表面的性能要求有所不同，心部要求具有良好的韧性，而表面要求有高的硬度和耐磨性，为此可以通过表面热处理工艺途径来实现。

表面热处理包括表面淬火、表面物理或化学气相沉积等。表面淬火是将钢件的表面层淬硬到一定深度，而心部仍保持未淬火状态的一种局部淬火的方法。表面淬火是通过快速加热，使表面层温度达到临界点温度以上，在心部组织未发生变化前进行淬火，使表层强硬化而心部保留良好韧性的热处理工艺方法。其加热方法主要采用感应加热，其次是火焰加热。

感应加热表面淬火示意图如图 3-1-12 所示，将工件置于感应线圈内，线圈通以一定频率的交流电，利用“涡流”产生的热效应将工件表面迅速加热到淬火温度后立即喷水（油）冷却，对表面进行淬火处理，可以获得高硬度、高耐磨性的表面，而心部仍保持原有的良好韧性。此种方法常用于花键、齿轮、机床导轨等工件的表面淬火处理。

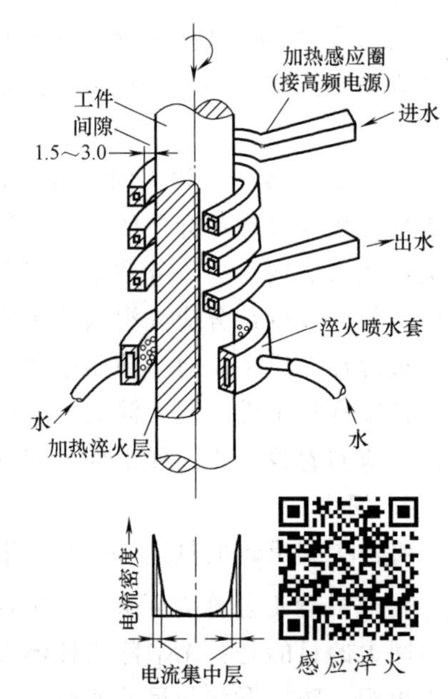

图 3-1-12　感应加热表面淬火示意图

感应淬火主要用于中碳钢或中碳低合金钢，工件一般先进行正火或调质，再进行表面淬火处理，既可以保持心部原有良好的综合力学性能，又可使表面具有高硬度和耐磨性。工件在感应表面淬火后，一般需进行 180~200℃的低温回火，以降低内应力和脆性。

3.1.3.3　化学热处理

化学热处理是将工件置于适当的活性介质中加热、保温，使介质中一种或几种元素（如碳、氮、硼、铬等）渗入工件表面，以改变其表面层的化学成分和组织，使表面层具有不同于心部的性能的热处理工艺。化学热处理与表面热处理相比，其特点是表层不仅有组织的变化，而且有化学成分的变化。

化学热处理方法很多，通常以渗入元素来命名，如渗碳、渗氮、碳氮共渗、渗金属。由于渗入元素不同，工件热处理后获得的性能也不相同。渗碳、渗氮等以提高工件表面硬度和耐磨性为主；渗金属的主要目的是提高耐蚀性和抗氧化性等。

化学热处理和表面淬火都是对工件表面进行热处理，但表面淬火只改变工件表面的组织，化学热处理则能同时改变工件表面的成分和组织，因而能更有效地提高表面层的性能。在许多情况下，廉价的碳钢或低合金钢经过化学热处理可以代替昂贵的高合金钢，所以，化学热处理成为目前发展最快的一种热处理工艺。

化学热处理的种类和方法很多，最常见的有渗碳、渗氮、碳氮共渗、渗金属等。

1. 钢的渗碳

为了增加钢件表层的碳含量和获得一定的碳浓度梯度，将钢件在渗碳介质中加热并保温，使碳原子渗入表层的化学热处理工艺，称为渗碳。渗碳的目的是提高工件表面的硬度和耐磨性，同时保持心部的良好韧性。

常用渗碳材料是碳的质量分数一般为 $w_C=0.15\%\sim0.2\%$ 的低碳钢和低碳合金钢，如15、20、20Cr、20CrMnTi、18Cr2Ni4WA等。经过渗碳后，再进行淬火与低温回火，可在工件的表层和心部分别得到高碳和低碳的组织。许多重要机器零件如汽车、拖拉机的变速器齿轮、活塞销、摩擦片等，它们都是在循环载荷、冲击载荷、很大接触应力和严重磨损条件下工作的，因此要求此类零件表面具有高的硬度、耐磨性及疲劳极限，心部具有较高的强度和韧性。

根据渗碳剂的不同，渗碳方法可分为固体渗碳、气体渗碳和液体渗碳三种。气体渗碳法的生产率较高，渗碳过程容易控制，渗碳层质量较好，易实现自动化生产，应用最为广泛。图3-1-13为气体渗碳法示意图。

气体渗碳的工艺过程是：将工件装在密封的渗碳炉中，加热到900~950℃，向炉内滴入煤油、苯、甲醇等有机液体，或直接通入煤气、石油液化气等气体，通过化学反应产生活性炭原子，随后活性炭原子被工件表面吸收而溶入奥氏体中，使钢件表面渗碳，并不断向工件扩散而形成一定深度的渗碳层。渗碳层深度取决于渗碳温度、保温时间，渗碳层的碳含量与渗碳气氛中的碳浓度有关。在一定的渗碳温度下，保温时间越长，渗碳层越厚。

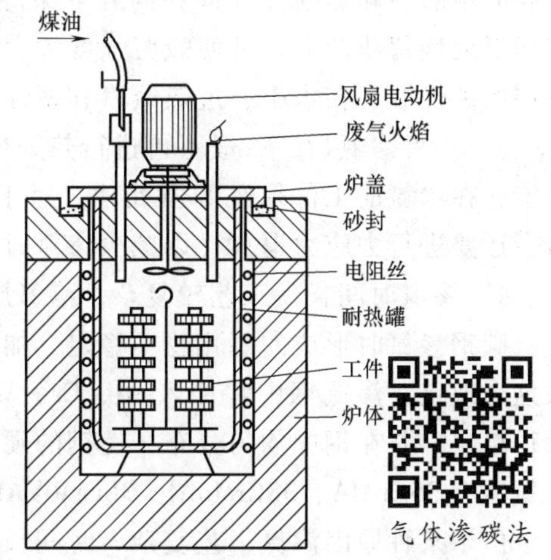

图3-1-13 气体渗碳法示意图

大量的研究和生产实践证明，渗碳层的表面碳含量（质量分数）在0.85%~1.05%之间为好，表面碳含量低，则不耐磨且疲劳强度也较低；反之，碳含量过高，则渗碳层变脆，易出现压碎剥落现象。通常渗碳层厚度一般为0.5~2.5mm，深度波动范围不应大于0.5mm。当渗碳层深度小于0.5mm时，一般用中碳钢高频淬火来代替渗碳。

渗碳后缓冷至室温的组织接近于铁碳合金相图的平衡组织，渗碳层由表及里依次为过共析层、共析层、亚共析层，最后是心部的原始组织。由此可见，工件经渗碳必须进行淬火和低温回火，才能有效地发挥渗碳层的作用，达到硬而耐磨的要求。

钢经渗碳、淬火、低温回火后表面硬度可达 58~64HRC，耐磨性很好；心部强度和韧性好。工件在渗碳、淬火、低温回火后表面形成残留压应力，使零件的疲劳强度有所提高，因此渗碳是应用最为广泛的一种化学热处理工艺，特别适用于在重载、磨损、冲击条件下工作的零件。

为了保证渗碳件的性能，在设计图样上应标明渗碳层深度、渗碳层碳含量、渗碳层和心部的硬度。对于重要零件，还应标明对渗碳层显微组织的要求。渗碳件中不需渗碳的部位，也应在图样上标明，并采用镀铜或其他方法防止该部位渗碳，或留出加工余量，渗碳后再切削除去。

2. 钢的渗氮

在一定温度（一般在 Ac_1以下）下，使活性氮原子渗入工件表面的化学热处理工艺，称为渗氮。渗氮的目的是提高工件表面的硬度、耐磨性、疲劳强度及耐蚀性。渗氮广泛应用于耐磨性和精度均要求很高的零件，如镗床主轴、精密传动齿轮；在循环载荷下要求高疲劳强度的零件，如高速柴油机曲轴；以及要求变形很小和具有一定抗热、耐蚀能力的耐磨件，如阀门、发动机气缸以及热作模具等。

目前广泛应用的是气体渗氮，这种方法是利用氨在加热过程中分解出活性氮原子，氮原子被钢吸收并溶入表面，在保温的过程中向内扩散，形成渗氮层。

与气体渗碳相比，气体渗氮的特点是：

1）渗氮温度低，一般为 500~600℃，工件心部不发生相变，因此工件的变形小。

2）钢件渗氮后，具有很高的硬度（1000~1100HV），且可保持到 600~650℃，所以有很高的耐磨性和热硬性（即在高温下保持高硬度的性能）。钢渗氮后，渗氮层体积增大，使表面形成残留压应力，可使疲劳强度大大提高，表面形成的 Fe_2N 化学稳定性较高，所以渗氮层耐蚀性好，在水中、过热蒸汽和碱性溶液中均很稳定。

3）工件渗氮后，一般不再进行热处理，只进行磨削和抛光。因此，为保证工件的力学性能，在渗氮前工件须经调质处理。对于形状复杂或精度要求高的零件，在渗氮前精加工后，还要进行去应力退火，以减少渗氮时的变形。

4）渗氮时间长，工艺较复杂，渗氮层薄，一般为 0.4~0.6mm。

碳钢渗氮时形成的氮化物不稳定，加热时易分解并聚集粗化，使硬度很快下降。为了克服这个缺点，渗氮钢中常加入 Al、Cr、Mo 等合金元素，它们的氮化物 AlN、CrN、MoN 等都很稳定，并在钢中均匀分布，使钢的硬度提高，且在 600~650℃也不降低，因而，常用的渗氮钢有 35CrAlA、38CrMoAl、38CrWVAlA 等。

由于某种原因渗氮工艺复杂、时间长、成本高，渗氮层很薄、较脆，所以只用于冲击较轻、耐磨性和精度要求较高的零件，或要求抗热、抗蚀的耐磨件，如排气阀、精密机床丝杠、镗床主轴、汽轮机阀门等。随着新工艺的发展，如氮碳共渗、离子渗氮等，渗氮处理得到了越来越广泛的应用。

3. 碳氮共渗

在一定温度下同时将碳、氮渗入工件表层奥氏体中，并以渗碳为主的化学热处理工艺称碳氮共渗。常用的为气体碳氮共渗，其共渗温度为820～870℃，共渗深度一般为0.3～0.8mm，渗层表面的w_C=0.7%～1.0%，w_N=0.15%～0.5%，表面硬度可达58～64HRC。经淬火和低温回火后，表层组织为含碳、氮的回火马氏体及呈细小分布的碳氮化合物。与渗碳相比，碳氮共渗具有很多优点：它不仅加热温度低，工件变形小，生产周期短，而且渗层具有较高的硬度、耐磨性和抗疲劳强度。目前生产中常用于处理低、中碳钢制造的齿轮、蜗杆、活塞销等零件。

以渗氮为主的氮碳共渗的共渗温度一般为500～570℃，处理时间仅为1～3h，渗层极薄。与一般渗氮相比，渗层硬度较低（54～59HRC），脆性很小，不易剥落，具有较好的耐磨、耐疲劳、抗擦伤等性能。因此，氮碳共渗常用于处理模具、量具、高速工具钢刀具等。

各种表面热处理和化学热处理工艺比较见表3-1-4。

表3-1-4 各种表面热处理和化学热处理工艺比较

处理方法	表面淬火	渗碳	渗氮	碳氮共渗
所用钢种	中碳钢、中碳低合金钢	低碳钢、低碳合金钢	中碳合金钢	低碳钢、合金钢
处理工艺	调质，表面淬火+低温回火	渗碳，整体淬火+低温回火	调质，去应力退火，渗氮	碳氮共渗，淬火+低温回火
生产周期	很短，几秒至几分钟	长，3～9h	很长，30～50h	短，1～2h
表层深度/mm	0.5～7（频率越高，淬硬层越浅）	0.5～2.5	0.4～0.6	0.2～0.5
表层硬度（HRC）	52～63	58～64	68～72（1000～1100HV）	58～64
耐磨性	较好	良好	最好	良好
疲劳强度	良好	较好	最好	良好
耐蚀性	一般	一般	最好	较好
热处理变形	较小	较大	最小	较小

3.1.3.4 热处理工序位置的安排

工件的加工都是按一定的工艺路线进行的。合理安排热处理的工序位置，对于保证工件质量、改善切削加工性能具有重要意义。根据热处理的目的和工序位置的不同，热处理可分为预备热处理和最终热处理两大类。其工序位置安排的一般规律如下：

1. 预备热处理的工序位置

预备热处理包括退火、正火、调质等。其作用是调整原始组织，保证工件最终热处理或切削加工质量。一般安排在毛坯生产之后，切削加工之前；或粗加工之后，精加工之前。

（1）退火、正火的工序位置 凡经过热加工（锻、铸、焊等）的零件毛坯，都要先进行退火或正火处理，以消除毛坯的内应力，细化晶粒、均匀组织，改善切削加工性，并为后续工序准备条件。对于精密零件，为了消除切削加工的残余应力，在切削加工工序之间还应安排去应力退火。退火（或正火）的工艺路线一般为：毛坯生产退火（或正火）→切削加工。

（2）调质处理的工序位置 调质工序一般安排在粗加工之后，精加工或半精加工之前。目的是获得良好的综合力学性能，或为以后的表面淬火做好组织准备。调质一般不安排在粗加工之前，是为了避免调质层在粗加工时大部分被切削掉，失去调质的作用。调质的工艺路线一般为：下料→锻造→正火（或退火）→切削粗加工→调质→切削精加工。

在实际生产中，灰铸铁件、铸钢件和某些钢轧件、钢锻件经退火、正火或调质后，其性能已能满足使用要求，往往不再进行其他热处理，这时上述热处理也就是最终热处理。

2. 最终热处理的工序位置

最终热处理包括各种淬火、回火及表面热处理等。工件经这类热处理后，可获得所需的使用性能，因工件的硬度较高，除磨削加工外，不宜进行其他形式的切削加工，故最终热处理工序均安排在半精加工之后，磨削加工之前进行。

(1) 淬火、回火的工序位置　整体淬火、回火与表面淬火的工序位置安排基本相同。淬火件的变形及氧化、脱碳应在磨削中去除，故需留磨削余量（直径在 200mm 以下、长度在 100mm 以下的淬火件，磨削余量一般为 0.35~0.75mm）。表面淬火件的变形小，其磨削余量要比整体淬火件小。

1) 整体淬火（局部淬火也一样）的工艺路线一般为：下料→锻造→退火（或正火）→粗加工、半精加工→淬火、回火→磨削。

2) 表面淬火的工艺路线一般为：下料→锻造→退火（或正火）→粗加工→调质→半精加工→表面淬火、低温回火→磨削。

(2) 渗碳的工序位置　渗碳分整体渗碳和局部渗碳两种。当工件局部不允许渗碳处理时，该部位可镀铜以防渗碳，或采取多留余量的方法，待工件渗碳后淬火前再切削掉该处渗碳层。

整体渗碳的工艺路线一般为：下料→锻造→正火→粗加工、半精加工→渗碳、淬火、低温回火→精加工（磨削）。

局部渗碳的工艺路线一般为：下料→锻造→正火→粗加工、半精加工→非渗碳部位镀铜（或留防渗余量）→ 渗碳 →切除防渗余量→淬火、低温回火→精加工（磨削）。

(3) 渗氮的工序位置　渗氮温度低、变形小，渗氮层硬而薄，因此工序位置应尽量靠后，一般渗氮后不再进行磨削加工，个别质量要求高的零件可进行精磨或超精磨。为防止因切削加工产生的内应力使渗氮件变形，渗氮前应安排去应力退火。渗氮的工艺路线一般为：下料→锻造→退火→粗加工→调质→半精加工→去应力退火→粗磨→渗氮→精磨或超精磨。

3.1.4　常用金属材料

金属材料分为钢铁材料（黑色金属）和非铁金属材料（有色金属）两类，钢铁材料包括铸铁（生铁）、非合金钢和合金钢，非铁金属材料包括铝及铝合金、铜及铜合金、钛及钛合金、滑动轴承合金等。这些金属材料具有优良的性能，是工业领域的主要材料。

钢铁材料是指以铁为主要元素、碳的质量分数（w_C，一般称为含碳量）一般在 4%以下且含有一些其他元素的铁碳合金。其中，w_C 在 2%以下的称为钢，w_C 为 2%~4%的称为铸铁。铸铁可以用来炼钢，也可以用来铸造，形成铸铁件（如车床床身、叉架类零件等）。

钢铁材料在冶炼过程中不可避免地含有一些杂质元素，如锰（Mn）、硅（Si）、硫（S）、磷（P）等，对钢的性能和质量有较大影响。其中，Si、Mn 量一般应控制在规定值之下（$w_{Si}<0.5\%$，$w_{Mn}<0.8\%$），此时它们是有益元素；而 S、P 一般作为对力学性能有害的元素，需要严格控制其含量，但可改善钢的切削加工性。

3.1.4.1　非合金钢

新的《钢分类》标准中已经用“非合金钢”一词取代“碳素钢”，但由于许多技术标准是在新标准实施之前制定的，所以为便于衔接和过渡，非合金钢的介绍仍按原常规分类进行。

非合金钢价格低廉、工艺性能好、力学性能能满足一般工程和机械制造的使用要求，是工业生产中用量最大的工程材料。

1. 非合金钢的分类和编号

非合金钢分类方法很多，比较常用的有以下四种：

1）按含碳量分
- 低碳钢（w_C<0.25%）
- 中碳钢（0.25%≤w_C≤0.60%）
- 高碳钢（w_C>0.60%）

2）按质量分
- 普通钢（w_S=0.035%~0.050%，w_P=0.035%~0.045%）
- 优质钢（w_S≤0.035%，w_P≤0.035%）
- 高级优质钢（w_S=0.020%~0.030%，w_P=0.025%~0.030%）
- 特级优质钢（w_S≤0.015%，w_P≤0.025%）

3）按用途分
- 碳素结构钢（普通碳素结构钢、优质碳素结构钢、铸造碳钢）一般为低、中碳钢
- 碳素工具钢：一般为高碳钢

4）按冶炼时脱氧方法分
- 沸腾钢：脱氧程度不完全的钢
- 镇静钢：完全脱氧的钢
- 半镇静钢：脱氧程度介于镇静钢和沸腾钢之间的钢

各类非合金钢的编号方法见表3-1-5。

表3-1-5 各类非合金钢的编号方法

分类	典型牌号	含义	编号说明
普通碳素结构钢	Q235AF	质量为A级的沸腾钢，屈服强度为235MPa	“Q”为“屈”字的汉语拼音字首，后面的数字为屈服强度；A、B、C、D表示质量等级，从左往右，质量依次提高；F、Z、TZ依次表示沸腾钢、镇静钢、特殊镇静钢
优质碳素结构钢	45	平均w_C为0.45%	两位数字表示钢的平均碳的质量分数，以万分之几表示，化学元素符号Mn表示钢的含锰量较高
	65Mn	平均w_C为0.65%，较高的含锰量	
碳素工具钢	T12A	高级优质钢，平均w_C为1.2%	“T”为“碳”字的汉语拼音字首，后面的数字表示钢的平均碳的质量分数，以千分之几表示；分优质和高级优质，“A”表示高级优质钢
铸造碳钢	ZG200-400	碳素铸钢，屈服强度为200MPa，抗拉强度为400MPa	“ZG”代表铸钢，其后面第一组数字为屈服强度（MPa），第二组数字为抗拉强度（MPa）

2. 非合金钢的牌号、性能特点与用途

（1）普通碳素结构钢　普通碳素结构钢中一般w_C=0.06%~0.38%，S、P含量（w_S≤0.045%，w_P≤0.055%）较高，但冶炼容易，工艺性好，价格便宜，大多用于要求不高的机械零件和一般工程结构件。通常轧制成钢板或各种型材（圆钢、方钢、工字钢、角钢、钢筋等）供应。普通碳素结构钢的牌号、成分、力学性能及用途见表3-1-6。在这类钢中，以Q235钢在工业上应用最多，因为它既有一定的强度，又有较好的塑性。

（2）优质碳素结构钢　这类钢的S、P含量（≤0.035%）较低，化学成分控制严格，钢的均匀性和表面质量好，塑性、韧性较高，经适当热处理后，其力学性能可达到一定的水平，且价格便宜，因此被广泛用于制造机械产品中较重要的结构钢零件。常用优质碳素结构钢的牌号、力学性能及用途见表3-1-7。其中以45钢应用最广。

表 3-1-6 普通碳素结构钢的牌号、成分、力学性能及用途

牌号	等级	化学成分 w(%)			力学性能			特性与应用
		C	S	P	R_{eH} /MPa	R_m /MPa	A_5 (%)	
		不大于						
Q195	—	0.12	0.040	0.035	195	315~430	33	塑性好,焊接性好,用于制作铁丝、钉子、铆钉、垫块、钢管、屋面板、轻负荷的冲压件、焊接件等
Q215	A	0.15	0.050	0.045	215	335~450	31	
	B		0.045					
Q235	A	0.22	0.050	0.045	235	370~500	26	有一定的强度、塑性、韧性,焊接性较好,易于冲压,应用最广泛。用于制作薄板、中板、钢筋、各种型材、一般工程构件、受力不大的机器零件,如小轴、拉杆、螺栓、连杆等。C 级、D 级用于较重要的焊接结构件
	B	0.20	0.045					
	C	0.17	0.040	0.040				
	D		0.035	0.035				
Q275	—	0.24	0.050	0.045	275	410~540	22	强度较高,塑性、焊接性较差,用于制作承受中等载荷的轴、拉杆、连杆、键、销钉等零件

表 3-1-7 常用优质碳素结构钢的牌号、力学性能及用途

牌号	力学性能							用途举例
	R_{eL} /MPa	R_m /MPa	A_5 (%)	Z (%)	a_K /(J/cm^2)	HBW 热轧	HBW 退火	
	不小于					不大于		
08F	175	295	35	60	—	131	—	这类钢塑性好,强度低,一般用于制作受力不大的零件,如螺栓、螺母、垫圈、小轴等
08	195	325	33	60	—	131	—	
10	205	335	31	55	—	137	—	
35	315	530	20	45	55	197	—	这类钢综合力学性能和切削加工性都较好,主要用于制作受力较大的齿轮、连杆、曲轴、主轴等零件,其中 45 钢应用最广泛
40	335	570	19	45	47	217	187	
45	355	600	16	40	39	229	197	
50	375	630	14	40	31	241	207	
55	380	645	13	35	—	255	217	这类钢高的弹性极限、高的屈服强度和耐磨性,主要用于制作弹性零件和耐磨零件,如弹簧、弹簧垫圈、轧辊、犁镜、凸轮、钢丝绳等
65	410	695	10	30	—	255	229	
65Mn	430	735	9	30	—	285	229	
75	880	1080	7	30	—	285	241	

(3) 碳素工具钢 这类钢的含碳量比较高(0.65%~1.35%),S、P 含量($w_S \leq 0.03\%$,$w_P \leq 0.035\%$)比较低,经淬火和低温回火后硬度高(不小于 62HRC),耐磨性好,但热硬性很差,当刃部温度高于 250℃时,其硬度会急剧下降。此外,钢的淬透性也低,并容易产生淬火变形和开裂。故多用于制造在常温下使用的手用工具和低速、小进给量的机用工具,也可制作尺寸较小的模具和量具。碳素工具钢的牌号、主要成分、性能及用途见表 3-1-8。

表 3-1-8 碳素工具钢的牌号、主要成分、性能及用途

牌号	主要成分 w(%)			退火后 (HBW)	淬火后 (HRC)	用途举例
	C	Mn	Si、S、P			
T7 T7A	0.65~0.74	≤0.40	Si≤0.35 S≤0.030 (A 级:S≤0.020) P≤0.035 (A 级:P≤0.030)	≤187	≥62	用于承受冲击、要求韧性较好的工具,如錾子、风动工具、木工用锯等
T8 T8A	0.75~0.84	≤0.40		≤187		用于冲击不大、要求硬度较高和耐磨性好的工具,如简单的模具、冲头、木工用铣刀、圆锯片及台虎钳钳口等
T8Mn T8MnA	0.8~0.9	0.40~0.60		≤187		
T9 T9A	0.85~0.94	≤0.40		≤192		用于硬度较高,有一定韧性要求,不受剧烈冲击的工具,如冲头、饲料机切刀、凿岩工具等

（续）

牌号	主要成分 w(%)			退火后	淬火后	用途举例
	C	Mn	Si、S、P	(HBW)	(HRC)	
T10 T10A	0.95~1.04	≤0.40	Si≤0.35	≤197	≥62	用于不受剧烈冲击、耐磨性要求较高，有一定韧性及锋利刃口的各种工具，如车刀、刨刀、冲模、小钻头、手用丝锥、板牙、锯条和量具等
T11 T11A	1.05~1.14	≤0.40	S≤0.030 （A级：S≤0.020）	≤207		
T12 T12A	1.15~1.24	≤0.40	P≤0.035 （A级：P≤0.030）	≤207		用于不受冲击载荷，切削速度不高或耐磨的工具，如锉刀、刮刀、丝锥、铰刀、锯刀、量规等
T13 T13A	1.25~1.35	≤0.40		≤217		用于不受冲击，要求高硬度高耐磨的工具，如剃刀、刻字刀、拉丝工具等

（4）铸造碳钢　铸造碳钢一般用于制造形状复杂、机械性能要求比铸铁高的零件，如水压机横梁、轧钢机机架、重载大齿轮等。这些机件，用锻造方法难以生产，用铸铁又无法满足性能要求，只能用碳钢采用铸造方法生产。

铸造碳钢中S、P含量均不大于0.04%，w_C一般在0.15%~0.60%范围内，过高则塑性差，易产生裂纹。铸钢件均需进行热处理。其牌号冠以“铸钢”两字的汉语拼音字首“ZG”，后面有两组数字，第一组表示屈服强度，第二组表示抗拉强度。如牌号ZG310-570表示屈服强度为310MPa、抗拉强度为570MPa的工程铸钢。常用的铸钢有ZG200-400、ZG230-450。

3.1.4.2　合金钢

非合金钢价格低廉，易生产加工，通过调整其含碳量和经不同热处理后，可获得不同的性能来满足工业生产中的基本要求，因此得到了广泛的应用。但碳钢的淬透性差，强度低（尤其是高温强度低），耐回火性差，因此限制了它的使用。

合金钢是为了改善或提高钢的性能，在碳钢基础上特意地加入一种或数种合金元素所制成的钢，常用的合金元素有Mn、Si、Cr、Ni、W、Mo、Ti和V等。与碳钢相比，合金钢的性能显著提高，应用日益广泛，但价格高于碳钢。

1. 合金钢的分类

按合金元素总的质量分数分为低合金钢（$w_{Me}<5\%$）、中合金钢（$w_{Me}=5\%\sim10\%$）、高合金钢（$w_{Me}>10\%$）；按钢中主要合金元素种类不同，又可分为锰钢、铬钢、硼钢、铬镍钢、铬锰钢等；按用途可分为合金结构钢、合金工具钢、特殊性能钢，如下所示。

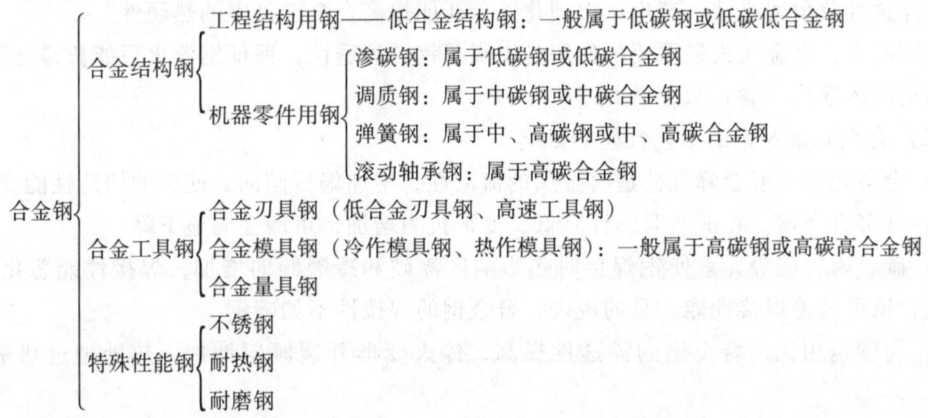

2. 合金钢的编号方法

各类钢的编号方法见表3-1-9。

表3-1-9 各类钢的编号方法（原则：数字+化学元素符号+数字）

分类		典型牌号	含义	编号说明
合金结构钢	低合金结构钢	Q390A	屈服强度 $R_{eL}=390$MPa，质量等级A	由代表屈服强度的汉语拼音字母（Q）、屈服强度数值、质量等级符号（A、B、C、D、E）三个部分按顺序排列
	渗碳钢、调质钢、弹簧钢	60Si2Mn	平均 $w_{Mn}\leqslant 1.5\%$，w_{Si} 为2%，w_C 为0.6%	前面的数字表示钢的平均 w_C，以万分之几表示；后面的数字表示合金元素的含量，以平均该合金元素的质量分数的百分之几表示，少于1.5%时不标明含量
	滚动轴承钢	GCr15SiMn	平均 w_{Cr} 为1.5%，w_{Si} 和 w_{Mn} 都小于1.5%	"G"为"滚"字的汉语拼音首字母，w_{Cr} 以其质量分数的千分之几表示，碳的含量不标出，其他合金元素的表示方法与合金结构钢相同
合金工具钢		5CrMnMo	平均 w_C 为0.5%，w_{Cr}、w_{Mn}、w_{Mo} 均小于1.5%	平均 $w_C<1.0\%$ 时，以千分之几表示，平均 $w_C\geqslant 1.0\%$ 时不标出；高速工具钢例外，其平均 $w_C<1.0\%$ 时也不标出；合金元素含量的表示方法与合金结构钢相同
特殊性能钢		2Cr13	平均 w_C 为0.2%，w_{Cr} 为13%	平均 w_C 以千分之几表示，但当 $0.03\%<w_C<0.1\%$ 及 $w_C\leqslant 0.03\%$ 时，钢号前分别冠以0及00表示；合金元素含量的表示方法与合金结构钢相同

3. 合金元素对钢的性能的影响

在冶炼钢的过程中有目的地加入一些元素，这些元素称为合金元素。常用的合金元素有：锰（$w_{Mn}>1\%$）、硅（$w_{Si}>0.5\%$）、铬、镍、钼、钨、钒、钛、锆、铝、钴、硼、稀土（RE）等。

钢中加入合金元素改变了钢的组织结构和力学性能，同时也改变了钢的工艺性能和特殊性能。

（1）合金元素对钢的力学性能的影响

1）强化铁素体。大多数合金元素能溶于铁素体，使铁素体强度和硬度增加，韧性和塑性降低。

2）形成合金碳化物。大多数合金元素能与碳形成合金碳化物，其特点是熔点高、硬度高、不易分解。通常碳化物越稳定，颗粒越细小，提高钢的强度和耐磨性的效果越好。

3）细化晶粒。大多数合金元素能细化晶粒，提高钢的强度和韧性。由于细化晶粒、提高钢的淬透性及耐回火性、产生二次硬化等，还能提高合金工具钢的热硬性。

对钢而言，合金元素最重要的作用是提高了钢的淬透性，保证钢淬火后能获得马氏体组织，起马氏体强化（含回火）作用。

（2）合金元素对钢的工艺性能的影响

1）合金元素一般会降低铸造时金属的流动性，增加偏析倾向，使钢的铸造性能变差。

2）许多合金钢，在锻造时塑性降低，变形抗力增加，可锻性明显下降。

3）碳、磷、硫等元素使钢焊接时热影响区淬硬和冷裂倾向增加，焊接性能恶化；钛、锆、铌、钒可改善焊接性能。总的说来，合金钢的焊接性不如碳钢。

4）与碳钢相比，合金钢的淬透性提高，淬火变形开裂倾向增加，热处理过热敏感性降低。

5）合金钢的强韧性较高，切削加工性能一般比碳钢差；但适量加入硫、磷、铅等元素，能改善切削加工性。

（3）合金元素对钢的特殊性能的影响

1）铬、镍等元素使钢在室温下获得单相组织；铬、硅、铝等元素形成致密稳定的氧化膜，提高了耐蚀性。

2）铬、硅、铝等元素形成致密高熔点氧化膜，增加了钢抗高温氧化能力，提高了耐热性。

3）钨、钼等元素使钢在高温下不易塑性变形，提高了高温强度，提高了热强性。

4. 合金结构钢

合金结构钢是合金钢中用途最广、用量最大的一类钢，常用于制造重要的零件。根据具体用途不同，合金结构钢可分为普通低合金钢、渗碳钢、调质钢、弹簧钢和滚动轴承钢等。常用合金结构钢的牌号、成分、力学性能和用途见表 3-1-10。

表 3-1-10 常用合金结构钢的牌号、成分、力学性能及用途

钢类	牌号	化学成分 w(%)					力学性能				应用举例
		C	Si	Mn	Cr	其他	R_{eL} /MPa	R_m /MPa	A_5 (%)	a_K/ (J/cm^2)	
							不小于				
普通低合金钢	Q345 (16Mn)	0.12~0.20	0.20~0.55	1.20~1.60	—	V：0.02~0.15 Nb：0.015~0.060 Ti：0.02~0.20	350	520	21	59	各种大型钢结构、桥梁、车辆、高压容器、船舶、电站设备等
合金渗碳钢	20Cr	0.18~0.24	0.17~0.37	0.50~0.80	0.70~1.00	—	540	835	10	47	形状复杂而受力不大的渗碳件，如齿轮、齿轮轴、活塞销等
	20CrMnTi	0.17~0.23	0.17~0.37	0.80~1.10	1.00~1.30	Ti：0.04~0.10	850	1080	10	55	承受高速、中或重载、摩擦的重要渗碳件，如齿轮、凸轮、爪型离合器等
合金调质钢	40Cr	0.37~0.44	0.17~0.37	0.50~0.80	0.80~1.10	—	785	980	9	47	做重要调质件，如轴类件、连杆螺栓、汽车万向节、后半轴、齿轮、高强度紧固件等
	35CrMo	0.32~0.40	0.17~0.37	0.40~0.70	0.80~1.10	Mo：0.15~0.25	835	980	12	63	用作截面不大而要求力学性能高的重要零件，如主轴、曲轴、锤杆等
	38CrMoAl	0.35~0.42	0.20~0.45	0.30~0.60	1.35~1.65	Mo：0.15~0.25 Al：0.7~1.1	835	980	14	71	渗氮零件专用钢，用作磨床主轴、精密丝杠、高压阀门、量规等

（续）

钢类	牌号	化学成分 w(%)					力学性能				应用举例
		C	Si	Mn	Cr	其他	R_{eL}/MPa	R_m/MPa	A_5(%)	a_K/(J/cm²)	
							不小于				
合金弹簧钢	50CrVA	0.46~0.64	0.17~0.37	0.50~0.80	0.80~1.10	V：0.1~0.2	800	1000	—	—	用于工作温度在400℃以下，ϕ30~ϕ50mm的弹簧
合金弹簧钢	60Si2Mn	0.56~0.64	1.50~2.00	0.60~0.90	≤0.35	—	1200	1300	—	—	用于工作温度在230℃以下，ϕ25~ϕ30mm的弹簧
滚动轴承钢	GCr15	0.95~1.05	0.15~0.35	0.20~0.40	1.30~1.65	—	—	—	—	—	滚动轴承元件

（1）低合金高强度结构钢　在普通碳素结构钢的基础上加入少量合金元素形成了低合金结构钢，大多数 w_C 为 0.16%~0.20%，合金元素总量在 3%以下，以 Mn 为主要元素。这类钢的强度比低碳钢要高 10%~30%，并有良好的塑性、韧性，良好的焊接工艺性能和冷成形性能。

低合金结构钢一般在热轧后，经退火或正火状态下供应，使用时不再进行热处理，主要用于制造各种强度较高的工程结构件，如船舶、车辆、压力容器、桥梁等大型钢结构。

常用低合金高强度结构钢的牌号有 Q295、Q345、Q390、Q420 等，其中，Q345 钢的应用最广泛，我国的南京长江大桥、内燃机车机体、万吨巨轮及压力容器、载重汽车大梁等都采用 Q345 钢制造。

用这类钢代替普通碳素结构钢，可大大减轻机件或结构的重量。例如，南京长江大桥采用 Q345 钢比用碳钢节省钢材 15% 以上。

（2）机械结构用合金钢　机械结构用合金钢主要用于各种机械零件，是用途广、产量大、牌号多的一类钢，大多数需经热处理后才能使用。按其用途及热处理特点可分为合金渗碳钢、合金调质钢、合金弹簧钢和滚动轴承钢等。

1）合金渗碳钢。合金渗碳钢主要用来制造工作中承受较强烈的冲击作用和磨损条件下的渗碳零件。例如，制作承受动载荷和重载荷的汽车变速器齿轮、汽车后桥齿轮和内燃机里的凸轮轴、活塞销等。这类零件要求表面具有良好的耐磨性和疲劳强度，心部有良好的韧性和足够的强度。渗碳零件的使用性能远高于中碳钢表面淬火后的性能。

渗碳钢采用低碳成分（w_C=0.10%~0.25%），以保证淬火后零件心部有足够的塑性和韧性。加入 Cr（主要合金元素）、Mn、Ni、B 等以提高钢的淬透性，使回火后有较高的强度和韧性。为了细化晶粒，还加入少量 Ti、V、W、Mo，以在渗碳层获得均匀细小的耐磨碳化物。

预备热处理为正火，最终热处理一般采用渗碳后淬火加低温回火。

渗碳后的钢种，表层碳的质量分数为 0.85%~1.05%，经淬火和低温回火后，硬度可达 58~64HRC，而心部若全部淬透时硬度可达 40~48HRC，未淬透的情况下硬度为25~40HRC。

常用的渗碳钢有 15、20Cr、20CrMnTi、18Cr2Ni4W 等，它们主要用于制造中小齿轮、蜗杆、活塞销等，其中 20CrMnTi 是应用最广泛的渗碳钢。

2）合金调质钢。优质碳素调质钢中的40、45和50钢，常用而价廉，但由于存在淬透性差、耐回火性差、综合力学性能不够理想等缺点，所以对重载作用下又同时承受冲击的重要零件必须选用合金调质钢。

合金调质钢为中碳成分（w_C=0.25%~0.50%），主加合金元素有铬、镍、锰、硅、硼、钼、铝等，主要作用是增加淬透性、强化铁素体；钼、钨能防止或减轻第二类回火脆性，增加回火稳定性；钒、钛可细化晶粒，铝能加速渗氮过程。

调质钢锻造毛坯应采用完全退火作为预备热处理，以降低硬度，便于切削加工。调质钢的最终热处理为淬火后高温回火（500~650℃），即调质处理，以获得高强度、高韧性相结合的综合力学性能。

如果除了具备良好的综合力学性能外，还要求表面有良好的耐磨性，则可在调质后进行表面淬火或渗氮处理。

常用的调质钢有45、40Cr、35SiMn、38CrMoAlA等，主要用于制造重要的机械零件，如机床主轴、机床齿轮、汽车的半轴、柴油机的连杆、螺栓、曲轴等，其中40Cr是最常用的一种调质钢，有很好的强化效果。38CrMoAlA是专用渗氮钢，经调质和渗氮处理后表面具有很高的硬度、耐磨性和疲劳强度，且变形很小，常用来制造一些精密零件，如镗床的镗杆、磨床的主轴等。

3）合金弹簧钢。合金弹簧钢主要用于制造各种弹性元件，如在汽车、拖拉机、坦克、机车车辆上制造减振板弹簧和螺旋弹簧，大炮的缓冲弹簧，钟表的发条等。

弹簧钢采用中高碳成分（w_C=0.50%~0.70%），以保证强度，常加入硅、锰、铬等合金元素，主要作用是提高淬透性，并提高弹性极限。硅使弹性极限提高的效果很突出，但也会使钢加热时易表面脱碳；锰能增加淬透性，但也使钢的过热和回火脆性倾向增大。另外还加入钨、钼、钒等，它们可减少硅锰弹簧钢的脱碳和过热倾向，同时可进一步提高弹性极限、耐热性和耐回火性。

弹簧钢的热处理一般是淬火加中温回火，以满足高弹性极限、疲劳极限和足够韧性的要求。

弹簧经热处理后，一般还要进行喷丸处理，使表面强化，并在表面产生残余应力，以提高其疲劳强度。

常用的合金弹簧钢有60Si2Mn、60Si2CrVA和50CrVA等，最有代表性的是60Si2Mn，广泛用于汽车、拖拉机上的板簧及螺旋弹簧等。

4）滚动轴承钢。滚动轴承钢主要用来制造各种滚动轴承的元件，如滚动体、轴承内外套圈等。还可以制作模具和量具等。

轴承钢在工作时承受很高的交变接触压力，同时滚动体与内外圈之间还产生强烈的摩擦，并受到冲击载荷的作用，以及大气和润滑介质的腐蚀作用。这就要求轴承钢必须具有高而均匀的硬度和耐磨性，高的抗压强度和接触疲劳强度，足够的韧性和对大气、润滑剂的耐蚀能力。为获得上述性能，一般w_C=0.95%~1.15%，w_{Cr}=0.4%~1.65%，高碳是为了获得高硬度、高耐磨性，铬的作用是提高淬透性，铬与碳作用形成的$(Fe、Cr)_3C$合金渗碳体，能提高钢的硬度及耐磨性，铬还能提高钢的回火稳定性。

另外，加入Cr、Si、Mn、Mo、V等合金元素，可提高钢的淬透性、耐磨性和接触疲劳强度。

滚动轴承钢的纯度要求极高，硫、磷含量限制极严（w_S<0.020%，w_P<0.027%）。因硫、磷形成非金属夹杂物，降低接触疲劳抗力，故它是一种高级优质钢（但在牌号后不加“A”字）。

轴承钢的热处理包括预备热处理（球化退火）和最终热处理（淬火+低温回火）。

球化退火的目的是获得粒状珠光体组织，以降低锻造后钢的硬度，有利于切削加工，并为淬火做好组织准备。淬火与低温回火是决定轴承钢最终性能的重要热处理工序，淬火温度应严格控制在 840℃±10℃ 的范围内，回火温度一般为 150~160℃。回火后硬度为 61~65HRC。

目前常用的是铬轴承钢 GCr9、GCr15、GCr15SiMn 等，其中 GCr15 最常用，具有高的强度、耐磨性和稳定的力学性能。

5. 合金工具钢

碳素工具钢容易加工，价格便宜，但淬透性差，容易变形和开裂，热硬性较低。往钢中添加合金元素可增加钢的淬透性、耐磨性和热硬性。因此，尺寸大、精度高、形状复杂、要求变形小或切削速度较高的刀具，均采用合金工具钢制造。合金工具钢按用途分为合金刃具钢、合金模具钢、合金量具钢。表 3-1-11 为常用合金工具钢的牌号、成分及其用途。

表 3-1-11　常用合金工具钢的牌号、成分及其用途

钢类	牌号	化学成分 w(%)							应用举例
		C	Si	Mn	Cr	W	Mo	V	
低合金刃具钢	9SiCr	0.85~0.95	1.20~1.60	0.30~0.60	0.95~1.25	—	—	—	用作切削不剧烈的板牙、丝锥、铰刀、拉刀、冲模、冷轧辊
	CrWMn	0.90~1.05	≤0.40	0.80~1.10	0.90~1.20	1.20~1.60	—	—	
高速工具钢	W18Cr4V	0.70~0.80	0.20~0.40	0.10~0.40	3.80~4.40	17.50~19.00	≤0.30	1.00~1.40	高速切削的钻头、车刀、铣刀、齿轮刀具、拉刀、刨刀和冲模等
	W6Mo5Cr4V2	0.80~0.90	0.15~0.40	0.20~0.45	3.80~4.40	5.50~6.75	4.50~5.50	1.75~2.20	
热作模具钢	5CrMnMo	0.50~0.60	0.25~0.60	1.20~1.60	0.60~0.90	—	0.15~0.30	—	中型锻模等
	3Cr2W8V	0.30~0.40	≤0.04	≤0.40	2.20~2.70	7.50~9.00	—	0.20~0.50	压铸模、热剪切刀、热锻模等
冷作模具钢	Cr12	2.00~2.30	≤0.40	≤0.40	11.50~13.00	—	—	—	冲模、冷剪切刀、螺纹滚模、拉丝模等
	Cr12MoV	1.45~1.70	≤0.40	≤0.40	11.00~12.50	—	0.40~0.60	0.15~0.30	工作条件繁重的冲模、冷剪切刀、搓丝板、圆锯等

（1）合金刃具钢　合金刃具钢是用来制造各种切削刀具的钢，如车刀、铣刀、钻头等，可分为低合金刃具钢和高速工具钢。

1）低合金刃具钢。低合金刃具钢是在碳素工具钢的基础上加入少量合金元素得到的钢（w_C=0.75%~1.45%），与碳素工具钢相比，低合金刃具钢提高了淬透性，能制造尺寸较大的刀具，可在冷却较缓慢的介质中（如油）淬火，使变形倾向减小。这类钢的强度和耐磨性也比碳素工具钢高。由于合金元素加入量不大，故一般工作温度不得超过 300℃。

常用的低合金刃具钢有 9SiCr 和 CrWMn。

9SiCr 钢由于加入了铬和硅元素，使其具有较高的淬透性和回火稳定性，碳化物细小均匀，热硬性可达 300℃。因此，适用于制造刀刃细薄的低速切削刀具，如丝锥、板牙、铰刀等。

CrWMn 钢中同时加入铬、钨和锰元素，使钢具有很高的硬度和耐磨性，但热硬性不如 9SiCr。CrWMn 钢热处理后变形小，又称微变形钢，主要用来制造较精密的低速刀具，如长铰刀、拉刀等。

低合金刃具钢毛坯经锻造后的预备热处理为球化退火，最终热处理采用淬火+低温回火，硬度一般为 60HRC。

2）高速工具钢。高速工具钢是一种热硬性、耐磨性较高的高合金工具钢，在切削温度高达 600℃时硬度仍无明显下降，能以比低合金刃具钢更高的速度进行切削，故称为高速工具钢。

钢中含有较高的碳（0.7%～1.50%）和大量的钨、铬、钒、钼等强碳化物形成元素（合金元素总量 w_{Me}>10%）。高的含碳量是为了保证形成足够量的合金碳化物，并使高速工具钢具有高的硬度和耐磨性；钨、钼是提高钢热硬性的主要元素，铬主要是提高钢的淬透性，钒能显著提高钢的硬度、耐磨性和热硬性，并细化晶粒。

高速工具钢的热处理特点主要是淬火加热时预热、高的淬火加热温度（一般高达1220～1280℃）、高的回火温度（550～570℃）、高的回火次数（一般两次或三次）。最终硬度可高达 63～66HRC。

常用的高速工具钢有 W18Cr4V、W6Mo5Cr4V2 等，高速工具钢具有高热硬性、高耐磨性和足够的强度，故常用于制造切削速度较高的刀具（如车刀、铣刀、钻头等）和形状复杂、载荷较大的成形刀具（如齿轮铣刀、拉刀等）。此外，高速工具钢还可用于制造冷挤压模及某些耐磨零件。

（2）合金模具钢　合金模具钢主要用来制作各种金属成形用的模具。根据工作条件不同，合金模具钢可分为冷作模具钢和热作模具钢两类。

1）冷作模具钢。冷作模具钢用于制造使金属在冷状态下变形的模具，如冲裁模、拉丝模、弯曲模、拉深模等。这类模具工作时的实际温度一般不超过 200～300℃。

冷作模具的工作温度不高，被加工材料的变形抗力较大，模具的刃口部分受到强烈的摩擦和挤压，所以模具钢应具有高的硬度、耐磨性和强度。模具在工作时受到冲击，故模具也要求具有足够的韧性。另外，形状复杂、精密、大型的模具，还要求具有较高的淬透性和小的热处理变形。

小型冷作模具可用碳素工具钢或低合金刃具钢来制造，如 CrWMn、9CrWMn、9Mn2V、9SiCr、Cr2、9Cr2 等。大型冷作模具要求热处理变形小，一般采用 Cr12、Cr12MoV 等高碳高铬模具钢制造。

冷作模具钢采用球化退火（预备热处理）和淬火后低温回火（最终热处理）的工艺。

2）热作模具钢。热作模具钢用来制造在受热状态下对金属进行变形加工的模具，如热锻模、热挤模、压铸模等。热作模具在工作中除承受压应力、张应力、弯曲应力外，还受到因炽热金属在模具型腔中流动而产生的强烈摩擦力，并且反复受到炽热金属的加热和冷却介质（如水、油、空气）的冷却作用，使模具反复在冷、热状态下工作，从而导致模具工作表面出现龟裂，这种现象称为热疲劳。因此，要求热作模具钢在高温下具有足够的强度、韧性、硬度和耐磨性以及一定的导热性和抗热疲劳性。对于尺寸较大的模具，还必须具有高的淬透性和较小的变形。

热作模具钢一般是中碳合金钢，其 w_C = 0.3% ~ 0.6%，以保证钢具有高强度、高韧性、较高的硬度（35~52HRC）和较高的热疲劳强度。加入的合金元素有锰、铬、镍、钨、钼、钒等，主要是提高钢的淬透性、耐回火性和热硬性，细化晶粒，同时还提高钢的强度和热疲劳强度。

目前，常用的热锻模具钢牌号是 5CrNiMo、5CrMnMo。5CrNiMo 钢具有良好的韧性、强度、耐磨性和淬透性。5CrNiMo 钢是世界通用的大型锤锻模用钢，适于制造形状复杂的、受冲击载荷重的大型及特大型的锻模。5CrMnMo 钢以锰代镍，适于制造中型锻模。

常用压铸模具钢是 3Cr2W8V 钢，具有高的热硬性、高的抗热疲劳性。这种钢在 600~650℃下强度可达 R_m = 1000~1200MPa，淬透性也较好。

近些年来，铝镁合金压铸模用钢还可用铬系热作模具钢 4Cr5MoSiV 和 4Cr5MoSiV1，其中用 4Cr5MoSiV1 钢制作的铝合金压铸模具，寿命要高于 3Cr2W8V 钢。

（3）合金量具钢　合金量具钢是用于制造游标卡尺、千分尺、量块、塞规等测量工件尺寸的工具用钢。量具在使用过程中与工件接触，受到磨损与碰撞，因此要求工作部分应有高硬度（62~65HRC）、高耐磨性、高的尺寸稳定性及足够的强度和韧性，同时还要求热处理变形小等。

量具用钢没有专门钢种。对于形状简单、尺寸较小、精度要求不高的量具（如简单卡规、低精度量块等），可用碳素工具钢（T10A、T12A 等）制造；或用渗碳钢（20、15Cr 等）制造，并经渗碳淬火处理；或用中碳钢（50、60 钢等）制造，并经高频表面淬火处理。对于精度要求高或形状复杂的量具，一般用合金工具钢或滚动轴承钢（如 9SiCr、Cr2、CrWMn、GCr15 等）制造。

表 3-1-12 是量具用钢的选用实例及热处理方法。

表 3-1-12　量具用钢的选用实例及热处理方法

量具名称	选用钢号实例	热　处　理
形状简单、精度要求不高的量规、塞规等	T10A、T12A、9SiCr	淬火+低温回火
精度要求不高、耐冲击的卡板、平样板等	15、20、20Cr、15Cr	渗碳+淬火+低温回火
	50、60、65Mn	
高精度量块等	GCr15、Cr2、CrMn	淬火+低温回火
高精度、形状复杂的量规、量块等	CrWMn	淬火+低温回火

量具的最终热处理主要是淬火和低温回火，目的是获得高硬度和高耐磨性。对于精度要求高的量具，为保证尺寸稳定性，常在淬火后立即进行一次冷处理，以降低组织中的残留奥氏体量。在低温回火后还应进行一次稳定化处理（100~150℃、24~36h），以进一步稳定组织和尺寸，并消除淬火内应力。有时在磨削加工后，还要在 120~150℃保温 8h 进行二次稳定化处理，以消除磨削产生的残余内应力，从而进一步稳定尺寸。

6. 特殊性能钢

特殊性能钢是指具有特殊的物理、化学、力学性能，能在特殊的环境、工作条件下使用的钢。它主要包括不锈钢、耐热钢和耐磨钢。

（1）不锈钢　在腐蚀性介质中具有抗腐蚀能力的钢，一般称为不锈钢。铬是不锈钢获得耐蚀性的基本元素。按正火状态的组织可分为马氏体不锈钢、铁素体不锈钢和奥氏体不锈钢三大类。

常用不锈钢的类别、牌号、成分特点、性能和用途及实例见表3-1-13。

表3-1-13 常用不锈钢的类别、牌号、成分特点、性能和用途及实例

类别	成分特点	性能与用途	牌号	实例
奥氏体型	含碳量低（w_C<0.15%），w_{Cr}=15%～26%，w_{Ni}=6%～14%，常用的是18-8型不锈钢	有较好的塑性、韧性，良好的焊接性、冷变形性、耐蚀性和耐热性。用于制造在强腐蚀介质中工作的零件，也常做耐热钢用	06Cr19Ni10N	作硝酸、化工等工业设计结构用高强度零件
			12Cr18Ni9	生产硝酸、化肥等化工设备零件，建筑用装饰部件
			022Cr19Ni10N	作化学、化肥、化纤工业的耐蚀材料
铁素体型	含碳量低（w_C<0.12%），含铬量高（w_{Cr}=12%～30%），形成单相铁素体组织	有良好的耐蚀性。常用于制造化工设备、容器及管道	10Cr17	重油燃烧器部件，化工容器、管道，食品设备、家庭用具等
			008Cr30Mo2	与乙酸等有机酸有关的设备，制造苛性碱设备
马氏体型	含碳量有所提高（w_C=0.10%～1.04%），w_{Cr}=12%～14%，淬火后获得马氏体组织	有较高的强度和硬度，耐蚀性有所下降。用于制造力学性能要求较高的耐蚀零件	12Cr13	汽轮机叶片、阀、螺栓、螺母、日常生活用品等
			30Cr13	要求硬度较高的医疗工具、量具、不锈弹簧、阀门等
			14Cr17Ni2	要求较高强度的耐硝酸及有机酸腐蚀的零件、容器和设备

（2）耐热钢　耐热钢是抗氧化钢和热强钢的总称。钢的耐热性包括高温抗氧化性和高温强度两方面的综合性能。高温抗氧化性是指钢在高温下对氧化作用的抗力；而高温强度是指钢在高温下承受机械载荷的能力，即热强性。因此，耐热钢既要求高温抗氧化性能好，又要求高温强度高。

在钢中加入铬、硅、铝等合金元素，它们与氧亲和力大，优先被氧化，形成一层致密、完整、高熔点的氧化膜（Cr_2O_3、Fe_2SiO_4、Al_2O_3），牢固覆盖于钢的表面，可将金属与外界的高温氧化性气体隔绝，从而避免进一步被氧化。

钢铁材料在高温下除氧化外其强度也大大下降，为了提高钢的高温强度，在钢中加入铬、钼、锰、铌等元素，可提高钢的再结晶温度；在钢中加入钛、铌、钒、钨、钼以及铝、硼、氮等元素，形成弥散相来提高高温强度。

常用的耐热钢中，15CrMo钢是典型的锅炉用钢，可用于制造在500℃以下长期工作的零件，此钢虽然耐热性不高，但其工艺性能（如焊接性、压力加工性和切削加工性等）和物理性能（如导热性和热膨胀等性能）都较好。42Cr9Si2、40Cr10Si2Mo钢适用于650℃以下受动载荷的部件，如汽车发动机、柴油机的排气阀，故此两种钢又称为气阀钢。也可用作900℃以下的加热炉构件，如料盘、炉底板等。12Cr13、06Cr18Ni11Ti钢既是不锈钢又是良好的热强钢。12Cr13钢在450℃左右和06Cr18Ni11Ti钢在600℃左右都具有足够的热强性。06Cr18Ni11Ti钢的抗氧化能力可达850℃，是一种应用广泛的耐热钢，可用来制造高压锅炉的过热器、化工高压反应器等。

（3）耐磨钢　对耐磨钢的主要性能要求是很高的耐磨性和韧性。高锰钢能很好地满足这些要求，是目前最重要的耐磨钢。

耐磨钢高碳高锰，一般w_C=1.0%～1.3%，w_{Mn}=11%～14%，高碳可以提高耐磨性（过

高时韧性会下降，且易在高温下析出碳化物），高锰可以保证固溶化处理后获得单相奥氏体，单相奥氏体塑性、韧性很好，开始使用时硬度很低，耐磨性差，当工作中受到强烈的挤压、撞击、摩擦时，工件表面会迅速产生剧烈的加工硬化（加工硬化是指金属材料发生塑性变形时，随变形度的增大，所出现的金属强度和硬度显著提高，塑性和韧性明显下降的现象），并且还发生马氏体转变，使硬度显著提高，心部则仍保持为原来的高韧性状态。因此，这种钢具有很高的耐磨性和抗冲击能力。

但要指出，这种钢只有在强烈冲击和磨损下工作才显示出高的耐磨性，而在一般机器工作条件下高锰钢并不耐磨。

高锰钢用来制造在高压力、强冲击和剧烈摩擦条件下工作的耐磨零件，如坦克和矿山拖拉机履带板、破碎机颚板、挖掘机铲齿、铁道道岔及球磨机衬板等。ZGMn13 是较典型的高锰钢，应用最为广泛。

低合金钢和合金钢的成分特点、热处理、主要性能、典型牌号及用途见表 3-1-14。

表 3-1-14　低合金钢和合金钢的成分特点、热处理、主要性能、典型牌号及用途

类别	成分特点	热处理	主要性能	典型牌号	用途
低合金高强度结构钢	低碳低合金	一般不用	高强度、良好塑性和焊接性	Q345	桥梁、船舶等
低合金耐候性钢	低碳低合金	一般不用	良好的耐大气腐蚀能力	12MnCuCr	要求高耐候的结构件
合金调质钢	中碳合金	调质	良好的综合力学性能	40Cr	齿轮、轴等零件
合金渗碳钢	低碳合金	渗碳+淬火+低温回火	表面硬、耐磨，心部强而韧	20CrMnTi	齿轮、轴等耐磨性要求高且受冲击的重要零件
合金弹簧钢	高碳合金	淬火+中温回火	高的弹性极限	60Si2Mn	大尺寸重要弹簧
滚动轴承钢	高碳铬钢	淬火+低温回火	高硬度、高耐磨性	GCr15	滚动轴承元件
合金刃具钢	高碳低合金	淬火+低温回火	高硬度、高耐磨性	9SiCr	低速刃具，如丝锥、板牙等
冷作模具钢	高碳高铬	（1）淬火＋低温回火	（1）高硬度、高耐磨性	Cr12MoV	制作截面较大、形状复杂的各种冷作模具。采用二次硬化法的模具还适用于在 400～450℃ 条件下工作
		（2）高温淬火＋多次回火	（2）热硬性好、高硬耐磨		
热作模具钢	中碳合金	淬火+高温回火	较高的强度和韧性，良好的导热性、耐热疲劳性	5CrNiMo	500℃热作模具
高速工具钢	高碳高合金	高温淬火＋多次回火	高硬度、高耐磨性、好的热硬性	W18Cr4V	铣刀、拉刀等热硬性要求高的刃具、冷作模具
不锈钢	低碳高铬或低碳高铬高镍	（以奥氏体不锈钢为例）高温固溶处理	优良的耐蚀性、好的塑性和韧性	12Cr18Ni9	用作耐蚀性要求高及冷变形成形的受力不大的零件

（续）

类别	成分特点	热处理	主要性能	典型牌号	用　途
耐热钢	低中碳高铬或低中碳高铬高镍	（以铁素体耐热钢为例）800℃退火	具有高的抗氧化性	10Cr17	用作900℃以下耐氧化部件，如炉用部件、油喷嘴等
高锰耐磨钢	高碳高锰	高温水韧处理	在巨大压力和冲击下，才发生硬化	ZGMn13-3	高冲击耐磨零件，如坦克履带板等

3.1.4.3 铸铁

铸铁是 $w_C \geqslant 2.11\%$ 的铁碳合金，工业上常用的铸铁成分范围是：$w_C = 2.5\% \sim 4\%$，$w_{Si} = 1\% \sim 3\%$，$w_{Mn} = 0.5\% \sim 1.4\%$，$w_S = 0.02\% \sim 0.20\%$，$w_P = 0.01\% \sim 0.50\%$，为了提高铸铁的力学性能或物理、化学性能，还可加入一定量的合金元素，得到合金铸铁。可见，铸铁与钢的主要区别是铸铁的含碳和硅量较高，杂质元素 S、P 也较多。

一般铸铁成形只能用铸造方法，不能用锻压或轧制方法。与钢相比，铸铁的强度低，塑性、韧性差，但具有优良的铸造性能和切削加工性能，减振性、减摩性好，且价格低。所以，铸铁依然得到了普遍的应用。典型的应用是制造机床的床身，内燃机的气缸、气缸套和曲轴等。

铸铁的组织可以理解为在钢的组织基体上分布有不同形状、大小、数量的石墨。

1. 铸铁的特点与分类

在铁碳合金中，碳除了少部分固溶于铁素体和奥氏体外，以两种形式存在，即化合状态的渗碳体（Fe_3C）和游离状态的石墨（G）。石墨是碳的一种结晶形式，具有简单六方的晶格，其基面中的原子间距为 0.142nm，结合力较强，而两基面间距为 0.340nm，结合力弱，故石墨的基面很容易滑动，其强度、塑性和韧性极低，硬度仅为 3～5HBW，常以片状形态存在。石墨对铸铁的性能影响很大。在铸铁中，石墨既可由铸铁液相或奥氏体中析出，也可由先形成的渗碳体分解而成。铸铁中碳以石墨形式析出的过程称为石墨化。

按碳的存在形式，铸铁可分为下列几种：

1）白口铸铁。指碳以游离碳化物形式出现的铸铁，断口呈白色。因其硬度高、脆性大，难以切削加工，故很少直接用来制造机械零件。

2）灰口铸铁。指碳主要以石墨形式出现的铸铁，断口呈灰色。根据石墨形态不同，灰口铸铁又分为灰铸铁、球墨铸铁、可锻铸铁、蠕墨铸铁四种。

3）麻口铸铁。指碳部分以渗碳体、部分以石墨形式出现的铸铁，断口呈灰白色相间。因其硬度、脆性较大，工业上很少使用。

此外，为使铸铁获得耐磨、耐蚀、耐热等特殊性能，在铸铁中加入一些合金元素（如铬、铜、钛、铝、硼等），称为合金铸铁。

2. 常用铸铁（灰口铸铁）

灰口铸铁是常用的铸铁，根据碳在灰口铸铁中存在的形式及石墨的形态，可将灰口铸铁分为灰铸铁、球墨铸铁、可锻铸铁和蠕墨铸铁等。灰铸铁、球墨铸铁和蠕墨铸铁中的石墨都是自液态铁在结晶过程中获得的，而可锻铸铁中的石墨则是由白口铸铁通过在加热过程中石墨化获得的。

表 3-1-15 是常用铸铁的成分特点、热处理、主要性能、典型牌号及用途。

（1）灰铸铁　灰铸铁是指一定成分的铁液做简单的炉前处理，浇注后获得具有片状石墨的铸铁。这是生产工艺最简单、成本最低的铸铁，在工业生产中得到了最广泛的应用。在铸铁总产量中，灰铸铁占80%以上。

灰铸铁的力学性能主要取决于基体组织和石墨存在形式，灰铸铁中含有比钢更多的硅、锰等元素，这些元素可溶于铁素体而使基体强化，因此其基体的强度与硬度不低于相应的钢。但由于石墨的强度、塑性、韧性几乎为零，以片状形态分布在基体中起割裂、缩减作用，片状石墨的尖端处易产生应力集中，使灰铸铁的抗拉强度、塑性、韧性比钢低得多。

灰铸铁的抗压强度、硬度与耐磨性主要取决于基体，石墨的存在对其影响不大，故灰铸铁的抗压强度远高于抗拉强度（为3~4倍）。

表 3-1-15　常用铸铁的成分特点、热处理、组织结构、主要性能、典型牌号及用途

类别	成分特点	热处理	组织结构	主要性能	编号方法与典型牌号	用　途
灰铸铁	共晶点附近 $w_C=2.5\%\sim4.0\%$ $w_{Si}=1.0\%\sim3.0\%$	去应力退火；消除白口、降低硬度的退火；表面淬火	钢基体+片状G	抗拉强度、韧性远低于钢，抗压强度与钢相近，铸造性能好、减振、减摩等	牌号由HT（“灰铁”拼音的字首）与一组数字（表示最小抗拉强度值）组成 典型牌号：HT150	受力不大的零件，如底座、罩壳、刀架等
球墨铸铁	共晶点附近 $w_C=3.6\%\sim4.0\%$ $w_{Si}=2.0\%\sim2.8\%$	根据需要选用：退火、正火、调质处理、等温淬火	钢基体+球状G	力学性能远高于灰铸铁	牌号由QT（“球铁”拼音的字首）与两组数字组成，第一组数字代表最低抗拉强度值，第二组数字代表最低断后伸长率 典型牌号：QT600-3	载荷大、受力复杂的零件，如内燃机曲轴、齿轮等
可锻铸铁	亚共晶成分 $w_C=2.2\%\sim2.8\%$ $w_{Si}=1.2\%\sim1.8\%$	高温石墨化退火	钢基体+团絮状G	强度、韧性比灰铸铁高很多	牌号由“KTH”或“KTZ”（“KT”为“可锻”拼音的字首，“H”和“Z”分别为“黑”和“珠”的拼音字首）与两组数字组成，第一组数字表示最小抗拉强度值，第二组数字表示最小断后伸长率 典型牌号：KTZ450-06	载荷较大、薄壁类零件，如活塞环、轴套等
蠕墨铸铁	共晶点附近 $w_C=3.5\%\sim3.9\%$ $w_{Si}=2.2\%\sim2.8\%$	同灰铸铁	钢基体+蠕虫状G	介于灰铸铁和球墨铸铁之间	牌号由RuT（“蠕铁”拼音的字首）与一组数字表示。后面三位数字表示其最小抗拉强度值 典型牌号：RuT300	中等载荷零件，如排气管、气缸盖等

为了提高灰铸铁的力学性能，生产上常采用孕育处理，即在浇注前往铁液中加入少量孕育剂（硅铁或硅钙合金），使铁液在凝固时产生大量的人工晶核，从而获得细晶粒珠光体基体加上细小均匀分布的片状石墨的组织。经孕育处理后的铸铁具有较高的强度和硬度，具有断面缺口敏感性小的特点，因此孕育铸铁常作为力学性能要求较高，且断面尺寸变化大的大型铸件，如机床床身等。

灰铸铁具有良好的铸造性能、切削加工性、减摩性和减振性，铸铁对缺口敏感性较低。常用的灰铸铁牌号是HT150、HT200，前者主要用于机械制造业承受中等应力的一般铸件，如底座、刀架、阀体和水泵壳等；后者主要用于一般运输机械和机床中承受较大应力及较重要零件，如气缸体、缸盖、机座和床身等。

灰铸铁的热处理主要是：①消除铸造时产生的内应力的去应力退火；②消除白口组织，降低硬度，改善切削加工性的退火；③提高表面硬度和耐磨性的表面淬火。

（2）球墨铸铁　球墨铸铁是在铁液浇注前，加入一定量的球化剂（稀土镁合金等）和少量的孕育剂（硅铁或硅钙合金），凝固后得到呈球状石墨的铸铁。球墨铸铁是力学性能最好的铸铁，其应用日益增长。

球墨铸铁的化学成分与灰铸铁相比，其特点是碳、硅的质量分数高，而锰的质量分数较低，对硫和磷的限制较严，并含有一定量的稀土镁。球墨铸铁的组织是在钢的基体上分布着球状石墨。由于球墨铸铁中石墨呈球状，对金属基体的割裂作用较小，使球墨铸铁的抗拉强度、塑性和韧性、疲劳强度高于其他铸铁，但仍比钢差。球墨铸铁有一个突出优点是其屈强比较高，因此对于承受静载荷的零件，可用球墨铸铁代替铸钢。

球墨铸铁的力学性能比灰铸铁高，而成本却接近于灰铸铁，并保留了灰铸铁的优良铸造性能、切削加工性、减摩性和缺口不敏感性等。因此，它可代替部分钢制造较重要的零件，对实现以铁代钢、以铸代锻起重要的作用，具有较大的经济效益。

球墨铸铁的热处理与钢相似，常用的有以下几种：

1）退火。球墨铸铁退火分为去应力退火、低温退火和高温退火。目的是消除铸造内应力，获得铁素体基体，提高韧性和塑性。

2）正火。球墨铸铁正火分为高温正火和低温正火。目的是增加珠光体数量并提高其弥散度，提高强度和耐磨性。但正火后需回火，以消除正火内应力。

3）调质处理。目的是得到回火索氏体基体，获得较好的综合力学性能。

4）等温淬火。目的是获得下贝氏体基体，使其具有高硬度、高强度和较好的韧性。

（3）可锻铸铁　可锻铸铁是将白口铸铁通过石墨化或氧化脱碳退火处理，改变其金相组织或成分而获得的有较高韧性的铸铁。

可锻铸铁又俗称为马铁。可锻铸铁实际上是不能锻造的，其组织是钢的基体上分布着团絮状的石墨。由于石墨呈团絮状，对基体的割裂和尖口作用减轻，故可锻铸铁的强度、韧性比灰铸铁提高很多。

可锻铸铁的力学性能优于灰铸铁，并接近于同类基体的球墨铸铁。但与球墨铸铁相比，其具有铁液处理简易、质量稳定、废品率低等优点。故生产中，常用可锻铸铁制造一些截面较薄而形状较复杂、工作时受振动而强度、韧性要求较高的零件，如低压阀门、连杆、曲轴、齿轮等。因为这些零件若用灰铸铁制造，则不能满足力学性能要求；若用铸钢制造，则因其铸造性能较差，质量不易保证。可锻铸铁的典型牌号有KTH350-10、KTH450-06等。

（4）蠕墨铸铁　蠕墨铸铁是通过在一定成分铁液中加入适量的蠕化剂（稀土镁钛合金、稀土镁钙合金、镁钙合金等），再加孕育剂而生产制得的。

蠕墨铸铁是20世纪70年代发展起来的一种新型铸铁，因其石墨很像蠕虫而命名。蠕墨铸铁的力学性能介于相同基体组织的灰铸铁和球墨铸铁之间，它的抗拉强度、屈服强度、断后伸长率、疲劳强度均优于灰铸铁，接近于铁素体球墨铸铁；而铸造性能、减振能力、导热性、切削加工性均优于球墨铸铁，与灰铸铁相近。它在国内外日益引起重视，目前主要用于制造气缸盖、气缸套、钢锭模、液压件等铸件。蠕墨铸铁的缺点在于生产技术尚不成熟和成本偏高。

3. 合金铸铁

合金铸铁是指常规元素硅、锰高于普通铸铁规定含量或含有其他合金元素，具有较高力学性能或某些特殊性能的铸铁。主要有耐磨、耐热、耐蚀铸铁等，它们的特点、用途见表3-1-16。

表 3-1-16 合金铸铁种类、特点及用途

种类	耐磨铸铁	耐热铸铁	耐蚀铸铁
含义	指不易磨损的铸铁	指可以高温使用，其抗氧化或抗生长性能符合使用要求的铸铁	指能耐化学、电化学腐蚀的铸铁
特点	加入锰、磷、铬、钼、钨、铜、钛、钒、硼等元素，形成硬化相，提高耐磨性	加入硅、铝、铬等元素，在铸件表面形成致密的氧化物保护膜，提高耐热性	加入大量的硅、铝、铬、镍、钼、铜等元素，通过提高基体组织电极电位、形成单相基体加球状石墨、在表面形成致密保护膜等，提高耐蚀性
合金系或牌号举例	中锰铸铁（w_{Mn}=5%~95%，w_{Si}=33%~5%）；高铬铸铁（w_{Cr}=15%）；高磷铸铁（w_P=0.6%~0.8%）、磷铜钛铸铁、铬钼铜铸铁等。如 KmTBMn5W3、KmTBW5Cr4	RTCr16、RTSi5、RQT Si5、RQTA122 等	高硅（w_{Si}=14%~18%）耐蚀铸铁，如 STSi15、STSi11Cu2RE 等
用途	农机犁铧、耙片、机床导轨、气缸套等	炉底板、烟道挡板、炉条等加热炉附件	化工管道、容器、阀门、泵类等

3.1.4.4 非铁金属及其合金

非铁金属具有某些特殊的物理、化学和力学性能。如铝、镁、钛等合金密度小，强度高，具有优异的耐腐蚀性能；铜具有优良的导电、导热、耐蚀、抗磁等性能。因此，非铁金属及其合金也是现代工业生产中不可缺少的重要工程材料。

1. 铝及铝合金

纯铝的特点是密度小，导电、导热性好（仅次于银、铜），塑性好，在大气中表面会生成致密的 Al_2O_3 薄膜，耐大气腐蚀性好，但强度和硬度低。工业纯铝主要用于制作电线、电缆，配制各种铝合金以及制作要求质轻、导热或耐大气腐蚀但强度要求不高的器具。

向纯铝中加入硅、铜、镁、锌、锰等合金元素，即可制成力学性能较高的铝合金，广泛用于制造轻质零件。铝合金还可用变形或热处理方法，进一步提高其强度，故可作为结构材料制造承受一定载荷的结构零件。

铝合金可分为变形铝合金和铸造铝合金两类。变形铝合金又可分为硬铝、超硬铝、锻铝和防锈铝等。其中，防锈铝用于制造在液体中工作的零件，如油箱、油管、液体容器、防锈蒙皮；硬铝用于制造中等强度的零件，如飞机上的骨架、蒙皮、铆钉等；超硬铝用于制造高载荷的零件，如飞机上的大梁、桁条、加强框、起落架等；锻铝用于制造形状复杂和中等强度的锻件、冲压件以及内燃机活塞、叶轮，高温下工作的锻件。

铸造铝合金的力学性能不如形变铝合金，但其铸造性能好，可铸造形状复杂的零件毛坯。按主要加入的元素不同，铸造铝合金分为 Al-Si 系、Al-Cu 系、Al-Mg 系和 Al-Zn 系四类。Al-Si 系铸造铝合金又称硅铝明，是铸造铝合金中应用最广泛的一类，用于制造轻质、耐磨、形状复杂但强度要求不高的零件，如气缸体、变速箱体、风机叶片等；Al-Cu 系铸造铝合金主要用于制造高温度、高强度要求的零件，如增压器的导风叶轮、静叶片等；Al-Mg 系铸造铝合金主要用于制造在腐蚀介质中承受较大冲击力和外形不太复杂的铸件，如舰船和动力机械零件；Al-Zn 系铸造铝合金用于制造形状比较复杂的零件，如汽车、拖拉机发动机零件等。

2. 铜及铜合金

工业用纯铜含铜量高于 99.95%~99.7%，外观为紫红色，俗称紫铜。纯铜具有很高的导电性、导热性、耐蚀性和焊接性能，塑性很好，熔点较高，但强度低，广泛用于制作导电、导热和耐蚀器件。

铜合金按化学成分分为黄铜、青铜和白铜三大类。在机械工程中常用的是黄铜和青铜。铜与锌的合金称为黄铜。黄铜有较好的力学性能、工艺性和耐蚀性，用来制造螺钉、管接头和冲压件等。铜与除锌以外的元素所构成的合金统称为青铜，青铜可分为锡青铜和无锡为青铜。锡青铜的耐腐蚀性比纯铜和黄铜都高，特别是在大气、海水等环境中。耐磨性能也高，多用于制造轴瓦、轴套、蜗轮等耐磨性要求高的零件。无锡青铜是锡青铜的代用品，其价格低廉，而且强度较高、耐磨性及耐腐蚀性好，主要用来制造各种弹性元件、高强度零件、耐磨零件，如轴承、轴瓦、齿轮、摩擦片、蜗轮等。

3. 钛及其合金

钛及其合金具有重量轻、比强度高、良好的耐蚀性，还有很高的耐热性，实际应用的热强钛合金工作温度可达 400~500℃，因而钛及其合金已成为航空、航天、机械工程、化工、冶金工业中不可缺少的材料。但由于钛在高温中异常活泼，熔点高，熔炼、浇注工艺复杂且价格昂贵，成本较高，因此使用受到一定限制。

纯钛的焊接性能好、低温韧性好、强度低、塑性好，易于冷压力加工。

3.1.5 零件的选材与加工工艺分析

零件在工作中丧失或达不到预期的功能称为失效，这是机械使用中常见而又力求避免的现象。机械零件常见的三种失效形式及其原因如下：

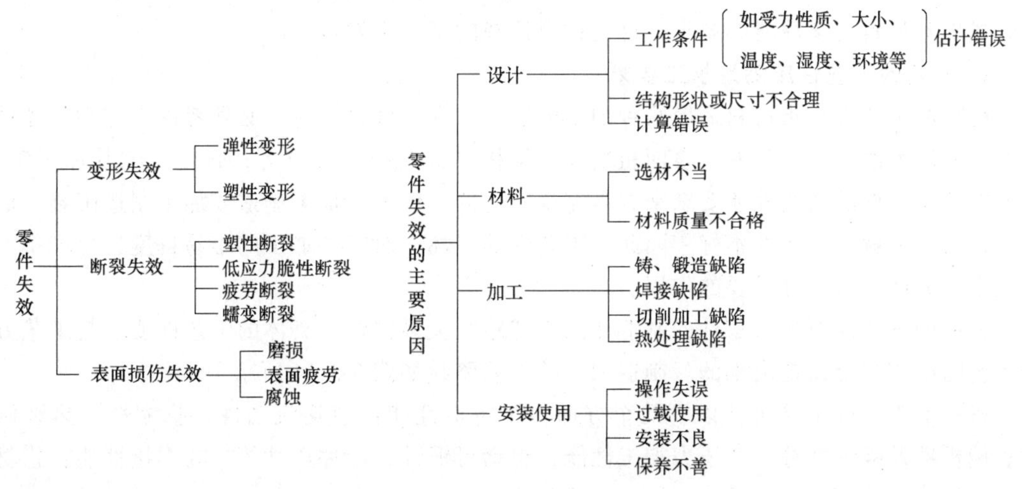

在机械零件设计和机械故障分析中，正确、合理地选用（或更换）零件材料及热处理工艺，对提高产品质量、降低成本有很重要的意义。

3.1.5.1 选材的一般原则

首先要满足零件的使用性能，同时要考虑材料的工艺性和经济性。

1. 材料的使用性能应满足零件的使用要求

使用性能是指零件在使用时所应具备的材料性能，包括力学性能、物理性能和化学性能。使用性能是保证零件工作安全可靠、经久耐用的必要条件。在大多数情况下，使用性能是选材首要考虑的问题，而一般的机械零件使用时又主要考虑其力学性能。基本思路是：零件工作条件（受力）分析→失效分析→确定主要性能指标→选材（确定材料化学成分）+制定热处理工艺→保证组织、结构→确保达到材料的主要性能。

表 3-1-17 列出了几种零件（工具）的工作条件、失效形式及要求的主要力学性能。

表 3-1-17 几种零件（工具）的工作条件、失效形式及要求的主要力学性能

零件(工具)	工作条件			常见失效形式	要求的主要力学性能
	应力种类	载荷性质	其　他		
紧固螺栓	拉、切应力	静	—	过量变形、断裂	屈服强度及抗剪强度、塑性
传动轴	弯、扭应力	循环、冲击	轴颈处摩擦、振动	疲劳断裂、过量变形、轴颈处磨损	综合力学性能、轴颈处硬度
传动齿轮	压、弯应力	循环、冲击	摩擦、振动	轮齿折断、齿面疲劳点蚀、磨损	表面高硬度及疲劳强度，心部较高屈服强度、韧性
弹簧	扭、弯应力	交变、冲击	振动	弹性丧失、疲劳断裂	弹性极限、屈强比、疲劳强度
油泵柱塞副	压应力	循环、冲击	摩擦、油的腐蚀	磨损	硬度、抗压强度
冷作模具	复杂应力	交变、冲击	强烈摩擦	磨损、脆断	硬度，足够的强度、韧性
压铸模	复杂应力	循环、冲击	高温度、摩擦、金属液腐蚀	热疲劳、脆断、磨损	高温强度、热疲劳强度、韧性与热硬性
滚动轴承	压应力	交变、冲击	滚动摩擦	疲劳断裂、磨损、接触疲劳点蚀	接触疲劳强度、硬度、耐蚀性、足够的韧性
曲轴	弯、扭应力	循环、冲击	轴颈摩擦	脆断、疲劳断裂、点蚀、磨损	疲劳强度、硬度、冲击疲劳强度、综合力学性能
连杆	拉、压应力	循环、冲击	—	脆断	抗压强度、冲击疲劳强度

从表 3-1-17 中可以看出，在设计机械零件和选材时，应根据零件的工作条件、失效形式，找出对材料力学性能的要求，这是材料选择的基本出发点。

2. 材料的工艺性应满足加工要求

材料的工艺性是指材料适应某种加工的能力。在零件设计时，必须考虑工艺性。零件图中所示的硬度值、尺寸公差、表面粗糙度、结构形式及技术要求等，直接影响其加工工艺。有些材料从零件的使用性能要求来看是完全合适的，但无法加工制造或加工制造困难，成本很高，实际上就是工艺性不好。因此，工艺性的好坏，对零件加工的难易程度、生产率、生产成本等方面起着十分重要的作用。

材料的工艺性要求与零件的制造加工工艺路线关系密切，具体的工艺性要求是工艺方法和工艺路线相结合而提出来的。制造加工的工艺路线如图 3-1-14 所示。

材料的工艺性主要包括以下几个方面。①铸造性能：包括流动性、收缩性、热裂倾向性、偏析性及吸气性等。②压力加工性能：包括可锻性、冷冲压性等。③焊接性能：指材料在一定焊接条件下获得优质焊接接头的难易程度，一般用焊接接头产生工艺缺陷（如裂纹、

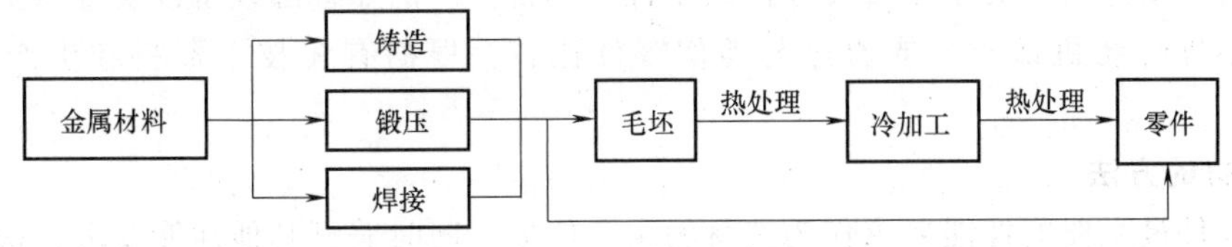

图 3-1-14　制造加工的工艺路线

气孔、脆性等）的敏感性及焊件对使用性能的满足程度来衡量。④切削加工性：指材料接受切削加工的能力，一般用切削抗力的大小、加工零件表面粗糙度值的大小、加工时切屑排除的难易程度和刀具寿命等来衡量。⑤热处理工艺性：包括淬透性、变形开裂倾向、过热敏感性、回火脆性倾向、氧化碳化倾向等，选材时应根据零件的热处理要求选择与热处理工艺相适应的材料。

3. 选材时还应充分考虑经济性

经济性原则是指所选用的材料加工成零件后，零件生产和使用的总成本最低，经济效益最好。经济性涉及材料的成本高低、材料的供应是否充足，加工工艺过程是否复杂，成品率的高低以及同一产品中使用材料的品种、规格等；同时，还要考虑零件在使用中的维修等附加成本。从经济性原则考虑，应尽可能选用价廉、货源充足、加工方便的材料，而且尽量减少所选材料的品种、规格。通常，在满足零件使用性能的前提下，尽量优先选用价廉的材料，如能用非合金钢的，不用合金钢；能用我国资源丰富的硅锰钢，就不用我国资源匮乏的铬镍钢等。表 3-1-18 列出了我国常用金属材料的相对价格。

表 3-1-18　我国常用金属材料的相对价格

材料	相对价格	材料	相对价格	材料	相对价格
碳素结构钢	1	滚动轴承钢	2.1~2.9	铬不锈钢	8
低合金高强度结构钢	1.2~1.7	合金弹簧钢	1.6~1.9	铬镍不锈钢	20
优质碳素结构钢	1.4~1.5	碳素工具钢	1.4~1.5	普通黄铜	13
易切削钢	2	低合金工具钢	2.4~3.7	球墨铸铁	2.4~2.9
合金结构钢	1.7~1.9	高合金工具钢	5.4~7.2		
铬镍合金结构钢	3	高速工具钢	13.5~15		

作为一个机械设计人员，在选材时必须了解我国工业发展趋势，按国家标准，结合我国资源和生产条件，从实际出发全面考虑各方面因素。

3.1.5.2　选材的基本过程与方法

1. 选材的基本过程

1）分析零件工作条件（主要是受力分析）、失效形式，确定零件要求的使用性能和工艺性能。特殊情况还需考虑物理、化学性能。

2）找出最关键的性能要求，通过力学计算或试验方法，确定零件应达到的力学性能判据。

3）根据零件的力学性能判据，结合材料工艺性、经济性，初步选择材料及相应的热处理工艺。

4）对关键零件或生产批量大的零件，投产前应进行装机试验。试验结果符合要求后，方可批量生产。若装机试验时零件失效，则要进行失效分析，找出失效原因，若属于材料问题，需进行重新选材。对于不重要零件或单件、小批生产的非标准设备以及维修中所用的材料，可以不进行装机试验，或通过与类似零件比较，根据有关技术资料和生产经验进行选材。

2. 选材的方法

应以零件最主要的性能要求作为选材的主要依据，同时兼顾其他性能要求，这是选材的基本要求。以下介绍几种常用结构件的选材方法。

1）以要求较高综合力学性能为主时的选材。在机械制造中有相当多的结构零件，如轴、杆、套类零件等，在工作时均不同程度地承受着静、动载荷的作用，其失效形式可能为变形失效和断裂失效，所以这类零件要求具有较高的强度和较好的塑性与韧性，即良好的综合力学性能。对于这类零件的选材，可根据其受力大小选用中碳钢或中碳合金钢，采用锻造成形，并进行调质或正火处理即可满足性能要求。有些零件也可选用球墨铸铁成形，并经正火或等温淬火处理后使用。或采用将低碳合金钢淬火成低碳马氏体的方法，也有很好的效果。

2）以疲劳强度为主时的选材。疲劳破坏是零件在交变应力作用下最常见的破坏形式，如发动机曲轴、齿轮、弹簧及滚动轴承等零件的失效，大多数是因疲劳破坏引起的，疲劳裂纹开始于受力最大的表层。因此，类似这种零件的选材，应主要考虑疲劳强度。实践证明，材料的抗拉强度越高，其疲劳强度也越高；在抗拉强度相同的条件下，调质后的组织比退火、正火后的组织具有更高的塑性和韧性，对应力集中的敏感性小，具有较高的疲劳强度。所以，对于承受较大载荷的零件应考虑选用淬透性较好的材料，并采用锻造毛坯，以便通过调质处理提高零件的疲劳强度。提高零件疲劳强度最有效的方法是进行表面处理，如选调质钢（或低淬透性钢）进行表面淬火，选渗碳钢进行渗碳淬火，选渗氮钢进行渗氮等。另外，改善零件的结构形状、避免应力集中、降低零件表面粗糙度值、采取表面强化（如喷丸或滚压），使表层产生残余压应力，可以部分抵消工作时产生的拉应力，从而提高零件的疲劳强度。此外，还可以对工件施加两种以上的化学热处理或配合其他热处理工艺（称为复合热处理），如对 GCr15 轴承零件进行渗氮后再加以整体淬火，可使表层获得较高的残余压应力，使轴承寿命提高。

3）以抗磨损为主时的选材。根据零件工作条件的不同可分为两种情况：一是磨损较大、受力较小的零件，其主要失效形式是磨损，故要求材料具有高的耐磨性。如钻套、各种量具、刀具、顶尖等，选用高碳钢或高碳合金钢，进行淬火和低温回火处理，获得高硬度的回火马氏体和碳化物组织，即能满足耐磨的要求。二是同时受磨损及循环交变应力、冲击载荷作用的零件，其主要失效形式是磨损、过量的变形与疲劳断裂（如传动齿轮、凸轮等），为使其表面有高的耐磨性并具有较高的疲劳强度，应选用能进行表面淬火、渗碳、渗氮等处理的钢材，经锻造成形和相应的热处理后，使零件具有“外硬内韧”的特性，既耐磨又能承受冲击，心部还能获得一定的综合力学性能。机床中的变速齿轮广泛采用中碳钢或中碳合金钢（如 45 钢或 40Cr）等，经正火或调质处理后再进行表面淬火可获得较高的表面硬度和较好的心部综合力学性能；而对于承受高冲击载荷和强烈磨损的汽车、拖拉机变速齿轮，则应采用合金渗碳钢（如 20CrMnTi、20MnVB）等，经渗碳后再进行淬火和低温回火处理，使表面具有高硬度的高碳马氏体和碳化物组织，同时具有高的耐磨性，而心部是低碳马氏体组织，具有高的强度和良好的塑性与韧性，能承受较大的冲击；对于工作时所受载荷不是很大，但对精度要求很高，要求硬度更高和耐磨性更好的重要零件，如高精度磨床主轴及镗床主轴、镗杆等，常选用专门的渗氮用钢（38CrMoAlA），对整体进行调质处理后，再对其表面进行渗氮热处理；对于在高应力、强烈的摩擦、高冲击载荷作用下的零件（如铁路道岔、坦克履带板等），不但要求材料具有高的耐磨性，还要具有很好的韧性，此时可选用高锰耐磨钢（ZGMn13）并进行相应的水韧处理来满足要求。

3.1.5.3 典型零件的选材及热处理工艺分析

常用机械零件按其形状特征和用途不同，主要分为轴类零件、套类零件、齿轮类零件和箱座类零件四大类。它们各自在机械上的重要程度、工作条件不同，对性能的要求也不同。因此，正确选择零件的材料种类和牌号、毛坯，合理安排零件的加工工艺路线，具有重要意义。

1. 轴类零件

轴类零件是回转体零件，其长度远大于直径，常见的有光滑轴、阶梯轴、凸轮轴和曲轴等。在机械设备中，轴类零件主要用来支承传动零件（如齿轮、带轮）和传递转矩，它是各种机械设备中重要的受力零件。

（1）轴类零件的工作条件、失效形式和性能要求

1）工作条件。

① 传递转矩，同时还承受交变扭转载荷与弯曲载荷。

② 多数轴会承受一定的过载，在高速运转过程中会产生振动而承受冲击载荷。

③ 轴与轴上零件有相对运动，相互间存在摩擦和磨损。

2）失效形式。

① 长期交变载荷下的疲劳断裂，这是轴最主要的失效形式。

② 大载荷或冲击载荷作用引起的过量变形、断裂。

③ 与其他零件相对运动时产生的过度磨损，主要是轴颈与花键部位。

3）性能要求。

①良好的综合力学性能（即强度和塑性、韧性良好配合），以防止过载断裂和冲击断裂。

②高的疲劳强度，以防止疲劳断裂。

③良好的耐磨性，以防止轴颈与花键等部位磨损。

（2）轴类零件的选材和热处理　轴类零件的选材主要考虑强度，同时兼顾韧性和表面耐磨性。强度既可保证承载能力、防止变形失效，又可保证抗疲劳性能。良好的韧性是为了防止过载和冲击断裂。制造轴类零件的材料主要是碳素结构钢和合金结构钢。具体应根据其工作条件及技术要求来确定。

1）对于轻载、低速、不重要的轴，可选用 Q235、Q255、Q275 等普通碳钢，这类钢通常不进行热处理。

2）对于受中等载荷、转速不高、冲击与交变载荷较小、精度要求不高的轴类零件，常用优质碳素结构钢，如 35、45、50 钢等，其中 45 钢应用最多。为改善其力学性能，一般需进行正火、调质处理，为提高轴表面的耐磨性，还可进行表面淬火及低温回火。

3）对于受较大载荷、转速较高、冲击与交变载荷较大或要求精度高的轴，以及在高、低温等恶劣条件下工作的轴，应选用合金钢。常用的有 20Cr、40MnB、40Cr、40CrNi、

20CrMnTi、12CrNi3、38CrMoAl、9Mn2V、GCr15 等。依据合金钢的种类及轴的性能要求，应采用适当的热处理，如调质、表面淬火、渗碳、渗氮等，以充分发挥合金钢的性能潜力。

此外，承受弯曲载荷和扭转载荷的轴类，应力分布是由表面向中心递减的，不必用淬透性很高的钢种。承受拉、压载荷的轴类，应力沿轴的截面均匀分布，应选用淬透性较高的钢。

近年来，球墨铸铁和高强度铸铁已越来越多地作为制造轴的材料，如汽车发动机的曲轴、普通机床的主轴等都可以用铸铁材料制造。其热处理方法主要是退火、正火及表面淬火等。

（3）轴类零件选材举例　下面以图 3-1-15 所示的车床主轴简图为例进行分析。

1）该主轴用于传递动力和运动及承受车削加工时的切削力。工作时主要受交变的弯曲应力与扭转应力，但承受的应力与转速不高，有时受到冲击载荷作用，故要求主轴应具有足够的强度、刚度和一定的韧性，即良好的综合力学性能。

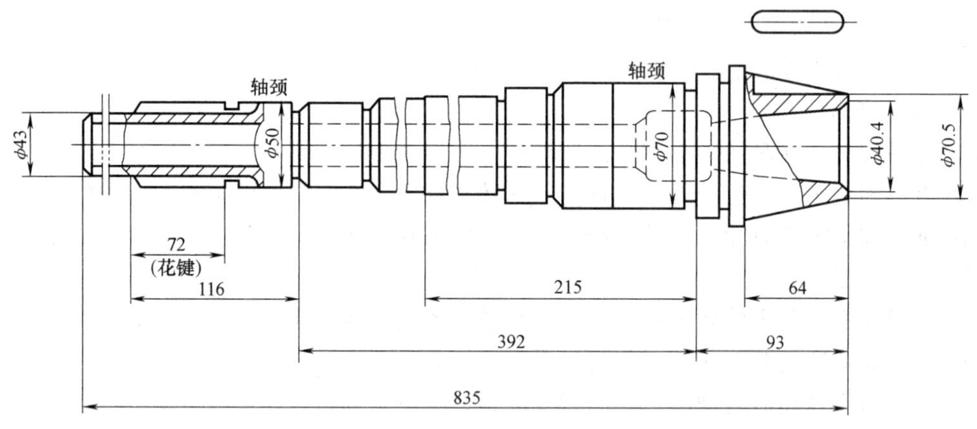

图 3-1-15　车床主轴简图

2）主轴大端内锥孔和锥度外圆，经常与卡盘、顶尖和刀具锥体有相对摩擦；花键部分与齿轮经常有磕碰或相对滑动，为了保证装配精度要求，故这些部位要求有较高的硬度与耐磨性。一般地，机床主轴上该部位的硬度应在 45HRC 以上，高精度机床应提高到 56HRC。

3）该主轴在滚动轴承中运转，工作条件比较好，轴颈部分在与滚动轴承相配合时，因摩擦已转移给滚珠与套圈，轴颈与轴承不发生摩擦，故轴颈部位没有耐磨要求，不需特别高的硬度，一般为 220~250HBW 即可。（如果与滑动轴承配合，轴颈和轴瓦直接摩擦，则耐磨性要求较高，轴颈处的硬度应提高到 52HRC 以上。）

根据上述主轴的工作条件和性能要求，确定主轴材料选择 45 钢。整体调质处理，硬度为 220~250HBW，强度可达 R_m=682MPa；锥孔和外锥体局部淬火，硬度为 45~50HRC；花键部位高频感应淬火，硬度为 48~53HRC。

45 钢虽淬透性较差，但由于主轴工作时最大应力分布在表层，同时主轴设计时，往往因刚度与结构的需要已加大了轴径，强度安全系数较高。又因在粗车后，轴的形状较简单，在调质淬火时一般不会有开裂的危险。因此，不必选用合金调质钢，而可采用价廉、可锻性与切削加工性皆好的45钢。

该主轴的加工工艺路线为：下料→锻造→正火→粗加工→调质→半精加工（花键除外）→锥孔及外锥体的局部淬火+低温回火→粗磨（外圆、外锥体、锥孔）→铣花键→花键处高频感应淬火+低温回火→精磨（外圆、锥孔及外锥体）。

热处理的作用：

1）正火——主要是为了消除毛坯的锻造应力，降低硬度以改善切削加工性；均匀组织，细化晶粒，为调质处理做组织准备。

2）调质——主要是使主轴具有良好的综合力学性能。

3）淬火+回火——主要是为了使锥孔、外锥体及花键部分获得所要求的硬度。锥孔和外锥体部分可用盐浴快速加热并水淬；花键部分用高频感应淬火，以减少变形。

为了减少变形，锥部淬火应与花键淬火分开进行，并且锥部淬火、回火后，需用磨削纠正淬火变形。然后再进行花键的加工与淬火。最后用精磨消除总的变形，从而保证主轴的装配质量。

2. 齿轮类零件

齿轮是各类机械中的重要传动零件，主要用来传递转矩、变速或改变传动方向。齿轮的工作条件较复杂，但大多数重要齿轮仍有共同特点。

（1）齿轮的工作条件、失效形式和性能要求

1）工作条件。

① 由于传递转矩，齿根承受较大的交变弯曲应力。

② 齿的表面承受较大的接触应力，在工作中相互滚动和滑动，表面受到强烈的摩擦和磨损。

③ 由于换档、起动或啮合不良，轮齿会受到冲击。

2）主要失效形式。

① 轮齿断裂。其中多数为疲劳断裂。主要是由于轮齿根部所受的弯曲应力超过了材料的抗弯强度而引起的。而过载断裂是由于短时过载或冲击过载而引起的，多发生在硬齿面齿轮或韧性不足的材料制造的齿轮中。

② 表面疲劳磨损（点蚀）。在交变接触应力作用下，齿面产生微裂纹，微裂纹的扩展易引起齿面点状剥落。

③ 齿面磨损。由于齿面接触区摩擦，使齿厚变小。

④ 齿面塑性变形。主要因齿轮强度不足和齿面硬度较低，在低速重载和起动、过载频繁的传动齿轮中容易产生。

3）主要性能要求。

① 齿面有高的硬度和耐磨性。

② 齿面具有高的接触疲劳强度和齿根具有高的弯曲疲劳强度。

③ 轮齿心部要有足够的强度和韧性。

（2）齿轮的选材和热处理　齿轮用材绝大多数是钢（锻钢与铸钢），某些开式传动的低速轻载齿轮可用铸铁，特殊情况下还可采用非铁金属及工程塑料等。

1）钢制齿轮。

① 轻载、低速或中速、冲击载荷小、精度要求较低的一般齿轮，通常选用中碳钢，如

Q255、Q275、40、45、50、50Mn 等，热处理常用正火或调质，正火硬度为 160～200HBW，调质硬度一般为 200～280HBW。其工艺简单、成本较低，但承载能力不高，主要应用于减速箱齿轮，冶金机械、机床和重型机械中的一些次要齿轮。

② 中载、中速、受一定冲击载荷、运动较为平稳的齿轮，选用中碳钢或合金调质钢，如 45、50Mn、40Cr、42SiMn 等。采用高频表面淬火及低温回火，齿面硬度可达 50～55HRC，心部保持原正火或调质状态，具有较好的韧性。机床中大多数齿轮就是这种类型的齿轮。

③ 重载、高速或中速且承受较大冲击载荷的齿轮，选用低碳合金渗碳钢或碳氮共渗钢，如 20CrMnTi、20MnVB、20CrMo、18Cr2Ni4WA 等。其热处理是渗碳、淬火、低温回火，齿轮表面硬度为 58～63HRC。因淬透性较高，齿轮心部可获得较高的强度和韧性。这种齿轮的表面耐磨性、抗接触疲劳强度、抗弯强度及心部抗冲击能力都比表面淬火的齿轮高。它主要适用于汽车、拖拉机变速器和后桥中的齿轮。

④ 精密传动齿轮或磨齿有困难的硬齿面齿轮（如内齿轮），要求精度高，热处理变形小，宜采用渗氮钢，如 35CrMo、38CrMoAl 等。热处理为调质及渗氮处理，渗氮后齿面硬度高达 850～1200HV，热稳定性好，并具有一定的耐蚀性。但硬化层较薄，不耐冲击，故不适于载荷频繁变化的重载齿轮，而多用于载荷平稳、润滑良好的精密传动齿轮或磨齿困难的内齿轮。

2）铸钢齿轮。某些尺寸较大（如 400～600mm）、形状复杂并承受一定冲击的齿轮，如起重机齿轮，其毛坯用锻造难以成形时，需要采用铸钢。常用碳素铸钢有 ZG35、ZG45、ZG55 等。载荷较大的齿轮采用合金铸钢，如 ZG40Cr、ZG35CrMo、ZG42MnSi 等。一般要求不高、转速较低的铸钢齿轮可以在退火或正火状态下使用；耐磨性要求高的，可再进行表面淬火。

3）铸铁齿轮。一般开式传动齿轮多用灰铸铁制造，由于石墨的润滑作用，其减摩性较好，不易胶合，且切削加工性能好，成本低。但抗弯强度低、较脆，不能承受冲击。它只适于制造轻载、低速、不受冲击且精度要求不高的齿轮。常用的灰铸铁有 HT200、HT250、HT300 等。

在闭式齿轮传动中，可用球墨铸铁（如 QT600-3、QT450-10、QT400-15 等）代替铸钢，用于冲击载荷较小的场合。

4）非铁金属材料齿轮。在仪器、仪表及有腐蚀性介质中工作的轻载齿轮，常选用耐磨、耐蚀的非铁金属来制造，如黄铜、铝青铜、锡青铜、硅青铜等。

5）工程塑料齿轮。采用尼龙、ABS、聚甲醛等塑料制造的齿轮具有摩擦系数小、减振性好、噪声小、重量轻、耐腐蚀等一系列性能优点，但其弹性模量低，强度、硬度不高，使用温度受到一定限制。所以，工程塑料齿轮主要用于制造在轻载、低速、耐蚀、无润滑和少润滑条件下工作的齿轮，如仪表齿轮、无声齿轮等。

（3）齿轮类零件选材举例

1）机床齿轮。图 3-1-16 所示为卧式车床主轴箱的滑移齿轮。通过拨动主轴箱外手柄使该齿轮在轴上滑移，利用与不同齿数的齿轮啮合，可获得不同转速。该齿轮工作时受力不大，转速中等，工作较平稳且无强烈冲击，工作条件较好。

性能要求：对齿面和心部的强度、韧性要求均不太高；齿轮心部硬度为 220～250HBW，齿面硬度为 45~50HRC。

适用材料：根据齿轮的工作条件和性能要求，该齿轮材料选 45 钢或 40Cr、40MnB 为宜。

工艺路线：齿轮毛坯采用锻件时，其加工工艺路线一般为：下料→锻造→正火→粗加工→调质→精加工→齿部表面淬火+低温回火→精磨。

热处理的作用：

① 正火——消除锻造应力，细化和均匀组织，使同批坯料硬度相同，利于切削加工。

② 调质——提高齿轮心部的综合力学性能，以承受较大的交变弯曲应力和冲击载荷，并减少感应淬火变形。

③ 感应淬火——提高齿面硬度、耐磨性及疲劳强度。

④ 低温回火——消除淬火应力，提高抗冲击能力，防止产生磨削裂纹。

2）汽车变速器齿轮。图 3-1-17 是某载货汽车变速器齿轮简图。

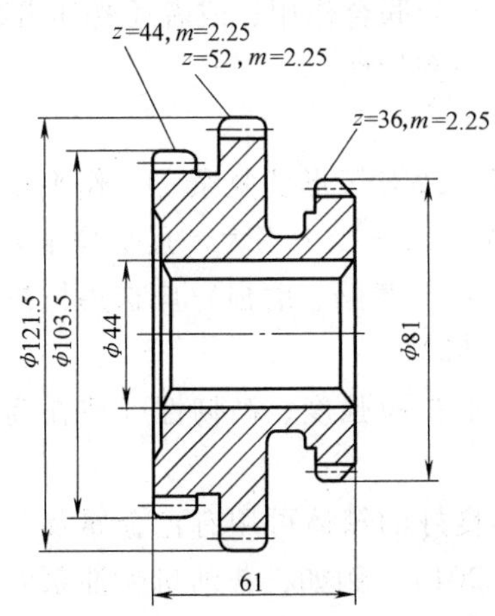

图 3-1-16 卧式车床主轴箱的滑移齿轮

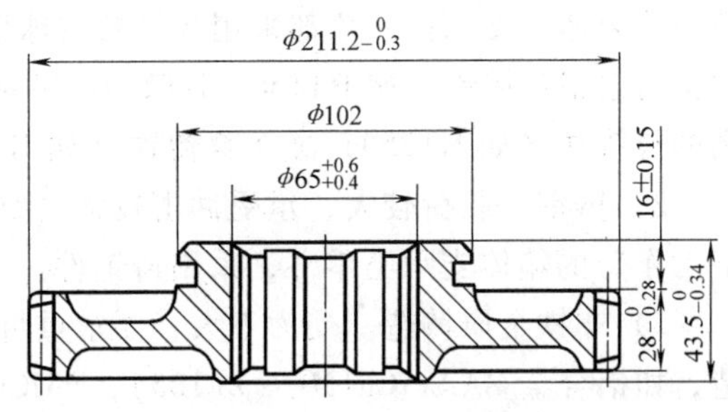

图 3-1-17 变速器齿轮简图

工作条件：工作过程中，承受着较高的载荷，齿面受到很大的交变或脉动接触应力及摩擦力，齿根受到很大的交变或脉动弯曲应力，尤其是在汽车起动、爬坡行驶时，还受到变动的大载荷和强烈的冲击。

性能要求：要求齿轮表面有较高的耐磨性和疲劳强度，心部保持较高的强度与韧性，要求根部 R_m>1000MPa，a_K>60J/cm^2，齿面硬度为 58~62HRC，心部硬度为 30~45HRC。

适用材料：根据齿轮的工作条件和性能要求，确定该齿轮材料为 20CrMnTi 或 20MnVB。

该齿轮的加工工艺路线为：下料→锻造→正火→粗、半精切削加工（内孔及端面留余量）→渗碳（内孔防渗）、淬火、低温回火→喷丸→推拉内花键→磨端面→磨齿→最终检验。

热处理的作用：

① 正火——主要是为了消除毛坯的锻造应力，获得良好的切削加工性能；均匀组织，细化晶粒，为以后的热处理做组织上的准备。

② 渗碳——为了提高齿轮表面的含碳量，以保证淬火后得到高硬度和良好耐磨性的高碳马氏体组织。

③ 淬火——为了使齿轮表面有高硬度，同时使心部获得足够的强度和韧性。由于

20CrMnTi是细晶粒合金渗碳钢，故可在渗碳后经预冷直接淬火，也可采用等温淬火以减小齿轮的变形。

工艺路线中的喷丸处理，不仅可以清除齿轮表面的氧化皮，而且是一项可使齿面形成压应力，提高其疲劳强度的强化工序。

3. 箱座类零件

这类零件包括各种机械设备的机身、底座、支架、横梁、工作台，以及齿轮箱、轴承座、阀体、进给箱、变速箱体等。

由于箱体大都结构复杂，一般多用铸造的方法生产出来，故几乎所有的箱体都是铸造出来的。

（1）箱座类零件的结构与工作特点

1）结构复杂，有不规则的外形和内腔，且壁厚不均。

2）基础零件如机身、底座等，以承压为主，并要求有较好的刚度和减振性。

3）有的机身、支架往往同时承受压、拉和弯曲应力的联合作用，或者还受冲击载荷。

4）箱体零件一般受力不大，但要求有良好的刚度和密封性。

（2）箱座类零件的选材和热处理

1）铸铁。因铸造性能好、价格便宜、消振性能好，故对于形状复杂、工作平稳、中等载荷的箱体及支承件一般都采用灰铸铁或球墨铸铁制作。对于受力不大，且受静压力，不受冲击的选用灰铸铁，如HT150、HT200；相对运动件（存在摩擦、磨损）应选用抗拉强度较高的灰铸铁（如HT250）或孕育铸铁（如HT300、HT350）。

2）铸钢。载荷较大、承受冲击较强，要求具有高的抗拉强度、高韧性（或在高温高压下工作）的箱体支承类零件，采用铸钢件。

3）非铁金属铸造。受力不大，要求重量轻、散热良好的箱体可用有色金属及其合金制造，如铝合金ZAlSi5Cu1Mg（ZL105）、ZAlCu5Mn（ZL201）。例如，柴油机喷油泵壳体及飞机发动机上的箱体多采用铸造铝合金生产。

4）工程塑料。受力很小，要求自重轻、耐腐蚀等，可考虑选用ABS塑料、有机玻璃、尼龙。

5）型材焊接。体积及载荷较大、结构形状简单、生产批量较小的箱体，为了减轻重量也可采用各种低碳钢型材拼制成焊接件。常用钢材为焊接性能优良的Q235、20、Q345等。

如选用铸钢件，为了消除粗晶组织、偏析及铸造应力，对铸钢件应进行完全退火或正火；对铸铁件一般要进行去应力退火或时效处理，以消除铸造过程中形成的较大的内应力；对铝合金铸件，应根据成分不同，进行退火或淬火时效处理。

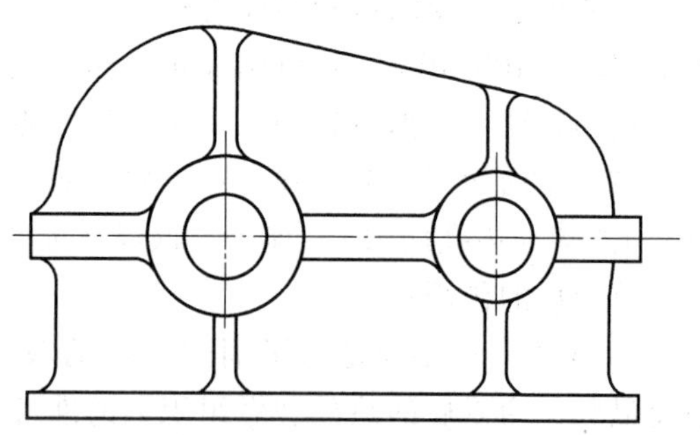
图3-1-18　单级齿轮减速器箱体简图

（3）箱座类零件选材举例　图3-1-18为单级齿轮减速器箱体简图。由图可以看出，其上有两对精度较高的轴承孔，形状复杂。该箱体要求有较好的刚度、减振性和密封性，轴承孔承受载荷较大，故该箱体材料选用HT250，采用铸造成形，铸造后应进行去应力退火。单件生产也可用焊接件。

该箱体的加工工艺路线为：铸造毛坯→去应力退火→划线→切削加工。其中，去应力退火是为了消除铸造内应力，稳定尺寸，减少箱体在加工和使用过程中的变形。

以上各类零件的选材，只能作为机械零件选材时进行类比的参照。其中不少是长期经验积累的结果。经验固然很重要，但若只凭经验是不能得到最好的效果的。在具体选材时，还要参考有关的机械设计手册、工程材料手册，结合实际情况进行初选，重要零件在初选后，需进行强度计算校核，确定零件尺寸后，还需审查所选材料淬透性是否符合要求，并确定热处理技术条件。目前比较好的方法是，根据零件的工作条件和失效形式，对零件可选用的材料进行定量分析，然后参考有关经验做出选材的最后决定。

[任务实施]

根据前面项目任务描述中减速器（图 3-0-1）上各零件的受力状况和使用要求，选择适合的材料及热处理方式。具体实施结果见表 3-1-19。

表 3-1-19 单级齿轮减速器部分零件的材料和毛坯选择

零件序号	零件名称	受力状况和使用记录	毛坯类别和制造方法		材料及热处理
			单件、小批	大批	
1	窥视孔盖	观察箱内情况及加油	钢板下料或铸铁件	冲压件或铸铁件	钢板：Q235A，铸铁件：HT150，冲压件：08
2	箱盖	是传动零件的支承件和包容件，结构复杂，箱体承受压力，要求有良好的刚性、减振性和密封性	铸铁件（手工造型）或焊接件（焊条电弧焊）	铸铁件（机器造型）	铸铁件：HT150 或 HT200，退火消除应力；焊接件：Q235A
6	箱体				
3	螺栓	用于固定箱体和箱盖，受纵向（轴向）拉应力和横向剪应力	镦、挤件（标准件）		Q235A
4	螺母				
5	弹簧垫圈	防止螺栓松动	冲压件（标准件）		60Mn，淬火+中温回火
7	调整环	调整轴和齿轮轴的轴向位置	圆钢车制	冲压件	圆钢：Q235A，冲压件：08
8	端盖	防止轴承窜动	铸铁件（手工造型）或圆钢车制	铸铁件（机器造型）	铸铁件：HT150，圆钢：Q235A
9	齿轮轴	是重要的传动零件，轴杆部分受弯矩和扭矩的联合作用，应有较好的综合力学性能；齿轮部分的接触应力和弯曲应力较大，应有良好的耐磨性和较高的强度	锻件（自由锻或胎模锻）或圆钢车制	模锻件	45 钢，调质处理
12	轴	是重要的传动零件，受弯矩和扭矩联合作用，应有较好的综合力学性能			
13	齿轮	是重要的传动零件，齿轮部分有较大的弯曲应力和接触应力			

（续）

序号	零件名称	受力状况和使用记录	毛坯类别和制造方法		材料及热处理
			单件、小批	大批	
10	挡油盘	防止箱内机油进入轴承	圆钢车制	冲压件	圆钢：Q235A，冲压件：08
11	滚动轴承	受径向和轴向压应力，要求有较高的强度和耐磨性	标准件，内外环用扩孔锻造，滚珠用螺旋斜轧；保持器为冲压件		内外环及滚珠：GCr15，淬火+低温回火；保持器：08

［自我评估］

1. 对自行车鞍座弹簧进行选材时，应涉及材料的哪些主要性能指标？

2. 工程实际中，为什么零件设计图或工艺卡上一般是提出硬度技术要求而不是强度、塑性值或其他力学性能指标？

3. 图 3-1-19 所示为三种不同材料的拉伸曲线（试样尺寸相同），试比较这三种材料的抗拉强度、屈服强度和塑性大小，并指出屈服强度的确定方法。

4. 由低碳钢做成的原直径为 10mm 的圆形短试样经拉伸试验，在试验力为 21100N 时屈服，试样断裂前的最大试验力为 34500N，拉断后长度为 65mm，断裂处最小直径为 6mm，试计算 R_{eL}、R_m、A_5、Z。

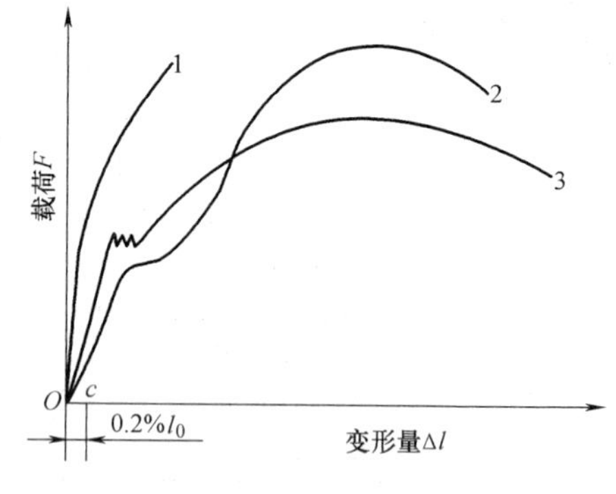

图 3-1-19　题 3 图

5. 螺杆与螺母配合使用，两者硬度一样吗？如不同，哪个高些？为什么？

6. 甲、乙、丙、丁四种材料的硬度分别为 45HRC、90HRA、800HV、240HBW，试比较这四种材料硬度的高低。

7. 下列说法是否正确？为什么？

（1）机械在运行中各零件都承受外加载荷，材料强度高的不会变形，材料强度低的就会变形。

（2）材料的强度高，其硬度就高，耐磨性也就好。

（3）强度高的材料，塑性都低；弹性极限高的材料，所产生的弹性变形大。

8. 分析下列现象属于什么性能不符合要求。

（1）紧固螺栓使用后变形伸长。

（2）某轴段磨损速度极快。

（3）某杆状零件使用时发生突然断裂现象。

9. 根据 $Fe\text{-}Fe_3C$ 相图，说明下列现象的原因：

（1）$w_C=1.2\%$的钢比 $w_C=0.45\%$的钢硬度高，但比 $w_C=0.8\%$的钢强度低。

（2）钢适用于压力加工成形，而铸铁适用于铸造成形。

（3）加热到 1100℃时，$w_C=0.4\%$的钢能进行锻造，$w_C=4\%$的铸铁不能进行锻造。

（4）钢铆钉一般用低碳钢制成。

（5）在相同条件下，$w_C=0.1\%$的钢切削后，其表面粗糙度值不如 $w_C=0.45\%$的钢低。

（6）钳工锯高碳成分（$w_C \geqslant 0.77\%$）的钢材比锯低碳成分（$w_C \leqslant 0.2\%$）的钢材费力，锯条容易磨损。

（7）绑扎物一般用铁丝（镀锌低碳钢丝），而起重机吊重物用钢丝绳需用60、65、70、75等高碳钢。

10. 在平衡条件下，45钢、T8钢、T12钢的硬度、强度、塑性、韧性哪个大，哪个小？变化规律是什么？原因何在？

11. 仓库内存放的两种同规格钢材，其碳的质量分数分别为：$w_C = 0.45\%$，$w_C = 0.8\%$，因管理不当混合在一起，试提出两种以上方法加以鉴别。

12. 生产中如何选择正火与退火？为什么中、低碳钢的预备热处理多采用正火，而高碳钢多采用球化退火？

13. 为什么淬火钢均应回火？回火温度与力学性能的关系如何？

14. 试为以下钢件选择预备热处理工艺：

（1）20CrMnTi汽车变速器齿轮锻造毛坯（晶粒粗大）。

（2）钢锉刀用T12钢热轧钢板锻造毛坯，锻造后有网状渗碳体。

（3）T10钢毛坯改善切削加工性和热处理工艺性能。

（4）改善45钢的表面粗糙度。

15. 下列工件淬火后，各适合于采取哪种回火？为什么？

汽车板弹簧、T10钢制的车刀、曲轴、减振弹簧、滚动轴承、连杆螺栓。

16. 45钢经调质处理后要求硬度为217~255HBW。

（1）热处理后发现硬度值为285~320HBW，问能否依靠减慢回火时的冷却速度使其硬度降低？

（2）若热处理后硬度值为185~220HBW，该怎么办？

17. 用9SiCr钢制成圆板牙，其工艺路线为：锻造→球化退火→机械加工→淬火+低温回火→磨平面→开槽加工。试分析球化退火、淬火及低温回火的目的及大致工艺参数。

18. 现有一批螺钉，原定由35钢制成，要求其头部热处理后硬度为35~40HRC。现材料中混入了T10钢和10钢。试问由T10钢和10钢制成的螺钉，若仍按35钢进行热处理（淬火、回火），能否达到要求？为什么？

19. 比较表面淬火、渗碳淬火和气体渗氮的异同点。

20. 甲、乙两厂生产同一批零件，材料均选用45钢，硬度要求为220~250HBW，其中甲厂采用正火，乙厂采用调质，都达到了硬度要求。试分析甲、乙两厂产品的性能差别。

21. 与碳钢相比，合金钢有何优缺点？为什么比较大截面的结构零件如重型运输机械和矿山机械的轴类、大型发电机转子等都必须用合金钢制造？

22. 合金钢按用途如何分类？各类合金钢的牌号又是如何表示的？分别用在哪些方面？

23. 合金渗碳钢、合金调质钢、合金弹簧钢的含碳量和热处理方式有何不同？为什么？分别用在哪些零件上？

24. 一般刃具钢要求具有什么性能？为什么合金刃具钢9SiCr制造的刃具比T9钢制造的刃具使用寿命长？

25. 对量具钢有何要求？量具通常采用何种最终热处理工艺？

26. 说明下列钢号属于哪一类钢？钢号的具体含义是什么？举例说明其主要用途。

材料：9Cr2；ZG310-570；20CrMnTi；W9Mo3Cr4V；50CrVA；18Cr2Ni4WA；40Cr；GCr9；15Cr；Q255A；T7A；Q345；60Si2CrVA；30CrMnSi；08F；GCr15SiMn；35；T13；ZG200-400；38CrMoAlA；CrWMn；Q195。

27. 指出下列零件应采用上题所给材料中的哪一种材料，若需要热处理，请确定热处理方法。

零件：普通机床地脚螺栓、压力容器、减速器轴、发动机连杆螺栓、镗床镗杆、汽车变速器齿轮、车辆缓冲弹簧、滚动轴承外圈、手轮、犁柱、手工锯条、高速粗车铸铁的车刀、钳工用丝锥、热锻模、冷冲模、汽轮机叶片、医疗手术刀、加热炉底板、坦克履带板、车床丝杠螺母、电风扇机壳、贮酸槽。

28. 下列零件与工具，由于管理不善，造成钢材错用，试问使用过程中会出现哪些问题？

（1）把 20 钢当作 60 钢制造弹簧。

（2）把 Q235B 钢当作 45 钢制造变速齿轮。

（3）把 30 钢当作 T7 钢制成大锤。

29. 为什么滚动轴承钢要有高的含碳量？滚动轴承钢常含哪些合金元素？它们起什么作用？

30. 什么是不锈钢？什么是耐热钢？其钢号及用途各举一两例。

31. 现有形状、尺寸完全相同的白口铸铁、灰铸铁、低碳钢各一块，用什么简便方法可将它们迅速区分开？

32. 铸铁与钢相比有何优缺点？机床的床身、床脚和箱体为什么大都采用灰铸铁铸造？能否用钢板焊接制造？试将两者的使用性和经济性做简要比较。

33. 球墨铸铁与灰铸铁相比有何优缺点？可锻铸铁和球墨铸铁，哪种适宜制造薄壁铸件？为什么？

34. 生产中出现下列不正常现象，应采取什么措施予以防止或改善？

（1）灰铸铁精密床身铸造后立即进行切削，在切削加工后发现变形量超差。

（2）灰铸铁件薄壁处出现白口组织，造成切削加工困难。

35. 下列说法是否正确？为什么？

（1）采用球化退火可获得球墨铸铁。

（2）可锻铸铁可锻造加工。

（3）白口铸铁硬度高，故可作为刀具材料。

（4）灰铸铁不能淬火。

36. 下列工件宜选用何种合金铸铁制造？

磨床导轨、高温加热炉底板、犁铧、硝酸盛储器。

37. 常用非铁金属有哪些？它们的性能和用途如何？

38. 一般机械零件的失效形式有哪几种？合理选材的一般原则是什么？

39. 试为下列齿轮选材，并确定热处理方式：

（1）不需润滑的低速无冲击齿轮，如打稻机的传动齿轮。

（2）尺寸较大、形状复杂的低速中载齿轮。

（3）受力较小，要求有一定耐蚀性的轻载齿轮，如钟表齿轮。

（4）当齿轮承受较大的载荷和冲击力，要求坚硬的齿面和强韧的心部时。

（5）在缺少磨齿机或内齿轮难以磨齿的情况下。

40. 试为下列几种轴选材，并确定热处理方式：

（1）卧式车床主轴，最高转速为1800r/min，电动机功率为4kW，要求花键部位及大端与卡盘配合处硬度为53~55HRC，其余部位整体硬度为220~240HBW，在滚动轴承中运转。

（2）坐标镗床主轴，要求表面硬度为900HV以上，其余硬度为260~280HBW，在滑动轴承中工作，精度要求极高。

（3）手扶拖拉机中的185型柴油机曲轴，功率为8马力（约5.88kW），转速为2200r/min，单缸。

41. 汽车、拖拉机的变速器齿轮多半用低碳渗碳钢制造，而机床变速箱齿轮多半用中碳（合金）钢来制造，请分析其原因，并分别为它们进行选材和制定加工工艺路线，且说明热处理后的大致硬度。

42. 有一 ϕ30mm×300mm 的轴，要求摩擦部分硬度为53~55HRC，现选用30钢制造，经调质后表面高频淬火（水冷）和低温回火。使用过程中发现摩擦部分严重磨损，试分析其失效原因，并提出如何改进。

43. 某厂生产磨床，齿轮箱中的齿轮采用45钢制造，要求齿部表面硬度为52~58HRC，硬化层深1mm，心部硬度为217~255HBW，其加工工艺路线为：下料→锻造→热处理1→机械粗加工→热处理2→机械精加工→热处理3→精磨。其中热处理各应选择何种工艺？目的是什么？如改用20Cr代替45钢，其热处理应做哪些改变？

44. 试从下列材料中选择一种最合适的材料并制定加工工艺路线。

材料：40Cr、55SiMnMoVNb、45、38CrMoAlA、T12A、20Cr、9SiCr。

（1）镗床镗杆，在重载荷下工作，精度要求极高，并在滑动轴承中运转，要求镗杆表面有极高的硬度（68~70HRC），硬化层深0.5mm，心部有较高的综合力学性能。请选择合适的材料，写出加工工艺路线并进行分析。

（2）直径为60mm的重型汽车弹簧，要求高弹性，硬度为38~40HRC。

（3）汽车、拖拉机发动机中的活塞销，要求表面硬而耐磨（58~62HRC），硬化层深0.8mm，工作中还承受较大的冲击载荷。

45. 根据C616车床尾座（图3-1-20）各零件的受力状况和使用要求，选择合适的材料

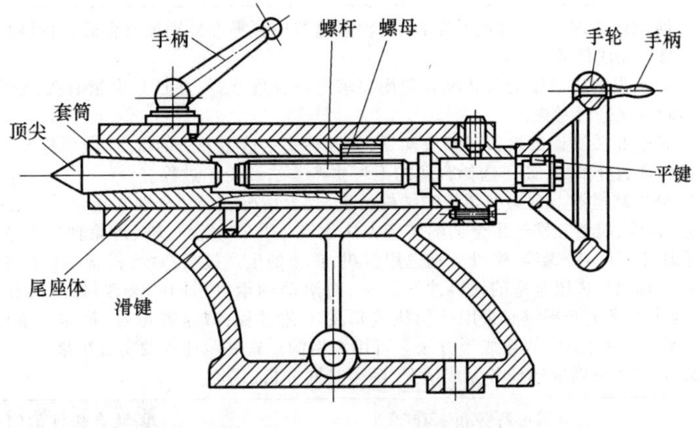

图3-1-20 C616车床尾座

和热处理方法，并安排加工工艺路线。

（1）原理与作用　尾座的功用是靠顶尖与车床主轴一起对工件进行中心定位以便加工。为了适应不同长度工件的加工，要求顶尖能做轴向移动。顶尖装在套筒中，套筒用螺钉与螺母固定。当转动固定在手轮上的手柄时，通过平键使螺杆旋转，带动套筒及装在其上的顶尖随同螺母在尾座体的孔中移动，滑键限制套筒只能做轴向移动。当顶尖移动到所需的位置时，再转动手柄将套筒锁紧。

（2）零件的工作条件及性能要求

1）顶尖。尖部与工件顶尖孔有强烈摩擦，但冲击力不大；顶尖尾部与套筒配合精度很高，并需经常装卸。要求硬度为57~62HRC。

2）套筒。其内孔安装顶尖尾部，配合精度很高，并经常因装卸顶尖而产生摩擦，要求硬度为45~48HRC，外圆及槽部也有一定的摩擦。

3）手柄。能承受一般应力。

4）螺母。有相对摩擦，要求有减摩性。

5）螺杆。受较大的轴向力，有相对摩擦，要求耐磨。

6）手轮。承受一般应力。

7）平键。承受一般应力。

8）滑键。与套筒槽相对滑动，有摩擦。

9）尾座体。起支承作用，承受压应力和切削力。

（3）具体任务　选择上述零件的材料，并说明理由；拟定顶尖、套筒、螺杆、尾座体的加工工艺路线，说明其中热处理工序的作用。

任务 3.2　典型零件的毛坯生产

<table>
<tr><td>任务目标</td><td colspan="5">1. 掌握常用零件毛坯生产的工艺过程。
2. 掌握选择零件毛坯生产方法的一般原则。
3. 能根据零件的材质、结构特点、用途选择毛坯生产方法。
4. 能根据各种毛坯生产的工艺特点设计合理的零件结构。</td></tr>
<tr><td>工作任务内容</td><td colspan="5">根据齿轮减速器中各零件的工作条件、结构特点和性能要求，选择与分析各个零件（箱盖、箱体、轴、齿轮、齿轮轴、键、螺栓、螺母、窥视孔盖、弹簧垫圈、调整环、挡油盘、滚动轴承）的毛坯生产方法和成形工艺。</td></tr>
<tr><td>基本工作思路</td><td colspan="5">1. 明确任务内容：对螺旋起重器、齿轮减速器中各零件分别选取合适的材料和毛坯生产方法。小组分工合作完成任务。
2. 毛坯类别应根据受力状况和使用要求进行合理选择，并且与批量有关，分单件、小批量和大批量等不同情况进行考虑。
3. 通过相关知识链接获取相关知识，如各种基本造型方法的特点、应用范围、选用的基本原则；如何设置合理的分型面；如何选择合适的毛坯生产方法和工艺过程。
4. 分析减速器上各类型零件的结构特点、受力情况、材质，分别选择合适的毛坯生产方法。例如：对箱盖、箱体、端盖分别选用合适的铸造方法生产毛坯；对齿轮、轴、齿轮轴分别选用合适的锻造方法生产毛坯或零件；对螺栓、螺母分别选用镦粗、挤压的生产过程；对薄板状零件如窥视孔盖、弹簧垫圈、调整环、挡油盘，选用合适的板料冲压方法；对滚动轴承、内外环、滚珠、保持架分别选用合适的锻压方法；对大批量生产平键时采用冷拉拔成形的工艺过程；减速器箱盖、箱体是单件生产时，可采用焊接件，为其选用合适的焊接成形方法。可用表格的形式展示任务的实施结果。
5. 各小组分别阐述任务完成情况，师生共同分析、评价。</td></tr>
<tr><td>成果评定（60%）</td><td></td><td>学习过程评价（30%）</td><td></td><td>团队合作评价（10%）</td><td></td></tr>
</table>

[相关知识链接]

铸造、锻压与焊接是机械制造生产中金属材料毛坯生产的三种基本方法，主要供切削加工使用，有时也提供少量的零件成品。

3.2.1 铸造

制造与零件形状相适应的铸型，将熔融金属浇入铸型中，待其冷却凝固后获得所需铸件的方法，称为铸造。其实质是利用熔融金属的流动性能实现材料成形。一般铸件通常是毛坯，需经过切削加工才能成为零件，但对要求不高或采用精密铸造方法生产出来的铸件，也可以不经切削加工而直接使用。

3.2.1.1 铸造的特点与应用

铸造生产可以铸成外形和内腔十分复杂的毛坯，如各种箱体、床体、机架等；在机械产品中，铸件占有很大的比例，如机床中为 60%～80%。工业上常用的金属材料都可用来铸造，有些材料（如铸铁）只能用铸造方法来制取零件。铸件的质量可以从几克到数百吨以上；原材料来源广泛，还可直接利用报废的机件或切屑，工艺设备费用少，成本较低；铸件的形状与零件的尺寸较接近，可节省金属的消耗，减少切削加工工作量。

但铸造生产也存在一些缺点，如铸件中常出现气孔、缩松、缩孔、夹渣和砂眼等缺陷，使其力学性能不如锻件；铸造生产的工序较多，一些工艺过程难以控制，质量不稳定等。因此，对于承受动载荷的重要零件一般不采用铸件作为毛坯。

根据生产方法的不同，铸造分为砂型铸造和特种铸造两大类。砂型铸造是目前最常用、最基本的铸造方法，应用最广泛。

3.2.1.2 砂型铸造

砂型铸造就是将熔化的金属浇入到砂型型腔中，经冷却、凝固后，获得铸件的方法。当从砂型中取出铸件时，砂型便被破坏，故又称一次成形铸造，俗称翻砂。

砂型铸造的基本工艺过程如图 3-2-1 所示。主要工序有制造模样和芯盒、配制型砂和芯砂、造型、造芯、合型浇注、落砂清理和铸件检验等。图 3-2-2 为齿轮毛坯的砂型铸造工艺过程简图。铸件的形状与尺寸主要取决于造型和造芯，而铸件材料的化学成分则取决于熔炼。所以，造型、造芯和熔炼是铸造生产中的重要工序。

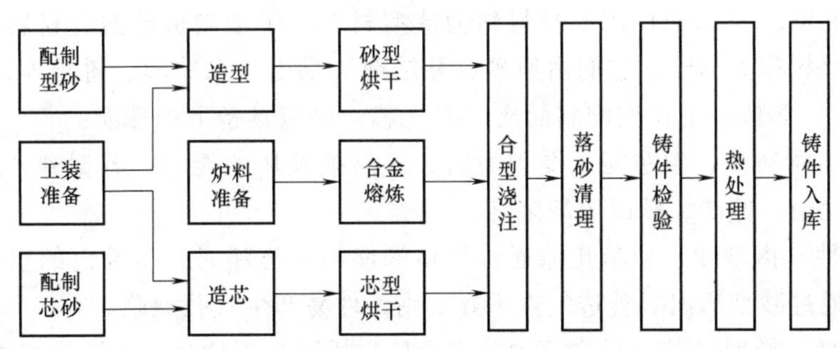

图 3-2-1　砂型铸造的基本工艺过程

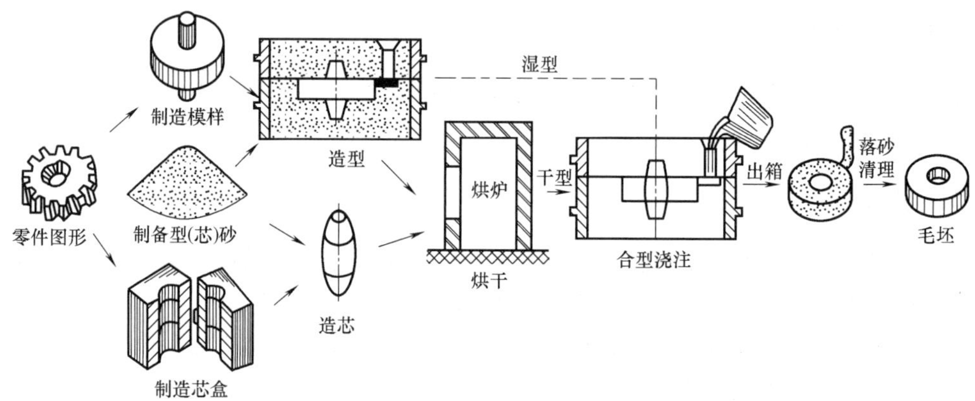

图 3-2-2　齿轮毛坯的砂型铸造工艺过程简图

1. 制造模样和芯盒

造型时需要模样和芯盒。模样用来形成铸件外部轮廓，制造砂型的型腔；芯盒用来制造型芯，以形成铸件的内腔。

制造模样和芯盒所用的材料，根据铸件的大小和生产规模的大小而有所不同。产量少的一般用木材制作模样和芯盒；产量大的铸件，可用金属或塑料制作模样和芯盒。

在设计和制造模样和芯盒时，必须考虑下列问题：

1）分型面的选择。分型面是指铸型组元间的接合表面，分型面选择要恰当。

2）起模斜度的确定。一般木模斜度为 1°~3°，金属模斜度为 0.5°~1°。

3）铸件收缩量的确定。考虑到铸件冷却凝固过程中体积要收缩，为了保证铸件的尺寸，模样的尺寸应比铸件的尺寸大一个收缩量。

4）加工余量的确定。铸件上凡是需要机械加工的部分，都应在模样上增加加工余量，加工余量的大小与加工表面的精度、加工面尺寸、造型方法以及加工面在铸件中的位置有关。

5）选择合适的铸造圆角。为了减小铸件出现裂纹的倾向，并为了造型、造芯方便，应将模样和芯盒的转角处都做成圆角。

6）设置芯座头。当铸型有型芯时，为了能安放型芯，模样上要考虑设置芯座头。

2. 造型材料

制造铸型和型芯（芯子）用的材料称为造型材料。用于制造砂型的材料称为型砂，用于制造型芯的材料称为芯砂，它们由原砂、黏结剂（黏土、水玻璃、树脂等）、水和附加物（煤粉、木屑等）等按一定比例配制而成。型（芯）砂应具备下列性能：

（1）强度　指铸型、型芯能承受外力时，不易被破坏的能力。若型砂、芯砂的强度不够，则易产生塌箱、冲砂、砂眼等缺陷。

（2）透气性　指型砂、型芯孔隙通过气体的能力。浇注时，型腔内的空气及铸型产生的挥发气体要通过砂型逸出。若透气性不好，则铸件易产生气孔缺陷。

（3）耐火性　指型（芯）砂在高温液态金属作用下，不软化、不熔融和不粘结的能力。耐火性差，铸件易产生粘砂缺陷，影响铸件的清理和切削加工。

（4）退让性　指铸件凝固冷却收缩时，型（芯）砂被压缩的能力。退让性差的型

（芯）砂将会阻碍铸件收缩，会使铸件产生内应力，引起变形甚至产生裂纹。

型芯在浇注时，处于金属液的包围之中，故要求芯砂性能应高于型砂。

3. 造型

用造型材料及模样等工艺装备制造铸型的过程称为造型。它是砂型铸造过程中重要的工序之一，分为手工造型和机器造型两大类。图 3-2-3 所示为合箱后的砂型装配图，图中型砂被舂紧在上、下砂箱之中，连同砂箱一起，称为上砂型和下砂型。砂型中取出木模后留下的空腔称为型腔。上下砂型的分界面称为分型面。对于带孔的铸件，还应制作出型芯，型芯上用来安放和固定型芯的部分，称为型芯头，型芯头置于砂型的型芯座上。金属液经浇注系统流入型腔。型腔的最高处或侧面开有冒口，其主要作用是储存金属液，在铸件凝固的最后阶段得到补缩；另外，还有排气、观察浮渣及金属液是否浇满的作用。被高温金属液包围后型芯中产生的气体则由型芯排气道排出，而型砂中的气体则由通气孔排出。

（1）手工造型　手工造型按模样特征可分为整模造型（图 3-2-4）、分模造型（图 3-2-5）、挖砂造型（图 3-2-6）、活块造型（图 3-2-7）、假箱造型和刮板造型等，按砂箱特征可分为两箱造型、三箱造型、脱箱造型和地坑造型等。手工造型操作灵活，工装简单，适应性强，造型成本低，生产准备时间短。但铸件质量较差，生产率低，劳动强度大，对工人技术水平要求较高。因此，主要用于单件、小批生产，特别是重型和形状复杂的铸件。在实际生产中，由于铸件的尺寸、形状、生产批量、使用要求及生产条件不同，应选择的手工造型方法也不同。

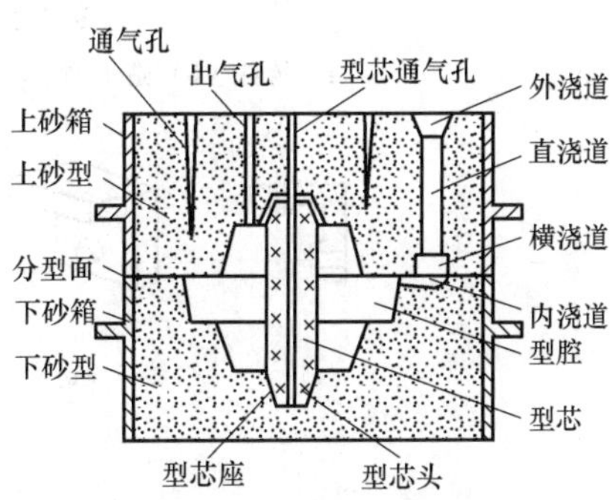

图 3-2-3　合箱后的砂型装配图

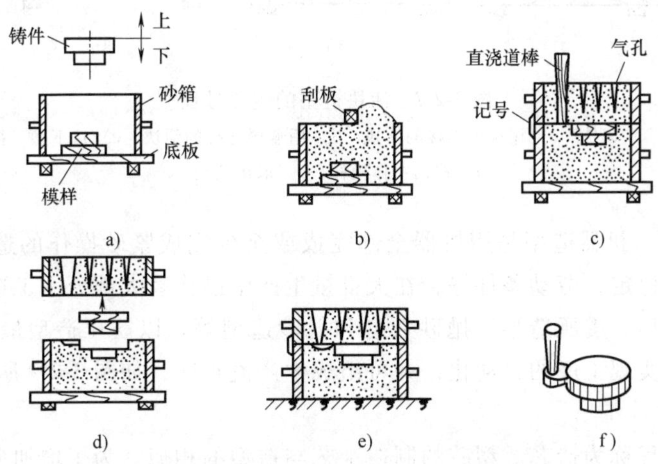

图 3-2-4　整模造型的主要过程

a）放好模样和砂箱　b）造下型　c）造上型　d）翻箱、起模、挖浇道

e）合型待浇注　f）带浇注系统的铸件

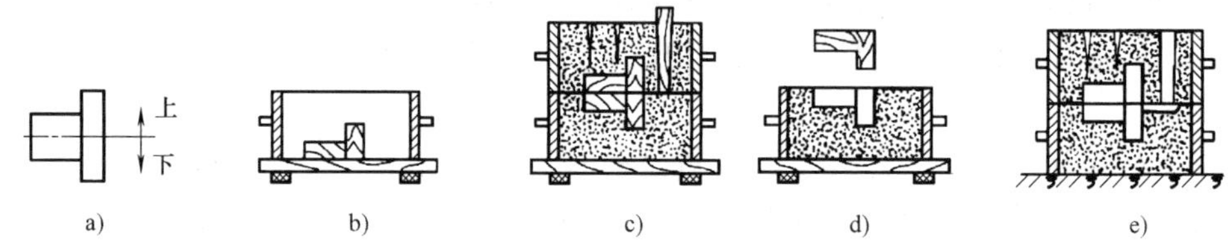

图 3-2-5　分模造型的主要过程

a）铸件　b）造下型　c）造上型　d）起模　e）合型待浇注

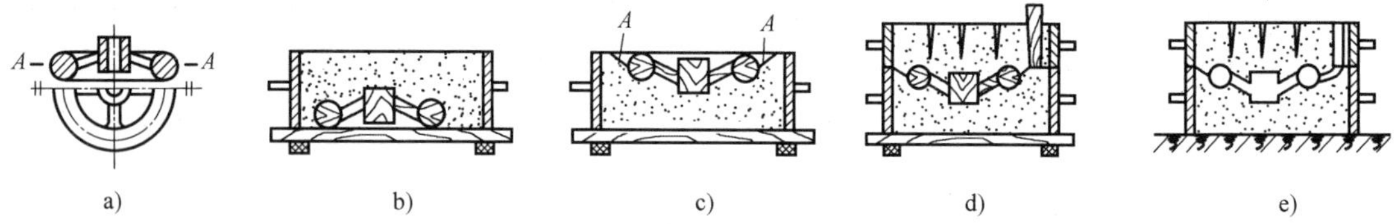

图 3-2-6　挖砂造型的主要过程

a）铸件　b）造下型　c）挖下型分型面　d）造上型　e）合型待浇注

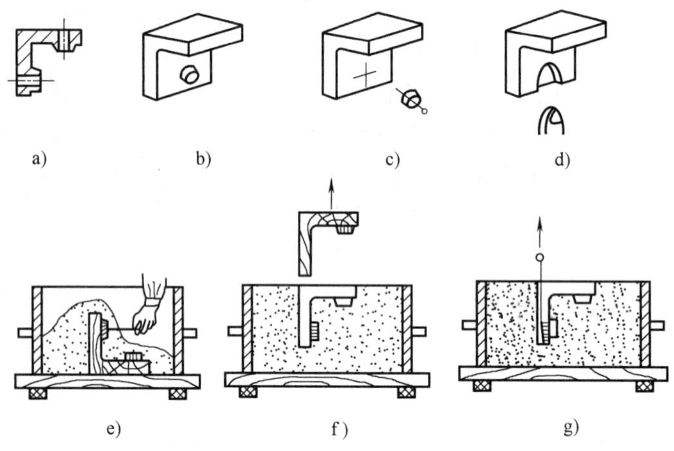

图 3-2-7　活块造型的主要过程

a）零件　b）铸件　c）用钉子连接的活块　d）用燕尾连接的活块　e）造下型，拔出钉子　f）取出主体模样　g）取出活块

（2）机器造型　机器造型是用机器全部完成或至少完成紧砂操作的造型工序。机器造型生产率高，质量稳定，劳动条件好，在大批量生产中已代替大部分手工造型。机器造型有震实造型、压实造型、震压造型、抛砂造型和射砂造型等。以震压造型最常用，如图 3-2-8 所示。机器造型能实现工序的自动化，并可组成生产流水线，如图 3-2-9 所示。

4. 造芯

制造型芯的过程称为造芯。型芯的制造工艺与造型的相似。为了增加型芯强度，保证型芯在翻转、吊运、下芯、浇注过程中不致变形和损坏，型芯中应放置芯骨（可用铁丝或铁钉做型芯骨）。为增强其透气性，需在型芯内扎通气孔，型芯一般要上涂料或烘干，以提高它的耐火性、强度和透气性。

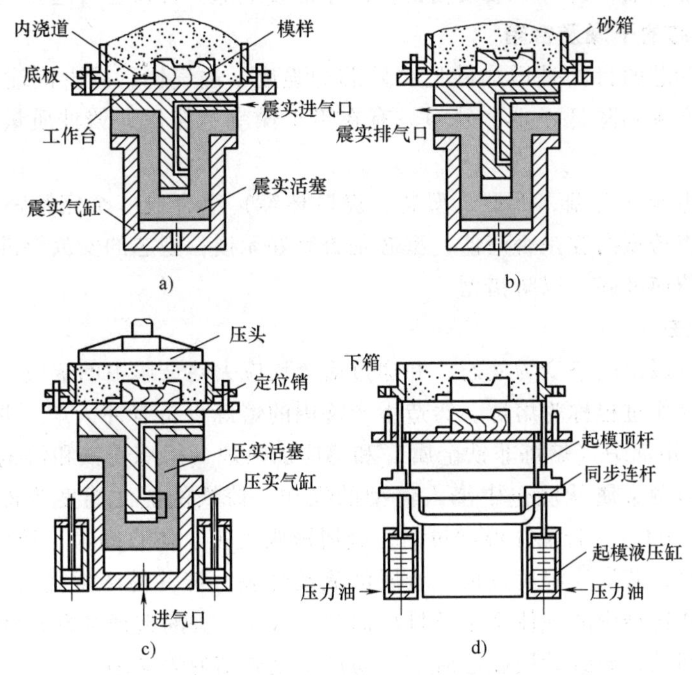

图 3-2-8 震压式造型机工作示意图

a）填砂 b）震实 c）压实 d）起模

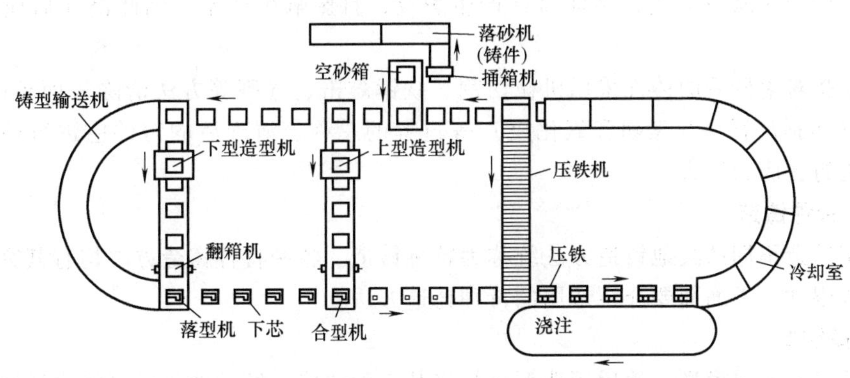

图 3-2-9 机器造型生产流水线平面图

5. 浇注系统

将液态金属浇入铸型的过程称为浇注。为填充型腔而开设于铸型中的一系列通道称为浇注系统。浇注系统通常由浇口杯、直浇道、横浇道、内浇道和冒口组成，如图 3-2-10 所示。对于形状简单的小铸件可省略横浇道。浇注系统的作用是使金属液均匀平稳、迅速地流入型腔，调节铸件的凝固顺序，并阻止熔渣、砂粒和气体等卷入型腔。

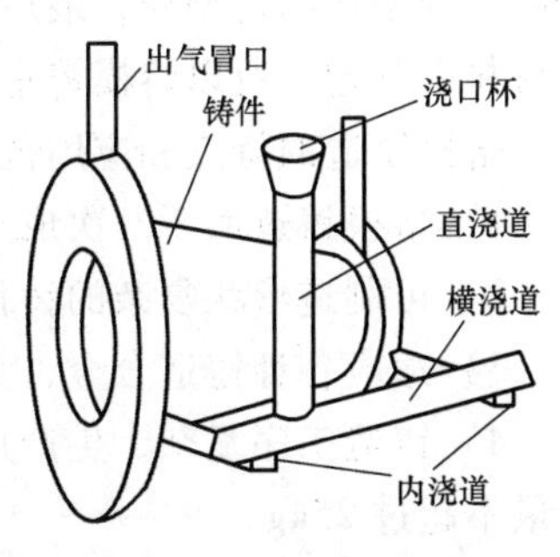

图 3-2-10 浇注系统的组成

尺寸较大的铸件或体收缩率较大的金属还要加设冒口起

补缩作用，为便于补缩，冒口一般设在铸件的厚部或上部。冒口还可起排气和集渣作用。

6. 砂型和砂芯的干燥及合箱

干燥砂型和砂芯的目的是增加砂型和砂芯的强度、透气性，减少浇注时可能产生的气体。为了提高生产率和降低成本，砂型只有在不干燥就不能保证铸件质量的时候，才进行烘干。

将铸型的各组元（上型、下型、型芯、浇口杯等）组合成一个完整铸型的过程称为合型。合型时应检查铸型内腔是否清洁，型芯是否完好无损；型芯的安放要准确、牢固，防止偏芯；砂箱的定位应准确，以防错型。

7. 熔炼与浇注

通过加热使金属由固态变为液态，并通过冶金反应去除金属中的杂质，使其温度和成分达到规定要求的操作过程称为熔炼。铸造生产常用的熔炼设备有冲天炉（熔炼铸铁）、电弧炉（熔炼铸钢）、坩埚炉（熔炼非铁金属）和感应加热炉（熔炼铸铁和铸钢）。

浇注是指将熔融金属从浇包中浇入铸型的操作。铸铁的浇注温度为液相线以上 200℃（一般为 1250~1470℃）。若浇注温度过高，金属液吸气多、体收缩大，铸件容易产生气孔、缩孔、粘砂等缺陷；若浇注温度过低，金属液流动性差，铸件易产生浇不到、冷隔等缺陷；浇注速度过快会使铸型中的气体来不及排出而产生气孔，并易造成冲砂；浇注速度过慢，使型腔表面烘烤时间长，导致砂层翘起脱落，易产生夹砂结疤等缺陷。

8. 落砂、清理与检验

落砂是指用手工或机械方法使铸件与型（芯）砂分离的操作。落砂应在铸件充分冷却后进行，若落砂过早，铸件的冷速过快，会使灰铸铁表层出现白口组织，导致切削困难；若落砂过晚，由于收缩应力大，会使铸件产生裂纹，且影响生产率，因此浇注后应及时进行落砂。

清理是指对落砂后的铸件采用机械切割、铁锤敲击、气割等方法清除表面粘砂、型砂、多余金属（包括浇冒口、飞翅和氧化皮）等过程的总称。清理后的铸件应进行检验，并将合格铸件进行去应力退火。

3.2.1.3 特种铸造

与砂型铸造不同的其他铸造方法统称为特种铸造。各种特种铸造方法均有其突出的特点和一定的局限性，下面简要介绍常用的特种铸造方法。

1. 熔模铸造

用易熔材料制成模样，然后用造型材料将其表面包覆，经过硬化后再将模样熔去，从而制成无分型面的铸型壳，最后经浇注而获得铸件的方法称为熔模铸造。由于熔模广泛采用蜡质材料来制造，所以熔模铸造又称“失蜡铸造”。熔模铸造工艺过程如图 3-2-11 所示。

熔模铸造的特点和应用范围：

1）熔模铸造属于一次成形，又无分型面，所以铸件精度高，表面质量好。

2）可制造形状复杂的铸件，最小壁厚可达 0.7mm，最小孔径可达 1.5mm。

3）适应各种铸造合金，尤其适于生产高熔点和难以加工的合金铸件。

4）铸造工序复杂，生产周期长，铸件成本较高，铸件尺寸和质量受到限制，一般铸件质量不超过 25kg。

5）熔模铸造适用于制造形状复杂，难以加工的高熔点合金及有特殊要求的精密铸件。

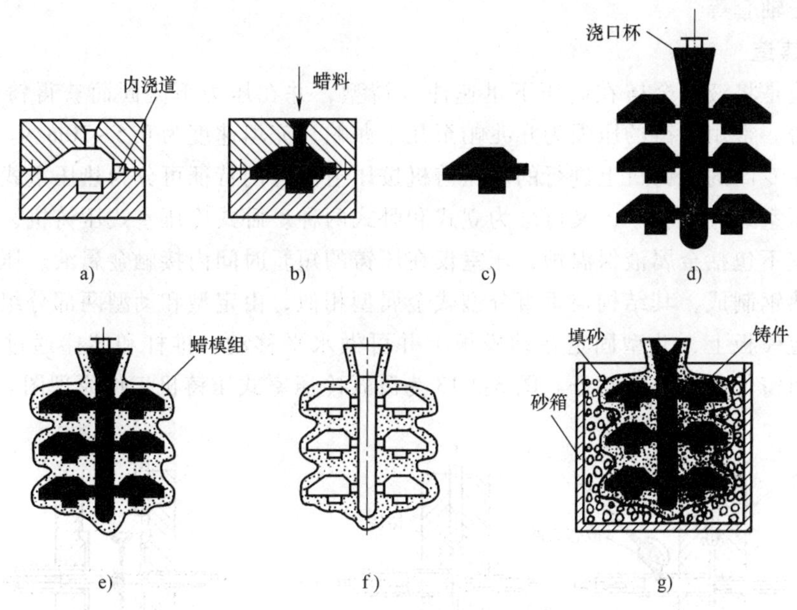

图 3-2-11 熔模铸造工艺过程

a）压型 b）注蜡 c）单个蜡模 d）蜡模组 e）结壳 f）脱蜡、焙烧 g）填砂、浇注

目前，主要用于汽轮机、燃气轮机叶片、切削刀具、仪表元件、汽车、拖拉机及机床等零件的生产。

2. 金属型铸造

在重力的作用下将熔融金属浇入用金属制成的铸型内而获得铸件的方法称为金属型铸造。由于金属铸型可重复使用多次，故又称为永久型。一般金属型用铸铁或耐热钢制造，其结构有整体式、垂直分型式、水平分型式等。其中垂直分型式便于布置浇注系统，铸型开合方便，容易实现机械化，应用较广。图 3-2-12 所示为垂直分型式金属型，它由底座、定型、动型等组成，浇注系统在垂直的分型面上。

金属型导热快，无退让性和透气性，铸件容易产生浇不足、冷隔、裂纹、气孔等缺陷。此外，在高温金属液的冲刷下型腔易损坏。为此，需要采取以下工艺措施：①浇注前预热，浇注过程中适当冷却，使金属型在一定温度范围内工作；②型腔内刷耐火涂料，以起到保护铸型，调节铸件冷却速度，改善铸件表面质量的作用；③在分型面上做出通气槽、出气孔等；④掌握好开型的时间，以利于取件和防止铸件产生白口。

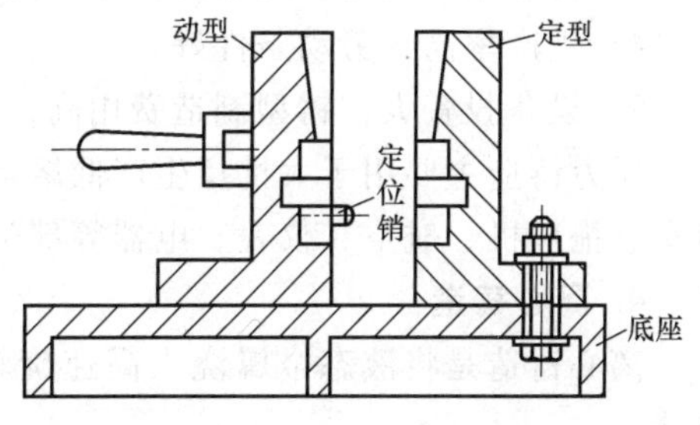

图 3-2-12 垂直分型式金属型

金属型铸造铸件冷却速度快，组织致密，力学性能好；铸件精度和表面质量较高，实现了“一型多铸”，工序简单，生产率高，劳动条件好。但成本高，制造周期长，铸造工艺规程要求严格。

金属型铸造主要适用于大批量生产形状简单的有色金属铸件，如铝活塞、气缸、缸盖、泵体、轴瓦、轴套等。

3. 压力铸造

压力铸造是将液态金属在高压下迅速注入铸型，并在压力下凝固而获得铸件的铸造方法，简称压铸。常用压铸的压强为几兆帕至几十兆帕，充填速度为 0.5~70m/s。

压铸是在专门的压铸机上进行的。压铸机按压射部分的特征可分为热压室式和冷压室式两大类。冷压室式应用较广，又可分为立式和卧式两种。卧式冷压室式压铸机，其压射头水平布置，压室不包括金属液保温炉，压室仅在压铸的短暂时间内接触金属液。压铸机所用铸型由专用耐热钢制成，其结构与垂直分型式金属型相似，由定型和动型两部分组成。定型固定在压铸机定模板上，动型固定在动模板上并可做水平移动。推杆和芯棒通过相应机构控制，完成推出铸件和抽芯等动作。图 3-2-13 为卧式冷压室式压铸机工作原理图。

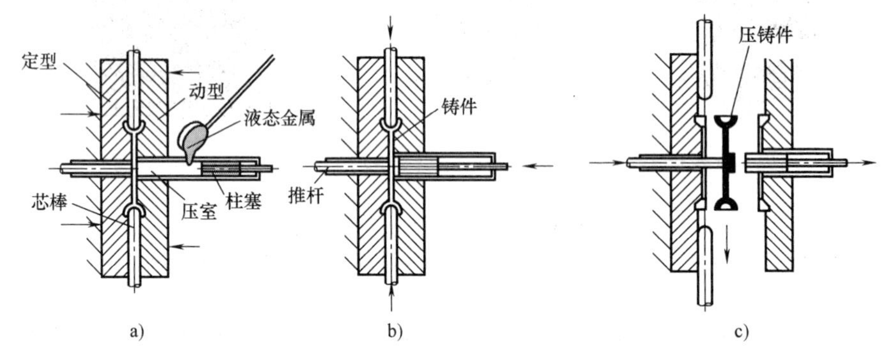

图 3-2-13 卧式冷压室式压铸机工作原理图

a）合型后向压型注入液态金属 b）将液态金属压入型腔 c）开型，推出铸件

压力铸造的特点和应用范围：

1）压铸件尺寸精度高，表面质量好，一般不需机加工即可直接使用。

2）压力铸造在快速、高压下成形，可压铸出形状复杂、轮廓清晰的薄壁精密铸件，铝合金铸件最小壁厚可达 0.5mm，最小孔径为 0.7mm。

3）铸件组织致密，力学性能好，其强度比砂型铸件提高 25%~40%。

4）生产率高，劳动条件好。

5）设备投资大，铸型制造费用高，周期长。

压力铸造主要用于大批量生产低熔点合金的中小型铸件，如铝、锌、铜等合金铸件，在汽车、拖拉机、航空、仪表、电器等部门获得广泛应用。

4. 离心铸造

离心铸造是将液态金属浇入高速旋转的铸型中，使其在离心力作用下凝固成形的铸造方法。

根据铸型旋转轴空间位置不同，离心铸造机可分为立式和卧式两大类（图 3-2-14）。立式离心铸造机的铸型绕垂直轴旋转（图 3-2-14a)，由于离心力和液态金属本身重力的共同作用，使铸件的内表面为一回转抛物面，造成铸件上薄下厚，而且铸件越高，壁厚差越大。因此，它主要用于生产高度小于直径的圆环类铸件。卧式离心铸造机的铸型绕水平轴旋转（图 3-2-14b)，由于铸件各部分冷却条件相近，故铸件壁厚均匀。适于生产长度较大的管、套类铸件。

离心铸造的特点和应用范围：

1）铸件在离心力作用下结晶，组织致密，无缩孔、缩松、气孔、夹渣等缺陷，力学性能好。

2）铸造圆形中空铸件时，可省去型芯和浇注系统，简化了工艺，节约了金属。

3）便于制造双金属铸件，如钢套镶铸铜衬。

4）离心铸造内表面粗糙，尺寸不易控制，需要加大加工余量来保证铸件质量，且不适宜易偏析的合金。

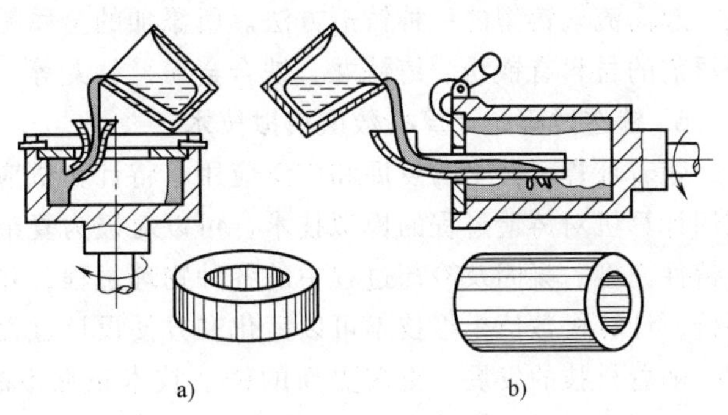

图 3-2-14 离心铸造示意图
a）立式 b）卧式

离心铸造是生产管、套类铸件的主要方法，如铸铁管、铜套、气缸套、双金属轧辊、滚筒等。

3.2.1.4 铸造成形新技术

随着机械制造水平的不断提高，机械制造对铸造技术也提出了更高的要求。目前，铸造技术正朝着优质、高效、自动化、节能、低耗和低污染的方向发展，而且一些新的科技成果正逐步走出实验室，不断满足机械制造方面新的特殊需要。下面介绍部分成熟的铸造新技术。

1. 实型铸造

实型铸造又称为消失模铸造。该方法与砂型铸造的主要区别是它不用木模样或金属模样，而是用一种热塑性高的分子材料（聚苯乙烯泡沫塑料）制成模样和浇注系统，造型后不取出模样，浇注时模样和浇注系统受热后燃烧气化、蒸发消失，于是金属液占据其空间位置，冷却凝固后形成铸件。

2. 磁型铸造

用聚苯乙烯泡沫塑料制成带有浇注系统的气化模样，并在模样上涂抹涂料，装配上浇冒口，置于不导磁的铝制砂箱中，往铝制砂箱中充填铁丸或钢丸，经微震紧砂后，将砂箱推入磁丸机内。接通电源，马蹄形电磁铁产生强大的磁场。在强磁场的作用下，铁丸或钢丸被磁化而相互吸引，形成一个牢固的、透气性能良好的整体铸型，然后进行浇注，当金属液浇入铸型时，高温的金属液将气化模烧失，遗留的空腔被金属液所取代。待金属液冷却凝固后，便可切断磁丸机的电源，由于磁场消失，铁丸或钢丸随之松散，于是铸件自行脱出，铁丸或钢丸经净化处理后可重复使用。

3. 半固态铸造

半固态铸造是指将既非全呈液态又非全呈固态的固态-液态金属混合浆料，经压铸机压铸，形成铸件的铸造方法。

半固态铸造能大大减少热量对压铸机的热冲击，延长压铸机的使用寿命，可明显地提高铸件质量，降低能量消耗，便于进行自动化生产。

4. 悬浮铸造

悬浮铸造是指在浇注金属液时，将一定量的金属粉末加到金属液中，使其与金属液混合在一起而流入铸型的一种铸造方法。所添加的金属粉末称为悬浮剂，故因此而得名。常用作悬浮剂的材料有铁粉、铸铁丸、铁合金粉、钢丸等。

5. 铸造过程的计算机数值模拟技术

随着计算机技术的发展和广泛应用，将计算机应用于铸造生产中已取得了很好的效果。利用计算机对铸造过程的模拟技术，可以对极为复杂的铸造过程进行定量描述和仿真，模拟出铸件充型、凝固及冷却过程中的各种物理过程，并依此对铸件的结构设计和质量进行综合评价。计算机数值模拟技术可以简化和方便设计过程，提高设计速度，优化设计方案。

随着科技的发展，更多更新的铸造技术正在不断涌现。人们将多种技术和方法相互融合，发展成复合铸造技术，如挤压铸造、熔模真空吸铸、压铸柔性加工系统（FMS）和压铸柔性加工单元（FMG）等，拓展已有铸造方法的工艺范围，采用新的具有特殊性能的铸造合金，开发和应用新的造型材料，改善生产环境，提高铸件质量，这标志着一个少切削或无切削的铸造时代已经到来。

3.2.2 锻压

锻压是对坯料施加外力，使其产生塑性变形、改变尺寸形状及改善性能，用以制造机械零件或毛坯的成形加工方法。它包括锻造、冲压、轧制、挤压、拉拔等。

3.2.2.1 锻压的特点与应用

锻压加工是以材料的塑性为基础的。各种钢和大多数有色金属都具有不同程度的塑性，因此它们可以在冷态或热态下进行压力加工，但脆性材料（如铸铁）则不能。

锻压加工的主要特点为：

1）改善金属内部组织，提高力学性能。压力加工后的金属材料能获得较细的晶粒，同时能使铸造组织内部缺陷（如微小裂纹、缩松、气孔等）焊合，因而提高了金属的力学性能。

2）具有较高的生产率。采用快速锻造、挤压、轧压、辊锻、冲压等都能提高生产率。以螺纹和螺母的生产为例，一台自动冷镦机的产量相当于18台自动机床。

3）减少金属的加工消耗。使用精密的压力加工，可使精密锻压件的尺寸精度和表面粗糙度接近成品，经少量切削（或无切削）加工即可得到成品零件。

4）适用范围广。能适应各种形状及质量的需要，从形状简单的螺钉到形状复杂的多拐曲轴，从质量不及1g的表针到数百吨的大轴都可以制造。

但锻压成形困难，对材料的适应性差。因为锻压成形是金属在固态的塑性流动，其成形比铸造困难得多。形状复杂的工件难以锻造成形，锻件的外形轮廓也难于充分接近零件的形状，材料的利用率低；塑性差的金属材料（如灰铸铁）不能锻压成形，只有那些塑性优良的钢、铝合金、黄铜等材料才能进行锻造加工；另外，锻造设备贵重，锻件的成本也比铸件高。

锻压不仅是零件成形的一种加工方法，还是一种改善材料组织性能的一种加工方法。与铸造相比，其具有强度高、晶粒细、冲击韧性好等特点。与由棒料直接切削加工相比，其可节约金属，降低成本。如采用轧制、挤压和冲压等加工方法，还可提高生产率。因此，在机械制造业中，许多重要零件（如轴类、齿轮、连杆、切削刀具等），都是采用锻压方法成形的。所以，锻压生产被广泛地用于汽车、造船、国防、电器仪表、农业机械等。

3.2.2.2 锻压的基本生产方式

1. 轧制

金属材料在旋转轧辊的压力作用下产生连续塑性变形，然后获得要求的截面形状并改变其性能的加工方法称为轧制，如图 3-2-15a 所示。通过合理设计轧辊上各种不同的孔型，可以轧制出不同截面的原材料，如钢板、各种型材、无缝管材等，也可以直接轧制出毛坯或零件。

2. 挤压

坯料在三向不均匀的压应力作用下从模具的模孔挤出，使之截面减小、长度增加，成为所需制品的加工方法称为挤压，如图 3-2-15b 所示。按挤压温度不同可将挤压分为冷挤、温挤、热挤。挤压适用于加工低碳钢、有色金属及其合金等材料。

3. 拉拔

坯料在牵引力的作用下通过模孔拉出，使之横截面面积减小、长度增加的加工方法称为拉拔，如图 3-2-15c 所示。拉拔主要用来制造各种细线材、棒材、薄壁异形管及特殊截面型材。低碳钢和大多数有色金属及其合金都可以进行拉拔。

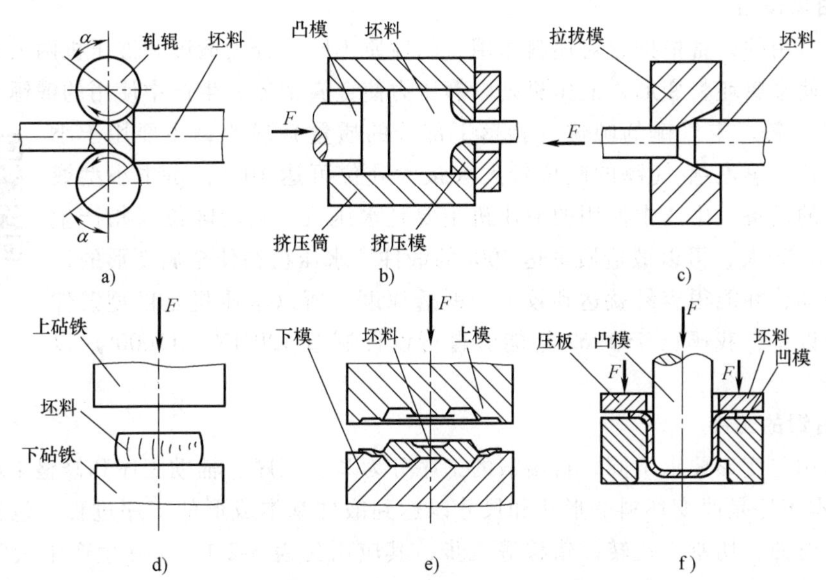

图 3-2-15 锻压的基本生产方式

a）轧制 b）挤压 c）拉拔 d）自由锻 e）模锻 f）板料冲压（拉深）

4. 自由锻

只用简单的通用性工具或在锻造设备的上、下砧铁间直接使坯料变形而获得所需的几何形状及内部质量锻件的加工方法称为自由锻，如图 3-2-15d 所示。自由锻主要在单件、小批量的生产条件下采用；而大型锻件的生产，自由锻是最基本的生产方法。

5. 模锻

利用模具使毛坯变形而获得锻件的锻造方法称为模锻，如图 3-2-15e 所示。模锻主要用于中、小型锻件的大批量生产。

6. 板料冲压

使板料经分离或成形而得到制件的工艺过程称为板料冲压，如图 3-2-15f 所示。由于板料冲压多数是在常温下进行的，所以又称为冷冲压。

自由锻、模锻和板料冲压是一般机械厂常用的生产方法。凡承受重载荷、工作条件恶劣的机器零件，如汽轮发电机转子、主轴、叶轮、重要齿轮、连杆等，通常均需采用锻件毛坯，再经切削加工制成。

3.2.2.3 自由锻

自由锻的坯料在锻造过程中，除与上、下砧铁或其他辅助工具接触的部分表面外，都是自由表面，变形不受限制，故称自由锻。自由锻通常可分为手工锻和机器锻。机器锻是自由锻的基本方法。

自由锻所用工具简单、通用性强、灵活性大、成本低，因而自由锻的应用较为广泛，生产的自由锻件质量可以从 1kg 的小件到 200~300t 的大件。对于特大型锻件，如水轮机主轴、多拐曲轴、大型连杆等，自由锻是唯一可行的加工方法，所以自由锻在重型工业中具有重要的意义。自由锻的不足之处是锻件精度低、加工余量大、生产率低、生产条件差等。自由锻适合于单件、小批和大型锻件的生产。

1. 自由锻设备

自由锻所用的设备根据它对坯料作用力的性质不同，分为锻锤和液压机两大类。锻锤产生的冲击力使金属坯料变形，液压机则以静压力使金属变形。生产中使用的锻锤主要是空气锤和蒸汽-空气锤。空气锤的吨位（指落下部分的质量）较小，主要用于小型锻件的锻造；蒸汽-空气锤的吨位较大（最大吨位可达 10t），是中小型锻件普遍使用的设备。生产中使用的液压机主要是水压机，它的吨位（指产生的最大压力）较大，可以锻造质量达 300t 的锻件。水压机在使金属变形的过程中没有振动，并能很容易就达到较大的锻透深度，所以水压机是巨型锻件的唯一成形设备，我国已于 1962 年能够自行设计制造 120MN（12000t）以上的水压机。

空气锤工作原理

2. 自由锻的工序

根据作用与变形要求不同，自由锻的工序分为基本工序、辅助工序和修整工序三类。

1）基本工序是改变坯料的形状和尺寸以达到锻件基本成形的工序过程。包括镦粗、拔长、冲孔、弯曲、切割、扭转、错移等工步，其应用见表 3-2-1。实际生产中最常用的是拔长、镦粗、冲孔三个基本工序。

2）辅助工序是为了方便基本工序的操作，而使坯料预先变形的工序，如钢锭倒棱、压钳口、压肩等。

3）修整工序是用以修整锻件的最后尺寸和形状，使锻件达到图样要求的工序，如修整鼓形、平整端面、校直弯曲等。

任何一个自由锻件的成形过程，上述三类工序中的各工步可以按需要单独使用或进行组合。

3.2.2.4 模锻

在模锻设备上，利用高强度锻模，使金属坯料在模膛内受压产生塑性变形，而获得所需形状、尺寸以及内部质量锻件的加工方法称为模锻。在变形过程中由于模膛对金属坯料流动的限制，因而锻造终了时可获得与模膛形状相符的模锻件。

表 3-2-1 自由锻基本工序的主要特征及适用范围

工序名称	简图	主要特征	适用范围
拔长		坯料横截面面积减小，长度增加	适用于锻造轴类、杆类锻件
镦粗		坯料横截面面积增大，高度减小	适用于锻造齿轮坯、法兰盘等圆盘类锻件
冲孔		用冲头在坯料上冲出通孔或不通孔	适用于圆盘类坯料镦粗后的冲孔
扩孔		减小空心坯料的壁厚而增大其内、外径	适用于各种圆环锻件
错移		将坯料的一部分相对另一部分错开，且保持这两部分平行	锻造曲轴类锻件
弯曲		将坯料弯成曲线或一定角度	适用于锻造吊钩、地脚螺栓、角尺和U形弯板
扭转		将坯料部分相对另一部分绕其共同轴线旋转一定角度	适用于锻造多拐曲轴和校正锻件
切割		切去坯料的一部分	适用于切除钢锭底部、锻件料头和分割锻件

与自由锻相比，模锻具有生产率高，锻件尺寸精度高，表面粗糙度值小，节省金属材料和机加工工时，易于机械化，可成批大量生产，操作简单，劳动强度低等优点。但模锻生产受模锻设备吨位的限制，模锻件的质量一般在150kg以下。模锻设备投资较大，模具费用较昂贵，工艺灵活性较差，生产准备周期较长。因此，模锻适合于小型锻件的大批量生产，不适合单件小批量生产以及中、大型锻件的生产。

模锻按使用的设备不同，可分为锤上模锻、压力机上模锻和胎模锻。

1. 锤上模锻

锤上模锻是将上模固定在锤头上，下模紧固在模垫上，通过随锤头做上下往复运动的上模，对置于下模中的金属坯料施以直接锻击，来获取锻件的锻造方法。锤上模锻设备常采用蒸汽-空气锤。锤上模锻是我国目前模锻生产中应用最广泛的一种锻造方法，其可进行镦粗、拔长、滚挤、弯曲、成形、预锻和终锻等各变形工步的操作，锤击力量大小可在操作时进行调整控制，以完成各种形状模锻件的生产。

根据模膛的作用和模膛在锻模中的个数不同，模膛可分为单模膛和多模膛。

（1）单模膛锻模　图 3-2-16 所示为单模膛锻模及锻件成形过程。将加热好的坯料直接放在下模的模膛内，然后上、下模在分模面上进行锻打，直至上、下模在分模面上近乎接触为止。切去锻件周围的飞边，即得到所需要的锻件。

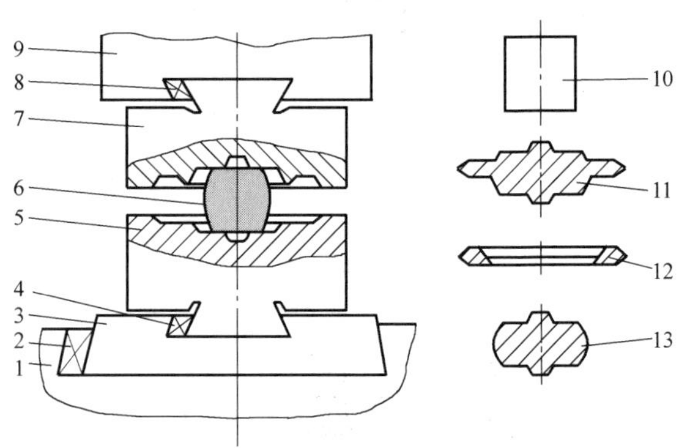

图 3-2-16　单模膛锻模及锻件成形过程

1—砧座　2、4、8—楔铁　3—模座　5—下模　6—坯料　7—上模　9—锤头　10—坯料　11—带飞边的锻件　12—切下的飞边　13—成形锻件

（2）多模膛锻模　对于形状复杂的锻件，必须经过几道预锻工序才能使坯料的形状接近锻件形状，最后才在终锻模膛中成形。所谓多模膛锻模，就是在同一副锻模上能够进行各种拔长、弯曲、镦粗等预锻工序和终锻工序。图 3-2-17 所示为弯曲连杆的多模膛模锻过程。多模膛用于截面相差大或轴线弯曲的轴（杆）类锻件及形状不对称的锻件。多模膛由拔长模膛、滚压模膛、弯曲模膛、预锻模膛、终锻模膛等组成。

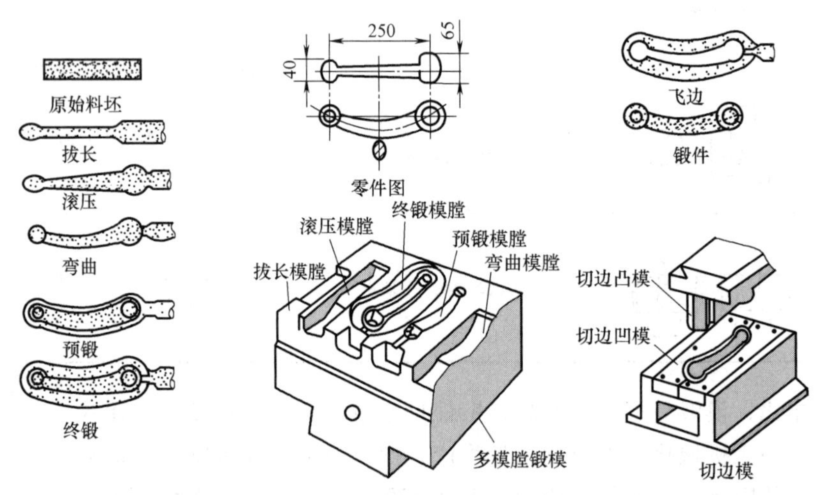

图 3-2-17　弯曲连杆的多模膛模锻过程

2. 压力机上模锻

用于模锻生产的压力机有摩擦压力机、平锻机、水压机、曲柄压力机等，其工艺特点比

较见表 3-2-2。

表 3-2-2 压力机上模锻方法的工艺特点比较

锻造方法	设备类型		工艺特点	应用
	结构	构造特点		
摩擦压力机上模锻	摩擦压力机	滑块行程可控，速度为 0.5~1.0m/s，带有顶料装置，机架受力，形成封闭力系，每分钟行程次数少，传动效率低	特别适合于锻造低塑性合金钢和非铁金属；简化了模具设计与制造，同时可锻造更复杂的锻件；承受偏心载荷能力差；可实现轻、重打，能进行多次锻打，还可进行弯曲、精压、切飞边、冲连皮、校正等工序	中、小型锻件的小批和中批量生产
曲柄压力机上模锻	曲柄压力机	工作时，滑块行程固定，无振动，噪声小，合模准确，有顶杆装置，设备刚度好	金属在模膛中一次成形，氧化皮不易除掉，终锻前常采用预成形及预锻工步，不宜拔长、滚挤，可进行局部镦粗，锻件精度较高，模锻斜度小，生产率高，适合短轴类锻件	大批量生产
平锻机上模锻	平锻机	滑块水平运动，行程固定，具有互相垂直的两组分模面，无顶出装置，合模准确，设备刚度好	扩大了模锻适用范围，金属在模膛中一次成形，锻件精度较高，生产率高，材料利用率高，适合锻造带头的杆类和有孔的各种合金锻件，对非回转体及中心不对称的锻件较难锻造	大批量生产
水压机上模锻	水压机	行程不固定，工作速度为 0.1~0.3m/s，无振动，有顶杆装置	模锻时一次压成，不宜多膛模锻，适合于锻造镁铝合金大锻件、深孔锻件，不太适合于锻造小尺寸锻件	大批量生产

3. 胎模锻

胎模是一种不固定在锻造设备上的模具，结构较简单，制造容易。胎模锻是在自由锻设备上用胎模生产模锻件的工艺方法，因此胎模锻兼有自由锻和模锻的特点。胎模锻适合于中、小批量生产小型多品种的锻件，特别适合于没有模锻设备的工厂。

常用的胎模结构主要有扣模、套筒模、合模三种类型。

1）扣模。用来对坯料进行全面或局部扣形，主要生产杆状非回转体锻件，如图 3-2-18a 所示。

2）套筒模。锻模呈套筒形，主要用于锻造齿轮、法兰盘等回转体锻件，如图 3-2-18b、c 所示。

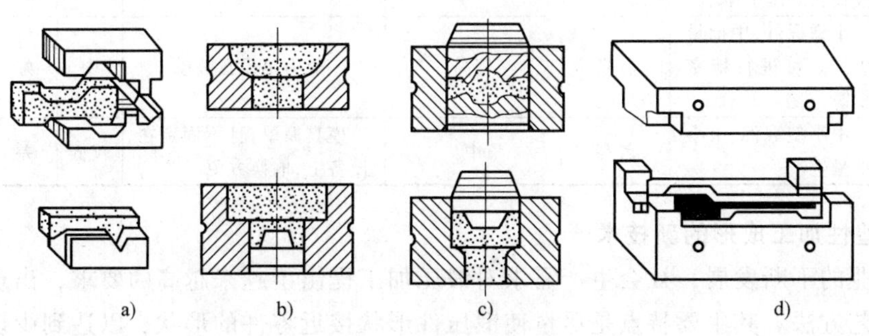

图 3-2-18 胎模的几种结构

a）扣模 b）开式套筒模 c）闭式套筒模 d）合模

3）合模。通常由上模和下模两部分组成，如图 3-2-18d 所示。为了使上下模吻合及不使锻件产生错模，经常用导柱等定位。合模多用于生产形状较复杂的非回转体锻件，如连杆、叉形件等锻件。

图 3-2-19 所示为法兰盘胎模锻造过程。所用胎模为套筒模，它由模筒、模垫和冲头组成。原始坯料加热后，先用自由锻镦粗，然后将模垫和模筒放在下砧铁上，再将镦粗的坯料平放在模筒中，压上冲头后终锻成形，最后将连皮冲掉。

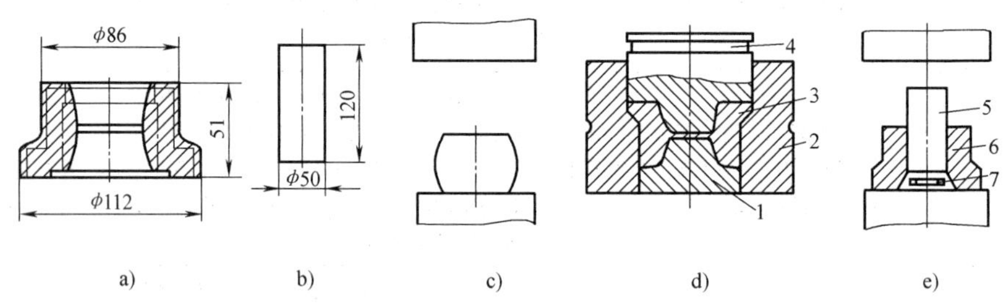

图 3-2-19　法兰盘胎模锻造过程

a）锻件图　b）下料　c）镦粗　d）终锻成形　e）冲掉连皮

1—模垫　2—模筒　3、6—锻件　4—冲头　5—冲子　7—连皮

常用锻造方法的综合分析和比较见表 3-2-3。

表 3-2-3　常用锻造方法的综合分析和比较

锻造方法		适用范围	生产率	锻件精度及表面质量	模具特点	模具寿命	劳动条件	对环境影响
自由锻		小型锻件（空气锤）、中型锻件（蒸汽-空气锤）、大型锻件（水压机），单件小批生产	低	低	采用通用工具，无专用模具		差	振动和噪声大
模锻	锤上模锻	中小型锻件，大批量生产。适合锻造各种类型的模锻件	高	中	锻模固定在锤头和砧座上，模膛复杂，造价高	中	差	振动和噪声大
	曲柄压力机上模锻	中小型锻件，大批量生产。不易进行拔长和滚压工序	高	高	组合模，有导柱、导套和顶出装置	较高	好	较小
	摩擦压力机上模锻	小型锻件，中批量生产。可进行精密模锻	较高	较高	一般为单模膛锻模	中	好	较小
	胎模锻	中小型锻件、中小批量生产	较高	中	模具简单，且不固定在设备上，取换方便	较低	差	振动和噪声大

3.2.2.5　塑性加工成形的新技术

随着工业的不断发展，社会生产需求对锻压加工提出了越来越高的要求，出现了许多先进的锻压工艺方法。其主要特点是尽量使锻压件形状接近零件的形状，以达到少切削或无切削的目的；提高尺寸精度和表面质量；提高锻压件的力学性能，节省金属材料，降低生产成本；改善劳动条件，大大提高生产率并能满足一些特殊工作要求。

1. 高速高能成形

高速高能成形有多种加工形式。其共同特点是在极短的时间内，将化学能、电能、电磁能和机械能传递给被加工的金属材料，使之迅速成形。

高速高能成形分为：利用炸药爆炸成形，利用高压放电成形，利用电磁力成形和利用压缩气体的高速锤成形等。高速高能成形具有速度高，可加工难加工的材料，加工精度高，加工时间短，设备投资少等优点。

（1）爆炸成形　爆炸成形是利用炸药爆炸的化学能使金属材料变形的方法。模膛内放置的炸药在爆炸时产生的大量高温高压气体，使周围介质（水、砂子等）的压力急剧上升，并呈辐射状传递，使坯料成形。这种成形方法使坯料的变形速度高，投资少，工艺装备简单，适用于多品种小批量生产，尤其适合于一些难加工的金属材料或大件的成形，如兵器上使用的钛合金、不锈钢的成形等。

（2）放电成形　放电成形的坯料变形机理与爆炸成形基本相同。它是通过放电回路中产生强大的冲击电流，使电极附近的水汽化膨胀，从而产生很强的冲击压力使坯料成形。与爆炸成形相比，放电成形时对能量的控制与调整相对简单，成形过程稳定，使用安全、噪声小，可在车间内使用，生产率高。特别适于管材的胀形加工，但是放电成形受到设备容量的限制不适用于大件成形。

（3）电磁成形　电磁成形是利用电磁力来加压成形的。线圈中的脉冲电流可在极短的时间内迅速增长或衰减，并在周围空间形成一个强大的变化磁场。坯料置于线圈内部，在此变化磁场的作用下，坯料内产生感应电流，坯料内感应电流形成的磁场和线圈磁场相互作用，使坯料在电磁力的作用下产生塑性变形。这种成形方法所用的材料应当是具有良好导电性能的铜、铝和钢。若需加工导电性差的材料，则应在毛坯表面放置薄铝板制成的驱动片，用来促使坯料成形。电磁成形不需要水或油之类的介质，工具也几乎不消耗，装置清洁，生产率高，产品质量稳定；但由于受到设备容量的限制，只适用于加工厚度不大的小零件、板材或管材。

2. 精密模锻

精密模锻是在普通的模锻设备上锻制出形状复杂的高精度锻件的一种模锻工艺。常用于加工锥齿轮、汽轮机叶片、航空件、电器件等。锻件公差可在0.02mm以下，达到少切削或无切削的目的。

3. 液态模锻

液态模锻是一种介于压力铸造和模锻之间的加工方法。它是将一定量的金属液直接浇入金属型内，然后在一定时间内，以一定压力作用于液态或半液态金属上使之成形的一种加工方法。由于结晶过程是在压力下进行的，所以改变了常态下结晶的宏观及微观组织，使柱状晶粒变为细小的等轴晶粒。用于液态模锻的金属可以是各种类型的合金，如铝合金、铜合金、灰铸铁、碳钢、不锈钢等。

4. 超塑性成形

超塑性是指金属或合金在特定条件下进行拉伸试验，其断后伸长率超过100%的特性，如钢超过500%、纯钛可超过300%、锌铝合金可超过1000%。特定条件是指一定的变形温度（约为$0.5T_{熔}$），均匀的细晶粒度（晶粒平均直径为0.2~0.5μm），低的形变速率（$\varepsilon=10^{-4}\sim10^{-2}/s$）。

目前常用的超塑性成形材料主要是锌铝合金、铝基合金、钛合金及高温合金。超塑性状态下的金属在变形过程中不产生缩颈现象，变形应力仅为常态下金属变形应力的几十分之一到几分之一。因此，这些金属极易成形，可采用多种工艺方法制出复杂零件，如超塑性板料冲压，如图 3-2-20 所示。

5. 计算机的应用

锻压加工技术要求锻压件越来越接近零件的形状和尺寸，利用计算机辅助设计（CAD）和计算机辅助制造（CAM）技术对模具等进行一系列的优化设计，是当前获得质优价廉锻压件的最好途径。

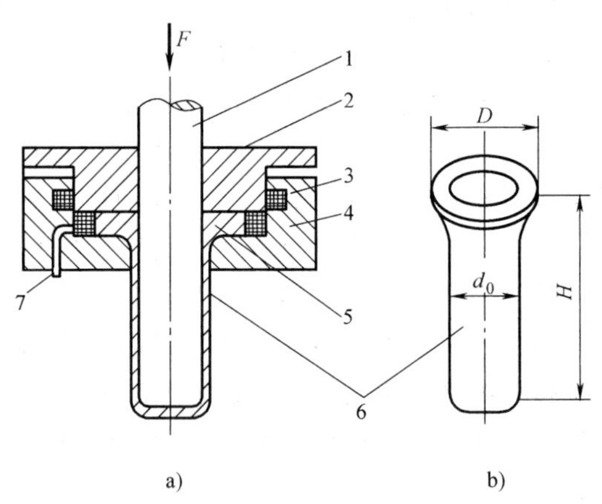

图 3-2-20　超塑性板料冲压

a）冲压过程　b）工件

1—冲头（凸模）　2—压板　3—电热元件　4—凹模　5—板坯　6—工件　7—高压油孔

3.2.3　焊接

焊接是通过加热或加压（或两者并用），使焊接金属原子之间相互溶解与扩散，从而实现永久连接的一种工艺方法。

3.2.3.1　焊接的特点与应用

与其他机械连接相比，焊接具有节省材料、生产率高、接头性能好、劳动强度小、灵活方便等优点。因此，焊接技术广泛用于制造各种金属结构，如建筑结构、船体、车辆、锅炉及各种压力容器。此外，焊接也常用于制造机械零件，如重型机械的机架、底座、箱体、轴、齿轮等。

目前在生产上常用的焊接方法有焊条电弧焊、埋弧焊、气体保护焊、电渣焊、电阻焊、钎焊等。

3.2.3.2　焊条电弧焊

焊条电弧焊是熔化焊中最基本的一种焊接方法。它利用电弧产生的热熔化被焊金属，使之形成永久结合。由于焊条电弧焊所需要的设备简单、操作灵活，可以对不同焊接位置、不同接头形式的焊缝方便地进行焊接，因此是目前应用最为广泛的焊接方法。但要求操作者技术水平较高，生产率低，劳动条件差。主要用于单件小批量生产中碳钢、低合金结构钢、不锈钢的焊接和铸铁的补焊等。

图 3-2-21 是焊条电弧焊示意图，图中的电路是以弧焊电源为起点，通过焊接电缆、焊钳、焊条、工件、接地电缆形成回路。在有电弧存在时形成闭合回路，形成焊接过程。焊条和工件在这里既作为焊接材料，也作为导体。焊接开始后，电弧的高热瞬间熔化了焊条端部和电弧下面的工件表面，使之形成熔池，焊条端部的熔化金属以细小的熔滴状过渡到熔池中去，与母材熔化金属混合，凝固后成为焊缝。

1. 焊缝形成过程

熔焊焊缝的形成经历了局部加热熔化，使分离工件的结合部位产生共同熔池，再经凝固结晶成为一个整体的过程。

图 3-2-22 为焊条电弧焊焊缝形成示意图。在电弧高温作用下，焊条和工件同时产生局

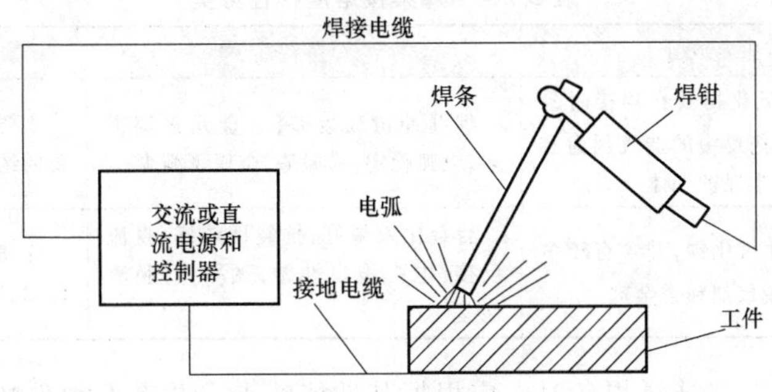

图 3-2-21 焊条电弧焊示意图

部熔化，形成熔池。熔化的填充金属呈球滴状过渡到熔池。电弧在沿焊接方向移动中，熔池前部（②-①-②区）不断参与熔化，并依靠电弧吹力和电磁力的作用，将熔化金属吹向熔池后部（②-③-②区），逐步脱离电弧高温而冷却结晶。所以电弧的移动形成动态熔池，熔池前部的加热熔化与后部的顺序冷却结晶同时进行，形成完整的焊缝。

焊条药皮在电弧高温下一部分分解为气体，包围电弧空间和熔池，形成保护层；另一部分直接进入熔池，与熔池金属发生冶金反应，并形成渣而浮于焊缝表面，构成渣保护。

2. 焊条

焊条由焊芯和药皮两部分组成。焊芯是金属丝，药皮是压涂在焊芯表面的涂料层。

（1）焊芯　焊芯的作用，一是作为电极传导电流，二是熔化后作为填充金属与母材形成焊缝。焊芯的化学成分和杂质含量直接影响焊缝质量。生产中有不同用途的焊丝（焊芯），如焊条焊芯、埋弧焊焊丝、CO_2焊焊丝、电渣焊焊丝等。

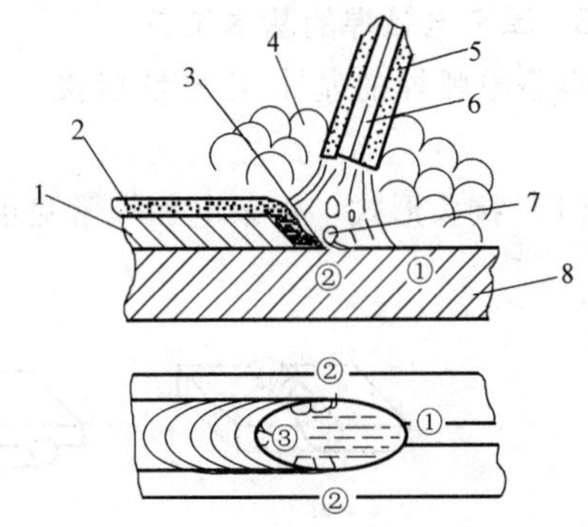

图 3-2-22 焊条电弧焊焊缝形成示意图
1—已凝固的焊缝金属　2—熔渣　3—熔化金属　4—药皮燃烧产生的保护气体　5—焊条药皮　6—焊芯　7—金属熔滴　8—母材

（2）药皮　药皮的作用，一是改善焊接工艺性，如药皮中含有稳弧剂，使电弧易于引燃和保持燃烧稳定；二是对焊接区起保护作用，药皮中含有造渣剂、造气剂等，造渣后熔渣与药皮中有机物燃烧产生的气体对焊缝金属起双重保护作用；三是起有益的冶金化学作用，药皮中含有脱氧剂、合金剂、稀渣剂等，使熔化金属顺利地进行脱氧、脱硫、去氢等冶金化学反应，并补充被烧损的合金元素。

（3）焊条的分类和选用

1）焊条的分类。焊条按焊条药皮熔化后的熔渣特性分酸性焊条和碱性焊条两类，见表3-2-4；焊条按用途分为九类：碳钢焊条、低合金钢焊条、不锈钢焊条、堆焊焊条、铸铁焊条、镍及镍合金焊条、铜及铜合金焊条、铝及铝合金焊条、特殊用途焊条（用于水下焊接或切割等）。

表 3-2-4　焊条按熔渣特性分类

分类	熔渣主要成分	焊接特性	应用
酸性焊条	SiO_2等酸性氧化物及在焊接时易放出氧的物质，药皮中的造气剂为有机物，焊接时产生保护气体	焊缝冲击韧度差，合金元素烧损多，电弧稳定，易脱渣，金属飞溅少	主要用于焊接低碳钢和不重要的结构件
碱性焊条	$CaCO_3$等碱性氧化物，并含有较多的铁合金作为脱氧剂和合金剂	合金化效果好，抗裂性能好，直流反接，电弧稳定性差，飞溅大，脱渣性差	主要用于焊接重要的结构件，如压力容器等

2）焊条的选用。在选择焊条时，应根据其性能特点，并考虑焊件的结构特点、工作条件、生产批量、施工条件及经济性等因素合理选用。

① 对于低、中碳钢和普通低合金钢的焊接，一般应按母材的强度等级选择相应强度等级的焊条；对于耐热钢和不锈钢的焊接，应选用与工件化学成分相同或相近的焊条；当母材含杂质较高时，宜选用抗裂性能好的碱性焊条。

② 焊接形状复杂和刚度大的结构及焊接承受交变载荷或冲击载荷的结构时，宜采用抗裂性能好的碱性焊条。

③ 焊接难以在焊前清理的焊接结构时，应选用抗气孔性能好的酸性焊条；若工件在腐蚀性介质中工作，宜选用不锈钢焊条。对于仰、立位置焊接应选用全位置焊接的焊条。

④ 使用酸性焊条比使用碱性焊条经济，所以在能满足使用性能要求的前提下应优先选用酸性焊条；而为提高焊缝质量，宜选用碱性焊条。

3. 焊条电弧焊的基本工艺

焊条电弧焊的基本工艺是指接头形式、坡口形式、焊缝的空间位置及焊接规范的选择等。

（1）接头形式　焊条电弧焊常见的接头形式如图 3-2-23 所示。

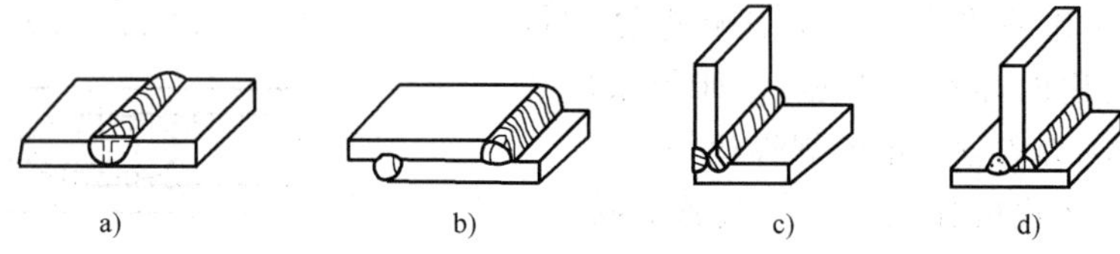

图 3-2-23　接头形式

a）对接接头　b）搭接接头　c）角接接头　d）T 形接头

（2）坡口形式　焊条电弧焊常用的坡口形式如图 3-2-24 所示。

（3）焊缝的空间位置　焊缝按空间位置不同分为平焊、横焊、立焊和仰焊四种，如图 3-2-25 所示。

平焊时操作方便，易保证焊接质量，生产率高；横焊时易产生咬边、焊瘤及未焊透等缺陷；立焊时焊缝成形较困难，不易操作；仰焊时焊缝成形困难，最不易操作。

（4）焊接规范的选择

1）焊条直径。选择焊条直径时应考虑工件厚度、焊缝位置和焊接层数等因素。

2）焊接电流。增大焊接电流能提高生产率，但焊接电流过大，易造成焊缝咬边和烧穿等缺陷；焊接电流过小，不但使生产率降低，而且易造成夹渣、未焊透等缺陷。影响焊接电

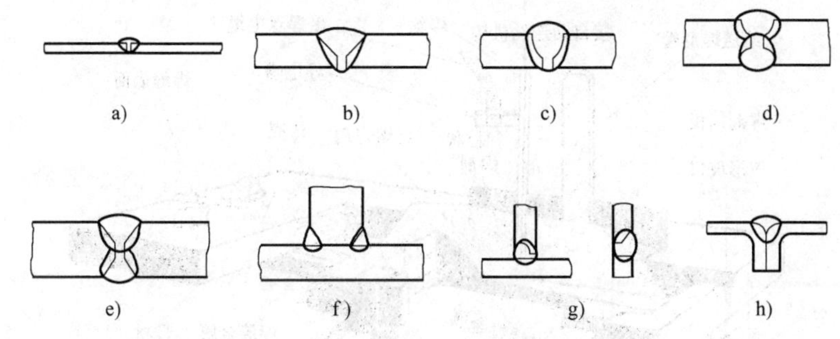

图 3-2-24　坡口形式

a）I形　b）V形　c）U形　d）双U形　e）X形　f）K形　g）J形　h）喇叭形

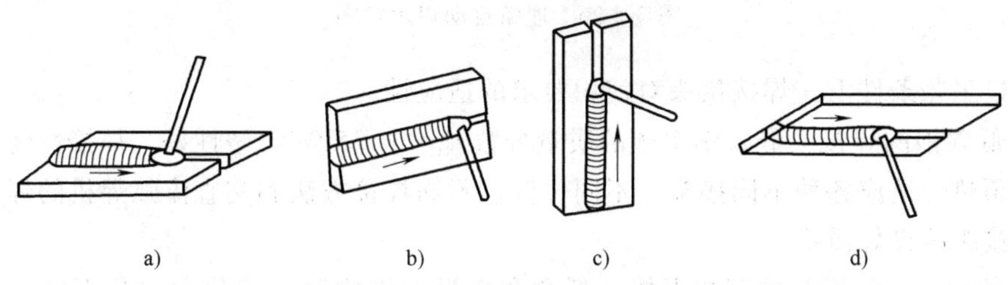

图 3-2-25　各种空间位置的焊缝

a）平焊　b）横焊　c）立焊　d）仰焊

流的主要因素是焊条直径和焊缝位置。焊接电流和焊条直径的关系，通常用经验公式来计算

$$I=K \cdot d$$

式中　I——焊接电流（A）；

d——焊条直径（mm）；

K——经验系数，一般为25~60。

平焊时K取较大值；立、横、仰焊时取较小值。使用碱性焊条时的焊接电流要比使用酸性焊条时略小。

3）电弧长度和焊接速度。电弧长度一般不超过2~4mm。焊接速度以保证焊缝尺寸符合设计图样要求为准。

3.2.3.3　埋弧焊

埋弧焊又称焊剂层下电弧焊。它是通过保持在焊丝和工件之间的电弧将金属加热，使被焊件之间形成刚性连接。按自动化程度的不同，埋弧焊分为半自动焊（移动电弧由手工操作）和自动焊。这里所说的埋弧焊都是指埋弧自动焊，半自动焊已基本上由气体保护焊代替。

埋弧自动焊示意图如图3-2-26所示。

3.2.3.4　常用金属材料的焊接

钢是焊接结构中最常用的金属材料，因而评定钢的焊接性显得尤为重要。焊接性反映金属材料在一定的焊接工艺条件下，获得优质焊接接头的难易程度。它包括两方面内容，其一是接合性能，即在一定的焊接工艺条件下，形成焊接缺陷的敏感性；其二是使用性能，即在

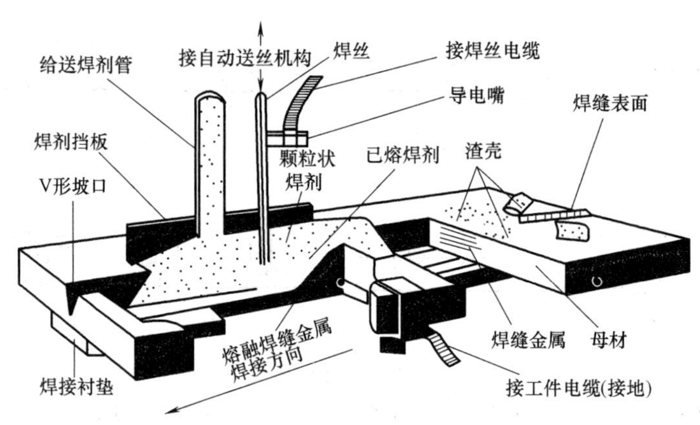

图 3-2-26　埋弧自动焊示意图

一定的焊接工艺条件下，焊接接头对使用要求的适应性。

(1) 低碳钢的焊接　低碳钢中碳的质量分数 $w_C < 0.25\%$，塑性好，焊接性优良。焊前一般不需预热，适应各种不同接头、不同位置、不同焊接方法和交直流弧焊机的焊接，并能保证焊接接头的良好质量。

(2) 低合金高强度结构钢的焊接　低合金高强度结构钢由于化学成分不同，焊接性也不同。强度级别较低的低合金高强度结构钢，当碳当量（钢中合金元素的含量按其作用换算成碳的相当含量）$w_{CE} < 0.4\%$ 时，焊接性良好。当 $w_{CE} > 0.4\%$ 时，焊接性较差，焊前需预热；焊接时应增大焊接电流，减慢焊接速度，选用低氢型焊条，以减少冷裂纹；焊后应及时进行热处理，以消除应力。常用焊条电弧焊和埋弧自动焊进行焊接。

(3) 奥氏体不锈钢的焊接　奥氏体不锈钢焊接性良好，一般采用快速焊，焊条不做横向摆动，运条要稳，收弧时注意填满弧坑，焊接电流比焊低碳钢时要降低 20%左右，常用焊条电弧焊和氩弧焊进行焊接。

3.2.3.5　焊接成形新技术

随着科学技术和机械制造技术的发展，以及新材料的不断涌现，焊接技术和工艺也得到了迅速提高和应用。焊接技术正朝着优质、高效、自动化、节能、低耗和低污染的方向发展，而且一些新的科技成果正逐步走出实验室，不断满足机械制造方面新的特殊需要。下面介绍部分成熟的焊接新技术。

1. 等离子弧焊

借助水冷喷嘴对电弧的拘束作用，获得能量密度较高的等离子弧进行焊接的方法称为等离子弧焊。等离子弧焊的特点是等离子弧的强弱易于控制，能量密度大，穿透能力强，焊接质量高，生产率高，焊缝深宽比大，但其焊炬结构复杂，对控制系统要求较高。等离子弧焊主要用于精密焊接和某些焊接性差的金属材料。如国防工业和尖端技术所用的铜合金、合金钢、钨、钼、钴、钛等金属的焊接；钛合金的导弹壳体、波纹管及膜盒、微型继电器、电容器的外壳封接以及飞机上一些薄壁容器等均可用等离子弧焊。

此外，等离子弧还可以用于喷涂及切割，如切割氧气难切割的不锈钢、混凝土、花岗石等。

2. 电子束焊

电子束焊是利用加速和聚焦的电子束轰击置于真空或非真空中的焊件所产生的热能来进行焊接的方法。现如今电子束的偏转（扫描）频率可达 100kHz，不仅能实现几十个点同时焊接，减少焊接变形，还可以利用电子束一边进行焊接一边进行接缝跟踪，以及利用电子束进行成像、打标和打孔加工来扩大电子束的加工领域。其焊接特点是能量密度高，焊接速度快，焊缝窄而深，焊缝纯净质量高，焊接变形很小。但焊接设备复杂、造价高，使用、维护技术要求高。

3. 超声波焊接

超声波焊接是利用超声波的高频振荡能对工件接头进行局部加热和表面清理，然后施压来实现焊接的一种压焊方法。其焊接特点是焊件表面无变形，焊件表面无须严格清理，焊接质量高。适用于焊接厚度小于 0.5mm 的工件。应用于仪表、无线电、精密机械、航空航天等部门。

4. 激光焊

激光焊是以聚焦的激光束轰击焊件所产生的热量来进行焊接的方法。其特点是能量密度大，焊接速度快，焊接质量高，灵活性较大，比较容易实现异种金属和异种材料的焊接，如钢与铝、铜与铝、不锈钢与铜等，可实现一般焊接方法难以接近的接头及远距离焊接，目前已广泛用于电子工业和仪表工业中微型件的焊接，如集成电路内外引线、微型继电器以及仪表游丝等。

目前焊接技术正向高温、高压、高容量、高寿命、高生产率的方向发展，如电子计算机控制机器人焊接和遥控全方位焊接机的焊接等。

3.2.4 机械零件毛坯的选择

机械零件的制造包括毛坯成形和切削加工两个阶段，毛坯成形不仅对后续的切削加工产生很大的影响，而且对零件乃至机械产品的质量、使用性能、生产周期和成本等都有影响。因此，正确选择毛坯的类型和生产方法对于机械设计和机械制造具有重要意义。

3.2.4.1 毛坯生产方法的选择原则

机械零件常用的毛坯类型有铸件、锻件、轧制型材、挤压件、冲压件、焊接件、粉末冶金件和注射成型件等，每种类型的毛坯都可以有多种成形方法，在选择时应遵循的原则是：在保证毛坯质量的前提下，力求选用高效、低成本、制造周期短的毛坯生产方法。一般毛坯选择步骤是：首先由设计人员提出毛坯材料和加工后要达到的质量要求，然后再由工艺人员根据零件图、生产批量，并综合考虑交货期限及现有可利用的设备、人员和技术水平等选定合适的毛坯生产方法。具体要考虑的因素有以下几方面：

1. 满足材料的工艺性能要求

（1）铸造性能　对于铸件毛坯，要求有良好的铸造性能，即要求其流动性好、收缩率小，产生偏析、缩孔、气孔等缺陷的倾向小。如常用材料中，铸铁的铸造性能优于铸钢。

（2）锻压性能　对于锻件和冲压件，要求其锻压性能良好，既要求其塑性好，变形抗力小，还要求其加工温度范围宽，具有抗氧化性、抗热脆性和抗冷裂性等。对于锻压性能，一般低碳钢优于高碳钢，相同含碳量的碳素钢优于合金钢，低合金钢优于高合金钢。

（3）焊接性能　对于焊接件，要求具有良好的接合性能和使用性能。低碳钢、低合金高强度结构钢的焊接性能较好，而中、高碳钢和中、高合金钢的焊接性能较差。

2. 满足零件的使用要求

零件的使用要求主要包括零件的结构形状和尺寸要求、零件的工作条件（通常指零件的受力情况、工作环境和接触介质等）以及对零件性能的要求等。

（1）结构形状和尺寸的要求　选择毛坯时，应认真分析零件的结构形状和尺寸特点，选择与之相适应的毛坯制造方法。对于结构形状复杂的中小型零件，为了使毛坯形状与零件较为接近，应先确定以铸件作为毛坯，然后再根据使用性能要求等选择砂型铸造、金属型铸造或熔模铸造。对于结构形状很复杂且轮廓尺寸不大的零件，宜选择熔模铸造；对于结构形状较为复杂且抗冲击能力、抗疲劳强度要求较高的中小型零件，宜选择模锻件毛坯；对于那些结构形状相当复杂且轮廓尺寸又较大的零件，宜选择组合毛坯。

（2）力学性能的要求　对于力学性能要求较高，特别是工作时要承受冲击和交变载荷的零件，为了提高抗冲击和抗疲劳破坏的能力，一般应选择锻件，如机床、汽车的传动轴和齿轮等；对于由于其他方面原因需采用铸件的，但又要求金相组织致密、承载能力较强的零件，应选择相应地能满足要求的铸造方法，如压力铸造、金属型铸造和离心铸造等。

（3）表面质量的要求　为降低生产成本，现代机械产品上的某些非配合表面有尽量不加工的趋势，即实现少、无切屑加工。为保证这类表面的外观质量，对于尺寸较小的非铁金属件，宜选择金属型铸造、压力铸造或精密模锻；对于尺寸较小的钢铁件，则宜选择熔模铸造（铸钢件）或精密模锻（结构钢件）。

（4）其他方面的要求　对于具有某些特殊要求的零件，必须结合毛坯材料和生产方法来满足这些要求。例如，某些有耐压要求的套筒零件，要求零件金相组织致密，不能有气孔、砂眼等缺陷，则宜选择型材（如液压缸常采用无缝钢管）；如果零件选材为铸铁，则宜选择离心铸造（如内燃机的气缸套，其材料为QT600-2，毛坯即为离心铸造件）；对于在自动机床上加工的中小型零件，由于要求毛坯精度较高，故宜采用冷拉型材，如微型轴承的内、外圈是在自动车床上加工的，其毛坯采用冷拉圆钢。

3. 满足降低生产成本的要求

要降低毛坯的生产成本，必须认真分析零件的使用要求及所用材料的价格、结构工艺性、生产批量等各方面情况。首先，应根据零件的选材和使用要求确定毛坯的类型，再根据零件的结构形状、尺寸大小和毛坯的结构工艺性及生产批量大小确定具体的生产方法，必要时还可按有关程序对原设计提出修改意见，以利于降低毛坯生产成本。

（1）生产批量较小时的毛坯选择　生产批量较小时，毛坯生产的生产率不是主要问题，材料利用率的矛盾也不太突出，这时应主要考虑的是减少设备、模具等方面的投资，即使用价格比较便宜的设备和模具，以降低生产成本。例如，使用型材、砂型铸造件、自由锻件、胎模锻件、焊接结构件等作为毛坯。

（2）生产批量较大时的毛坯选择　生产批量较大时，提高生产率和材料的利用率，降低废品率，对降低毛坯的单件生产成本将具有明显的经济意义。因此，应采用比较先进的毛坯制造方法来生产毛坯。尽管此时的设备造价昂贵、投资费用高，但分摊到单个毛坯上的成本是较低的，并由于工时消耗、材料消耗及后续加工费用的减少和毛坯废品率的降低，从而有效地降低毛坯生产成本。

表3-2-5是常用毛坯类型及其制品的比较。

表 3-2-5 常用毛坯类型及其制品的比较

毛坯类型 比较内容	铸件	锻件	冲压件	焊接件	型材
成形方法	液态下成形	固态下塑性变形		借助原子间扩散和结合	固态下切削
对原材料工艺性能要求	流动性好，收缩率低	塑性好，变形抗力小		强度高，塑性好，液态下化学稳定性好	—
适用材料	铸铁、铸钢、非铁金属	中碳钢、合金结构钢	低碳钢和非铁金属薄板	低碳钢、低合金结构钢、铸铁、非铁金属	碳钢、合金钢、非铁金属
组织和性能	砂型铸造件晶粒粗大、疏松，缺陷多；铸铁件力学性能差，耐磨性和减振性好；铸钢件力学性能较好	晶粒细小、致密，力学性能好，可利用流线提高锻件的使用性能和寿命	组织细密，可产生纤维组织。利用冷变形强化，可提高强度和硬度，结构刚性好	焊缝区为铸造组织，熔合区和过热区有粗大晶粒，故接头处表面粗糙；力学性能接近母材	取决于型材的原始组织和性能
形状特征	形状一般不受限制，可以相当复杂，特别是内腔形状	自由锻件简单，模锻件可较复杂	结构轻巧，形状可以较复杂	尺寸、形状一般不受限制，结构较轻	形状简单，一般为横向尺寸变化小的圆形或平面
材料利用率	高	自由锻件低，模锻件中等	较高	较高	较高
生产周期	长	自由锻短，模锻长	长	较短	短
生产成本	较低	自由锻件较高，模锻件较低	批量越大，成本越低	中	较低
生产批量	单件和成批（砂型铸造）	自由锻单件小批，模锻成批、大量	大批量	单件、成批	单件、成批
应用范围	铸铁件用于受力不大，或承压为主，或要求减振、耐磨的零件；铸钢件用于承受重载而形状复杂的大中型零件。例如，床身、立柱、箱体、支架、阀体、带轮、齿轮等	用于对力学性能，尤其是强度和韧性，要求较高的传动零件和工具、模具。例如，主轴、传动轴、曲轴、连杆、齿轮、凸轮、螺栓、弹簧、锻模、冲模等	用于板料成形的各种零件。例如，汽车车身覆盖件、仪表、电器及仪器的机壳及零件，油箱、水箱各种薄板金属件	用于制造金属结构件或组合件和零件的修补。例如，锅炉、压力容器、化工容器、管道、厂房结构、吊车构造、桥梁、车身、船体、飞机构件、重型机械的机架、工作台等	一般中、小型简单零件。例如，光轴、丝杠、螺栓、螺母、销子等

4. 符合生产条件

为了兼顾零件的使用要求和生产成本两个方面，在选择毛坯时还必须与本厂的具体生产条件相结合。当对外订货的价格低于本厂生产成本，且又能满足交货期要求时，应当向外订货，以降低成本。还要认真分析以下三方面的情况：

1）当代毛坯生产的先进技术与发展趋势，在不脱离我国国情及本厂实际的前提下，尽量采用比较先进的毛坯生产技术。

2）产品的使用性能和成本方面对毛坯生产的要求。

3）本厂现有毛坯生产能力状况，包括生产设备、技术力量（含工程技术人员和技术工人）、厂房等方面的情况。

总之，毛坯选择应在保证产品质量的前提下，获得最好的经济效益。

3.2.4.2 典型零件的毛坯选择分析

下面以一个例子来说明采用不同毛坯生产方式所获得的性能的差异。某轴承液压缸零件简图如图3-2-27所示，用碳的质量分数为0.40%的钢制成，工作压力为1.5MPa，需要做3MPa的水压试验；内孔及两端法兰结合面需切削加工，其余不加工；生产量为200件。

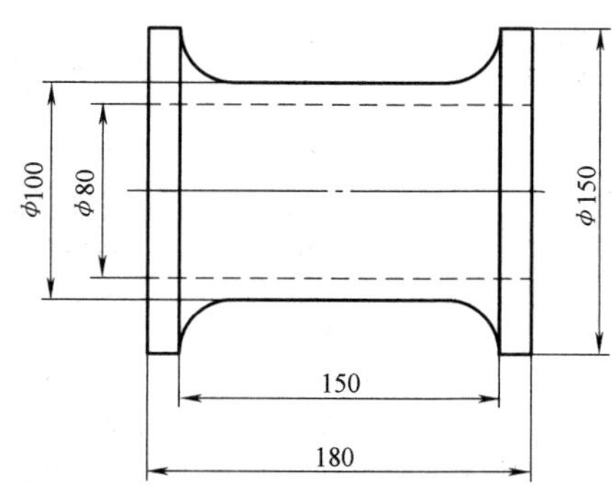

图 3-2-27 轴承液压缸零件简图

该液压缸形状比较简单，缸体应具有较高的耐压性、防渗性。毛坯可用多种方法获得，图3-2-28列举了铸造、锻压、焊接等不同成形的毛坯。

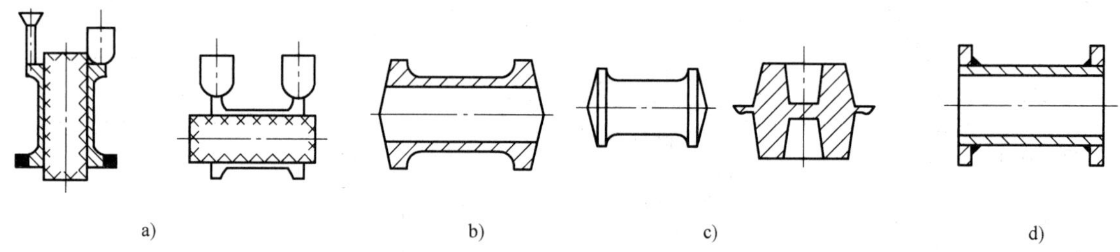

图 3-2-28 轴承液压缸的毛坯比较

a）砂型铸造 b）胎模锻造 c）模型锻造 d）焊接毛坯

由于成形方法不同，其工艺性和质量差别很大，下面对各毛坯进行综合分析比较，见表3-2-6。

表 3-2-6 轴承液压缸的毛坯选用分析比较

毛坯类型	选用材料	毛坯特点	质量
砂型铸造	ZG270-500	水平浇注时，铸造工艺简单，但内孔质量较差；垂直浇注时，内孔质量提高，但工艺比较复杂	不能完全合格
胎模锻造	40钢	经过镦粗、冲孔、芯轴拔长等工序成形，工艺简单，但生产率低，劳动强度大	质量好，能全部合格
模型锻造	40钢	毛坯立放能锻出内孔，不能锻出法兰，外圆切削加工量大；毛坯横放能锻出法兰，但不能锻出内孔，内孔切削加工量大	质量好，全部通过水压试验
焊接	40钢管	工艺简单，省工省料，但难找到合适的无缝钢管	质量好，全部通过水压试验
圆钢型材	40圆钢	切削量大，材料利用率低，成本高	能全部合格

根据毛坯的选择原则，下面分别介绍轴杆类、盘套类和箱体机架类等典型零件的毛坯选择方法。

1. 轴杆类零件的毛坯选择

常见的轴杆类零件有实心轴、空心轴、直轴、曲轴和各类杆件，图 3-2-29 所示为常见轴杆类零件。一般轴杆类零件承受弯、扭、拉、压多种应力，并多为循环应力，有时还承受冲击应力，在轴颈和滑动表面处承受摩擦。因此，轴杆类零件要求具有良好的综合力学性能，交变载荷大时还应具有高的抗疲劳性能，局部要求有高的硬度和耐磨性。

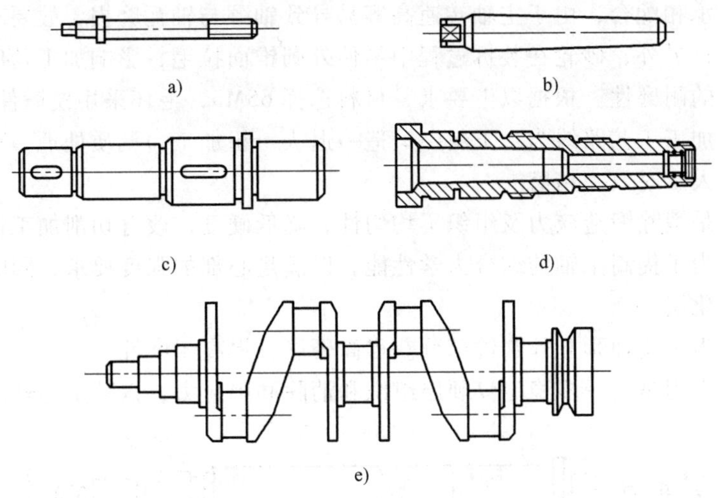

图 3-2-29 常见轴杆类零件

a）立铣头拉杆 b）锥度心轴 c）传动轴 d）立铣头轴 e）曲轴

对于光滑的或有阶梯但直径相差不大的一般轴，常用型材（即热轧或冷拉圆钢）作为毛坯。

对于直径相差较大的阶梯轴或要求承受冲击载荷和交变应力的重要轴，均采用锻件作为毛坯。当生产批量较小时，应采用自由锻件；当生产批量较大时，应采用模锻件。

对于结构形状复杂的大型轴类零件（如水压机立柱），可采用砂型铸造件、焊接结构件或“铸-焊”、“锻-焊”结构毛坯。

下面举例说明几种轴杆类零件毛坯的选择：

1）如图 3-2-30 所示为减速器传动轴，工作载荷基本平衡，材料为 45 钢，小批量生产。

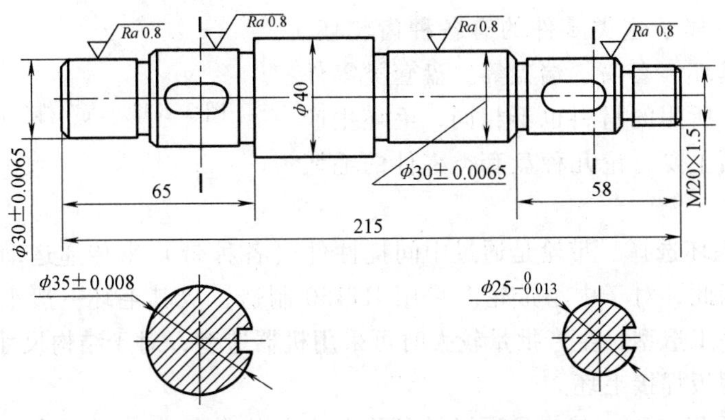

图 3-2-30 减速器传动轴

由于该轴工作时不承受冲击载荷，工作性质一般，且各阶梯轴径相差不大，因此可选用热轧圆钢作为毛坯。下料尺寸为 ϕ45mm×220mm。

减速器传动轴的加工工艺路线为：热轧棒料下料→粗加工→调质处理→精加工→磨削。

2）如图 3-2-31 所示为磨床砂轮主轴，生产批量中等。砂轮主轴主要用于传递动力。该零件精度要求高，工作中将承受弯曲、扭转、冲击等载荷，要求具有较高的强度；同时，砂轮主轴与滑动轴承相配合，由于主轴转速高容易导致轴颈与轴瓦磨损，故要求轴颈具有较高的硬度和耐磨性；另外，砂轮在装拆过程中易使外圆锥面拉毛，影响加工精度，所以要求这些部位具有一定的耐磨性。根据以上要求，材料选择 65Mn，毛坯采用模锻件。

砂轮主轴的加工工艺路线为：下料→锻造→退火→粗加工→调质处理→精加工→表面淬火→粗磨→低温人工时效→精磨。

退火的目的是消除锻造应力及组织不均匀性，降低硬度，改善切削加工性。

调质处理是为了提高主轴的综合力学性能，以满足心部的强度要求，同时在表面淬火时能获得均匀的硬化层。

表面淬火是为了使轴颈和外圆锥部分获得高硬度，提高耐磨性。

人工时效的作用是进一步稳定淬硬层组织和消除磨削应力，以减少主轴的变形。

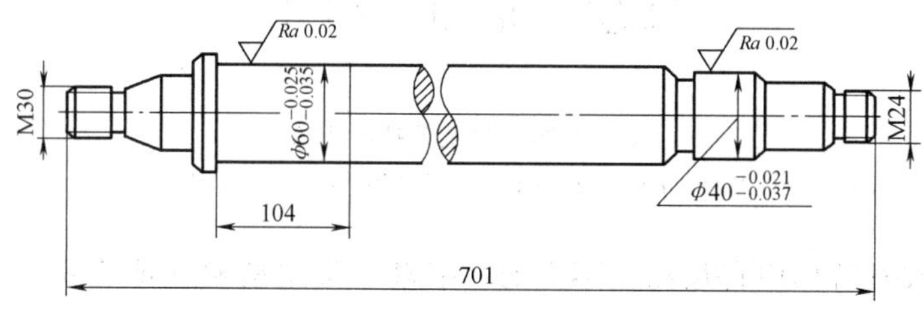

图 3-2-31　磨床砂轮主轴

3）如图 3-2-32 所示为汽车排气阀的外形简图。该零件在高温状态下工作，要求材料为耐热钢，大批量生产。在保证满足零件的使用要求的前提下，为节约较贵重的耐热钢，故采用焊接件毛坯。阀杆部分采用耐热钢，阀帽部分采用碳素结构钢，焊接方法采用电阻焊。

2. 盘套类零件的毛坯选择

盘套类零件是指直径尺寸较大而长度尺寸相对较小的回转体零件（一般长度与直径之比小于 1），如图 3-2-33 所示。属于这类零件的有各种齿轮坯、带轮、飞轮、模具坯、套筒、端盖等。盘套类零件由于其用途不同，所用的材料也不相同，毛坯生产方法也较多。下面主要讨论几种盘套类零件的毛坯选择问题。

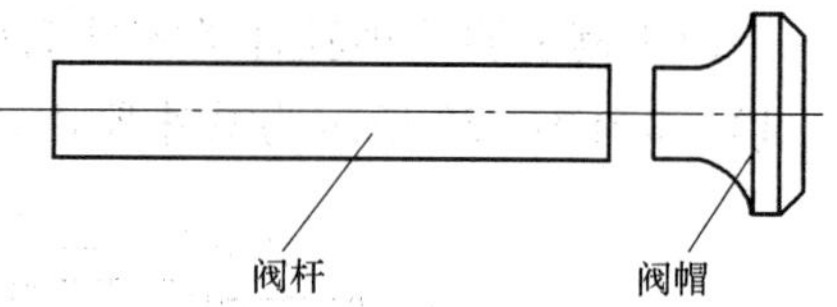

图 3-2-32　汽车排气阀的外形简图

（1）带轮的毛坯选择　带轮是通过中间挠性件（各种带）来传递运动和动力的，一般载荷比较平稳。因此，对于中小带轮多采用 HT150 制造，故其毛坯一般采用砂型铸造，生产批量较小时用手工造型，生产批量较大时可采用机器造型；对于结构尺寸很大的带轮，为减轻重量可采用钢板焊接毛坯。

（2）链轮的毛坯选择　链轮是通过链条作为中间挠性件来传递动力和运动的，其工作过程中的载荷有一定的冲击，且链齿的磨损较快。链轮的材料大多使用钢材，最常用的毛坯

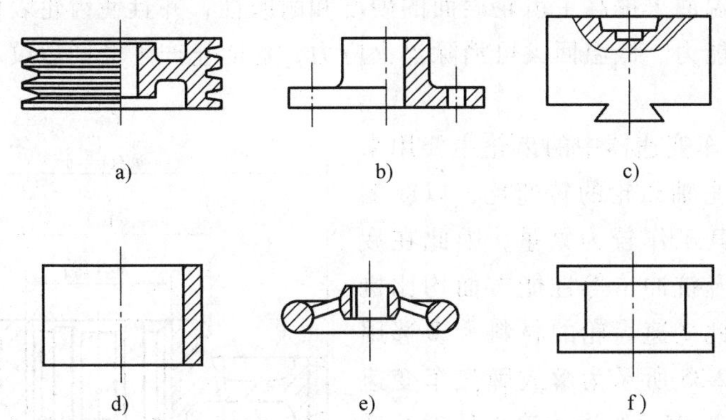

图 3-2-33 盘套类零件

a）带轮 b）法兰盘 c）下模块 d）套筒 e）手轮 f）绳轮

为锻件。单件小批生产时，采用自由锻造；生产批量较大时使用模锻；对于新产品试制或修配件，也可使用型材；对于齿数大于 50 的从动链轮也可采用强度高于 HT150 的铸铁，其毛坯可采用砂型铸造，造型方法视生产批量决定。

（3）齿轮的毛坯选择 对于齿轮毛坯，工作时齿部受交变弯曲应力及冲击力，齿表面受接触应力和摩擦力，易产生疲劳、磨损、折断、变形等失效，因此要求齿轮主体具有高的强度和韧性，齿面具有高的硬度和耐磨性。

一般齿轮选用调质钢、渗碳钢、渗氮钢制造，毛坯生产方法主要是锻造成形，生产批量较小或尺寸较大的齿轮采用自由锻造；生产批量较大的中小尺寸齿轮采用模锻；但对于形状简单或尺寸较小且性能要求不高的齿轮可采用轧材（圆钢）经切削加工制成，大批生产时可用热轧棒料；对于直径比较大、结构比较复杂，强度要求高的齿轮可用铸钢毛坯；受力不大、无冲击、低速的齿轮可用铸铁件。

【例 3-1】 一般来说，机床齿轮载荷不大，运动平稳，工作条件好，故对齿轮的耐磨性及冲击韧性要求不高，材料选用中碳钢，用热轧圆钢作为毛坯。图 3-2-34为车床主轴箱中Ⅲ轴上的三联滑动齿轮简图，该齿轮主要用来传递动力并改变转速，通过拨动箱外手柄使齿轮在Ⅲ轴上做滑移运动，与Ⅱ轴上的不同齿轮啮合，以获得不同的转速。考虑到整个齿轮较厚，采用中碳钢难以淬透，生产中也可选用中碳合金钢（如 40Cr），齿面经高频淬火以提高表面硬度和耐磨性。

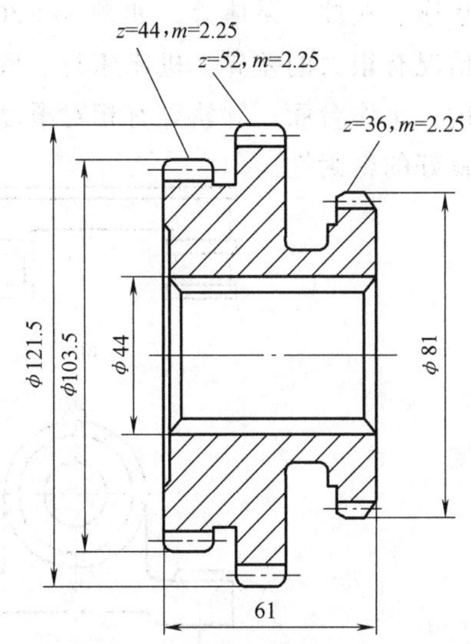

图 3-2-34 车床主轴箱中Ⅲ轴上的三联滑动齿轮简图

其加工工艺路线为：下料→锻造→正火→粗加工→调质处理→精加工→齿轮高频淬火及低温回火→精磨。

正火处理是锻造齿轮毛坯必需的热处理工序，它可消除锻造应力，均匀组织，改善切削加工性。对于一般齿轮，正火也可作为高频淬火前的最后热处理工序。

调质处理可以使齿轮获得较高的综合力学性能，齿轮可承受较大的弯曲应力和冲击力，并可减少淬火变形。

高频淬火及低温回火提高了齿轮表面的硬度和耐磨性，并且使齿轮表面产生压应力，提高了抗疲劳破坏的能力。低温回火可消除淬火应力，对防止产生磨削裂纹和提高抗冲击能力是有利的。

【例 3-2】 汽车变速器中的齿轮主要用来调节发动机曲轴和主轴凸轮的转速比，以改变汽车的运行速度，其工作较为繁重，因此在疲劳极限、耐磨性以及抗冲击等性能方面均比机床齿轮要求高，因此变速齿轮的材料大多选用合金渗碳钢。图 3-2-35 所示为解放牌汽车变速齿轮，采用 20CrMnTi 钢，经渗碳淬火处理及低温回火后表面硬度为 58～62HRC，心部硬度为 30～45HRC，这种钢具有良好的工艺性能，这对大量生产来说极为重要。毛坯生产方法采用模锻。20CrMnTi 钢经锻造及正火后，切削加工性较好，同时有良好的淬透性、过热倾向小、渗碳速度快及淬火变形小等热处理工艺性能。

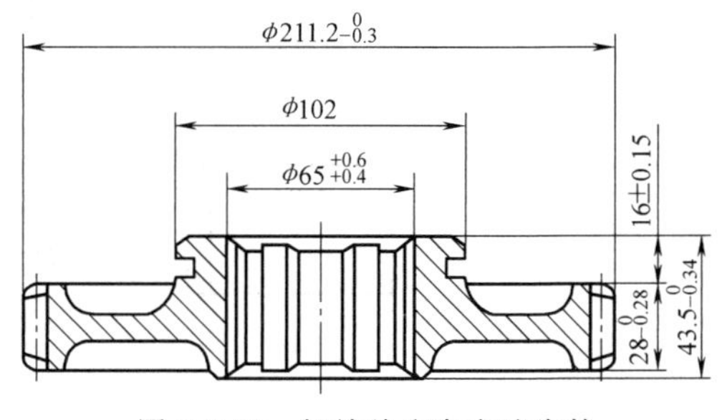

图 3-2-35 解放牌汽车变速齿轮

具体加工工艺路线为：下料→模锻→正火→机械粗、半精加工（内孔及端面留磨量）→渗碳（孔防渗）淬火、低温回火→喷丸→校正内花键→珩（或磨）齿。

正火是为了均匀和细化组织，消除锻造应力，获得较好的切削加工性。

渗碳淬火及低温回火是为了使齿面具有高硬度及耐磨性，而心部可得到低碳马氏体组织，有高的强度和足够的韧性。

喷丸处理是一种强化手段，可使工件渗碳表层的压应力进一步增大，有利于提高疲劳强度，同时也可清除氧化皮。

3. 箱体机架类零件的毛坯选择

箱体机架类零件是机器的基础件，这类零件包括机架、机身、机座、工作台、齿轮箱、轴承座、阀体、泵体等，如图 3-2-36 所示。这类零件一般结构比较复杂，工作条件根据使用情况有很大的差异。机床床身、底座等基础零件主要承受压力，并要求有良好的减振性、刚度；工作台面、导轨等有相对滑动部分，要求有一定的耐磨性；阀体等壳体类零件则要求有良好的密封性。

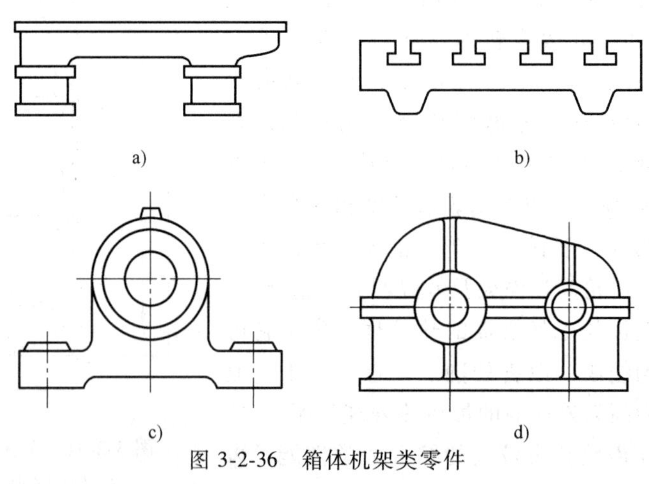

图 3-2-36 箱体机架类零件

a）床身 b）工作台 c）轴承座 d）变速箱体

一般箱座、支架类零件多采用铸铁件，最常见的毛坯是砂型铸造的铸件。铸铁件能制造出形状复杂的毛坯，并具有良好的减振性、耐压、耐磨，且价格便宜。对于受力较大、受力复杂的零件毛坯，可采用铸钢件。对于要求质轻的、受力一般的零件毛坯，可采用铝合金铸件。在单件小批生产、新产品试制或结构尺寸很大时，也可采用钢板焊接而成，焊接件的优点是结构轻巧，但减振性不如铸铁件。

图 3-2-37 所示为泵体零件图，材料为 HT150，大批生产。考虑到该零件是泵的支承件，结构比较复杂，材料为灰铸铁，而且生产批量大等因素，选择机器造型的砂型铸造方法生产该零件毛坯比较适宜。

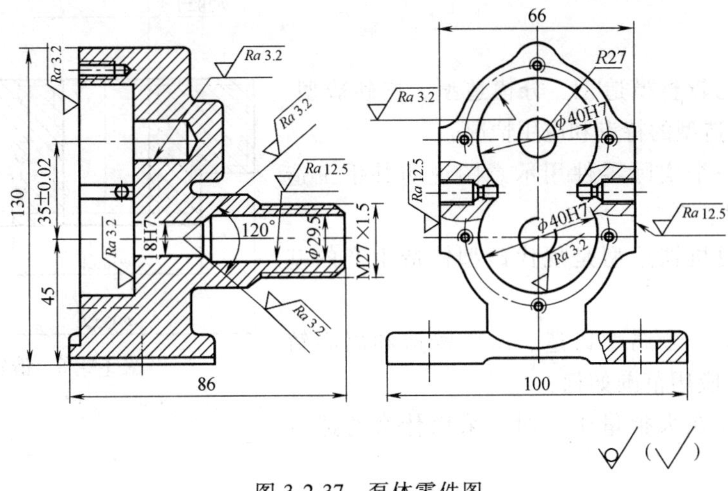

图 3-2-37　泵体零件图

[任务实施]

根据前面项目任务描述中减速器（图 3-0-1）上各零件的工作条件、主要失效形式和使用性能要求，选择适合的毛坯生产方法和成形工艺。任务实施结果见表 3-1-19。生产工艺路线以齿轮坯为例。

锻件名称：齿轮坯（图 3-2-38）

坯料尺寸：ϕ50mm×125mm

材料：45 钢

锻造温度：800～1200℃

锻造设备：250kg 空气锤

齿轮坯的锻造工艺过程见表 3-2-7。

表 3-2-7　齿轮坯的锻造工艺过程

序号	工序名称	操作说明	变形过程简图	序号	工序名称	操作说明	变形过程简图
1	局部镦粗	用漏盘进行局部镦粗，控制镦粗后的高度为 45mm	45 15	2	冲孔	采用双面冲孔冲出 ϕ28mm 孔	

（续）

序号	工序名称	操作说明	变形过程简图	序号	工序名称	操作说明	变形过程简图
3	修整外圆	修整外圆，使外圆消除鼓形并达到 ϕ（92±1）mm		4	修整平面	修整平面，使锻件厚度达到（44±1）mm	

[自我评估]

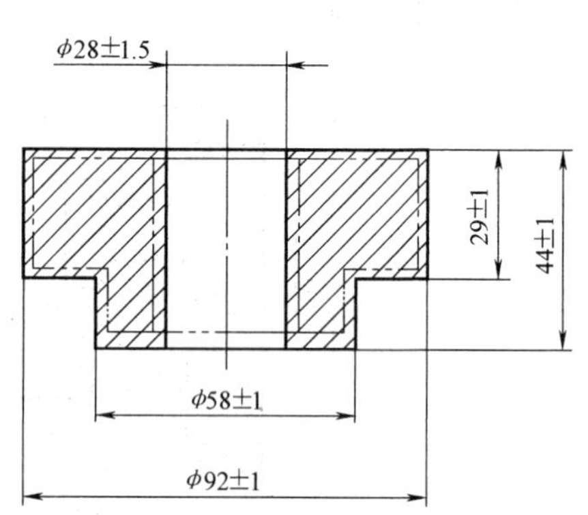

图 3-2-38　齿轮坯

1. 试分析比较整模造型、分模造型、挖砂造型、活块造型和刮板造型的特点和应用情况。

2. 试结合一个实际零件用示意图说明其手工造型的方法和过程。

3. 为什么说机器造型是现代砂型铸造生产的基本方式？

4. 熔模铸造、金属型铸造、压力铸造和离心铸造各有何特点？应用范围如何？

5. 下列铸件在大批量生产时，采用什么铸造方法为宜？

铝活塞、汽轮机叶片、大模数齿轮滚刀、车床床身、发动机缸体、大口径铸铁管、汽车化油器、钢套镶铜轴承。

6. 为什么钢制机械零件需要锻造而不宜直接选用型材进行加工？

7. 试述自由锻造的工艺特点及适用范围。设计自由锻零件时应注意哪些问题？

8. 试确定图 3-2-39 中自由锻的主要变形工序（其中 $d_1=2d_0$，d_0为坯料直径）。

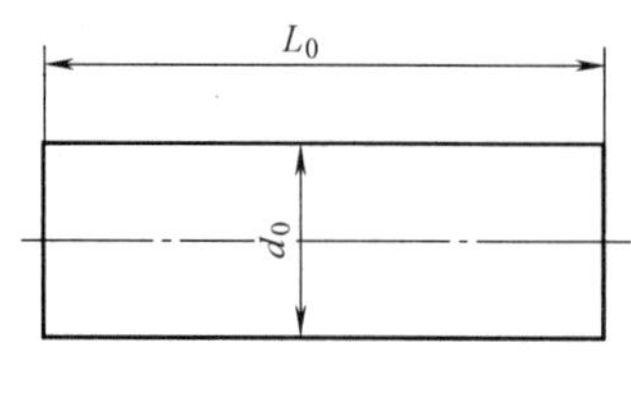

a)

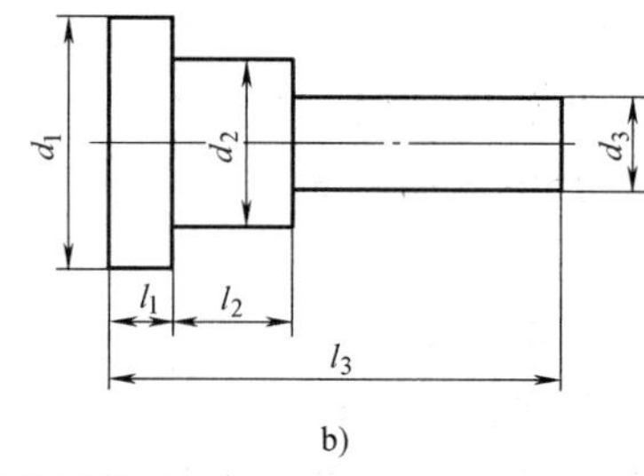

b)

图 3-2-39　自由锻件示意（一）

a）坯料　b）锻件

9. 试确定图 3-2-40 中自由锻的主要变形工序（其中 $d_0=2d_1=4d_2$，d_0为坯料直径）。

10. 说明自由段、锤上模锻和胎膜锻的特点及适宜的生产批量。并分析图 3-2-41 所示的零件分别在单件、小批量及大批量生产时应选择何种锻造方法？

11. 生活用品中有哪些产品是板料冲压制成的？举例说明其冲压工序。

12. 焊接成形的主要特点是什么？

13. 简述焊条电弧焊焊缝的形成过程。

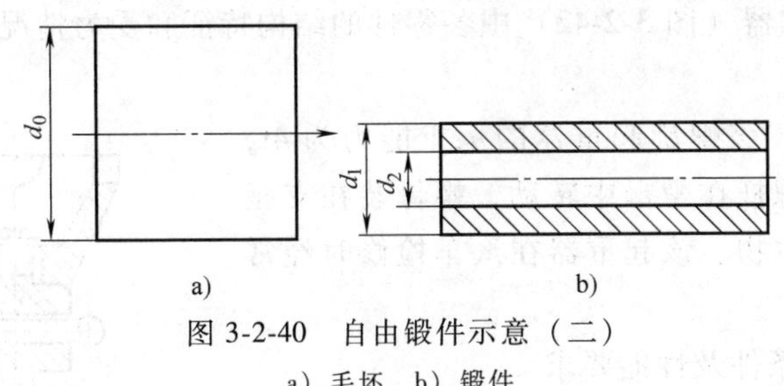

图 3-2-40 自由锻件示意（二）

a）毛坯 b）锻件

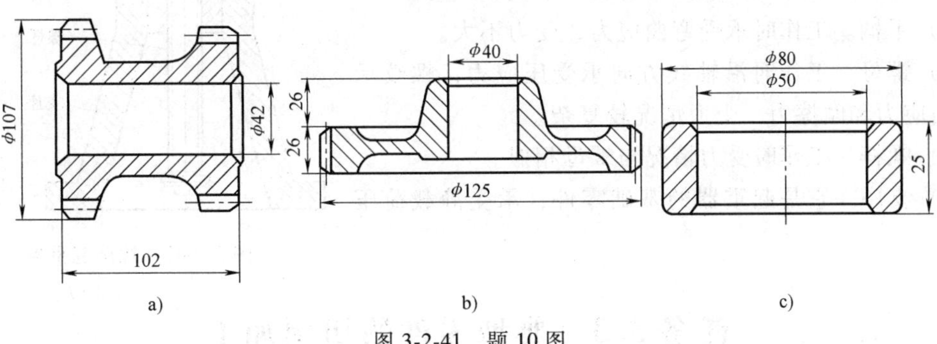

图 3-2-41 题 10 图

14. 焊条由哪两部分组成？各起什么作用？

15. 焊接接头的形式有几种？焊缝根据空间位置不同分几种形式？它们有哪些特点？

16. 焊件为什么常用 Q235A、20 钢、30 钢、16Mn 等材料？

17. 你所了解的焊接方法有哪些？各有什么特点？

18. 如何选择焊接方法？下列情况应选用什么焊接方法？

（1）低碳钢杵架结构，如厂房屋架。

（2）厚度为 20mm 的 Q345 钢板拼成工字梁。

（3）低碳钢薄板的焊接。

19. 低碳钢焊接有何特点？焊接低合金高强度结构钢为避免淬硬应采取哪些措施？焊接奥氏体不锈钢时工艺上要注意什么？

20. 铝、铜及其合金焊接常用哪些方法？应优先采用哪一种？为什么？

21. 简述焊缝布置的一般工艺设计原则。

22. 毛坯与零件有何区别？合理选择毛坯有何重要意义？

23. 常用的毛坯形式有哪几类？选择毛坯应遵循的基本原则是什么？

24. 机床变速箱齿轮、主轴、丝杠等受力复杂、重要的零件毛坯为何都应考虑用锻件，而不采用铸件？

25. 结合实例说明生产批量对选择毛坯生产方法有何影响？

26. 按形状分类，零件主要有哪几种类型？它们的性能要求有何区别？各应选用何种材料和毛坯生产方法？

27. 下列零部件应选用何种材料和毛坯生产方法？

机床床身、机床主轴、汽车变速器齿轮、齿轮减速箱体、冲模、钢窗、家用液化气罐、水龙头、石油储罐。

28. 根据螺旋起重器（图 3-2-42）中各零件的结构特征和受力情况，选择毛坯材料、毛坯类型和成形方法。

（1）原理与作用　该螺旋起重器的承重能力为 4t，工作时依靠手柄带动螺杆在螺母中转动，螺母装在支座上，以推动托杯顶起重物。该起重器在汽车检修时经常使用。

（2）零件的工作条件及性能要求

1）托杯。工作时直接支持重物，承受压应力。

2）手柄。工作时承受弯曲应力，受力不大。

3）螺母。工作时沿轴线方向承受压应力，螺纹承受弯曲应力和摩擦力，受力情况较复杂。

4）螺杆。工作时受力情况与螺母相似。

5）支座。它是起重器的基础零件，承受静载荷压应力。

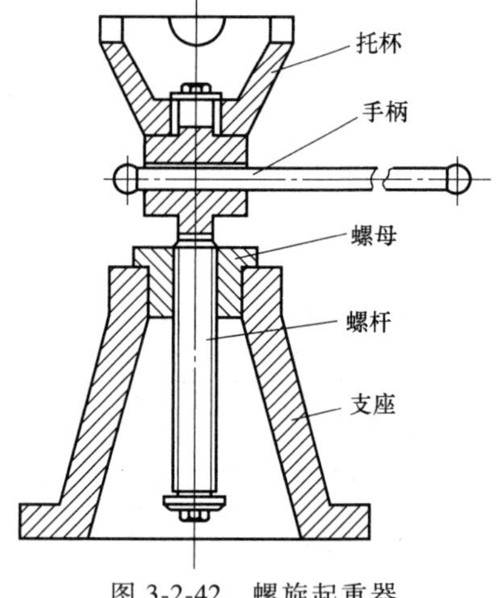

图 3-2-42　螺旋起重器

任务 3.3　典型零件的切削加工

<table>
<tr><td>任务目标</td><td colspan="5">1. 了解切削运动与切削用量，刀具几何形状与刀具材料；初步了解工件材料的切削加工性。
2. 了解金属切削机床的分类及型号编制方法、各种机床的组成与功用、加工特点与应用范围，能正确选用金属切削机床。
3. 初步了解精密加工与特种加工的特点和应用场合。
4. 熟练掌握典型零件加工工艺分析方法，能制定典型零件加工工艺规程。
5. 培养创新精神，提高相应的信息收集能力、使用各种媒体完成学习任务的能力。</td></tr>
<tr><td>任务内容</td><td colspan="5">对典型零件（端盖、齿轮轴）的切削加工工艺过程进行分析，并完成零件的实际加工。具体要求和零件图见项目任务描述。</td></tr>
<tr><td>基本工作思路</td><td colspan="5">1. 储备：从工作任务中收集工作的必要信息，初步掌握加工的基础专业知识和技能。
2. 计划：制定学习计划，建立工作小组。
3. 决策：确定工作方案，将工作任务分配到个人，并记录到工作记录表中。
4. 实施：以小组的形式，在工作任务单的引导下完成专业知识的学习和技能训练，完成实际零件的加工操作及实操质量的检测。
5. 检查：①机床和夹具选择是否正确；②工艺路线方案是否正确；③基准、量具、切削用量是否正确；④尺寸是否达到图样要求。
6. 评价：①能否加工出合格的产品；②是否为最合适的加工工艺路线；③学习目的是否达到，按照成绩评定标准给予评价（成绩评定标准由教师事先制定），填写反馈表。</td></tr>
<tr><td>成果评定（60%）</td><td></td><td>学习过程评价（30%）</td><td></td><td>团队合作评价（10%）</td><td></td></tr>
</table>

[相关知识链接]

金属切削加工是用切削刀具将坯料或工件上多余材料切除，以获得所要求的几何形状、尺寸精度和表面质量的加工方法。绝大多数金属零件的最后成形都要通过切削加工来完成。了解和掌握切削加工中的共同规律，对于正确地进行切削加工，保证零件质量，提高劳动生产率，降低成本，有着重要意义。

3.3.1 金属切削加工基础知识

3.3.1.1 金属切削机床的分类及型号编制方法

1. 金属切削机床的分类

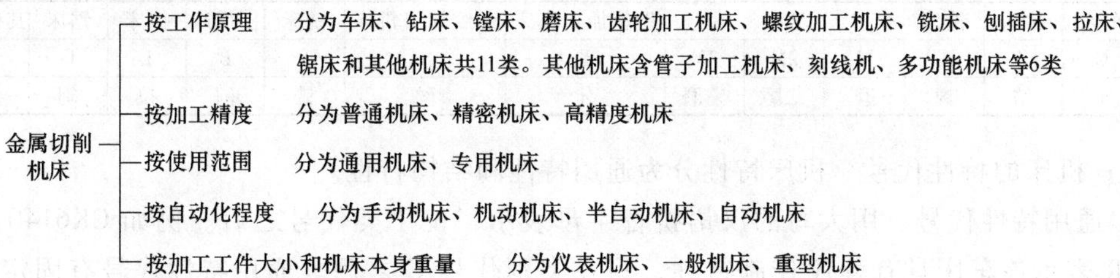

2. 金属切削机床型号的编制方法

机床型号应完整地表示出机床的名称、主要技术参数与性能。

型号由基本部分和辅助部分组成，中间用“/”隔开，读作“之”。前者需统一管理，后者纳入型号与否由企业自定。机床型号构成如图 3-3-1 所示。

由图 3-3-1 可知，机床型号是由汉语拼音字母和阿拉伯数字按一定的规律组合而成的。例如 CM6132 型精密卧式车床，其型号中字母和数字的含义如图 3-3-2 所示。

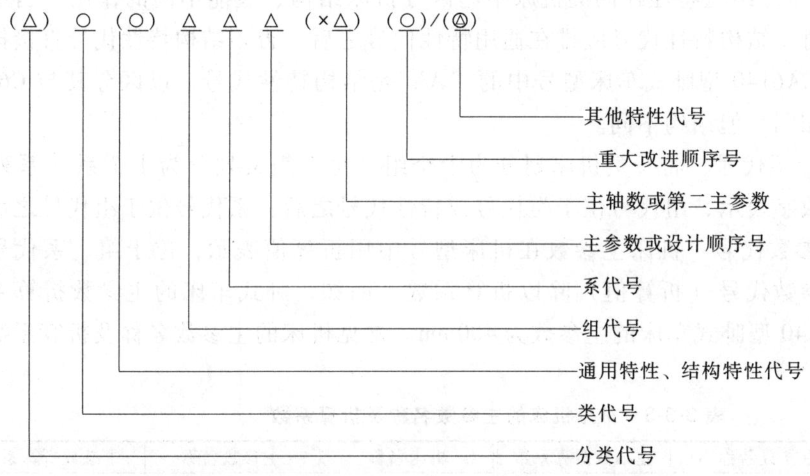

图 3-3-1 机床型号构成

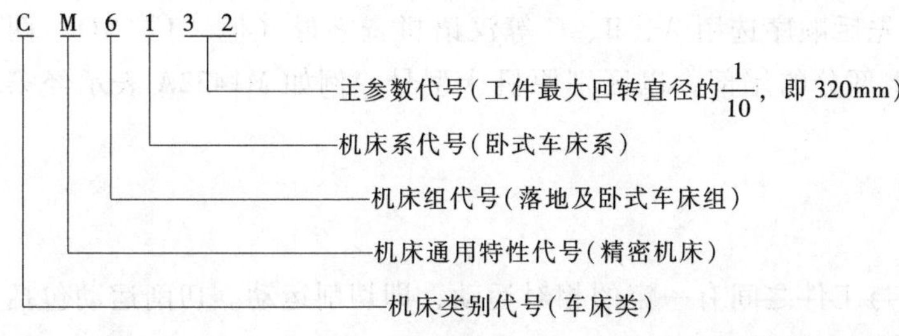

图 3-3-2 机床型号中字母和数字的含义

据上例型号分析，不难看出机床型号由以下五个主要部分组成：

（1）机床的类代号　机床的类代号用大写的汉语拼音字母表示。必要时，每类可分为若干分类。分类代号在类代号之前，用阿拉伯数字表示。机床的分类和代号见表3-3-1。

表3-3-1　机床的分类和代号

类别	车床	钻床	镗床	磨床			齿轮加工机床	螺纹加工机床	铣床	刨插床	拉床	锯床	其他机床
代号	C	Z	T	M	2M	3M	Y	S	X	B	L	G	Q
读音	车	钻	镗	磨	二磨	三磨	牙	丝	铣	刨	拉	割	其

（2）机床的特性代号　机床特性分为通用特性和结构特性。

1）通用特性代号。用大写的汉语拼音字母表示，位于类代号之后。例如CK6140型车床中，K表示该车床具有程序控制特性，写在类别代号C之后。通用特性代号有固定的含义，在各类机床型号中所表示的意义相同，见表3-3-2。

表3-3-2　机床通用特性代号

通用特性	高精度	精密	自动	半自动	数控	加工中心（自动换刀）	仿形	轻型	加重型	柔性加工单元	数显	高速
代号	G	M	Z	B	K	H	F	Q	C	R	X	S
读音	高	密	自	半	控	换	仿	轻	重	柔	显	速

2）结构特性代号。结构特性在同类机床中起区分机床结构、性能不同的作用。当型号中有通用特性代号时，结构特性代号应排在通用特性代号之后，否则结构特性代号直接排在类代号之后。例如CA6140型卧式车床型号中的“A”是结构特性代号，以区分其与C6140型卧式车床主参数相同，但结构不同。

（3）机床的组、系代号　将每类机床划分为十个组，每个组又划分为十个系（系列），分别用一位阿拉伯数字表示，组代号位于类代号或特性代号之后，系代号位于组代号之后。

（4）机床的主参数代号　机床主参数在机床型号中用折算值表示，位于组、系代号之后。主参数等于主参数代号（折算值）除以折算系数。例如，卧式车床的主参数折算系数为1/10，所以CA6140型卧式车床的主参数为400mm。常见机床的主参数名称及折算系数见表3-3-3。

表3-3-3　常见机床的主参数名称及折算系数

机床名称	主参数名称	主参数折算系数	机床名称	主参数名称	主参数折算系数
卧式车床	床身上最大回转直径	1/10	立式升降台铣床	工作台面宽度	1/10
摇臂钻床	最大钻孔直径	1	卧式升降台铣床	工作台面宽度	1/10
卧式坐标镗床	工作台面宽度	1/10	龙门刨床	最大刨削宽度	1/100
外圆磨床	最大磨削直径	1/10	牛头刨床	最大刨削长度	1/10

（5）机床的重大改进顺序号　当机床的结构、性能有更高的要求，并需按新产品重新设计、试制和鉴定时，按改进的先后顺序选用A、B、C等汉语拼音字母（但“I”“O”两个字母不得选用），加在型号基本部分的尾部，以区别原机床型号。例如M1432A表示经第一次重大改进后的万能外圆磨床。

3.3.1.2　切削运动与切削用量

1. 切削运动

加工工件表面时，需要刀具与工件之间有一定的相对运动，即切削运动。切削运动包括主运动和进给运动，如图3-3-3所示。

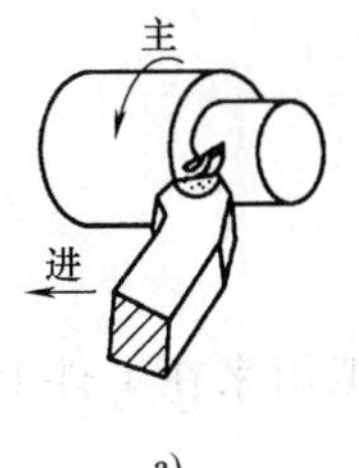

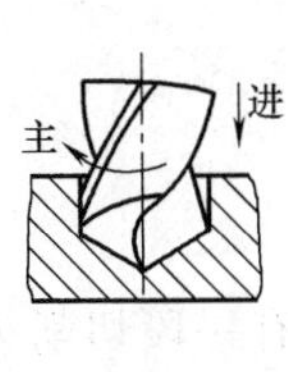

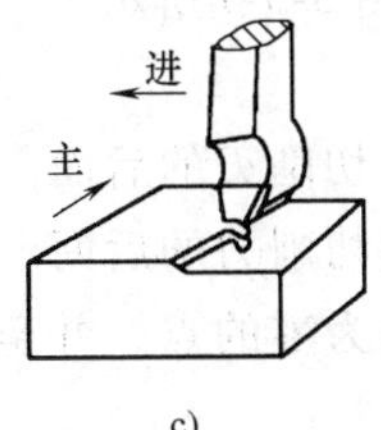

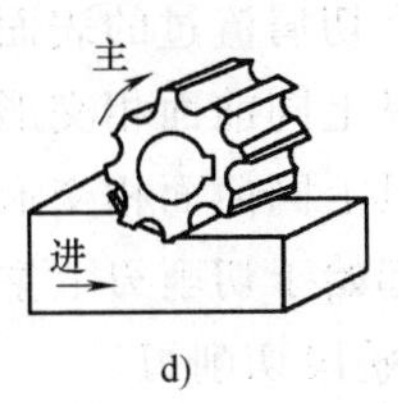

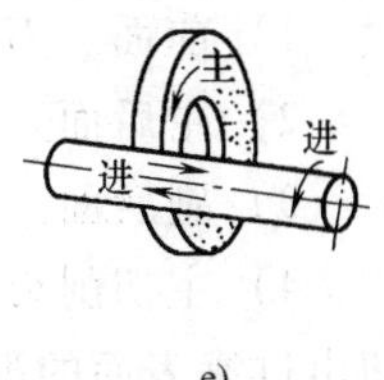

图 3-3-3 切削运动

a）车削 b）钻削 c）刨削 d）铣削 e）外圆磨削

主运动是切下切屑所需要的最基本的运动，它使刀具和工件之间产生相对运动。一般情况下，它是切削运动中速度最高、消耗功率最大的运动。任何切削过程必须有一个，也只有一个主运动。运动形式可以是旋转的，如图 3-3-3a 所示；也可以是直线的，如图 3-3-3c 所示。

进给运动是使金属层不断投入切削，从而加工出完整表面所需要的运动。进给运动可能有一个或几个。运动形式有平移的、旋转的；有连续的、间隙的，如图 3-3-3e 所示。

主运动和进给运动相结合，加工出零件所需要的几何形状、尺寸精度和表面粗糙度。

2. 切削用量

以车削加工为例，加工时形成三种表面：待加工表面、过渡表面和已加工表面，如图 3-3-4 所示。以上三种表面的形成，涉及切削用量三要素，即切削速度、进给量、背吃刀量。

1）切削速度。指在进行切削加工时，刀具切削刃选定点相对于工件主运动的瞬时速度。用符号 v_c 表示，单位为 m/s。

车削加工时主运动为旋转运动，切削速度为最大线速度。即

$$v_c = \frac{\pi D n}{1000 \times 60}$$

式中 D——工件待加工表面直径（mm）；

n——工件转速（r/min）。

2）进给量。指刀具在进给方向上相对工件的位移量。可用刀具或工件每转或每行程的位移量来表述和度量，用符号 f 表示，单位为 mm/r。车削加工时刀具的进给量为工件每转一转刀具沿进给运动方向移动的距离，如图 3-3-4 所示。

3）背吃刀量。指通过切削刃基点并沿垂直于工作平面的方向上测量的吃刀量。即待加工表面与已加工表面的垂直距离，用符号 a_p 表示，单位为 mm。车削圆柱时，背吃刀量为

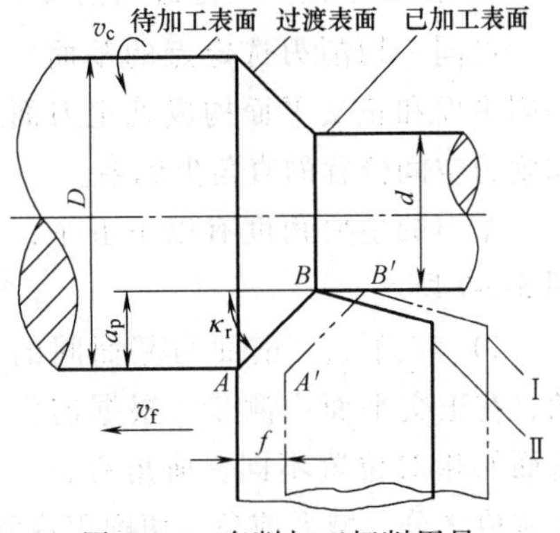

图 3-3-4 车削加工切削用量

$$a_p = (D - d)/2$$

式中 D——待加工表面直径（mm）；

d——已加工表面直径（mm）。

3.3.1.3 金属切削刀具

1. 刀具几何形状

车刀是最基本的刀具，以车刀为例介绍刀具，车刀由刀柄和刀体（切削部分）组成，

其切削部分由三面、两刃、一尖组成，如图 3-3-5 所示。

1）前面。刀具上切屑流过的表面。

2）主后面。刀具上同前面相交形成主切削刃的后面。

3）副后面。刀具上同前面相交形成副切削刃的后面。

4）主切削刃。起始于切削刃上主偏角为零的点，并至少有一段切削刃拟用来在工件上切出过渡表面的那个整段切削刃。

5）副切削刃。切削刃上除主切削刃以外的刃，起始于主偏角为零的点，但它向背离主切削刃的方向延伸。

6）刀尖。主切削刃与副切削刃汇交处相当少的一部分切削刃。

为确定上述刀面和切削刃的空间位置，设想三个辅助平面，构成一个空间直角坐标系，如图 3-3-6 所示，以利于确定和测量各刀面和切削刃的空间位置。

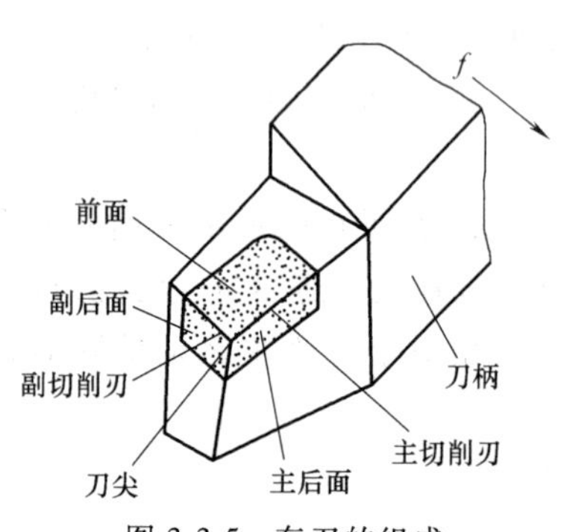

图 3-3-5　车刀的组成

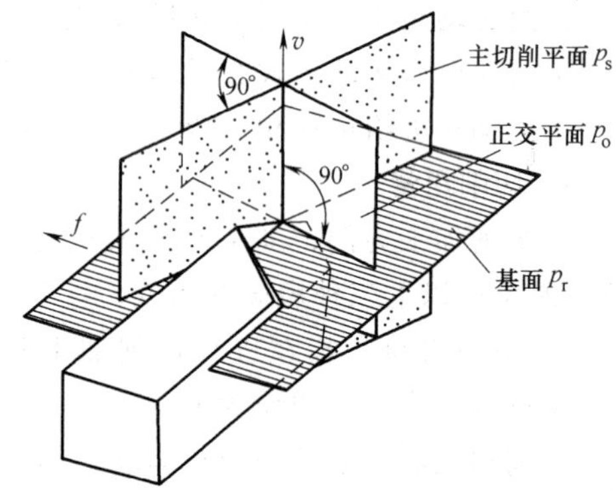

图 3-3-6　三个辅助平面的关系

1）基面。指通过切削刃上选定点，垂直于切削速度方向的平面。

2）主切削平面。指通过切削刃上选定点，与主切削刃相切并垂直于基面的平面。

3）正交平面。指通过切削刃上选定点，并同时垂直于基面和主切削平面的平面。

过同一切削刃选定点的基面、主切削平面和正交平面构成确定刀面和切削刃空间位置的直角坐标系。

车刀的主要角度有以下五个，如图 3-3-7 所示。

1）前角 γ_o。前面与基面间的夹角，在正交平面中测量。根据前面与基面的相对位置不同，前角有正、负和零值之分。增大前角，切削刃锋利，使切削轻快。但前角太大，使楔角减小，则切削刃强度降低。硬质合金车刀的前角一般取−5°～+25°。当工件材料硬度较低、塑性较好及精加工时，前角取大些，反之前角取小些。

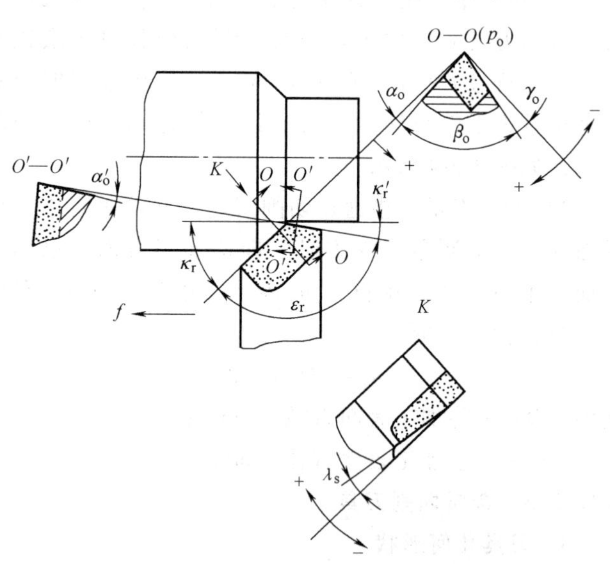

图 3-3-7　车刀的主要标注角度

2）后角 α_o。主后面与主切削平面间的夹角，在正交平面中测量。增大后角，可减小刀具主后面与工件间的摩擦。但后角太大，切削刃强度降低。粗加工时，后角一般取 6°~8°；精加工时，可取 10°~12°。

3）主偏角 κ_r。主切削平面与假定工作平面间的夹角，在基面中测量。即主切削平面与进给运动方向的夹角。增大主偏角，使进给力加大，利于消除振动，但刀具磨损加快，散热条件差。一般在 45°~90°之间选取。粗加工时选小值，精加工时选大值；强力切削时用 75°车刀。

4）副偏角 κ'_r。副切削平面与进给运动反方向的夹角，在基面中测量。增大副偏角，可减小副切削刃与工件已加工表面之间的摩擦，改善散热条件，但表面粗糙度值增大。一般在 5°~10°之间选取。粗加工时取大值，精加工时取小值。

5）刃倾角 λ_s。主切削刃与基面间的夹角，在主切削平面中测量。刃倾角也有正、负和零值之分。刃倾角为正值时，切屑引向待加工表面，不划伤已加工表面，但刀体强度较低。刃倾角为负值时，切屑推向已加工表面，易划伤已加工表面，但利于提高刀体强度。刃倾角一般在-5°~+10°之间选取，粗加工时常取负值，精加工时常取正值。

此外，还有两个角度，虽不是主要的，但与主要角度有一定的关系，如图 3-3-7 所示。

1）楔角 β_o。前面与主后面间的夹角。$\gamma_o+\alpha_o+\beta_o=90°$，都在正交平面中测量。

2）刀尖角 ε_r。主切削刃与副切削刃在基面上投影的夹角。$\kappa_r+\kappa'_r+\varepsilon_r=180°$，都在基面中测量。

2. 刀具材料

刀具工作时，其切削部分承受着冲击、振动，较高的压力和温度，剧烈的摩擦。因此，刀具材料应具备这些性能：高硬度、高耐磨性、足够的强度和韧性、高的热硬性、良好的工艺性和经济性。

常用的刀具材料有碳素工具钢、合金工具钢、高速工具钢、硬质合金、陶瓷以及超硬材料等。机械制造中应用最广的刀具材料有高速工具钢和硬质合金。具体详见前面的“常用金属材料”相关知识介绍。

3.3.1.4 工件的安装与定位

1. 工件的安装

加工工件时，必须先把工件安置在机床（或夹具）上，使它占有一个正确位置，该过程称为定位。工件定位后，要使它在加工中保持定位精度，还必须把它压紧夹牢，该过程称为夹紧。工件从定位到夹紧的整个过程称为安装。

安装的主要方式有两种：

1）找正安装。工人用目测或用划针、百分表等工具反复找正工件的某些表面（或预先划好的找正线），以能确定出工件的正确位置并夹紧。此法的安装精度取决于操作工人的技术水平和找正方法，生产率低，仅适用于简单生产。

2）夹具安装。将工件放在夹具中，无须调整和找正就能保证它与刀具间的正确位置。此法需用专用夹具，适用于大批量生产。

2. 工件的定位

1）定位原理。一个自由刚体在空间坐标系中有六种活动的可能性，即沿三个坐标轴的移动和绕三个坐标轴的转动。把自由刚体沿三个坐标轴的移动和绕三个坐标轴的转动的可能性称为自由度，这就是自由刚体的六个自由度，如图 3-3-8 所示。

要使工件在机床（或夹具）上具有确定的位置（即定位），就必须约束这六个自由度。用分布在三个坐标平面内的六个支承点来限制工件的六个自由度的方法称为六点定位（或称六点定则），如图 3-3-9 所示的矩形块定位。定位一个平面必须有三个定位支承点，定位一条边必须有两个定位支承点，定位一端只需有一个定位支承点。

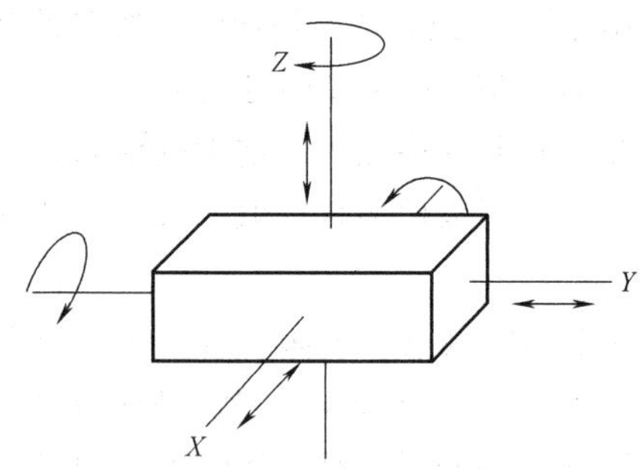

图 3-3-8　自由刚体的自由度

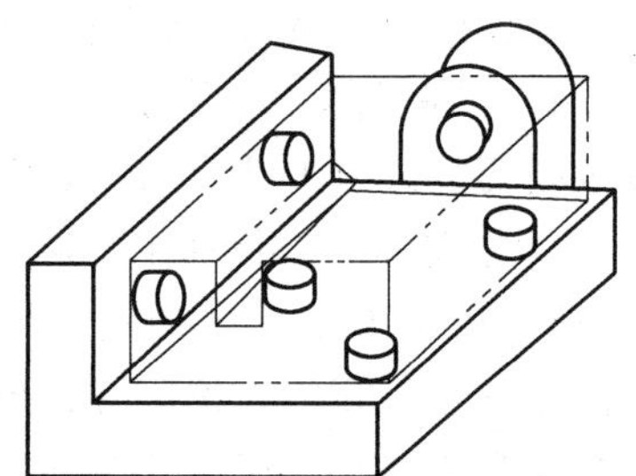
图 3-3-9　矩形块的定位

2）完全定位与不完全定位。根据工件的加工需要，六个自由度全部被限制的定位称为完全定位；根据工件的加工需要，六个自由度部分被限制的定位称为不完全定位。如图 3-3-10 所示，铣槽的工件只需五点定位，剩下端面一个自由度并不影响实际加工，所以无须定位。

3. 基准和定位基准的概念

基准就是“根据”的意思。在零件图和工艺文件上，总是要根据一些指定的点、线、面来确定另一些点、线、面的位置，这些作为“根据”的点、线、面称为基准。根据基准的作用不同，常把基准分为设计基准和工艺基准两大类。

1）设计基准。在零件的设计图样上，标注尺寸和确定表面相互位置关系时所使用的基准称为设计基准。如图 3-3-11 所示，表面 2、3 和孔 5 的设计基准是表面 1；孔 4 的设计基准是孔 5 的中心线。

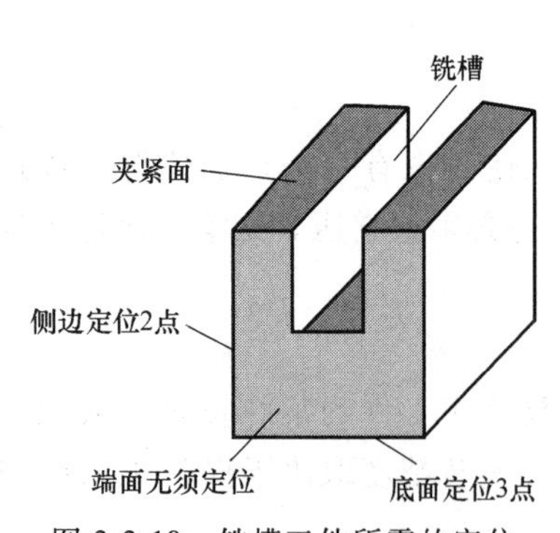

图 3-3-10　铣槽工件所需的定位

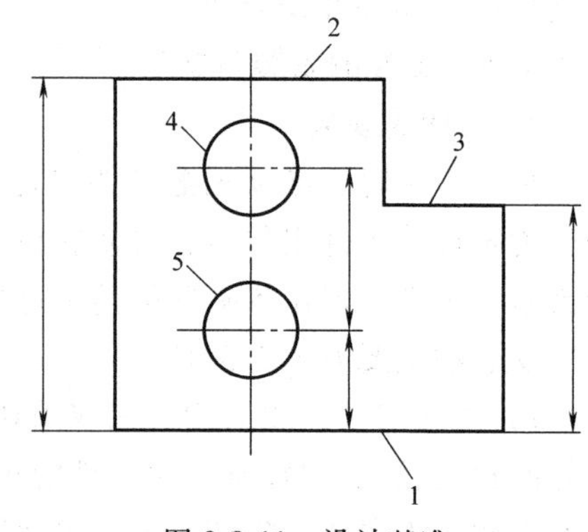

图 3-3-11　设计基准

2）工艺基准。在零件的制造和机器的装配过程中所使用的基准称为工艺基准。按用途不同，工艺基准又分为定位基准、度量基准和装配基准三种。

在机械加工过程中，用来确定被加工工件在机床或夹具上的正确位置所使用的基准称为定位基准；检验已加工表面的尺寸及位置精度时所使用的基准称为度量基准；装配时用以确定零件或部件在机器中位置的基准称为装配基准。

4. **定位基准的选择**

加工毛坯时，第一道工序只能以毛坯表面定位，这种定位基准称为粗基准。用作定位基准的表面如果已经加工过，则称为精基准。在拟定工件的加工工艺时，总要首先利用合适的粗基准，加工出将要作为精基准的表面。

1）选择粗基准的一般原则。 选取不需要加工的表面作为粗基准。这样有利于减小加工表面与不加工表面之间的位置误差，有时还可能在一次装夹中对所有需要加工的表面进行加工。如图 3-3-12 所示的筒形零件，以不需要加工的外圆面作为粗基准，可以在一次安装中把绝大部分需要加工的表面加工出来，并能保证筒壁厚均匀，端面与内孔轴线垂直。

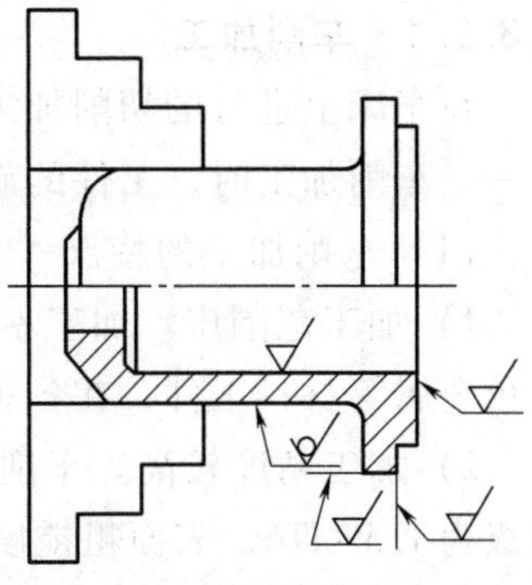
图 3-3-12 筒形零件的粗基准

选取加工余量最小的表面作为粗基准。这样不仅可以保证该表面加工时的余量均匀，而且可以避免因余量不足而造成废品。如图 3-3-13 所示的车床床身，要求导轨面 *A* 切除的余量层薄而均匀，以达到保留铸铁表面耐磨性好、硬度高的要求。这样就先选择导轨面 *A* 作为粗基准，加工床身底面 *B*，再以底面 *B* 为精基准加工导轨面 *A*。

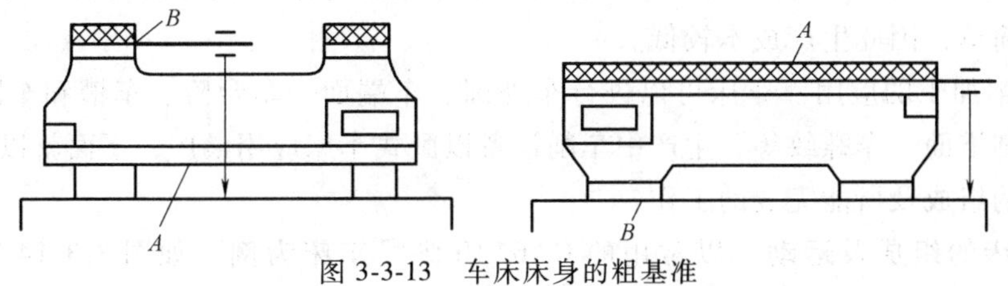

图 3-3-13 车床床身的粗基准

应选择平整、光洁并有足够大的面积和刚性的表面作为粗基准，以确保定位准确，夹紧可靠。

粗基准一般只在第一道工序中使用一次，不重复使用。因为粗基准表面粗糙，每次装夹的位置不能保证一致。

2）选择精基准的一般原则。

基准重合原则：应尽可能选用设计基准作为精基准，以减小定位误差。

基准统一原则：应尽可能选择同一定位基准加工各个表面，以保证各个表面之间的位置精度。

互为基准原则：若两个表面之间相互位置精度要求较高，则可采用互为基准原则反复加工。

应当指出，在实际工作中，精基准的选择要完全符合上述原则，有时是不可能的。这就要根据具体情况进行分析，选择最合理的方案。

3）几种常见零件的主要精基准。

轴类零件：一般选用两端的中心孔作为主要精基准，符合基准统一原则，能较好地保证这些表面之间的位置精度。

盘套类零件：一般以中心部位的孔作为主要精基准。

支架、箱体类零件：一般用装配在机座上的主要平面（即轴承支承孔的设计基准）作为主要精基准，以保证各轴承支承孔之间以及轴承支承孔与主要平面之间的位置精度要求。

3.3.2 常用的切削加工方法及设备

金属切削加工是利用刀具和工件的相对运动，从毛坯或半成品上去除多余金属获得需要的几何形状、尺寸精度和表面粗糙度的加工方法。金属切削加工也称冷加工。切削加工的方法很多，常用的有车削加工、铣削加工、钻削加工、刨削加工、磨削加工及特种加工。

机械制造中精度要求较高的零件多数都要进行切削加工，切削加工的费用一般占产品成本的 50%~70%，因此切削加工在机械制造中占有重要的地位。

3.3.2.1 车削加工

在车床上进行的切削加工称为车削加工。车削加工是机械加工中应用最广泛的加工方法之一。车削加工时，工件的旋转为主运动，车刀的移动为进给运动。

（1）车削加工的特点

1）加工范围广。加工不同类型工件的回转体表面、端面和成形表面；加工钢、铸铁和有色金属等材料工件，在各种生产类型中应用极为广泛。

2）加工精度较高。车削过程稳定，加工精度高。如精车有色金属工件，可以使其公差等级为 IT5 ~IT6，表面粗糙度 *Ra* 值可达 0.8 ~1.0μm。同时在车床上可在一次装夹中加工出不同直径的外圆、内孔、端面等，容易保证各加工面的位置精度。

3）生产率较高。车削速度高，背吃刀量和进给量也相当大，故生产率较高。

4）生产成本较低。车床附件（如夹具等）多，生产准备时间短且刀具结构、制造、刃磨等都比较简单，因此生产成本较低。

（2）车削加工的应用　车床可以进行车外圆、车端面、车台阶、车槽和车断（切断）、孔加工、车圆锥面、车螺纹等，生产中车削设备以卧式车床应用最广，下面就以卧式车床为例来介绍它的组成及所能完成的工作。

（3）车床的组成及运动　以常用的 CA6140 卧式车床为例。如图 3-3-14 所示，它一般由主轴箱、进给箱、床鞍、光杠和丝杠、卡盘、尾座、刀架、床身及床腿等主要部分组成。

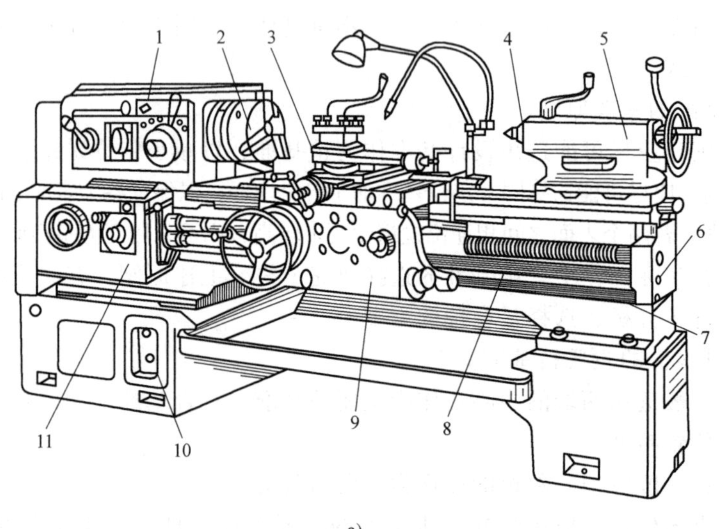

a)

图 3-3-14　卧式车床的外形图和传动框图

a）外形图

1—主轴箱　2—卡盘　3—刀架　4—尾顶尖　5—尾座　6—床身
7—操作杆　8—丝杠　9—溜板箱　10—床腿　11—进给箱

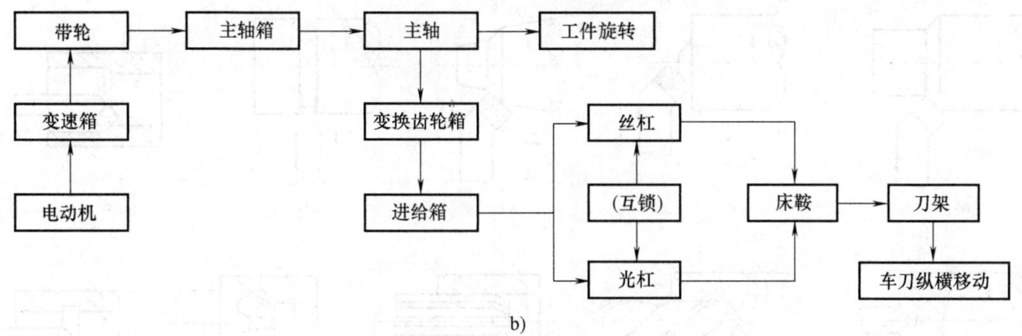

图 3-3-14　卧式车床的外形图和传动框图（续）

b）传动框图

1）主轴箱。主轴箱固定于床身的左上部，箱内有主轴部件和主运动变速机构，用来实现主轴旋转的主运动并变换主轴正、反转及转速等。

2）进给箱。进给箱固定在床身的左前侧，箱内装有进给运动变速机构。主轴箱的运动可以通过交换齿轮变速机构传给进给箱，进给箱通过丝杠或光杠将运动传给床鞍和刀架。进给箱主要用来实现车床的进给运动，也用来实现车床的调整、退刀及快速运动等。

3）卡盘和尾座用来安装工件，尾座还可以用来安装刀具加工孔。尾座沿横向做少量的调整，可用于加工小锥度的外锥面。

4）刀架及滑板。刀架装在小滑板上，而小滑板装在中滑板上，中滑板又装在纵滑板上，纵滑板可沿床身导轨做纵向移动，从而带动刀具纵向移动时，用来车外圆、镗孔等；中滑板相对于纵滑板做横向移动时，可带动刀具加工端面、切断、切槽等；小滑板可相对中滑板改变角度后带动刀具斜进给，用来车削内外短锥面。

5）床身及床腿。床身是机床的支承件，其安装在床腿上，用来支承和连接车床的主轴箱、进给箱、溜板箱等，以保证相互之间的位置和相对运动。床身上有纵向进给运动导轨和尾座纵向调整移动导轨。

6）溜板箱。溜板箱安装在刀架部件底部，与纵向滑板（床鞍）相连，溜板箱内装有纵、横向机动进给的传动换向机构和快速进给机构等。

车床除上述主要组成部分外，还有动力源（如电动机），液压、冷却和润滑系统以及照明系统等。

其他类型的车床（如立式车床、转塔车床、回轮车床、仿形车床等）的基本结构与卧式车床类似，可以看成是它的演变和发展。

（4）车削加工的主要范围　车削加工主要用于回转体零件的加工，图 3-3-15 所示为卧式车床的加工范围。

1）车外圆。　车外圆是车削的一种最基本的方法，如图 3-3-15a 所示。安装工件时，采用两顶尖（图 3-3-16）、自定心卡盘、单动卡盘等进行装夹。安装刀具时，伸出刀架的部分要短，一般不超过刀柄厚度的 1~1.5 倍，以增加刚度。车刀刀尖应与工件轴线等高，刀柄与工件轴线大体垂直，以免对刀具角度造成影响。

根据车刀的几何角度、切削用量及车削达到的精度要求，车外圆可分为粗车、半精车和精车。

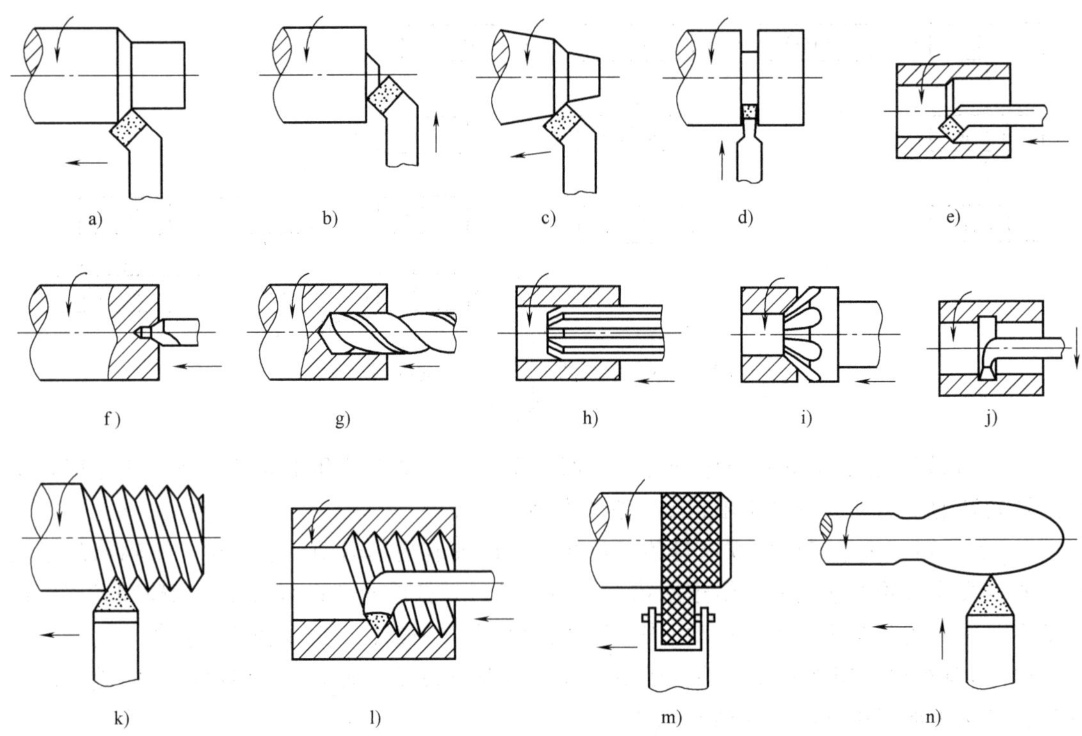

图 3-3-15　卧式车床的加工范围

a）车外圆　b）车端面　c）车外圆锥　d）切槽、切断　e）车内圆　f）钻中心孔　g）钻孔　h）铰孔　i）锪锥面　j）车内槽　k）车外螺纹　l）车内螺纹　m）滚花　n）车成形面

粗车的目的主要是切除工件上大部分的加工余量，一般粗车作为精加工的预备工序。若使用顶尖，应采用回转顶尖。尾座套筒及车刀的伸出长度应尽量短并采取断屑措施。粗车的加工精度一般为 IT11～IT12，表面粗糙度 Ra 值为 12.5～50μm。

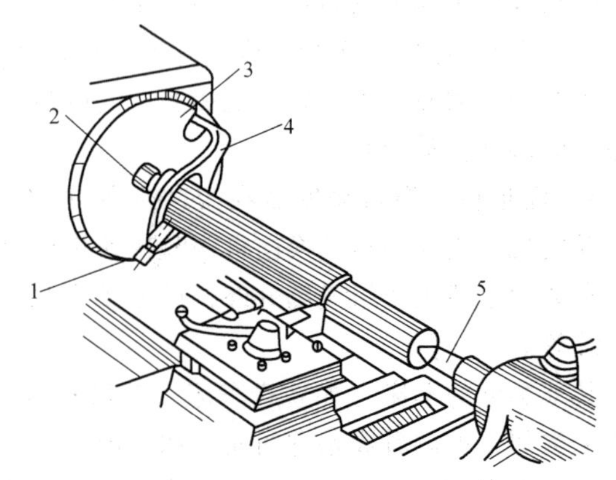

图 3-3-16　双顶尖装夹工件

1—紧固螺钉　2—前顶尖　3—拨盘　4—鸡心夹头　5—后顶尖

半精车是在粗车的基础上，进一步提高加工精度和减小表面粗糙度值的加工，可作为中等加工质量要求的终加工，也可作为精车或磨削前的预加工。半精车的加工精度一般为 IT9～IT10，表面粗糙度 Ra 值为 3.2～6.3μm。

精车的目的主要是保证加工质量。为此，刀头常带有一段 $\kappa_r' = 0°$ 的修光刃；前、后面的表面粗糙度值要小于 0.4μm。为了保证精度，还要校正尾座在底板上的横向位置，以保证前、后顶尖同轴。在装夹工件时夹紧力不能太大，以免工件变形或破坏工件表面。精车的加工精度一般为 IT7～IT8，表面粗糙度 Ra 值为 0.8～1.6μm。

2）车端面。车端面主要用于回转体零件（如轴、套、盘等）端面的加工。车端面使用的车床与车外圆相同，常用的有卧式和立式两种。对于中小型零件，一般在卧式车床上加工；而大、重型零件可在立式车床上加工。

车端面时，常用卡盘装夹工件，车刀在旋转工件的端部横向进给形成一个平面，如图3-3-15b所示。采用45°弯头刀和左偏刀车削时，其主切削刃与车外圆相同，刀体强度较高，切削较顺利。切削速度应当根据被加工端面的直径来确定。车削方式可以从端面外向中心或是从中心向外进行加工，但不管采用哪种方式，车刀的刀尖都必须准确地安装在回转中心的高度上，以免在车出的端面上留下小凸台。车端面时，由于切削速度由外向中心会逐渐减小，将影响表面质量，因此工件的转速要选高些。同时在车端面的过程中，切削力往往会迫使刀具离开工件，为防止由于刀具的少量移动而加工出一个不平的表面，通常需要把床鞍（大滑板）紧固到车床床身上。

车端面的尺寸精度（两平行端面之间）可达IT6~IT9，精车的平面度误差在直径为ϕ100mm的端面上最小可达0.005mm；表面粗糙度Ra值可达0.8~6.3μm。

3）车台阶。车台阶与车外圆相同，但需要兼顾外圆的尺寸与台阶的位置。当加工相邻两个圆柱直径的差值小于5mm的低台阶时，可用90°的右偏刀或左偏刀一次进给完成加工；当加工相邻两个圆柱直径的差值大于5mm的高台阶时，则用大于90°的右偏刀或左偏刀多次进给完成粗加工。在单件、小批量生产时，轴向尺寸用床鞍手轮上的刻度盘来控制；成批生产时，采用挡块来控制轴向尺寸。

4）车槽和车断（切断）。车槽和车断时一般使用的是车断刀或车槽刀。安装刀具时应注意保证左、右副偏角相等，主切削刃与工件等高。当工件中间有孔时，主切削刃应略高于工件中心。车床可车外槽、内槽和端面槽，如图3-3-15d所示。宽度在5mm以下的窄槽，采用主切削刃等于槽宽的车槽刀一次车成。宽槽采用分段切削，再用宽度与工件槽宽相等的切断刀精车。

5）孔加工。在车床上可以用钻头、铰刀等进行钻孔、扩孔和铰孔。钻孔时，一般采用麻花钻头，钻头装在尾座套筒内，工件装夹在自定心卡盘上。对于中小型轴类或盘套类零件中心位置的孔，应在一次装夹中完成其端面和外圆的加工，以便保证加工表面之间的相互位置精度，如图3-3-17所示。钻孔切削速度v_c=15~30m/min（n=36~600r/min），手动进给。

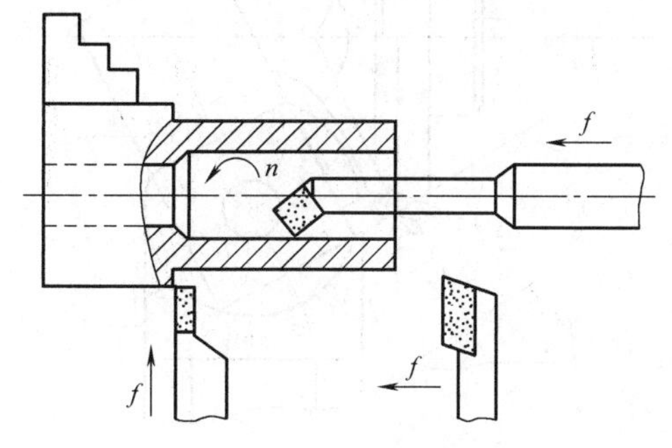

图3-3-17 钻孔

车内孔多用于单件小批量生产，精车孔的加工精度可达IT6~IT8，表面粗糙度Ra值可达0.8~1.6μm。车孔的切削速度v_c=30~50m/min（n=400~720r/min），进给量f=0.1~0.3r/min，低的切削速度和大的进给量用于粗车孔，高的切削速度和小的进给量用于精车孔。

6）车圆锥面。

① 偏移尾座法。工件装夹在两顶尖间，将尾座上部沿床身横向偏移距离s，使工件的回转轴线与车床主轴轴线的夹角等于工件的半锥角$\alpha/2$，这时车刀纵向自动进给即可车出所需锥面，如图3-3-18所示。

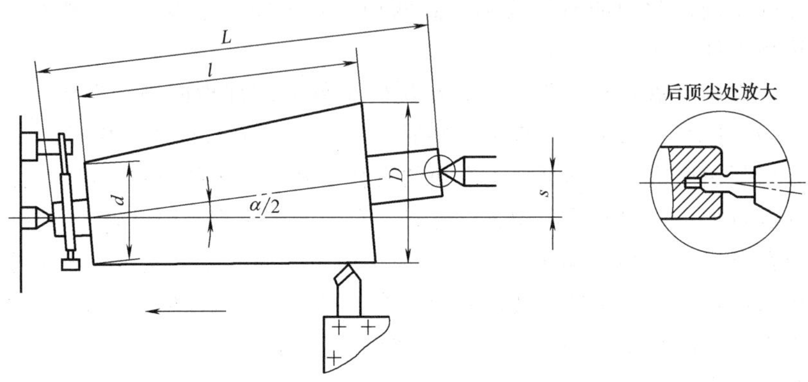

图 3-3-18　用偏移尾座法车圆锥面

② 小滑板转位法。如图 3-3-15c、图 3-3-19 所示，使小滑板转动角度等于工件锥面的半锥角 $\alpha/2$，然后拧紧固定螺钉。车削时，转动小刀架手柄，切出所需锥面。这种方法简单易行，可车削短而锥度大的工件，但不能自动进给，所车锥面的长度受小滑板行程长度的限制，不能太长。

③ 宽刃切削法。如图 3-3-20 所示，安装车刀时，平直的切削刃与工件轴线的夹角等于锥面的半锥角 $\alpha/2$。切削时，车刀做横向或纵向进给。此法车削锥面的切削力很大，容易振动，因此切削刃必须磨得平直，要求工艺系统刚性好。

宽刃切削法适用于大批、大量生产中车削较短的外圆锥面或车削孔径较大的内圆锥面。

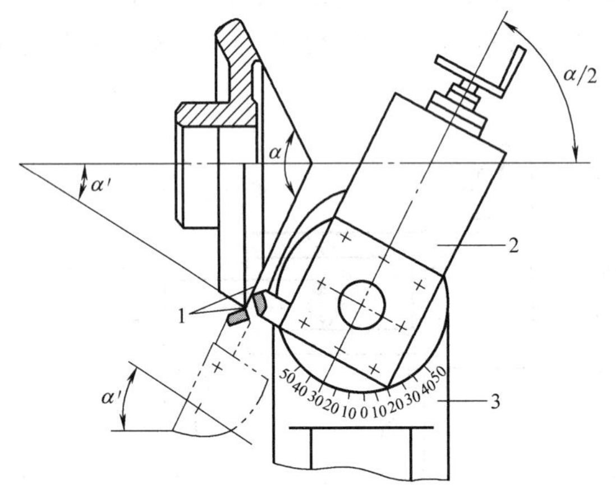

图 3-3-19　用小滑板转位法车锥面

1—圆锥母线　2—小滑板　3—中滑板

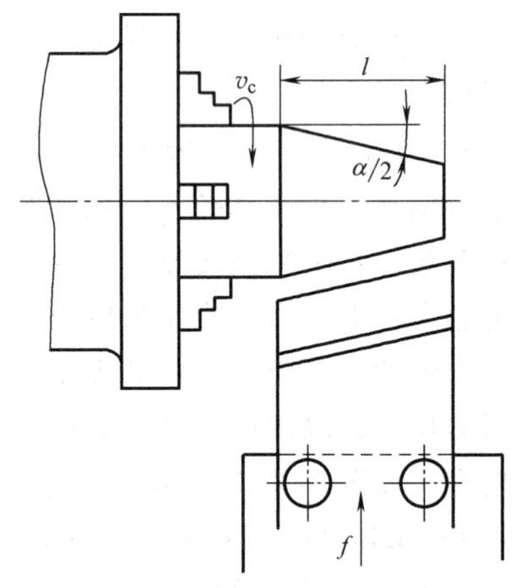

图 3-3-20　用宽刃切削法车锥面

除上述几种方法外，还可采用靠模法车削较长的内、外圆锥面，也可在数控车床上进行加工，既方便快捷，又可提高加工质量。

7）车螺纹。按螺距调整车床，用螺纹车刀可以切削加工各种不同牙型的螺纹。安装螺纹车刀时，刀尖必须同螺纹回转轴线等高，刀尖角的平分线垂直于螺纹轴线，平分线两侧的切削刃应对称。图 3-3-21 所示为螺纹车刀的安装。

除上述车削加工外，还有车成形面等车削方法。

3.3.2.2 铣削加工

铣削加工是在铣床上以铣刀旋转作为主运动、铣刀或工件的移动作为进给运动的切削方法，是平面、台阶沟槽、成形表面和切断加工的主要方法之一。

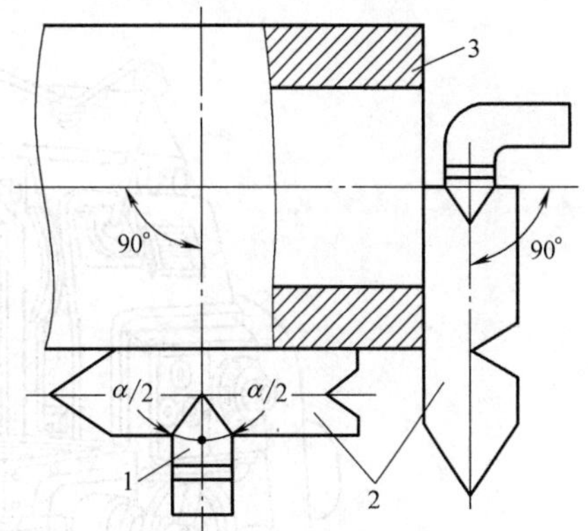

图 3-3-21 螺纹车刀的安装
1—螺纹车刀 2—样板 3—工件

（1）铣削加工的特点

1）铣削生产率高。因铣刀是多刃刀具，可实现高速切削，故生产率较高。

2）加工范围广。铣刀类型多，铣床附件多，使铣床加工范围更广泛。

3）铣削质量中等。由于切削不平稳，使铣削加工的质量只有中等精度。经粗铣和精铣后，尺寸精度可达 IT7 ~IT9，表面粗糙度 *Ra* 值可达 1.6~3.2μm。

4）铣削加工成本较高。由于铣床和铣刀结构复杂，因此铁削成本较高。

铣削适用于单件小批量生产，也适用于大批、大量生产。

（2）铣床的组成及运动 铣床是主要用铣刀在工件上加工各种表面的机床。铣床的种类很多，主要有升降台式铣床、床身式铣床、龙门铣床、工具铣床、仿形铣床及数控铣床等。常用的是升降台式铣床，按主轴在铣床上布置方式不同，分为卧式和立式两种类型。立式升降台铣床的主轴呈垂直状态，卧式升降台铣床的主轴呈水平状态。以卧式升降台铣床为例加以说明。

卧式升降台铣床简称卧铣，如图 3-3-22 所示。床身 1 固定在底座 8 上，床身内装有主传动机构，顶部导轨上装有悬臂 2，悬臂 2 上装有安装铣刀心轴的挂架 4，它的主轴处于水平位置。铣削时，铣刀安装在铣刀轴 3 上，铣刀旋转为主运动，工件用螺栓、压板或夹具安装在工作台 5 上，可随工作台做纵向进给运动。床鞍 6 装在升降台 7 的导轨上，可沿主轴的轴线方向做横向运动，升降台 7 安装在床身 1 的垂直导轨上，可沿床身导轨做上下垂直运动。对于工件来讲，可在三个方向上进行位置调整或做进给运动。将工作台能在水平面内旋转 ±45°的卧式铣床称为卧式万能铣床。

卧式升降台铣床常见的型号有 X6132、X6020B 等。以 X6132 卧式万能升降台铣床为例，说明铣床型号的含义，如图 3-3-23 所示。

（3）铣削的方式 铣削分顺铣与逆铣两种方式。

1）顺铣。铣削时，铣刀的旋转方向与工件的进给方向相同，如图 3-3-24a 所示。

顺铣加工过程较平稳，刀具使用寿命较高，但工作台可能发生窜动，这是因为顺铣时的切削水平分力与工件进给方向一致，当水平分力大于工作台的摩擦阻力时，由于丝杠与螺母一般存在较大间隙，造成工作台窜动，易引起啃刀和打刀。因此，顺铣时要把丝杠与螺母的间隙调整好，一般为 0.03 ~0.05mm。

2）逆铣。逆铣是指铣刀的旋转方向与工件的进给方向相反，如图 3-3-24b 所示。逆铣时，铣刀对工件的水平作用力与工件进给方向相反，即水平作用力使丝杠螺纹的右侧面始终贴紧螺母，不会产生工作台窜动现象。

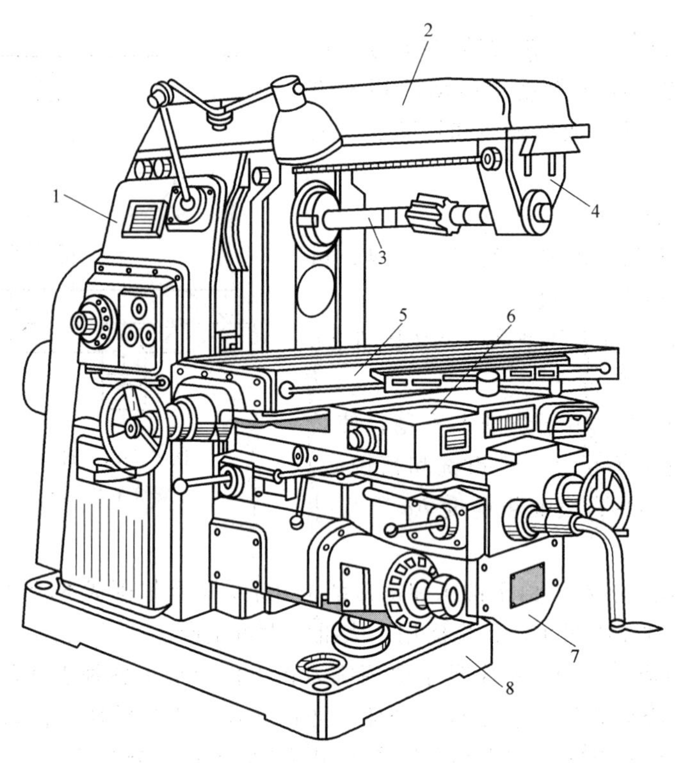

图 3-3-22　卧式升降台铣床

1—床身　2—悬臂　3—铣刀轴　4—挂架　5—工作台　6—床鞍　7—升降台　8—底座

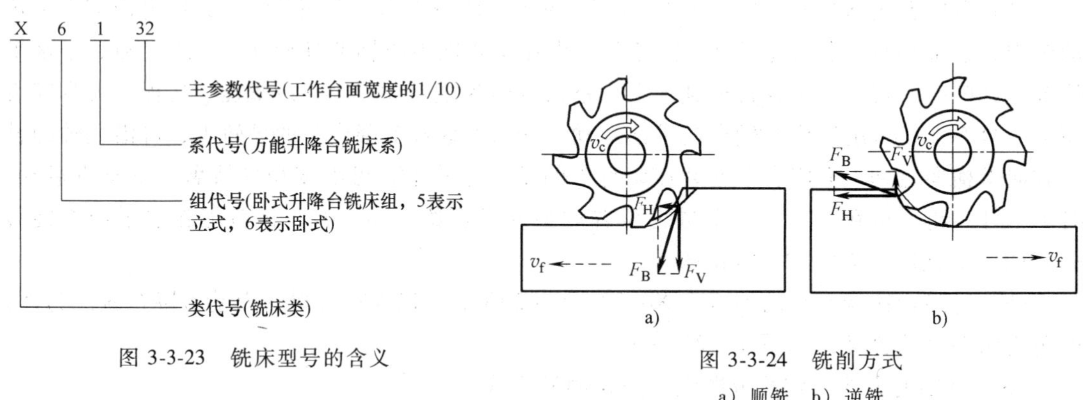

图 3-3-23　铣床型号的含义

图 3-3-24　铣削方式

a）顺铣　b）逆铣

因此，顺铣的加工范围仅限于无硬皮的工件，多用于精加工；逆铣时多用于粗加工。

（4）铣削的加工范围　铣削的加工范围如图 3-3-25 所示。铣床可加工平面、斜面、垂直面、各种沟槽和成形面，还可以进行分度工作，有时孔的钻、镗加工也可以在铣床上进行。

铣刀的每一个刀齿相当于一把车刀，它的切削规律与车削相似，不同的是铣削是断续切削，所以铣削过程又具有特殊规律。

1）铣平面。铣平面的铣刀有圆柱铣刀、两面刃铣刀、三面刃铣刀和立铣刀等。铣刀的

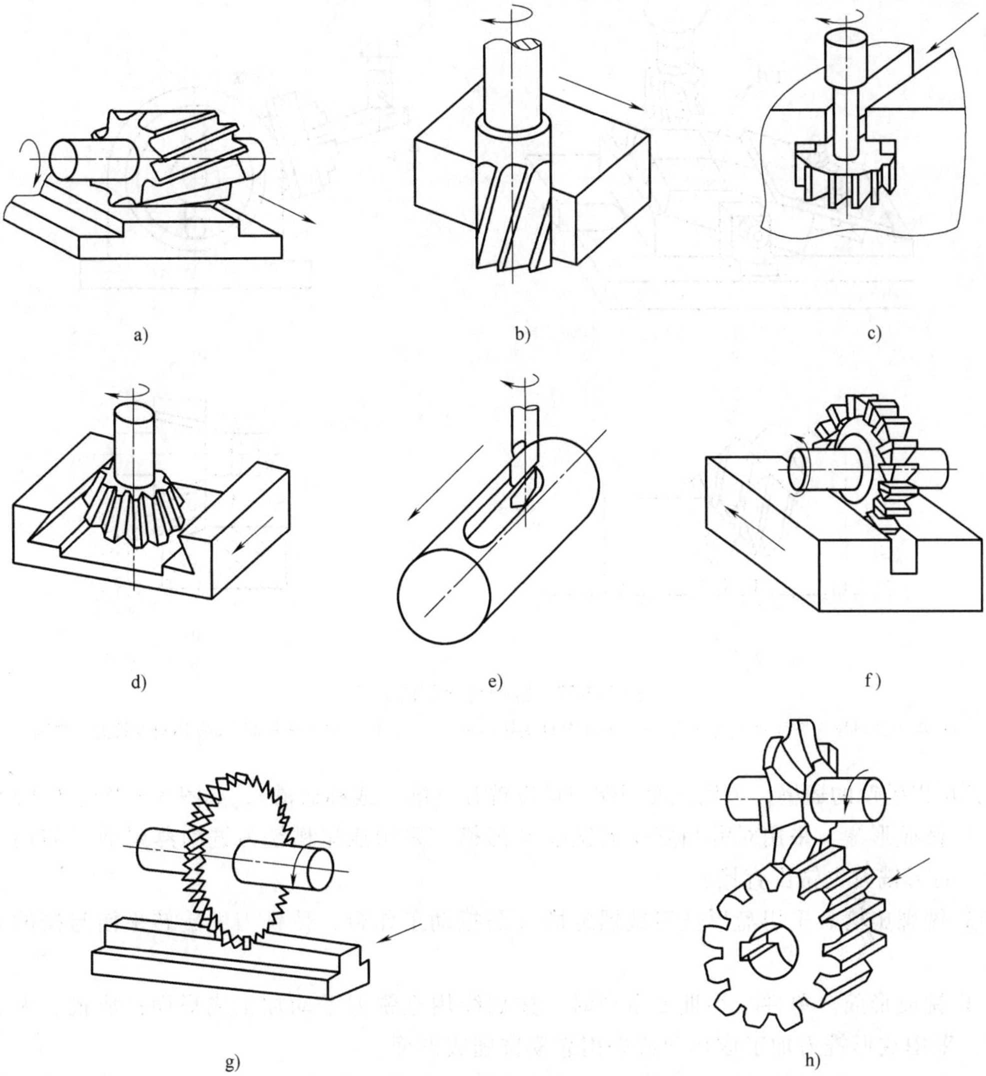

a)　b)　c)　d)　e)　f)　g)　h)

图 3-3-25　铣削的加工范围

a）铣水平面　b）铣垂直面　c）铣 T 形槽　d）铣燕尾槽　e）铣键槽　f）铣直槽　g）铣狭缝　h）铣齿形

直径一般为 75~300mm，最大可达 600mm，尺寸大的铣刀主要加工大平面；圆柱铣刀主要加工中等尺寸平面；两面刃铣刀、三面刃铣刀和立铣刀主要加工小平面、小台阶；在成批生产中，大都采用组合铣刀同时铣削几个台阶面，如图 3-3-26 所示。

铣斜面是铣平面的特例。常用铣斜面的方法如图 3-3-27 所示。

2）铣槽。在铣床上加工的槽类很多，如直角槽、V 形槽、T 形槽和各种键槽。

① 铣直角槽。采用立铣刀或键槽铣刀可以铣外键槽（或称半通槽和封闭槽），采用锯片铣刀或小型

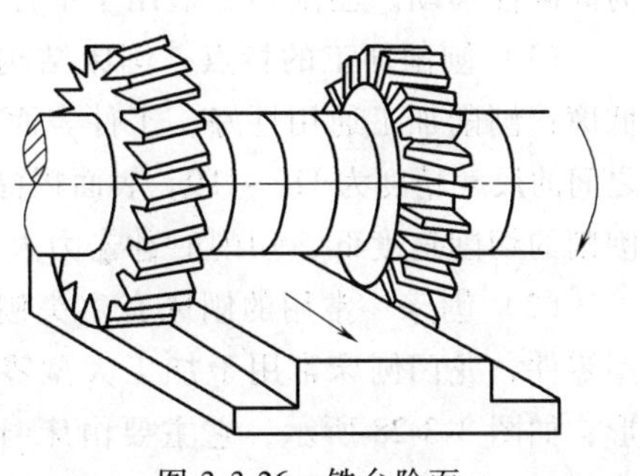

图 3-3-26　铣台阶面

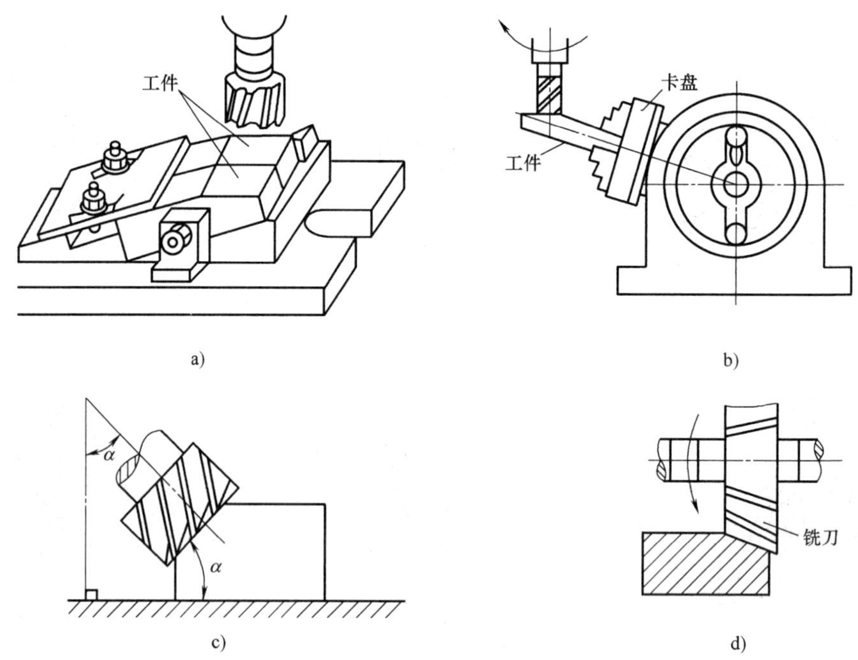

图 3-3-27 常用铣斜面的方法

a）将工件斜压在工作台上铣斜面 b）利用分度头铣斜面 c）旋转立铣头铣斜面 d）用角度铣刀铣斜面

立铣刀可以铣窄的通槽，采用三面刃铣刀可以铣开口槽（或称通槽），如图 3-3-25e、f 所示。

② 铣成形槽。采用对称角度铣刀铣削 V 形槽，采用燕尾槽铣刀铣削燕尾槽（需用立铣刀或三面刃铣刀先铣出直槽）。

③ 铣螺旋槽。采用盘形铣刀铣螺旋槽（需扳动工作台，使铣刀的旋转平面与槽的方向一致）。

④ 铣成形面。单件、小批量生产时，按划线用立铣刀手动加工成形面；成批、大量生产时，采用成形铣刀加工成形面或采用靠模铣削成形面。

在铣床上安装附件后，可在铣床的回转工作台上铣曲线回转面，在铣床分度头上采用模数铣刀铣齿轮、凸轮等，使铣床的应用越来越广。

3.3.2.3 刨削加工

在刨床上，用刨刀进行的加工称为刨削加工。刨削的主运动是往复直线运动，进给运动为间歇性移动。刨削加工适用于单件及小批量生产。

（1）刨削加工的特点 刨床结构简单，调整、操作方便，刨刀制造、刃磨方便，价格低廉；刨削加工通用性好，工件表面硬化程度低，加工成本低；但加工质量较低（两平面之间的尺寸精度为 IT7~IT9，表面粗糙度 Ra 值为 1.6~12.5μm，直线度为 0.04~0.08mm/m），刨削的切削速度低，切削时冲击力大。

（2）刨床 常用的刨床有牛头刨床、龙门刨床等。其中牛头刨床主要用于加工中、小型零件，龙门刨床常用于加工大型零件或同时加工多个零件。这里主要介绍牛头刨床的外形，如图 3-3-28 所示，它主要由床身、工作台、滑枕和底座等组成。底座上装有床身 4 与滑枕 3，滑枕上带有刀架 1，可做往复主运动。工件安装在工作台 6 上，工作台在滑座上做横向进给间歇运动。滑座可在床身上升降，以适应加工不同高度的工件。牛头刨床一般加工与安装基面平行的面，主参数是最大刨削长度。牛头刨床常见的型号有 BC6030、BC6063、BC6065、BC6066、BC6070 等。以 BC6065 刨床为例，说明刨床型号的含义，如图 3-3-29 所示。

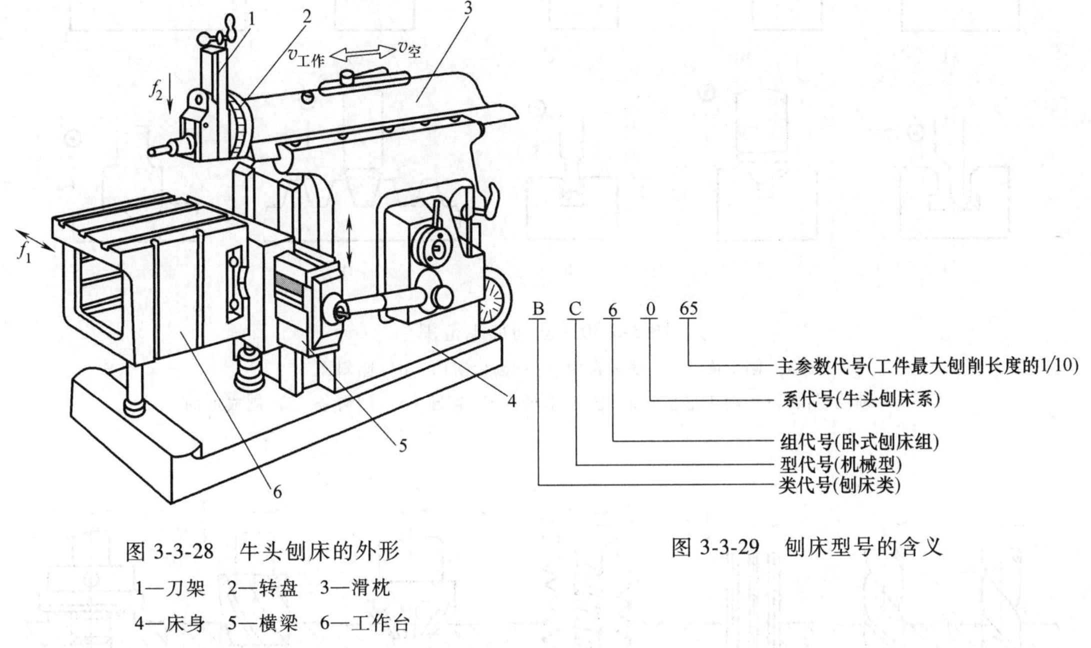

图 3-3-28 牛头刨床的外形

1—刀架 2—转盘 3—滑枕

4—床身 5—横梁 6—工作台

图 3-3-29 刨床型号的含义

（3）工件和刨刀的安装

1）工件的安装。台虎钳可用来装夹形状规则的小型工件。使用时要把台虎钳固定在工作台上，将钳口找正后安装工件。工件尽量夹持在台虎钳钳口中部，使钳口受力均匀。

在台虎钳钳口中安装工件时，应注意工件的待加工表面必须高于钳口，以免刀具损坏钳口；若工件高度不够，可用平行垫铁将工件垫高。装夹工件时，先在钳口垫上铜皮，并将较平整的面贴紧在固定钳口上。若安装刚性较差的工件，则应将工件的薄弱部分预先垫实或进行支承，以免工件夹紧后变形。夹紧钳口时，不要在活动钳身的光滑表面进行敲击，以免降低与固定钳身的配合性能并且用力方向最好朝向固定钳身。

2）刨刀的安装。将选择好的刨刀插入刀夹的方孔内并用紧固螺钉拧紧，应当注意，刨刀在刀夹上一般伸出的长度为刀杆厚度的 1.5~2 倍。安装偏刀时，一般刀杆应处于铅垂位置，以确保偏刀的刃磨角度不因装夹而变化。

（4）刨削加工的主要范围 刨削最常见的加工范围是平面（水平面、斜面、垂直面）和沟槽（T 形槽、V 形槽和燕尾槽等）以及纵向成形表面的加工，如图 3-3-30 所示。

3.3.2.4 钻削加工

各种零件上的孔加工，除去一部分由车、铣等加工完成外，很大一部分是利用各种钻床或镗床完成的。用钻头在工件实体材料上加工孔的方法称为钻孔。在钻床上钻孔时，工件固定不动，钻头旋转（主运动）并做轴向移动（进给运动），钻削包括钻孔、扩孔和铰孔等，如图 3-3-31 所示。

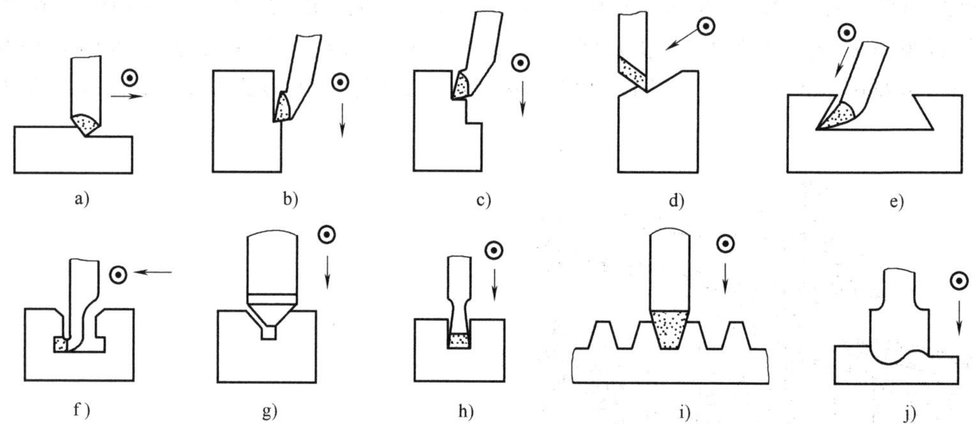

图 3-3-30　刨削加工范围

a）刨平面　b）刨垂直面　c）刨台阶面　d）刨斜面

e）刨燕尾槽　f）刨 T 形槽　g）刨 V 形槽　h）切断　i）刨齿条　j）刨成形面

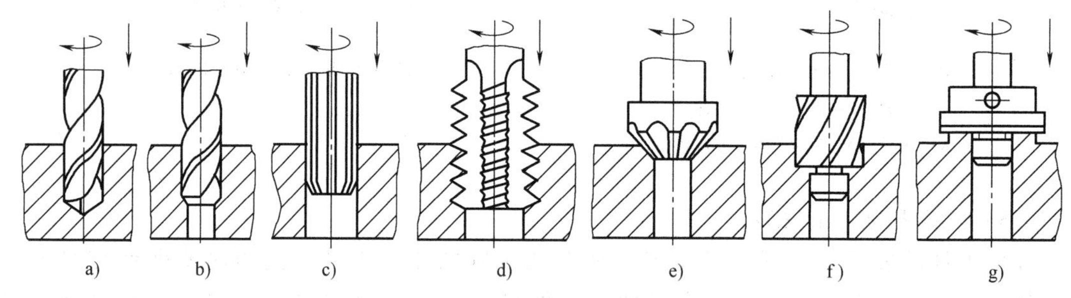

图 3-3-31　钻削加工的方法

a）钻孔　b）扩孔　c）铰孔　d）攻螺纹　e）锪锥面　f）锪凸台面　g）刮平面

（1）钻削加工的特点　钻孔时背吃刀量达到孔径的一半，金属切除率高；麻花钻的两条切削刃对称分布在轴线两侧，钻削时不像单刃刀具那样容易弯曲；钻孔冷却条件差，限制了切削速度，影响了生产率；钻削加工时钻头受其结构、切削条件和孔径的限制，刚性差，易使孔的几何误差大，钻孔的加工精度一般为 IT11～IT13，表面粗糙度 Ra 值为 12.5～50μm，故钻削加工一般用于孔的粗加工。

（2）钻床的组成及运动　常用的钻床有台式钻床、立式钻床、摇臂钻床、钻铣床和中心孔钻床等。立式钻床的外形如图 3-3-32 所示，它主要由主轴箱、立柱、工作台和底座等组成。主轴 2 由电动机 4 通过主轴箱 3（内装有变速和进给变速传递机构、主轴部件和操纵机构等）带动旋转，同时通过主轴箱获得轴向进给运动。主轴箱 3 可使主轴 2 获得所需的转速和进给量，进给箱 5 可使主轴实现快速升降。与台式钻床相比，立式钻床的刚性好，功率大，生产率较高，加工精度也较高，可以进行钻孔、扩孔、铰孔、锪孔、攻螺纹等多种加工，但主要用于加工中小型零件。

（3）钻床的加工方法

1）工件的装夹。工件装夹方法不对将导致钻孔中的安全事故发生，所以要注意工件的夹持。小件和薄壁工件钻孔时，工件通常用台虎钳装夹；中等工件可用平口钳装夹；大型或不适合用台虎钳夹紧的工件，可直接用压板螺钉固定在钻床的工作台上。在圆形工件上钻孔时，需把工件压在 V 形块上。

当工件的批量比较大时，应广泛采用钻模夹具，如图 3-3-33 所示。由于钻模上装有钻套以引导钻头，而钻套的位置是根据工件上要求钻孔的位置而确定的，因而可以免去划线工作，提高生产率，钻孔精度也可提高一级，表面质量也有所改善。

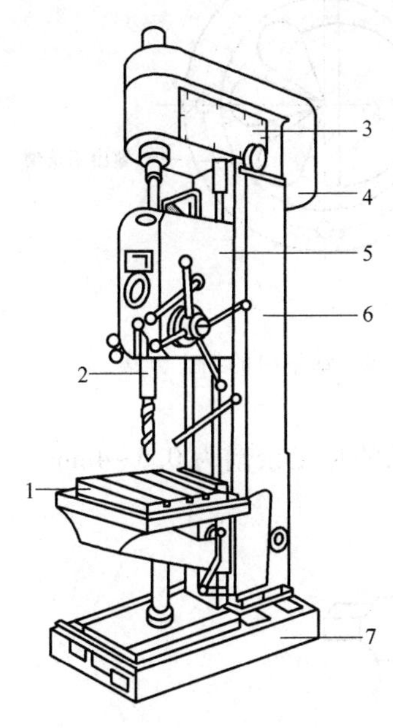

图 3-3-32 立式钻床的外形

1—工作台 2—主轴 3—主轴箱
4—电动机 5—进给箱 6—立柱 7—底座

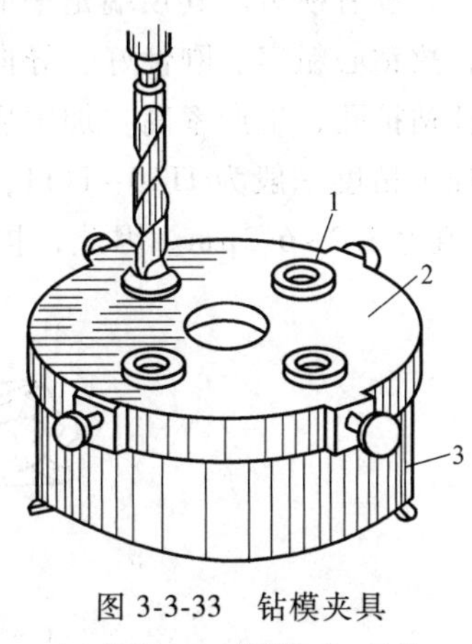

图 3-3-33 钻模夹具

1—钻套 2—钻模 3—工件

2）钻削用量。钻孔时，背吃刀量由钻头直径决定，所以要选择合适的钻削速度和进给量。

选择钻削用量的基本原则：在允许范围内，尽量先选较大的进给量，当进给量受孔表面粗糙度和钻头刚度的限制时，再考虑较大的钻削速度。一般来说，用小钻头钻孔时，转速可相应提高，进给量减小；用大钻头钻孔时，转速可降低，进给量适当加大。钻硬材料时，钻削速度要低，进给量要小；钻软材料时，则两者可适当提高和增大。

钻削用量也可参阅有关钻削用量表格来确定。

3）钻孔方法。按划线钻孔时，先将工件上孔的位置用十字线划好，打好样冲眼，以便于找正引钻，钻削时先钻一浅坑，检查是否对中。若钻偏较多，可用小圆弧錾子或小头錾子在应錾掉的位置上錾出几条槽，将钻偏的中心纠正过来，如图 3-3-34 所示。

钻通孔时，在孔将被钻透时，进给量要减小，以避免在钻透时出现“啃刀”现象。钻不通孔时，要注意掌握钻孔深度，调整深度标尺挡块，安置控制长度的工、量具。钻深孔（$L/D \geqslant 5$，L 为孔深，D 为孔径）时，要经常退出钻头以便排屑和冷却。钻大孔（$D \geqslant$ 30mm）时，由于有较大的进给力，很难一次钻出，这时可先钻出一个直径较小的孔（要求为孔径的 50%~70%），然后用第二把钻头将孔扩大到所要求的直径。

(4) 扩孔　钻孔属于粗加工，为了提高加工精度和表面质量，用扩孔工具将工件上原来的孔（铸出、锻出或钻出的孔）扩大的加工方法称为扩孔。常用的扩孔方法有用麻花钻扩孔和用扩孔钻扩孔。

1）用麻花钻扩孔。用麻花钻扩孔时进给力小，进给省力；但钻头外缘处前角大，钻头易从钻套中拉出来，所以应把前角修磨得小一些并适当控制进给量。

2）用扩孔钻扩孔。扩孔钻的形状（图3-3-35）与麻花钻相似，但它有3~4个切削刃，且没有横刃。其顶端是平的，螺旋槽较浅，故钻心粗实、刚性好，导向性能好。用扩孔钻扩孔，生产率高，加工质量好。扩孔的加工精度一般为IT10~IT11，表面粗糙度 *Ra* 值为3.2~6.3μm。因此，扩孔常用作孔的半精加工，扩孔的加工余量为0.5~4mm。

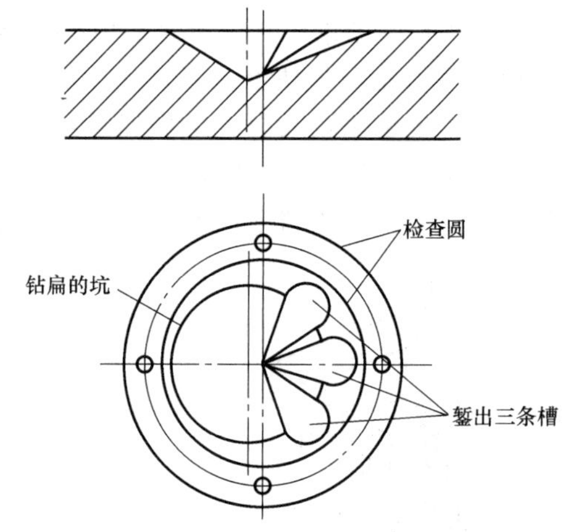

图3-3-34　钻偏时的纠正方法

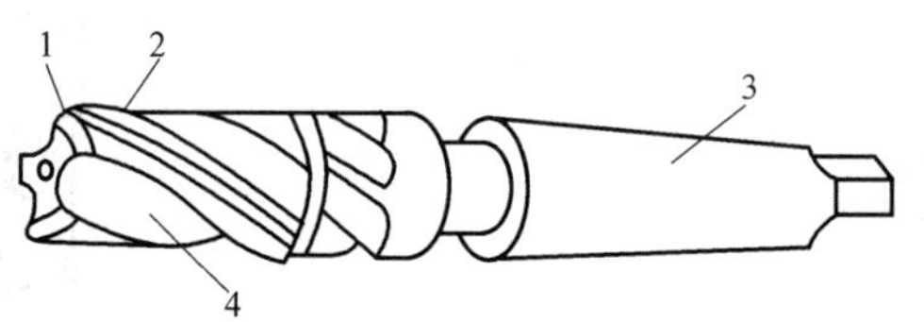

图3-3-35　扩孔钻

1—主切削刃　2—棱带　3—锥柄部　4—螺旋槽

(5) 锪孔　用锪钻在孔口表面锪出一定形状的孔或表面的加工方法称为锪孔，如图3-3-36所示。图3-3-36a所示为锪圆柱形沉头孔，图3-3-36b所示为锪锥形沉头孔，图3-3-36c所示为锪孔口和凸台平面。锪孔用的刀具称为锪钻，锪钻大多用高速工具钢制造，只有加工大直径的端面凸台时才用硬质合金制造并采用装配式结构。

(6) 铰孔　用铰刀从工件壁上切除微量金属层，以提高尺寸精度和表面质量的方法称为铰孔，该方法也是孔的精加工方法之一。铰孔的加工精度可达IT7~IT9，表面粗糙度 *Ra* 值可达1.6~3.2μm。铰孔的加工余量较小（粗铰为0.15~0.5mm，精铰为0.05~0.25mm）。

铰孔用的刀具称为铰刀。铰刀是尺寸精确的多刃工具，有6~12个切削刃，这使得铰孔时导向性好。由于刀齿的齿槽很浅，铰刀的横截面积大，因此刚性好。按使用方法，分为手用铰刀和机用铰刀两种；按铰孔的形状，分为圆柱形铰刀和圆锥形铰刀两种，如图3-3-37所示。

铰孔时必须选用适当的切削液来降低刀具和工件的温度，防止产生积屑瘤，改善表面质量。铰孔时铰刀不能倒转，否则切屑会卡在孔壁和切削刃之间而划伤孔壁或使切削刃崩裂。

3.3.2.5　磨削加工

在磨床上，用砂轮对工件表面进行磨削加工的方法称为磨削加工。常用于精加工和硬表面的加工。

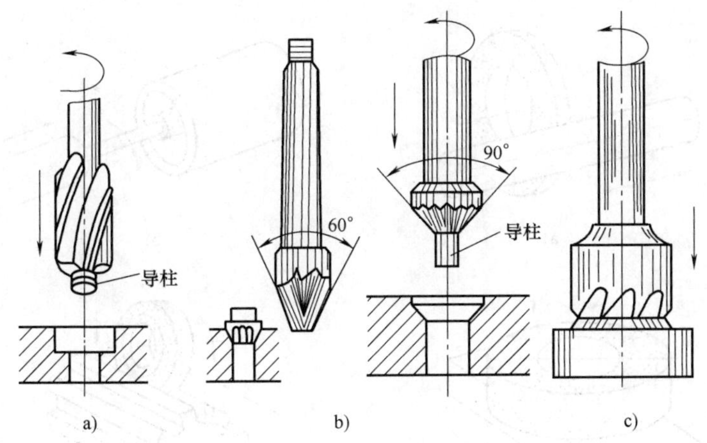

图 3-3-36 锪孔的应用

a）锪圆柱形沉头孔 b）锪锥形沉头孔 c）锪孔口和凸台平面

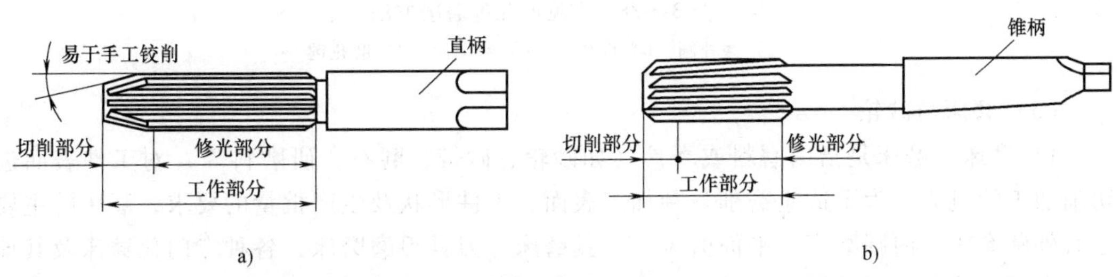

图 3-3-37 铰刀

a）圆柱形手铰刀 b）圆锥形机铰刀

近年来由于科学技术的发展，对机器及仪器零件的精度要求越来越高，各种高硬度材料的应用日益增多，同时由于磨削工艺水平的不断提高，所以磨床的使用范围日益扩大。在发达国家，磨床在金属切削机床中占30%~40%。

（1）磨削加工的特点

1）磨削加工范围广，它可以加工内、外圆和成形表面。

2）加工精度高。其经济加工精度为IT6~IT7，表面粗糙度 Ra 值为0.1~0.8μm。高精度磨削时，公差等级可达IT5，表面粗糙度 Ra 值为0.006~0.1μm。广泛用于工件的精加工。

3）可以加工高硬度材料。磨削不仅可以磨削一般的金属材料，还可以磨削硬度很高的金属材料，如淬硬钢、高速工具钢、硬质合金、钛合金等金属和玻璃或非金属材料。

4）磨削是一种少切屑的加工方法，在一次行程中切除的金属量很少，金属切除效率低。

5）磨削温度高。磨削速度一般可达30~50m/s，产生的切削热多，砂轮的导热性差，磨削区瞬时磨削温度可达1000℃。高温可能使工件变形、烧伤或使力学性能下降。为减少高温对加工质量的影响，在磨削过程中，一般应大量使用苏打水或乳化液作为切削液。

（2）磨削加工的范围 磨削加工的范围广，能加工外圆、内孔、平面和成形表面（如花键、锥面、齿轮齿形、螺纹等），如图 3-3-38 所示。其中以磨削外圆、内孔和平面最为常见。

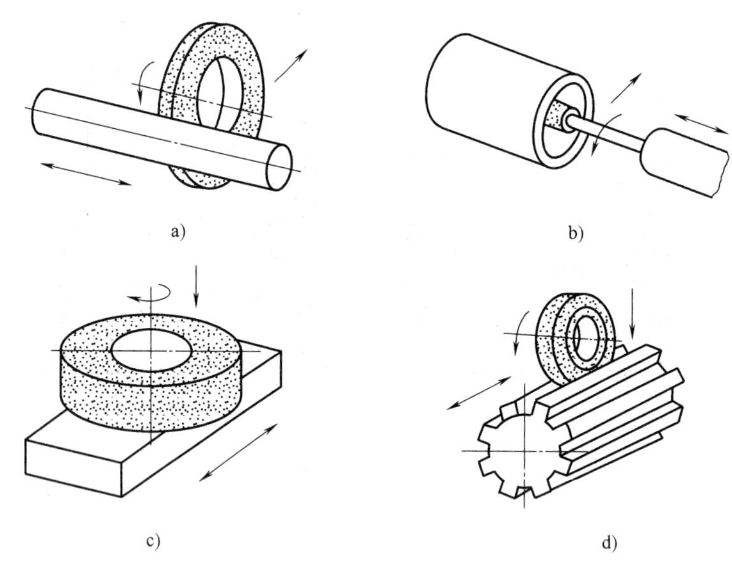

图 3-3-38 常见的几种磨削方法

a）磨外圆 b）磨内孔 c）磨端面 d）磨花键

（3）磨床与砂轮

1）磨床。磨床是指用磨料或磨具（如砂轮、砂带、磨石、研磨料等）对工件表面进行切削加工的机床。为了适应磨削各种加工表面、工件形状及生产批量的要求，磨床的主要类型有外圆磨床、内圆磨床、平面磨床、工具磨床、刀具刃磨磨床、各种专门化磨床及其他磨床（包括珩磨机、抛光机、超精加工机床、砂带磨床、研磨机、砂轮机等）。目前生产中应用最多的有外圆磨床、内圆磨床等。

常用的外圆磨床有普通外圆磨床和万能外圆磨床。图 3-3-39 所示为 M1432A 万能外圆磨床，它主要由床身、头架、尾座和砂轮架等部分组成。工作台有上、下两层，下工作台做纵向往复运动，上工作台相对下工作台能做小角度的回转调整，以便磨削锥体。万能外圆磨床与普通外圆磨床的结构基本相同，不同的是在砂轮架上另装有内圆磨具，可磨内圆柱面及内锥面。外圆磨床常见的型号有 M1420、M1432A、MGB1412 等。以 M1432A 外圆磨床为例，说明磨床型号的含义，如图 3-3-40 所示。

内圆磨床主要用于磨削圆柱孔、圆锥孔及端面。内圆磨床如图 3-3-41 所示，其头架 3 固定在工作台 2 上，主轴带动工件旋转做圆周进给运动；工作台带动头架沿床身 1 的导轨做直线往复运动，实现纵向进给运动，头架可绕垂直轴转动一定角度以磨削锥孔；砂轮架 4 上的内磨头由电动机带动旋转做主运动；工作台每往复运动一次，砂轮架沿滑鞍 5 可横向进给一次（液压或手动）。

内圆磨床常见的型号有 M2120、MG2120、M2110A、MB2110 等。

2）砂轮。砂轮的好坏及选用是否恰当取决于砂轮的特性参数。砂轮的特性包括磨料、粒度、结合剂、硬度、组织、形状等。为了适应在不同类型的磨床上磨削各种形状和尺寸的工件，砂轮需制成各种形状和尺寸，如平形砂轮、薄片砂轮、筒形砂轮、碗形砂轮、杯形砂轮、双斜边砂轮等。

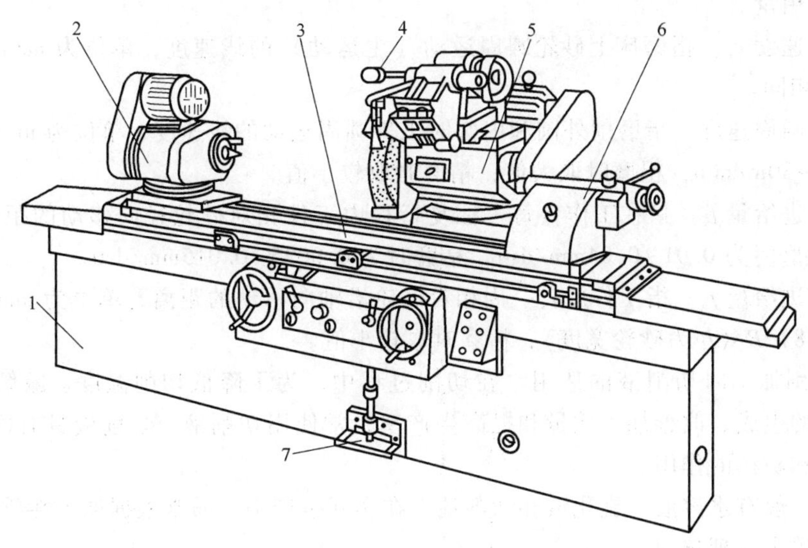

图 3-3-39 M1432A 万能外圆磨床

1—床身 2—头架 3—工作台 4—内圆装置 5—砂轮架 6—尾座 7—脚踏操纵板

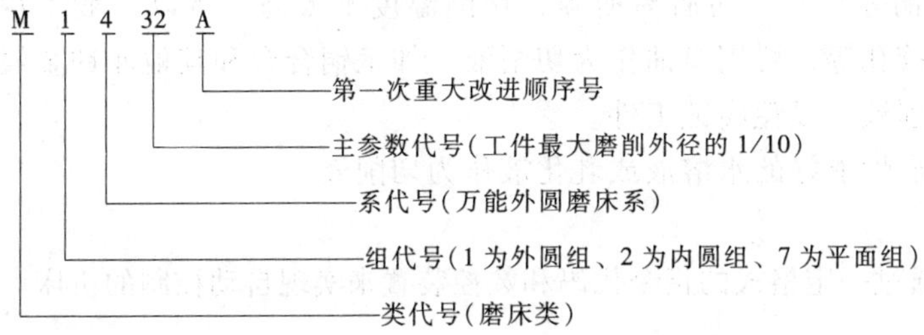

图 3-3-40 磨床型号的含义

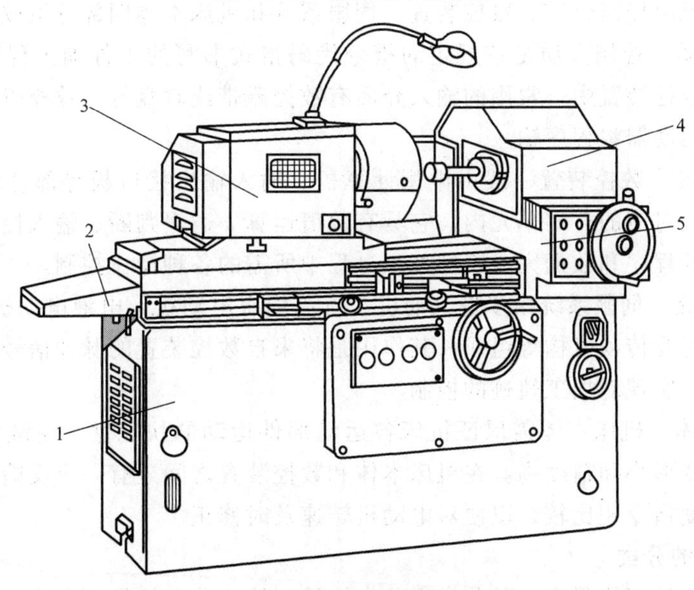

图 3-3-41 内圆磨床

1—床身 2—工作台 3—头架 4—砂轮架 5—滑鞍

3）磨削用量。

① 磨削速度 v_c。指磨床上砂轮圆周运动（主运动）的线速度，单位为 m/s。计算方法与车削基本相同。

② 工件圆周速度。指磨削外圆和内圆时工件圆周运动的线速度，单位为 m/s 或 m/min。一般 $v_w = 10 \sim 30$m/min，粗磨时取大值，精磨时取较小值。

③ 横向进给量 f_r。指在工作台每一往复行程内工件相对砂轮径向移动的距离，单位为 mm/dstr。粗磨时为 0.01～0.04mm/dstr，精磨时为 0.0025～0.015mm/dstr。

④ 纵向进给量 f_a。指工件旋转一周相对砂轮沿轴向移动的距离，单位为 mm/r。一般 f_a 为（0.3～0.8）B（B 为砂轮宽度），精磨时取较小值。

（4）磨削加工时切削液的选用　在切削过程中，为了降低切削温度、减缓刀具磨损、抑制积屑瘤的生成、改善加工质量和提高生产率，常使用切削液。切削液具有冷却、润滑、洗涤、排屑和防锈的作用。

切削液一般有水溶液、乳化液和切削油。在实际生产中，通常根据加工性质、刀具材料和工件材料等来合理选用。

粗加工时，为了降低切削温度，应选用以冷却为主的水溶液或低浓度乳化液；精加工时，为了提高刀具寿命和加工质量，应选用以润滑为主的切削油或高浓度乳化液。

切削脆性材料（如铸铁、青铜等）时，切屑易崩碎，切削温度不太高，所以一般不用切削液。特殊情况，如攻螺纹、铰孔等，可用煤油作为切削液。加工铜合金和其他非铁金属时，一般不宜采用含硫化油的切削液，以免腐蚀工件。

磨削时，一般采用冷却、排屑性能好的水溶液或乳化液作为切削液。

3.3.2.6　数控加工

数控机床是利用数控技术，通过一定格式的指令代码和数控装置来实现自动控制的机床。

1. 数控机床的组成

数控机床一般由控制介质、数控装置、伺服系统和机床本体四部分组成。

（1）控制介质　控制介质是按规定的指令代码格式书写的工件加工程序，以一定方式记录下来并输入数控装置中。常用的输入介质有数控磁带或软盘等。数控机床装有软盘驱动器，可通过软盘驱动器将程序输入。

（2）数控装置　数控装置一般由微型计算机、输入输出接口板等部分组成。输入的程序存储在数控装置对应的存储单元内。它具有数值运算、逻辑判断、输入控制和输出控制等功能，根据输入的程序和数据完成工件加工过程中所需的各种操作控制。

（3）伺服系统　伺服系统由步进电动机、直流伺服电动机、电液电动机、各种电磁阀、电液阀、驱动装置及传动机构等组成。其作用是将来自数控装置的脉冲信号转换成机床移动部件的运动指令，实现对加工轨迹的控制。

（4）机床本体　机床本体需保证机床各运动部件运动的快速性、灵敏性和准确性，且要求刚度好、热变形小和精度高。在机床本体和数控装置之间还有一个反馈系统，它将随时测量的转速与速度指令相比较，以便对电动机转速及时修正。

2. 数控机床的分类

数控机床的品种规格很多，其分类方法有按控制轨迹分和按控制方式分等。

1）数控机床按控制轨迹分类主要指控制刀具相对工件的运动轨迹，其可分为点位控制数控装置、直线控制数控装置和连续控制数控装置。点位控制数控装置只控制刀具或机床工作台从一个位置（点）精确地移动到另一个位置（点），在移动过程中不进行切削，如数控钻床、数控压力机和数控镗床等。直线控制数控装置除了控制起点和终点之间的准确位置外，还要控制刀具在两点之间的运动轨迹是一条直线，刀具在移动过程中沿一个坐标轴方向进行切削，如数控车床、数控铣床和数控磨床等。连续控制数控装置能对两个或两个以上的坐标轴进行连续控制，不仅控制其起点和终点的位置，而且控制各种运动轨迹和速度，如数控车床、数控铣床、数控线切割机床和数控加工中心等。

2）数控机床按控制方式可分为开环控制系统、闭环控制系统和半闭环控制系统。开环控制系统无反馈装置，对机床运动部件的实际位移量不检测，不能校正误差。闭环和半闭环控制系统的特点是在机床的运动部件上装有位移测量装置，可将测量出的实际位移值反馈到数控装置中，与输入的指令位移值比较，然后用差值进行再控制，直至差值为零。显然后者的加工精度高于前者，但后者的不足是成本高，调试维修复杂。

3. 数控机床举例

（1）数控车床　数控车床操作灵活方便，生产周期短，生产率高，质量好，适应多品种、中小批量生产，如图 3-3-42 所示。

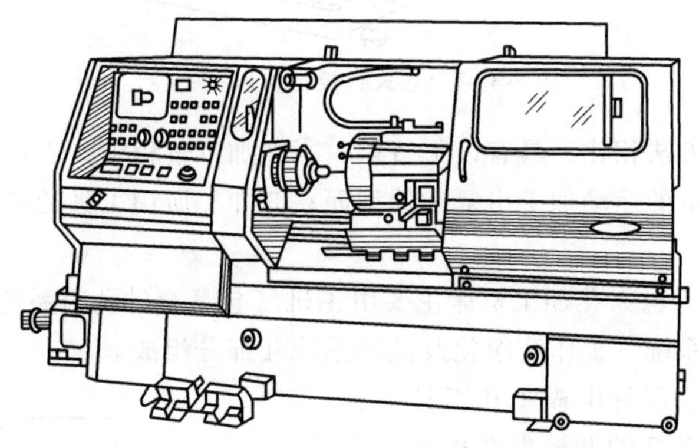

图 3-3-42　数控车床

（2）数控加工中心　数控加工中心是具有自动换刀功能和刀具库的可对工件进行多工序加工的数控机床。它有更高的切削利用率，适于加工形状复杂、精度要求高、品种更换频繁的零件，如图 3-3-43 所示。

4. 数控机床的特点及应用

在数控机床上加工工件，只需将所编制的程序输入数控装置即可，为单件小批生产和新产品试制提供了极大的便利。由于整个工件的加工过程几乎全部按程序自动协调地进行，排除了人为因素造成的误差，因此，加工精度高、质量稳定、生产率高、劳动强度低。但整个控制系统复杂，价格高，维修复杂。数控机床主要适用于小批量、多品种、结构较复杂、精度要求较高、频繁改型的零件试制生产。

3.3.2.7　特种加工

所谓特种加工是指直接利用电能、光能、声能、热能及特殊机械能等能量去除或增加材料的加工方法，从而实现材料被去除、变形、改变性能或被镀覆等加工需求。特种加工包括电火花加工、电解加工、超声波加工、激光加工等，在此简单介绍电火花加工和激光加工。

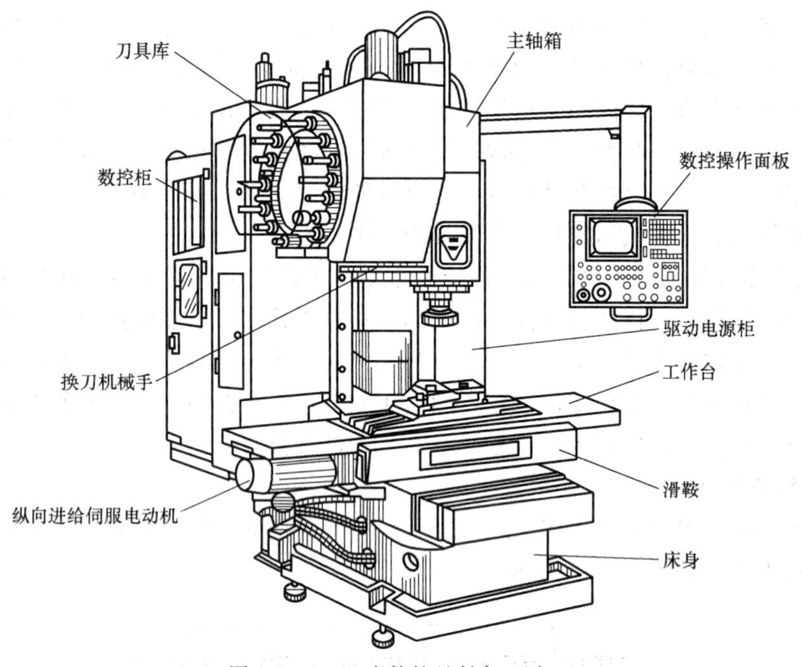

图 3-3-43　立式数控镗铣加工中心

特种加工与普通加工方法相比，具有以下特点：①在加工过程中，工具与工件之间没有显著的切削力；②能用简单的运动加工出复杂的型面；③加工所用工具的硬度可以低于被加工材料的硬度。

(1) 电火花加工　电火花加工机床主要由主机（包括自动调节系统的执行机构）、脉冲电源、自动进给调节系统、工作液净化及循环系统几部分组成。

如图 3-3-44 所示，工件电极 1 和工具电极 4 分别与脉冲电源 2 的两输出端相连接，间隙自动调节装置 3 使工具电极和工件电极间始终保持一很小的放电间隙，当脉冲电压加到两极之间时，工具电极与工件电极之间的相近点处或绝缘强度最低处的介质被击穿，在该局部产生火花放电，瞬间高温（中间温度为 10000℃左右）使工件电极表面局部熔化，甚至蒸发气化而蚀掉一小部分金属，各自形成一个小坑，尽管这种凹坑十分微小，但随着工具电极不断进给，脉冲放电不断进行，周而复始，无数个脉冲放电所腐蚀的小凹坑重叠在工件电极上，即可把工具电极的轮廓形状较精确地复印在工件电极上，从而实现一定形状和尺寸的加工。

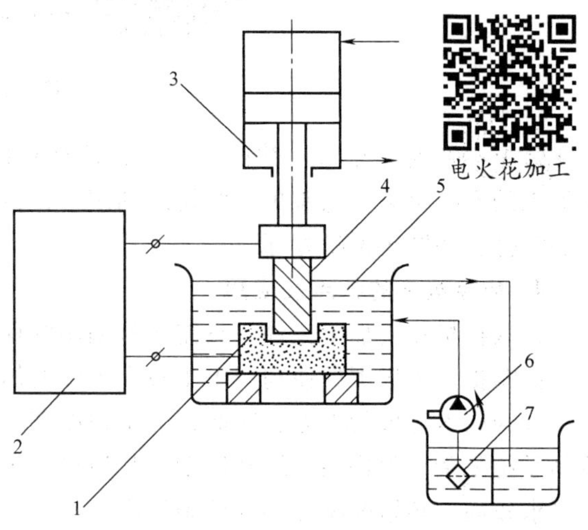

图 3-3-44　电火花加工的原理

1—工件电极　2—脉冲电源　3—间隙自动调节装置　4—工具电极　5—液体介质　6—液压泵　7—过滤器

电火花加工的应用范围较广，它可以进行穿孔加工、型腔加工和线电极切割等。

（2）激光加工　激光是光的受激辐射，激光加工是利用光能进行加工的方法。

激光器主要由激光工作物质、泵浦源和反射镜三部分组成，如图 3-3-45 所示。泵浦源辐射的光能被激光工作物质有效地吸收，形成粒子数反转并产生光的受激辐射放大，通过反射镜，输出激光。

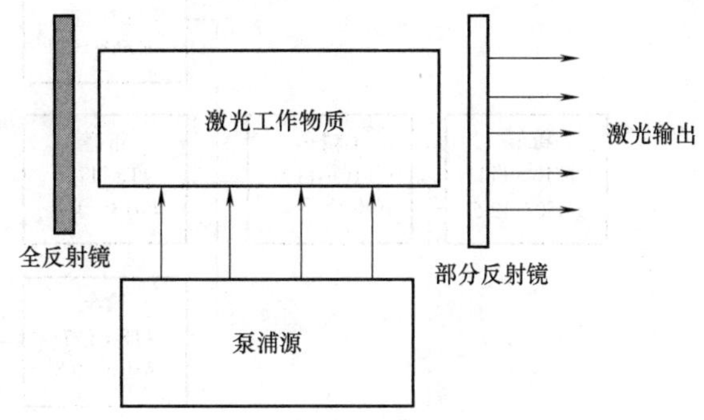

图 3-3-45　激光器的结构示意图

激光加工的特点有：激光加工不需加工工具，适宜自动化生产系统；由于激光功率高，几乎能加工所有材料；激光加工速度快，热影响区小，适用于微细加工，如直径为几个微米、深度与直径之比为 50~100 以上的工件，火箭发动机喷嘴、柴油机喷嘴以及正向纳米级发展的超大规模集成电路中的元件等；通用性好，同一台激光加工设备，可进行打孔、切割、焊接、激光表面处理、激光快速成形、光刻蚀成形等的加工。

随着加工技术的飞速发展，特种加工的方法越来越多，如电子束加工、离子束加工、等离子加工、电解加工、超声波加工、化学加工、电磁打磨抛光等，这些加工方法与计算机技术密切结合，可使机械加工技术得到更快的发展。

3.3.3　典型表面加工方法

机械零件的结构形状是多种多样的，但它们都是由圆柱表面、圆锥表面、平面和成形面等基本表面所组成的。每种表面都有多种加工方法，具体选择时应根据零件的毛坯种类、结构形状、尺寸、加工精度、表面粗糙度、技术要求、生产类型及企业的生产条件等因素来决定，以获得最佳的经济效益。

3.3.3.1　外圆表面加工

1. 外圆表面的种类

1）单一轴线的外圆表面组合。轴类、套筒类、盘环类零件大都具有外圆表面组合。这类零件按长径比的大小分为刚性轴（$L/D \leqslant 10\sim12$）和柔性轴（$L/D>10\sim12$）。加工柔性轴时，由于刚度差，易产生变形，车削时应采用中心架或跟刀架。大批量的光轴还可采用冷拔成形。

2）多轴线的外圆表面组合。根据轴线之间的相互位置关系，可分为轴线相互平行的外圆表面组合（如曲轴、偏心轮等）和轴线互相垂直的外圆表面组合（如十字轴等），这类零件的刚度一般都较差。

2. 外圆表面的技术要求

外圆表面的技术要求包括本身精度（直径和长度的尺寸精度，外圆面的圆度、圆柱度等形状精度）、位置精度（与其他外圆表面或孔的同轴度、与端面的垂直度等）和表面质量（表面粗糙度、表层硬度、残余应力和显微组织等）。

3. 外圆表面加工方案的分析

各种加工要求的外圆表面加工方案见表 3-3-4。

表 3-3-4　外圆表面加工方案（Ra 值的单位为 μm）

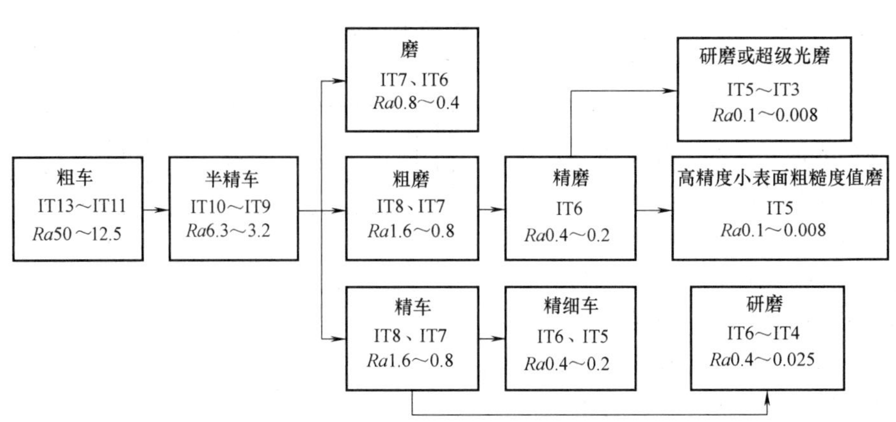

加工外圆表面时，对精度要求较高的试制产品，可选用数控机床；对一般精度的小尺寸工件，可选用仪表车床；对直径大、长度短的大型工件，可选用立式车床；对单件小批生产的工件，可选用卧式车床；对成批生产的套类及盘类工件，一般选用回轮、转塔车床；对成批生产的轴类工件则选用仿形及多刀车床；大量生产常选用自动或半自动车床或无心磨床。

3.3.3.2　孔加工

1. 孔的种类

零件上常见的孔有非配合孔（如穿螺栓孔、法兰盘及齿轮轮辐上的减轻孔等）、有配合要求的箱体上的孔系（如主轴箱箱体上的主轴和传动轴的轴承孔等，又称孔系）、锥孔（如车床主轴前端的锥孔及装配用的定位销孔等）和深孔（即 $L/D>5\sim10$ 的孔，如车床主轴的轴向通孔等）等。

2. 孔的技术要求

孔的技术要求与外圆表面基本相同。

3. 孔加工方案的分析

为适应不同的需要和生产类型，孔的加工方法很多，常用的孔加工方案见表 3-3-5。

对于轴类零件中间部位的孔，通常在车床上加工较为方便；支架、箱体类零件上的轴承孔，可根据零件的结构形状、尺寸大小等不同来决定，可采用车床、铣床、卧式镗床和加工中心；盘、套类或支架、箱体类零件上的螺纹底孔、穿螺栓孔等可在钻床上加工。

3.3.3.3　平面加工

1. 平面的种类

平面可分为非工作平面、工作连接平面、导向平面和精密测量平面等。

非工作平面不与任何零件配合，一般没有加工精度要求，必要时有防腐蚀和美观等方面的要求。

工作连接平面如车床主轴箱等部件与床身连接的平面，精度要求中等；减速箱的剖分面，接触面积较小，精度要求较高。

导向平面要与其他零件平面互相配合，彼此间有相对运动精度和耐磨性要求，如机床的导轨面和滑板的导向面等。

精密测量平面如精密平台、平尺、方箱及量块等测量或基准器具的工作表面，平面精度及表面粗糙度均要求较高。

表 3-3-5 孔加工方案（*Ra* 值的单位为 μm）

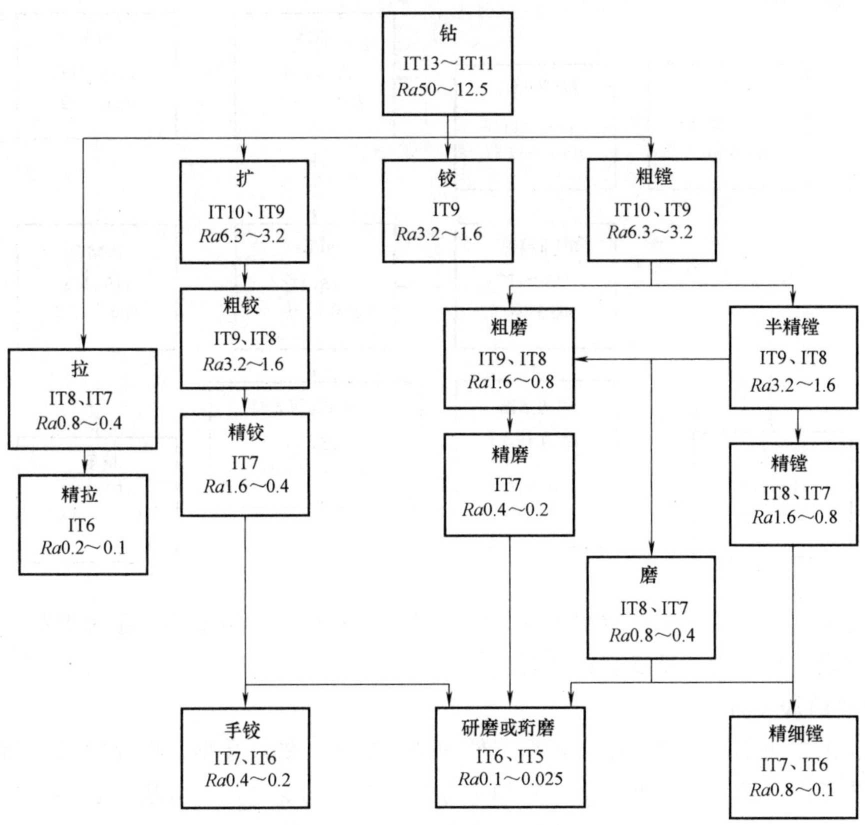

2. 平面的技术要求

平面的技术要求主要包括形状精度（如平面度和直线度）、位置精度（如平面之间的尺寸精度及平行度、垂直度等）和表面质量（如表面粗糙度、表层硬度、残余应力和显微组织等）。

3. 平面加工方案的分析

常用的平面加工方案见表 3-3-6。表中加工精度等级是指平行平面间距离尺寸的公差等级。

3.3.3.4 螺纹加工

1. 螺纹的种类

根据用途不同，螺纹可分为紧固螺纹和传动螺纹两大类。

紧固螺纹用于零件间的固定联接。常用的有普通螺纹和管螺纹等，螺纹牙型多为三角形。

传动螺纹用于传递动力、运动或位移，如丝杠和测微螺杆的螺纹等，其牙型多为梯形或锯齿形。

2. 螺纹的技术要求

联接螺纹和无传动精度要求的传动螺纹，要求中径和顶径（外螺纹的大径、内螺纹的小径）的精度；普通螺纹要求旋入和联接的可靠性；管螺纹要求密封和联接的可靠性。

表 3-3-6　平面加工方案（*Ra* 值的单位为 μm）

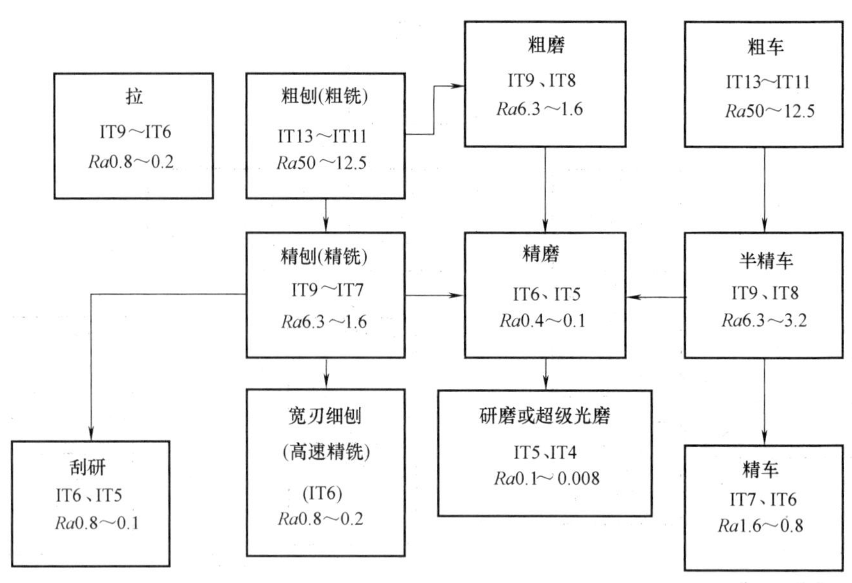

有传动精度要求或用于读数的螺纹，除要求中径和顶径的精度外，还对螺距、牙型角的精度和螺纹表面粗糙度、硬度有较高要求。

3. 螺纹的加工方法

螺纹加工方法很多，生产中应根据工件的结构形状、螺纹牙型、螺纹的尺寸和精度、工件材料、热处理以及生产类型等来选择加工方法。常用的螺纹加工方法见表 3-3-7。

表 3-3-7　常用的螺纹加工方法

加工方法	中径公差等级	表面粗糙度 *Ra* 值/μm
攻螺纹	IT8～IT6	6.3～1.6
套螺纹	IT8～IT7	3.2～1.6
车削	IT8～IT4	1.6～0.4
铣刀铣削	IT8～IT6	6.3～3.2
旋风铣削	IT8～IT6	3.2～1.6
搓螺纹	IT8～IT5	1.6～0.4
滚螺纹	IT5～IT4	0.8～0.2
磨削	IT6～IT4	0.4～0.1
研磨	IT4	0.1

3.3.3.5　圆柱齿轮齿形加工

1. 齿轮的技术要求

齿轮除要求尺寸精度（如齿轮公法线长度或分度圆弦齿厚）、形状精度、位置精度和表面质量外，还有特殊要求，如传动运动准确、传动平稳、载荷分布均匀和传动侧隙等。

2. 圆柱齿轮齿形的加工方法

圆柱齿轮齿形的加工原理详见项目 2 的任务 2.3。

仿形法铣齿刀具结构简单，成本低，齿形误差和分齿误差大，加工精度为 IT12～IT9，齿面的表面粗糙度 *Ra* 值为 6.3～3.2μm 。仿形法可加工直齿、斜齿和人字齿圆柱齿轮，也可加工齿条和锥齿直齿轮。主要用于单件小批生产和机修工作中。

插齿加工的齿形不存在理论误差，其加工精度达IT8～IT7，齿面的表面粗糙度 *Ra* 值为1.6μm。一把插齿刀可以加工模数和压力角与其相同而齿数不同的圆柱齿轮，插齿可加工内、外直齿圆柱齿轮以及相距很近的双联或三联齿轮，插齿机安装附件后还可加工内、外斜齿轮和齿条。插齿适用于单件小批生产和大批量生产。

滚齿加工其分齿传动链简单，传动误差小，分齿精度高，滚刀制造复杂、齿形精度稍低，其加工精度为IT8～IT7，齿面的表面粗糙度 *Ra* 值为3.2～1.6μm。一把滚刀可加工模数和压力角与其相同而齿数不同的圆柱齿轮。滚齿可加工直齿、斜齿圆柱齿轮及蜗轮等，但不能加工内齿轮和多联齿轮。滚齿适用于单件小批生产和大批量生产。

经过插齿和滚齿加工的齿形，若齿轮精度和齿面的表面粗糙度仍不能满足要求时，还可选用剃齿、珩齿、展成法磨齿、研齿和挤齿等精加工方法。

3.3.3.6 成形面加工

成形面通常用成形刀（成形车刀、成形铣刀、成形拉刀、成形砂轮和成形刨刀等）加工、简单刀具加工和特种加工等。

成形刀加工方法简单，生产率高，但刀具的主切削刃必须与工件的廓形一致，因而刀具制造复杂，成本高，切削刃不能太长，否则易产生振动，影响加工质量。

简单刀具加工可在通用机床上采用手动进给、靠模装置和数控装置等方式来实现。手动进给主要用于精度要求不高的成形面单件小批生产。采用机械靠模加工成形面适用于大批量生产。

专门化机床加工通常用液压靠模或电气靠模，由于靠模针与靠模的接触力极小，从而使靠模的制造过程简化，故在成形面加工中应用较多。

随着各类数控机床的广泛应用，特别是数控和特种加工相结合，许多形状复杂、精度要求较高、不同批量的成形面加工变得越来越方便、可靠和经济。

3.3.4 典型零件切削加工工艺分析

零件按相似的结构形状和其加工的工艺特征，分为轴类、套类、轮盘类和箱体类等。本节将分别对它们的切削加工工艺路线进行分析。

3.3.4.1 轴类零件

轴类零件主要用来支承传动零件和传递转矩，其长度大于直径，加工表面通常有内外圆柱表面、内外圆锥表面、螺纹、花键、键槽和沟槽等。轴一般都有两个支承轴颈，支承轴颈是轴的装配基准，对其尺寸精度及表面质量要求较高。重要的轴还规定了圆度、圆柱度等形状公差的要求及规定了两个轴颈之间的同轴度、圆跳动、全跳动等要求。对于安装齿轮等传动件的其他轴颈，还要求其轴线与两支承轴颈的公共轴线同轴，用于轴向定位的轴肩对轴线的垂直度也有要求。有的还有强度、硬度、耐磨性、耐蚀性及表面强化和装饰等要求。

轴类零件常选用45钢、40Cr和低合金结构钢等。光轴的毛坯一般选用热轧圆钢或冷轧圆钢。阶梯轴的毛坯可选用热轧或冷轧圆钢，也可选用锻件，主要根据产量和各阶梯直径之差来确定。某些大型、结构复杂的轴可采用铸件，如曲轴及机床主轴可用铸钢或球墨铸铁做毛坯。

加工较长轴类零件时均以双顶尖作为定位装夹基准。在加工过程中，应体现精基准先行的原则和粗精分开的原则。现以图3-3-46所示阶梯轴为例，阶梯轴加工工艺过程见表3-3-8。

表 3-3-8　阶梯轴加工工艺过程

工序号	工序内容	加工设备
1	车端面,钻中心孔,车全部外圆、切槽倒角	车床
2	铣键槽	铣床
3	磨外圆	外圆磨床

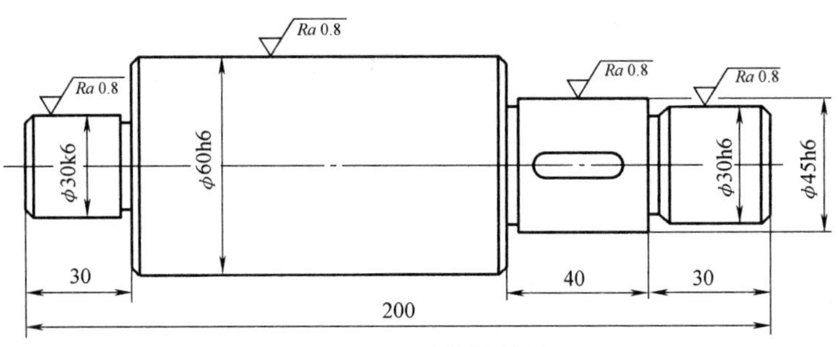

图 3-3-46　阶梯轴简图

3.3.4.2　套类零件

套类零件是机械传动中常与轴配套使用的支承或导向零件。其主要组成部分有内圆表面、外圆表面、端面和沟槽等。其与套筒零件结构上的共同特点是：零件的重要表面为同轴度要求较高的内、外旋转表面；零件壁的厚度较薄易变形；零件的长度一般大于直径等。套类零件的内孔和外圆表面有尺寸精度要求，对于长一些的套还有圆度和圆柱度的要求，外圆表面与孔还有同轴度要求；若长度作为定位基准时，孔轴线与端面还有垂直度要求。

套类零件一般选用钢、青铜或黄铜等材料，有些滑动轴承采用双金属结构合金材料。当套类零件的孔径<ϕ20mm 时，一般选用热轧或冷拉棒料，也可用实心铸件；当孔径较大时，常采用无缝钢管或带孔的铸件及锻件。大量生产时，可采用冷挤压和粉末冶金等先进的毛坯制造工艺。

现以图 3-3-47 所示轴套为例，轴套加工工艺过程见表 3-3-9。

表 3-3-9　单件毛坯的轴套加工工艺过程

顺序	加工内容	定位基准
1	粗加工端面、钻孔、倒角	外圆
2	粗加工外圆及另一端面、倒角	孔(用梅花顶尖和回转顶尖)
3	半精加工孔(扩孔或镗孔)、精加工端面	外圆
4	精加工孔(拉孔或压孔)	孔及端面
5	精加工外圆及端面	内孔

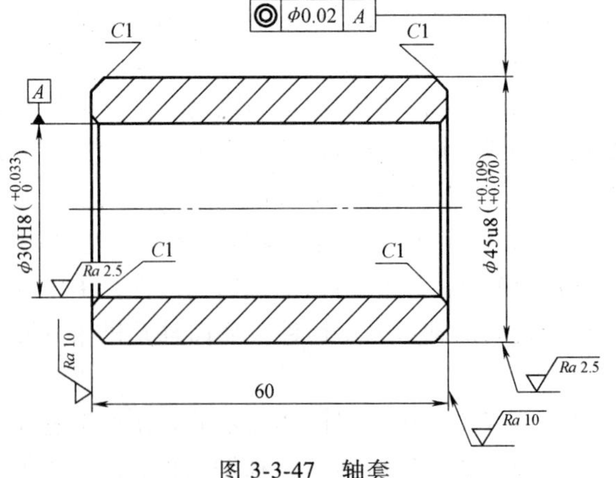

图 3-3-47　轴套

3.3.4.3 轮盘类零件

轮盘类零件在机械中应用很广，如齿轮、带轮和法兰盘等。它们的结构一般由孔（光孔或内花键）、外圆、端面和沟槽等组成，有的零件上有齿形，多用于传递运动的旋转部件。该类零件除要求本身的尺寸精度、形状精度和表面粗糙度外，还要求内外圆表面间的同轴度、端面与孔轴线的垂直度等位置精度。该类零件中孔的精度一般较外圆表面的精度要求高一些，其表面粗糙度 *Ra* 值为 1.6μm 或更小。

齿轮毛坯用锻件或铸件。机床中大多数齿轮选用中碳钢或合金调质钢，如 45、50Mn、40Cr、42SiMn 等。汽车、拖拉机变速器和后桥中的齿轮大多数选用低碳合金渗碳钢或碳氮共渗钢，如 20CrMnTi、20MnVB、20CrMo、18Cr2Ni4WA 等。

现以图 3-3-48 所示齿轮坯为例，齿轮坯车削加工工艺过程见表 3-3-10。

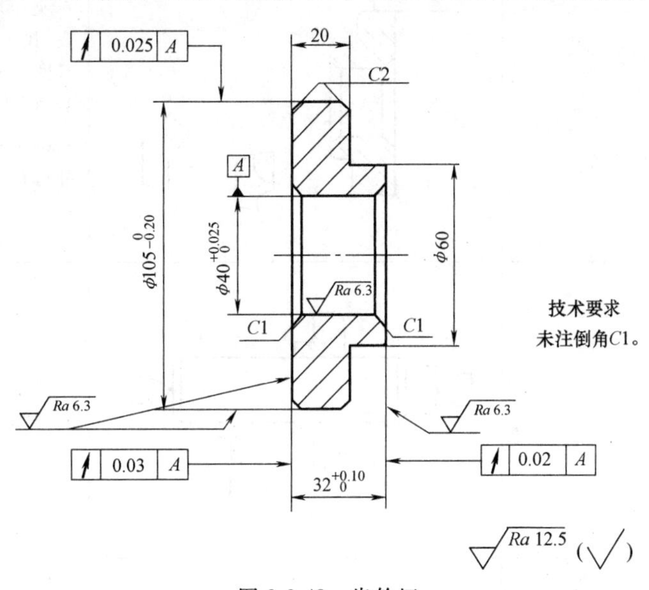

图 3-3-48 齿轮坯

表 3-3-10 齿轮坯车削加工工艺过程

加工顺序	加工简图	加工内容	装夹方法
1		下料 $\phi110$mm×36mm，5 件	
2		夹 $\phi110$mm 外圆长 20mm，车端面见平，车外圆 $\phi63$mm×10mm	自定心卡盘
3		夹 $\phi63$mm 外圆；粗车端面见平，外圆至 $\phi107$mm；钻孔 $\phi36$mm；粗精镗孔至尺寸 $\phi40_{0}^{+0.025}$ mm；精车端面，保证总长 33mm；精车外圆至尺寸 $\phi105_{-0.20}^{0}$ mm；倒内角 *C*1，外角 *C*2	自定心卡盘

（续）

加工顺序	加工简图	加工内容	装夹方法
4		夹 ϕ105mm 外圆、垫铁皮、找正；精车台肩面保证长度 20mm；车小端面，总长 $32.3^{+0.2}_{0}$ mm；精车外圆 ϕ60mm 至尺寸；倒内角 $C1$，外角 $C2$	自定心卡盘
5		精车小端面，保证总长 $32^{+0.10}_{0}$ mm	顶尖、卡箍、锥度心轴（有条件可平磨小端面）
6		检验	

3.3.4.4 箱体类零件

箱体类零件是机械的基础零件。箱体的加工质量对机械的精度、性能和寿命有直接的影响。箱体结构形式的共同特点是尺寸较大，形状较复杂，壁薄且不均匀，内部呈腔形，加工前需要进行时效处理；在箱壁上有许多精度要求较高的轴承支承孔和平面需要加工；而且对主要孔的尺寸精度和形状精度、主要平面的平面度和表面粗糙度、孔与孔之间的同轴度、孔与孔的轴间距误差、各平行孔轴线的平行度、孔与平面之间的位置精度等有要求；此外有许多精度要求较低的紧固孔、螺纹孔、检查孔和出油孔等也都需要加工。因此，箱体类零件不仅需要加工的部位较多，而且加工难度也较大。

箱体类零件的材料大都采用铸铁 HT100~HT350。有些载荷较大的箱体，可采用铸钢件。单件小批生产时，可采用钢板焊接。航空发动机或仪器仪表的箱体零件，为减轻重量，常用铝镁合金或精密压铸。

以主轴箱箱体零件（图 3-3-49）为例，其加工顺序为：铸造→退火→钳工划线→粗刨顶面→粗刨底面（含 V 形导向槽）→粗刨两端面及两侧面→粗镗轴承孔→时效处理→精刨顶面至尺寸→精刨底面（含 V 形导向槽），所有底面留刮研余量 0.1mm→精刨两端面及侧面至尺寸→精镗轴承孔至尺寸→钳工划线（底部固定孔与侧面观察孔），至于上部螺钉孔、轴承端盖固定孔、油面观察孔、密封紧固螺钉孔，可安排在装配时组合加工→钻孔、锪孔口平面→去毛刺→清洗→总检验→油封加工表面。

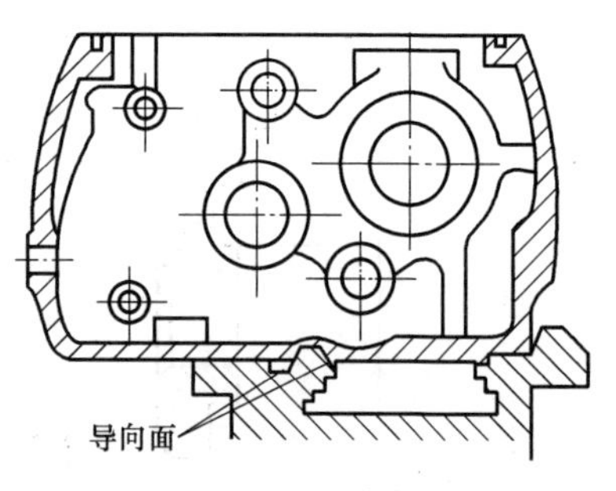

图 3-3-49 主轴箱箱体剖面简图

[任务实施]

对项目任务描述中的典型零件——端盖和齿轮轴（图 3-0-2 和图 3-0-3）进行切削加工工艺过程的分析。

1. 编制端盖（图 3-0-2）的加工工艺过程（表 3-3-11）

表 3-3-11 端盖的加工工艺过程

序号	工序名称	工序内容	设备
1	备料		
2	粗车	粗车毛坯全部，粗车 ϕ36mm 内孔至尺寸要求，其余均留 2mm 余量	GA6140
3	半精车	夹 ϕ80mm 外圆，车 $\phi50_{-0.017}^{0}$ mm×22mm 外圆至尺寸要求，外圆切槽 2mm×0.5mm，内孔及外圆倒角 $C1$	CA6140
4	精车	软爪夹 ϕ115mm 外圆，车 ϕ80mm 外圆至尺寸要求，控制尺寸 50mm±0.2mm 及 ϕ115mm 外圆的长度 15mm	CA6140
5	精车	以 $\phi50_{-0.017}^{0}$ mm 外圆定位，车 $\phi62_{-0.01}^{+0.02}$ mm×29mm 内孔至尺寸要求，切内槽 4mm 及内孔 ϕ55mm×6mm，车 M64×1.5mm 内螺纹，并倒角	CA6140 及车床夹具
6	刨	刨削扁榫至尺寸 48mm	B605
7	钳	钻 3×ϕ14mm（ϕ9mm）沉孔，钻、攻 2×M8 内螺纹	Z5025
8	检验	按图检验	

2. 分析齿轮轴（图 3-0-3）的加工工艺过程

1）外圆 ϕ32f7，IT7，Ra1.6μm，40Cr，调质，10 件。根据所给条件，选择车磨类方案。由于尺寸精度和 Ra 值分别只有 IT7 和 1.6μm，所以不必精磨，到粗磨即可满足要求。调质安排在粗车和半精车之间。ϕ32f7 的加工方案为："粗车—调质—半精车—磨削"。所用机床为车床和磨床。由于是轴类零件，车、磨时工件均采用双顶尖装夹。刀具分别是 90°右偏刀和砂轮。

2）外圆 ϕ28h6，IT6，Ra 0.4μm，40Cr，调质，10 件。与外圆 ϕ32f7 一样，也应选择车磨类方案，只是由于尺寸精度和 Ra 值要求高一些，分别为 IT6 和 0.4μm，应到精磨为止。ϕ28h6 的加工方案为："粗车—调质—半精车—粗磨—精磨"。所用机床、装夹方法和刀具均与加工外圆 ϕ32f7 相同。

3）齿形 M，模数 m 为 2mm，精度为 8 级，齿面 Ra=1.6μm，40Cr，调质，齿面淬火，10 件。由于齿面要求淬火，应选用插（滚）磨类方案。又由于是齿轮轴，轴向尺寸较长，以滚齿为宜。因此，齿形 M 的加工方案为："滚齿—齿面淬火—珩齿"。所用机床为滚齿机和珩齿机。工件在滚齿机上采用自定心卡盘—顶尖装夹，在珩齿机上采用双顶尖装夹。刀具分别为滚刀和珩磨轮。

4）平键槽 N，槽宽尺寸精度 IT9，槽侧 Ra 3.2μm，40Cr，10 件。两端不通的轴上平键槽应选用铣削加工，采用立式铣床或键槽铣床，用平口虎钳或轴用虎钳装夹。刀具为 ϕ8mm 的键槽铣刀。

将上述分析结果列于表 3-3-12 中。

表 3-3-12 齿轮轴有关表面加工方案的选择

序号	表面	加工方案	机床	装夹方法	刀具
1	ϕ32f7	粗车—调质—半精车—磨削	车床 磨床	双顶尖 双顶尖	外圆车刀、砂轮

（续）

序号	表面	加工方案	机床	装夹方法	刀具
2	ϕ28h6	粗车—调质—半精车—粗磨—精磨	车床 磨床	双顶尖 双顶尖	外圆车刀、砂轮
3	齿形 *M*	滚齿—齿面淬火—珩齿	滚齿机 珩齿机	自定心卡盘—顶尖 双顶尖	滚刀 珩磨轮
4	平键槽 *N*	铣键槽	立铣或键槽铣床	平口虎钳	键槽铣刀

[自我评估]

1. 切削用量选得越大，生产率是否越高？为什么？

2. 指出图 3-3-50 中各种加工的背吃刀量是多少？

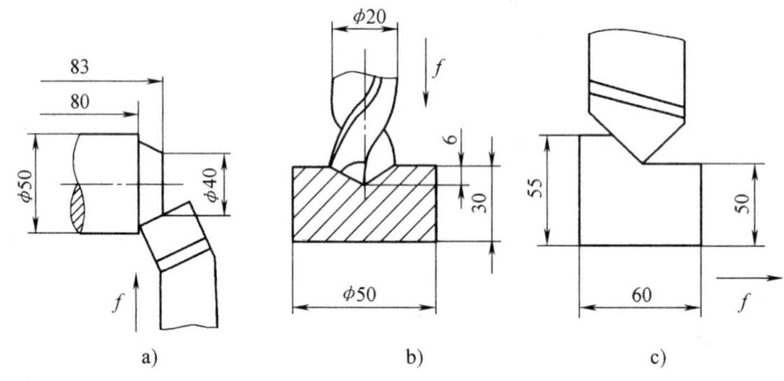

图 3-3-50　金属加工

a）车端面　b）钻孔　c）刨平面

3. 切削时，刃倾角一般如何选择？刃倾角的正、负或零对切屑的流向有何影响？

4. 工件安装的主要方式有哪两种？

5. 试述六点定位原理。

6. 选择粗基准和精基准时各应遵循哪些原则？

7. 试述卧式车床由哪几部分组成？各部分的主要作用如何？

8. 主轴的转速是否为切削速度？主轴转速提高，刀架移动就加快，进给量是否也加大了？为什么？

9. 在车床上加工孔时，为什么工件的外圆与端面必须在同一次装夹中完成？

10. 车细长轴时，常采用哪些增加刚度的措施？为什么？

11. 如图 3-3-51 所示的阶梯轴，毛坯及工件尺寸相同，转速及进给量不变，采用图示两种加工方式（分别按 1、2、3、4 的走刀顺序）。试分析哪种效率高？为什么？

12. 试述钻床所能完成的工作及钻削加工特点。

13. 试述铣削加工特点和应用范围。

14. 试述刨削加工特点和应用范围。

15. 常用的铣床附件有哪些？各有何作用？

16. 试绘简图说明外圆磨削的加工运动，并说明磨削加工有哪些特点。

17. 试述数控机床的组成及各部分的主要功用。

18. 数控机床按控制轨迹分成哪几类？它们有何不同？

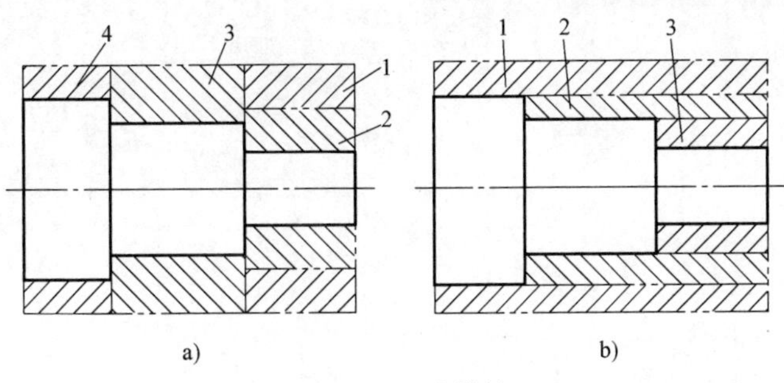

图 3-3-51 阶梯轴

19. 与普通机床相比，数控机床的主要优点有哪些？

20. 数控机床能否取代机械传动的自动机床？为什么？

21. 电火花加工的特点是什么？电火花加工主要应用在哪些方面？

22. 激光加工的特点是什么？激光加工主要应用在哪些方面？

23. 加工 $L=80$mm 轴的外圆表面，分别有三种不同要求：1）ϕ30h8、Ra1.6μm、45 钢、2 件；2）ϕ30 h8、Ra1.6μm、45 钢、200 件；3）ϕ30h6、Ra0.4μm、H68、20 件。请分别选择加工方案。

24. 加工 $L=40$mm 轴套零件的基准孔，分别有三种不同要求：1）ϕ28H8、Ra1.6μm、45 钢调质、200 件；2）ϕ80H7、Ra1.6μm、45 钢、2 件；3）ϕ28H7、Ra0.8μm、45 钢淬火、20 件。请分别选择加工方案。

25. 试确定下列零件上平面的加工方案：1）铸铁基座底面 500mm×300mm、Ra3.2μm、15 件；2）铣床工作台面（铸铁）1250mm×300mm、Ra1.6μm、300 件；3）发动机连杆侧面、45 钢调质、217~255HBW、25mm×10mm、Ra3.2μm、10000 件。

26. 车削加工时如何保证盘类零件的外圆表面与内孔表面的同轴度及两端面与轴线的垂直度？

27. 编制图 3-3-52 所示转轴的加工工艺过程。

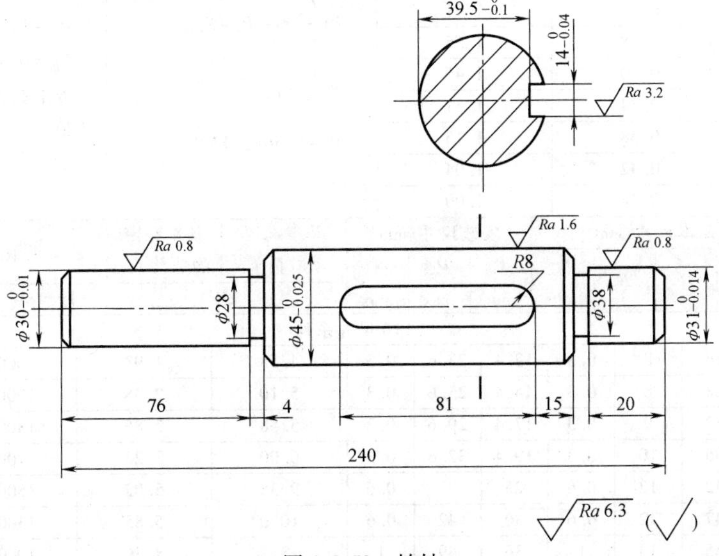

图 3-3-52 转轴

附录

附表 1　深沟球轴承（GB/T 276—2013 摘录）

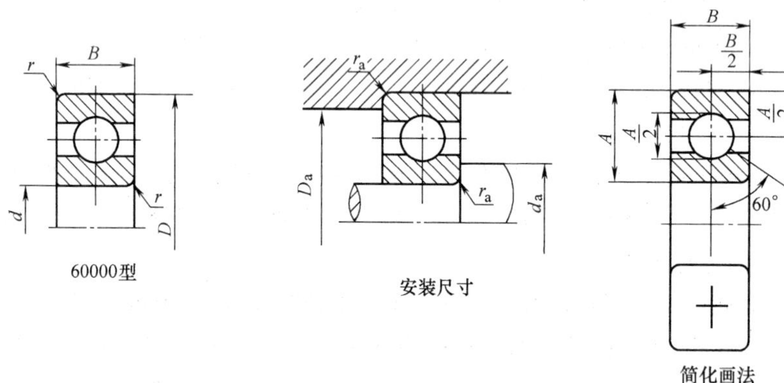

60000型　　安装尺寸　　简化画法

标记示例：滚动轴承　6210　GB/T 276—2013

F_a/C_{0r}	e	Y	径向当量动载荷	径向当量静载荷
0.014	0.19	2.30	当$\frac{F_a}{F_r}\leqslant e$，$P_r=F_r$ 当$\frac{F_a}{F_r}>e$， $P_r=0.56F_r+YF_a$	$P_{0r}=F_r$ $P_{0r}=0.6F_r+0.5F_a$ 取上列两式计算结果的较大值
0.028	0.22	1.99		
0.056	0.26	1.71		
0.084	0.28	1.55		
0.11	0.30	1.45		
0.17	0.34	1.31		
0.28	0.38	1.15		
0.42	0.42	1.04		
0.56	0.44	1.00		

轴承代号	基本尺寸/mm				安装尺寸/mm			基本额定动载荷 C_r	基本额定静载荷 C_{0r}	极限转速/(r/min)	
	d	D	B	r_s min	d_a min	D_a max	r_{as} max	kN		脂润滑	油润滑
(1)0尺寸系列											
6000	10	26	8	0.3	12.4	23.6	0.3	4.58	1.98	20000	28000
6000	12	28	8	0.3	14.4	25.6	0.3	5.10	2.38	19000	26000
6002	15	32	9	0.3	17.4	29.6	0.3	5.58	2.85	18000	24000
6003	17	35	10	0.3	19.4	32.6	0.3	6.00	3.25	17000	22000
6004	20	42	12	0.6	25	37	0.6	9.38	5.02	15000	19000
6005	25	47	12	0.6	30	42	0.6	10.0	5.85	13000	17000
6006	30	55	13	1	36	49	1	13.2	8.30	10000	14000

（续）

轴承代号	基本尺寸/mm				安装尺寸/mm			基本额定动载荷 C_r	基本额定静载荷 C_{0r}	极限转速/(r/min)	
	d	D	B	r_s min	d_a min	D_a max	r_{as} max	kN		脂润滑	油润滑
(1)0 尺寸系列											
6007	35	62	14	1	41	56	1	16.2	10.5	9000	12000
6008	40	68	15	1	46	62	1	17.0	11.8	8500	11000
6009	45	75	16	1	51	69	1	21.0	14.8	8000	10000
6010	50	80	16	1	56	74	1	22.0	16.2	7000	9000
6011	55	90	18	1.1	62	83	1	30.2	21.8	6300	8000
6012	60	95	18	1.1	67	88	1	31.5	24.2	6000	7500
6013	65	100	18	1.1	72	93	1	32.0	24.8	5600	7000
6014	70	110	20	1.1	77	103	1	38.5	30.5	5300	6700
6015	75	115	20	1.1	82	108	1	40.2	33.2	5000	6300
6016	80	125	22	1.1	87	118	1	47.5	39.8	4800	6000
6017	85	130	22	1.1	92	123	1	50.8	42.8	4500	5600
6018	90	140	24	1.5	99	131	1.5	58.0	49.8	4300	5300
6019	95	145	24	1.5	104	136	1.5	57.8	50.0	4000	5000
6020	100	150	24	1.5	109	141	1.5	64.5	56.2	3800	4800
(0)2 尺寸系列											
6200	10	30	9	0.6	15	25	0.6	5.10	2.38	19000	26000
6201	12	32	10	0.6	17	27	0.6	6.82	3.05	18000	24000
6202	15	35	11	0.6	20	30	0.6	7.65	3.72	17000	22000
6203	17	40	12	0.6	22	35	0.6	9.58	4.78	16000	20000
6204	20	47	14	1	26	41	1	12.8	6.65	14000	18000
6205	25	52	15	1	31	46	1	14.0	7.88	12000	16000
6206	30	62	16	1	36	56	1	19.5	11.5	9500	13000
6207	35	72	17	1.1	42	65	1	25.5	15.2	8500	11000
6208	40	80	18	1.1	47	73	1	29.5	18.0	8000	10000
6209	45	85	19	1.1	52	78	1	31.5	20.5	7000	9000
6210	50	90	20	1.1	57	83	1	35.0	23.2	6700	8500
6211	55	100	21	1.5	64	91	1.5	43.2	29.2	6000	7500
6212	60	110	22	1.5	69	101	1.5	47.8	32.8	5600	7000
6213	65	120	23	1.5	74	111	1.5	57.2	40.0	5000	6300
6214	70	125	24	1.5	79	116	1.5	60.8	45.0	4800	6000
6215	75	130	25	1.5	84	121	1.5	66.0	49.5	4500	5600
6216	80	140	26	2	90	130	2	71.5	54.2	4300	5300
6217	85	150	28	2	95	140	2	83.2	63.8	4000	5000
6218	90	160	30	2	100	150	2	95.8	71.5	3800	4800
6219	95	170	32	2.1	107	158	2.1	110	82.8	3600	4500
6220	100	180	34	2.1	112	168	2.1	122	92.8	3400	4300
(0)3 尺寸系列											
6300	10	35	11	0.6	15	30	0.6	7.65	3.48	18000	24000
6301	12	37	12	1	18	31	1	9.72	5.08	17000	22000

（续）

轴承代号	基本尺寸/mm				安装尺寸/mm			基本额定动载荷 C_r	基本额定静载荷 C_{0r}	极限转速/(r/min)	
	d	D	B	r_s min	d_a min	D_a max	r_{as} max	kN		脂润滑	油润滑
(0)3 尺寸系列											
6302	15	42	13	1	21	36	1	11.5	5.42	16000	20000
6303	17	47	14	1	23	41	1	13.5	6.58	15000	19000
6304	20	52	15	1.1	27	45	1	15.8	7.88	13000	17000
6305	25	62	17	1.1	32	55	1	22.2	11.5	10000	14000
6306	30	72	19	1.1	37	65	1	27.0	15.2	9000	12000
6307	35	80	21	1.5	44	71	1.5	33.2	19.2	8000	10000
6308	40	90	23	1.5	49	81	1.5	40.8	24.0	7000	9000
6309	45	100	25	1.5	54	91	1.5	52.8	31.8	6300	8000
6310	50	110	27	2	60	100	2	61.8	38.0	6000	7500
6311	55	120	29	2	65	110	2	71.5	44.8	5300	6700
6312	60	130	31	2.1	72	118	2.1	81.8	51.8	5000	6300
6313	65	140	33	2.1	77	128	2.1	93.8	60.5	4500	5600
6314	70	150	35	2.1	82	138	2.1	105	68.0	4300	5300
6315	75	160	37	2.1	87	148	2.1	112	76.8	4000	5000
6316	80	170	39	2.1	92	158	2.1	122	86.5	3800	4800
6317	85	180	41	3	99	166	2.5	132	96.5	3600	4500
6318	90	190	43	3	104	176	2.5	145	108	3400	4300
6319	95	200	45	3	109	186	2.5	155	122	3200	4000
6320	100	215	47	3	114	201	2.5	172	140	2800	3600
(0)4 尺寸系列											
6403	17	62	17	1.1	24	55	1	22.5	10.8	11000	15000
6404	20	72	19	1.1	27	65	1	31.0	15.2	9500	13000
6405	25	80	21	1.5	34	71	1.5	38.2	19.2	8500	11000
6406	30	90	23	1.5	39	81	1.5	47.5	24.5	8000	10000
6407	35	100	25	1.5	44	91	1.5	56.8	29.5	6700	8500
6408	40	110	27	2	50	100	2	65.5	37.5	6300	8000
6409	45	120	29	2	55	110	2	77.5	45.5	5600	7000
6410	50	130	31	2.1	62	118	2.1	92.2	55.2	5300	6700
6411	55	140	33	2.1	67	128	2.1	100	62.5	4800	6000
6412	60	150	35	2.1	72	138	2.1	108	70.0	4500	5600
6413	65	160	37	2.1	77	148	2.1	118	78.5	4300	5300
6414	70	180	42	3	84	166	2.5	140	99.5	3800	4800
6415	75	190	45	3	89	176	2.5	155	115	3600	4500
6416	80	200	48	3	94	186	2.5	162	125	3400	4300
6417	85	210	52	4	103	192	3	175	138	3200	4000
6418	90	225	54	4	108	207	3	192	158	2800	3600
6420	100	250	58	4	118	232	3	222	195	2400	3200

注：1. 表中 C_r 值适用于真空脱气轴承钢材料的轴承。如轴承材料为普通电炉钢，C_r 值降低；如为真空重熔或电渣重熔轴承钢，C_r 值提高；

2. r_{smin} 为 r 的单向最小倒角尺寸；r_{asmax} 为 r_a 的单向最大倒角尺寸。

附表 2　角接触球轴承（GB/T 292—2007 摘录）

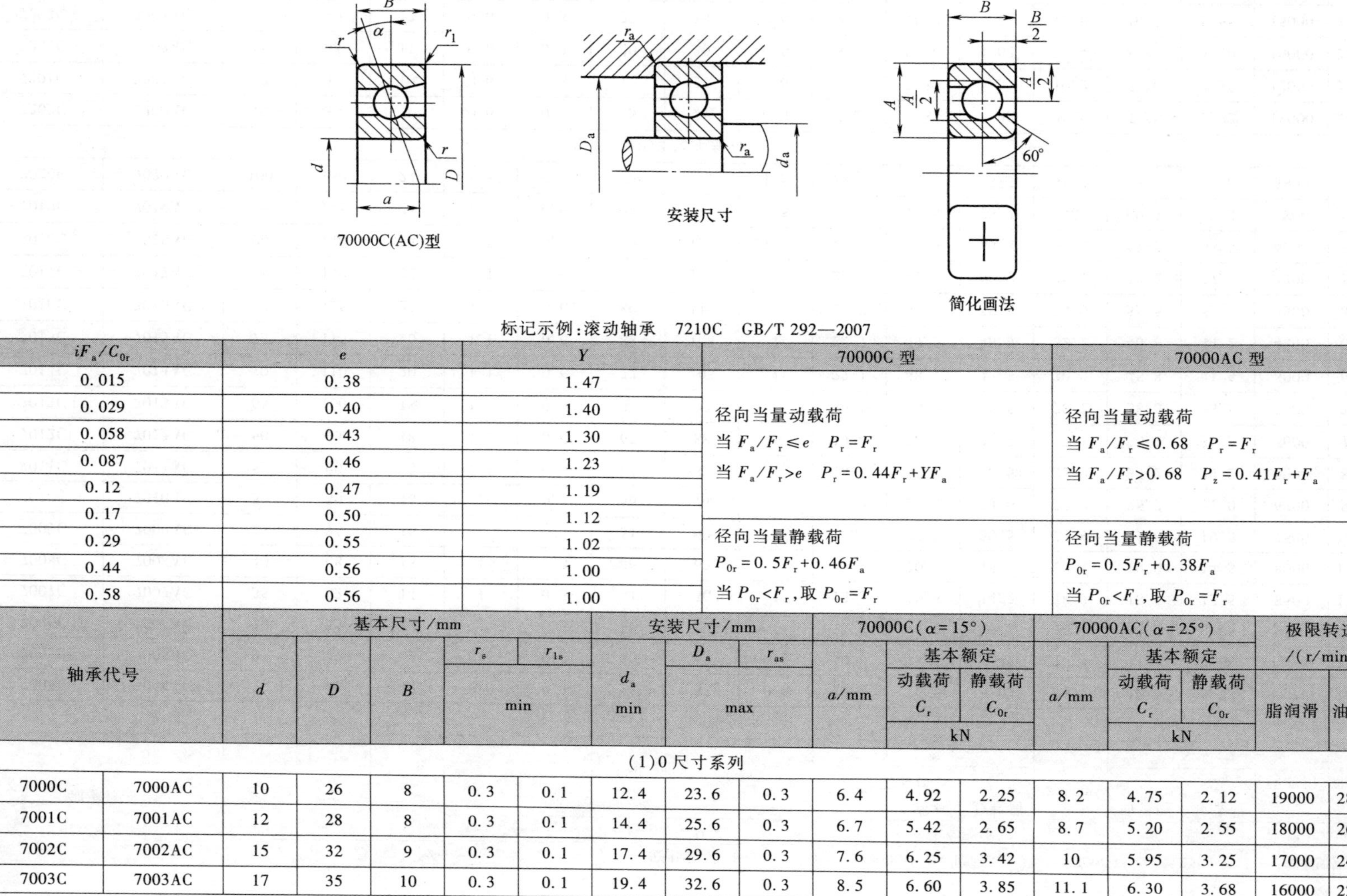

标记示例：滚动轴承　7210C　GB/T 292—2007

iF_a/C_{0r}	e	Y	70000C 型	70000AC 型
0.015	0.38	1.47		
0.029	0.40	1.40	径向当量动载荷	径向当量动载荷
0.058	0.43	1.30	当 $F_a/F_r \leqslant e$　$P_r=F_r$	当 $F_a/F_r \leqslant 0.68$　$P_r=F_r$
0.087	0.46	1.23	当 $F_a/F_r>e$　$P_r=0.44F_r+YF_a$	当 $F_a/F_r>0.68$　$P_z=0.41F_r+F_a$
0.12	0.47	1.19		
0.17	0.50	1.12		
0.29	0.55	1.02	径向当量静载荷	径向当量静载荷
0.44	0.56	1.00	$P_{0r}=0.5F_r+0.46F_a$	$P_{0r}=0.5F_r+0.38F_a$
0.58	0.56	1.00	当 $P_{0r}<F_r$，取 $P_{0r}=F_r$	当 $P_{0r}<F_t$，取 $P_{0r}=F_r$

轴承代号		基本尺寸/mm					安装尺寸/mm			70000C（$\alpha=15°$）			70000AC（$\alpha=25°$）			极限转速/(r/min)	
					r_s	r_{1s}	d_a	D_a	r_{as}		基本额定			基本额定			
		d	D	B	min		min	max		a/mm	动载荷 C_r	静载荷 C_{0r}	a/mm	动载荷 C_r	静载荷 C_{0r}	脂润滑	油润滑
											kN			kN			
（1）0 尺寸系列																	
7000C	7000AC	10	26	8	0.3	0.1	12.4	23.6	0.3	6.4	4.92	2.25	8.2	4.75	2.12	19000	28000
7001C	7001AC	12	28	8	0.3	0.1	14.4	25.6	0.3	6.7	5.42	2.65	8.7	5.20	2.55	18000	26000
7002C	7002AC	15	32	9	0.3	0.1	17.4	29.6	0.3	7.6	6.25	3.42	10	5.95	3.25	17000	24000
7003C	7003AC	17	35	10	0.3	0.1	19.4	32.6	0.3	8.5	6.60	3.85	11.1	6.30	3.68	16000	22000

（续）

轴承代号		基本尺寸/mm					安装尺寸/mm			70000C（$\alpha=15°$）			70000AC（$\alpha=25°$）			极限转速/（r/min）	
		d	D	B	r_s	r_{1s}	d_a	D_a	r_{as}	a/mm	基本额定		a/mm	基本额定		脂润滑	油润滑
					min		min	max			动载荷 C_r	静载荷 C_{0r}		动载荷 C_r	静载荷 C_{0r}		
											kN			kN			
（1）0尺寸系列																	
7004C	7004AC	20	42	12	0.6	0.3	25	37	0.6	10.2	10.5	6.08	13.2	10.0	5.78	14000	19000
7005C	7005AC	25	47	12	0.6	0.3	30	42	0.6	10.8	11.5	7.45	14.4	11.2	7.08	12000	17000
7006C	7006AC	30	55	13	1	0.3	36	49	1	12.2	15.2	10.2	16.4	14.5	9.85	9500	14000
7007C	7007AC	35	62	14	1	0.3	41	56	1	13.5	19.5	14.2	18.3	18.5	13.5	8500	12000
7008C	7008AC	40	68	15	1	0.3	46	62	1	14.7	20.0	15.2	20.1	19.0	14.5	8000	11000
7009C	7009AC	45	75	16	1	0.3	51	69	1	16	25.8	20.5	21.9	25.8	19.5	7500	10000
7010C	7010AC	50	80	16	1	0.3	56	74	1	16.7	26.5	22.0	23.2	25.2	21.0	6700	9000
7011C	7011AC	55	90	18	1.1	0.6	62	83	1	18.7	37.2	30.5	25.9	35.2	29.2	6000	8000
7012C	7012AC	60	95	18	1.1	0.6	67	88	1	19.4	38.2	32.8	27.1	36.2	31.5	5600	7500
7013C	7013AC	65	100	18	1.1	0.6	72	93	1	20.1	40.0	35.5	28.2	38.0	33.8	5300	7000
7014C	7014AC	70	110	20	1.1	0.6	77	103	1	22.1	48.2	43.5	30.9	45.8	41.5	5000	6700
7015C	7015AC	75	115	20	1.1	0.6	82	108	1	22.7	49.5	46.5	32.2	46.8	44.2	4800	6300
7016C	7016AC	80	125	22	1.1	0.6	89	116	1.5	24.7	58.5	55.8	34.9	55.5	53.2	4500	6000
7017C	7017AC	85	130	22	1.1	0.6	94	121	1.5	25.4	62.5	60.2	36.1	59.2	57.2	4300	5600
7018C	7018AC	90	140	24	1.5	0.6	99	131	1.5	27.4	71.5	69.8	38.8	67.5	66.5	4000	5300
7019C	7019AC	95	145	24	1.5	0.6	104	136	1.5	28.1	73.5	73.2	40	69.5	69.8	3800	5000
7020C	7020AC	100	150	24	1.5	0.6	109	141	1.5	28.7	79.2	78.5	41.2	75	74.8	3800	5000
（0）2尺寸系列																	
7200C	7200AC	10	30	9	0.6	0.3	15	25	0.6	7.2	5.82	2.95	9.2	5.58	2.82	18000	26000
7201C	7201AC	12	32	10	0.6	0.3	17	27	0.6	8	7.35	3.52	10.2	7.10	3.35	17000	24000
7202C	7202AC	15	35	11	0.6	0.3	20	30	0.6	8.9	8.68	4.62	11.4	8.35	4.40	16000	22000
7203C	7203AC	17	40	12	0.6	0.3	22	35	0.6	9.9	10.8	5.95	12.8	10.5	5.65	15000	20000
7204C	7204AC	20	47	14	1	0.3	26	41	1	11.5	14.5	8.22	14.9	14.0	7.82	13000	18000

参考文献

[1] 程靳，哈尔滨工业大学理论力学教研室. 简明理论力学 [M]. 2 版. 北京：高等教育出版社，2018.

[2] 张丽杰，李立华，孙爱丽. 机械设计原理与技术方法 [M]. 北京：化学工业出版社，2020.

[3] 王宏臣，刘永利. 机构设计与零部件应用 [M]. 天津：天津大学出版社，2010.

[4] 张本升. 机械设计基础与课程设计指导 [M]. 北京：机械工业出版社，2018.

[5] 张美麟，张有忱，张莉彦. 机械创新设计 [M]. 2 版. 北京：化学工业出版社，2010.

[6] 西北工业大学机械原理及机械零件教研室. 机械原理 [M]. 9 版. 北京：高等教育出版社，2021.

[7] 张锋，宋宝玉，王黎钦. 机械设计 [M]. 2 版. 北京：高等教育出版社，2017.

[8] 柴鹏飞. 王晨光. 机械设计课程设计指导书 [M]. 3 版. 北京：机械工业出版社，2020.

[9] 北京起重运输机械设计研究院，武汉丰凡科技开发有限责任公司. DT II（A）型带式输送机设计手册 [M]. 北京：冶金工业出版社，2013.

[10] 朱金生. 机械设计实用机构运动仿真图解 [M]. 3 版. 北京：电子工业出版社，2019.

[11] 高英敏，马璇. 机械设计基础 [M]. 北京：化学工业出版社，2010.

[12] 于明礼，李苗苗，朱如鹏. 机械设计课程设计 [M]. 北京：科学出版社，2019

[13] 何秋梅. 机械设计与制造基础 [M]. 北京：清华大学出版社，2013.

[14] 何秋梅. Pro/Engineer Wildfire 5. 0 实例教程（课证赛融合）[M]. 北京：机械工业出版社，2018.

[15] 付平，吴俊飞. 机械制造基础 [M]. 北京：高等教育出版社，2016.

[16] 赵世友，李跃中. 机械制造技术基础 [M]. 北京：机械工业出版社，2021.

[17] 孙学强. 机械制造基础 [M]. 3 版. 北京：机械工业出版社，2016.

[18] 吴旗. 高职教育项目化课程教学设计与实践 [J]. 中国职业技术教育，2015（35）：41-45.

[19] 梁戈，时惠英，王志虎. 机械工程材料与热加工工艺 [M]. 北京：机械工业出版社，2015.

[20] 陈关龙，吴昌林. 中国机械工程专业课程设计改革案例集 [M]. 北京：清华大学出版社，2010.

[21] 隋明阳. 机械基础 [M]. 北京：机械工业出版社，2011.

[22] 孙开元，骆素君. 常见机构设计及应用图例 [M]. 北京：化学工业出版社，2010.

[23] 刘毅. 机械原理课程设计 [M]. 3 版. 武汉：华中科技大学出版社. 2017.

[24] 林承全，严义章. 机械制造——基于工作过程 [M]. 北京：机械工业出版社，2010.

[25] 马永杰，汪洋. 机械制造基础 [M]. 北京：化学工业出版社，2010.

[26] 李蕾. 金属材料与热加工基础 [M]. 北京：机械工业出版社，2018.

[27] 康一. 机械基础 [M]. 北京：机械工业出版社，2014.

[28] 朱征. 机械工程材料 [M]. 2 版. 北京：国防工业出版社. 2011.

[29] 朱敏. 工程材料（数字资源版）[M]. 北京：冶金工业出版社，2018.

[30] 赵仙花，史振萍，夏宇敏. 基于“中国制造 2025”《机械制造基础》课程思政探索 [J]. 汽车实用技术. 2021，46（10）：149-151.

[31] 王继焕. 应用技术大学机械基础课程群实验教学系统改革 [J]. 实验技术与管理，2016，33（8）：9-13.

[32] 姜大源. 工作过程系统化：中国特色的现代职业教育课程开发 [J]. 顺德职业技术学院学报，2014，12（3）：1-11.

[33] 赵志群. 职业能力研究的新进展 [J]. 职业技术教育，2013，34（10）：5-11.

[34] 石永军，刘峰，崔学政，等. 机械类专业大学生创新与实践能力培养体系研究 [J]. 实验技术与管理，2016，33（11）：18-22.